学习资源展示

课堂案例·课后习题·综合实例

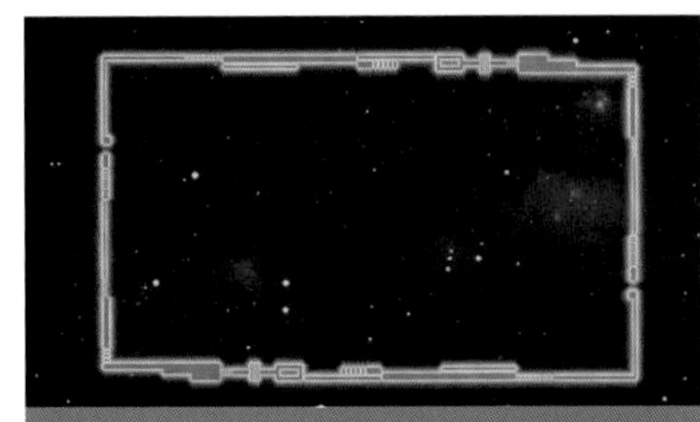

课堂案例：科幻动态界面
所在页码：39页
学习目标：练习在序列中添加剪辑

课后习题：阳光下的向日葵
所在页码：42页
学习目标：练习导入素材和生成序列的方法

课后习题：雨天玻璃窗
所在页码：42页
学习目标：练习导入素材和生成序列的方法

课堂案例：婚礼签到处　　所在页码：91页　　学习目标：练习不透明度动画

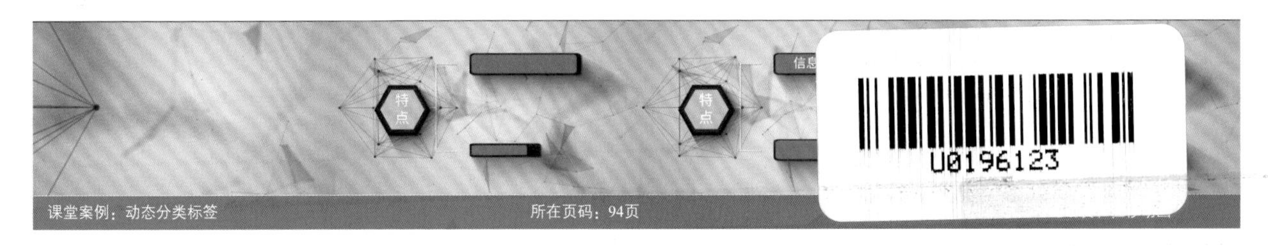

课堂案例：动态分类标签　　所在页码：94页

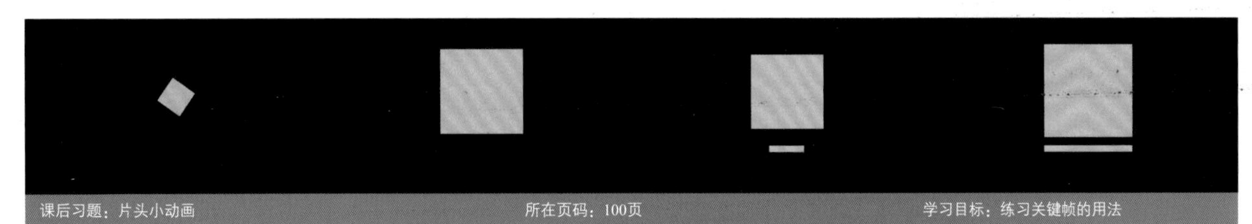

课后习题：片头小动画　　所在页码：100页　　学习目标：练习关键帧的用法

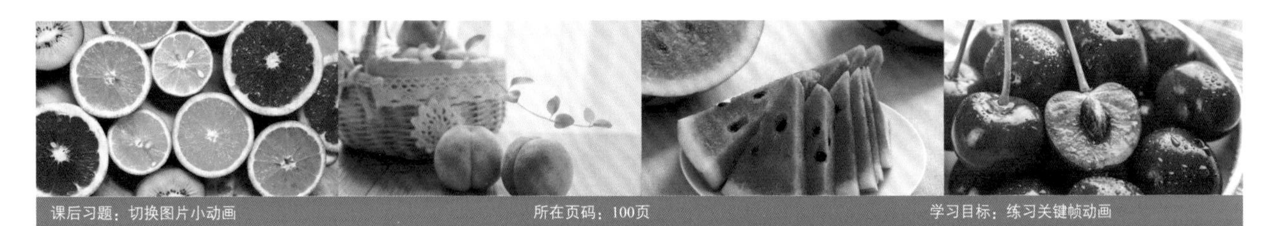

课后习题：切换图片小动画　　所在页码：100页　　学习目标：练习关键帧动画

课堂案例：美食电子相册　　所在页码：108页　　学习目标：练习“内滑”类过渡效果

课堂案例：风景视频转场　　所在页码：117页　　学习目标：练习“擦除”类视频过渡效果

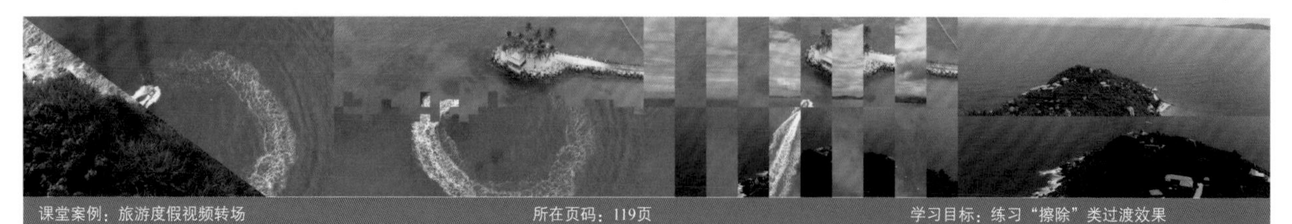

课堂案例：旅游度假视频转场　　所在页码：119页　　学习目标：练习“擦除”类过渡效果

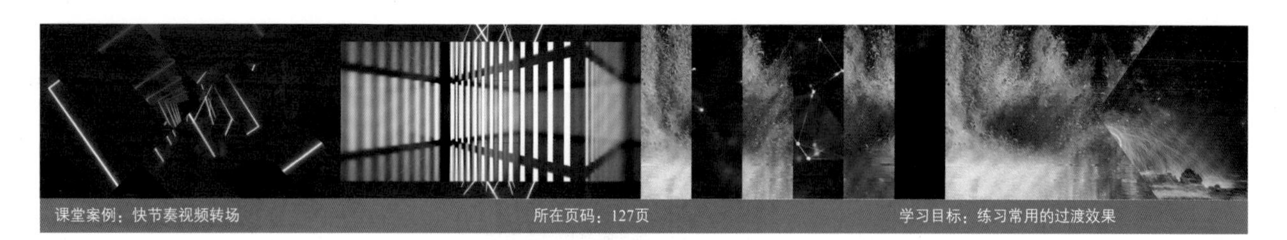

课堂案例：快节奏视频转场　　所在页码：127页　　学习目标：练习常用的过渡效果

课后习题：焰火视频转场　　所在页码：134页　　学习目标：练习多种过渡效果

课后习题：家居视频转场　　所在页码：134页　　学习目标：练习多种过渡效果

课堂案例：用“块溶解”效果和“百叶窗”效果实现画面切换　　所在页码：165页　　学习目标：练习“块溶解”效果和“百叶窗”效果

课堂案例：用“Alpha发光”效果制作发光文字　　所在页码：171页　　学习目标：练习“Alpha发光”效果的应用

课后习题：变换霓虹空间　　所在页码：178页　　学习目标：练习“复制”视频效果的使用

课堂案例：制作倒计时文字效果　　所在页码：186页　　学习目标：学习倒计时文字效果的制作方法

课堂案例：制作MV滚动字幕　　所在页码：205页　　学习目标：学习滚动字幕的制作方法

课堂案例：用“颜色平衡（RGB）”效果制作冷色调画面
所在页码：214页
学习目标：练习“颜色平衡（RGB）”效果的使用

课堂案例：用“颜色替换”效果制作秋景
所在页码：215页
学习目标：练习“颜色替换”效果的使用

课堂案例：用“吉他套件”效果制作律动背景音　　所在页码：237页　　学习目标：练习“吉他套件”效果的使用

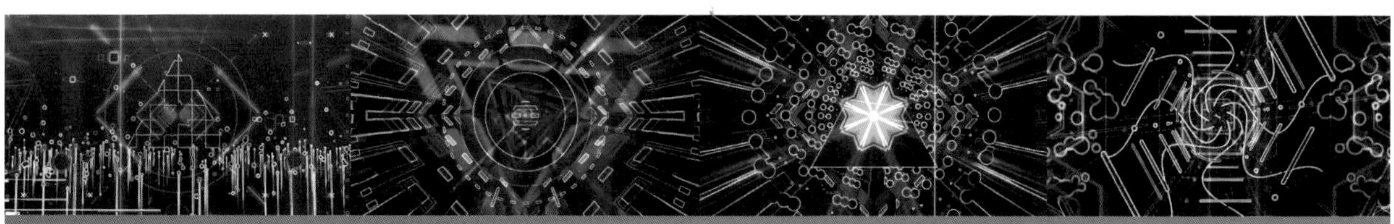

课堂案例：用“卷积混响”效果制作混声音效　　所在页码：240页　　学习目标：练习“卷积混响”效果的使用

课堂案例：用音频过渡效果制作背景音乐　　所在页码：244页　　学习目标：练习各种音频过渡效果的使用

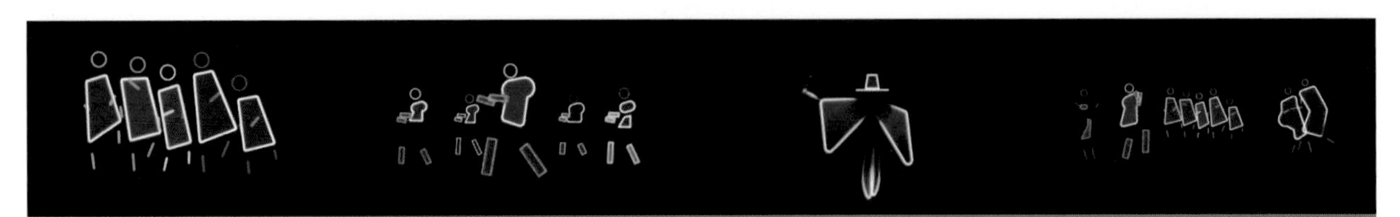

课后习题：荧光小人跳舞　　所在页码：250页　　学习目标：练习“卷积混响”效果的使用

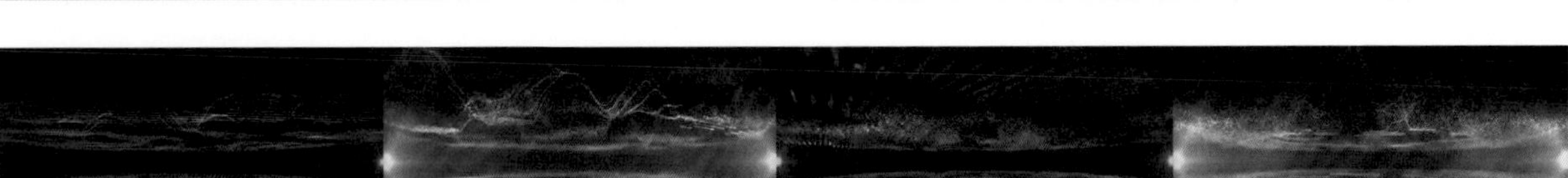

课后习题：可视化音频　　所在页码：250页　　学习目标：练习音频过渡效果

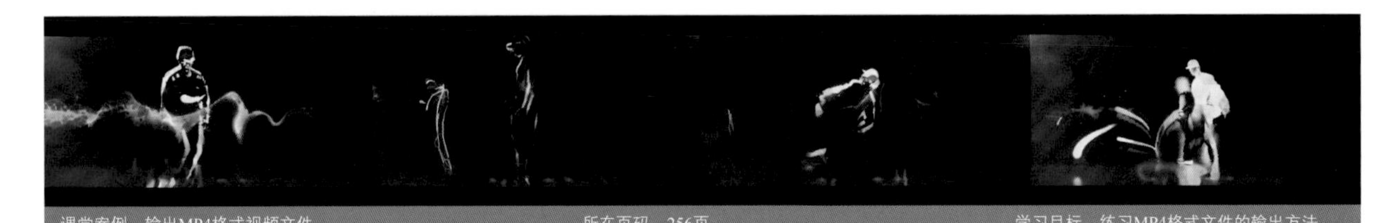

课堂案例：输出MP4格式视频文件　　所在页码：256页　　学习目标：练习MP4格式文件的输出方法

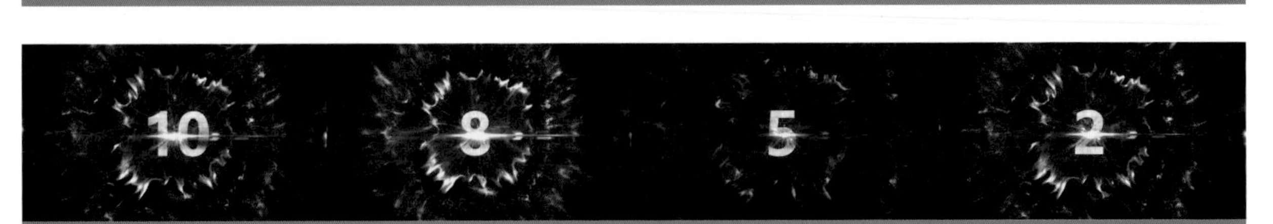

课后习题：输出炫酷倒计时视频　　所在页码：268页　　学习目标：练习视频的输出方式

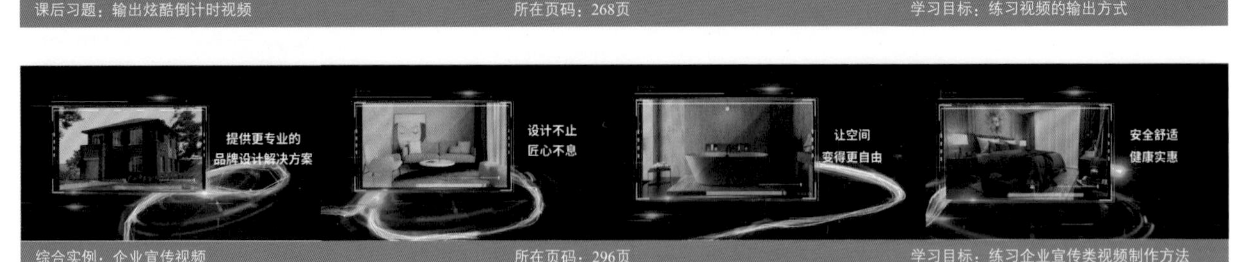

综合实例：企业宣传视频　　所在页码：296页　　学习目标：练习企业宣传类视频制作方法

综合实例：旅游电子相册　　所在页码：304页　　学习目标：练习电子相册的制作方法

Premiere Pro 2020 实用教程

任媛媛 编著

人民邮电出版社
北 京

图书在版编目（CIP）数据

Premiere Pro 2020实用教程 / 任媛媛编著. -- 北京 : 人民邮电出版社, 2021.8（2022.8重印）
ISBN 978-7-115-56705-5

Ⅰ. ①P… Ⅱ. ①任… Ⅲ. ①视频编辑软件－教材
Ⅳ. ①TN94

中国版本图书馆CIP数据核字(2021)第117591号

内容提要

本书主要针对零基础读者开发，是指导初学者快速掌握Premiere Pro 2020的实用参考书。全书系统讲解Premiere的使用方法与技巧，内容包括序列、剪辑、关键帧、效果控件、视频效果、视频过渡效果、字幕、调色、音频效果和作品输出等知识点。

全书以实用技术为主线，对每个技术板块中的重点内容进行介绍，并针对常用知识点精选课堂案例，使读者可以结合案例深入学习，在熟悉软件的同时掌握制作思路。除第1章和第11章外，每章的最后都设置了课后习题，读者可以配合教学视频进行练习，复习巩固每章所学的内容。

随书的数字学习资源包括所有课堂案例、课后习题和综合实例的素材文件、实例文件和在线教学视频，还提供了配套的PPT教学课件。

本书适合作为数字艺术教育培训机构及相关院校的教材，也适合作为初学者学习Premiere的自学教程。

◆ 编　　著　任媛媛
　责任编辑　杨　璐
　责任印制　马振武
◆ 人民邮电出版社出版发行　　北京市丰台区成寿寺路11号
　邮编　100164　　电子邮件　315@ptpress.com.cn
　网址　https://www.ptpress.com.cn
　北京天宇星印刷厂印刷
◆ 开本：787×1092　1/16　　　彩插：2
　印张：19.25　　　　　　　2021年8月第1版
　字数：670千字　　　　　　2022年8月北京第4次印刷

定价：59.90元

读者服务热线：(010)81055410　印装质量热线：(010)81055316
反盗版热线：(010)81055315
广告经营许可证：京东市监广登字20170147号

前言

Premiere Pro 2020是Adobe公司推出的一款专业且功能强大的视频编辑软件，提供了视频采集、剪辑、填色、音频处理、字幕添加和输出等一整套完整流程，在电视包装、影视剪辑、自媒体短视频制作和个人影像编辑等领域应用广泛。

为了给读者提供一本专业的Premiere Pro 2020视频编辑教材，我们精心编写了本书，并对全书的体系做了优化。本书不再局限于死板的参数讲解，更多是介绍软件的运用方法和技巧，让读者能在短时间内理解软件的使用方法，明白其中的原理，尽量减少死记硬背的部分，能够更加灵活地学习。在内容编写方面，本书力求通俗易懂、细致全面；在文字叙述方面，力求言简意赅、突出重点；在案例选取方面，强调案例的针对性和实用性。

本书的学习资源中包含了书中所有课堂案例、课后习题和综合实例的素材文件、实例文件，并且每个案例都附带了最终效果的导出视频。同时，为了方便读者学习，本书还配备了重要知识点的讲解视频和所有案例的教学视频，这些视频均由专业人士录制，其中教学视频详细记录了案例的操作步骤，使读者一目了然。另外，为了方便教师教学，本书还配备了每一章的PPT教学课件，任课老师可直接使用。

课堂案例 包含案例的详细步骤，有助于读者深入掌握Premiere Pro的基础知识和各种工具的使用方法。

技巧与提示： 对软件的实用技巧及制作过程中的难点进行分析和讲解。

知识点： 讲解了大量的技术性知识，有助于读者深入掌握软件各项技术。

本章小结： 总结了每一章的学习重点和核心技术。

课后习题： 帮助读者强化刚学完的重要知识。

本书的参考学时为48学时，其中教师讲授环节为32学时，学生实训环节为16学时，各章的参考学时如下表所示（本表仅供参考，教师授课时可根据实际情况灵活调整）。

章	课程内容	学时分配	
		讲授	实训
第1章	Premiere Pro 2020概述	1	
第2章	编辑素材与序列	2	1
第3章	剪辑和标记	2	1
第4章	效果控件	4	2
第5章	视频过渡效果	4	2
第6章	视频效果	4	2
第7章	字幕	2	2
第8章	调色	4	2
第9章	音频效果	2	1
第10章	输出作品	1	1
第11章	综合实例	6	2
学时总计		32	16

由于编写水平有限，书中难免存在疏漏和不足之处，恳请广大读者批评指正。

编者

2020年12月

资源与支持

本书由数艺设出品，“数艺设”社区平台（www.shuyishe.com）为您提供后续服务。

配套资源

PPT教学课件

素材文件和实例文件（课堂案例/课后习题/综合实例）

在线教学视频

知识点讲解视频（视频云课堂）

赠送视频素材

赠送音频素材

赠送免抠素材

资源获取请扫码

“数艺设”社区平台，为艺术设计从业者提供专业的教育产品。

与我们联系

我们的联系邮箱是 szys@ptpress.com.cn。如果您对本书有任何疑问或建议，请您发邮件给我们，并请在邮件标题中注明本书书名以及ISBN，以便我们更高效地做出反馈。

如果您有兴趣出版图书、录制教学课程，或者参与技术审校等工作，可以发邮件给我们；有意出版图书的作者也可以到“数艺设”社区平台在线投稿（直接访问 www.shuyishe.com 即可）。如果学校、培训机构或企业想批量购买本书或数艺设出版的其他图书，也可以发邮件给我们。

如果您在网上发现有针对“数艺设”出品图书的各种形式的盗版行为，包括对图书全部或部分内容的非授权传播，请您将怀疑有侵权行为的链接通过邮件发给我们。您的这一举动是对作者权益的保护，也是我们持续为您提供有价值的内容的动力之源。

关于数艺设

人民邮电出版社有限公司旗下品牌“数艺设”，专注于专业艺术设计类图书出版，为艺术设计从业者提供专业的图书、U书、课程等教育产品。出版领域涉及平面、三维、影视、摄影与后期等数字艺术门类，字体设计、品牌设计、色彩设计等设计理论与应用门类，UI设计、电商设计、新媒体设计、游戏设计、交互设计、原型设计等互联网设计门类，环艺设计手绘、插画设计手绘、工业设计手绘等设计手绘门类。更多服务请访问“数艺设”社区平台www.shuyishe.com。我们将提供及时、准确、专业的学习服务。

目录

Premiere Pro

Premiere Pro 2020概述

本章主要讲解Premiere Pro 2020的一些基础知识和行业应用。通过本章的学习，读者不仅可以对软件有一个初步的了解，还可以对软件进行前期设置，以方便后续工作。

课堂学习目标

- 了解软件的行业应用
- 熟悉软件的操作界面
- 熟悉软件的相关理论
- 掌握软件的前期设置要点

1.1 Premiere Pro 2020概述

Premiere Pro是一款非线性的视频剪辑软件，用户可以在编辑的视频中随意替换、放置和移动视频、音频和图像素材。Premiere Pro是日常工作和生活中常用的视频剪辑软件之一。不仅可以用它剪辑电影、电视这些专业视频，还可以剪辑网络上常见的Vlog等短视频。近年来，短视频App的迅速普及带动了视频剪辑软件的使用维度，让以前只有专业人士才会使用的软件逐渐普及到普通用户。

作为Adobe家族的一员，Premiere Pro可以与Photoshop、After Effects和Audition等软件进行无缝衔接，极大地提升了用户的制作效率。Premiere Pro 2020相较于以往的版本，增加了许多协作性的功能。图1-1所示为Premiere Pro 2020的启动界面。

图1-1

1.2 Premiere Pro 2020的操作界面

视频云课堂：001-Premiere Pro 2020 的操作界面

下面我们来熟悉一下Premiere Pro 2020的操作界面，这样在后续的学习和工作中，就可以快速使用界面中的面板和工具。

在启动软件后，会弹出“主页”界面，如图1-2所示。在该界面中可以创建新的项目，也可以打开已有的项目，同时展示前一段时间编辑过的项目。界面的上方还提供了初学者的入门在线培训视频，方便用户进行学习。

图1-2

技巧与提示

切换到“学习”选项卡，面板中会显示一些网络学习课程，如图1-3所示，方便用户进一步地学习剪辑方法。

图1-3

单击“新建项目”按钮后，会弹出“新建项目”对话框，如图1-4所示。在该对话框中，需要设置项目的名称和保存位置，单击“确定”按钮后，就可以进入软件的界面。

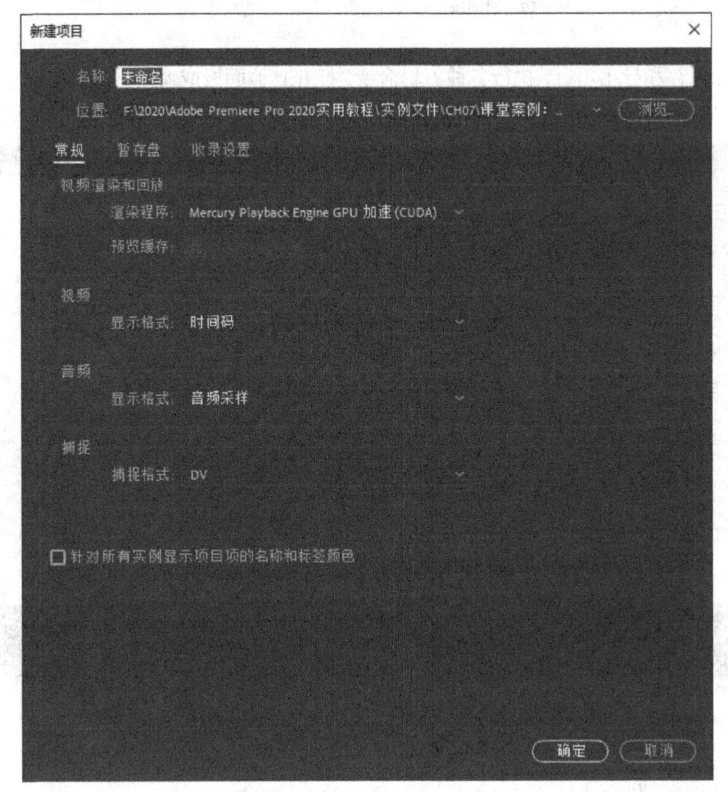

图1-4

图1-5所示为Premiere Pro 2020的默认界面，它由14个部分组成，分别是菜单栏、工作区以及“源”“效果控件”“音频剪辑混合器”“元数据”“节目”“音频仪表”“时间轴”“工具面板”“项目”“媒体浏览器”“信息”“效果”等面板。高亮显示的部分是当前显示的面板，未高亮显示的部分是隐藏的面板。

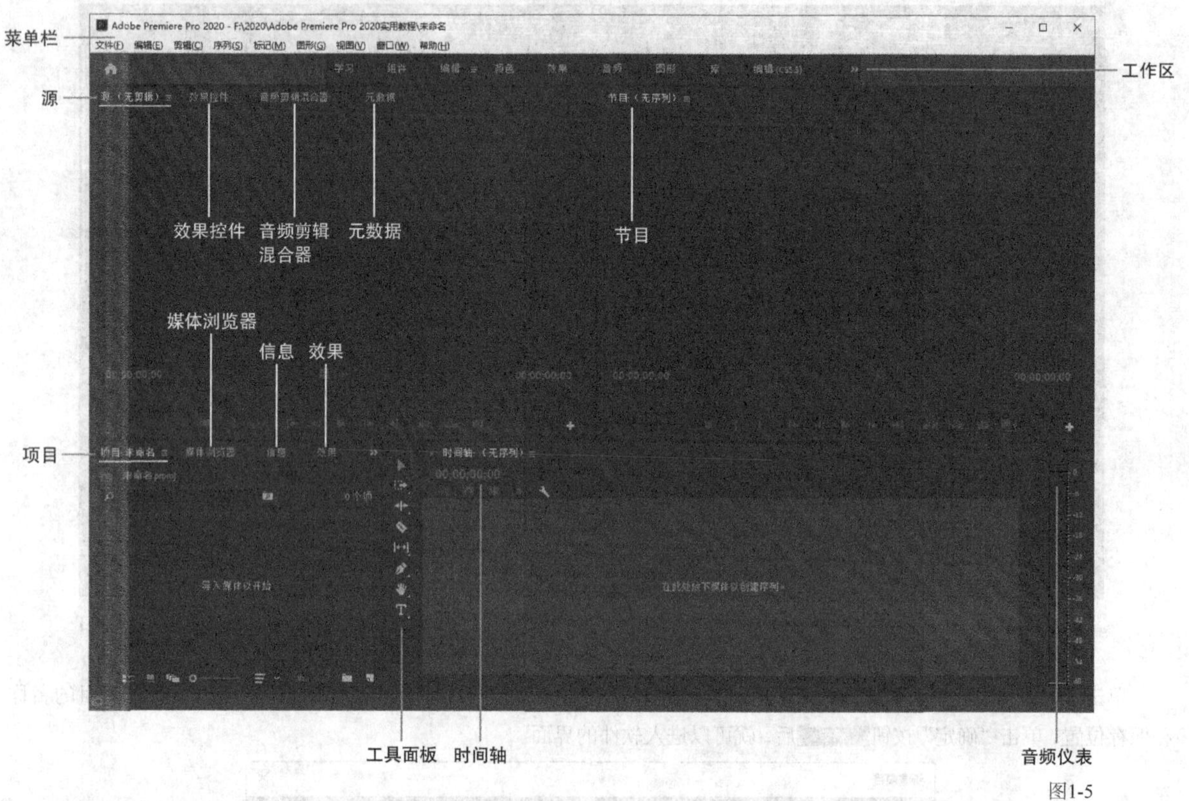

图1-5

菜单栏：可以打开、保存和导出项目，执行各种剪辑命令，打开其他面板或窗口。

源：是一个监视器面板，可以观察源素材的详细情况，并可以对其进行一定的编辑，如图1-6所示。

图1-6

技巧与提示

双击面板的名称，可以将该面板最大化显示。

节目：与“源”一样也是一个监视器面板。不同的是，在这个监视器中可以观察序列的情况，并可以对其进行一定的编辑，如图1-7所示。

图1-7

效果控件：在该面板中可以对剪辑序列添加属性的关键帧，在应用了“效果”面板中的视频或音频效果后，也可以对这些效果进行属性修改。读者可以将其简单理解为参数面板，如图1-8所示。

图1-8

音频剪辑混合器：面板造型类似音频工作室的硬件设备，用于将不同音轨进行混合后应用到剪辑中，如图1-9所示。

元数据：显示剪辑的各种数据，如图1-10所示。

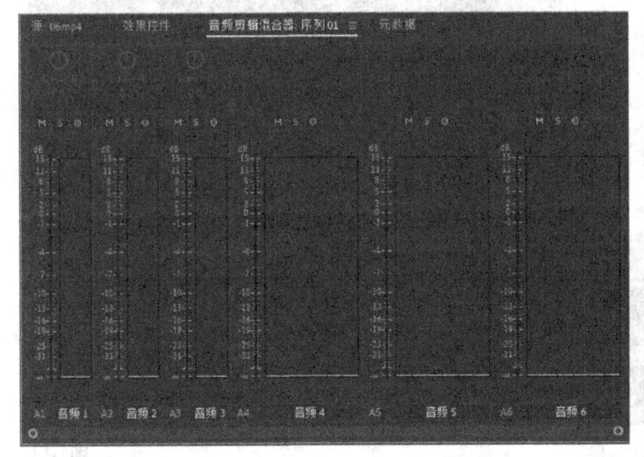

图1-9

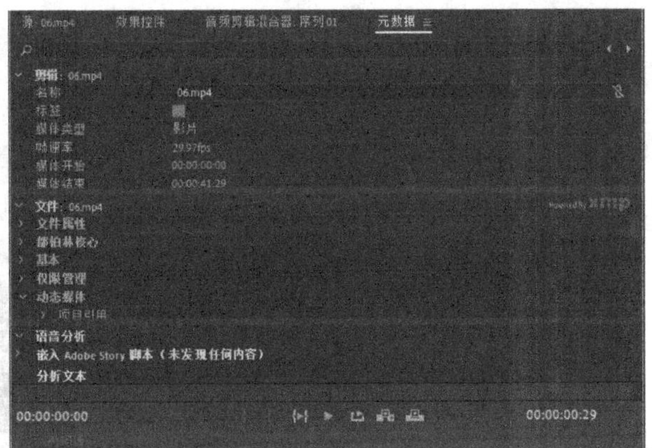

图1-10

工作区：对于不同的应用领域展示不同的面板构成，默认情况下使用“编辑”工作区。图1-11所示为“效果”工作区的面板分布。

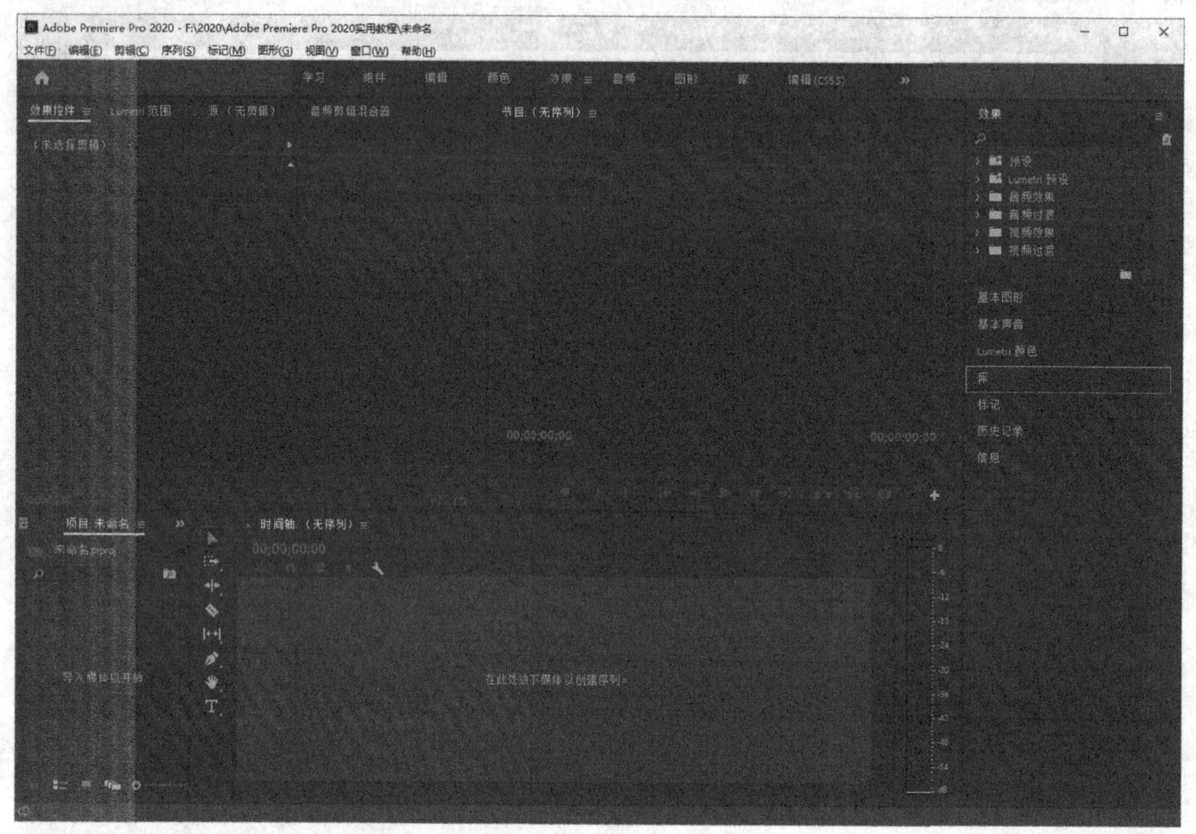

图1-11

知识点：自定义工作区

用户除了可以选择系统提供的不同工作区外，还可以自定义适合自己的工作区。

单击工作区菜单右侧的»按钮，在弹出的下拉列表中选择“编辑工作区”选项，如图1-12所示。

此时系统会弹出“编辑工作区”对话框，如图1-13所示。在该对话框中就可以选择想要移动的界面，按住鼠标左键拖曳相应的选项到合适位置，松开鼠标后即可完成移动，单击“确定”按钮 确定 后就能完成工作区界面的修改。

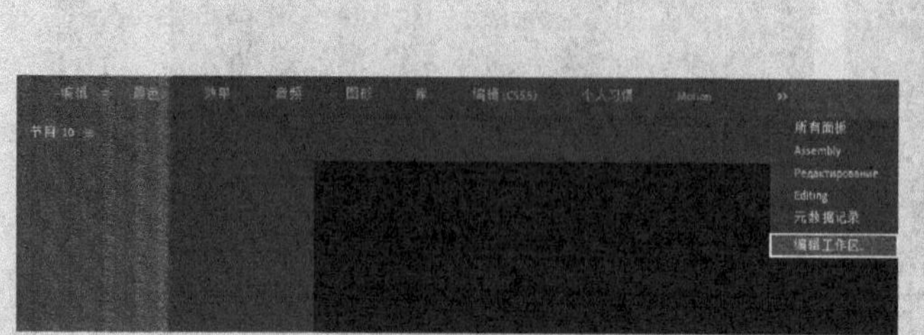

图1-12

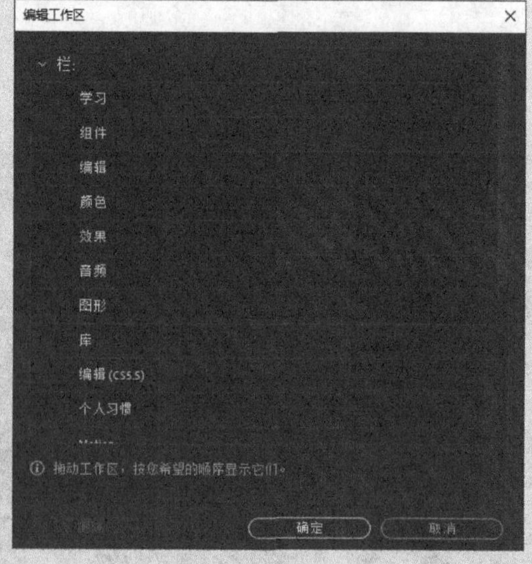

图1-13

如果要删除自定义的工作区，只需选择需要删除的工作区，然后单击“编辑工作区”对话框左下角的“删除”按钮 删除 即可，如图1-14所示。删除自定义工作区后，在下次启动Premiere Pro时，将使用默认的工作区。

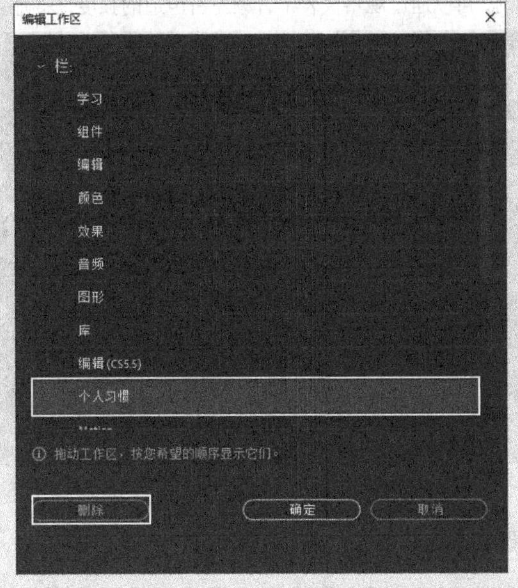

图1-14

在完成自定义工作区操作后，界面会随之变化。若想存储自定义的工作区，就需要执行“窗口>工作区>另存为新工作区”菜单命令。执行“窗口>工作区>重置为保存布局”菜单命令（或按快捷键Alt+Shift+0），即可重置工作区，使界面恢复到默认布局。

项目：在该面板中可以导入外部素材，并对素材进行管理，如图1-15所示。

媒体浏览器：在该面板中可直接找到本机或团队中的素材文件，不需要额外打开文件夹进行查找，如图1-16所示。

信息：该面板中会显示所选素材、序列剪辑或过渡的信息。

效果：该面板中包含视频、音频和过渡的各种滤镜效果。通过上方的搜索框可以快速查找需要的滤镜，如图1-17所示。

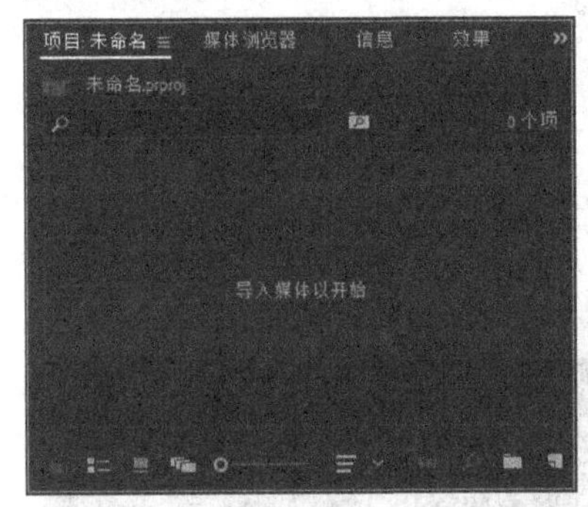

图1-15

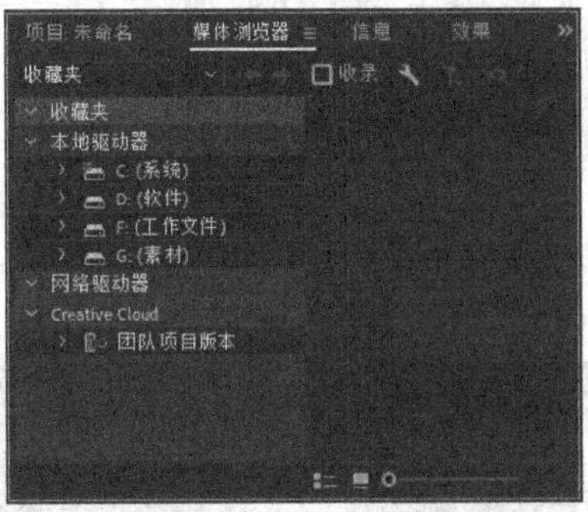

图1-16

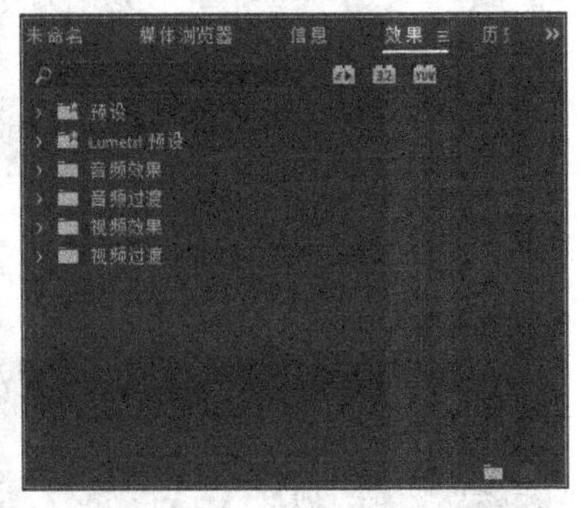

图1-17

技巧与提示

单击右侧的»按钮，还可以切换到“历史记录”和“字幕”面板等，如图1-18所示。

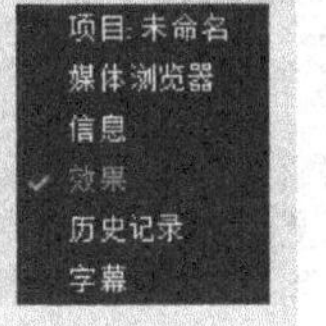

图1-18

工具面板：该面板中集合了一些在剪辑中会用到的工具，默认情况下选中的是“选择工具”，如图1-19所示。

图1-19

时间轴：大部分的编辑工作需要在“时间轴”面板中完成。用户会将多个素材拖曳到“时间轴”面板中形成序列，从而对这个序列进行编辑，如图1-20所示。

音频仪表：当播放视频、音频时，可以通过观察仪表中音频左右声道的强度，来确定是否有爆音出现，如图1-21所示。

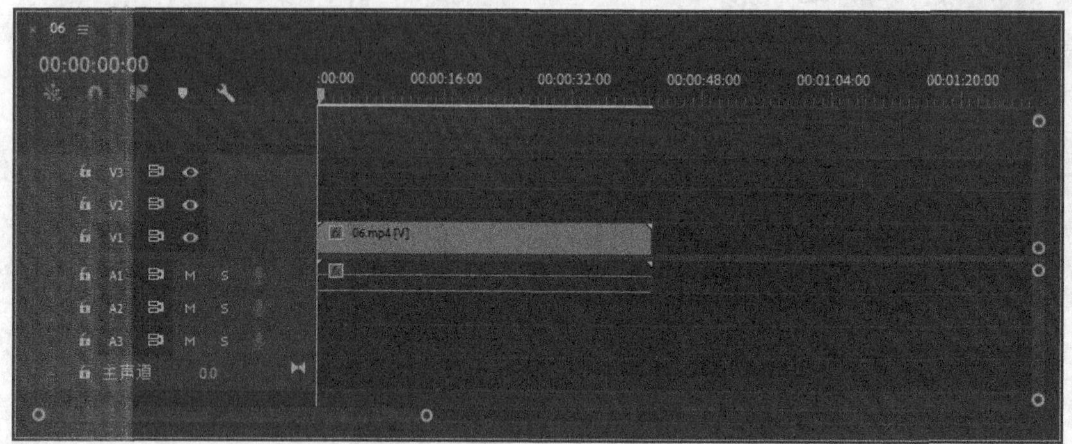

图1-20

图1-21

知识点：面板的位置和大小调整

与其他Adobe软件一样，Premiere Pro的面板也是可以随意更改位置和大小的。用户可以根据自己的需求，对工作区中的面板进行调整。

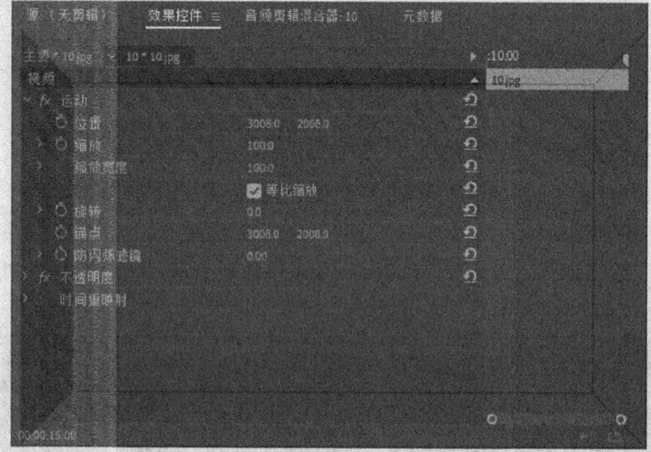

图1-22

按住鼠标左键拖曳面板，可以将选中的面板移动到界面上的任意位置。当移动的面板与其他面板的区域相交时，相交的面板区域会变亮，如图1-22所示。变亮的位置决定了移动的面板所插入的位置。如果想让面板自由浮动，就需要在拖曳面板的同时按住Ctrl键。

在面板的左上角或右上角单击☰按钮，会弹出面板菜单，如图1-23所示。在面板菜单中可以切换面板的状态。

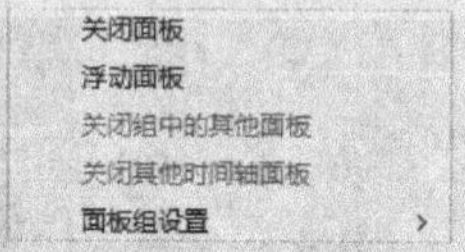

关闭面板
浮动面板
关闭组中的其他面板
关闭其他时间轴面板
面板组设置 ›

图1-23

如果想调整面板的大小，可将鼠标指针放置在相邻面板间的分隔线上，此时鼠标指针会变成⇼形状。此时按住鼠标左键拖曳，就能调整相邻两个面板的大小，如图1-24所示。

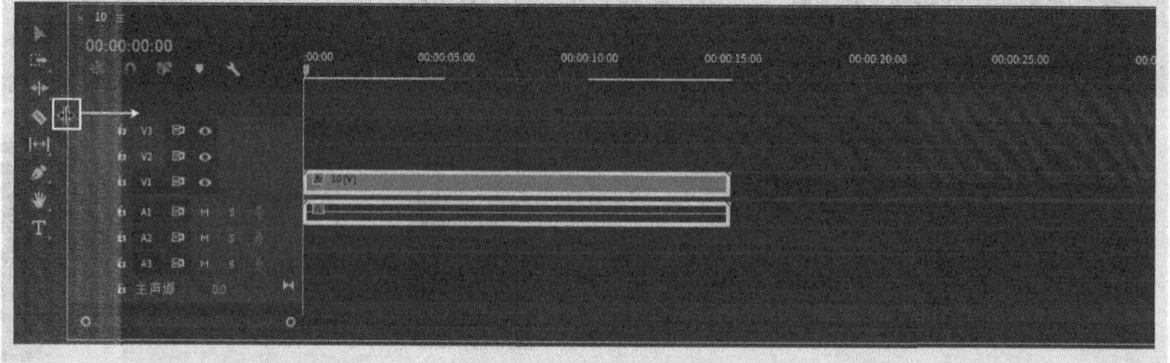

图1-24

若想同时调整多个面板的大小位置，可以将鼠标指针放置在面板的交叉处，此时鼠标指针会变成形状。按住鼠标左键拖曳，就能同时调整多个面板的大小，如图1-25所示。

图1-25

如果在操作过程中不小心关闭了某个面板，在“窗口”菜单中选择该面板名称对应的菜单命令就可以重新显示该面板。

1.3 Premiere Pro的相关理论

在学习操作Premiere Pro软件之前，先要了解一些与软件有关的理论知识，以方便后面内容的学习。

1.3.1 常见的播放制式

目前世界上使用的电视广播制式主要有PAL、NTSC和SECAM这3种，我国主要使用PAL制式。制式的区别在于帧速率、分解率信号带宽、载频和色彩空间的转换关系等方面的不同。

1.PAL制式

PAL制式的全称为“正交平衡调幅逐行倒相制”。相比于NTSC制式，PAL制式克服了相位明暗造成的色彩失真的缺点。这种制式采用25fps的帧速率，标准分辨率为720px×576px。图1-26所示为“新建序列”对话框中的PAL制式类型。

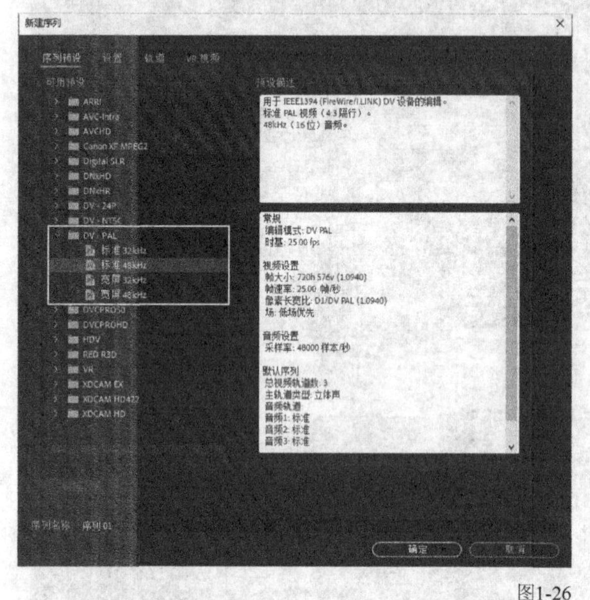

图1-26

2.NTSC制式

NTSC制式的全称为“正交平衡调幅制”。这种制式采用29.97fps的帧速率，标准分辨率为720px × 480px。图1-27所示为“新建序列”对话框中的NTSC制式类型。

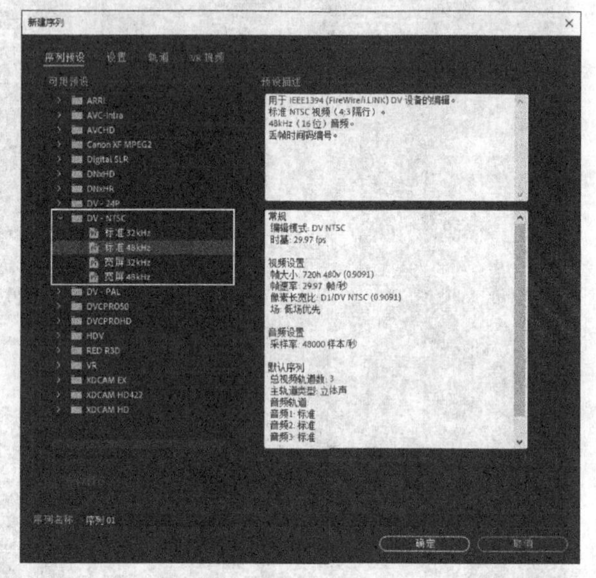

图1-27

3.SECAM制式

SECAM制式的全称为“行轮换调频制”。它与PAL制式一样，也解决了NTSC制式相位失真的缺点，但采用了时间分隔法来传送两个色彩信号。这种制式采用25fps的帧速率，标准分辨率为720px × 576px。

1.3.2 帧速率

fps即帧速率，是指画面每秒传送的帧数，“帧”则作为视频中最小的时间单位。例如，30fps是指1秒的视频由30帧组成，而每一帧则对应一个画面。由此可以得出，30fps的视频在播放时要比15fps的视频画面更加流畅。

1.3.3 分辨率

在制作视频时，经常会听到720p、1080p和4K这些叫法，这些数字就代表了视频的分辨率。720p表示分辨率为1280px × 720px，1080p表示分辨率为1920px × 1080px，4K表示分辨率为4096px × 2160px，其对比示意图如图1-28所示。

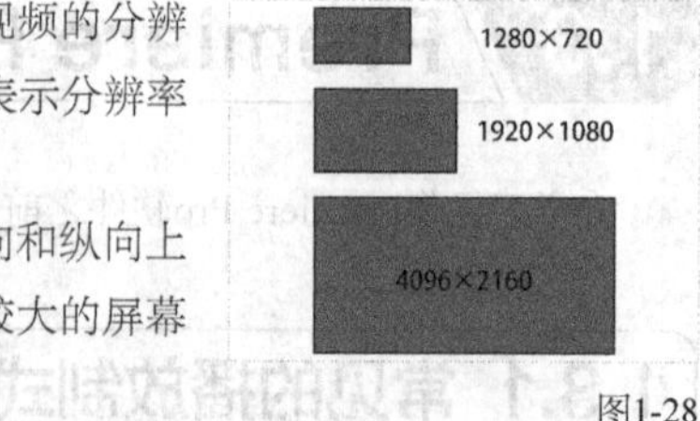

图1-28

分辨率是用于度量图像内数据量多少的一个参数。例如，1280 × 720表示横向和纵向上的有效像素分别为1280和720，因此在普通的屏幕上播放视频时会很清晰，而在较大的屏幕上播放视频时就会显得模糊。

技巧与提示

在数字领域通常采用二进制运算，而且用构成图像的像素来描述数字图像的大小。当像素量巨大时，就会用K来表示，例如$4K=4 \times 2^{10}=2^{12}=4096$。

1.3.4 像素宽高比

与上一小节讲解的分辨率的宽和高不同，像素宽高比是指放大画面后看到的每一个像素的宽度和高度的比例。由于播放设备本身的像素宽高比不是1：1，因此在播放设备上放映作品时，就需要修改像素宽高比的数值。图1-29所示为“方形像素”和“D1/DV PAL宽银幕16：9”两种像素宽高比的对比效果。

通常在计算机上播放的视频的像素长宽比为1.0，而在电视、电影院等设备上播放的视频像素宽高比要大于1.0。如果要在设置序列时更改像素宽高比，需要先在“新建序列”对话框的“设置”选项卡中设置“编辑模式”为“自定义”，然后就可以在“像素长宽比”下拉列表中选择所需的像素宽高比类型，如图1-30所示。

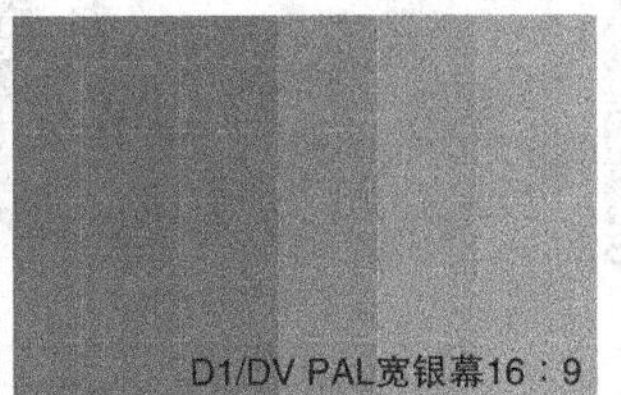

图1-29

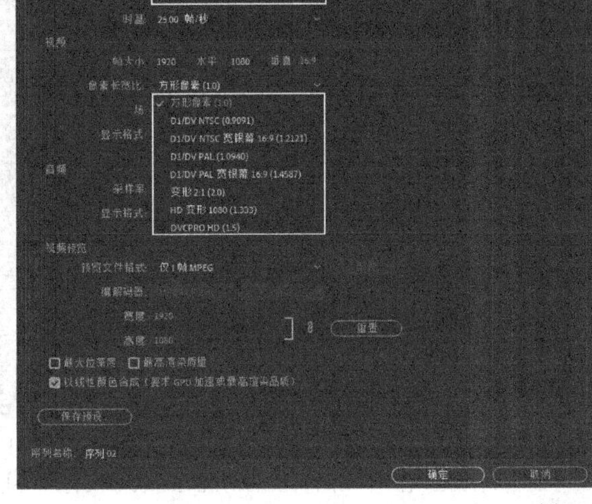

图1-30

1.4 Premiere Pro 2020的前期设置

在进行剪辑工作之前，需要对软件进行一些前期设置，以方便后续的制作。

1.4.1 Premiere Pro 2020对计算机的配置要求

随着Premiere Pro软件的不断更新，其对计算机配置的要求也越来越高，表1-1是Premiere Pro 2020对计算机配置的要求情况。

表1-1

配置	基础要求	高级配置
操作系统	Windows 10 64位	Windows 10 64位
CPU	Intel 酷睿i5 9400F	Intel 酷睿i7 8086
内存	8GB	16GB
显卡	NVIDIA GTX 1060	NVIDIA GTX 1080Ti或20系
硬盘	1TB	1TB
电源	500W	600W

1.4.2 首选项

视频云课堂：002-首选项

执行“编辑>首选项>常规”菜单命令，就可以打开“首选项”对话框，如图1-31所示。在该对话框中可以对软件的外观和自动保存等参数进行设置。

切换到“外观”选项卡，可以设置软件的界面亮度。默认情况下的软件界面是纯黑色，当向右移动亮度滑块时，界面的颜色就由黑色变为深灰色，如图1-32所示。与Photoshop不同，Premiere Pro没有浅色的界面，因为深色界面可以帮助用户更好地感受素材的颜色。

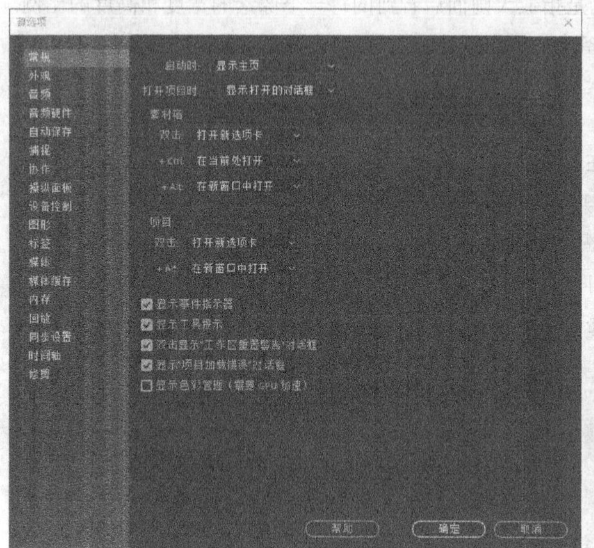

图1-31

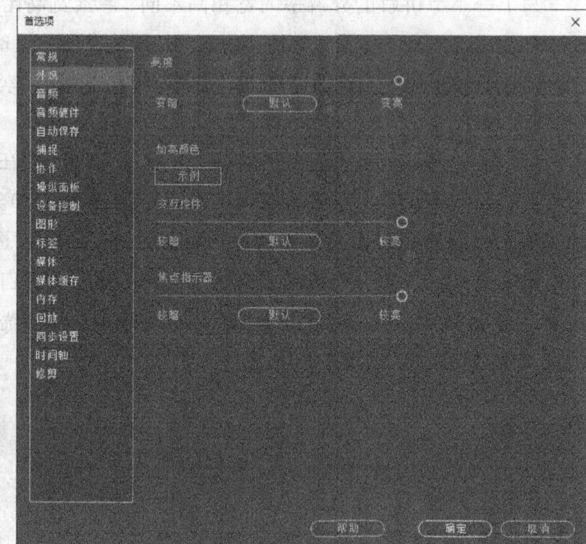

图1-32

当遇到停电或软件突然崩溃的情况时，最怕没有保存已经处理过的视频。因为如果未保存，就会丢失之前所做的一切工作，白白浪费精力。

切换到“自动保存”选项卡，然后勾选“自动保存项目”选项，就可以自动保存项目文件，如图1-33所示。在该选项卡中不仅可以设置自动保存的时间间隔，还可以设置保存个数。如果勾选“将备份项目保存到Creative Cloud”选项，就会在用户的Adobe账号中自动保存项目文件，用户无论在哪台计算机上，只要登录自己的Adobe账号，都可以找到备份文件进行编辑。

设置完成后，单击“确定”按钮 确定 就可以保存之前设置的各项参数。单击“取消”按钮 取消 则不会改变默认参数。

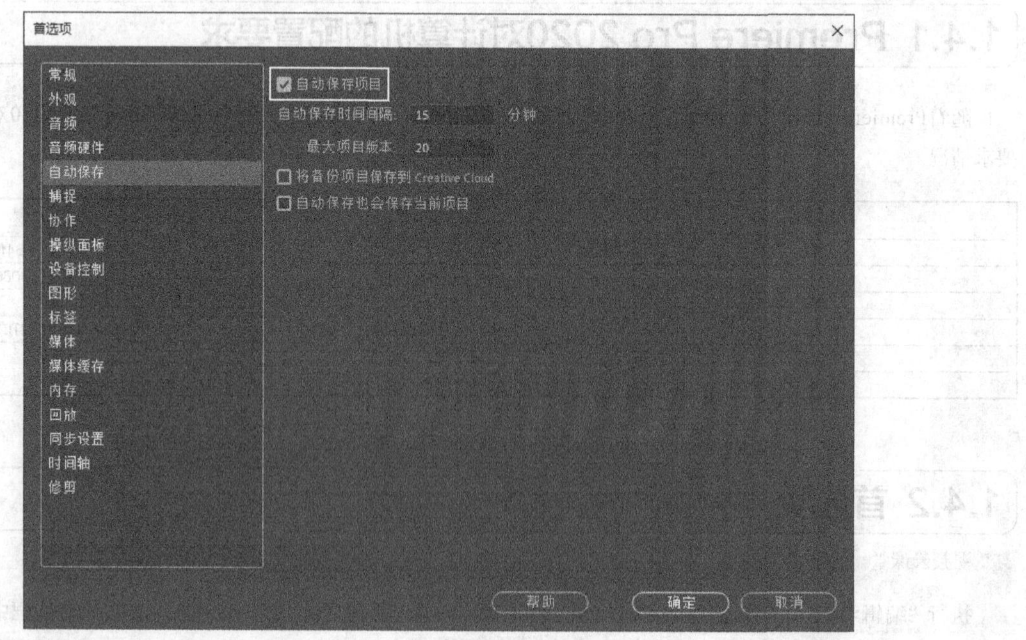

图1-33

1.4.3 快捷键

视频云课堂：003- 快捷键

相较于鼠标操作，快捷键会更加方便用户使用一些命令。执行“编辑>快捷键”菜单命令，就可以打开“键盘快捷键”对话框，如图1-34所示。在该对话框中可以查看已有的快捷键，也可以增加新的快捷键。

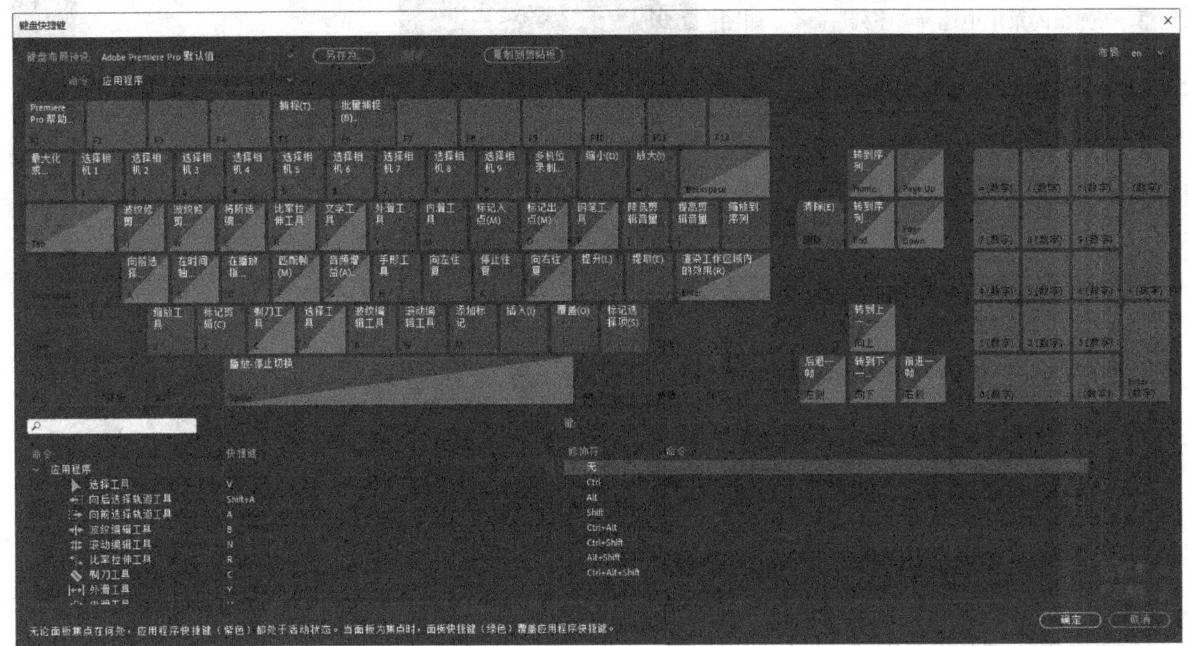

图1-34

技巧与提示

“附录A 常用快捷键一览表”中罗列了常用的快捷键，读者可自行查阅。

1.4.4 创建序列

视频云课堂：004- 创建序列

Premiere Pro中有两种方式可以创建序列，一种是根据素材自动匹配创建序列，另一种是手动创建序列。

1.自动匹配创建序列

只要将素材视频拖曳到空白的时间轴轨道上，就会创建一个匹配设置的序列，如图1-35所示。

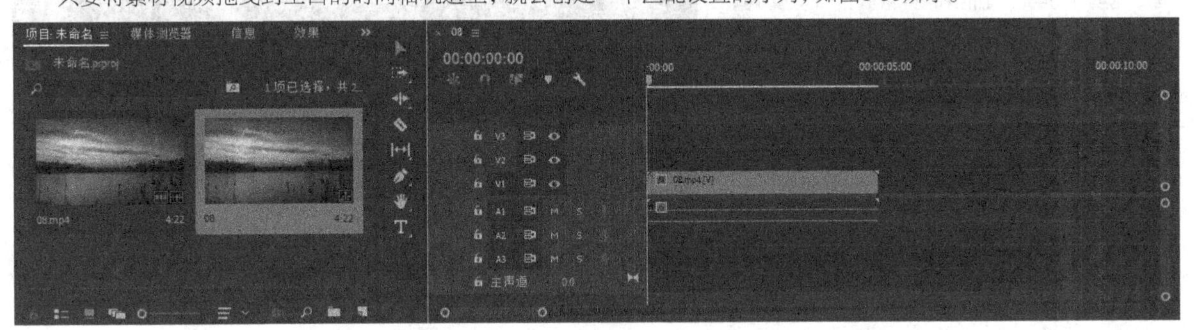

图1-35

2.手动创建序列

用户如果知道大致的设置，则可以选择一个合适的预设序列。

在“项目”面板右下角单击“新建项”按钮，在弹出的菜单中选择“序列”命令，如图1-36所示。此时系统会打开“新建序列”对话框，如图1-37所示。

技巧与提示

序列决定了输出影片的大小、格式和编码等相关信息。

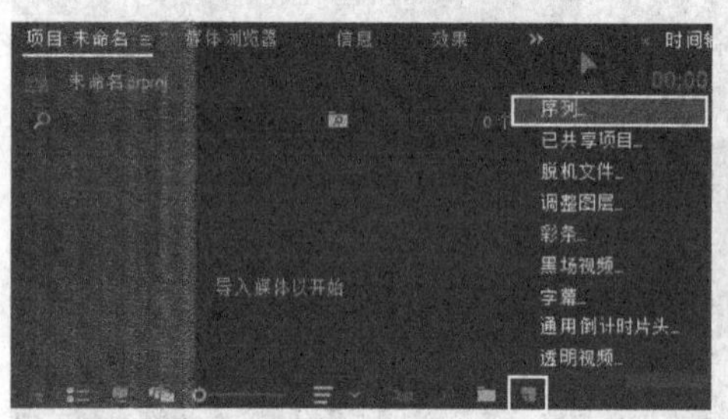

图1-36

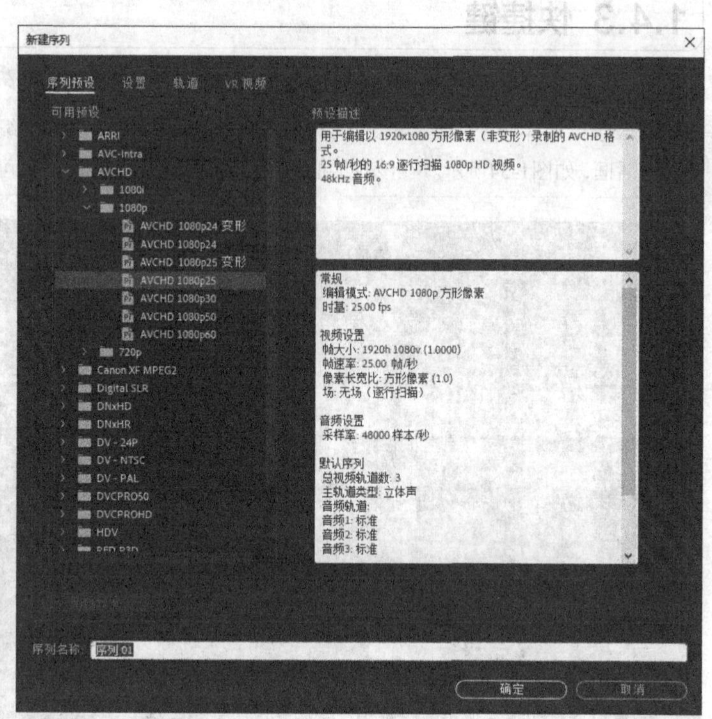

图1-37

选中预设后会在右侧显示预设的相关信息，包括输出尺寸、帧速率和音频的采样率等信息。根据这些信息，用户就可以判断预设与自己需要的类型是否符合。

如果需要输出1920×1080大小的视频文件，可以选择AVCHD中的预设；如果需要输出1280×720大小的视频文件，可以选择HDV预设中的720p系列。这两种格式的预设在实际工作中运用较多。

切换到“设置”选项卡，可以修改预设的一些参数信息，如图1-38所示。

知识点：格式和编/解码器

视频和音频文件都有特定的格式。格式中包含帧速率、帧大小和音频采样率等信息。例如，常见的QuickTime和AVI格式的视频文件，是携带多种不同视频和音频解码器的容器。

编/解码器是压缩器和解压器的简称，是视频和音频信息储存与回放的方式。如果将完成的序列输出为文件，会为其选择一种格式、文件类型和编/解码器。

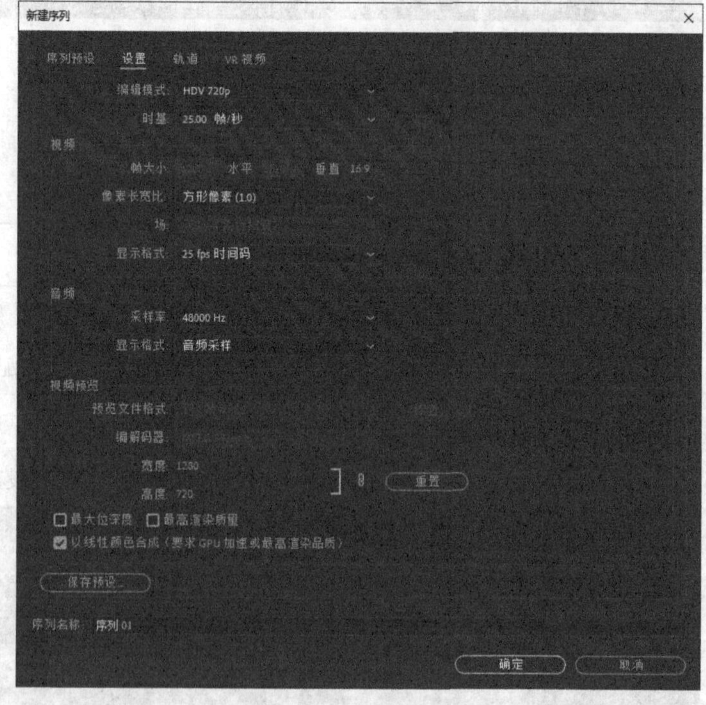

图1-38

在设置好序列的属性后，添加到时间轴上的素材会自动与设置的序列相匹配，保证帧速率和帧大小相同，而素材的格式则不会改变。单击“保存预设”按钮，就可以将序列进行保存，方便以后随时调用。

Premiere Pro

编辑素材与序列

本章主要讲解素材文件的导入和编辑，以及序列的编辑，从而完成简单的剪辑效果。

课堂学习目标

- 熟悉素材文件导入方法
- 掌握素材文件编辑方法
- 掌握序列的基础编辑方法

2.1 导入素材文件

制作剪辑文件的第1步就是导入所需要的各种素材文件，包括视频素材、序列素材和PSD素材等。下面逐一介绍导入方法。

2.1.1 导入视频素材文件

视频云课堂：005- 导入视频素材文件

无论是导入哪种类型的素材，都可以用以下3种方式。

第1种：执行“文件>导入”菜单命令（快捷键为Ctrl+I），然后在弹出的“导入”对话框中选择需要导入的素材文件。

技巧与提示

双击“项目”面板的空白处也可以打开“导入”对话框。

第2种：从“媒体浏览器”面板中选择需要导入的素材文件。

第3种：直接将素材文件拖入“项目”面板中。

导入视频素材文件后，会在“项目”面板中看到导入文件的缩略图、素材名称和时长，如图2-1所示。

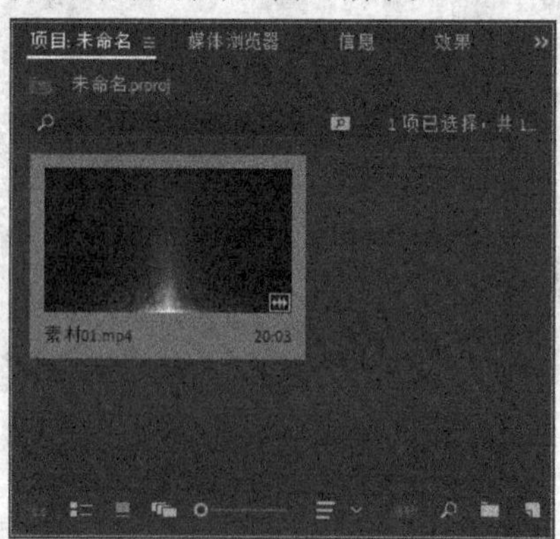

图2-1

单击“从当前视图切换到列表视图”按钮，可以将素材从缩略图模式切换为列表模式，如图2-2所示。

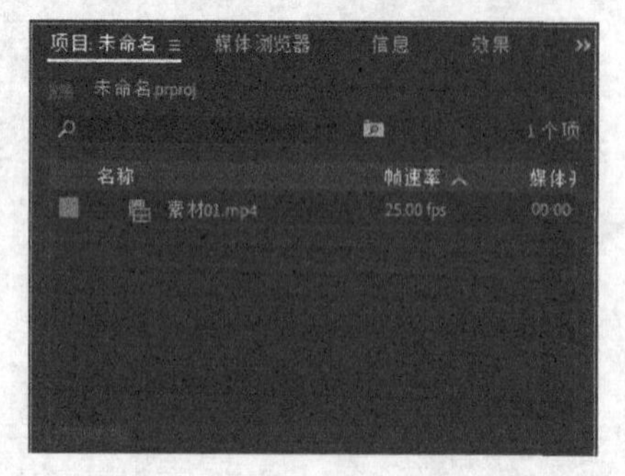

图2-2

2.1.2 导入序列素材文件

视频云课堂：006- 导入序列素材文件

这里的序列素材文件是指多个图片组成的序列文件，常见于制作动画所渲染的序列帧。在“导入”对话框中选择序列帧中的任意一帧，然后勾选下方的“图像序列”选项，接着单击“打开”按钮，就可以将序列帧图片导入“项目”面板，如图2-3所示。导入后的序列帧会生成一个单独的素材文件，如图2-4所示。

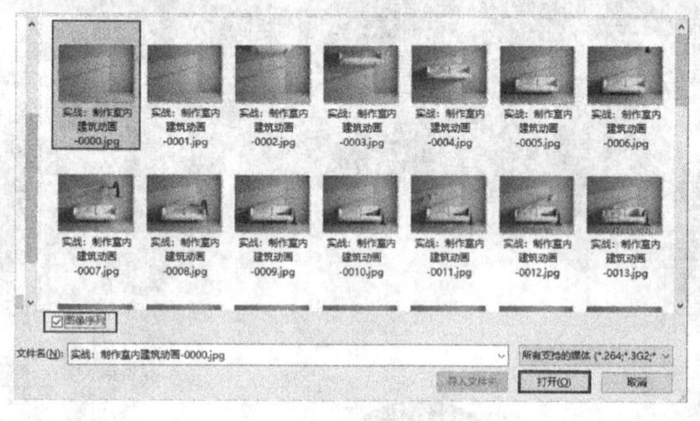

图2-3

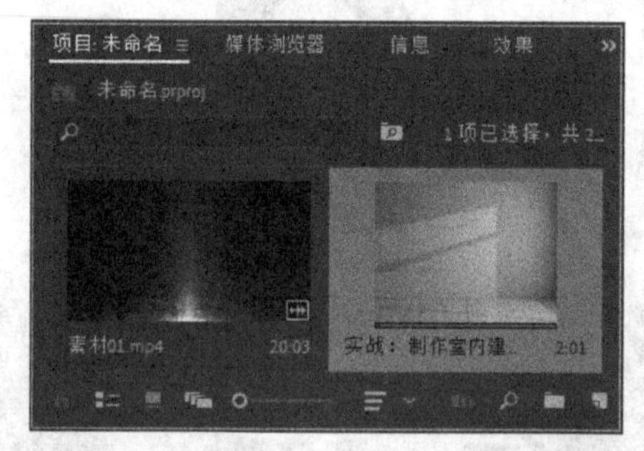

图2-4

2.1.3 导入PSD素材文件

视频云课堂：007- 导入 PSD 素材文件

PSD文件多由多个图层组成，在导入PSD素材文件时，会弹出“导入分层文件”对话框，如图2-5所示。单击“导入为”下拉按钮，可以在列表中选择PSD文件导入的形式，如图2-6所示。

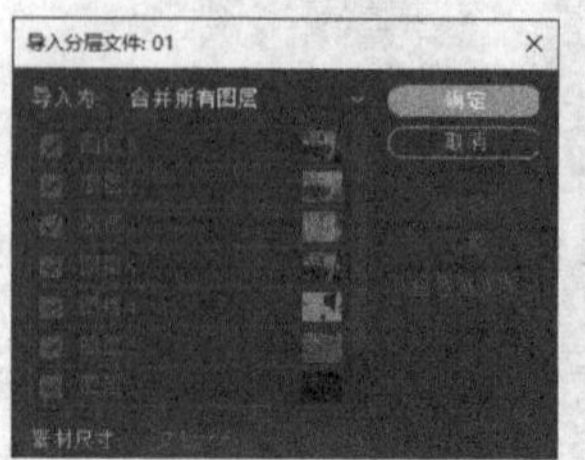

图2-5

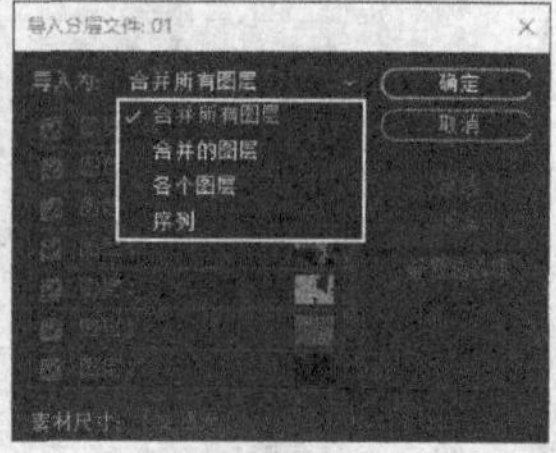

图2-6

保持默认情况下的“合并所有图层”选项时，导入的PSD素材文件会生成一个文件，如图2-7所示。

图2-7

技巧与提示

其他格式的图片文件只需直接导入即可，不需要做额外的操作。

课堂案例

导入素材文件

素材文件　素材文件>CH02>01

实例文件　实例文件>CH02>课堂案例：导入素材文件>课堂案例：导入素材文件.prproj

视频名称　课堂案例：导入素材文件.mp4

学习目标　练习导入素材文件的方法

扫码观看视频

本案例需要将素材文件夹中的素材导入项目面板中。

01 执行“文件>新建>项目”菜单命令，在弹出的“新建项目”对话框中设置项目的“名称”和“位置”信息，然后单击“确定”按钮确定，如图2-8所示。

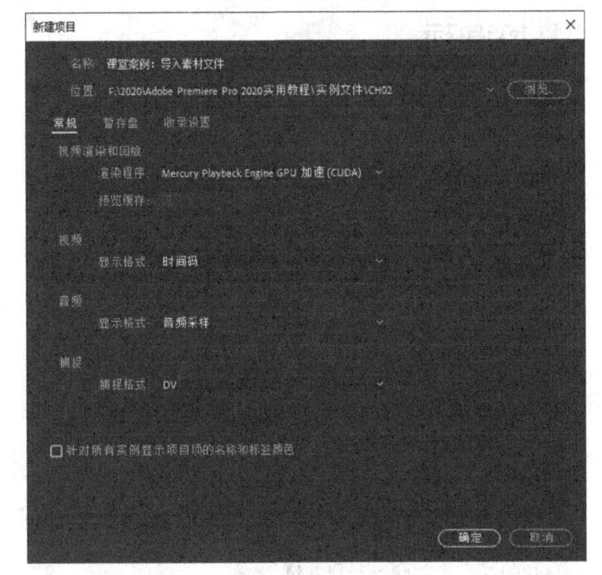

图2-8

02 双击“项目”面板的空白处，然后在弹出的“导入”对话框中选择本书学习资源中的“素材文件>CH02>01>01.mp4”文件，并单击“打开”按钮打开(O)，如图2-9所示。此时，选中的文件会出现在“项目”面板中，如图2-10所示。

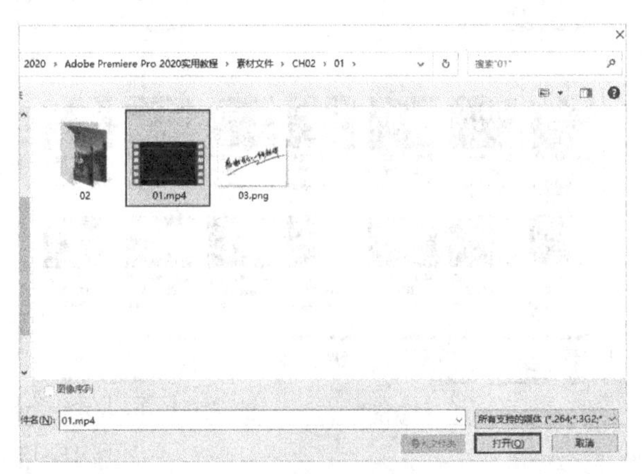

图2-9

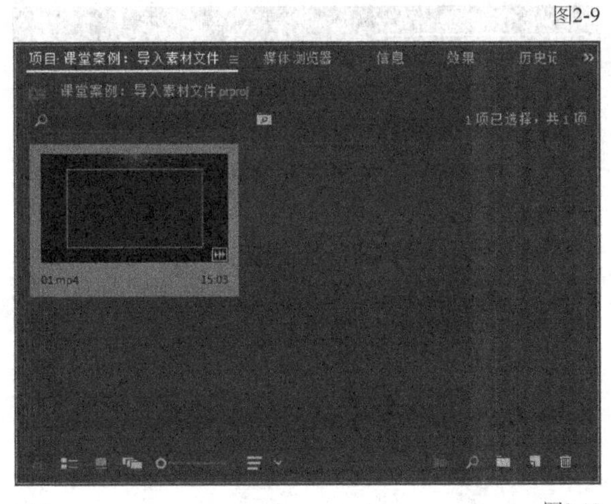

图2-10

03 再次双击“项目”面板的空白区域，然后在弹出的“导入”对话框中选中本书学习资源中的“素材文件>CH02>01>02”文件夹，如图2-11所示。

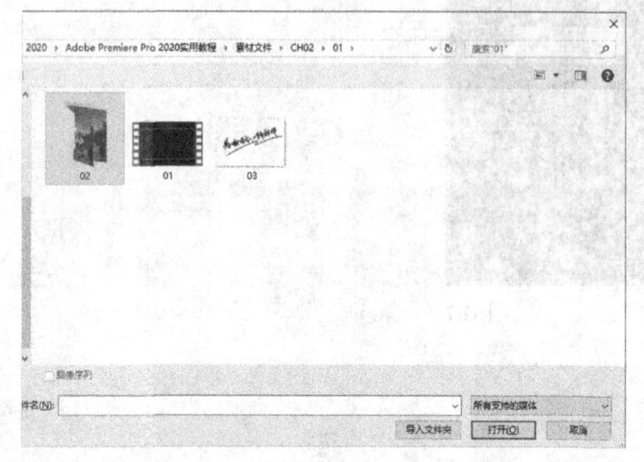

图2-11

04 双击进入选中的文件夹，然后选中任意一帧序列帧图片，勾选下方的“图像序列”选项，并单击“打开”按钮 打开(O) ，如图2-12所示。导入的序列帧图片会在“项目”面板中形成一个独立的文件，如图2-13所示。

图2-12

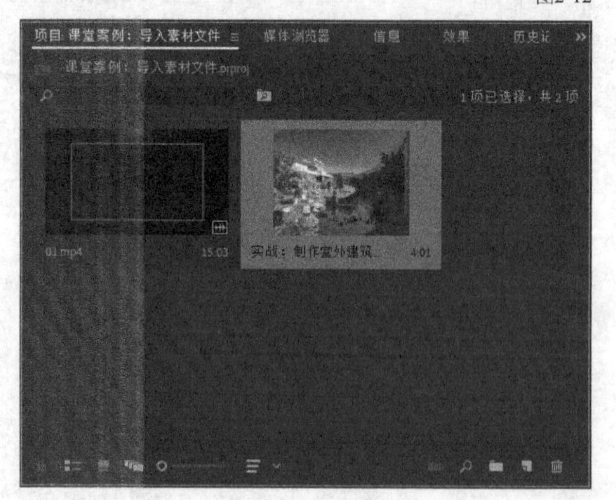

图2-13

05 继续双击“项目”面板空白区域，然后在打开的“导入”对话框中选择本书学习资源中的“素材文件>CH02>01>03.png”文件，并单击“打开”按钮 打开(O) ，如图2-14所示。导入的图片文件会显示在“项目”面板中，如图2-15所示。至此，本案例操作完成。

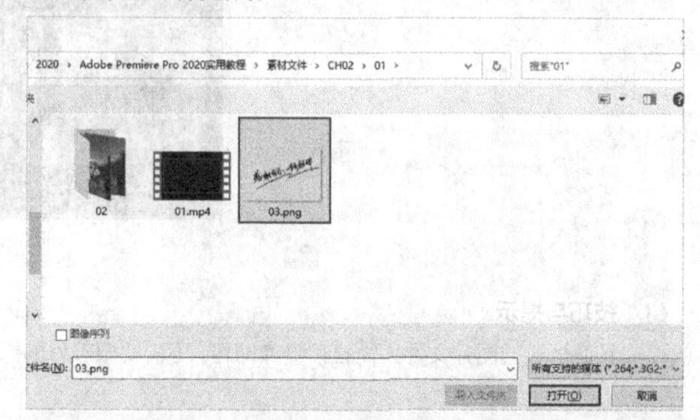

图2-14

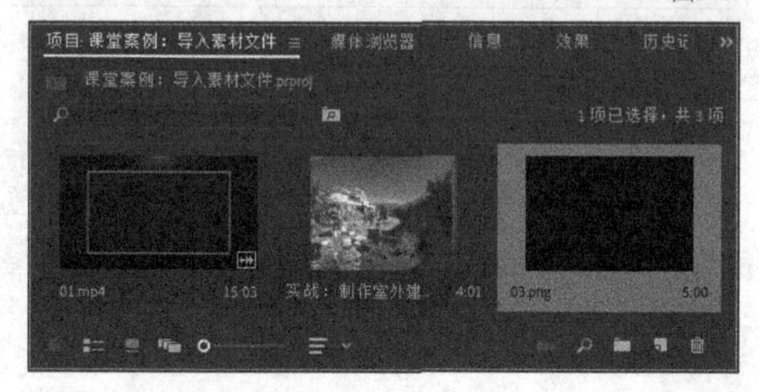

图2-15

技巧与提示

素材03.png中的文字是黑色的，加之Premiere Pro中透明背景也显示为黑色，因此该素材缩略图整个显示为黑色。

2.2 编辑素材文件

导入素材文件之后，可以在“项目”面板中对导入的素材进行打包、编组、重命名和替换等操作，这样会方便在制作项目时快速调用素材。

2.2.1 打包素材

视频云课堂：008- 打包素材

日常在制作剪辑文件时，素材可能不会都放在一个文件夹中。当需要在其他计算机上继续剪辑时，就要将素材打包到一个文件夹中，以免造成素材丢失。下面介绍具体的操作方法。

第1步： 执行“文件>项目管理”菜单命令，打开“项目管理器”对话框，如图2-16所示。

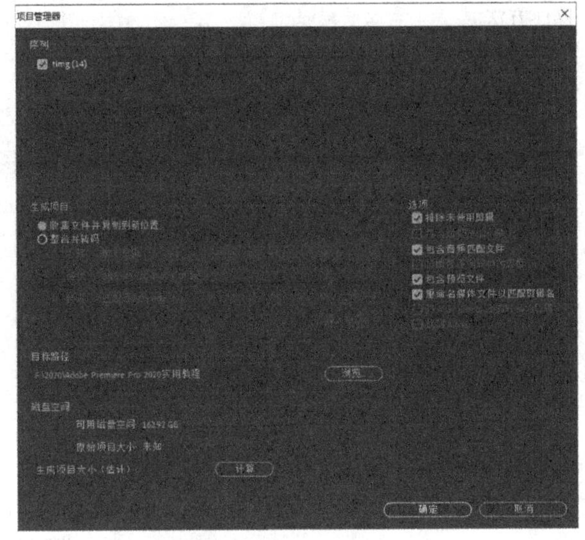

图2-16

第2步： 选择“收集文件并复制到新位置”选项，然后在下方单击“浏览”按钮 浏览 并选择收集素材的文件夹路径，如图2-17所示。

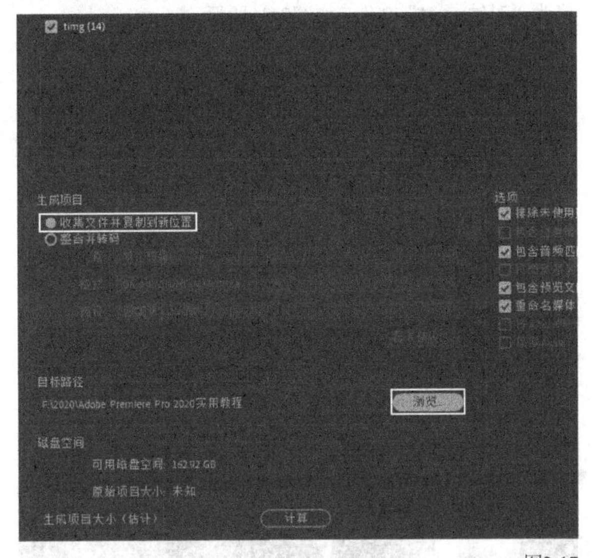

图2-17

第3步： 设置完毕后单击“确定”按钮 确定 ，然后会弹出提示对话框，这里单击“是”按钮 是 ，如图2-18所示。

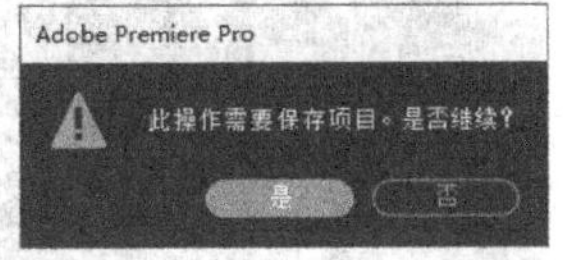

图2-18

第4步： 在设置的新文件夹路径中就可以找到收集的所有素材文件。

2.2.2 编组素材

视频云课堂：009- 编组素材

同类型的素材文件可以归类成组，这时就需要用到素材箱。素材箱可以对素材进行分组管理，方便用户根据类型选取调用素材。下面介绍具体的操作方法。

第1步： 单击“新建素材箱”按钮，此时会在“项目”面板中自动创建一个新的素材箱，如图2-19所示。

图2-19

第2步： 用户可以为新建的素材箱进行命名，方便对素材进行分类管理。将相同类型的素材文件拖曳到素材箱中，就可以对其进行分类管理，如图2-20所示。切换到列表视图模式会更加直观，如图2-21所示。

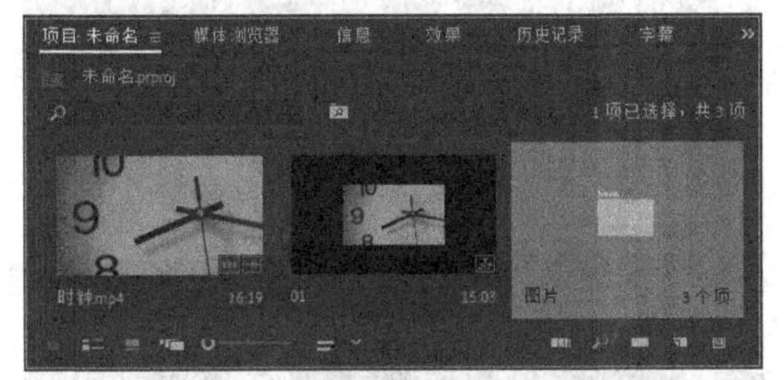

图2-20

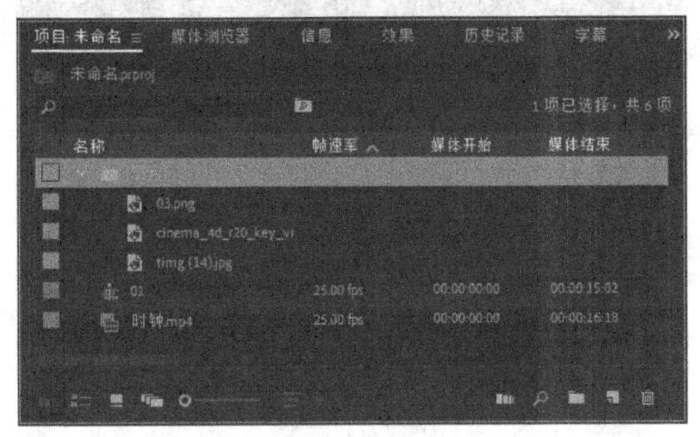

图2-21

技巧与提示

“项目”面板中可以存在多个素材箱，且素材箱之间也可以进行嵌套。

2.2.3 重命名素材

视频云课堂：010–重命名素材

有时候导入的素材名称不方便识别，需要将其重命名。下面介绍重命名素材的方法。

第1步：选中需要重命名的素材，然后单击鼠标右键，在弹出的菜单中选择“重命名”命令，如图2-22所示。

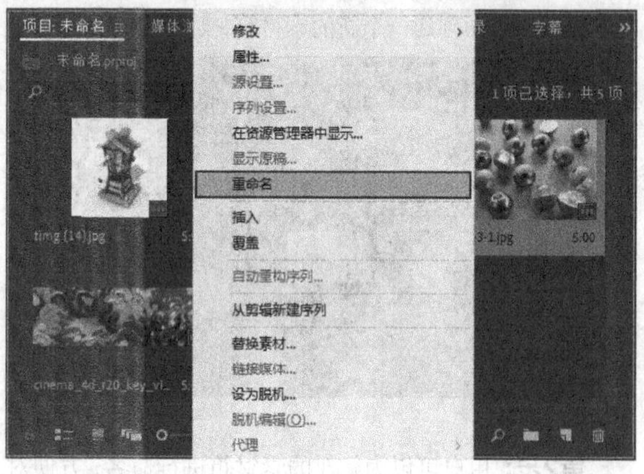

图2-22

第2步：输入素材的新名称，然后按Enter键确认，如图2-23所示。

图2-23

技巧与提示

双击素材的名称也可以对其快速重命名。

2.2.4 替换素材

视频云课堂：011–替换素材

在制作时会碰到素材已经添加了一些属性，但发现素材不合适需要更换的情况。此时如果将素材直接删除，已经添加的属性也会跟着删除，造成之前所做的工作全都无效。替换素材就可以解决这个烦恼，只替换原始素材文件，而不会更改已经添加的属性。下面介绍具体的操作方法。

第1步：在需要替换的素材上单击鼠标右键，然后在弹出的菜单中选择“替换素材”命令，如图2-24所示。

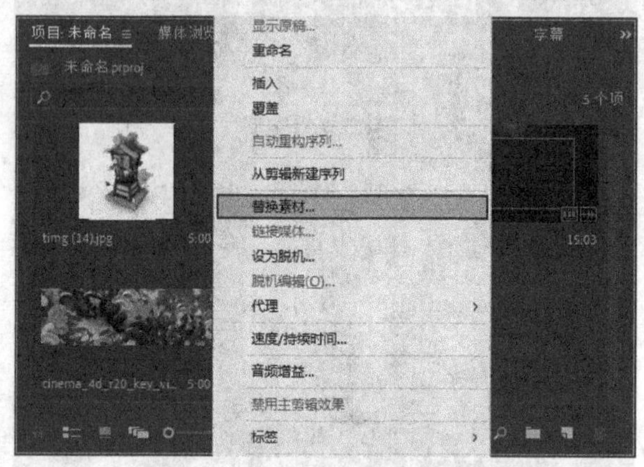

图2-24

第2步：在弹出的“替换‘01.mp4’素材”对话框中，选择“时钟.mp4”文件，并单击“选择”按钮，如图2-25所示。此时，“项目”面板中的01.mp4文件就被替换为“时钟.mp4”文件，如图2-26所示。

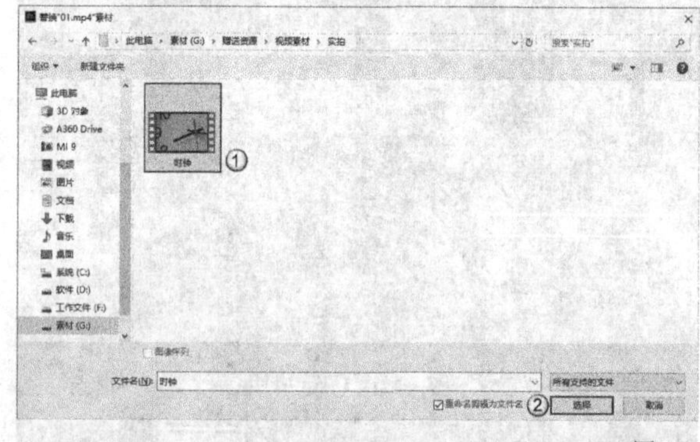

图2-25

图2-26

知识点：丢失素材文件

当我们打开某些项目文件时，系统会弹出提示错误的对话框，如图2-27所示。

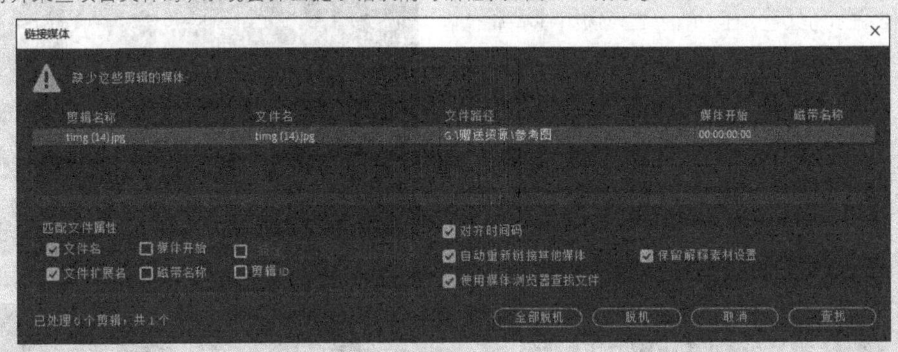

图2-27

遇到这种情况代表原有路径的素材文件存在缺失，造成这种情况通常有以下3种原因。

第1种：移动了素材文件的位置。

第2种：误删了素材文件。

第3种：修改了素材文件的名称。

下面介绍两种处理方法来解决上述问题。

查找：这种方法适用于素材文件名称未修改，只是移动了素材位置的情况。单击"查找"按钮[查找]，在弹出对话框的左侧选择文件可能存在的路径，然后单击右下角的"搜索"按钮[搜索]，如图2-28所示。

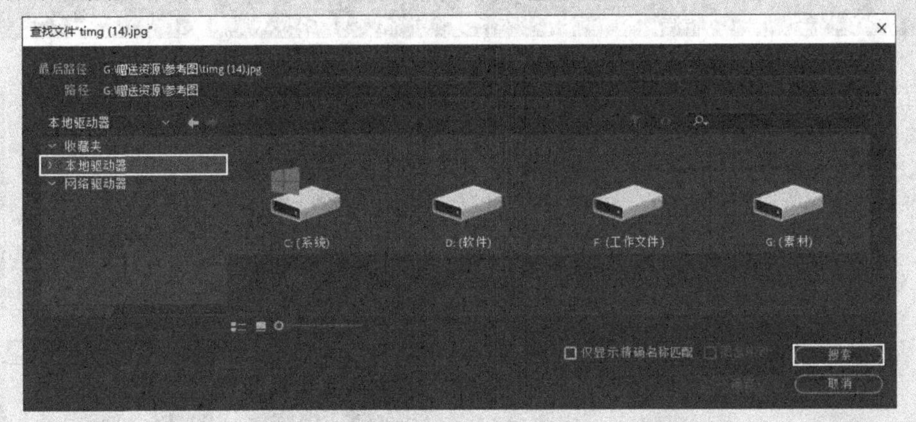

图2-28

此时系统会在选择的路径内进行查找，等待一段时间搜索完毕后，如果搜索到多个与缺失的素材名称相似的文件，则可以勾选"仅显示精确名称匹配"选项，并单击"确定"按钮[确定]，如图2-29所示。

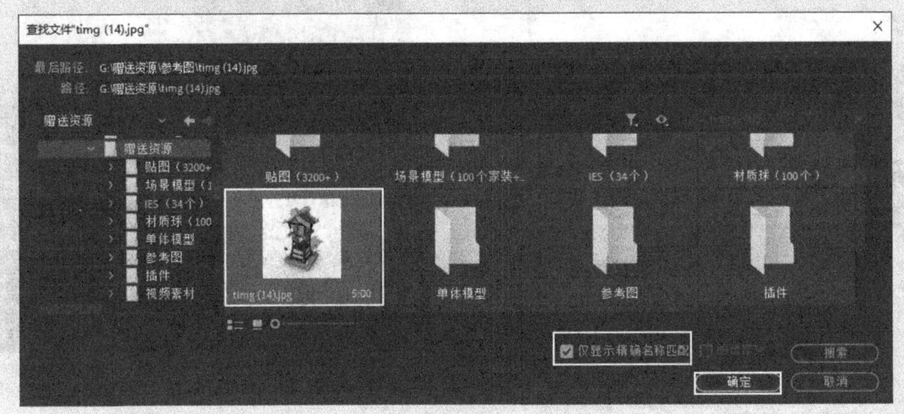

图2-29

脱机：这种方法适用于素材名称被修改或是素材文件被删除的情况。单击"脱机"按钮 脱机 ，此时在节目监视器中可以发现内容显示为红色，且"时间轴"面板中的剪辑也显示为红色，如图2-30和图2-31所示。

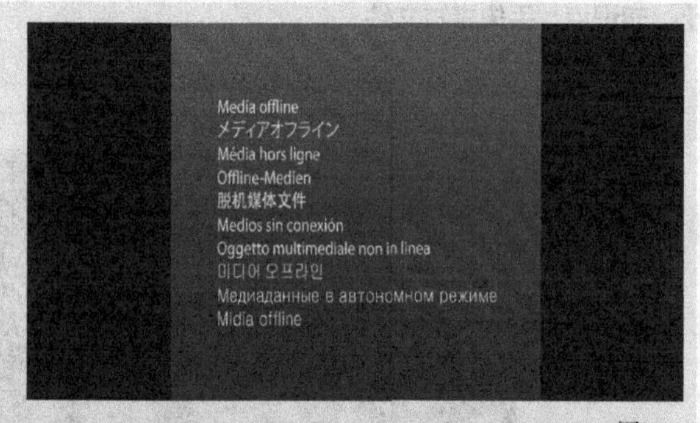

图2-30

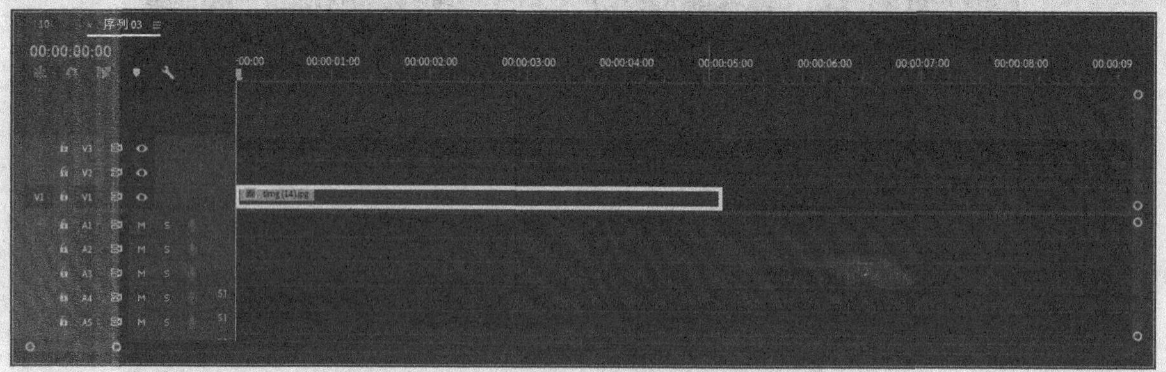

图2-31

在"项目"面板中选中缺失的素材文件，然后单击鼠标右键，在弹出的菜单中选择"替换素材"命令，接着在弹出的对话框中找到缺失的素材或是代替的素材，并单击"选择"按钮，如图2-32和图2-33所示。此时在节目监视器中就可以看到替换后的素材，如图2-34所示。

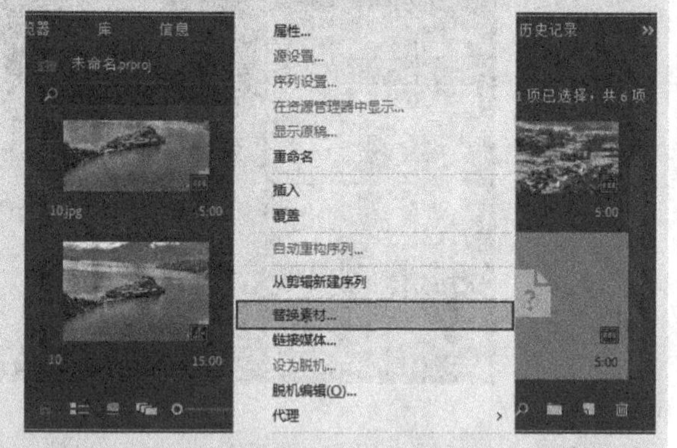

图2-32

图2-33

图2-34

2.3 编辑序列

视频云课堂：012- 编辑序列

新建序列后，就会在“时间轴”面板上显示序列。素材文件放置在序列的不同轨道上就可以在节目监视器中显示效果。

2.3.1 序列面板

在导入素材文件之前，先来认识下序列面板。不同的预设序列在轨道数量上有一定差异，其余参数都是相同的，如图2-35所示。

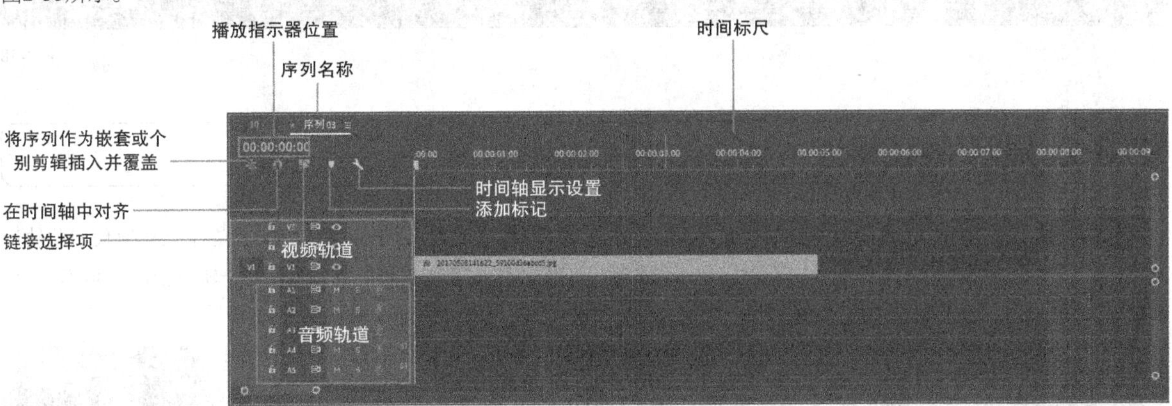

图2-35

序列名称：显示序列的名称，高亮显示的是当前序列。用户可通过序列名称在多个序列中切换或直接将其关闭。

播放指示器位置：显示播放指示器所在位置的当前时间。

时间标尺：显示序列的时间刻度。

将序列作为嵌套或个别剪辑插入并覆盖：默认高亮状态下，将嵌套序列拖曳到序列上显示为嵌套序列形式，否则为单个素材。

在时间轴中对齐：默认高亮状态下，拖曳剪辑会自动对齐。

链接选择项：默认高亮状态下，拖曳到序列上的素材文件的视频和音频呈关联状态。

添加标记：单击该按钮，会在时间标尺上显示标记。

时间轴显示设置：单击该按钮，可在弹出的菜单中勾选“时间轴”面板中需要显示的属性，如图2-36所示。

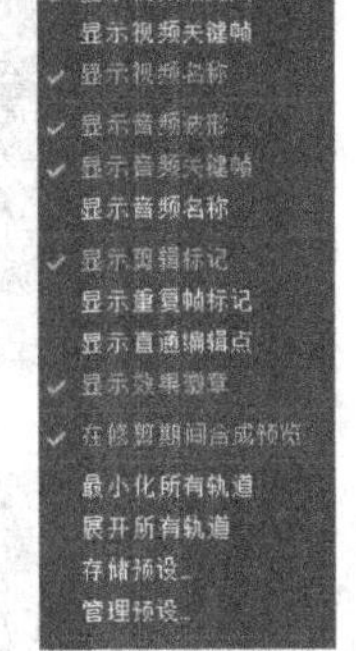

图2-36

视频轨道：添加的图片和视频素材会显示在视频轨道中，如图2-37所示。

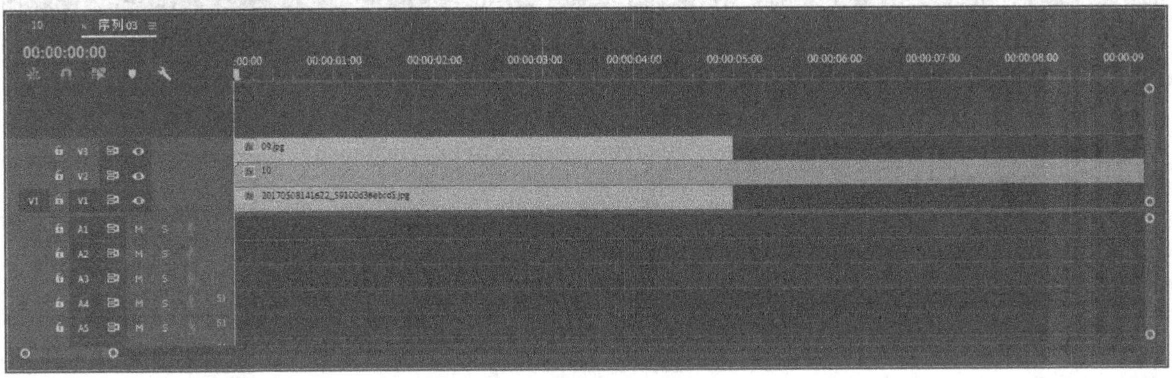

图2-37

音频轨道：添加的音频素材会显示在音频轨道中，如图2-38所示。

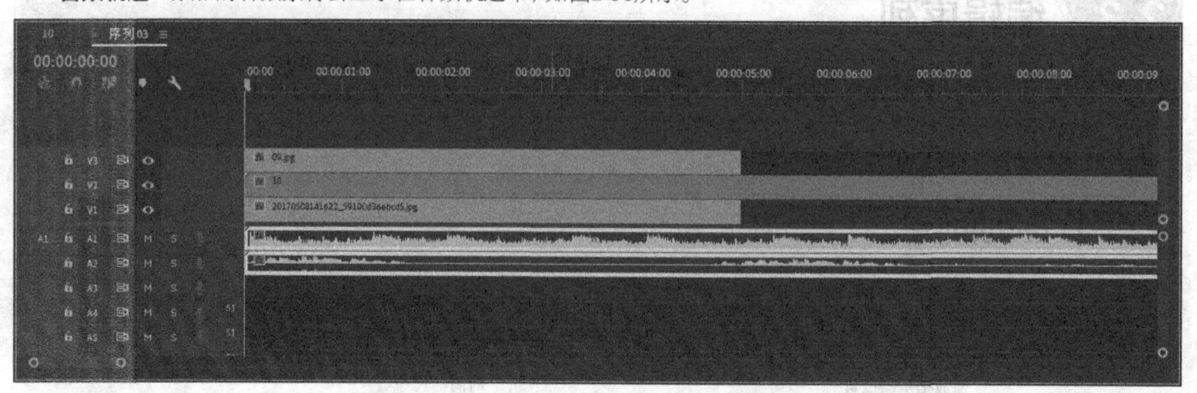

图2-38

2.3.2 显示/隐藏轨道

在视频轨道的左侧有个像眼睛一样的按钮，这个按钮就是“切换轨道输出”按钮。默认状态下该按钮代表此轨道上的剪辑是可以显示的状态，如图2-39所示。单击该按钮后，按钮图标会变成效果，代表这个轨道上的剪辑不可见，只能看到其他轨道上的素材，如图2-40所示。灵活切换该按钮，就可以很方便地观察剪辑效果。

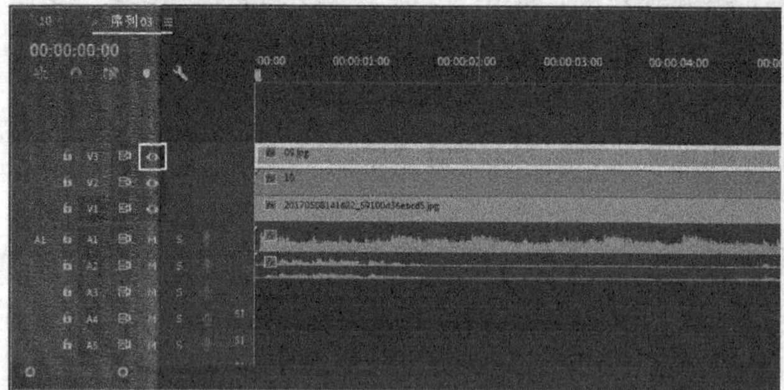

图2-39

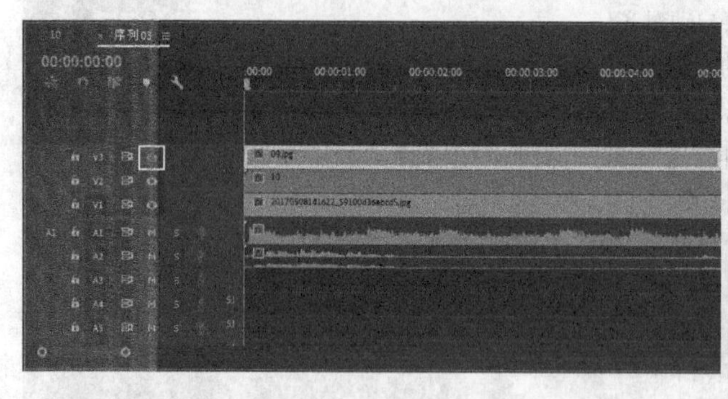

图2-40

知识点：轨道间的关系

视频轨道可以类比为Photoshop中的图层，位于上方轨道中的剪辑会覆盖下方轨道的剪辑，但与Photoshop不同的是，轨道是带有时间长度的。在节目监视器中始终显示当前时间内最上方轨道的剪辑效果。

图2-41所示的序列中，V2轨道和V1轨道中的剪辑在00:00:00:00位置上处于重叠状态，这时节目监视器中就会显示上方V2轨道中剪辑的效果，如图2-42所示。

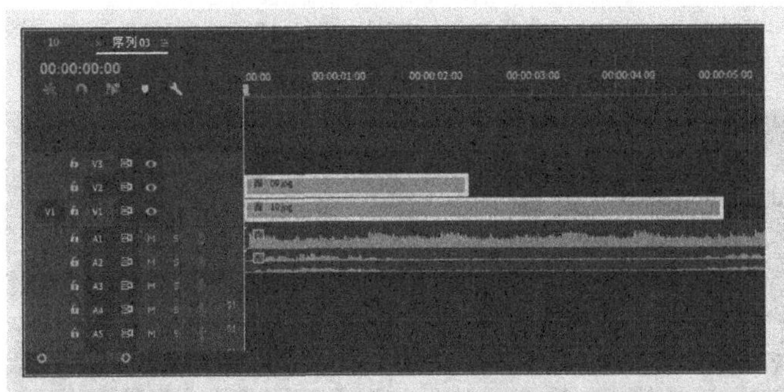

图2-41

图2-42

当移动播放指示器到00:00:03:00的位置时，V2轨道上的剪辑已经显示完毕，只剩下V1轨道上还存在剪辑，因此节目监视器中会显示V1轨道上的剪辑效果，如图2-43和图2-44所示。

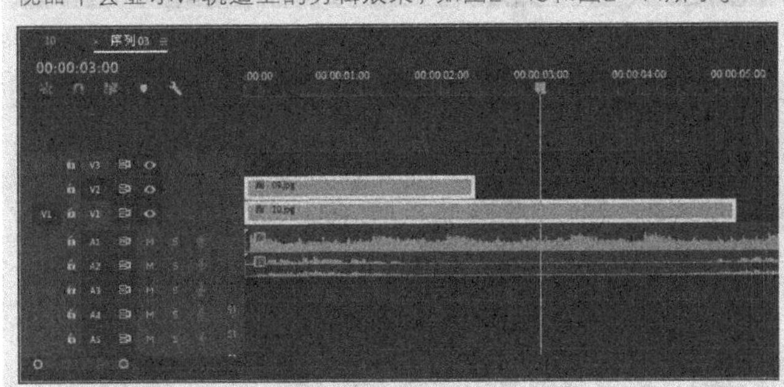

图2-43

图2-44

图2-45所示的序列中在00:00:00:00位置上，V1轨道中有剪辑，但V2轨道还没有出现剪辑，因此这时节目监视器中显示的是V1轨道上的剪辑效果，如图2-46所示。

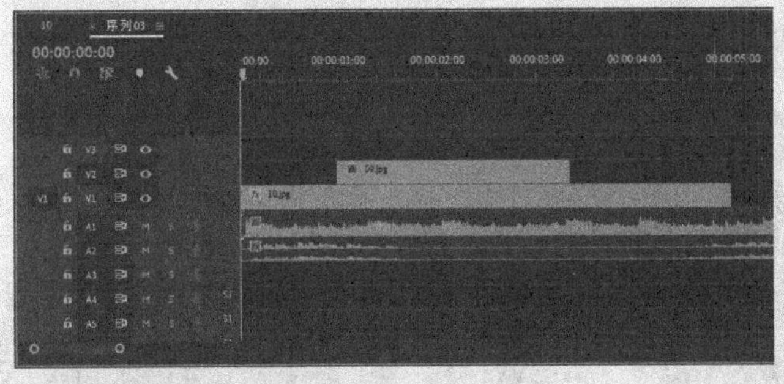

图2-45

图2-46

2.3.3 目标轨道

在每个轨道前方会显示轨道的名称，如图2-47所示。当轨道显示为蓝底状态时，代表这个轨道是目标轨道。

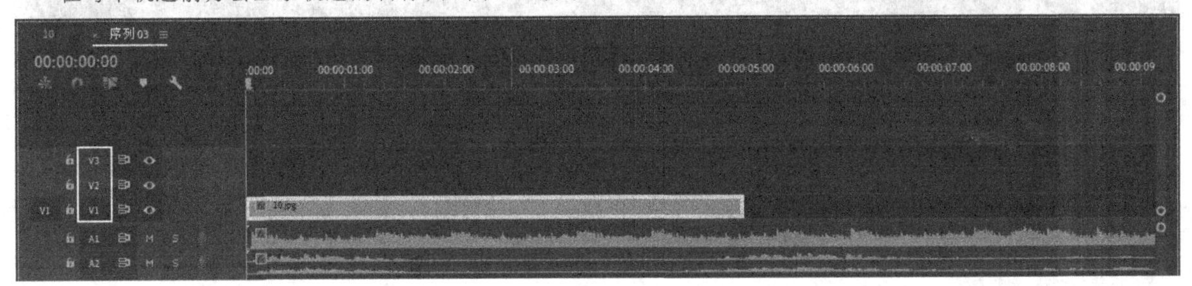

图2-47

目标轨道对于复制粘贴、剪切剪辑和按上、下方向键快速跳转编辑点非常有用。在选中图2-48所示的V1轨道的剪辑后，按快捷键Ctrl+C复制，然后按快捷键Ctrl+V粘贴，可以观察到粘贴的新剪辑会出现在V1轨道上，如图2-49所示。

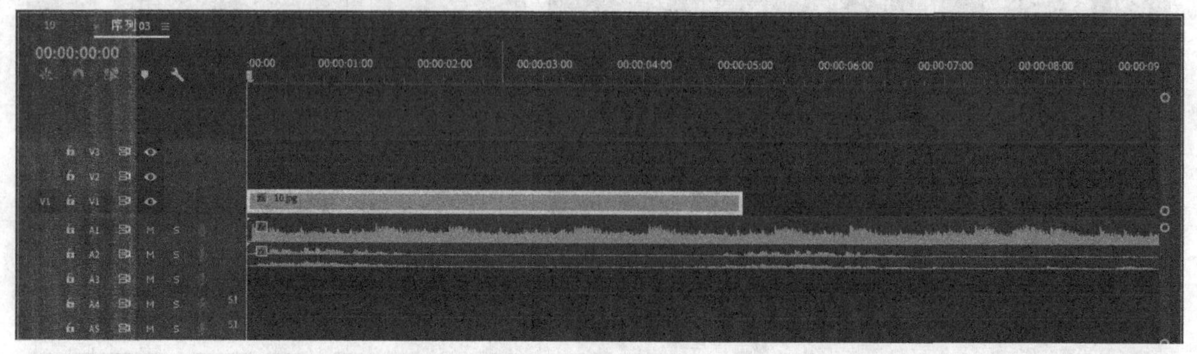

图2-48

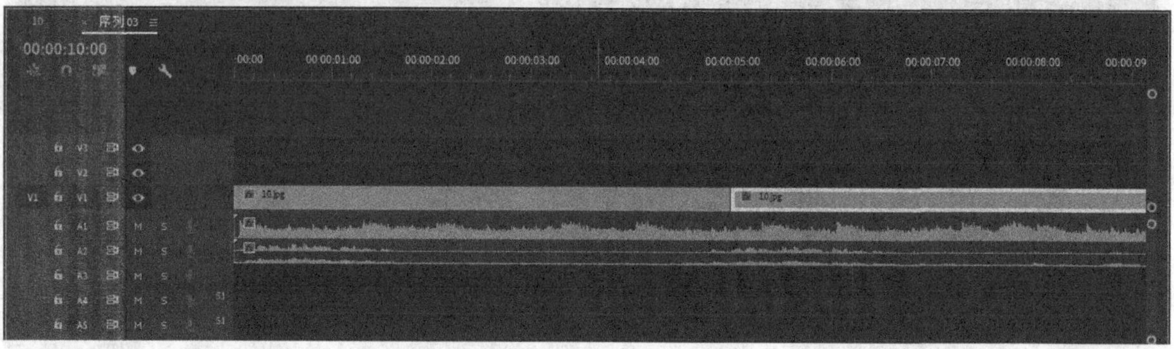

图2-49

取消V1轨道为目标轨道，设置V2轨道为目标轨道时，按快捷键Ctrl+V粘贴，就会发现粘贴的新剪辑出现在V2轨道上，如图2-50和图2-51所示。

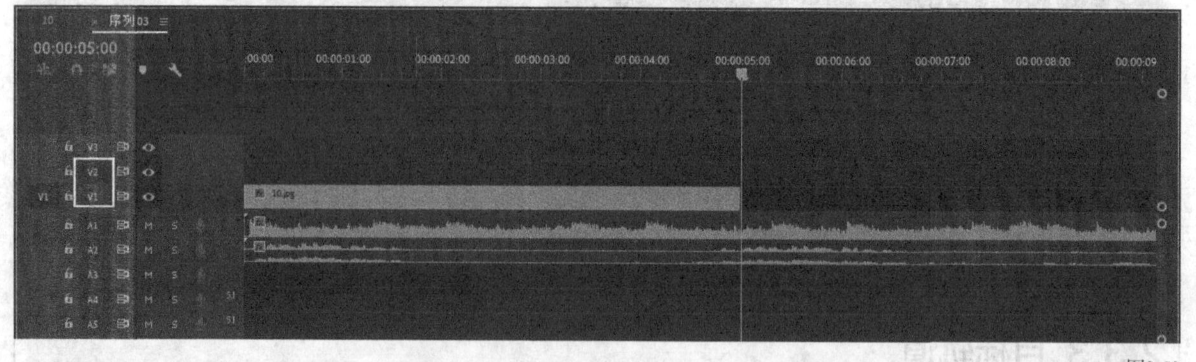

图2-50

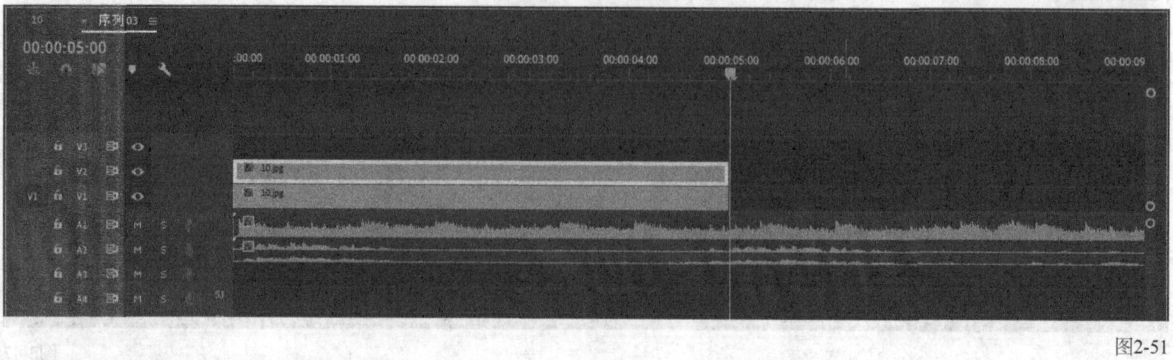

图2-51

按键盘上的↑键和↓键时，可以观察到播放指示器会自动跳转到目标轨道中剪辑的起始和结束位置，如图2-52和图2-53所示。

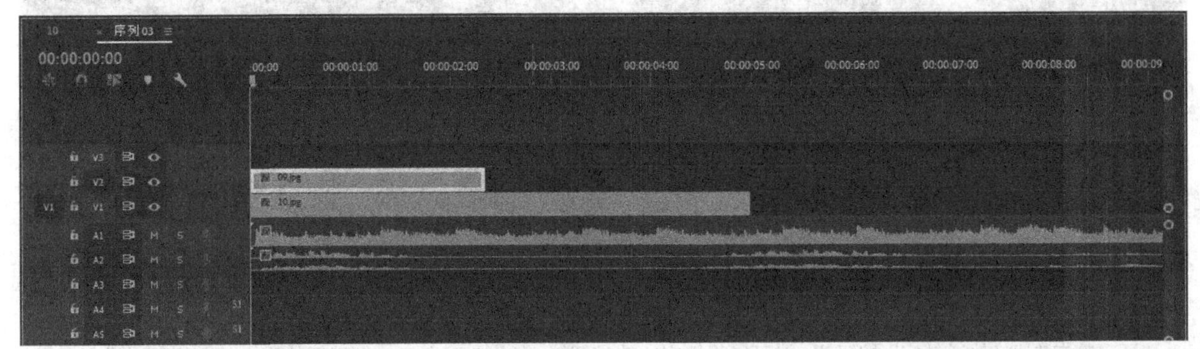

图2-52

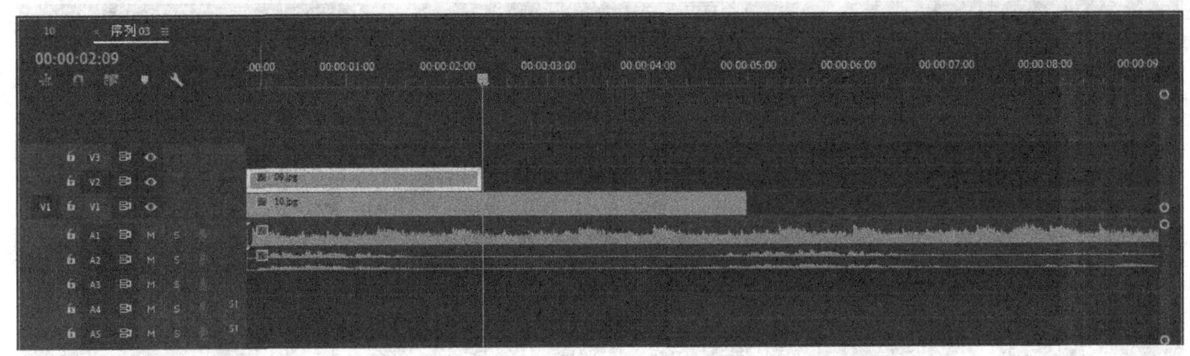

图2-53

使用“剃刀工具”剪切剪辑时，只能剪切目标轨道上的剪辑，非目标轨道上的剪辑则不会被剪切，如图2-54所示。

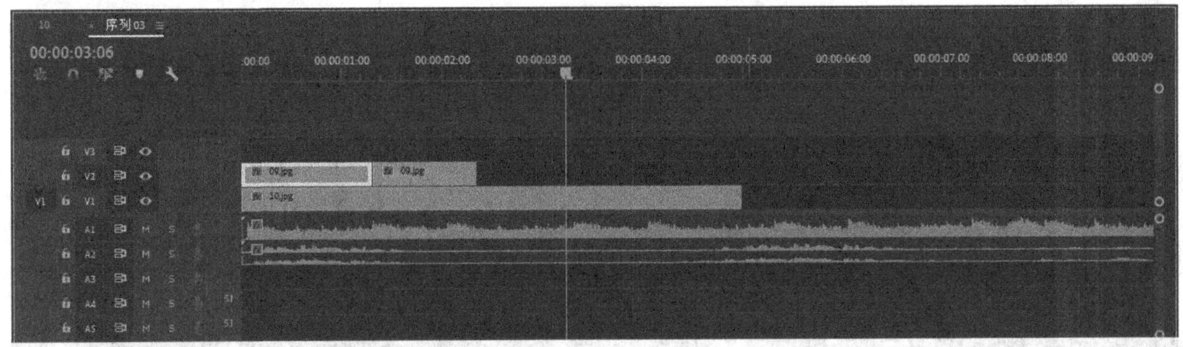

图2-54

技巧与提示

可以同时选中多个轨道作为目标轨道。

2.3.4 锁定轨道

当轨道中的剪辑需要被保护起来时，就可以将轨道进行锁定。单击轨道前的“切换轨道锁定”按钮，就可以将轨道上的所有剪辑进行锁定，如图2-55所示。锁定后的轨道上的剪辑不能被选中，也不能进行编辑，但在节目监视器中还可以显示其效果。

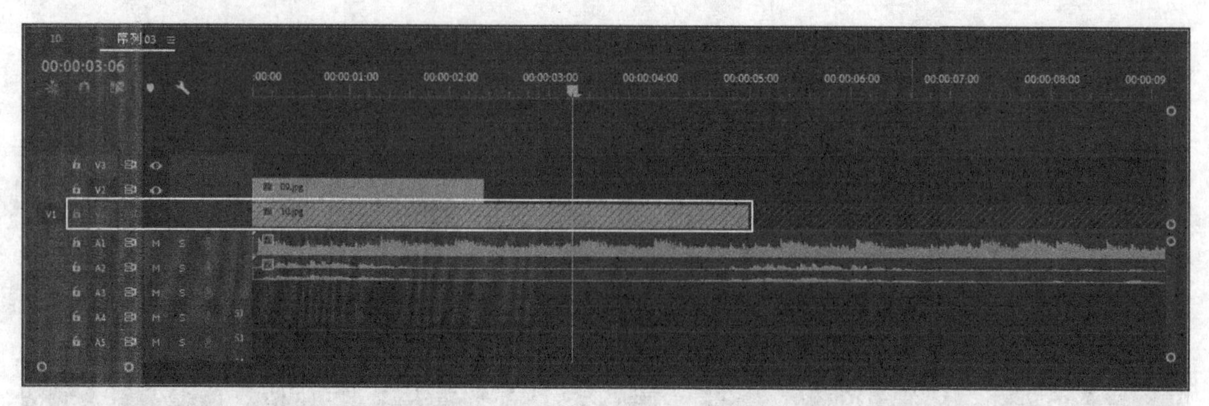

图2-55

再次单击“切换轨道锁定”按钮，就可以将锁定的轨道解锁，如图2-56所示。解锁后轨道上的剪辑可以进行编辑。

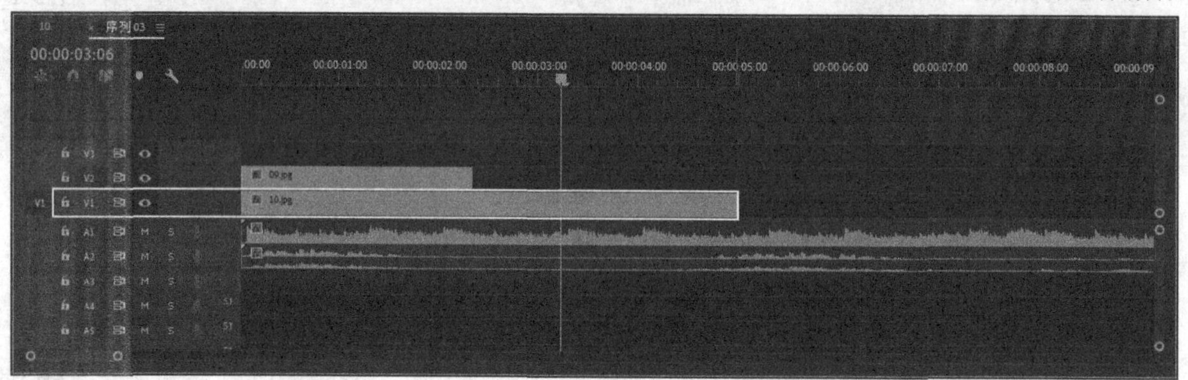

图2-56

2.3.5 静音轨道

音频轨道的按钮与视频轨道的按钮稍微有些不同。单击音频轨道上的“静音轨道”按钮后，就不能通过扬声器或耳机聆听轨道中的音频效果，如图2-57所示。再次单击“静音轨道”按钮，就可以聆听轨道中音频的效果。

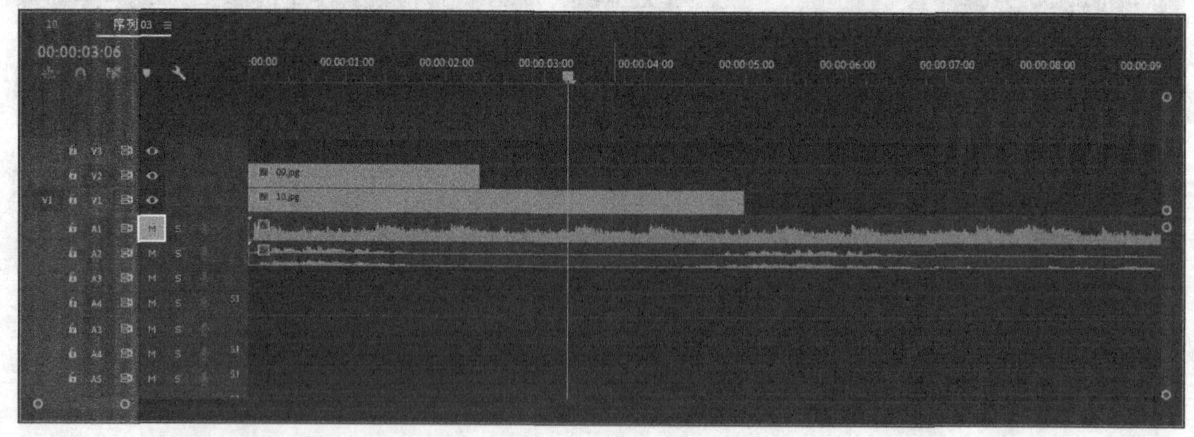

图2-57

技巧与提示

需要注意的是，如果轨道开启了静音效果，在输出作品时，该轨道上的音频也不会输出。

2.3.6 轨道独奏

当多个音频轨道上有音频剪辑时，单击轨道上的“独奏轨道”按钮S，则只会播放该轨道上的音频剪辑，如图2-58所示。再次单击“独奏轨道”按钮S，则可以聆听所有轨道中的音频效果。

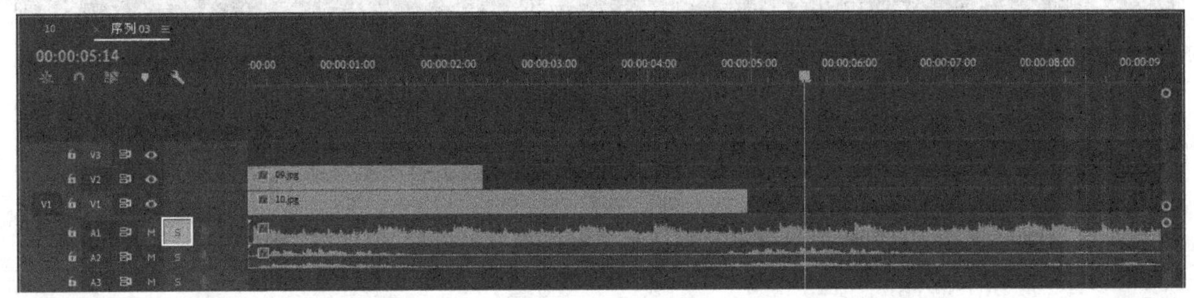

图2-58

技巧与提示

“独奏轨道”按钮可以在多个轨道上同时激活。

课堂案例

科幻动态界面

素材文件 素材文件>CH02>02

实例文件 实例文件>CH02>课堂案例：科幻动态界面>课堂案例：科幻动态界面.prproj

视频名称 课堂案例：科幻动态界面.mp4

学习目标 练习在序列中添加剪辑

扫码观看视频

本案例需要将素材文件导入“项目”面板，并在新建序列后添加剪辑，案例效果如图2-59所示。

01 新建一个项目文件，然后在“项目”面板中导入本书学习资源中“素材文件>CH02>02”文件夹中的所有素材文件，如图2-60所示。

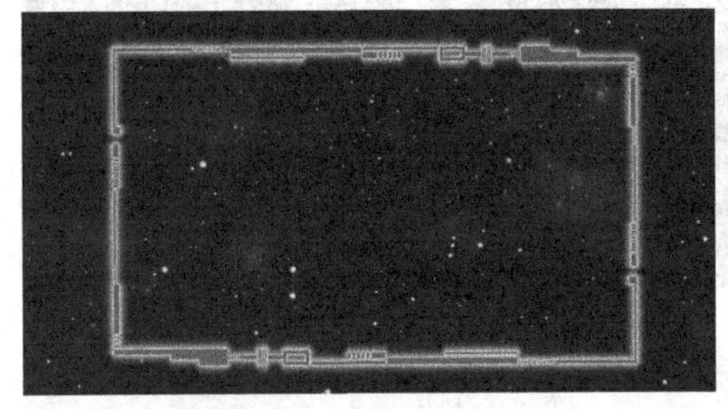

图2-59

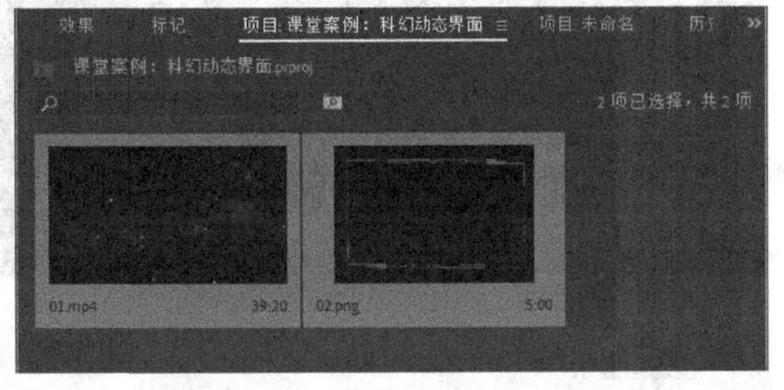

图2-60

02 选中01.mp4素材文件，将其拖曳到右侧的“时间轴”面板中，系统会根据素材文件自动生成一个序列，如图2-61所示。此时节目监视器中会显示素材的效果，如图2-62所示。

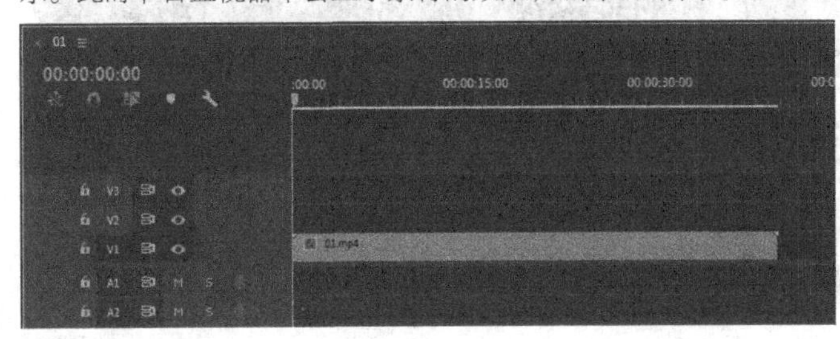

图2-61

图2-62

03 选中02.png素材文件，将其拖曳到V2轨道上，如图2-63所示。

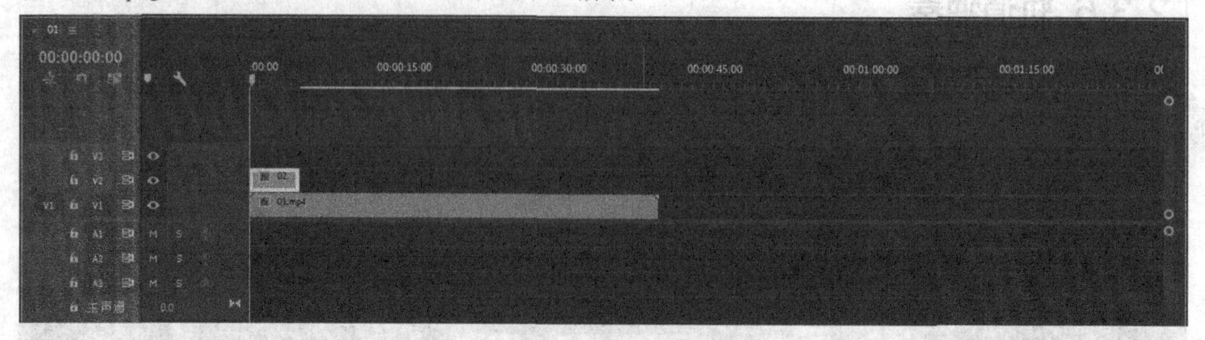

图2-63

04 观察序列中的剪辑，会发现V2轨道的剪辑要比V1轨道的剪辑短很多。使用“剃刀工具”在V1轨道上剪切剪辑，使其与V2轨道的剪辑长度相同，如图2-64所示。

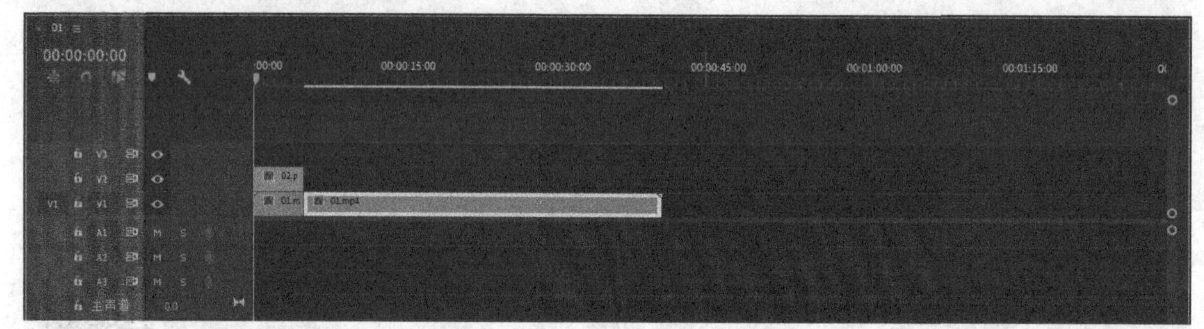

图2-64

05 选中V1轨道上多余的剪辑，按Delete键将其删除，如图2-65所示。

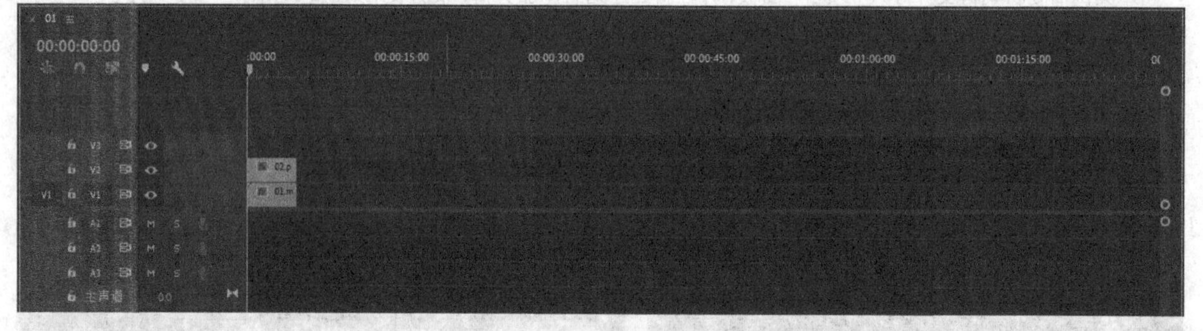

图2-65

技巧与提示

读者若是觉得剪辑的长度太短，不方便观察，可以按键盘上的“+”键放大序列，如图2-66所示。按键盘上的“−”键则可以缩小序列。

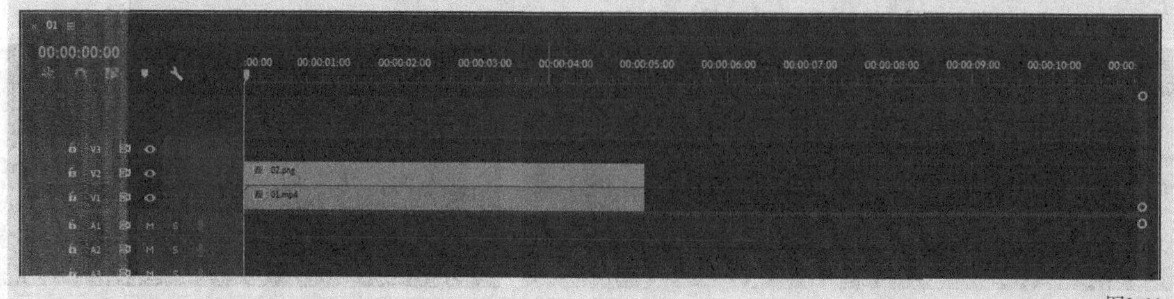

图2-66

06 移动播放指示器，会发现在节目监视器中没有看到02.png素材文件的效果，如图2-67所示。

图2-67

07 选中V2轨道上的剪辑，然后单击鼠标右键，在弹出的菜单中选择“缩放为帧大小”命令，如图2-68所示。此时就可以在节目监视器中观察到素材的效果，如图2-69所示。

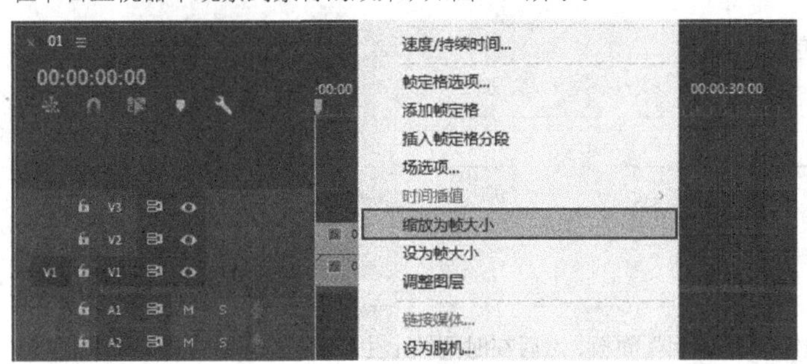

图2-68

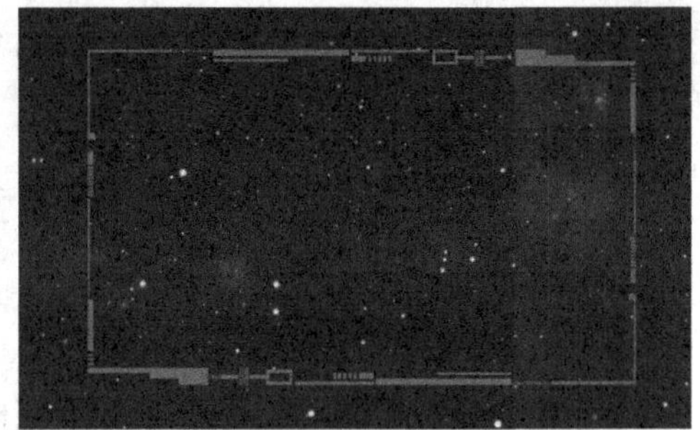

图2-69

08 在“效果”面板中搜索“Alpha发光”，然后在下方的“风格化”中选中“Alpha发光”效果，将其拖曳到V2轨道的剪辑上，如图2-70所示。

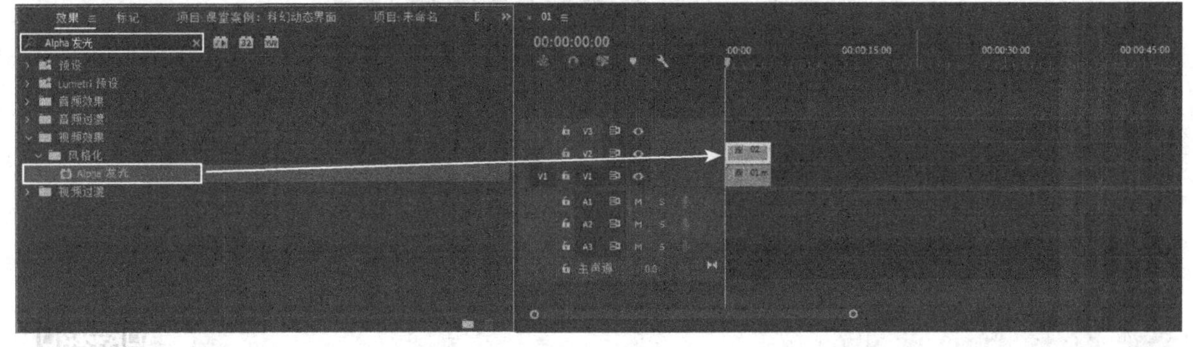

图2-70

09 在“效果控件”面板中，设置“发光”为40、“起始颜色”为青色，如图2-71所示。此时节目监视器中的线框素材会出现发光效果，如图2-72所示。至此，本案例制作完成。

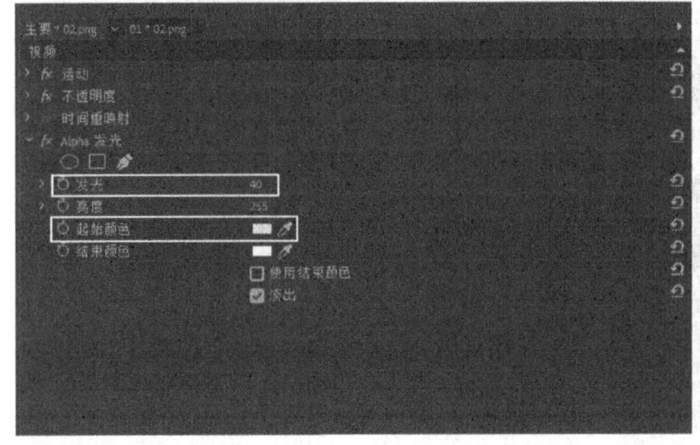

图2-71

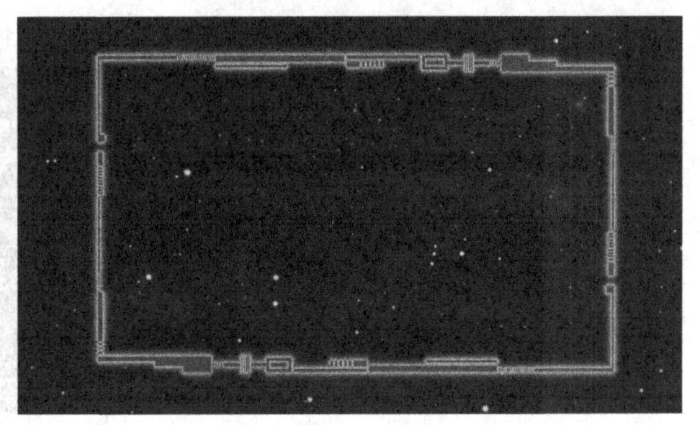

图2-72

2.4 本章小结

通过本章的学习，相信读者对Premiere Pro的剪辑已经有了初步的认识。导入素材是剪辑的第1步，通过对素材的整理、编组等操作，可以使后期剪辑时更加方便。当这些素材在"时间轴"面板上进行编辑时就会生成序列，对这些序列进行简单的编辑，就能生成不一样的效果。

2.5 课后习题

下面通过两个课后习题来练习本章所学的内容。

课后习题

阳光下的向日葵

素材文件　素材文件>CH02>03
实例文件　实例文件>CH02>课后习题：阳光下的向日葵>课后习题：阳光下的向日葵.prproj
视频名称　课后习题：阳光下的向日葵.mp4
学习目标　练习导入素材和生成序列的方法

扫码观看视频

本习题需要将素材文件夹中的视频和图片素材导入"项目"面板，然后在时间轴上生成序列，效果如图2-73所示。

图2-73

课后习题

雨天玻璃窗

素材文件　素材文件>CH02>04
实例文件　实例文件>CH02>课后习题：雨天玻璃窗>课后习题：雨天玻璃窗.prproj
视频名称　课后习题：雨天玻璃窗.mp4
学习目标　练习导入素材和生成序列的方法

扫码观看视频

本习题需要将素材文件夹中的视频和图片素材导入"项目"面板，然后在时间轴上生成序列，效果如图2-74所示。

图2-74

Pr Premiere Pro

第 3 章

剪辑和标记

本章将深入讲解剪辑的相关知识。通过本章的学习，相信读者能掌握常用的剪辑知识，制作简单的剪辑效果。

课堂学习目标

- 掌握剪辑常用的工具
- 熟悉标记的用法

3.1 剪辑的相关理论

剪辑是指素材文件放置在序列的轨道上后，进行的裁剪和编辑。剪辑能影响作品的叙事、节奏和情感，通过各个剪辑片段的拼接，从而形成一段完整的作品。

3.1.1 剪辑的节奏

剪辑的节奏体现在剪辑片段之间的拼接方式上，不同的拼接方式能形成不同的视觉感受。

1.静止接静止

这种拼接方式是指在上一个剪辑片段结束时，下一个剪辑片段也以静止的形式切入。这种拼接方式不强调画面运动的连续性，只注重镜头画面的连贯性，如图3-1所示。

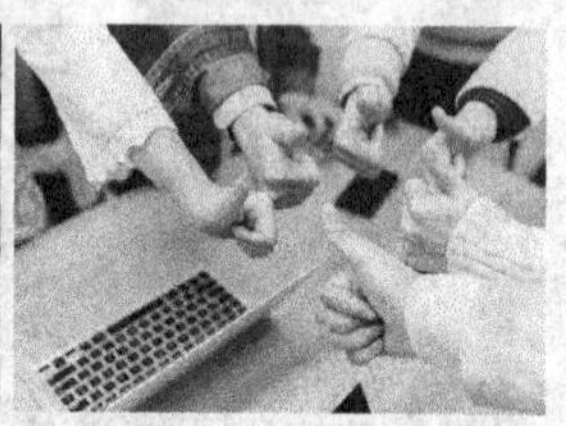

图3-1

2.静止接运动

这种拼接方式是指动感微弱的镜头与动感强烈的镜头相拼接，在视觉上更有冲击性。与其相反的是“运动接静止”拼接方式，同样在视觉上具有冲击感，如图3-2所示。

图3-2

3.运动接运动

这种拼接方式是指镜头在推拉、移动等动作中进行画面的切换。这种拼接方式能产生动感效果，常用在人或物运动时，如图3-3所示。

图3-3

4.分剪

与上面3种拼接方式不同，这种拼接方式是将一个素材剪开，分成多个部分。这种拼接方式不仅可以弥补前期素材不足的情况，还可以剪掉一些废弃部分，增加画面的节奏感，如图3-4所示。

图3-4

5.拼剪

这种拼接方式是将同一个素材重复拼接。这种拼接方式常用在素材不够长或缺失素材时，用来弥补前期素材的不足，不仅可以延长镜头时间，还可以酝酿观众情绪，如图3-5所示。

图3-5

3.1.2 剪辑的流程

在Premiere Pro中剪辑，按照流程可以分为素材整理、粗剪、精剪和细节调整共4个流程。

1.素材整理

整理好素材会对剪辑起到非常大的帮助。整理素材时，可以将相同属性的素材存放在一起，也可以按照脚本将相同场景的素材放在一起。整齐有序的素材文件不仅可以提高剪辑的效率，还可以显示出剪辑的专业性，如图3-6所示。当然，每个人的工作习惯不同，整理素材的方式也不尽相同，读者只要找到适合自己的方式即可。

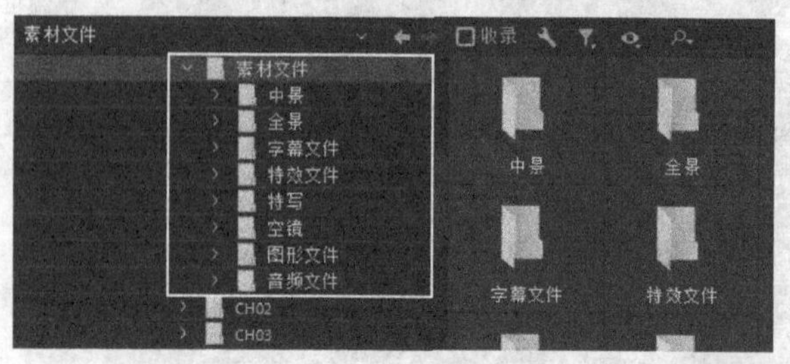

图3-6

2.粗剪

粗剪是将素材按照脚本进行大致的拼接，不需要添加配乐、旁白和特效等的单纯的影片初样。粗剪的影片会体现影片的表现中心和叙事逻辑。以粗剪的样片为基础，再进一步地去制作整个影片，如图3-7所示。

图3-7

3.精剪

精剪需要花费大量的时间，不仅需要添加声音、旁白、镜头特效和文字等内容，还需要将原有的粗剪样片进一步修整。精剪可以控制镜头的长短、调整镜头转换的位置等，是最终成品质量好坏的关键，如图3-8所示。

图3-8

4.细节调整

细节调整是最后一道工序，着重调整细节部分以及节奏点。这部分注重作品的情感表达，使其更有故事性和看点，如图3-9所示。

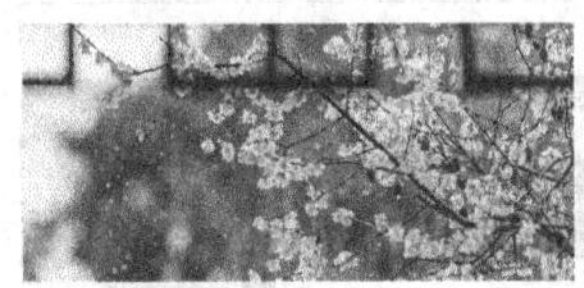

图3-9

3.2 剪辑的工具与编辑

剪辑素材时，需要在监视器和序列中共同完成。本节就讲解监视器的用法和剪辑的常用操作。

本节工具介绍

工具名称	工具作用	重要程度
源监视器	查看和编辑素材	高
节目监视器	查看和编辑序列	高
选择工具	选择、移动剪辑	高
向前选择轨道工具	快速选择多个剪辑	中
剃刀工具	剪切拆分剪辑	高

3.2.1 监视器

视频云课堂：013- 监视器

软件中的监视器有两种，一种是源监视器，还有一种是节目监视器。

1.源监视器

双击“时间轴”面板上的剪辑或是双击“项目”面板中的素材文件，就可以在源监视器中查看和编辑素材，如图3-10所示。源监视器中显示的是素材原本的效果。

在源监视器的下方有一些控件，如图3-11所示。

图3-10

转到入点 转到出点
标记入点 播放-停止切换 覆盖
添加标记
标记出点 前进一帧 插入 导出帧
后退一帧

图3-11

添加标记（快捷键为M）： 单击此按钮后，会在序列上添加一个标记图标。双击标记图标，会弹出对话框，如图3-12所示。在该对话框中可以对标记进行简单的注释，方便剪辑。

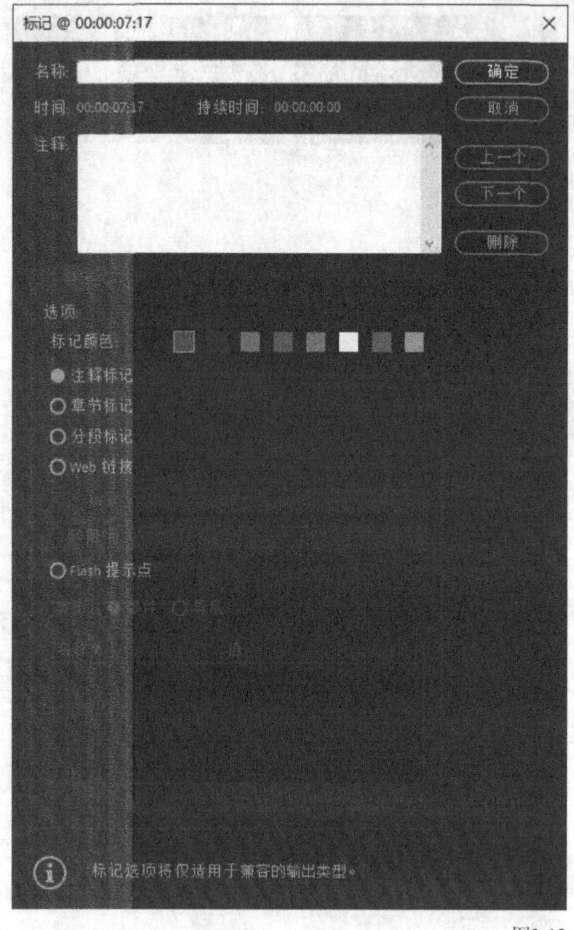

图3-12

标记入点（快捷键为I）： 设置素材开始的位置，每个素材只有一个入点，如图3-13所示。

图3-13

标记出点（快捷键为O）： 设置素材结束的位置，每个素材只有一个出点，如图3-14所示。

图3-14

技巧与提示

如果要清除入点和出点标记，只需在监视器的时间标尺上单击鼠标右键，然后在弹出的菜单中选择“清除入点”、“清除出点”或“清除入点和出点”命令中的一种即可，如图3-15所示。

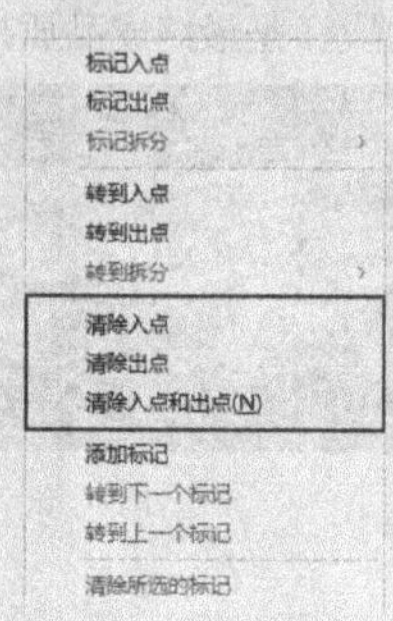

标记入点
标记出点
标记拆分
转到入点
转到出点
转到拆分
清除入点
清除出点
清除入点和出点(N)
添加标记
转到下一个标记
转到上一个标记
清除所选的标记

图3-15

转到入点（快捷键为Shift+I）： 将播放指示器移动到入点位置。

后退一帧（快捷键为←）： 将播放指示器向后移动一帧。

播放-停止切换（快捷键为Space）： 在监视器中播放或停止源素材。

前进一帧（快捷键为→）： 将播放指示器向前移动一帧。

转到出点（快捷键为Shift+O）： 将播放指示器移动到出点位置。

插入（快捷键为,）： 使用插入编辑模式将剪辑添加到“时间轴”面板当前显示的序列中。如果是设置了入点和出点的素材，只会添加入点到出点间的素材片段到“时间轴”面板的序列中。

覆盖（快捷键为.）： 使用覆盖编辑模式将素材添加到“时间轴”面板当前显示的序列中，替换原有的剪辑。

导出帧（快捷键为Ctrl+Shift+E）： 从监视器中显示的当前内容创建一个静态图像。

2.节目监视器

节目监视器会显示“时间轴”面板中所有序列叠加后的整体效果，如图3-16所示。在节目监视器中也可以对单个序列进行编辑，从而得到理想的整体效果。

图3-16

在节目监视器的下方同样也有一些控件，如图3-17所示。这些控件与源监视器下的控件大致相同，只有个别控件不同，下面介绍不同的控件。

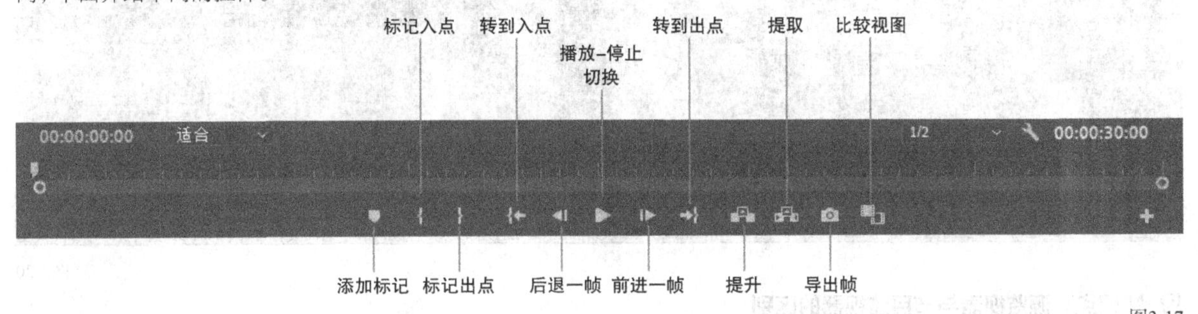

图3-17

提升（快捷键为;）：单击该按钮后，会将入点和出点间的剪辑删除，且删除的序列空隙保留，如图3-18所示。

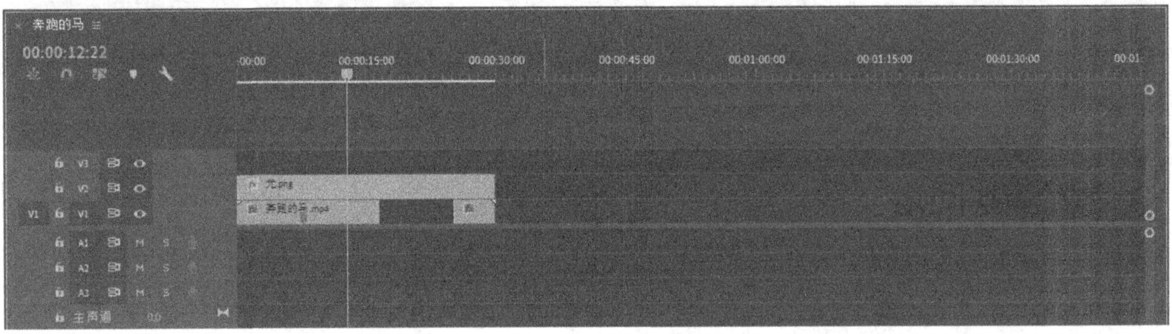

图3-18

提取 (快捷键为'): 单击该按钮后，会将入点和出点间的剪辑删除，但删除后序列的后端会与前端相接，不保留空隙，如图3-19所示。

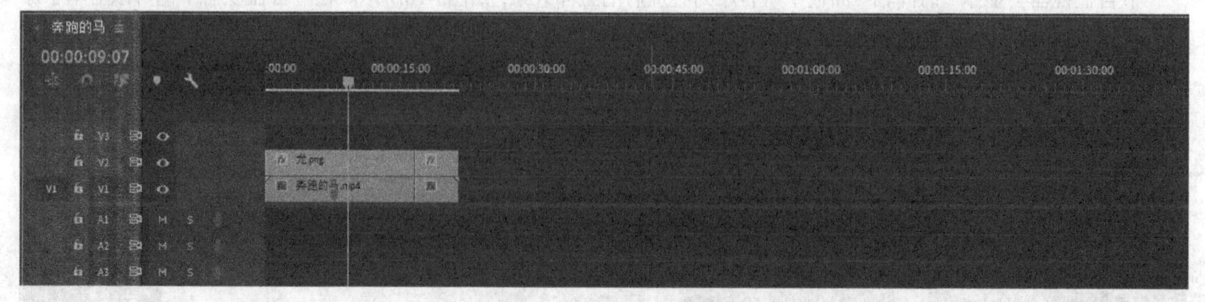

图3-19

比较视图: 单击该按钮后，会将播放指示器所在帧的画面与序列画面进行对比，这样方便观察调整后的效果，如图3-20所示。

图3-20

知识点：源监视器与节目监视器的区别

虽然两个监视器都可以对序列进行编辑，但两者还是存在一定的区别。

第1点：源监视器中显示素材的内容，而节目监视器则显示"时间轴"面板中序列的内容。

第2点：源监视器上的"插入"按钮和"覆盖"按钮是为序列添加剪辑。节目监视器上的"提升"按钮和"提取"按钮是从序列中删除剪辑。

3.2.2 查找间隙

视频云课堂：014- 查找间隙

经常使用"提升"按钮编辑序列，会在序列上留下许多间隙，如图3-21所示。这样在缩小序列后，会很难发现这些细小的空隙，这时可以查找间隙并将其删除。

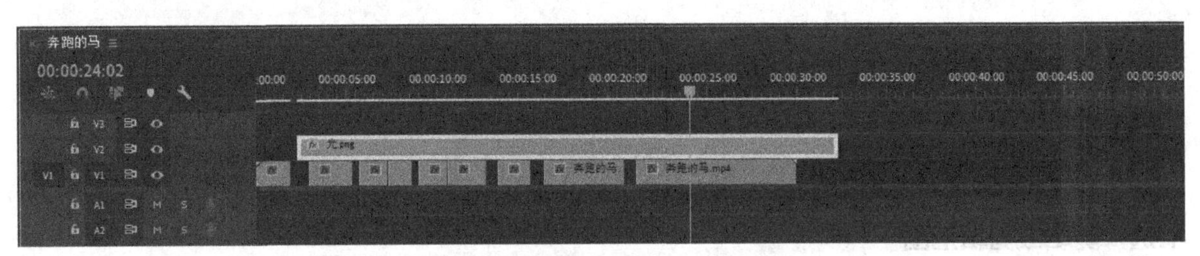

图3-21

选中带有间隙的序列，执行“序列>转至间隔>序列中下一段”菜单命令（快捷键为Shift+;），“时间轴”面板上的播放指示器就会自动移动到间隙的开头位置，如图3-22所示。

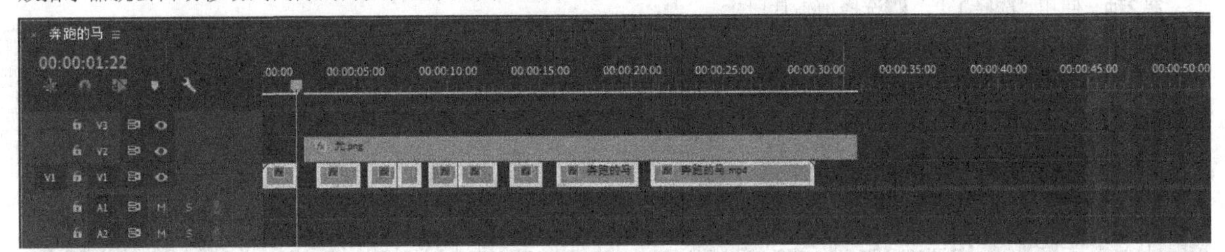

图3-22

找到间隙后，选中间隙并按Delete键将其删除，后方的序列会自动与前方的序列相接，如图3-23和图3-24所示。

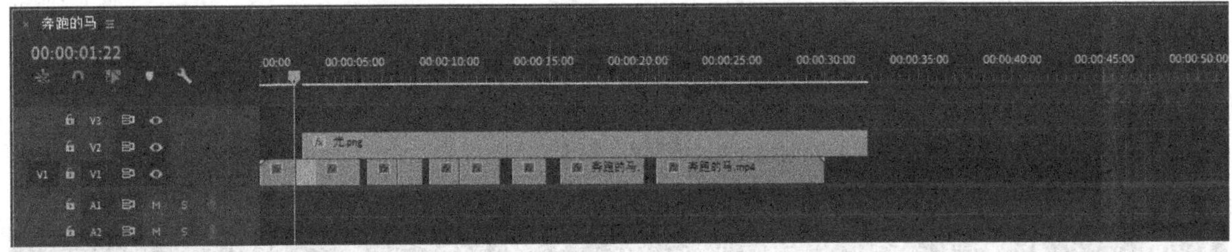

图3-23

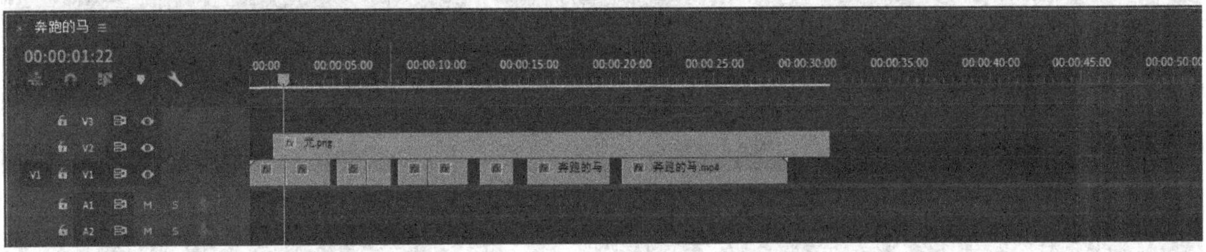

图3-24

如果要一次性删除序列上的所有间隙，需要先选中序列，然后执行“序列>封闭间隙”菜单命令，这样就可以将所有的间隙都删掉，并将剪辑全部连接在一起，如图3-25所示。

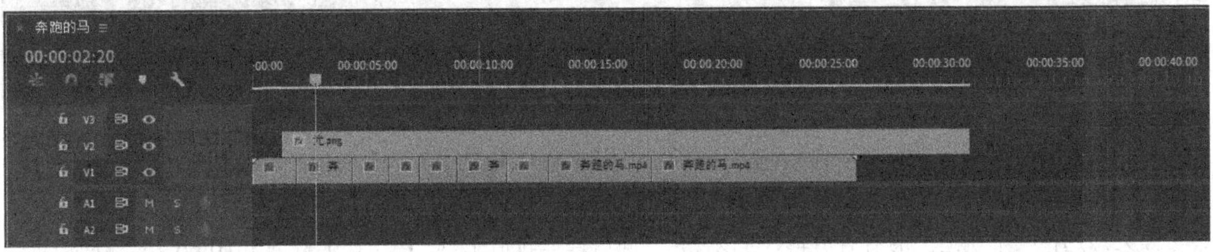

图3-25

技巧与提示

如果序列中设置了入点和出点的标记，就只能删除标记之间的间隙。

3.2.3 选择剪辑

视频云课堂：015- 选择剪辑

选择剪辑是一个很重要的部分，当我们需要处理序列中的各种剪辑片段时，就需要使用到选择功能。

1.选择剪辑或剪辑范围

只有选中了序列中的剪辑，才能进行后续的操作。选择剪辑的方法有以下两种。

第1种： 使用入点和出点的标记进行选择。

第2种： 使用“选择工具”选择剪辑片段。

使用“选择工具”（快捷键为V）单击剪辑片段，就可以选中该剪辑，如图3-26所示。

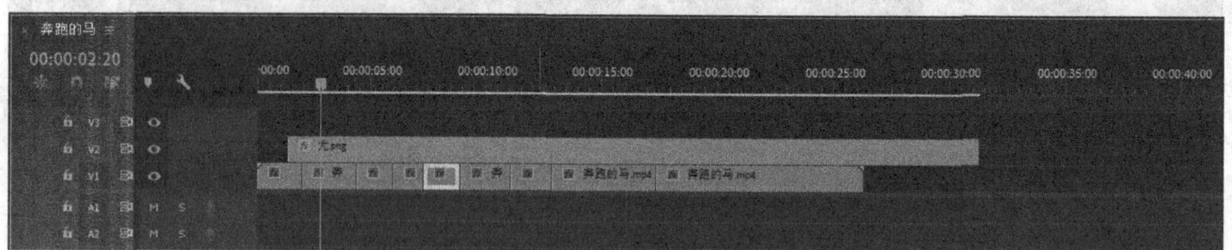

图3-26

技巧与提示

需要注意的是，如果双击该剪辑，会切换到源监视器中观察该段剪辑的效果。

使用“选择工具”并按住Shift键可以加选或减选其他剪辑片段，如图3-27所示。使用“选择工具”在“时间轴”面板上绘制出一个矩形框，与矩形框相交的剪辑都会被同时选中，如图3-28所示。

图3-27

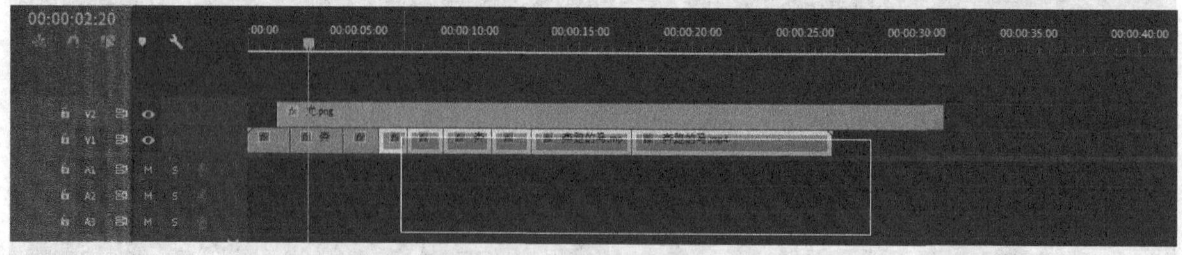

图3-28

2.选择轨道上的所有剪辑

如果想选择一个轨道上的所有剪辑，可以使用“向后选择轨道工具”（快捷键为Shift+A）或“向前选择轨道工具”（快捷键为A）。

在轨道上使用“向前选择轨道工具”单击最前方的剪辑，可以观察到后方的所有剪辑都会被选中，如图3-29所示；如果在第2个剪辑上单击鼠标，会发现除第1个剪辑外的后方剪辑都会被选中，如图3-30所示。

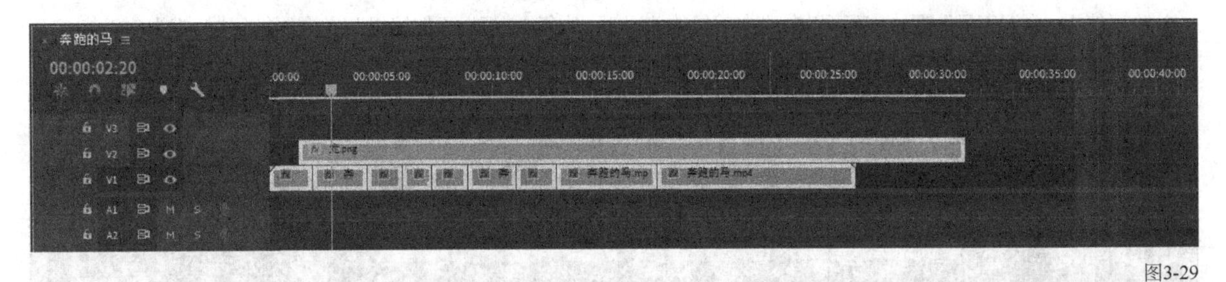

图3-29

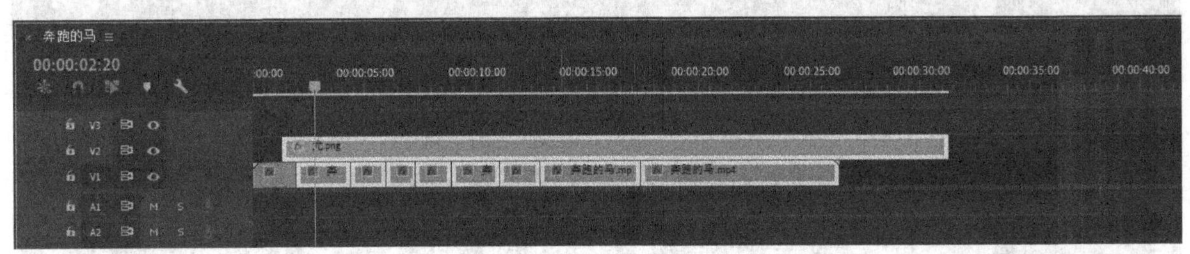

图3-30

“向后选择轨道工具”的使用方法与“向前选择轨道工具”相反，它是从剪辑的末端开始选择之前的剪辑，如图3-31所示。在选择完剪辑后，按V键切换到“选择工具”即可。

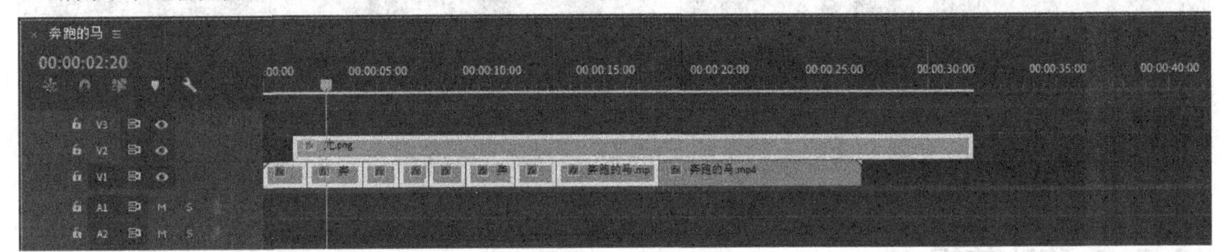

图3-31

技巧与提示

无论上面两个工具中的哪一个，只要使用时按住Shift键，就只能选择一个轨道上的剪辑。

3.2.4 拆分剪辑

视频云课堂：016- 拆分剪辑

添加的剪辑经常需要被拆分为多个片段，最常用的方式是使用“剃刀工具”（快捷键为C）进行拆分。使用“剃刀工具”在剪辑上单击后，会在单击的位置形成分割，将剪辑分为两个剪辑片段，如图3-32所示。当然，也可以继续使用“剃刀工具”在其他需要分割的地方单击，一个剪辑可以分割为很多个片段。

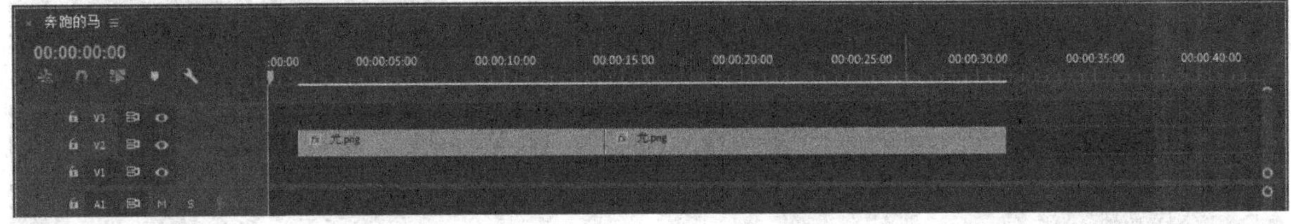

图3-32

技巧与提示

使用“剃刀工具”时，按住Shift键会将同位置上所有轨道的剪辑都进行拆分。

除了使用“剃刀工具” 外，还可以在选中剪辑的情况下，执行“序列>添加编辑”菜单命令（快捷键为Ctrl+K），从而在播放指示器所在的位置形成拆分的剪辑，如图3-33所示。

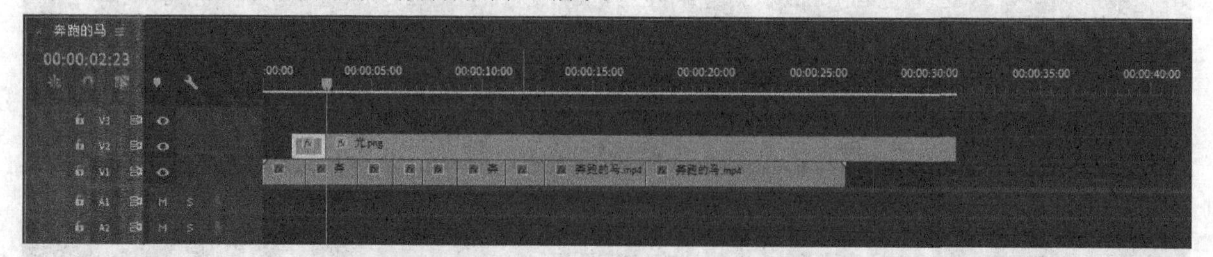

图3-33

执行“序列>添加编辑到所有轨道”菜单命令（快捷键为Ctrl+Shift+K），可以对所有轨道上的剪辑进行拆分，如图3-34所示。拆分后的剪辑仍然会无缝播放，除非移动了剪辑片段或单独对剪辑片段进行了调整。

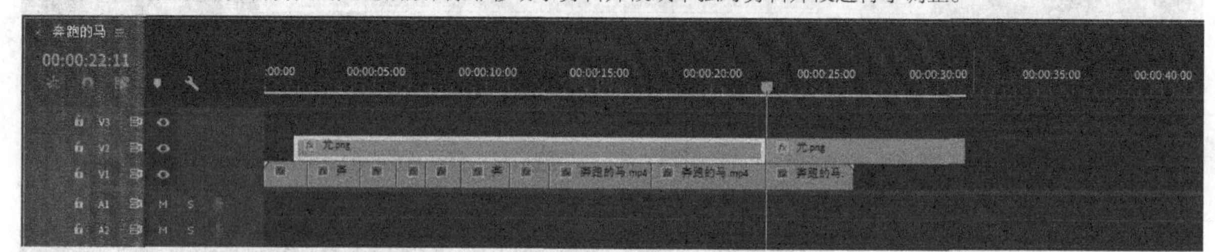

图3-34

技巧与提示

“添加编辑到所有轨道”命令的快捷键与搜狗输入法的软键盘冲突，用户可以修改其中一个的快捷键。

3.2.5 移动剪辑

视频云课堂：017- 移动剪辑

剪辑在“时间轴”面板上可以随意移动，默认情况下“时间轴”面板开启了“在时间轴中对齐” 功能，只要移动剪辑，其边缘就会自动与其他剪辑的边缘对齐。这样就能精准地放置剪辑，保证剪辑间不产生空隙。

图3-35所示的剪辑间存在一段空隙，使用“选择工具” 移动后方的剪辑，在贴近前方剪辑的时候会自动吸附到前方剪辑的末端，如图3-36所示。

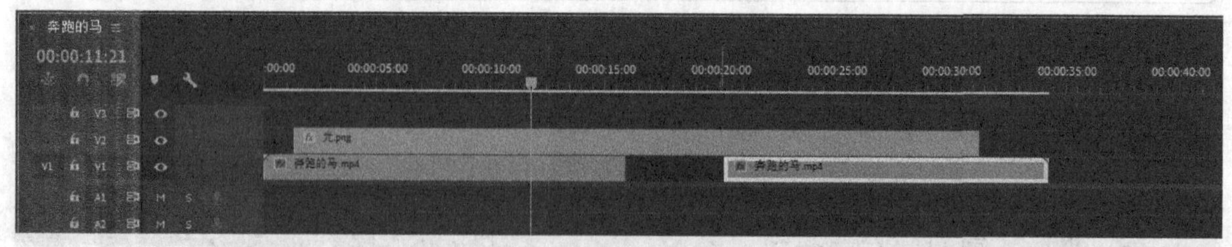

图3-35

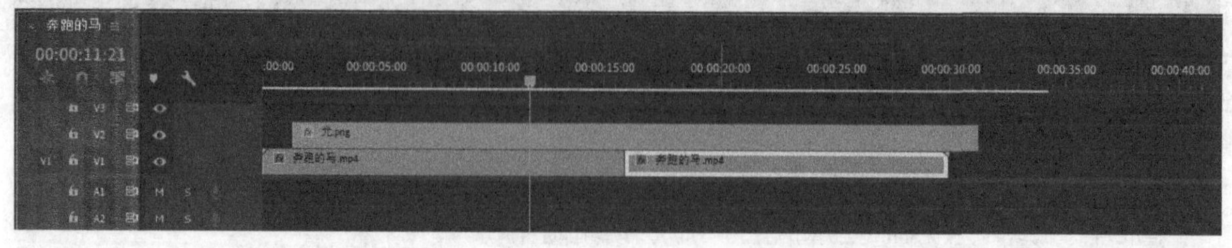

图3-36

如果想按照帧数精确地移动剪辑，就需要用到剪辑微移的快捷方式：按键盘上的←键或→键，每按一次就会往相应的方向移动一个像素，图3-37所示为向右移动5帧的效果；按住Alt键，然后按↑键或↓键，则会向上或向下移动一个轨道。

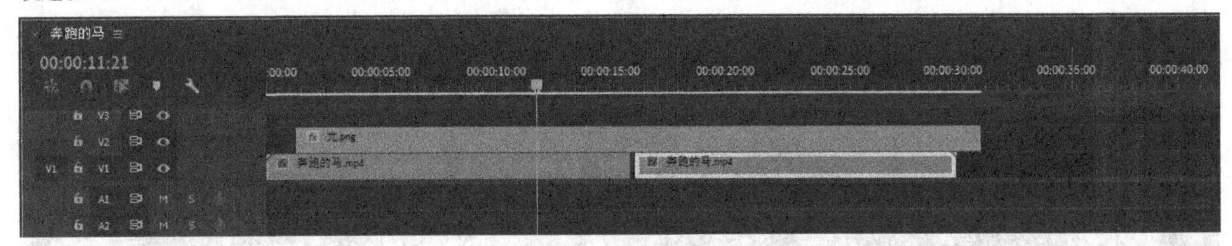

图3-37

技巧与提示

在向上或向下移动序列时，若上方或下方的轨道上有剪辑，则会覆盖这段剪辑相同长度的部分，如图3-38所示。

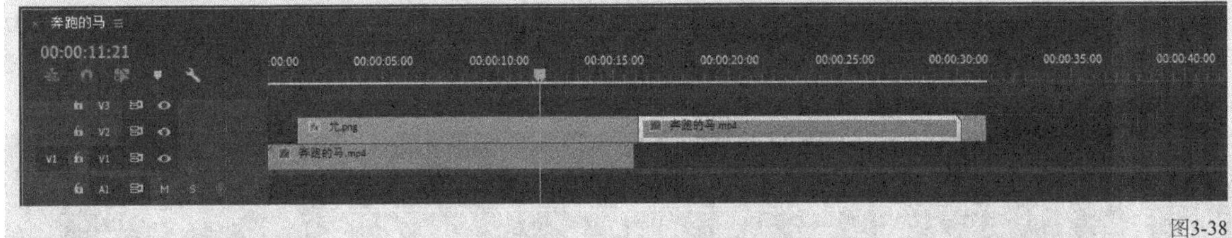

图3-38

如果按住Ctrl键移动剪辑，则会将其他轨道的剪辑进行拆分移动，如图3-39所示。而按住Ctrl+Alt键移动剪辑，则会与其他轨道的剪辑对齐，如图3-40所示。

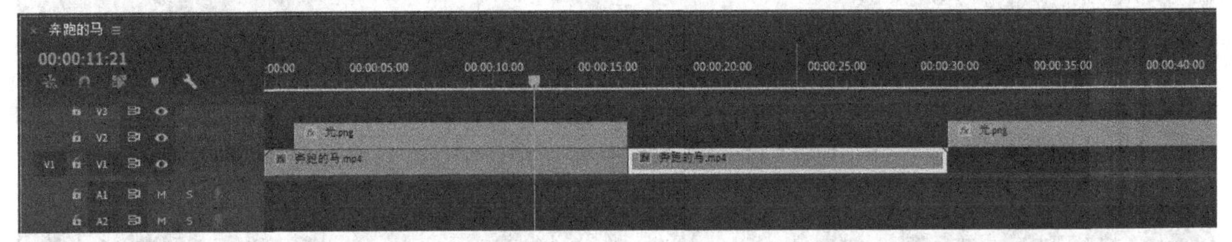

图3-39

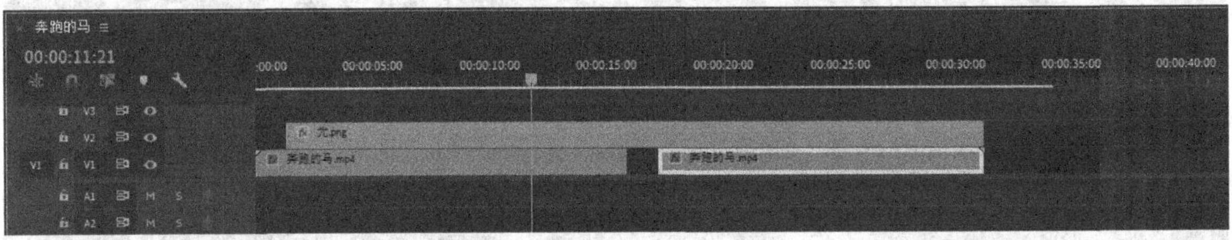

图3-40

按快捷键Ctrl+C可以快速复制选中的剪辑，然后按快捷键Ctrl+V粘贴在播放指示器所在的位置，这种操作方式与其他软件相同，如图3-41所示。

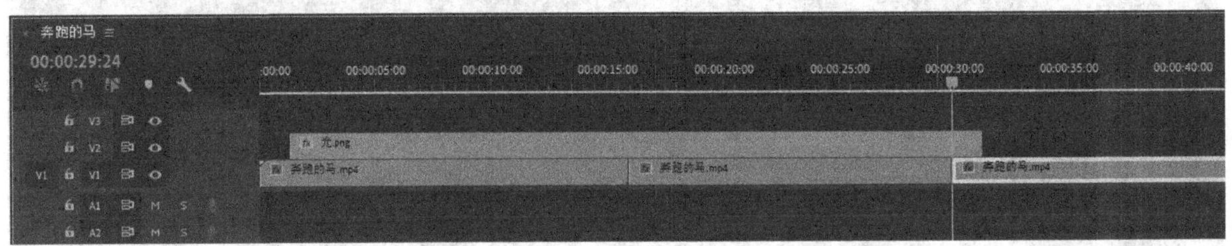

图3-41

3.2.6 删除剪辑

视频云课堂：018- 删除剪辑

删除剪辑最简单也是最常用的方法是选中需要删除的剪辑片段，然后按Delete键，如图3-42所示，删除后会在轨道上留下空隙。

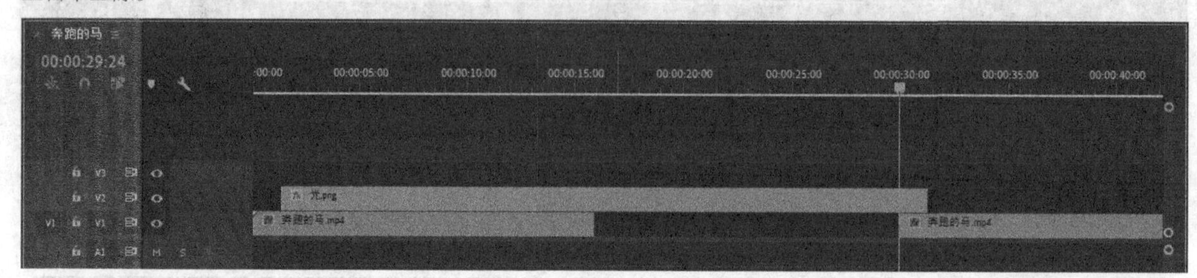

图3-42

除了按Delete键删除剪辑片段外，还可以按快捷键Shift+Delete进行删除。与直接按Delete键不同的是，按快捷键Shift+Delete不仅会将剪辑片段删除，还会自动填充删除后留下的空隙，如图3-43所示。

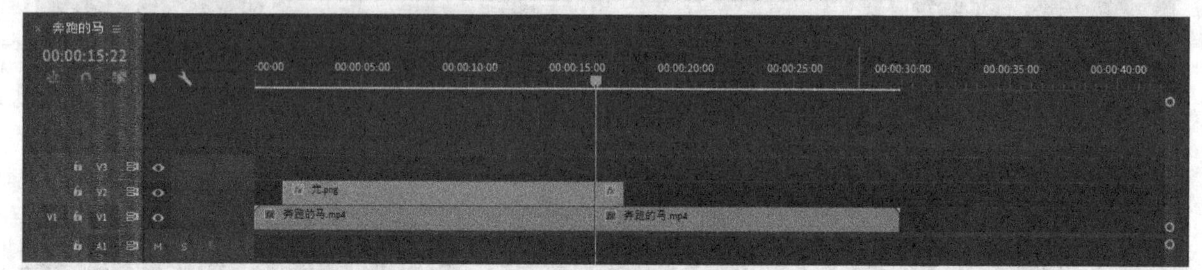

图3-43

还有一种删除剪辑的方法，就是在3.2.1小节中讲到过的通过设置入点和出点的标记，然后使用“提升”按钮或“提取”按钮删除标记的剪辑，如图3-44和图3-45所示。

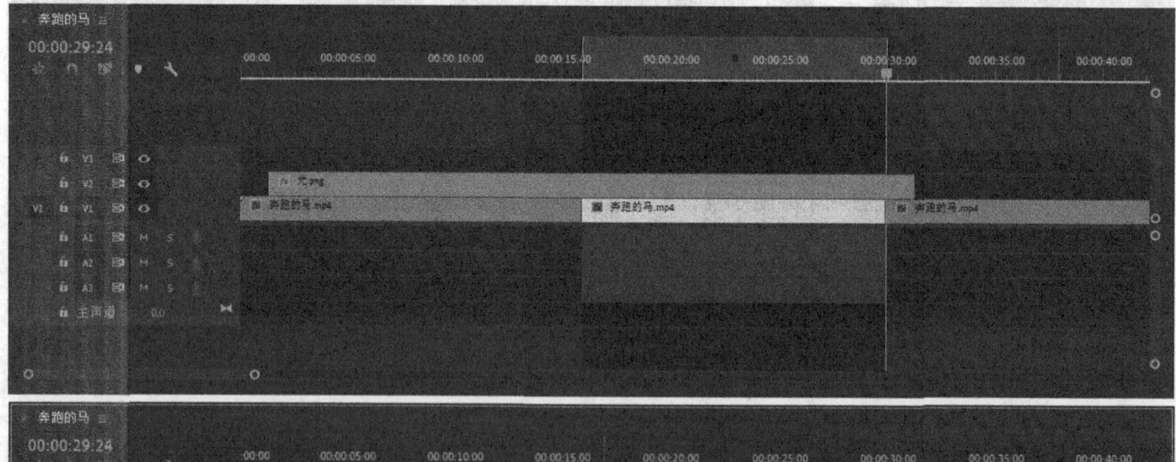

图3-44

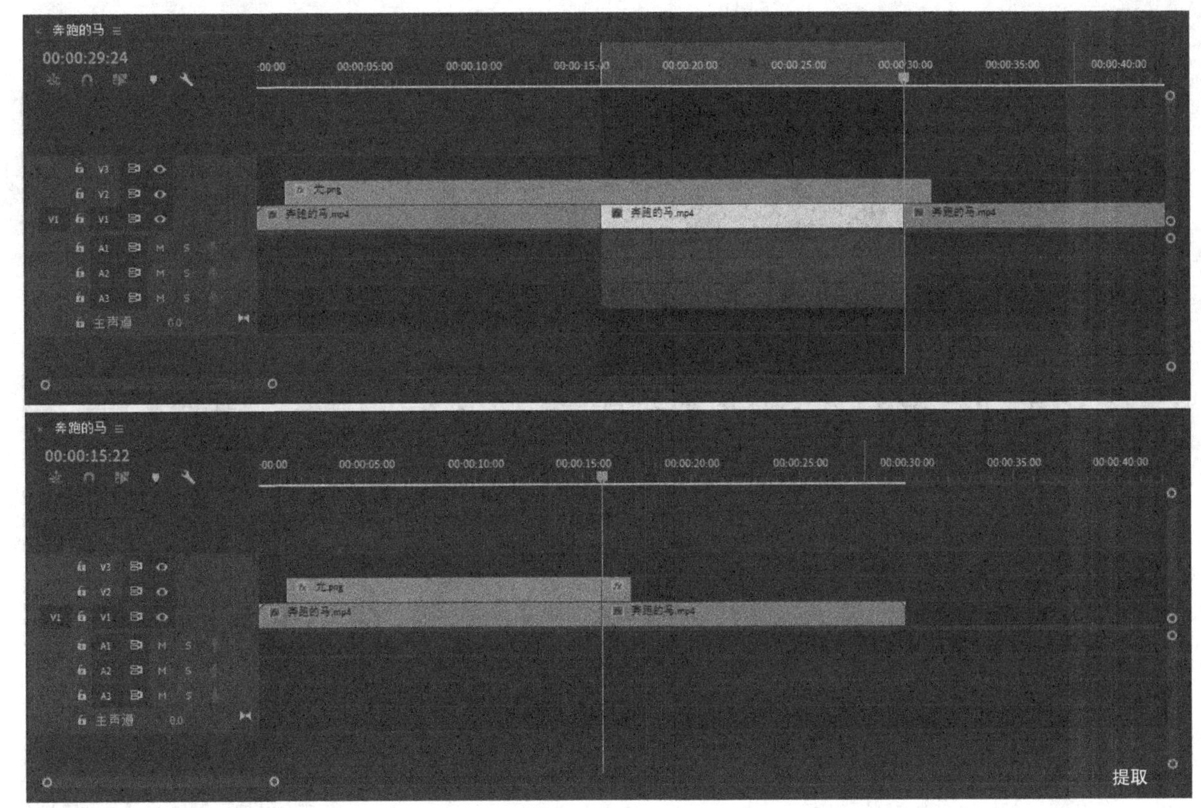

图3-45

技巧与提示

如果选中一个已经分割好的剪辑片段，单击“提升”按钮或“提取”按钮是不会产生效果的，必须要添加入点和出点的标记。

3.2.7 禁用剪辑

视频云课堂：019-禁用剪辑

不仅轨道可以被启用或禁用，剪辑同样可以。禁用的剪辑仍然会保留在“时间轴”面板上，但在播放时不会显示。

选中要禁用的剪辑，然后单击鼠标右键，在弹出的菜单中取消勾选“启用”命令，此时选中的剪辑会显示为深色，如图3-46所示。

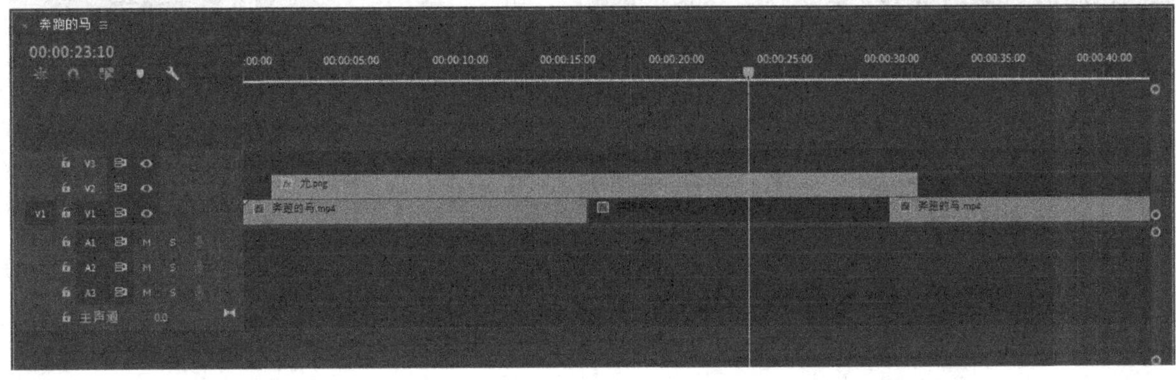

图3-46

此时移动播放指示器，在节目监视器中将无法看到被禁用的这段剪辑的效果，但这段剪辑确实存在于轨道上，如图3-47所示。再次在右键菜单中选择“启用”命令，就可以启用该剪辑。

图3-47

3.2.8 编组剪辑

视频云课堂：020- 编组剪辑

序列上的剪辑通过编组可以方便移动和修改。下面介绍具体的操作方法。

第1步：选中“时间轴”面板上的多个剪辑，然后单击鼠标右键，在弹出的菜单中选择“编组”命令，如图3-48所示。

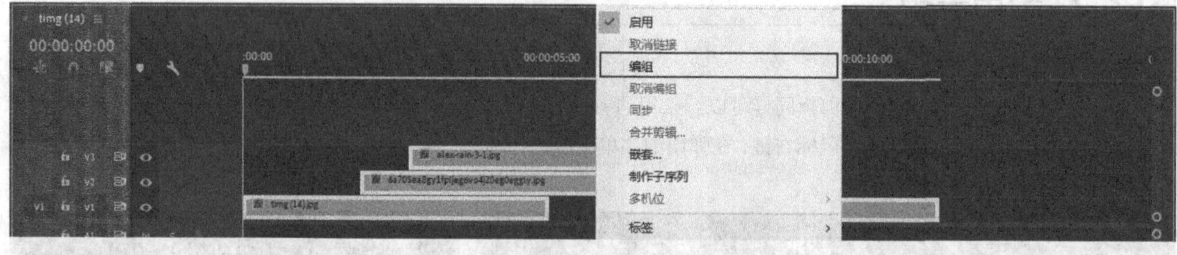

图3-48

第2步：选中编组后的序列，然后随意移动，可以观察到编组的序列会一起移动，如图3-49所示。

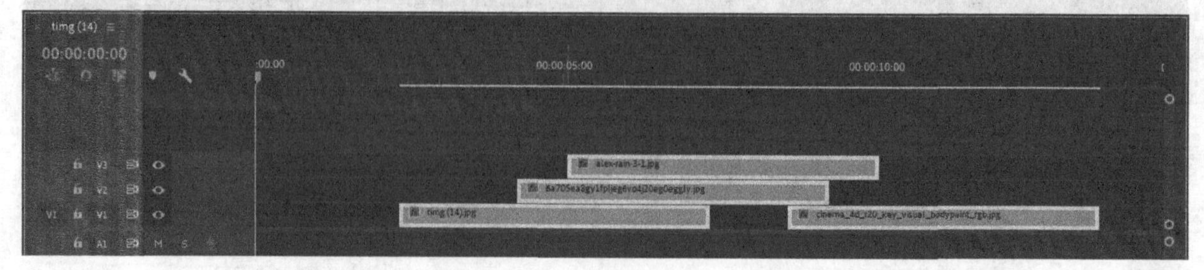

图3-49

第3步： 如果想取消编组，只需选中编组后的序列并单击鼠标右键，再在弹出的菜单中选择“取消编组”命令即可，如图3-50所示。

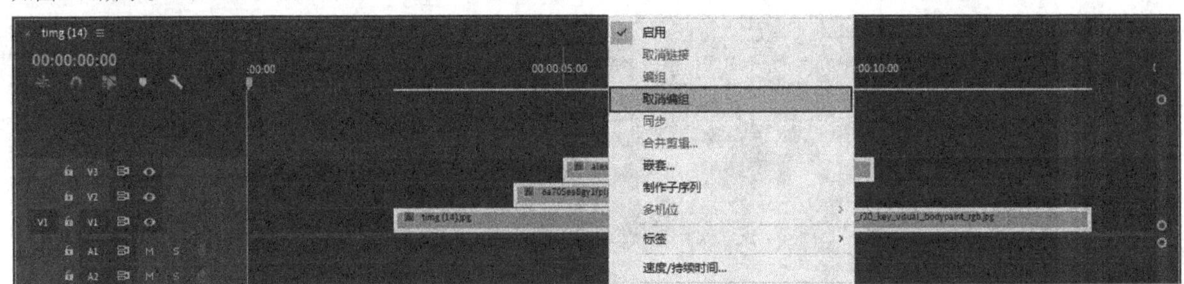

图3-50

3.2.9 视频与音频的链接

视频云课堂：021－视频与音频的链接

如果导入的视频素材中携带了音频信息，在“时间轴”面板上就会显示视频轨道和音频轨道，且这两个轨道默认情况下处于链接状态，如图3-51所示。

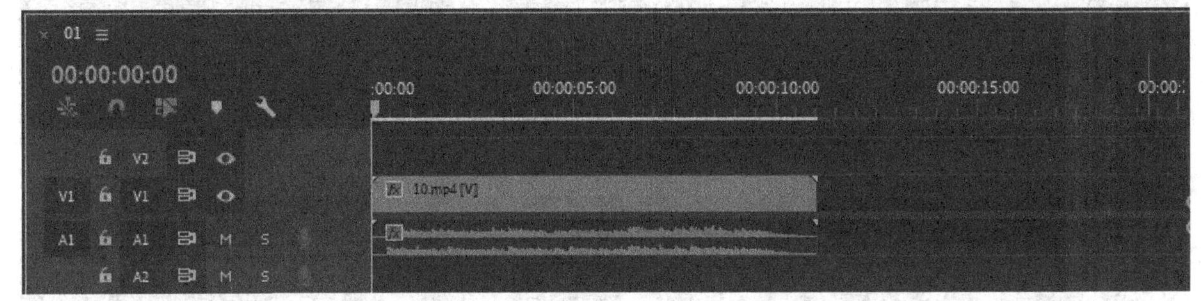

图3-51

技巧与提示

链接状态下的视频和音频轨道会同时被编辑。例如，使用“剃刀工具”会同时剪断视频和音频。

选中链接状态的剪辑，然后单击鼠标右键，在弹出的菜单中选择“取消链接”命令，此时视频和音频的轨道会断开链接单独被选中，如图3-52和图3-53所示。

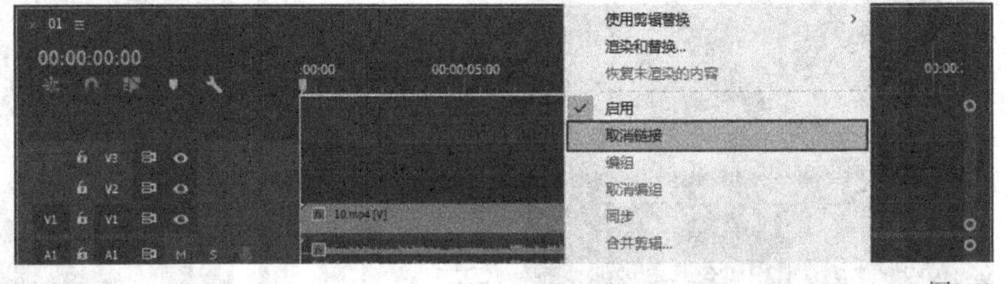

图3-52

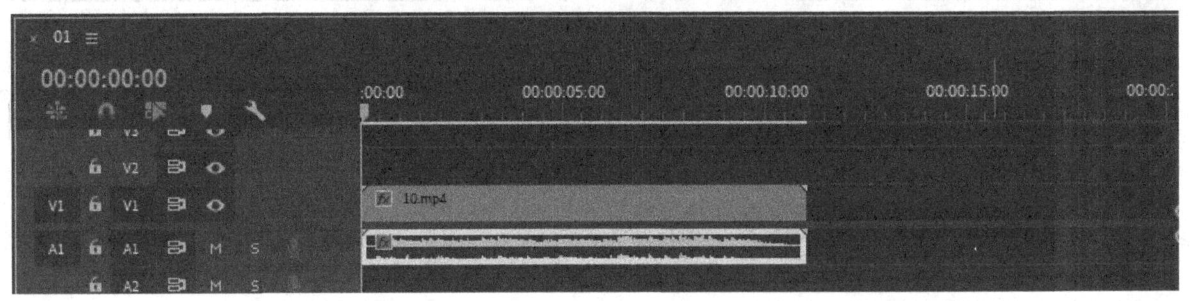

图3-53

断开链接后，用户可以单独编辑视频和音频，也可以删除音频或替换原有音频，以达到预想的效果。选中音频，然后按Delete键删除，此时轨道上只存在视频剪辑，如图3-54所示。将一个新的音频放置在轨道上，如图3-55所示。

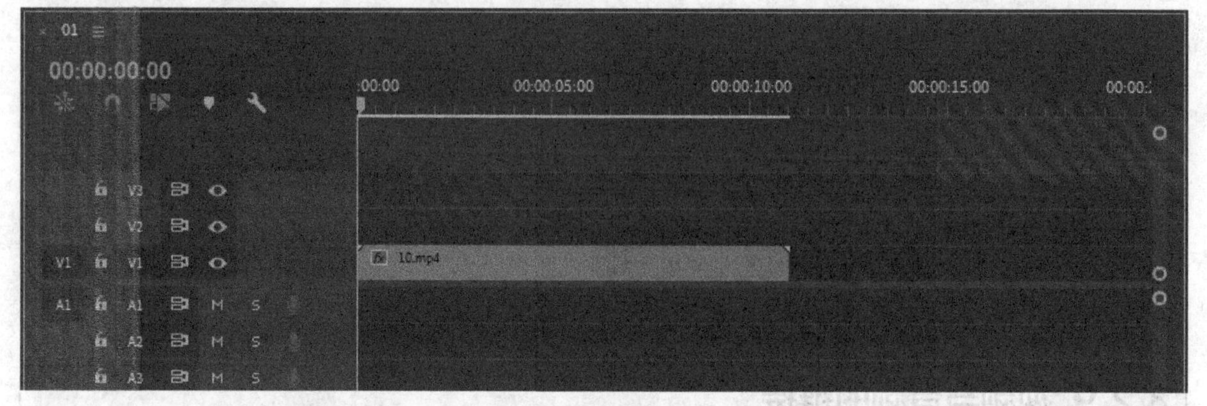

图3-54

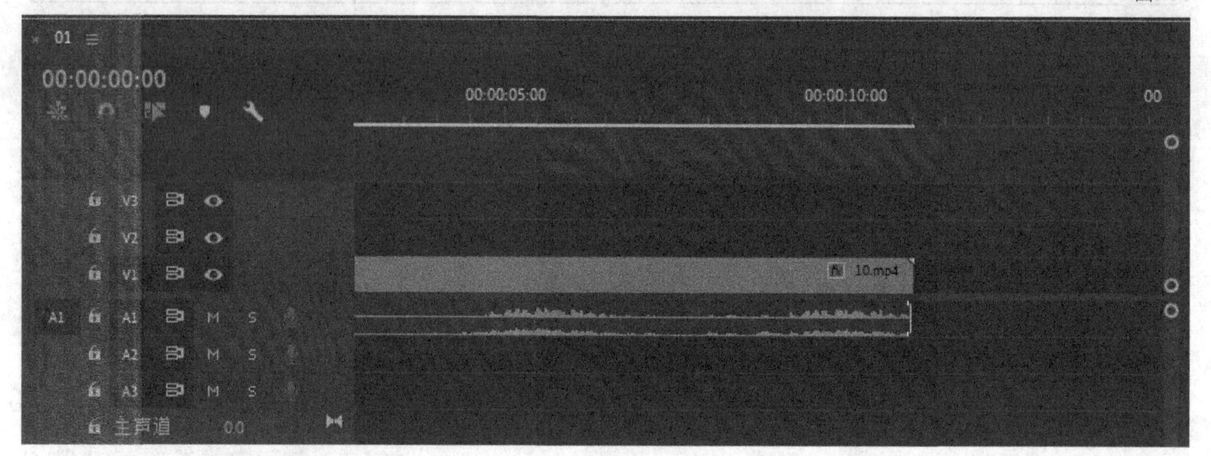

图3-55

同时选中视频剪辑和新添加的音频剪辑，然后单击鼠标右键，在弹出的菜单中选择“链接”命令，如图3-56所示。这样就能将视频和音频进行链接，方便整体编辑，如图3-57所示。

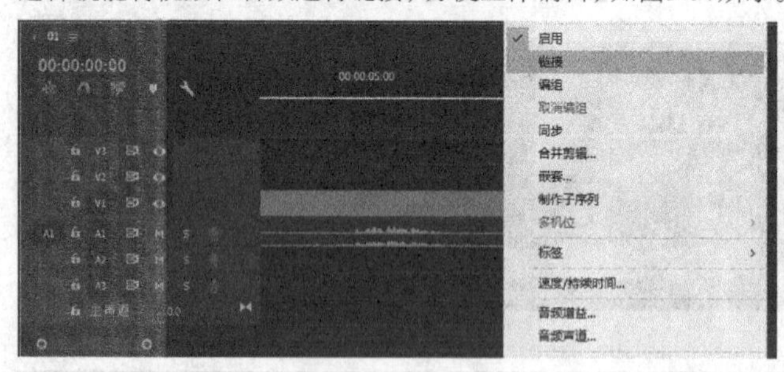

图3-56

图3-57

3.2.10 设置剪辑速度

视频云课堂：022- 设置剪辑速度

剪辑速度也就是剪辑播放的速度，其调整方法有以下3种。

第1种： 选中剪辑，然后单击鼠标右键，在弹出的菜单中选择“速度/持续时间”命令，如图3-58所示。在弹出的“剪辑速度/持续时间”对话框中可以设置播放速度，如图3-59所示。

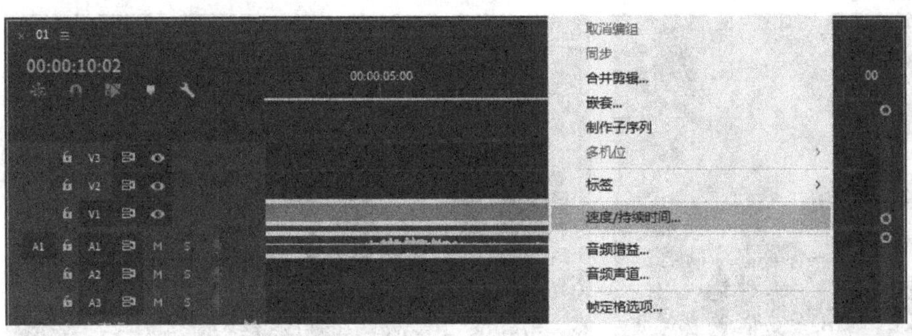

图3-58

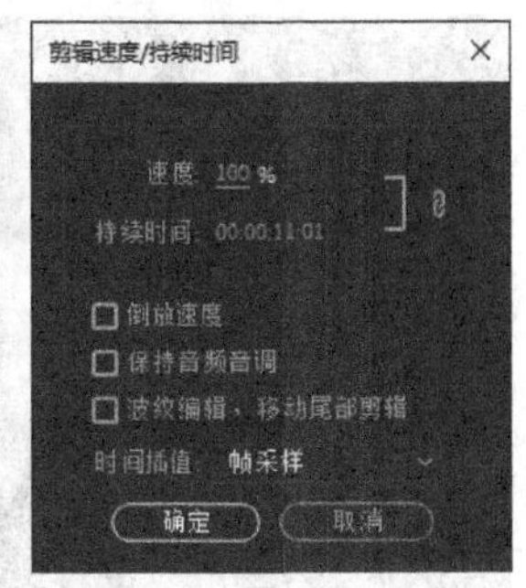

图3-59

知识点：剪辑速度/持续时间

在“剪辑速度/持续时间”对话框中可以设置序列的播放速度。默认情况下“速度”为100％，表示序列采用原有速度进行播放。

“速度”和“持续时间”两个参数默认情况下是关联的，只要修改其中一个参数，另一个也会相应发生改变。

勾选“倒放速度”选项后，整个序列的播放顺序会完全相反，原来在起始部分的内容会镜像移动到序列末尾。

勾选“保持音频音调”选项会让加速或减速状态下的音频不会产生太严重的偏差。当然，在一些搞笑类的视频中，会用这种独特的效果增加视频的趣味性。

第2种： 长按“波纹编辑工具”按钮，在展开的列表中选择“比率拉伸工具”，然后在想调整序列的一端拖曳即可快速调整，如图3-60和图3-61所示。

第3种： 执行“剪辑>速度/持续时间”菜单命令（快捷键为Ctrl+R），会弹出“剪辑速度/持续时间”对话框，如图3-62所示。其后续操作与第1种方法相同。

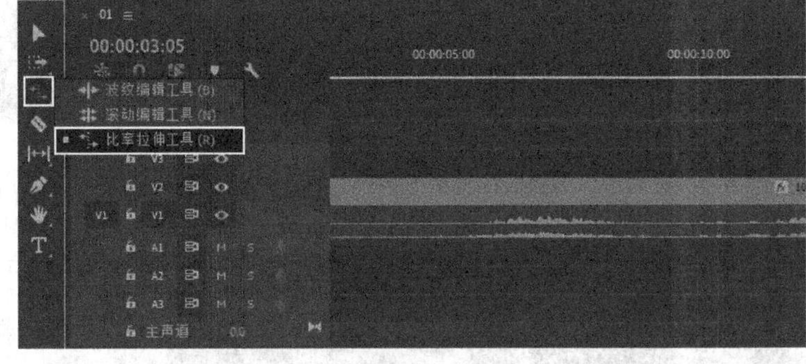

图3-60

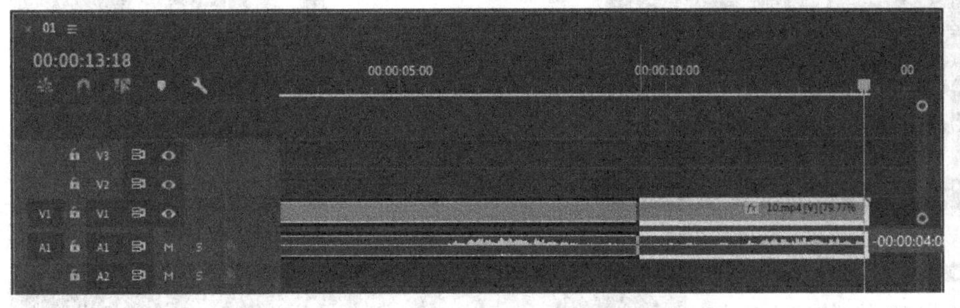

图3-61

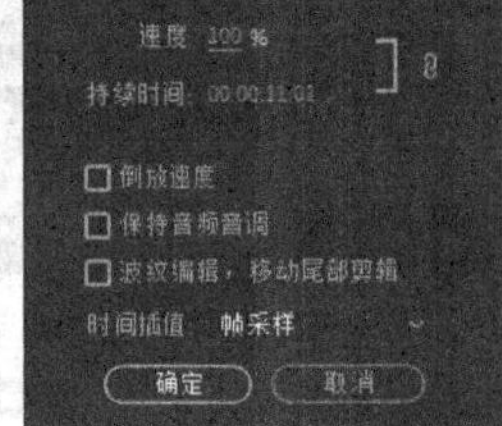

图3-62

课堂案例

减慢序列速度

素材文件	素材文件>CH03>01
实例文件	实例文件>CH03>课堂案例：减慢序列速度>课堂案例：减慢序列速度.prproj
视频名称	课堂案例：减慢序列速度.mp4
学习目标	练习改变序列速度的方法

扫码观看视频

本案例需要将一段正常速度播放的视频修改为0.5倍速的播放效果，案例效果如图3-63所示。

01 在“项目”面板导入本书学习资源中“素材文件>CH03>01”文件夹下的素材文件，如图3-64所示。

图3-63

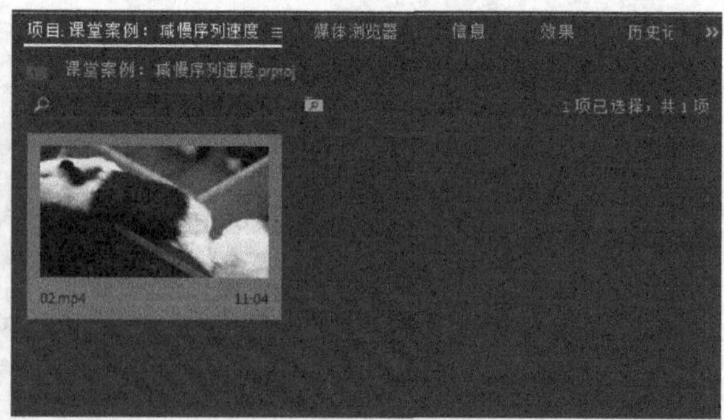

图3-64

02 将视频素材拖曳到“时间轴”面板上，此时会自动创建一个和视频素材参数完全一致的序列，如图3-65所示。

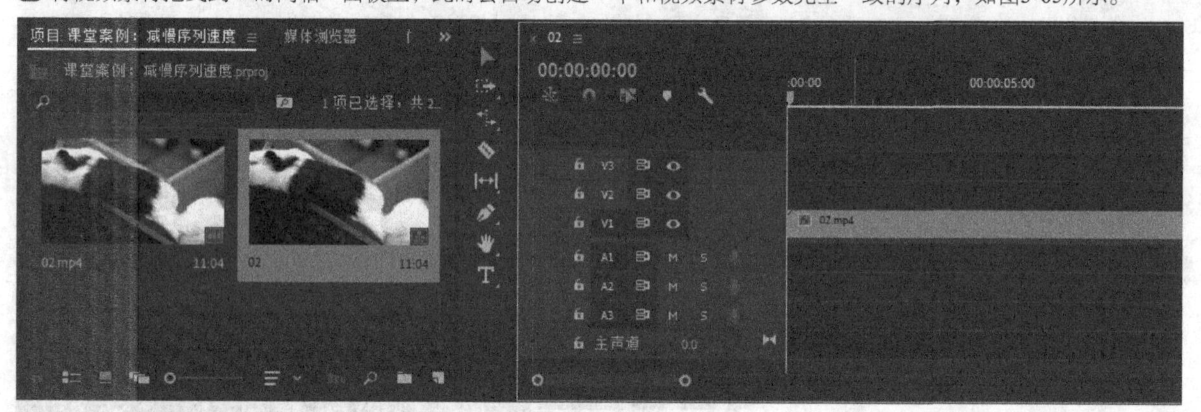

图3-65

03 选中序列，然后单击鼠标右键，在弹出的菜单中选择“速度/持续时间”命令，如图3-66所示。

04 在弹出的“剪辑速度/持续时间”对话框中，设置“速度”为50%，如图3-67所示。此时可以观察到，与“速度”关联的“持续时间”会同样改变，由于减慢了一半的速度，持续时间就增加了一倍。

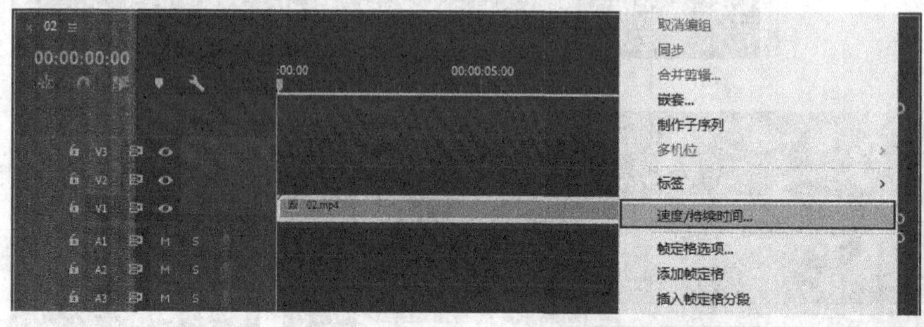

图3-66

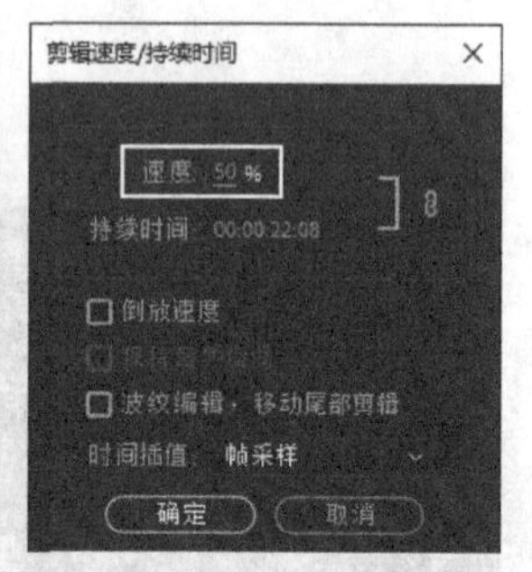

图3-67

05 单击“确定”按钮 确定 后，按Space键可以在节目监视器中观看减慢速度后的播放效果，如图3-68所示。至此，本案例制作完成。

图3-68

技巧与提示

如果要增加播放速度，就需要设置大于100%的“速度”值。视频网站中常见的1.5倍速需要设置“速度”值为150%，2倍速则需要设置“速度”值为200%。

3.2.11 嵌套序列

视频云课堂：023- 嵌套序列

嵌套序列可以简单地理解为一个序列中包含其他一些子序列，而这个序列是这些子序列的父层级。用户可以将多个相关联的剪辑片段进行嵌套后，再对嵌套的序列进行编辑。这样可以让“时间轴”面板上的序列看起来更加清晰明了，不会因为太多的剪辑片段而无从下手。

图3-69所示的绿色剪辑就是一个嵌套序列。双击这个绿色的剪辑，会显示嵌套的剪辑片段，如图3-70所示。

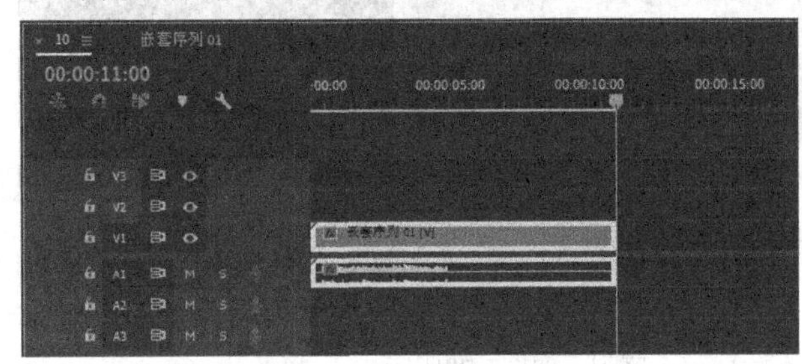

图3-69

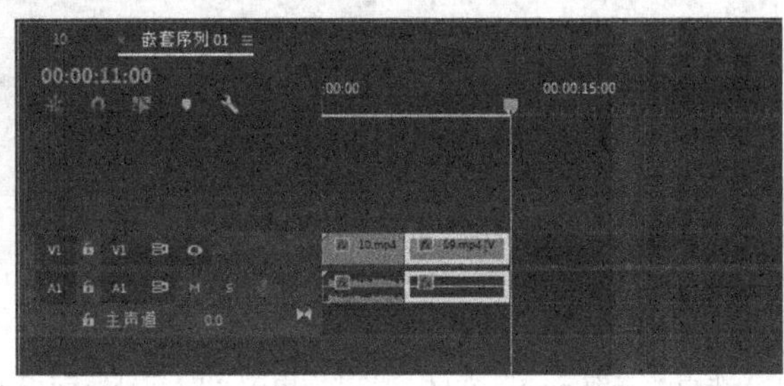

图3-70

技巧与提示

在“项目”面板中也可以看到嵌套序列，双击后会在“时间轴”面板上显示嵌套序列中的剪辑片段。

嵌套序列的方法有两种，下面逐一介绍。

第1种：在“项目”面板中选中已有的序列，然后单击鼠标右键，在弹出的菜单中选择“从剪辑新建序列”命令，如图3-71所示。这时，系统将会生成一个与选择的序列名称相同的序列，且在“时间轴”面板上出现绿色的序列，如图3-72所示。

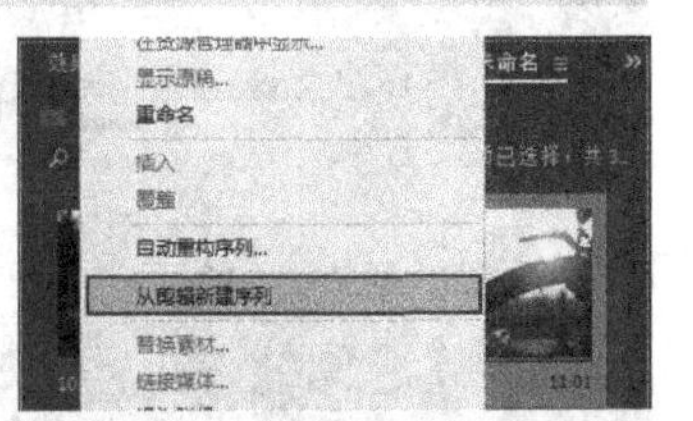

图3-71

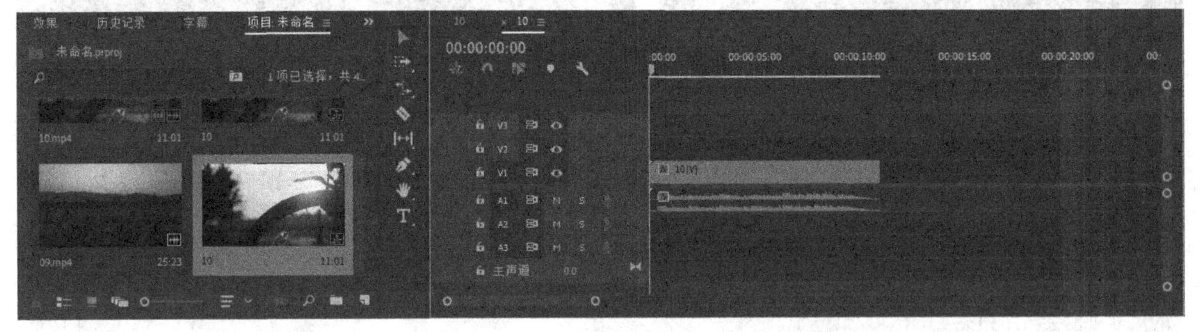

图3-72

第2种：在“时间轴”面板上框选需要嵌套的序列，然后单击鼠标右键，在弹出的菜单中选择“嵌套”命令，如图3-73所示。系统会弹出“嵌套序列名称”对话框，需要用户设置嵌套序列的名称，如图3-74所示。设置完毕后单击“确定”按钮确定，就会生成绿色的嵌套序列，如图3-75所示。

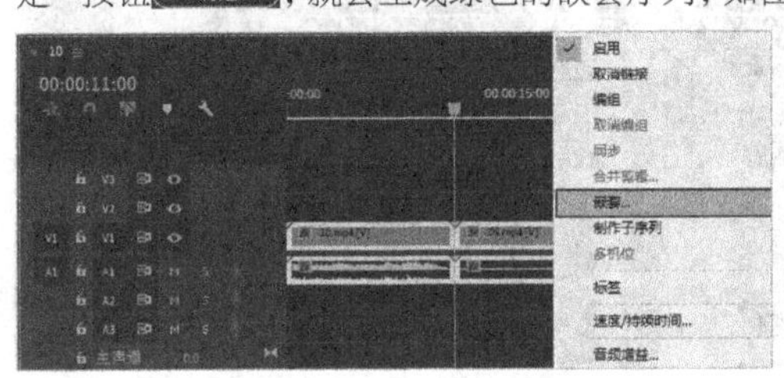

图3-73

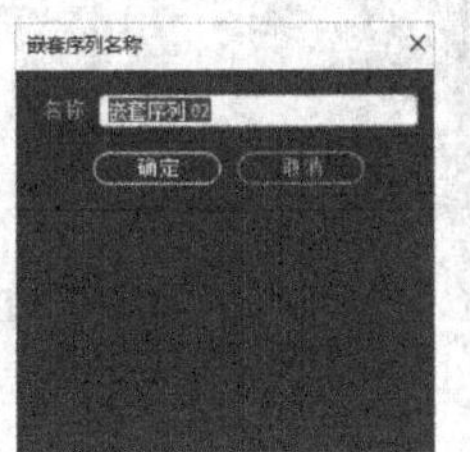

图3-74

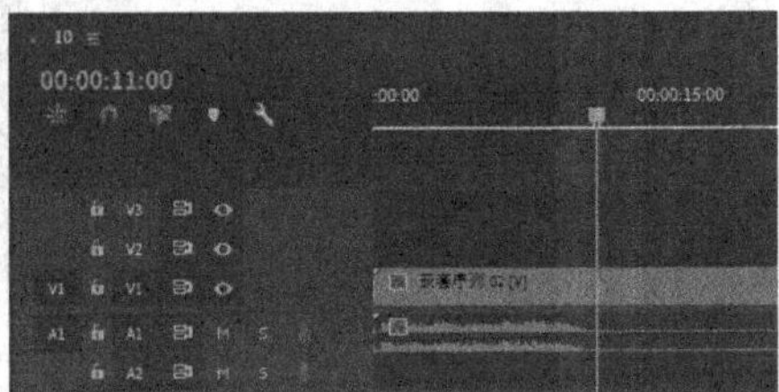

图3-75

课堂案例

自然风光剪辑

素材文件　素材文件>CH03>02

实例文件　实例文件>CH03>课堂案例：自然风光剪辑>课堂案例：自然风光剪辑.prproj

视频名称　课堂案例：自然风光剪辑.mp4

学习目标　练习剪辑的常用工具

扫码观看视频

本案例是将素材通过之前学习的剪辑工具进行简单剪辑，生成影片效果，如图3-76所示。

图3-76

01 双击“项目”面板的空白处，导入本书学习资源中“素材文件>CH03>02”文件夹下的所有素材，如图3-77所示。

02 选中“云海.mp4”素材，将其拖曳到“时间轴”面板上，生成一个序列，如图3-78所示。

图3-77

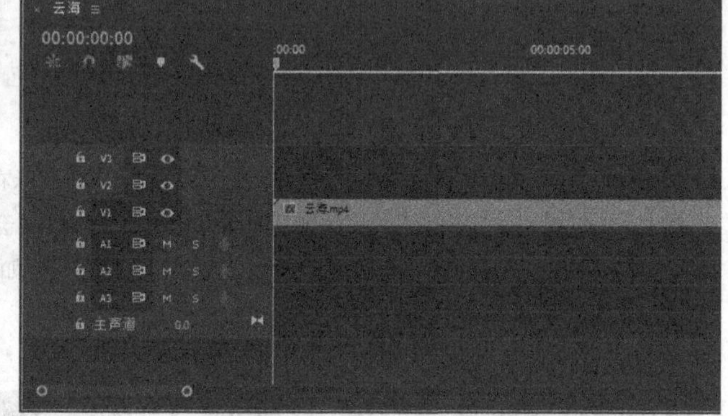

图3-78

知识点：剪辑不匹配警告

在将视频素材文件拖曳到“时间轴”面板时，有可能会弹出“剪辑不匹配警告”对话框，如图3-79所示。

在对话框中单击“更改序列设置”按钮 更改序列设置 ，此时已经设置完成的序列会根据导入的视频素材进行修改和再次匹配。若是单击“保持现有设置”按钮 保持现有设置 ，则不会更改序列设置，但素材的尺寸可能会与序列不匹配，需要进一步调整。

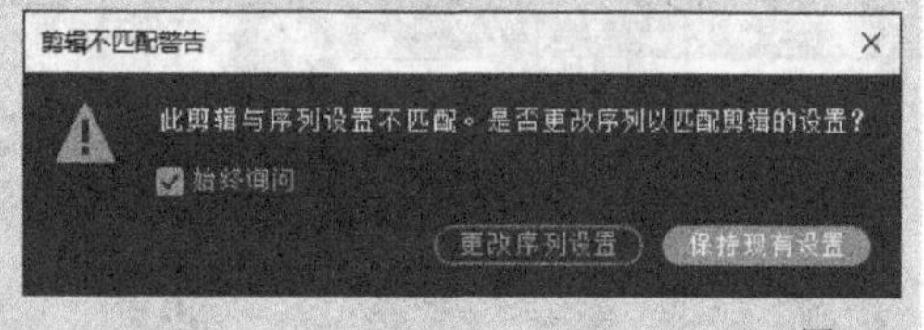

图3-79

03 将播放指示器移动到00:00:03:00的位置，如图3-80所示。

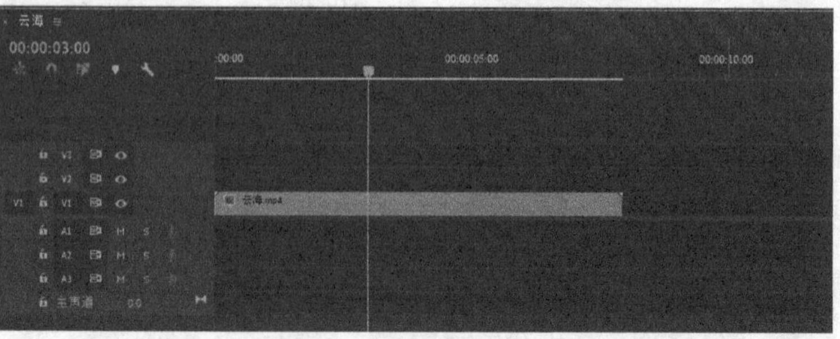

图3-80

技巧与提示

在节目监视器中双击“播放指示器位置”后直接修改数值，就可以让播放指示器移动到准确的时间位置，如图3-81所示。

图3-81

04 将“项目”面板中的“双色湖.mp4”文件移动到“时间轴”面板上，并且将序列放置在“云海.mp4”序列的上方轨道，如图3-82所示。

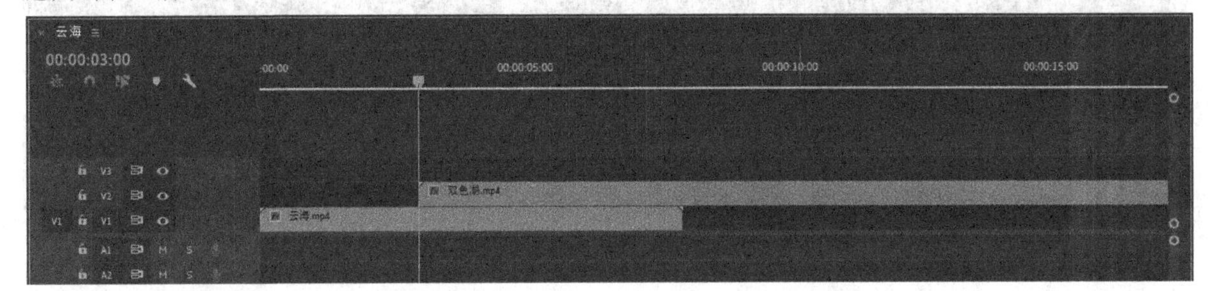

图3-82

05 将播放指示器移动到00:00:06:00的位置，然后使用“剃刀工具”在“双色湖.mp4”和“云海.mp4”序列上进行拆分，如图3-83所示。

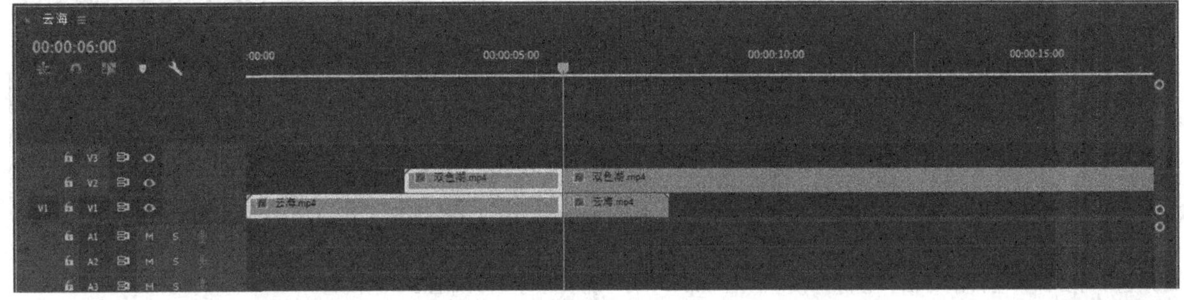

图3-83

06 选中播放指示器后方的剪辑片段，然后按Delete键将其删除，效果如图3-84所示。

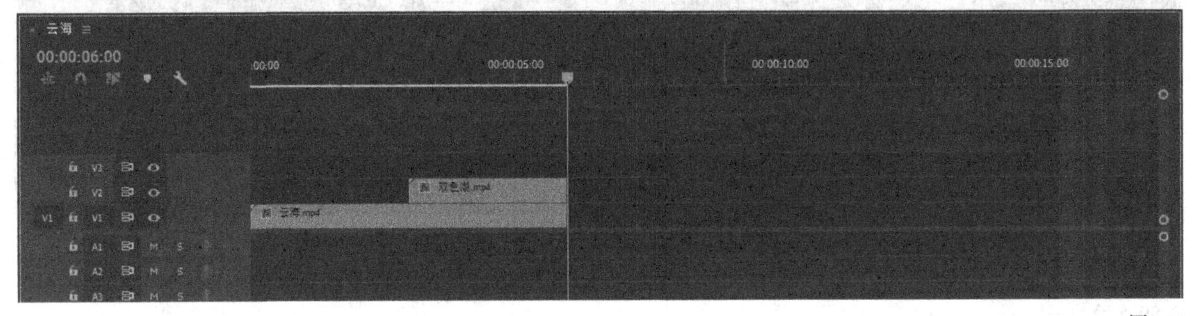

图3-84

07 将“项目”面板中的“夕阳渔船.mp4”文件拖曳到“时间轴”面板，并将其放置在V3轨道上，如图3-85所示。

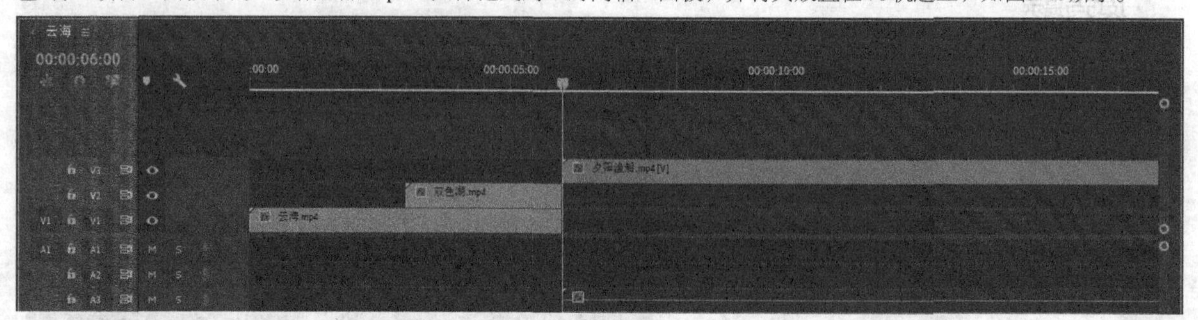

图3-85

08 素材中携带音频信息，因此会有音频序列。选中“夕阳渔船.mp4”序列，然后单击鼠标右键，在弹出的菜单中选择“取消链接”命令，接着选中音频序列，按Delete键将其删除，如图3-86所示。

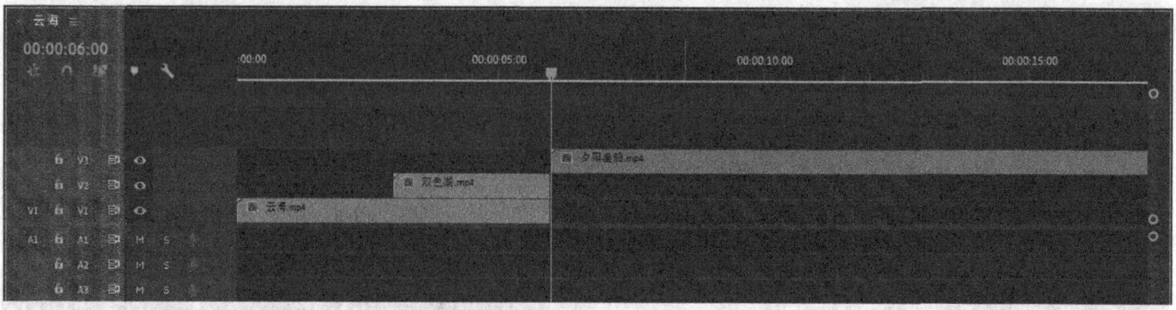

图3-86

09 将播放指示器移动到00:00:09:00处，然后将“项目”面板中的“夜晚星空.mp4”文件拖曳到V1轨道上，如图3-87所示。

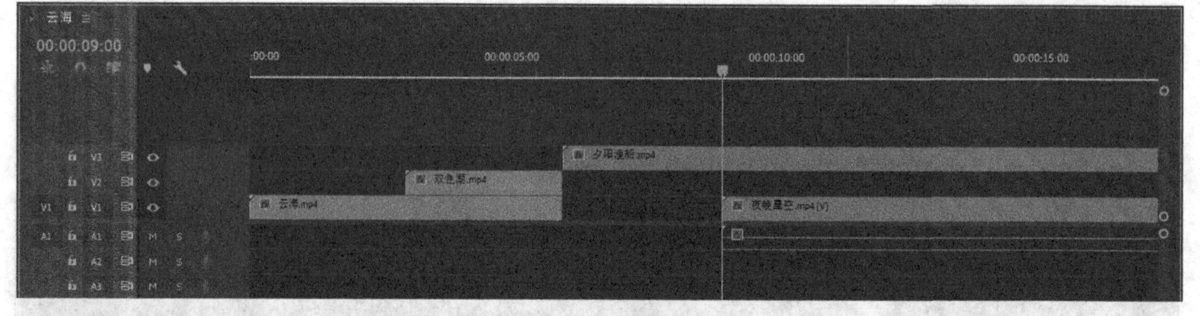

图3-87

10 使用与步骤08同样的方法，删除“夜晚星空.mp4”素材的音频序列，如图3-88所示。

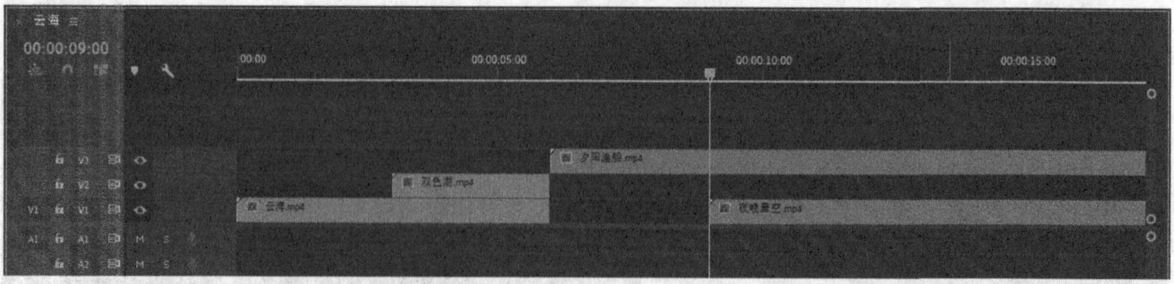

图3-88

11 移动播放指示器到00:00:12:00处，然后按I键标记入点，接着移动播放指示器到序列的末端，按O键标记出点，如图3-89所示。

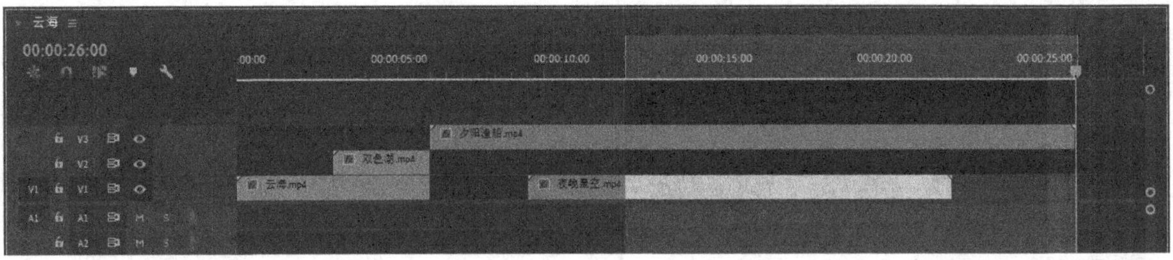

图3-89

⑫ 单击“提升”按钮删除入点和出点间的序列，如图3-90所示。可以观察到只有V1轨道上的序列被删除了，V3轨道上的序列并没有被删除。

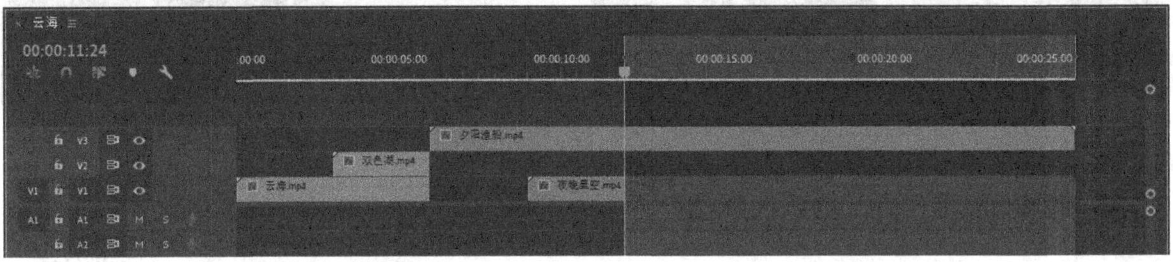

图3-90

⑬ 单击V3轨道，然后再次单击“提升”按钮，删除入点和出点间的序列，如图3-91所示。

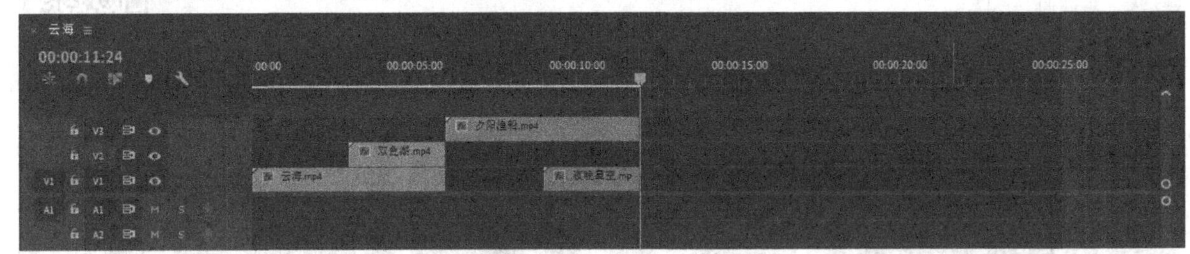

图3-91

⑭ 按Space键在节目监视器中预览效果，会发现“夕阳渔船.mp4”与“夜晚星空.mp4”两个剪辑重叠的部分只显示“夕阳渔船.mp4”剪辑中的效果，如图3-92所示。这是因为V3轨道位于V1轨道的上方，相同的位置会被V3轨道的序列遮挡。

图3-92

⑮ 将播放指示器移动到“夜晚星空.mp4”剪辑的前端，然后使用“剃刀工具”在“夕阳渔船.mp4”剪辑上单击，将剪辑分割为两部分，如图3-93所示。

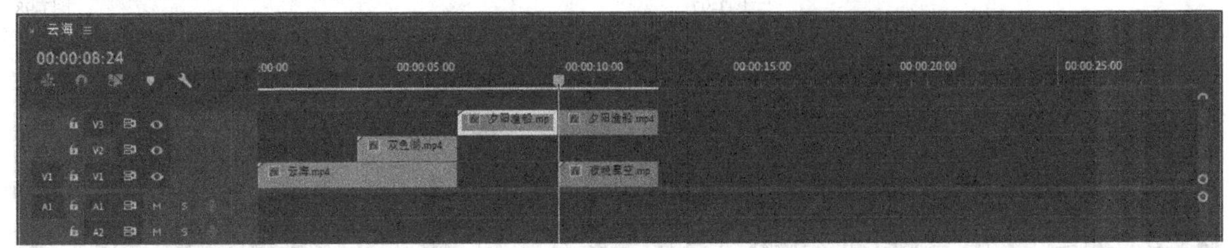

图3-93

⑯ 选中后端的剪辑片段并将其删除，这样就能显示下方轨道的内容，如图3-94所示。

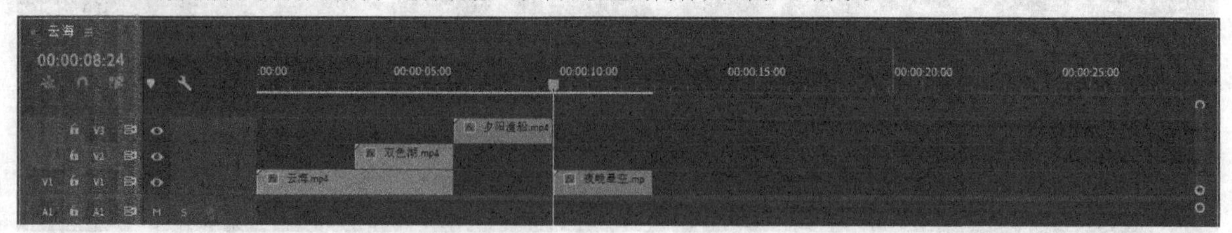

图3-94

⑰ 单击“导出帧”按钮导出4个序列帧，案例最终效果如图3-95所示。

图3-95

课堂案例

雨天风光剪辑

素材文件　素材文件>CH03>03

实例文件　实例文件>CH03>课堂案例：雨天风光剪辑>课堂案例：雨天风光剪辑.prproj

视频名称　课堂案例：雨天风光剪辑.mp4

学习目标　练习剪辑的常用工具

扫码观看视频

本案例是将素材通过之前学习的剪辑工具进行简单剪辑，生成影片效果，如图3-96所示。

图3-96

01 双击“项目”面板的空白处，导入本书学习资源中“素材文件>CH03>03”文件夹下的所有素材，如图3-97所示。

02 选中“屋檐雨水.mp4”素材，将其拖曳到“时间轴”面板上，生成一个序列，如图3-98所示。

图3-97

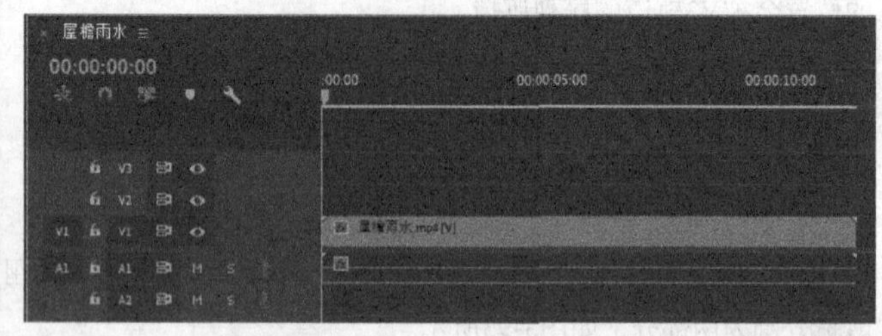

图3-98

03 取消视频与音频的链接，然后删除音频序列，如图3-99所示。

图3-99

04 将播放指示器移动到00:00:01:00的位置标记入点，然后移动播放指示器到00:00:10:00的位置标记出点，如图3-100所示。

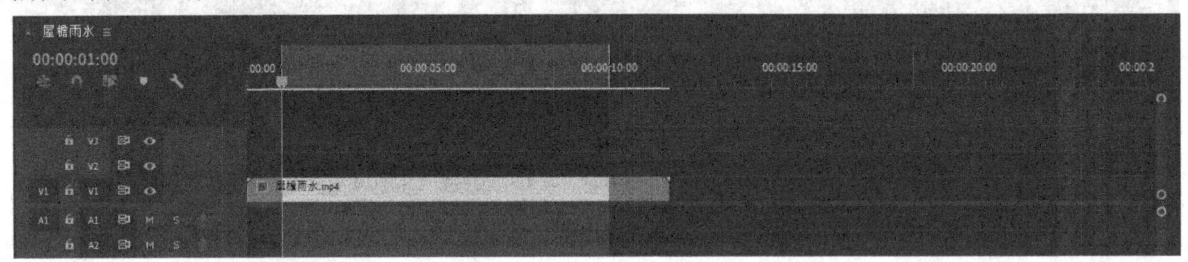

图3-100

05 单击“提升”按钮将入点和出点间的剪辑删除，如图3-101所示。

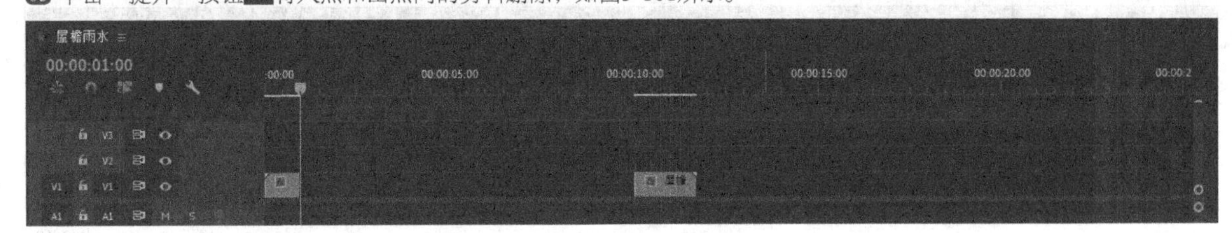

图3-101

06 将“雨水植物.mp4”素材拖曳并放置在V2轨道上，如图3-102所示。

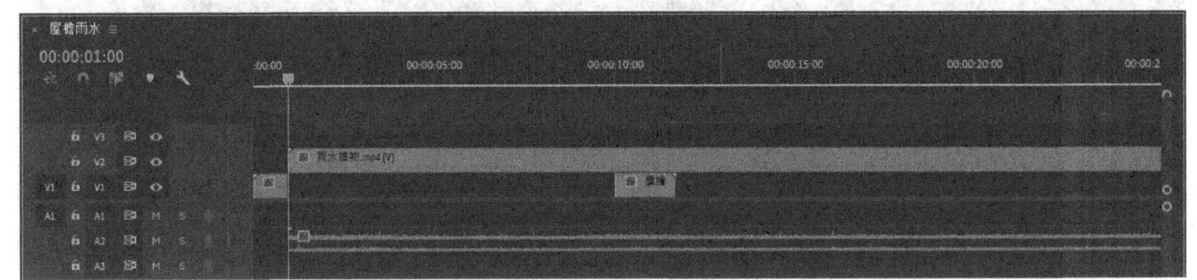

图3-102

07 将“雨水植物.mp4”素材的音频序列删除，然后使用“剃刀工具”进行裁剪，如图3-103所示。

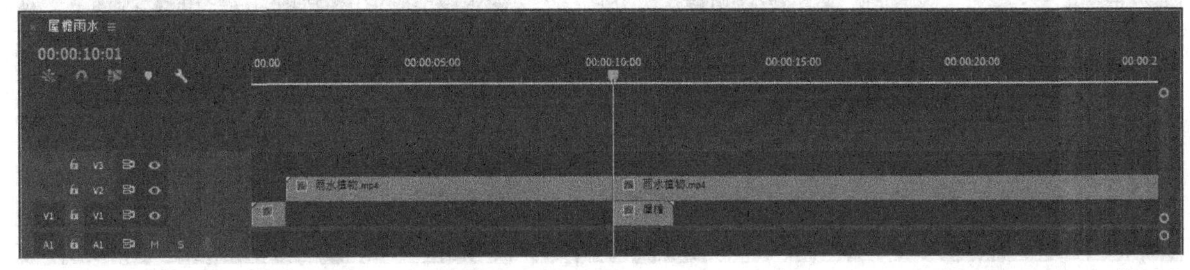

图3-103

08 删除后半段剪辑，使其正好填充在V1轨道的空隙部分，如图3-104所示。

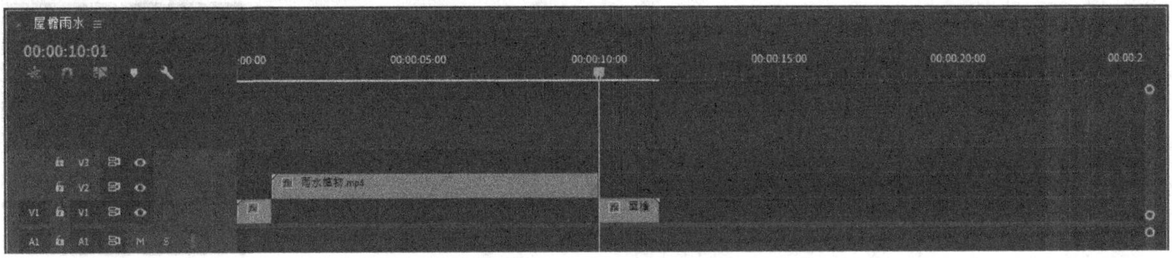

图3-104

09 在V3轨道上放置“叶子滴水.mp4”素材，如图3-105所示。

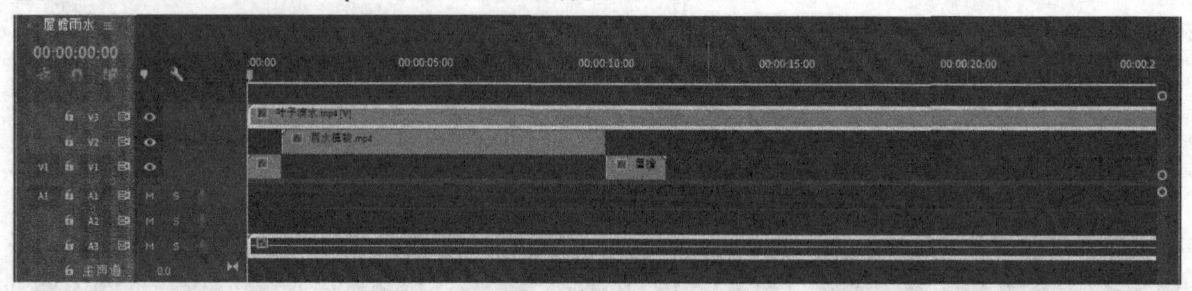

图3-105

10 取消视频和音频的关联，然后删除音频序列，如图3-106所示。

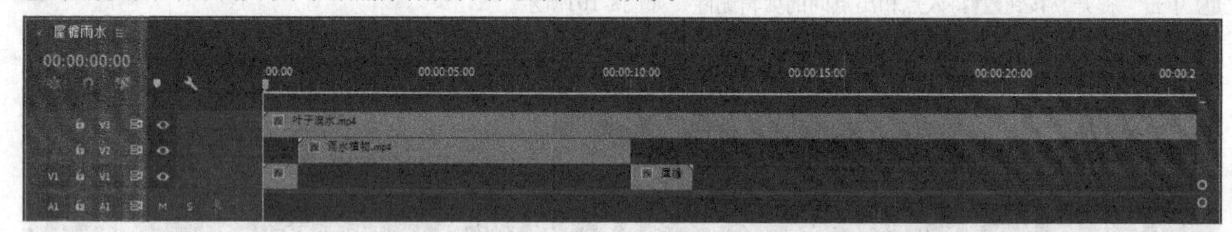

图3-106

11 将播放指示器移动到00:00:04:20的位置，然后使用“剃刀工具”进行裁剪，并删除前半段剪辑，如图3-107所示。

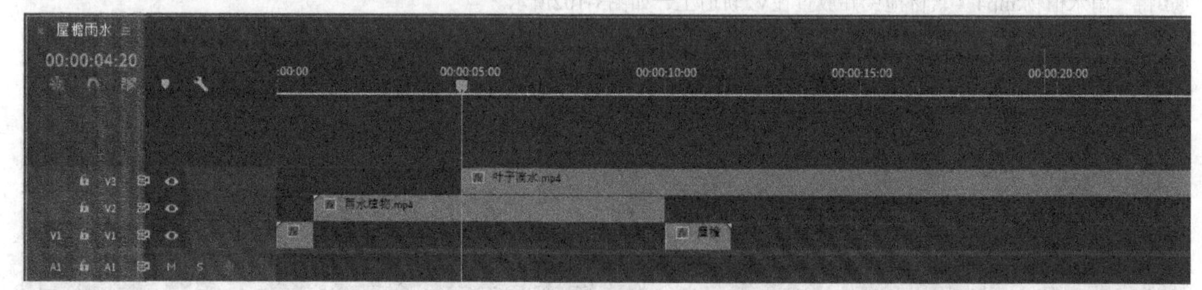

图3-107

12 移动播放指示器到00:00:06:21的位置，继续用“剃刀工具”进行裁剪，并删除后面的剪辑，如图3-108所示。

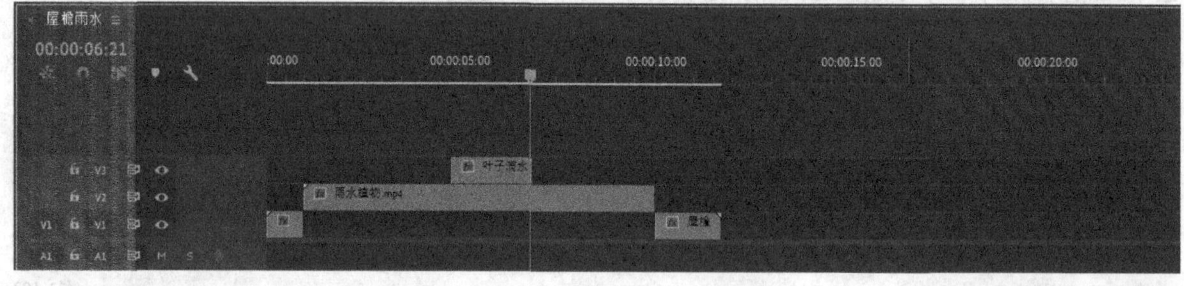

图3-108

13 按Space键在节目监视器中预览效果，发现“叶子滴水.mp4”的播放速度较慢。选中“叶子滴水.mp4”剪辑，然后单击鼠标右键，在弹出的菜单中选择“速度/持续时间”命令，并在弹出的对话框中设置“速度”为200%，如图3-109所示。

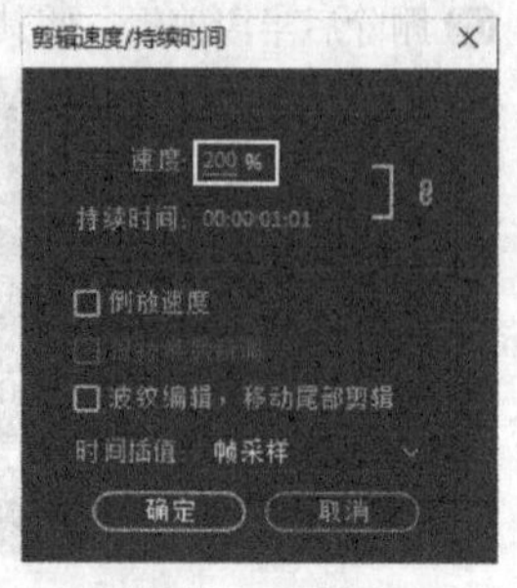

图3-109

⑭ 单击“导出帧”按钮导出3个序列帧，案例最终效果如图3-110所示。

图3-110

3.3 标记

标记是剪辑时的一种辅助功能，可以帮助用户记住镜头位置，也可以记录剪辑的一些信息。

3.3.1 标记类型

视频云课堂：024-标记类型

标记有多种类型，每种类型对应的颜色也不一样，这样会方便用户识别标记，如图3-111所示。

图3-111

注释标记（绿色）： 通用标记，可以指定名称、持续时间和注释。

章节标记（红色）： DVD或蓝光光盘设计程序可以将这种标记转换为普通的章节标记。

分段标记（紫色）： 在某些播放器中，会根据这个标记将视频拆分为多个部分。

Web链接（橙色）： 在某些播放器中，可以在播放视频的时候，通过标记中的链接打开一个Web页面。

Flash提示点（黄色）： 这种提示点是与Adobe Animate CC一起工作时所使用的标记。

3.3.2 添加/删除标记

视频云课堂：025-添加和删除标记

添加标记时，会以播放指示器所在位置作为标记所处的位置。

在序列上移动播放指示器，并且确保没有选中“时间轴”面板上的任何剪辑，然后单击面板左上方的“添加标记”按钮（快捷键为M），此时在播放指示器所处的位置，会自动生成一个绿色的标记，如图3-112所示。

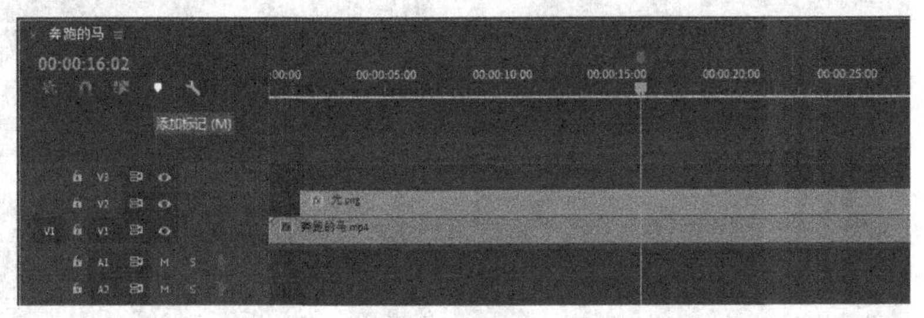

图3-112

技巧与提示

在“时间轴”面板的时间标尺处单击鼠标右键，在弹出的菜单中选择“添加标记”命令，也可以添加标记。

绿色的标记不仅会出现在“时间轴”面板上，还会显示在节目监视器的下方，如图3-113所示。

图3-113

双击标记会弹出“标记”对话框，如图3-114所示。在该对话框中可以对标记进行注释，也可以重新选择标记类型。

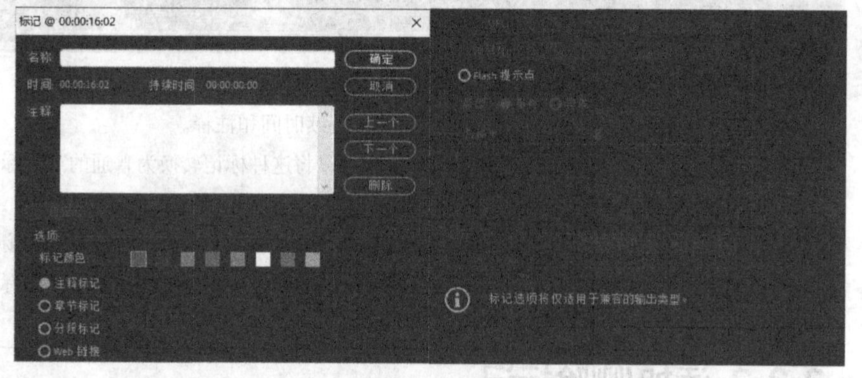

图3-114

技巧与提示

在对话框中输入其中一项内容后避免按Enter键，否则将直接关闭对话框，无法输入其他内容。

在“名称”文本框中输入内容后，会在标签上显示注释的内容，帮助用户快速识别标签的含义，如图3-115所示。

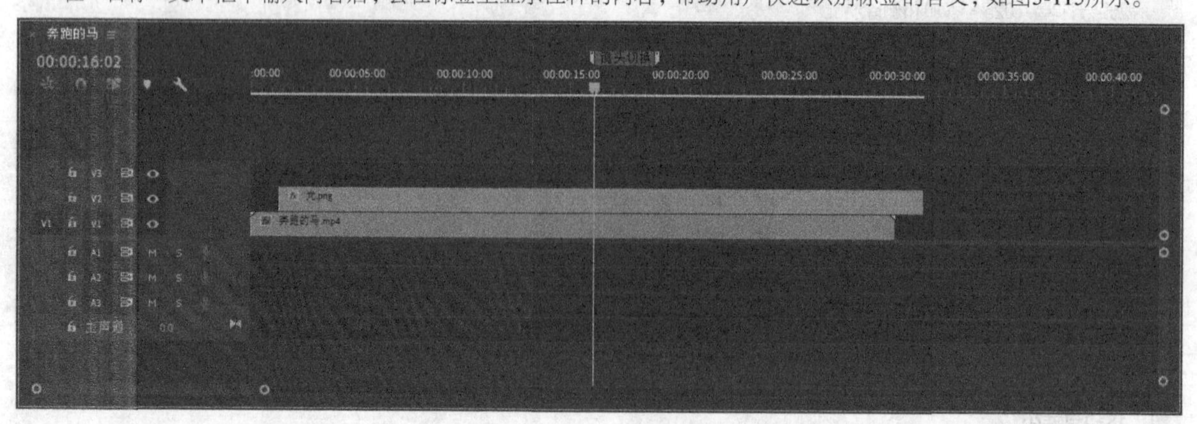

图3-115

删除标记的方法很简单，在需要删除的标记上单击鼠标右键，然后在弹出的菜单中选择“清除所选的标记”命令即可，如图3-116所示。

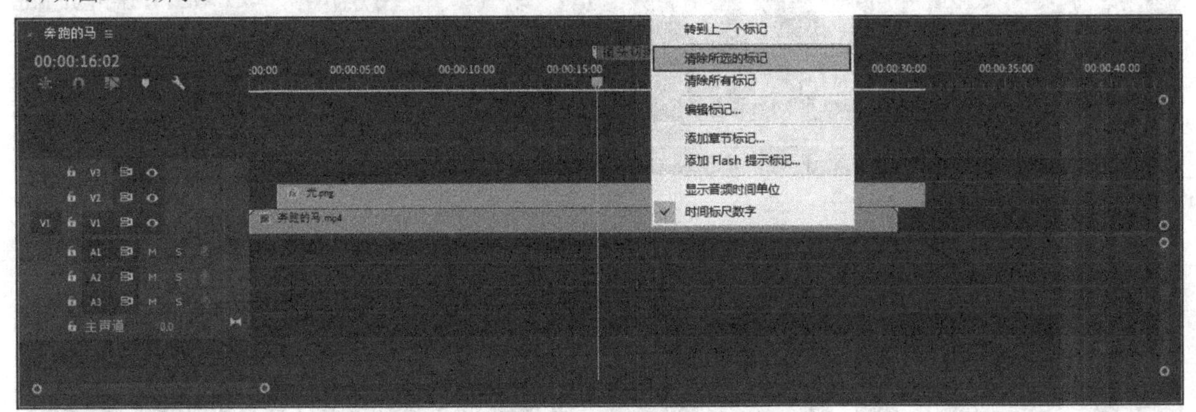

图3-116

技巧与提示

如果要删除所有的标记，则选择“清除所有标记”命令。

课堂案例

为剪辑添加标记

素材文件　素材文件>CH03>04
实例文件　实例文件>CH03>课堂案例：为剪辑添加标记>课堂案例：为剪辑添加标记.prproj
视频名称　课堂案例：为剪辑添加标记.mp4
学习目标　练习标记工具

扫码观看视频

本案例需要为一个视频素材添加标记，方便识别不同的镜头内容，如图3-117所示。

图3-117

01 双击“项目”面板的空白处，导入本书学习资源中“素材文件>CH03>04”文件夹下的所有素材，如图3-118所示。

02 选中素材并将其拖曳到“时间轴”面板上，生成一个序列，如图3-119所示。

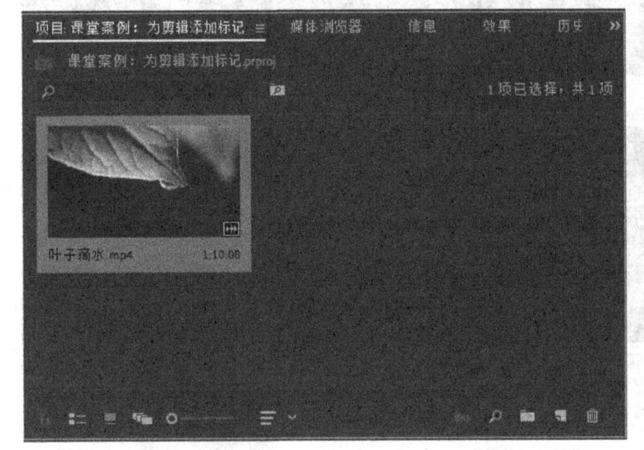

图3-118

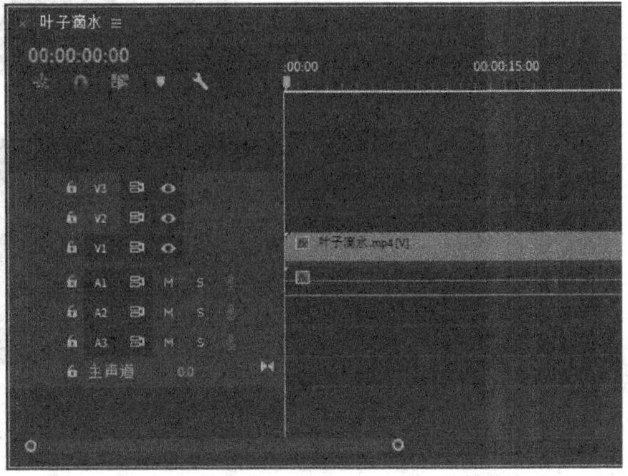

图3-119

03 取消视频与音频的链接，然后删除音频序列，如图3-120所示。

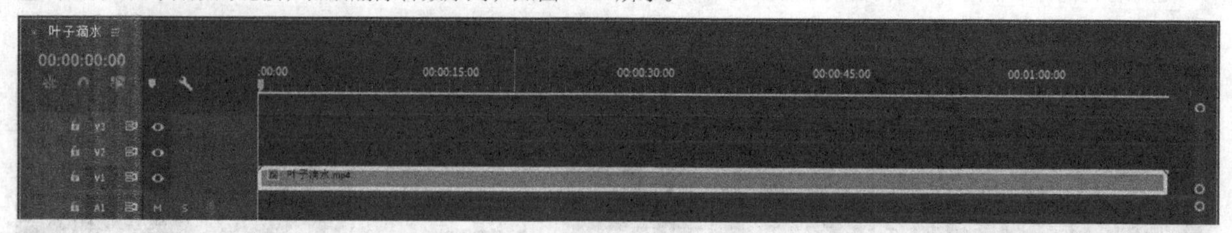

图3-120

04 移动播放指示器，在00:00:11:04时镜头由滴水的叶片切换到生长的植物，如图3-121所示。

05 保持播放指示器的位置不动，然后按M键添加标记，如图3-122所示。

图3-121

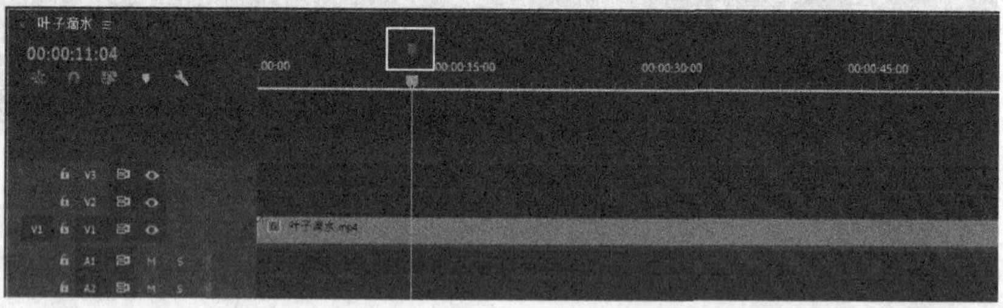

图3-122

06 双击添加的标记，然后在弹出的对话框中设置“名称”为“叶子切换植物”，然后按Enter键保存，如图3-123所示。此时在“时间轴”面板上的标记并没有显示名称。

07 双击标记继续打开对话框，设置“持续时间”为00:00:07:00，然后按Enter键保存，这时就可以在“时间轴”面板上看到标记的名称，如图3-124和图3-125所示。

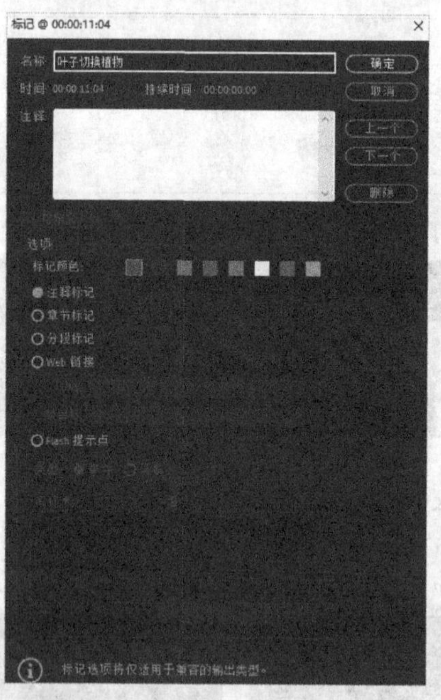

图3-123

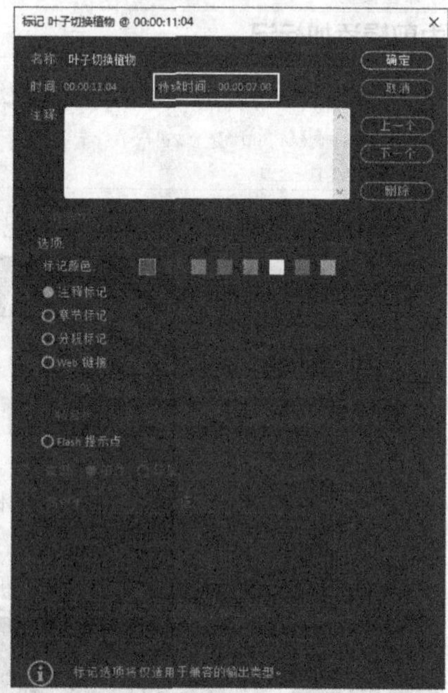

图3-124

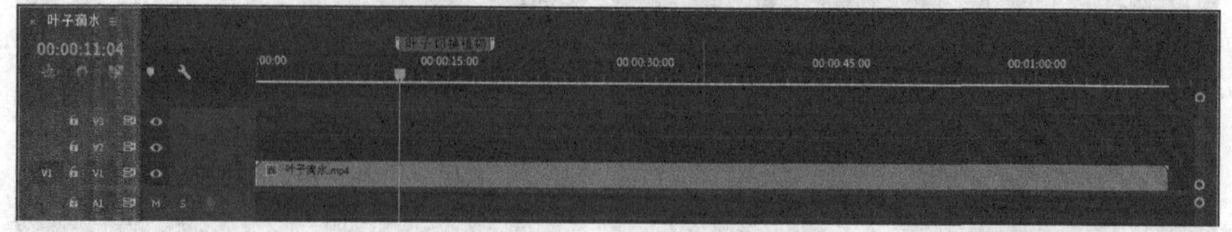

图3-125

技巧与提示

“持续时间”不能直观确定，可以先随便设置一个时间，然后在“时间轴”面板上拖曳改变标记的长度，使其名称完全显示。

08 移动播放指示器到00:00:19:11的位置，此时镜头切换为未开的花，如图3-126所示。

09 按照上面的方法添加标记，并设置“名称”为“植物切换花苞”，如图3-127所示。

图3-126

图3-127

10 将播放指示器移动到00:00:44:11的位置，此时监视器中的花苞切换为开放的花，如图3-128所示。

11 在此处添加标记，设置“名称”为“花苞切换花朵”，如图3-129所示。

图3-128

图3-129

12 按照标记的位置，将剪辑分成4段，如图3-130所示。

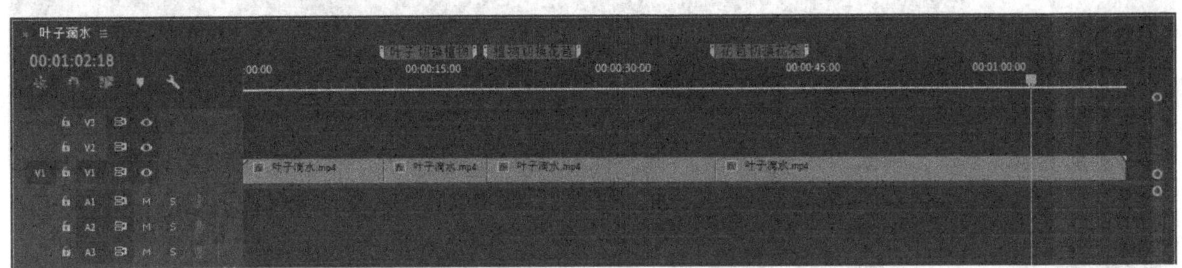

图3-130

13 分别选中4个剪辑，然后在“剪辑速度/持续时间”对话框中设置“持续时间”为00:00:05:00，如图3-131所示。序列效果如图3-132所示。

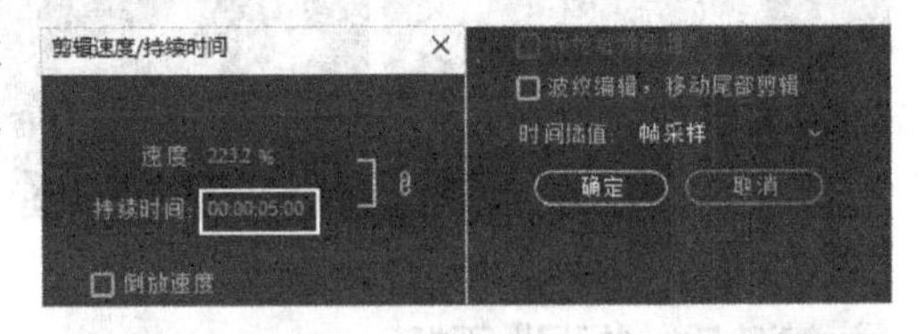

图3-131

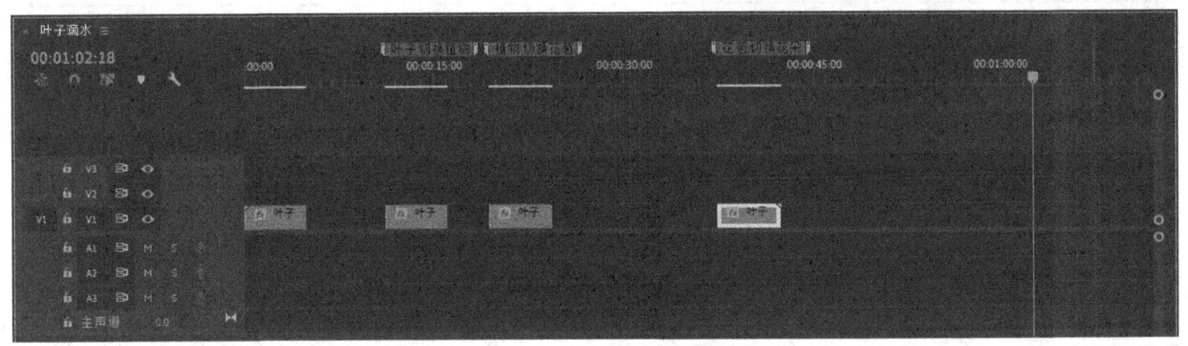

图3-132

⑭ 执行“序列>封闭间隙”菜单命令，将剪辑间的间隙全部移除并拼合剪辑，如图3-133所示。

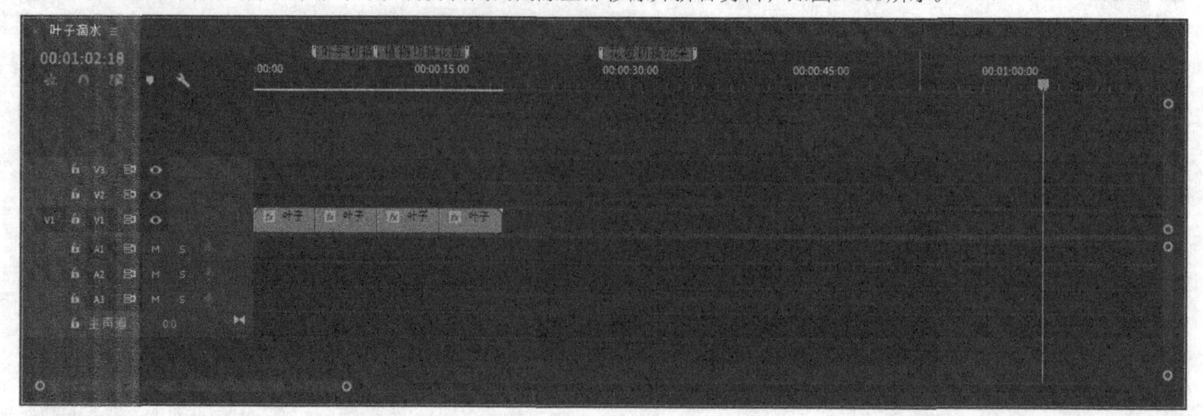

图3-133

⑮ 此时标记已经没有用处，在“时间轴”面板的时间标尺上单击鼠标右键，在弹出的菜单中选择“清除所有标记”命令，删除所有的标记，如图3-134所示。

图3-134

⑯ 单击“导出帧”按钮导出4个序列帧，案例最终效果如图3-135所示。

图3-135

知识点：“标记”面板

除了可以在“时间轴”面板或监视器上观察标记外，还可以在“标记”面板中观察和编辑标记。默认的工作区中不包含“标记”面板，需要执行“窗口>标记”菜单命令，才能打开“标记”面板，如图3-136所示。

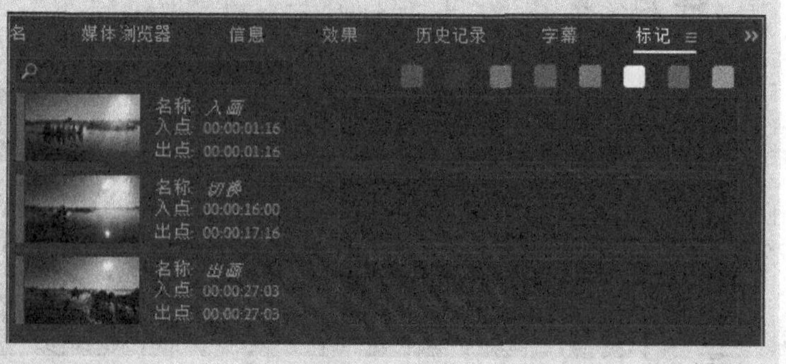

图3-136

"标记"面板中会直观地显示标记的类型、名称、示意图和时间等信息。用户可以非常方便地找到标记进行编辑或用于剪辑。

单击标记右侧的输入框，就能直接为标记添加注释，如图3-137所示。

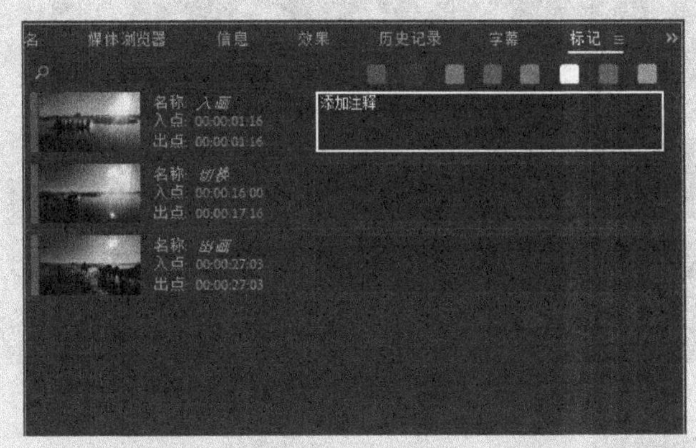

图3-137

当选中一个标记时，播放指示器会自动跳转到该标记所在的位置，方便用户进行选择，如图3-138所示。

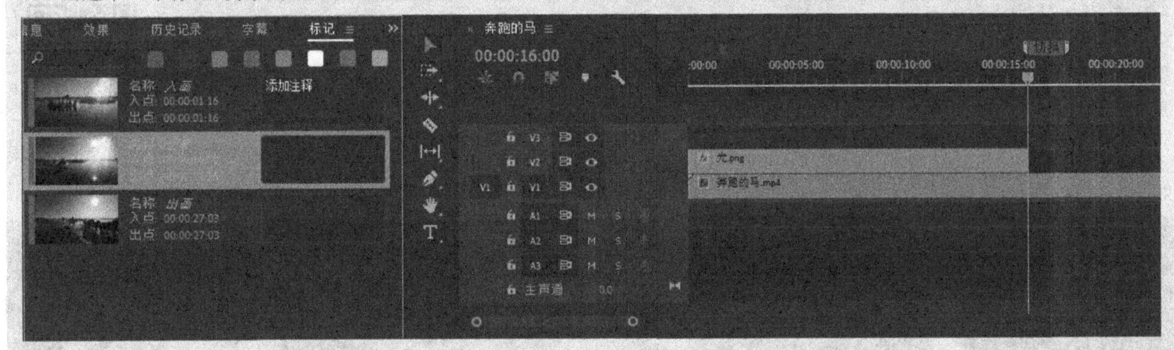

图3-138

3.4 本章小结

通过本章的学习，相信读者对Premiere Pro的剪辑已经有了进一步的认识。通过监视器观察剪辑效果，在"时间轴"面板上选择、移动、删除和禁用剪辑，能帮助我们获得不一样的效果。在标记的帮助下，能让很长的序列内容一目了然，方便对素材进行各种处理，也可以快速获取剪辑的内容。

3.5 课后习题

下面通过两个课后习题来练习本章所学的内容。

课后习题

春秋风光剪辑

素材文件	素材文件>CH03>05
实例文件	实例文件>CH03>课后习题：春秋风光剪辑>课后习题：春秋风光剪辑.prproj
视频名称	课后习题：春秋风光剪辑.mp4
学习目标	练习剪辑的常用工具

扫码观看视频

本习题需要将素材文件夹中的视频素材导入"项目"面板，然后将两个单独的序列剪辑出需要的部分再合并为一个序列，效果如图3-139所示。

图3-139

课后习题

美食剪辑

素材文件　素材文件>CH03>06
实例文件　实例文件>CH03>课后习题：美食剪辑>课后习题：美食剪辑.prproj
视频名称　课后习题：美食剪辑.mp4
学习目标　练习剪辑的常用工具

扫码观看视频

本习题需要将素材文件夹中的视频素材导入"项目"面板，然后找到素材中需要的部分将其拼合为一个序列，效果如图3-140所示。

图3-140

效果控件

本章将讲解效果控件的相关知识。通过控件可以为序列添加关键帧，让原本正常播放的序列或剪辑产生位移、旋转、缩放和不透明度等变化。借助蒙版还可以让剪辑间产生嵌套变化。

课堂学习目标

- 掌握“运动”卷展栏中的控件
- 掌握“不透明度”卷展栏中的控件
- 熟悉“时间重映射”卷展栏中的控件

4.1 运动

“效果控件”面板的“运动”卷展栏中包含“位置”“缩放”“旋转”“锚点”“防闪烁滤镜”等控件。

本节控件介绍

控件名称	控件作用	重要程度
位置	确定素材的位置	高
缩放	确定素材的大小	高
旋转	确定素材的角度	高
防闪烁滤镜	调整剪辑间的闪烁现象	中

4.1.1 位置

视频云课堂：026-位置

“位置”控件用于控制剪辑的位移。选中需要移动的剪辑，在节目监视器中会发现素材的周围出现了蓝色的编辑框，如图4-1所示。使用“选择工具”▶就可以移动素材的位置，如图4-2所示。

图4-1

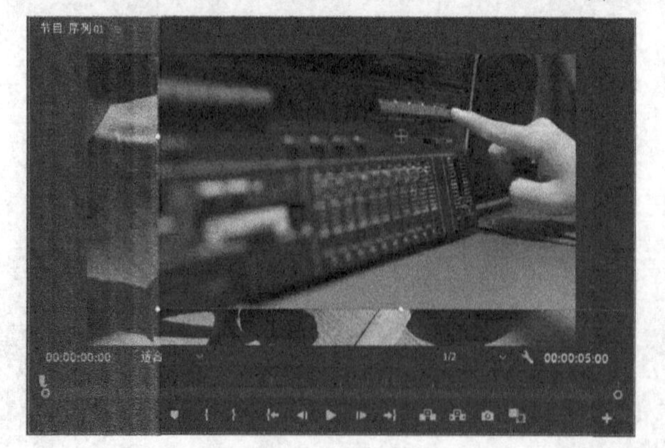

图4-2

如果需要精确移动素材的位置，可以在“效果控件”面板中设置“位置”选项的参数值，如图4-3所示。

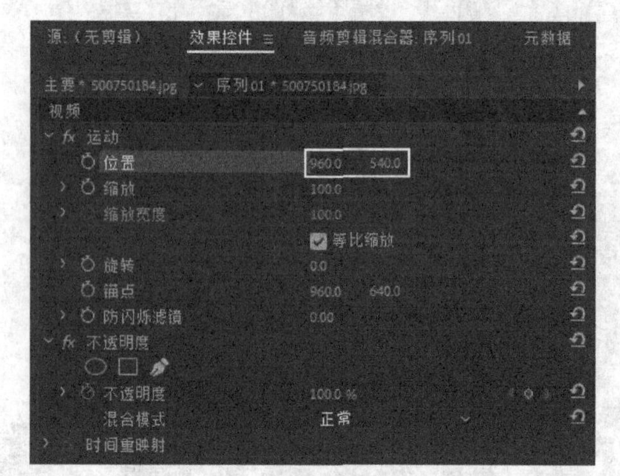

图4-3

以现在的方式移动素材会让整个序列从头至尾都处于移动后的效果，如果要在特定的时间范围内产生移动效果，就需要添加关键帧，方法如下。

第1步：移动播放指示器到00:00:01:00的位置，然后在“效果控件”面板中单击“位置”前方的“切换动画”按钮⏱，如图4-4所示。

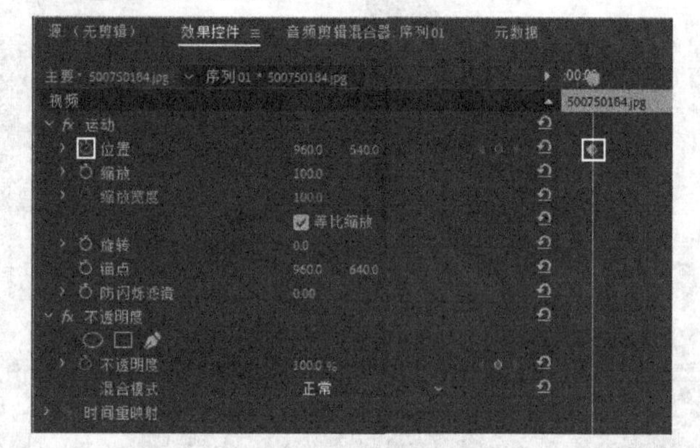

图4-4

第2步：移动播放指示器到00:00:04:00的位置，调整“位置”后的参数值，就会自动在播放指示器所在位置添加关键帧，如图4-5所示。

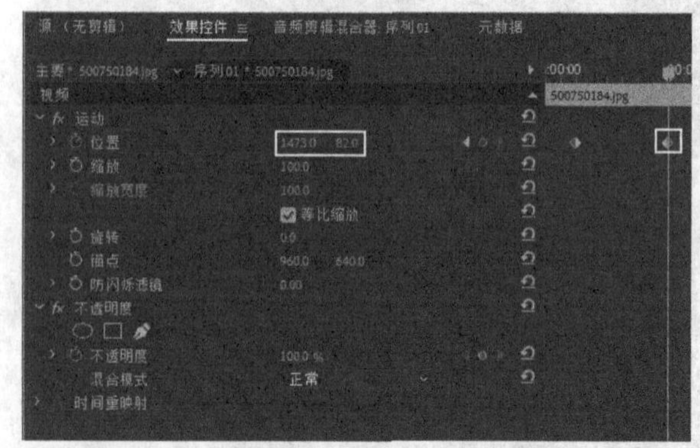

图4-5

第3步：移动播放指示器，在节目监视器中就可以观察到素材的移动效果，如图4-6所示。

图4-6

> **技巧与提示**
>
> 在“效果控件”面板中添加了第1个关键帧后，单击“添加/移除关键帧”按钮可以在播放指示器所在位置添加关键帧或删除已有的关键帧；单击“转到上一关键帧”按钮和“转到下一关键帧”按钮，可以快速在关键帧上定位切换，避免移动播放指示器时造成关键帧位置错位。

单击“位置”前方的按钮，会在右侧显示添加关键帧后的时间线效果，如图4-7所示。在时间线上调节曲线的斜率，会让动画的运动速率产生不一样的效果，如图4-8所示的曲线就会让动画产生缓起缓停的效果。

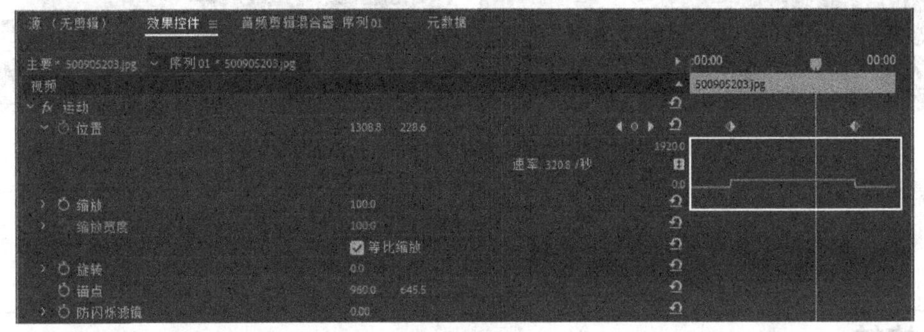

图4-7

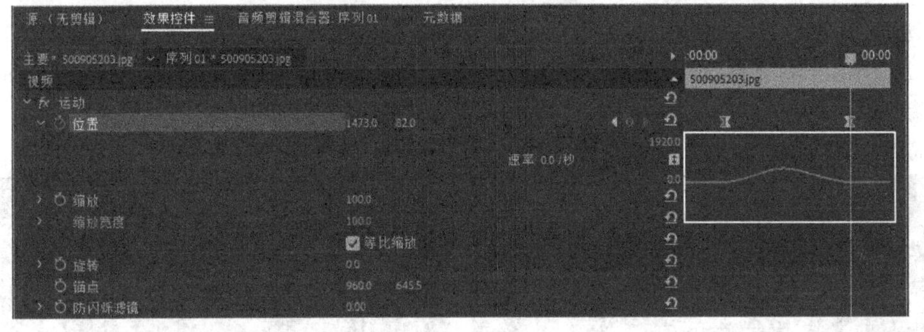

图4-8

知识点：复制和粘贴控件效果的关键帧

相同的控件效果关键帧只需要制作一次，其他剪辑在需要生成同样的效果时，只需复制粘贴即可。

选中处理后的剪辑，按快捷键Ctrl+C复制整个剪辑和控件效果，然后选中需要同样效果的剪辑，按快捷键Ctrl+Alt+V粘贴，此时会弹出“粘贴属性”对话框，如图4-9所示。在该对话框内就可以选择需要粘贴的属性，单击“确定”按钮后就能实现效果的复制，而不会复制原有的剪辑。

图4-9

4.1.2 缩放

视频云课堂：027-缩放

“缩放”控件用于控制素材的大小。与“位置”控件一样，选中需要缩放的剪辑，在节目监视器中会发现素材的周围出现了蓝色的编辑框，使用“选择工具”就可以均匀放大或缩小素材，如图4-10所示。

在“效果控件”面板中取消勾选“等比缩放”选项后，就可以将素材向任意方向放大或缩小，如图4-11所示。与“位置”控件一样，也可以为“缩放”控件添加关键帧得到缩放效果的动画。

图4-10

图4-11

技巧与提示

如果想还原调整前的效果，只需单击相应参数后方的“重置参数”按钮即可。

4.1.3 旋转

视频云课堂：028-旋转

“旋转”控件用于控制素材旋转的角度，其原理是将素材围绕锚点进行旋转。因此“旋转”和“锚点”两个控件都需要进行调整。默认情况下，锚点位于图像的中心位置，如图4-12所示。

移动锚点的位置后，旋转素材时就会以移动后的锚点位置为中心进行旋转，如图4-13所示。

图4-12

图4-13

4.1.4 防闪烁滤镜

交错视频剪辑或具有高细节的图像有可能会出现闪烁现象，这时就需要添加“防闪烁滤镜”控件，通常将“防闪烁滤镜”参数值设置为1即可。

课堂案例

制作电子相册

素材文件 素材文件>CH04>01

实例文件 实例文件>CH04>课堂案例：制作电子相册>课堂案例：制作电子相册.prproj

视频名称 课堂案例：制作电子相册.mp4

学习目标 练习位置、旋转、缩放关键帧的添加

扫码观看视频

本案例通过为静帧图片添加位置、旋转、缩放的关键帧，生成一个简单的电子相册，案例效果如图4-14所示。

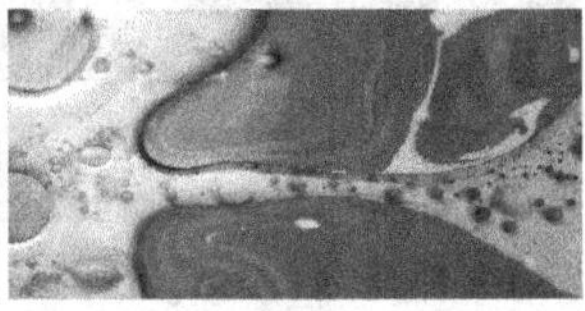

图4-14

01 双击“项目”面板的空白处，导入本书学习资源中“素材文件>CH04>01”文件夹下的所有素材，如图4-15所示。

02 按快捷键Ctrl+N打开“新建序列”对话框，然后选中图4-16所示的预设序列。

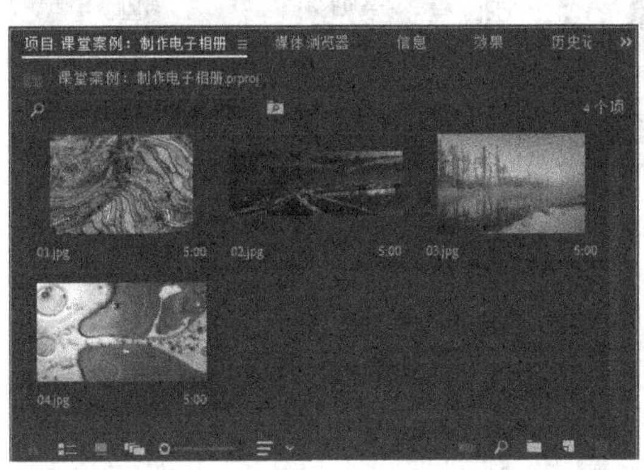

图4-15

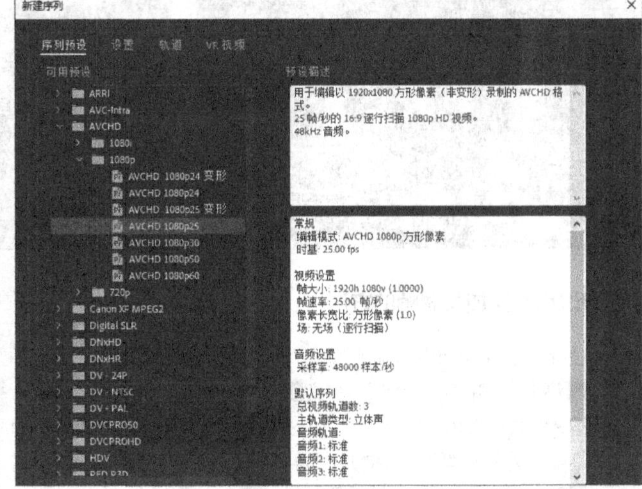

图4-16

03 将素材01.jpg拖曳到“时间轴”面板上，然后打开“剪辑速度/持续时间”对话框，设置“持续时间”为00:00:02:00，如图4-17所示。此时“时间轴”面板中的效果如图4-18所示。

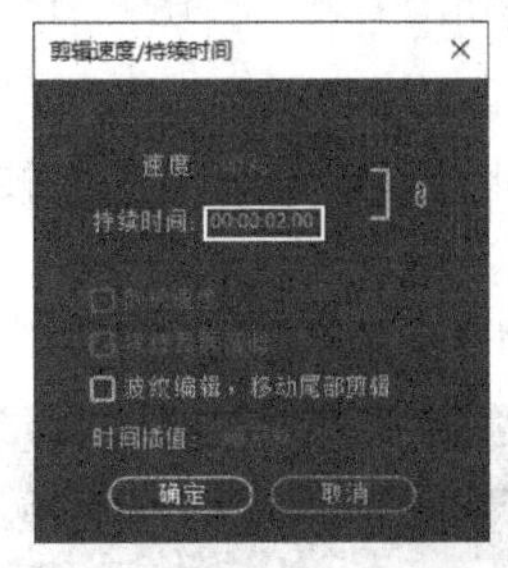

图4-17

图4-18

04 将素材02.jpg拖曳到“时间轴”面板的V2轨道上，同样调整持续时间为两秒，如图4-19所示。

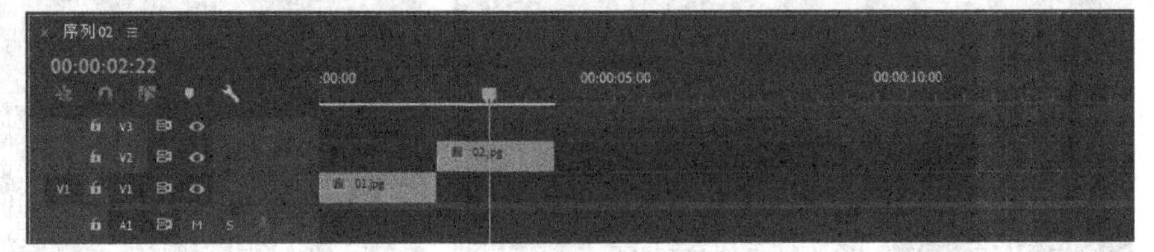

图4-19

技巧与提示

用户操作时，可以将素材放置在与步骤讲解时相同的轨道上，也可以放在不同的轨道上，这里没有硬性规定。

05 按照同样的方法将其他两个素材文件都放置在轨道上，如图4-20所示。

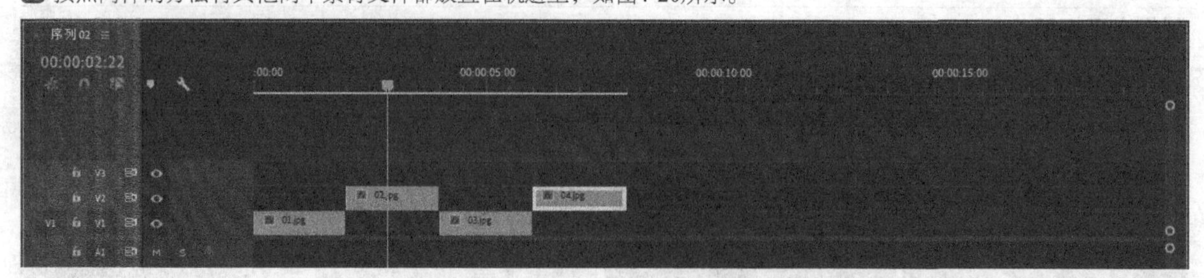

图4-20

06 将播放指示器移动到00:00:02:00的位置，可以在节目监视器中观察到素材由于太大，超出了监视器范围，如图4-21所示。

07 选中02.jpg，在“效果控件”面板中单击“缩放”前的“切换动画”按钮，添加一个“缩放”关键帧，如图4-22所示。

图4-21

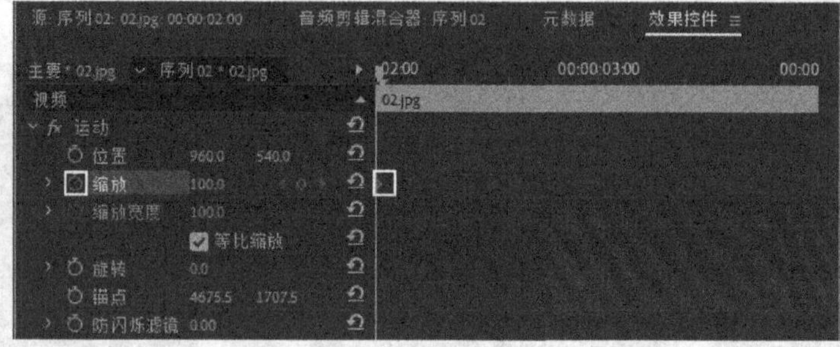

图4-22

知识点：添加关键帧的方法

在Premiere Pro中添加关键帧的方法主要有以下3种。

第1种： 单击“切换动画”按钮添加关键帧。

第2种： 在使用“切换动画”按钮添加了第1个关键帧后，移动播放指示器的位置，单击“添加/移除关键帧”按钮，即可手动添加第2个关键帧。添加的第2个关键帧参数与第1个完全相同，直接修改参数即可改变关键帧。

第3种： 有时候通过参数设置关键帧不是很直观。在使用“切换动画”按钮添加了第1个关键帧后，移动播放指示器的位置，在节目监视器中双击需要更改的素材，这时会在素材周围出现控制点，通过控制点就可以调整素材的位置、旋转和缩放效果，同时记录在“效果控件”面板上，生成关键帧。

08 移动播放指示器到00:00:03:20的位置，然后设置“缩放”为33，此处会自动添加一个关键帧，如图4-23所示。此时监视器中的效果如图4-24所示。

09 调整“缩放”的时间线，使其形成减速的缩放效果，如图4-25所示。

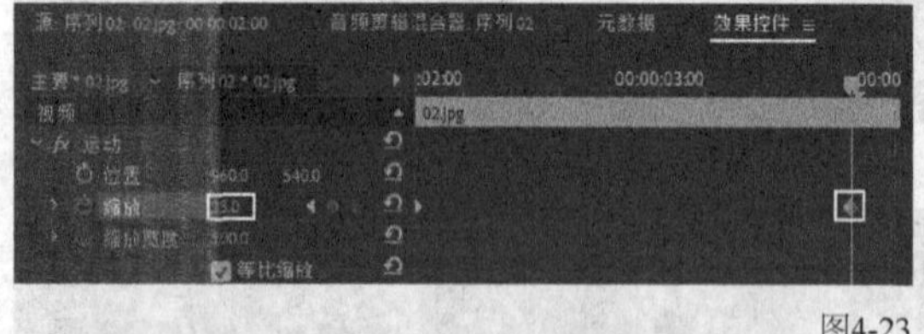

图4-23

图4-24

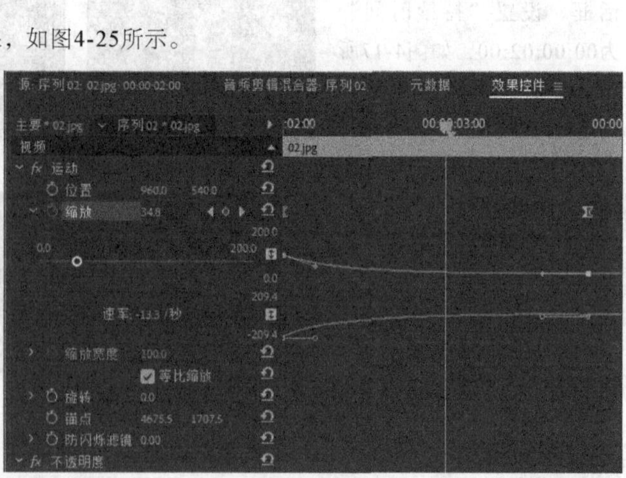

图4-25

知识点：关键帧插值

关键帧插值可以控制关键帧的速度变化状态，分为“临时插值”和“空间插值”两大类。默认情况下，系统采用“临时插值”下的“线性”插值。若想改变插值类型，只需选中关键帧并单击鼠标右键，在弹出的菜单中选择插值类型，如图4-26所示。

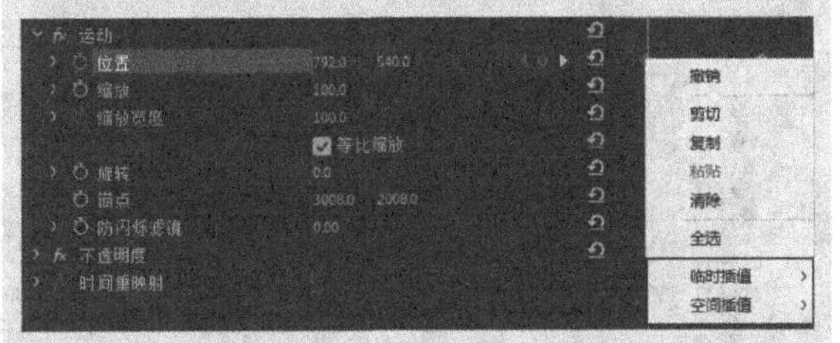

图4-26

1.临时插值

“临时插值”用于控制关键帧之间的速度变化状态，如图4-27所示。

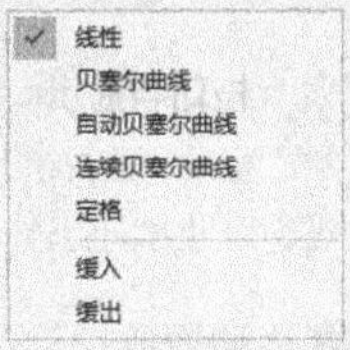

图4-27

线性：关键帧之间的速率呈匀速变化。

贝塞尔曲线：在关键帧的任意一侧手动调整手柄的角度从而改变速率。调整后的关键帧图标会变成样式。

自动贝塞尔曲线：调整关键帧的速率为平滑变化速率。调整后的关键帧图标会变成样式。

连续贝塞尔曲线：调整关键帧的速率为平滑变化速率，与“自动贝塞尔曲线”不同，“连续贝塞尔曲线”允许手动调整方向手柄。调整后的关键帧图标会变成样式。

定格：更改关键帧的属性值，但不产生渐变过渡。调整后的关键帧图标会变成样式。

缓入：减慢进入关键帧的速率。

缓出：加快离开关键帧的速率。

2.空间插值

“空间插值”用于设置关键帧的过渡效果，如图4-28所示。

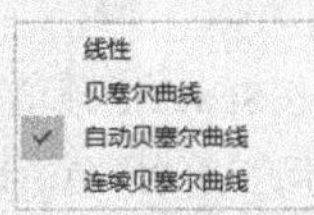

图4-28

线性：关键帧两侧线段为直线，转折角度较为明显，如图4-29所示。

图4-29

贝塞尔曲线：在节目监视器中手动调节控制点两侧的手柄来调整曲线的形状，从而生成画面的动画效果，如图4-30所示。

图4-30

自动贝塞尔曲线：控制点两侧的手柄会自动更改，从而保证关键帧之间的平滑速率。如果手动调整手柄方向，则可以将其转换为连续贝塞尔曲线关键帧，如图4-31所示。

图4-31

连续贝塞尔曲线：与“自动贝塞尔曲线”操作方法相同，也可以通过控制手柄调整曲线方向，如图4-32所示。

图4-32

10 选中03.jpg，然后在00:00:04:00的位置将其移动到监视器左侧屏幕外，并添加关键帧，如图4-33所示。

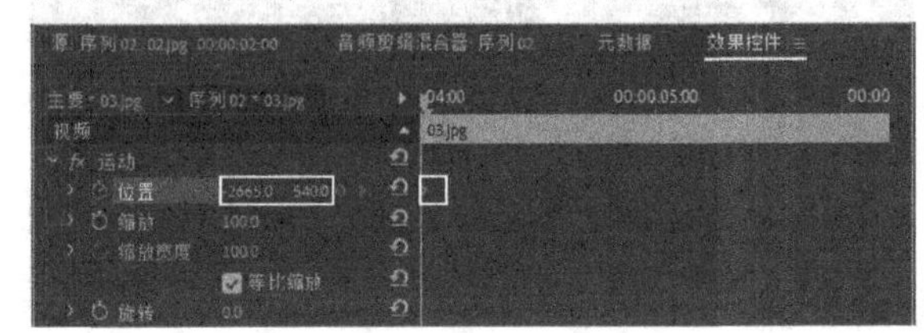

图4-33

⓫ 移动播放指示器到00:00:05:20处，然后将序列移动到监视器内部，并添加关键帧，如图4-34所示。效果如图4-35所示。

⓬ 素材图像比画幅要大得多，需要将其缩小。设置“缩放”为57，效果如图4-36所示。

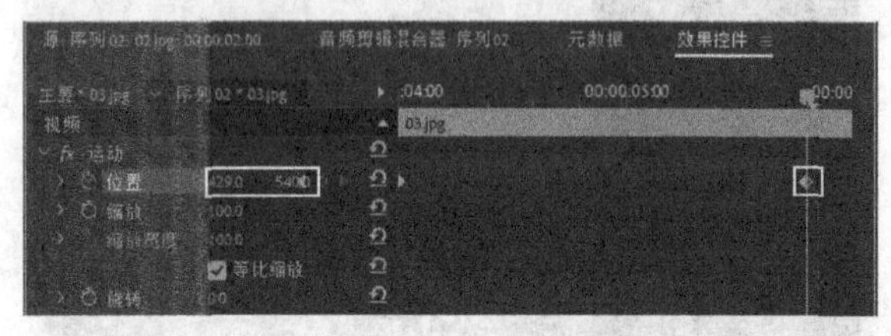

图4-34

图4-35

图4-36

技巧与提示

“缩放”参数没有添加关键帧，会以相同的大小进行移动。

⓭ 继续在00:00:05:20处移动画面的位置，使其得到一个更加合适的构图，如图4-37所示。

⓮ 选中素材04.jpg，在00:00:06:00的位置调整“缩放”的大小，让素材与画面一样大，并添加关键帧，如图4-38所示。

图4-37

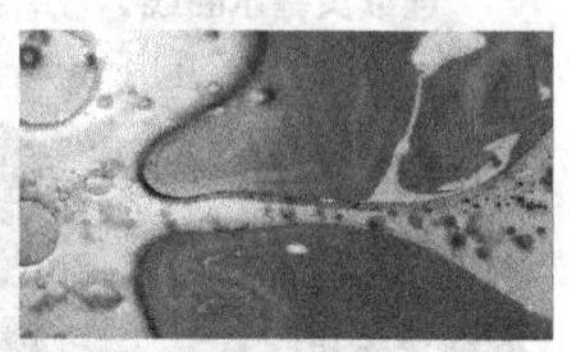

图4-38

⓯ 移动播放指示器到00:00:07:20的位置，继续添加一个“缩放”关键帧，然后移动到前一个关键帧并设置“缩放”为0，如图4-39所示。

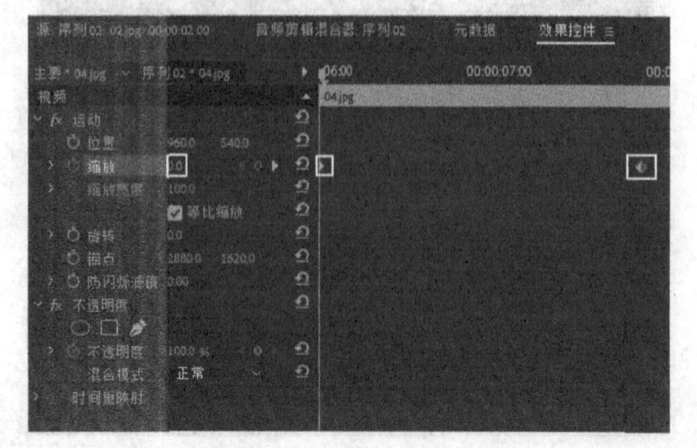

图4-39

⓰ 保持播放指示器的位置不变，继续选中“旋转”选项，设置参数值为－360°，并添加关键帧，如图4-40所示。

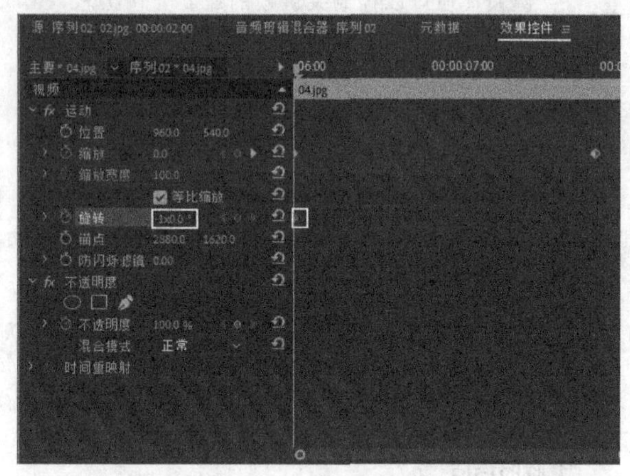

图4-40

技巧与提示

当输入－360°时，面板上会显示为－1×0.0°，代表剪辑沿逆时针方向旋转一圈。

⓱ 移动播放指示器到00:00:07:20的位置，继续添加“旋转”关键帧，设置“旋转”为0°，如图4-41所示。

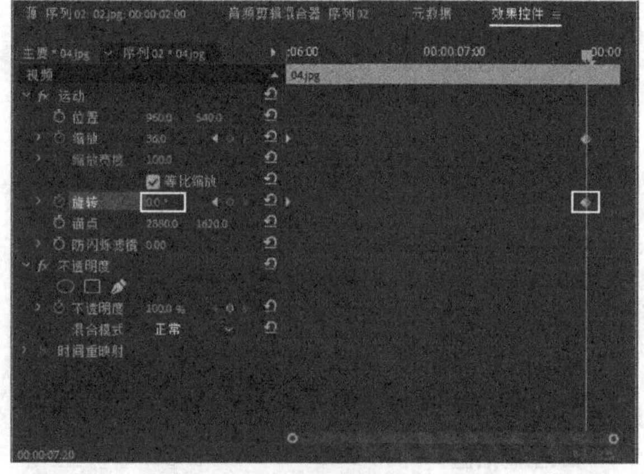

图4-41

⓲ 按Space键预览效果，会发现图片显得不连贯，还会显示底层的黑色。调整剪辑的排序，并适当延长02.jpg和03.jpg剪辑的长度，如图4-42所示。这样不仅图片间可以连接，且不会显示底层的黑色。

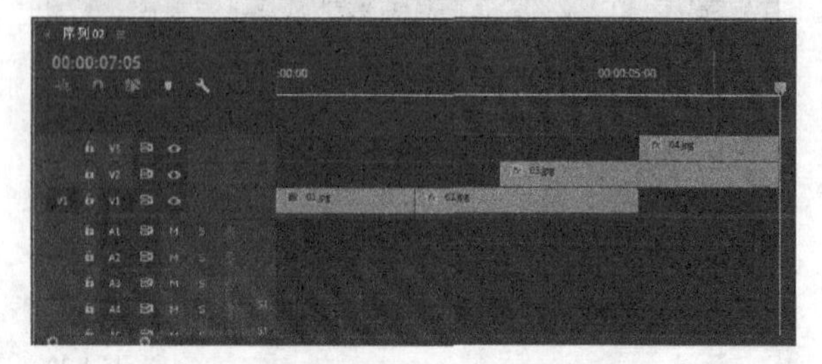

图4-42

19 单击“导出帧”按钮 导出4个序列帧，案例最终效果如图4-43所示。

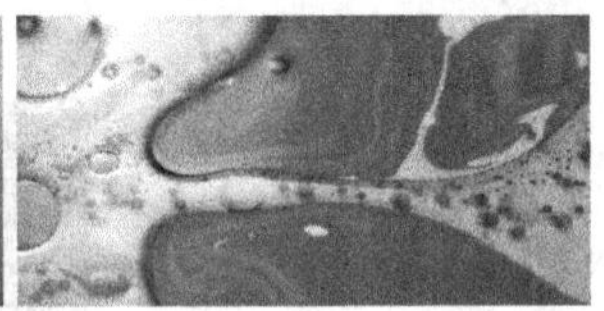

图4-43

课堂案例

动感节奏文字动画

素材文件　素材文件>CH04>02

实例文件　实例文件>CH04>课堂案例：动感节奏文字动画>课堂案例：动感节奏文字动画.prproj

视频名称　课堂案例：动感节奏文字动画.mp4

学习目标　练习位置、旋转、缩放关键帧的使用

扫码观看视频

本案例需要通过导入场景的素材和制作的文字与纯色图层共同组成一段动感节奏文字动画，效果如图4-44所示。

图4-44

01 双击“项目”面板的空白处，导入本书学习资源中“素材文件>CH04>02”文件夹下的所有素材，并新建一个AVCHD 1080p25的序列，如图4-45所示。

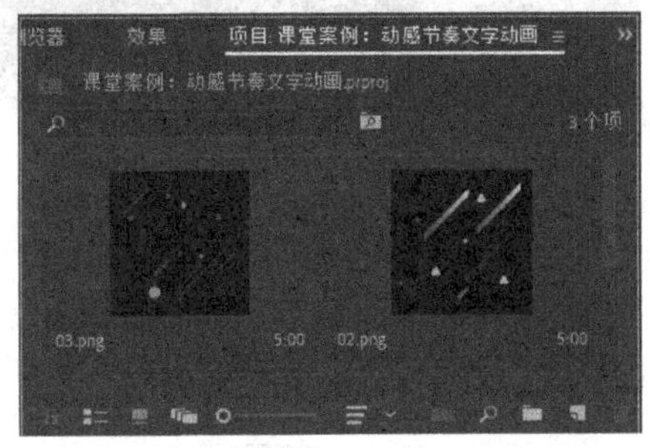

图4-45

02 单击“新建项”按钮，在弹出的菜单中选择“颜色遮罩”选项，接着在“拾色器”对话框中设置颜色为紫色（R:147，G:41，B:233），如图4-46所示。

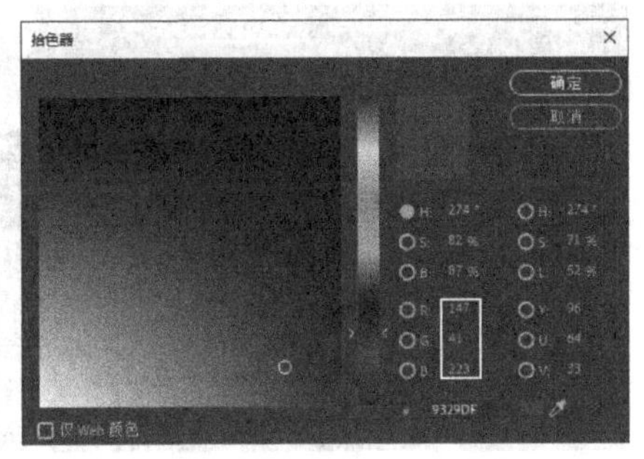

图4-46

技巧与提示

系统会弹出对话框询问用户是否修改颜色遮罩的名称，如图4-47所示。这里根据实际情况灵活处理。

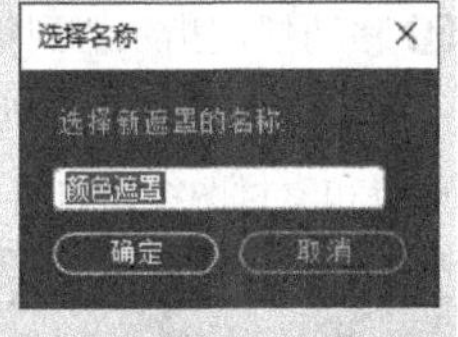

图4-47

03 按照上一步的方法继续创建两个颜色遮罩，其颜色分别为浅灰色（R:253，G:253，B:253）和黄色（R:239，G:163，B:32），生成的颜色遮罩会显示在“项目”面板中，如图4-48所示。

图4-48

04 将3个颜色遮罩拖曳到“时间轴”面板中，且都放置在V1轨道上，然后保持每个剪辑的“持续时间”为1秒，如图4-49所示。

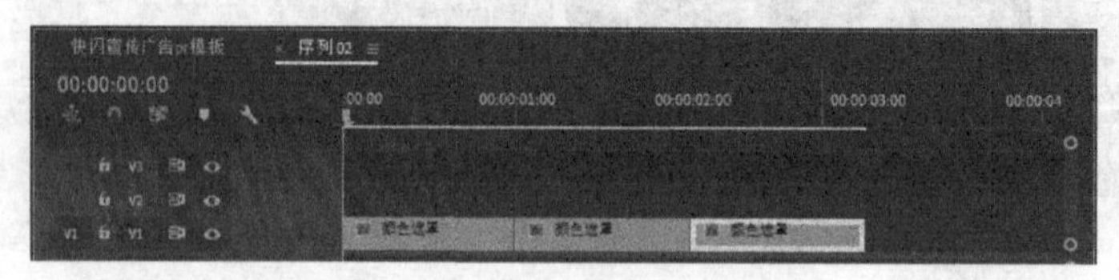

图4-49

05 将“项目”面板中导入的素材文件按照顺序放置在V2轨道上，且保持每个序列时长1秒，与下方的遮罩相对应，如图4-50所示。

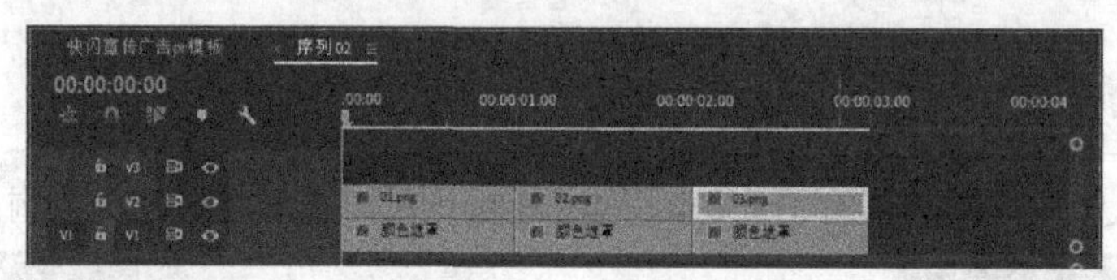

图4-50

06 选中01.png剪辑，然后设置“缩放”的关键帧为0，如图4-51所示。此时节目监视器中不会显示素材的效果。

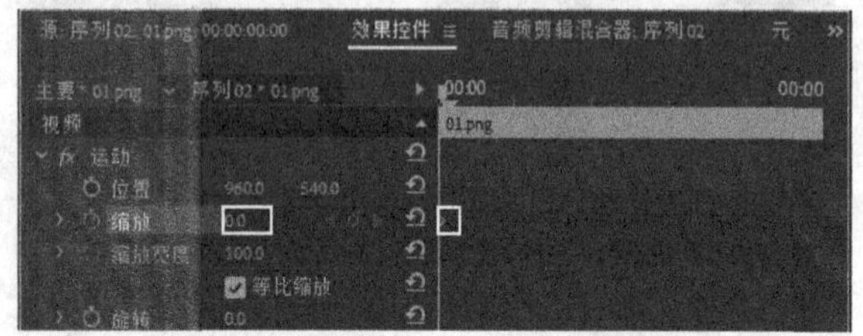

图4-51

07 移动播放指示器到第1秒的位置，设置“缩放”的关键帧为70，如图4-52所示。此时节目监视器中显示紫色遮罩和素材图案，如图4-53所示。

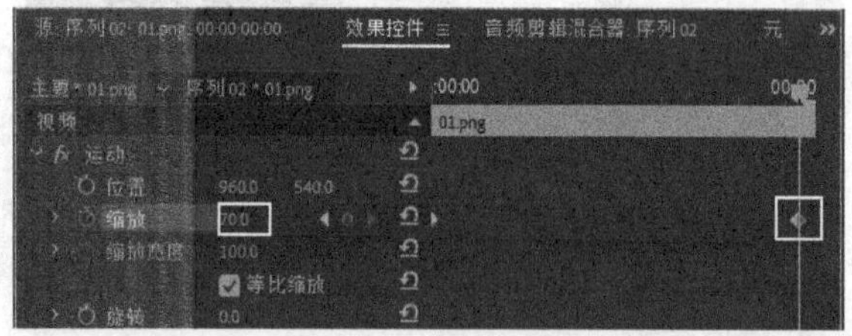

图4-52

图4-53

08 选中02.png剪辑，将播放指示器移动到00:00:01:23的位置添加“位置”关键帧，如图4-54所示。此时素材位于监视器的中央，如图4-55所示。

09 移动播放指示器到00:00:01:00的位置，将素材移动到画面的右上角并添加关键帧，如图4-56所示。

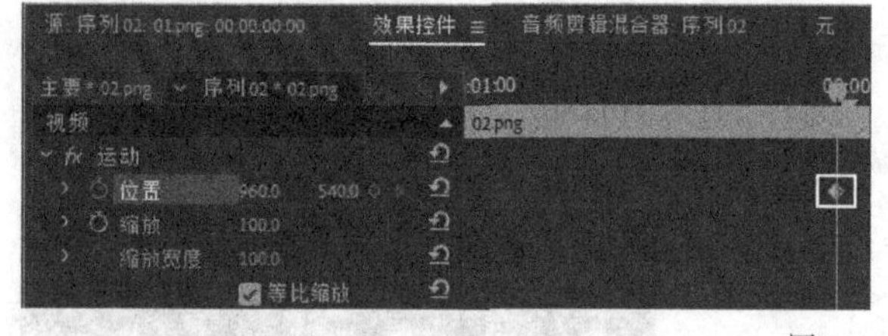

图4-54

图4-55　　图4-56

10 选中03.png剪辑，在第2秒的位置添加“位置”和“缩放”的关键帧，此时素材位于黄色遮罩的中间，如图4-57和图4-58所示。

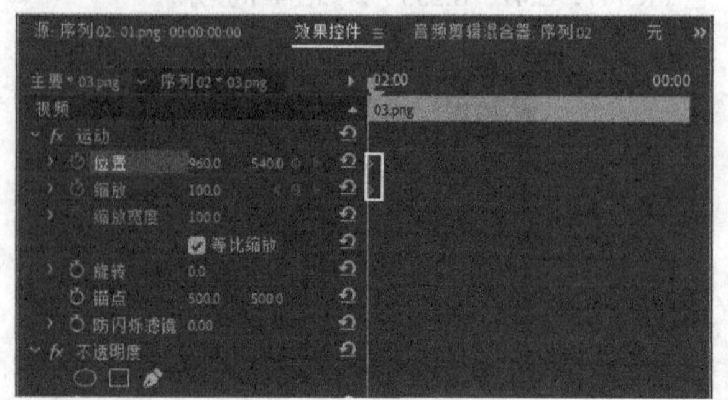

图4-57

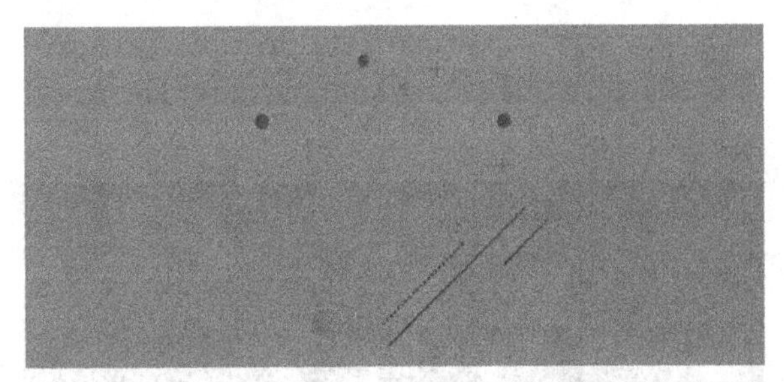

图4-58

⑪ 将播放指示器移动到序列的末尾，然后设置“缩放”为150，接着将素材移动到画面左下角，如图4-59和图4-60所示。

⑫ 将播放指示器移动到序列起始位置，然后使用“文字工具”T在节目监视器上单击，输入“动感”，如图4-61所示。文字剪辑会自动生成在V3轨道，处于所有元素的最上层。

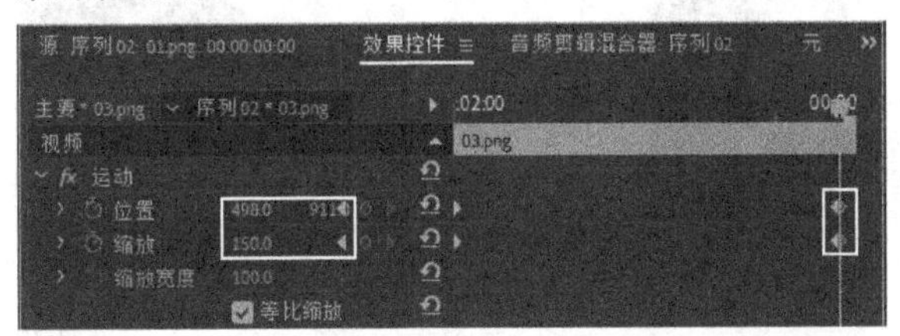

图4-59

图4-60　图4-61

⑬ 执行“窗口>基本图形”菜单命令，打开“基本图形”面板，在“文本”选项组中设置字体为Source Han Sans CN（思源黑体）、字体样式为Heavy、字体大小为260，如图4-62所示。修改后的文字效果如图4-63所示。

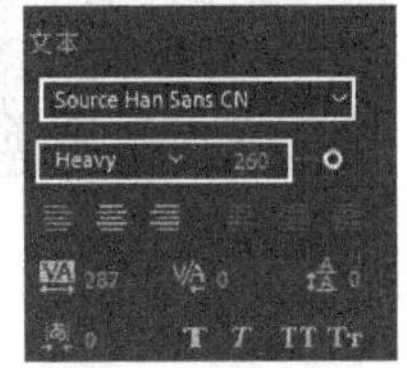

图4-62

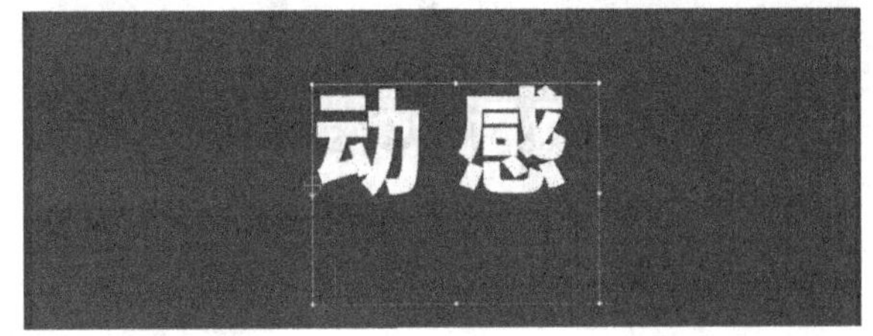

图4-63

> **技巧与提示**
> 在“效果控件”面板中可以找到“文本”卷展栏，同样可以设置文字的属性。

⑭ 在“时间轴”面板上设置文字的剪辑为1秒，与下方的剪辑保持相同长度，如图4-64所示。

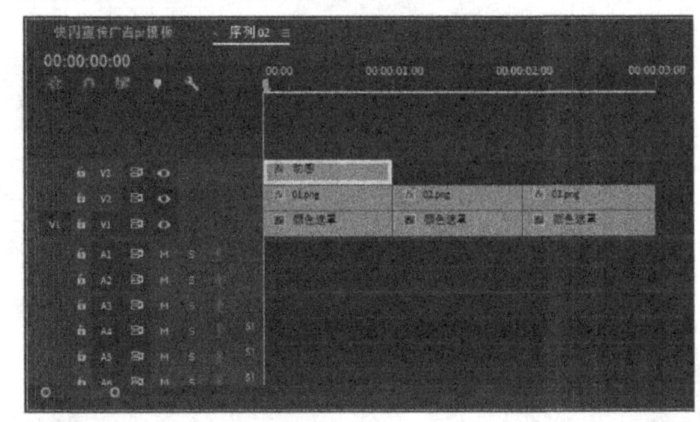

图4-64

⑮ 按照上面的方法，继续添加“节奏”和“文字”两个文字剪辑，如图4-65和图4-66所示。

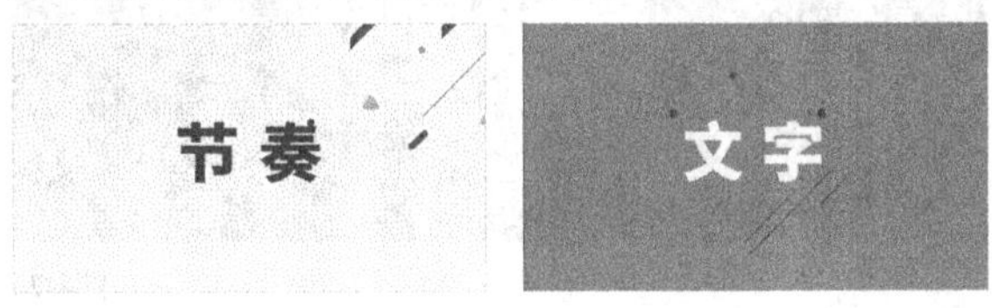

图4-65　图4-66

> **技巧与提示**
> 文字的颜色通过修改“填充颜色”即可更改。

⑯ 选中“动感”剪辑，在起始位置添加“旋转”关键帧，设置“旋转”为170°，如图4-67所示。效果如图4-68所示。

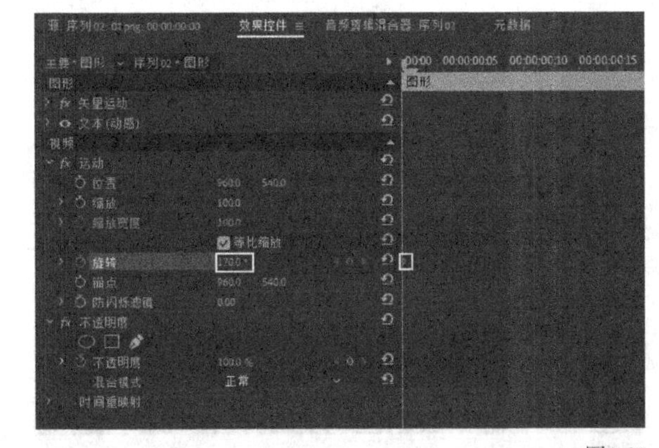

图4-67

图4-68

⑰移动播放指示器到00:00:00:07的位置添加关键帧，然后设置“旋转”为0°，如图4-69所示。效果如图4-70所示。

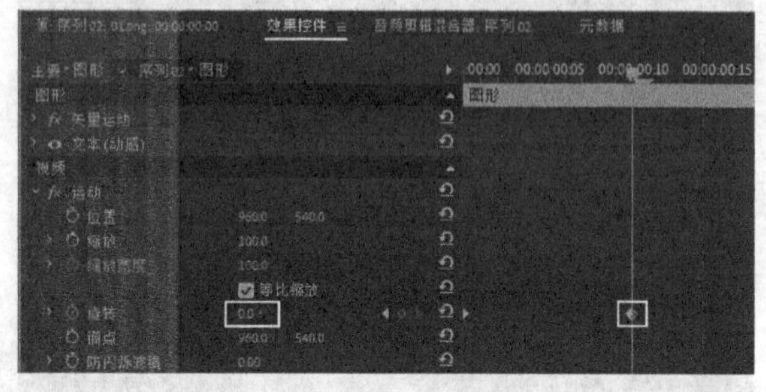

图4-69

图4-70

⑱在两个添加了关键帧的位置再添加两个“缩放”关键帧，分别设置参数值为50和200，效果如图4-71和图4-72所示。

图4-71　　图4-72

⑲在00:00:00:14处添加“缩放”关键帧，保持参数不变，然后在00:00:00:20的位置添加“缩放”关键帧，设置“缩放”为40，如图4-73所示。效果如图4-74所示。

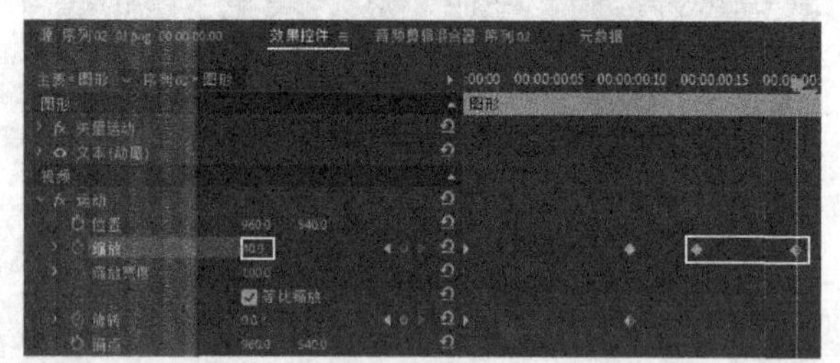

图4-73

图4-74

⑳选中“节奏”剪辑，在第1秒位置添加“缩放”关键帧，设置“缩放”为600，如图4-75所示。效果如图4-76所示。

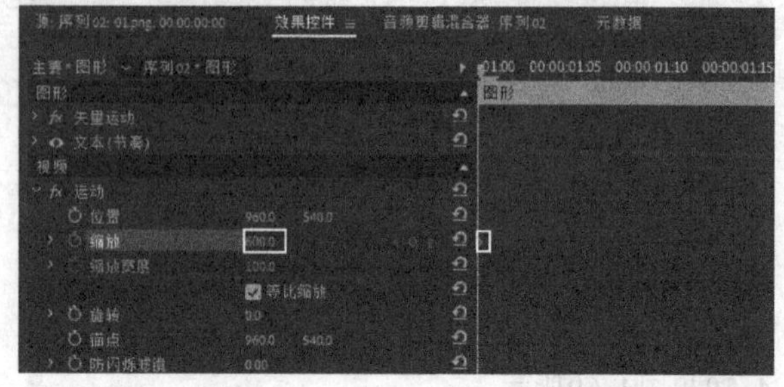

图4-75

图4-76

㉑将播放指示器移动到00:00:01:15的位置，然后添加“缩放”关键帧，设置“缩放”为100，如图4-77所示。效果如图4-78所示。

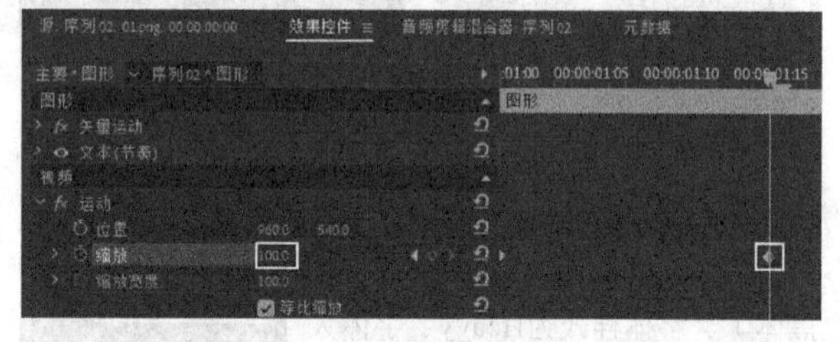

图4-77

图4-78

㉒选中“文字”剪辑，将播放指示器移动到00:00:02:00的位置，然后添加“缩放”关键帧，如图4-79所示。

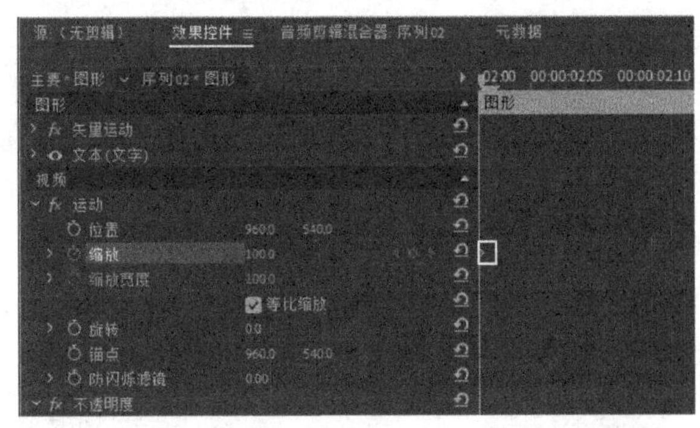

图4-79

23 移动播放指示器到00:00:02:05的位置，继续添加一个“缩放”关键帧，如图4-80所示。

图4-80

24 将播放指示器移动到剪辑末尾，然后添加“缩放”关键帧，设置“缩放”为600，如图4-81所示。效果如图4-82所示。

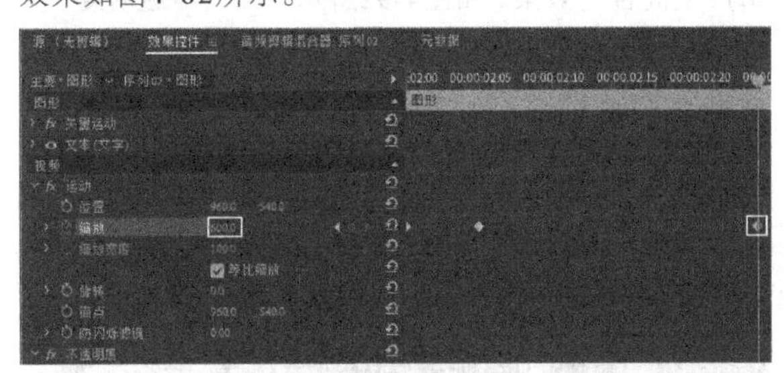

图4-81

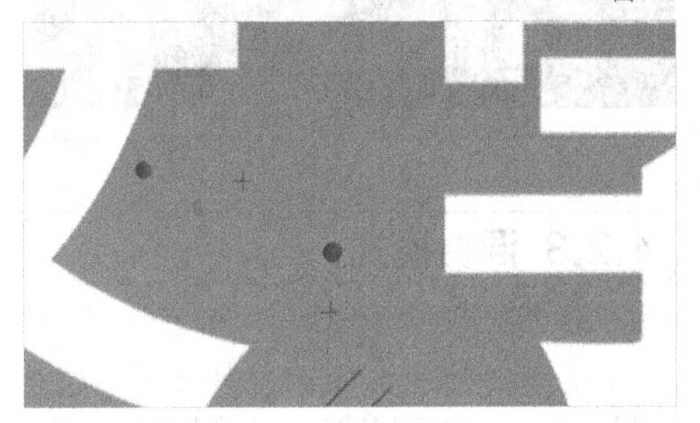

图4-82

25 单击“导出帧”按钮导出3个序列帧，案例最终效果如图4-83所示。

图4-83

4.2 不透明度

在“不透明度”卷展栏中，可以为剪辑添加不透明度的关键帧，也可以通过蒙版添加复杂的过渡效果。

本节工具介绍

工具名称	工具作用	重要程度
蒙版	生成遮罩效果	高
不透明度	确定素材的透明度	高
混合模式	确定剪辑间的合成效果	中

4.2.1 蒙版

视频云课堂：029- 蒙版

与其他软件的蒙版一样，Premiere Pro的蒙版也是选取素材的局部与底层的素材进行混合。Premiere Pro的蒙版包括椭圆形蒙版、4点多边形蒙版和自由绘制贝塞尔曲线3种类型，如图4-84所示。

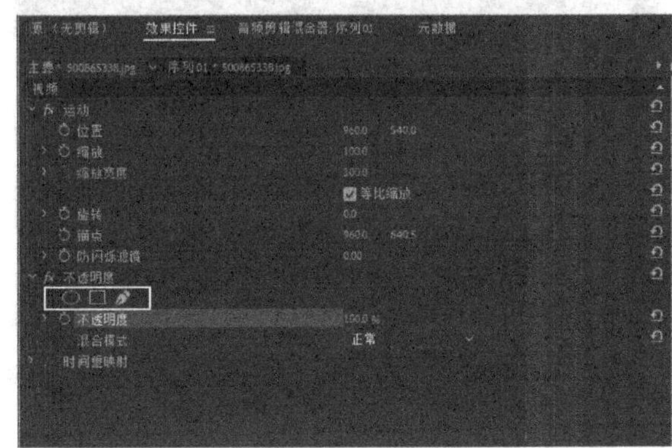

图4-84

使用“创建椭圆形蒙版”工具◯在上层轨道的剪辑上绘制蒙版时，会生成椭圆形的区域，如图4-85所示。

使用“创建4点多边形蒙版”工具□在上层轨道的剪辑上绘制蒙版时，会生成任意四边形的区域，如图4-86所示。

图4-85　图4-86

使用“自由绘制贝塞尔曲线”工具在上层轨道的剪辑上绘制蒙版时，会生成任意形态的区域，如图4-87所示。

图4-87

技巧与提示

“自由绘制贝塞尔曲线”工具的使用方法与Photoshop中“钢笔工具”的用法类似。

添加了蒙版后，会新增一些蒙版的属性，如图4-88所示。

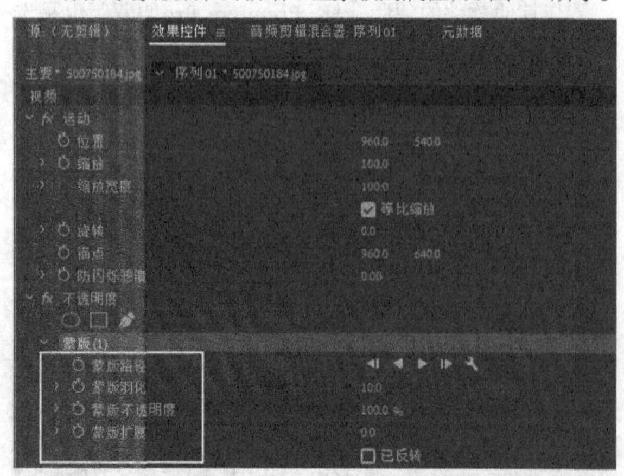

图4-88

蒙版路径： 移动蒙版的位置，且可以添加关键帧。

蒙版羽化： 使蒙版的边缘呈现渐隐效果，如图4-89所示。

图4-89

蒙版不透明度： 控制蒙版的不透明度，与下方剪辑产生混合效果，如图4-90所示。

蒙版扩展： 放大或缩小蒙版的范围，如图4-91所示。

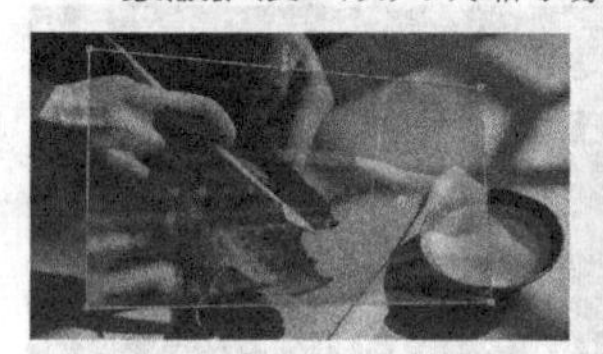

图4-90　图4-91

4.2.2 不透明度

视频云课堂：030- 不透明度

不透明度会让剪辑形成半透明状态，与下层的剪辑产生混合的效果，如图4-92所示。当“不透明度”为100%时，剪辑会完全显示；当“不透明度”为0%时，剪辑会完全消失。

图4-92

4.2.3 混合模式

视频云课堂：031- 混合模式

混合模式是将剪辑与下层轨道的剪辑通过不同的模式进行混合，共包含27种混合模式，如图4-93所示。其使用方法与Photoshop中图层的混合模式完全一致。图4-94所示为27种混合模式的混合效果。

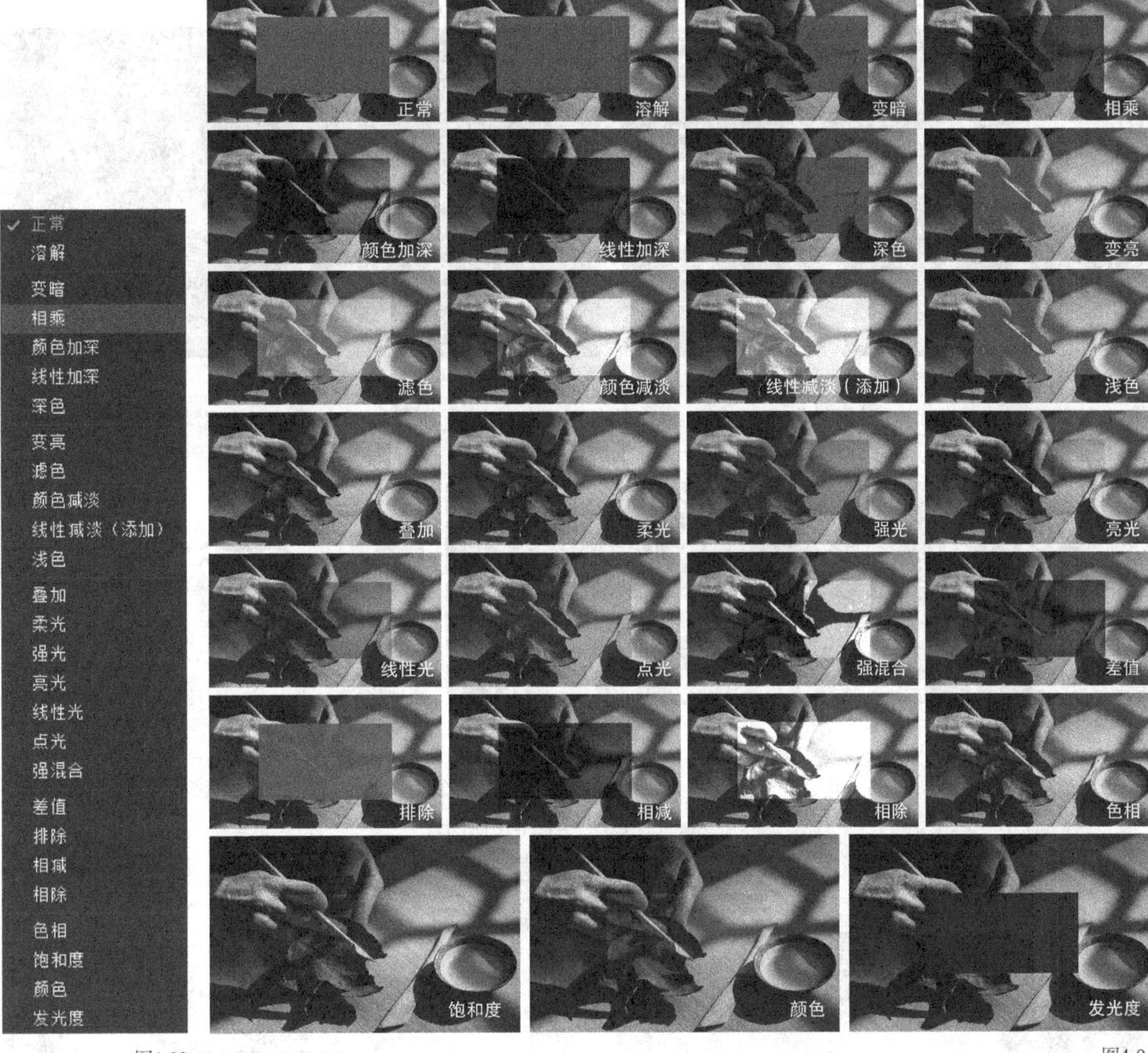

图4-93

图4-94

课堂案例

婚礼签到处

素材文件 素材文件>CH04>03

实例文件 实例文件>CH04>课堂案例：婚礼签到处>课堂案例：婚礼签到处.prproj

视频名称 课堂案例：婚礼签到处.mp4

学习目标 练习不透明度动画

扫码观看视频

本案例要用不透明度为素材组成的图片制作动态的婚礼签到处动画，如图4-95所示。

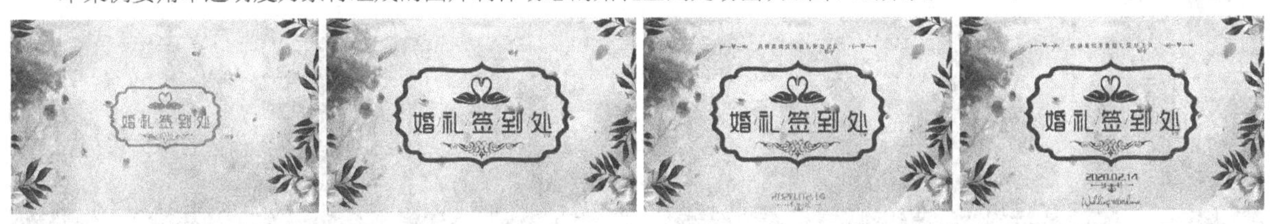

图4-95

01 双击“项目”面板的空白处，导入本书学习资源中“素材文件>CH04>03”文件夹下的所有素材，如图4-96所示。

02 选中素材01.jpg并拖曳到“时间轴”面板上，生成一个序列，如图4-97所示。

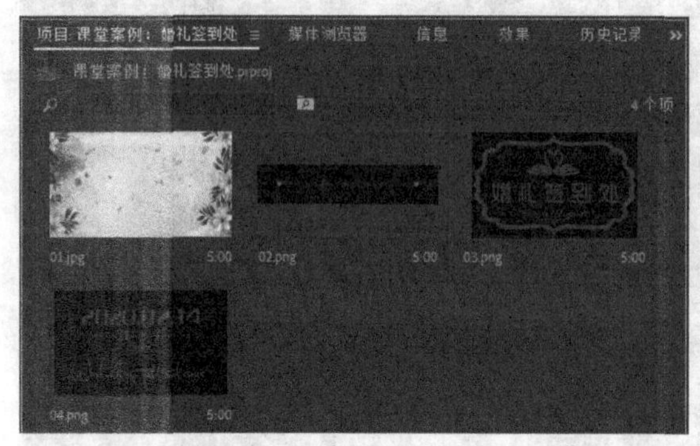

图4-96

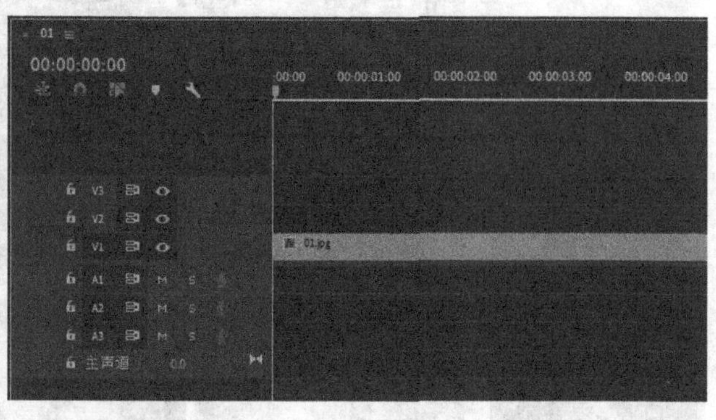

图4-97

03 将其他素材也拖曳到“时间轴”面板上，并放置在不同的轨道，如图4-98所示。此时素材都集中在监视器的中心位置，如图4-99所示。

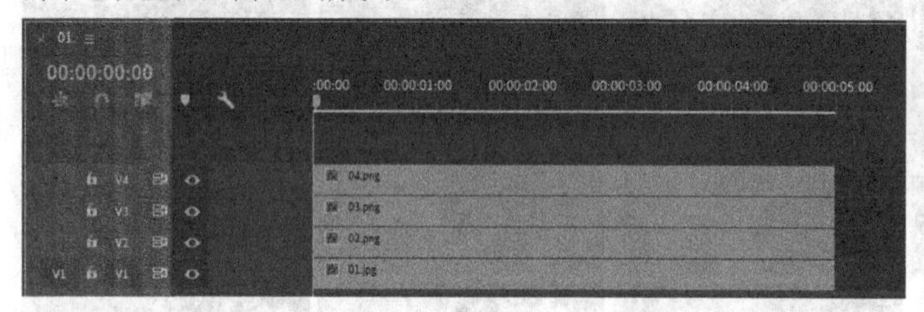

图4-98

图4-99

技巧与提示

默认情况下只有3个视频轨道，在V3轨道上单击鼠标右键，在弹出的菜单中选择“添加单个轨道”命令，就可以在V3轨道上方添加V4轨道，如图4-100所示。

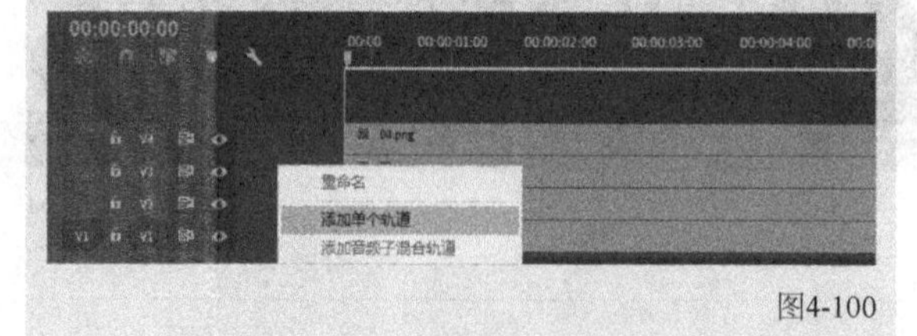

图4-100

04 移动各个素材的位置，摆放出最终要呈现的效果，如图4-101所示。

图4-101

05 隐藏V2和V4轨道的剪辑，然后选中V3轨道的剪辑，在起始位置添加“不透明度”关键帧，设置“不透明度”为0%，如图4-102所示。

06 移动播放指示器到00:00:02:00的位置，然后设置“不透明度”为100%，如图4-103所示。效果如图4-104所示。

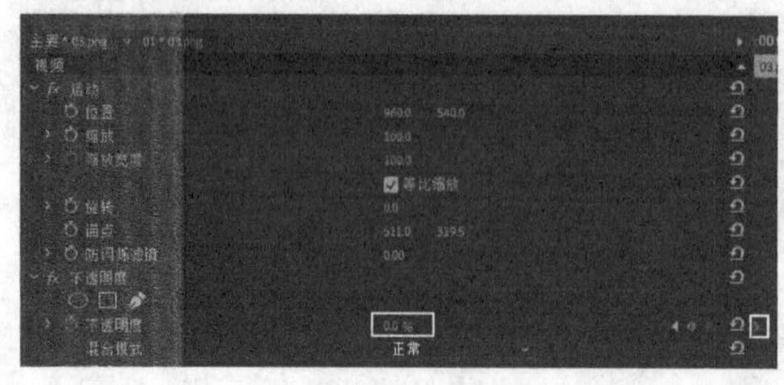

图4-102

图4-103

图4-104

07 在与“不透明度”同样的位置设置关键帧，设置“缩放”分别为0和100，过渡效果如图4-105所示。

图4-105

08 显示V2轨道的素材，然后在起始位置取消勾选“等比缩放”选项，并设置“缩放宽度”为0，如图4-106所示。

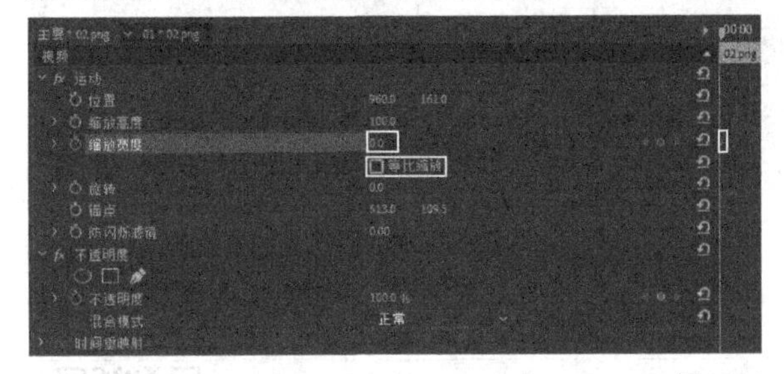

图4-106

09 移动播放指示器到00:00:02:15的位置，然后继续添加“缩放宽度”的关键帧，保持参数值不变，如图4-107所示。

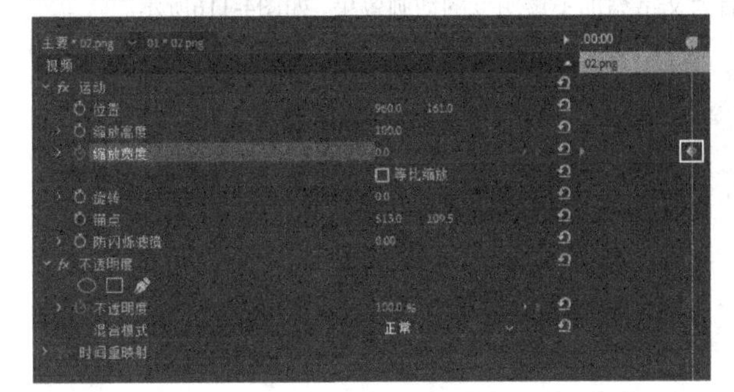

图4-107

10 将播放指示器移动到00:00:04:00的位置，设置“缩放宽度”为100，如图4-108所示。效果如图4-109所示。

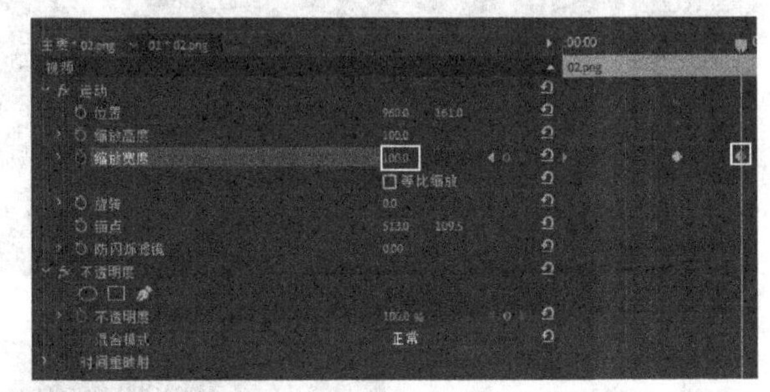

图4-108

图4-109

11 显示V4轨道的剪辑，然后在起始位置添加“位置”关键帧，并将剪辑向下移动到画面以外，如图4-110所示。

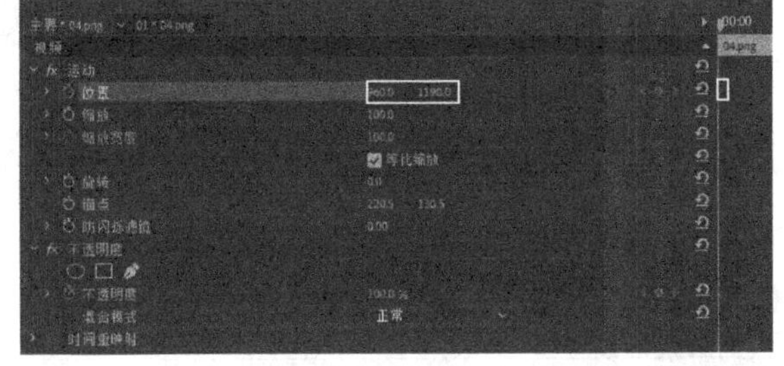

图4-110

12 移动播放指示器到00:00:03:10处，继续添加“位置”关键帧，保持剪辑位置不变，如图4-111所示。

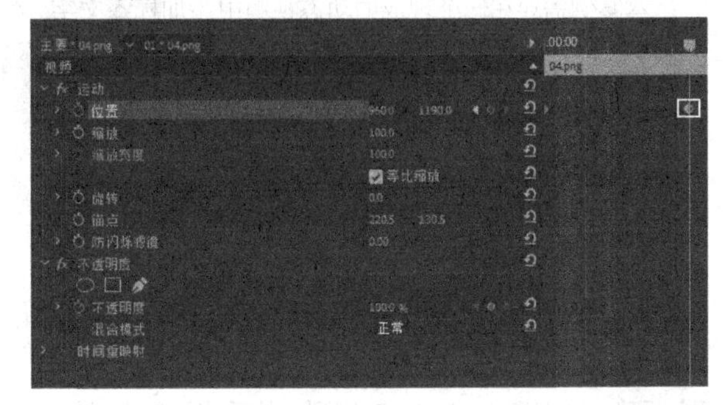

图4-111

13 移动播放指示器到00:00:04:10处，然后移动剪辑的位置，并放置在画面下方，如图4-112所示。效果如图4-113所示。

图4-112

图4-113

14 在相同的关键帧位置添加"不透明度"的关键帧，设置"不透明度"分别为0%、0%和100%，如图4-114所示。

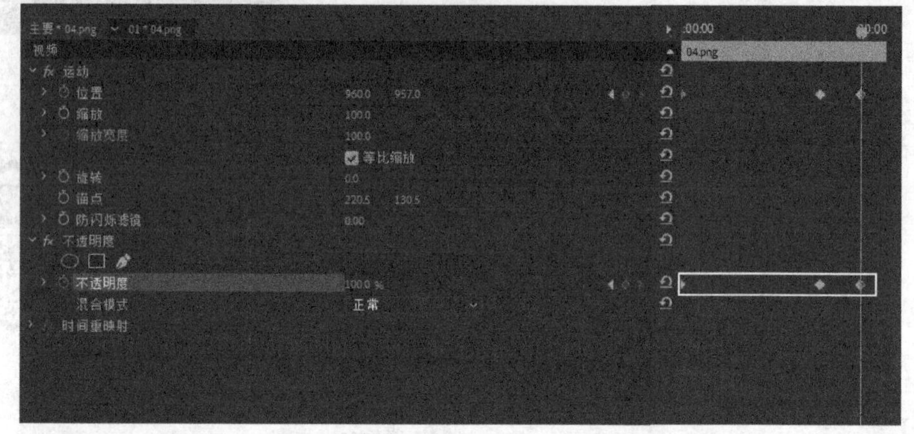

图4-114

15 按Space键预览效果，确认无误后单击"导出帧"按钮导出4个序列帧，案例最终效果如图4-115所示。

图4-115

课堂案例

动态分类标签

素材文件　素材文件>CH04>04

实例文件　实例文件>CH04>课堂案例：动态分类标签>课堂案例：动态分类标签.prproj

视频名称　课堂案例：动态分类标签.mp4

学习目标　练习不透明度和位移动画

扫码观看视频

本案例需要在一个现成的动态视频中添加标签文字，然后为文字添加不透明度的动画效果，如图4-116所示。

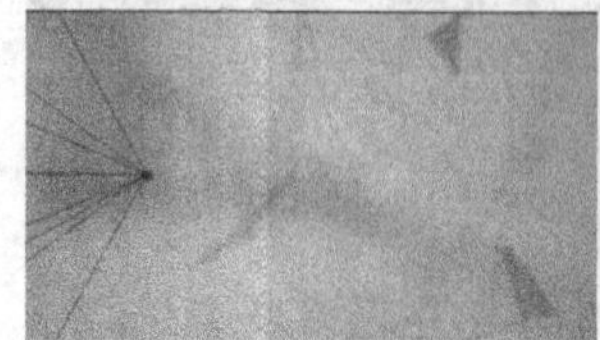

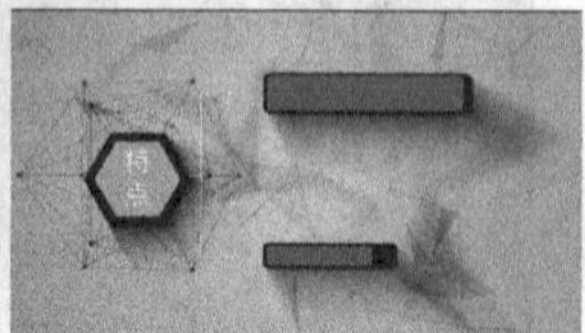

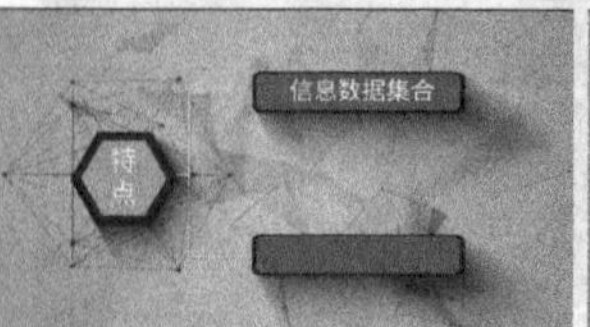

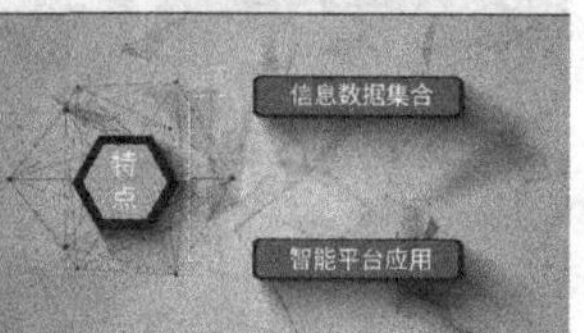

图4-116

01 双击"项目"面板的空白处，导入本书学习资源中"素材文件>CH04>04"文件夹下的素材，如图4-117所示。

02 新建一个AVCHD 1080p25序列，然后将视频素材拖曳到轨道上，如图4-118所示。

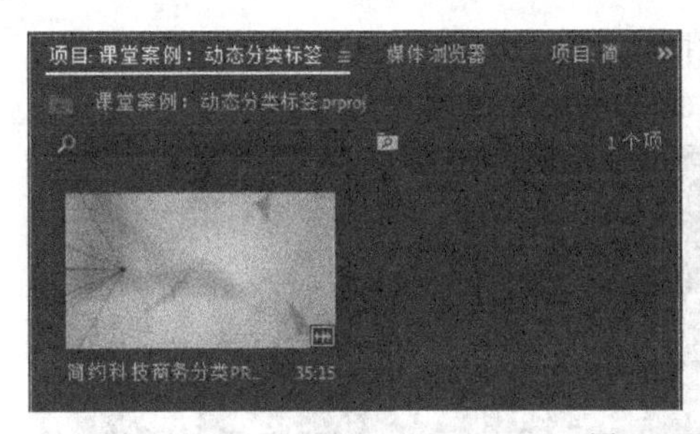

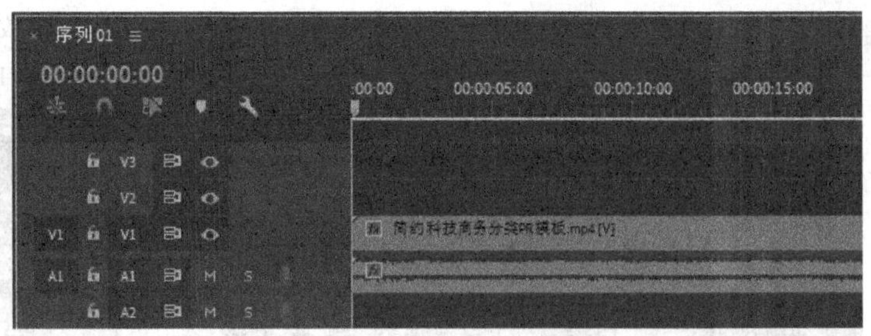

图4-117　　图4-118

03 移动播放指示器到00:00:07:00的位置，然后使用“剃刀工具”将序列进行裁剪，并删除后半段剪辑，如图4-119所示。

04 使用“文字工具”在左侧的六边形内输入文字“特点”，然后设置字体为Source Han Sans CN、字体样式为Regular、字体大小为90，效果如图4-120所示。

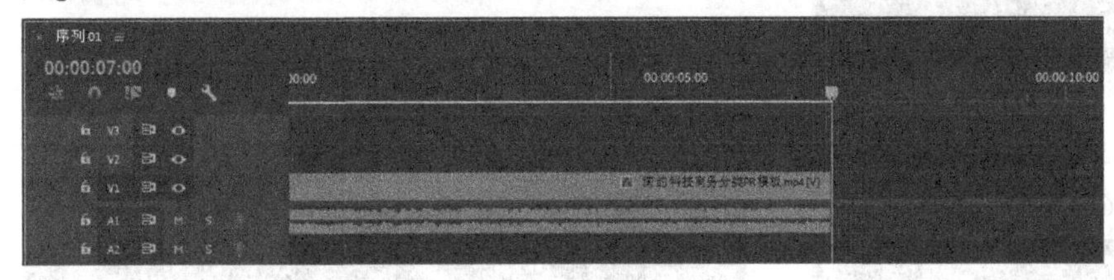

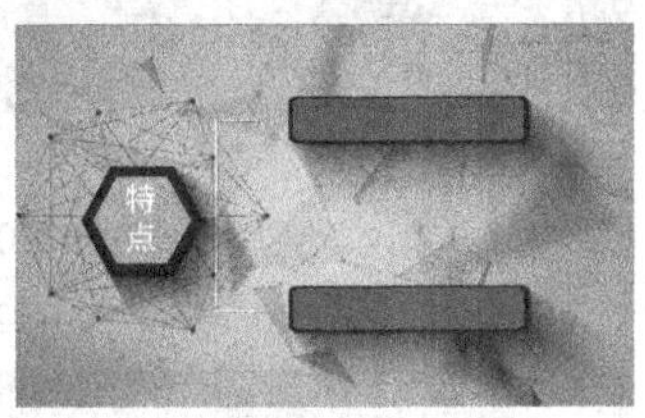

图4-119　　图4-120

05 继续在旁边两个矩形内输入文字“信息数据集合”和“智能平台应用”，如图4-121所示。此时，在“时间轴”面板上生成3个独立的文字剪辑，如图4-122所示。

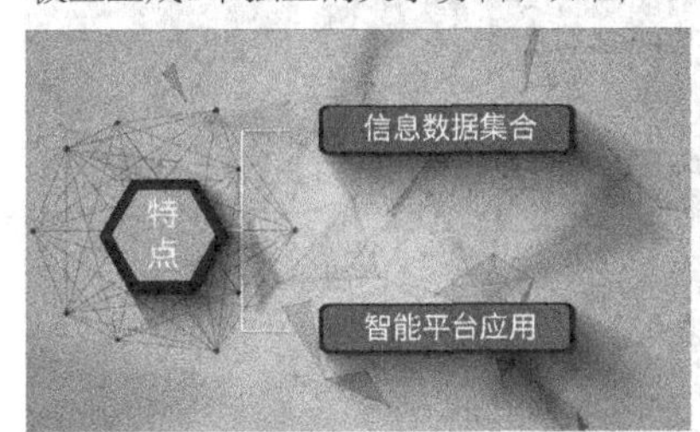

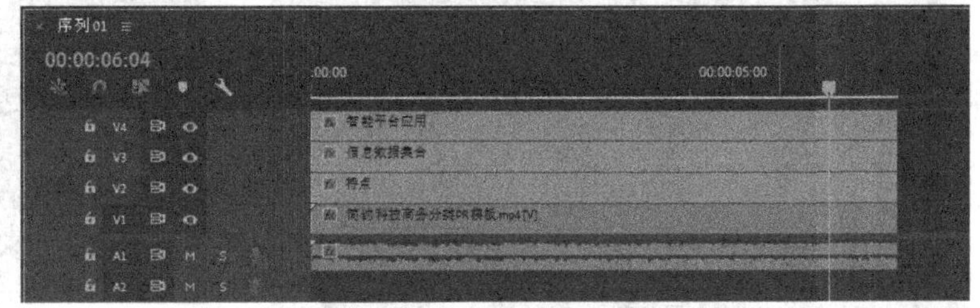

图4-121　　图4-122

06 移动播放指示器到00:00:01:06的位置，这时左侧的六边形完全显示。选中“特点”剪辑，然后设置“不透明度”的关键帧为0%，在序列起始位置也设置“不透明度”为0%，如图4-123所示。这样在六边形完全显示之前，不会显示“特点”文字。

07 将播放指示器移动到00:00:01:16的位置，设置“不透明度”为100%，如图4-124所示。这时“特点”文字将会全部显示。

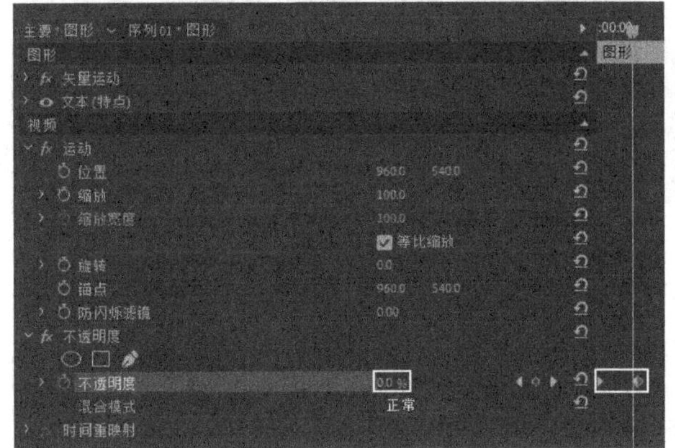

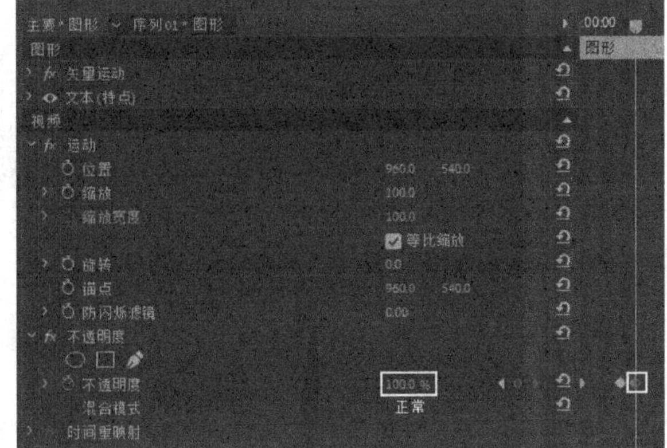

图4-123　　图4-124

08 选中“信息数据集合”剪辑，将播放指示器移动到00:00:01:16的位置，设置“不透明度”为0%，并在序列起始位置也设置“不透明度”为0%，如图4-125所示。

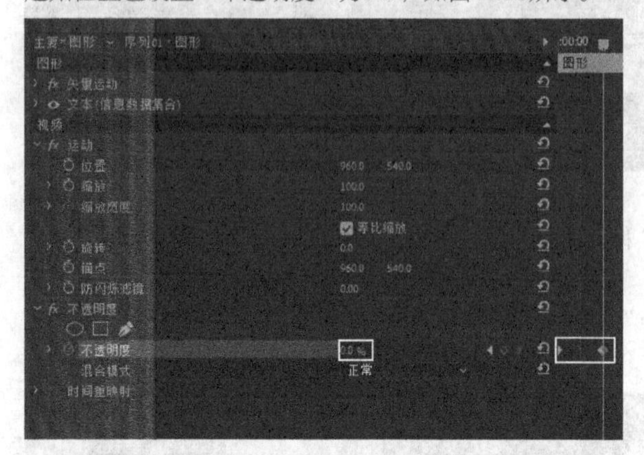

图4-125

09 将播放指示器移动到00:00:02:00的位置，然后设置“不透明度”为100%，如图4-126所示。

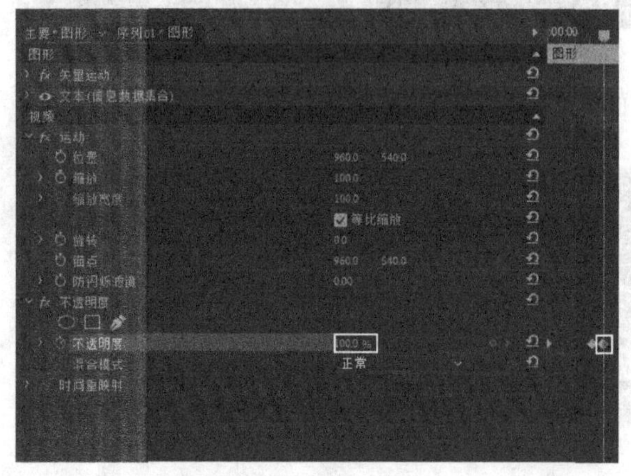

图4-126

10 选中“智能平台应用”剪辑，然后在00:00:02:08的位置设置“不透明度”为0%，并在序列起始位置设置“不透明度”也为0%，如图4-127所示。

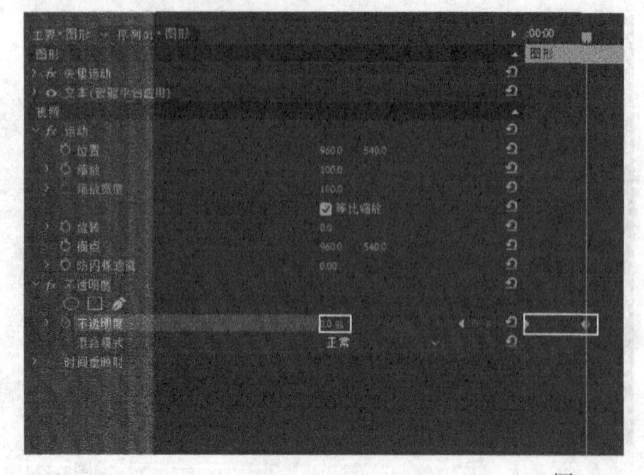

图4-127

11 将播放指示器移动到00:00:02:20的位置，设置“不透明度”为100%，如图4-128所示。

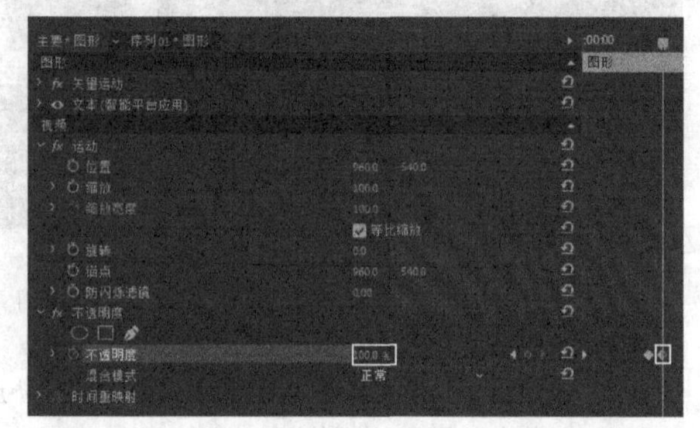

图4-128

12 按Space键预览动画效果，发现“智能平台应用”剪辑的显示间隔较长。选中00:00:02:20处的关键帧，将其向前移动到00:00:02:17的位置，如图4-129所示。

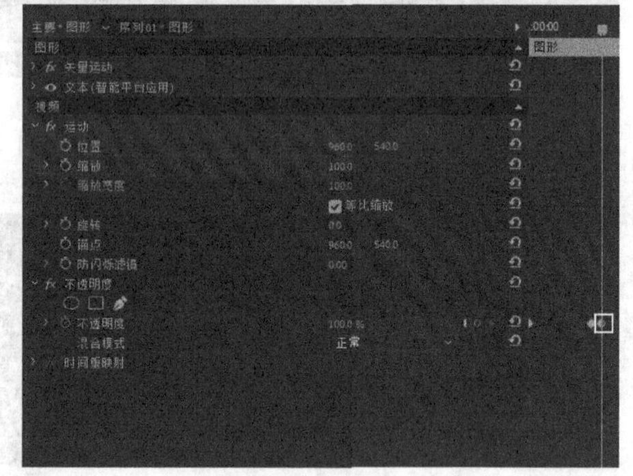

图4-129

13 选中后方两个关键帧，然后同时向前移动到00:00:02:04的位置，如图4-130所示。这时预览动画效果，会发现动画节奏流畅了很多。

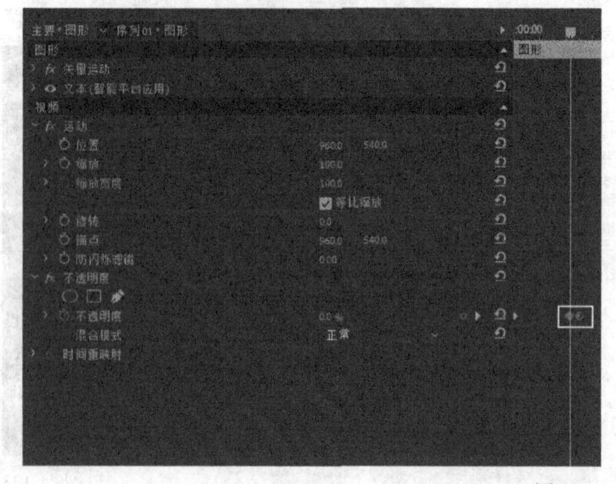

图4-130

⑭ 单击“导出帧”按钮导出4个序列帧，案例最终效果如图4-131所示。

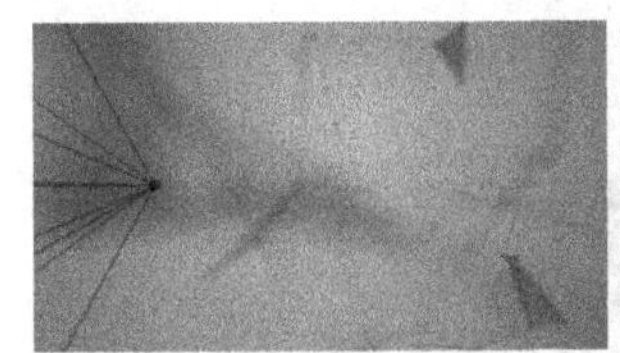
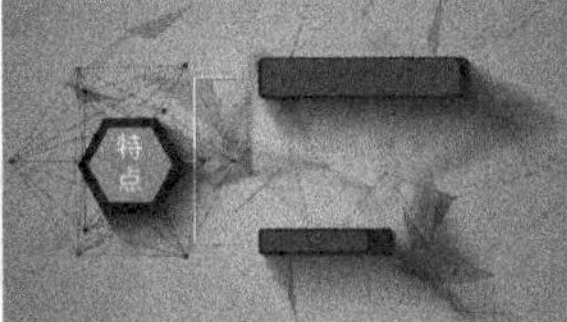

图4-131

4.3 时间重映射

视频云课堂：032- 时间重映射

“时间重映射”可以实现素材的加速、减速、倒放和静止的播放效果，让画面产生节奏变化和动感效果。

4.3.1 加速/减速

在序列中添加一段动态剪辑后，选中该剪辑并单击鼠标右键，在弹出的菜单中选择“显示剪辑关键帧>时间重映射>速度”命令，然后放大轨道就能看到速度的线段，如图4-132和图4-133所示。

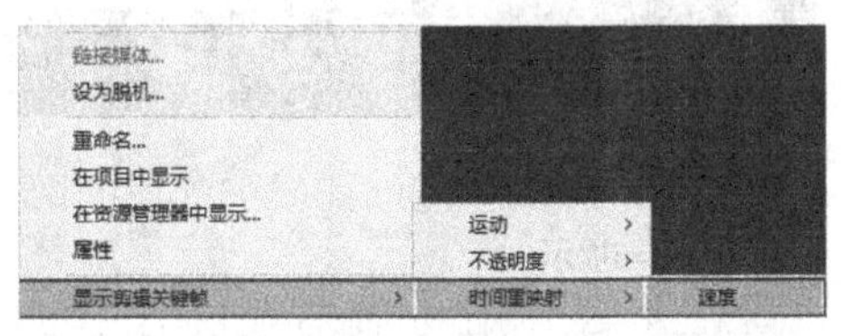

图4-132

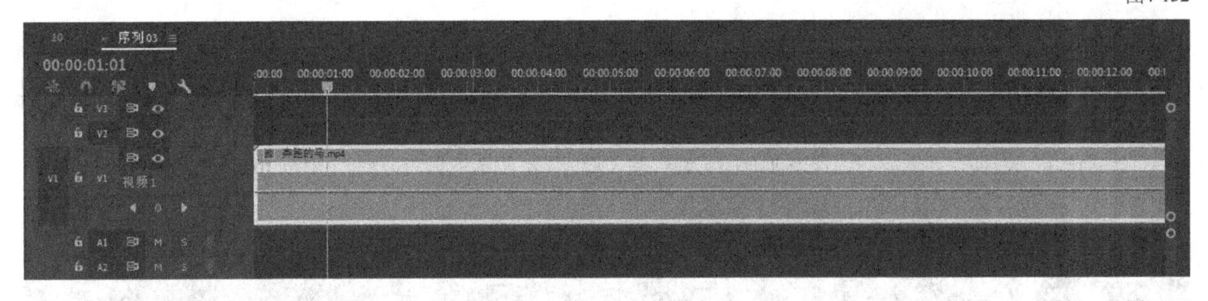

图4-133

技巧与提示

将鼠标指针放置在轨道间的分割线上，然后按住鼠标左键向上拖曳，就能将轨道放大。

将播放指示器移动到需要改变速度的位置，然后单击轨道左侧的“添加-移除关键帧”按钮，就可以直接在剪辑上添加关键帧，如图4-134所示。

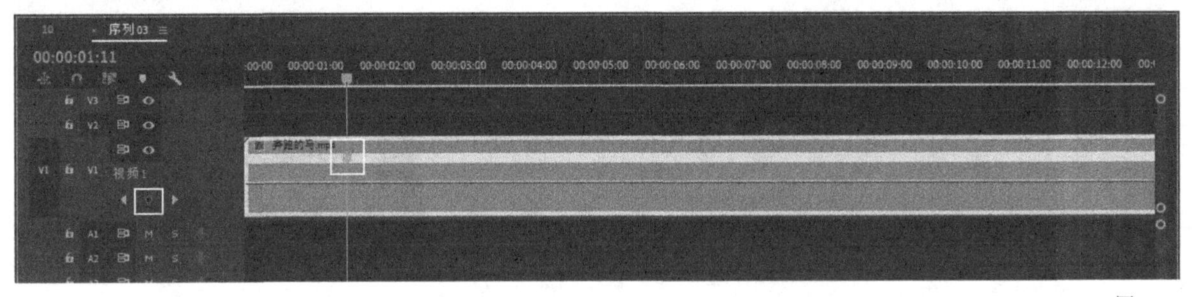

图4-134

选中两个关键帧之间的线段，然后使用“选择工具”向上移动线段，如图4-135所示，这时节目监视器中的画面会呈现加速播放的效果。使用“选择工具”向下移动线段，如图4-136所示，这时节目监视器中的画面会呈现减速播放的效果。

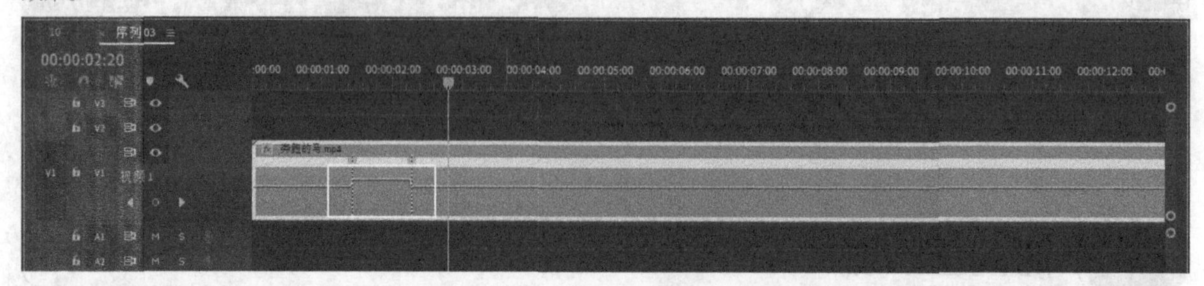

图4-135

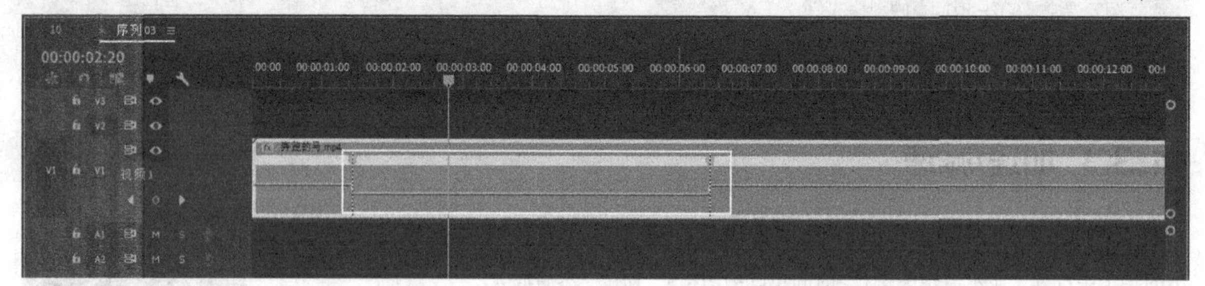

图4-136

技巧与提示

在“效果控件”面板中的时间线上也可以拖曳线段的位置。

4.3.2 倒放

倒放剪辑时，需要在要倒放的位置添加时间重映射的关键帧，然后选中该关键帧并按住Ctrl键不放向右拖曳一段距离，如图4-137所示，拖曳的距离就是倒放剪辑的长度。

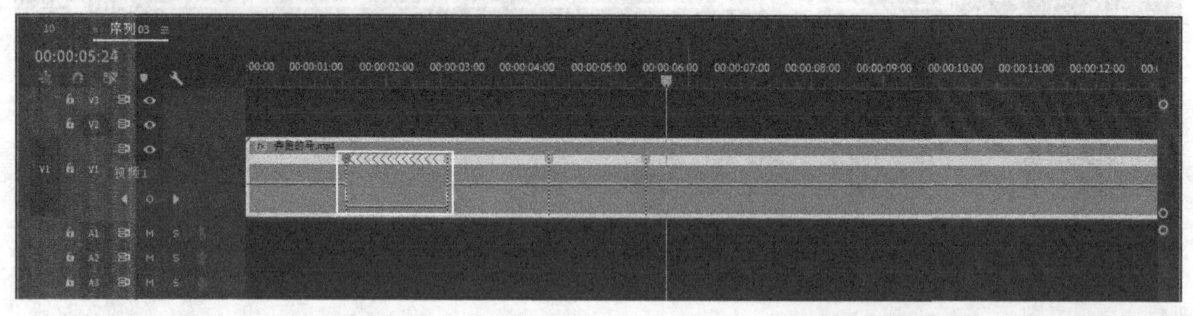

图4-137

需要注意的是，在按住Ctrl键不放向右拖曳关键帧时，节目监视器中的画面会一分为二，如图4-138所示。左侧是当前帧画面处于静止状态，右侧则是倒放的画面。拖曳关键帧时，右侧的画面会播放倒放的效果，从而方便确定倒放的位置。

图4-138

4.3.3 静止帧

移动播放指示器到需要静止的位置，然后按住Ctrl+Alt键不放向右拖曳一段距离，在这段距离中的帧就会处于静止状态，如图4-139所示。

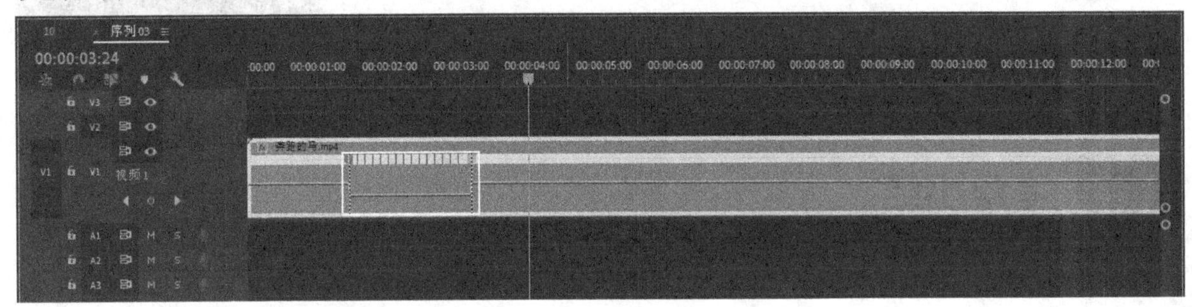

图4-139

与倒放一样，在拖曳静止帧时，节目监视器中的画面会一分为二，左侧是当前帧画面处于静止状态，右侧则是需要静止的画面长度。

4.3.4 修改帧的位置

如果需要修改关键帧的位置，直接选中关键帧拖曳，就会让线段变成斜线，如图4-140所示。在斜线上就会产生平滑的运动效果，旋转斜线上的手柄就可以改变运动的平滑程度。

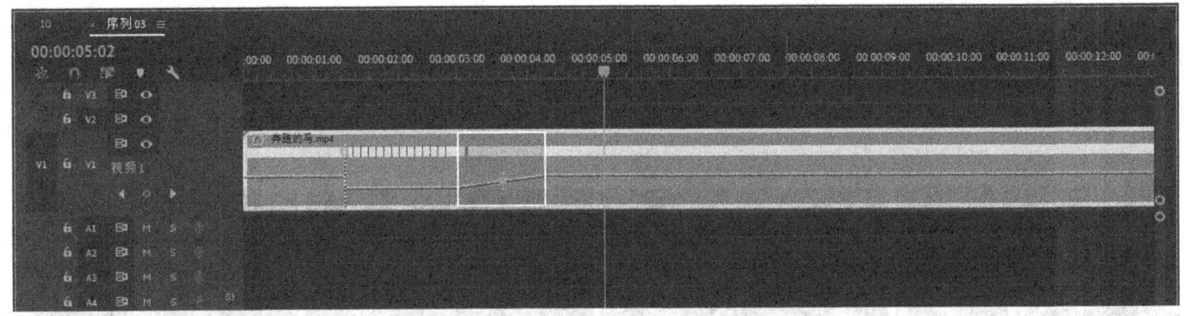

图4-140

如果只是单纯想改变关键帧的区间，不想改变播放速度，就需要按住Alt键并拖曳关键帧的位置，如图4-141所示。

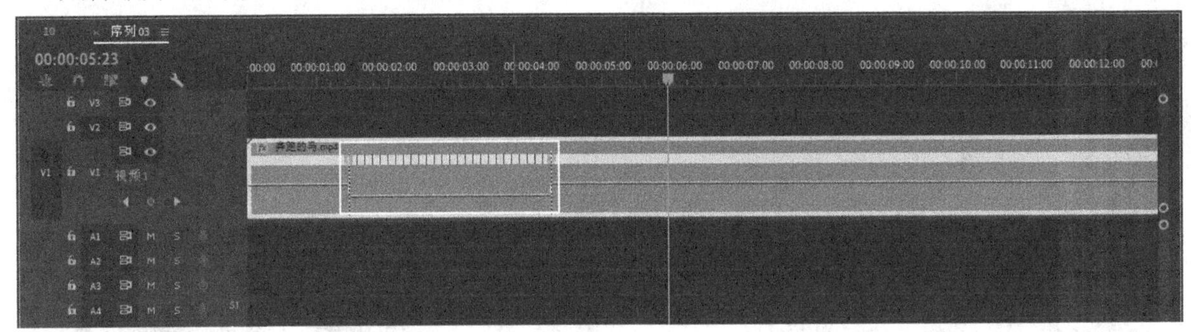

图4-141

技巧与提示

以上操作也可以在“效果控件”面板中进行，读者可按照自身的习惯选择合适的方法。

4.3.5 删除帧

如果要删除单个关键帧，只需要选中该关键帧，然后按Delete键即可删除。如果要删除所有关键帧，需要在“效果控件”面板中单击蓝色的“切换动画”按钮，此时系统会弹出对话框，询问是否删除所有关键帧，如图4-142所示。单击“确定”按钮，就可以将所有的时间重映射关键帧全部删除。

图4-142

4.4 本章小结

通过本章的学习，读者会对Premiere Pro的关键帧有一定的认识。通过关键帧可以让剪辑产生不同的变换效果，从而丰富整体效果。

4.5 课后习题

下面通过两个课后习题来练习本章所学的内容。

课后习题

片头小动画

素材文件 无
实例文件 实例文件>CH04>课后习题：片头小动画>课后习题：片头小动画.prproj
视频名称 课后习题：片头小动画.mp4
学习目标 练习关键帧的用法

扫码观看视频

本习题需要在序列中绘制两个矩形，然后为两个矩形制作缩放和旋转关键帧动画，效果如图4-143所示。

图4-143

课后习题

切换图片小动画

素材文件 素材文件>CH04>05
实例文件 实例文件>CH04>课后习题：切换图片小动画>课后习题：切换图片小动画.prproj
视频名称 课后习题：切换图片小动画.mp4
学习目标 练习关键帧动画

扫码观看视频

本习题需要将素材文件夹中的图片素材导入“项目”面板，然后为素材添加位置、缩放和不透明度的关键帧，效果如图4-144所示。

图4-144

Pr Premiere Pro

第 5 章

视频过渡效果

本章将讲解视频过渡效果的相关知识。系统默认提供了多种视频过渡效果，用户只需将过渡效果放置在两段剪辑之间，即可自动生成过渡效果，不需要手动添加关键帧，从而节省了很多制作时间。

课堂学习目标

- 掌握常用的视频过渡效果
- 运用过渡效果制作案例

5.1 “3D运动”类过渡效果

在“效果”面板中展开“视频过渡”效果组，第1个出现的过渡类型就是“3D运动”。该类型实现的是3D运动类过渡效果。

本节效果介绍

效果名称	效果作用	重要程度
立方体旋转	实现立方体旋转过渡效果	中
翻转	实现翻转过渡效果	中

5.1.1 立方体旋转

视频云课堂：033-立方体旋转

选中“立方体旋转”过渡效果，然后将其拖曳到两段剪辑的连接处，就会自动生成过渡效果，如图5-1所示。移动播放指示器，可以观察到在过渡区域两段剪辑呈现立方体的旋转过渡效果，如图5-2所示。

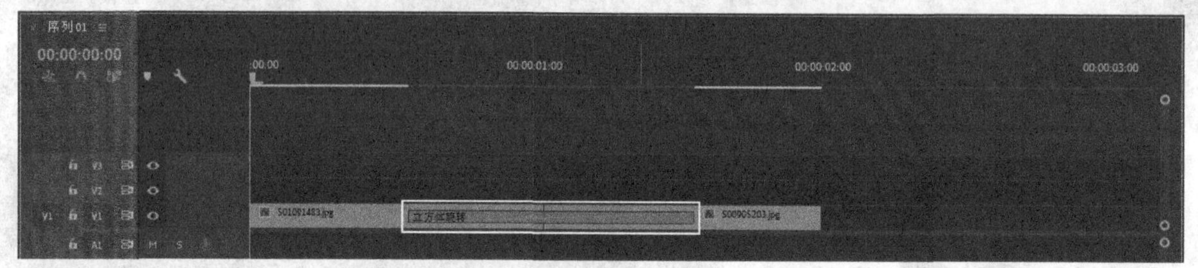

图5-1

图5-2

在剪辑上单击选中过渡部分，可以在“效果控件”面板中设置过渡的时长、对齐方式，如图5-3所示。

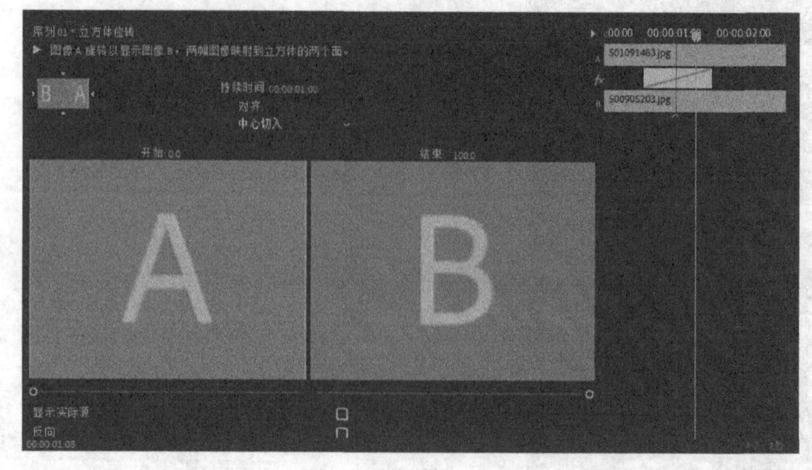

图5-3

持续时间：控制过渡效果的整体时长。单击时间可以设置过渡的时长，同时右侧的过渡剪辑也会随之改变，如图5-4所示。

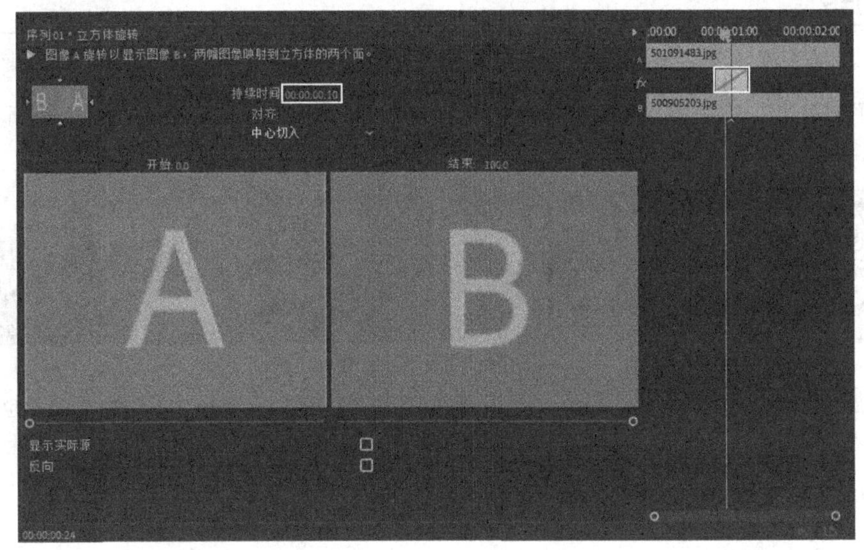

图5-4

> **技巧与提示**
>
> 手动拖曳右侧时间线上的过渡剪辑，也可以改变过渡的时长。

对齐：控制过渡的切换方式，默认状态下使用“中心切入”方式，即过渡处于两段剪辑的中心，如图5-5所示。单击下拉按钮，还可以选择“终点切入”方式，此时过渡会处于首段剪辑的末尾，如图5-6所示。

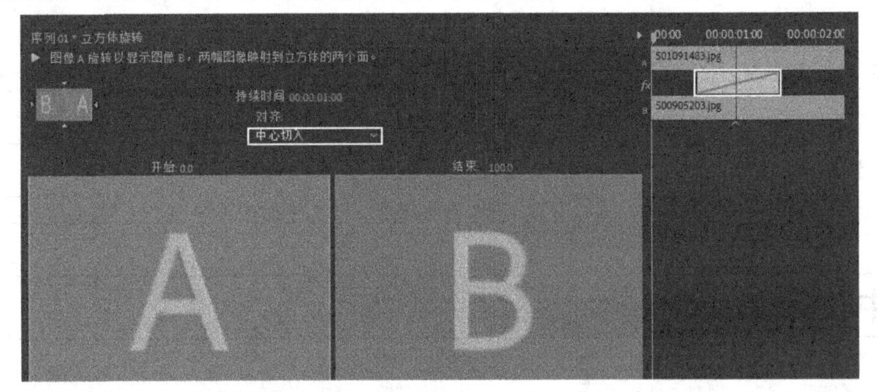

图5-5

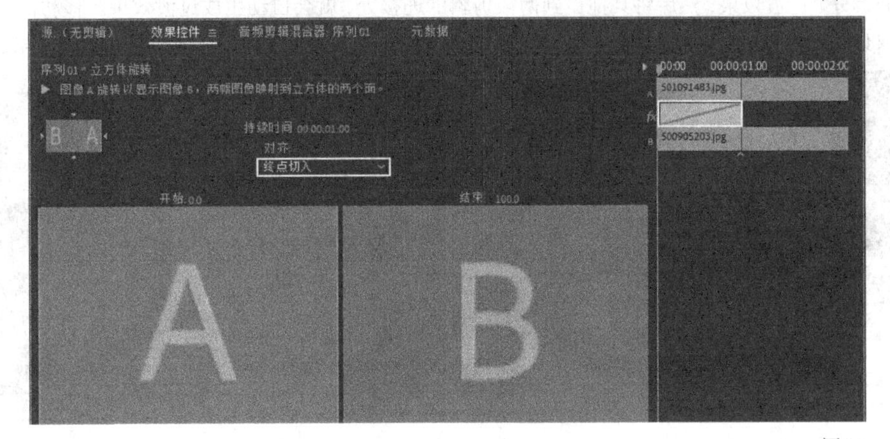

图5-6

5.1.2 翻转

视频云课堂：034- 翻转

选中“翻转”过渡效果，然后将其拖曳到两段剪辑的连接处，就会自动生成过渡效果。移动播放指示器，可以观察到在过渡区域两段剪辑呈现翻转过渡效果，如图5-7所示。

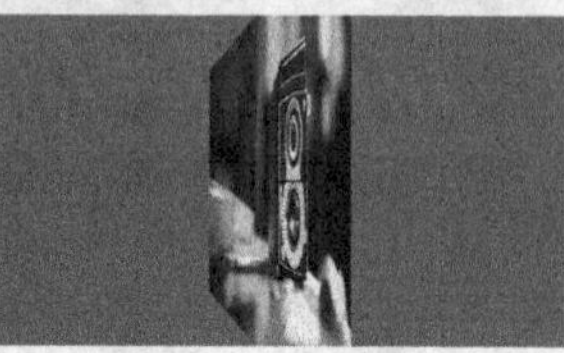

图5-7

与“立方体旋转”效果一样，“翻转”效果也有“中心切入”和“终点切入”两种对齐方式，其用法也相同。

技巧与提示

由于“3D运动”类过渡效果的用法相同，这里不再赘述。

5.2 “内滑”类过渡效果

“内滑”类过渡效果，是将两段剪辑呈现不同的内部移动效果，从而实现剪辑的过渡。

本节效果介绍

效果名称	效果作用	重要程度
中心拆分	实现拆分过渡效果	中
内滑	实现移动覆盖过渡效果	高
带状内滑	实现带状移动覆盖过渡效果	高
拆分	实现从内向外拆分过渡效果	中
推	实现移动过渡效果	中

5.2.1 中心拆分

视频云课堂：035- 中心拆分

选中“中心拆分”过渡效果，然后将其拖曳到两段剪辑的连接处，就会自动生成过渡效果。移动播放指示器，可以观察到在过渡区域，位于上方的前一段剪辑从中心拆分为4块，然后在下方显示后一段剪辑，如图5-8所示。

图5-8

在剪辑上单击选中过渡部分，可以在“效果控件”面板中设置过渡的时长、对齐方式和边框等属性，如图5-9所示。

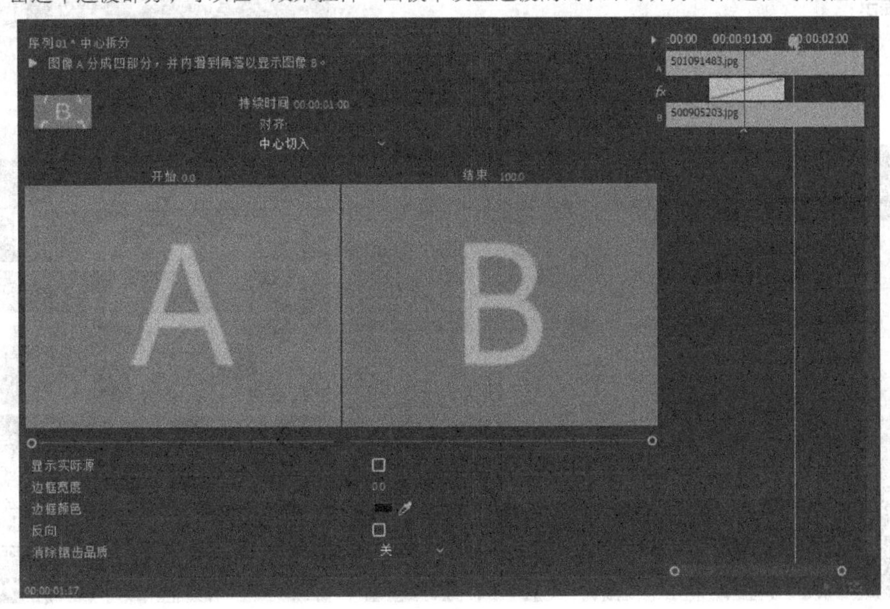

图5-9

持续时间： 控制过渡剪辑的时长。

对齐： 控制过渡剪辑的对齐方式，有“中心切入”和“终点切入”两种方式。

边框宽度： 设置拆分剪辑的外围边框宽度，如图5-10所示。

边框颜色： 设置拆分剪辑的外围边框颜色，如图5-11所示。

反向： 勾选后会将后一段剪辑作为拆分对象，且过渡方式会从拆分转换为合并，如图5-12所示。

图5-10

图5-11

图5-12

5.2.2 内滑

视频云课堂：036- 内滑

选中“内滑”过渡效果，然后将其拖曳到两段剪辑的连接处，就会自动生成过渡效果。移动播放指示器，可以观察到在过渡区域后一段剪辑会从左向右移动覆盖前一段剪辑，如图5-13所示。

图5-13

除了默认的从左向右的移动效果，在“效果控件”面板中还可以设置其他方向的移动效果，如图5-14所示。单击不同方向的按钮，就能生成不同的移动过渡效果，如图5-15所示。

> **技巧与提示**
> 其他参数的用法与“中心拆分”效果相似，这里不再赘述。

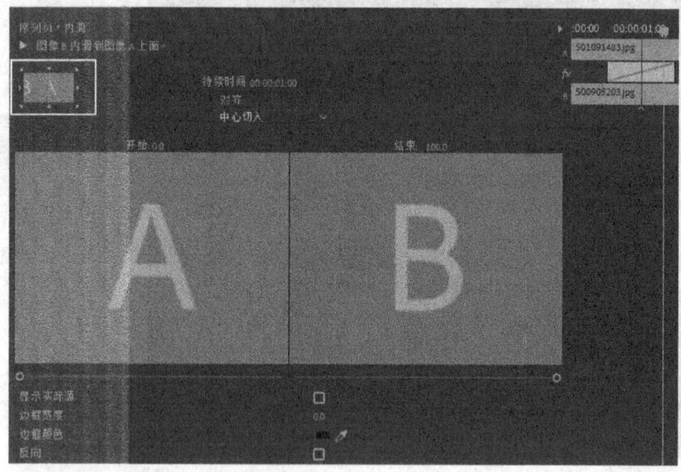

图5-14

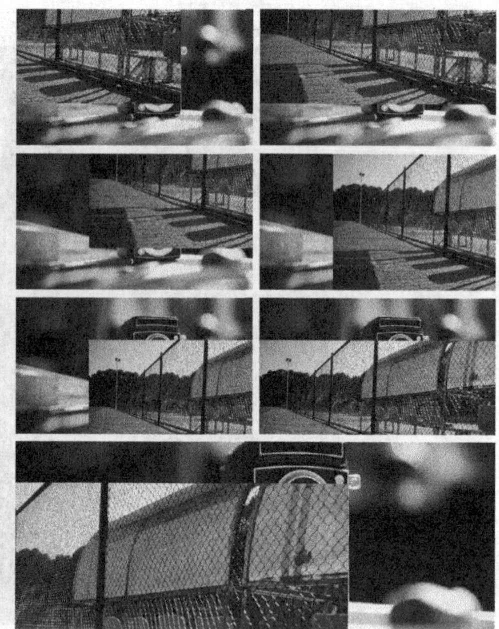

图5-15

5.2.3 带状内滑

视频云课堂：037- 带状内滑

“带状内滑”效果与“内滑”效果相似，是将后一段剪辑以分裂的带状从两侧覆盖前一段剪辑，如图5-16所示。

图5-16

在“效果控件”面板上可以设置过渡的各种属性，其参数基本与“内滑”效果相同，如图5-17所示。

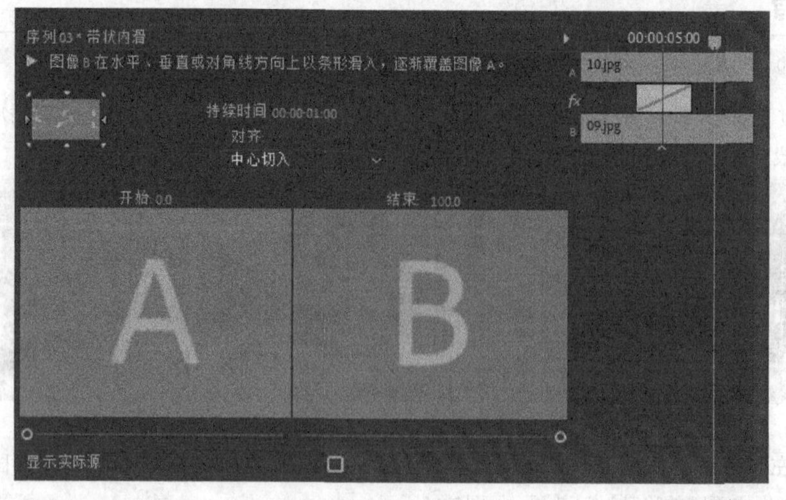

图5-17

反向：勾选该选项后，前一段剪辑会拆分为分裂的带状，然后向两侧移动，如图5-18所示。

图5-18

自定义：单击该按钮，会弹出“带状内滑设置”对话框，如图5-19所示。在该对话框中可以设置分裂的带状数量，默认为7。

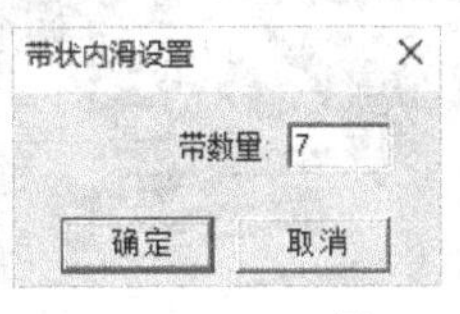

图5-19

“带状内滑”效果同样可以设置不同方向的内滑方式，如图5-20所示。

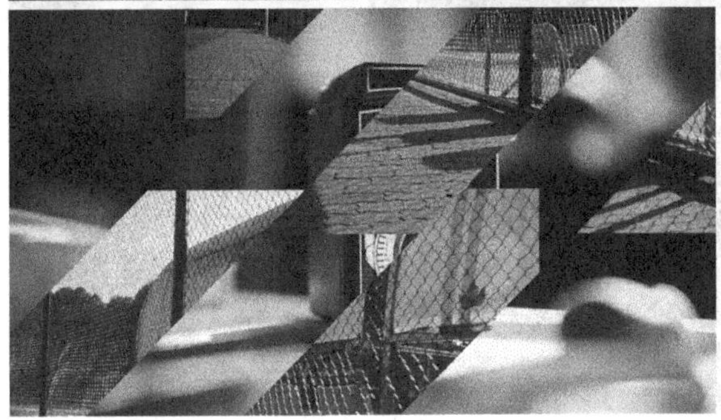

图5-20

5.2.4 拆分

视频云课堂：038-拆分

“拆分”效果与“中心拆分”效果类似，是将前一段剪辑从中间一分为二，然后向两侧移动，从而显示后一段剪辑，如图5-21所示。

图5-21

勾选“反向”选项后，后一段剪辑会从两侧向中间移动合并，从而覆盖前一段剪辑，如图5-22所示。

图5-22

“拆分”效果只提供横向或竖向的拆分方式，如图5-23所示。

图5-23

5.2.5 推

视频云课堂：039-推

“推”过渡效果会让后一段剪辑和前一段剪辑同时移动，从而进行切换，如图5-24所示。

图5-24

除了横向推动，也可以设置竖向推动，如图5-25所示。

图5-25

课堂案例

美食电子相册

素材文件　素材文件>CH05>01

实例文件　实例文件>CH05>课堂案例：美食电子相册>课堂案例：美食电子相册.prproj

视频名称　课堂案例：美食电子相册.mp4

学习目标　练习"内滑"类过渡效果

扫码观看视频

本案例通过为静帧图片添加内滑类过渡效果，生成一个美食电子相册，案例效果如图5-26所示。

图5-26

01 双击"项目"面板的空白处，导入本书学习资源中"素材文件>CH05>01"文件夹下的所有素材，如图5-27所示。

02 按快捷键Ctrl+N打开"新建序列"对话框，然后选中图5-28所示的预设序列。

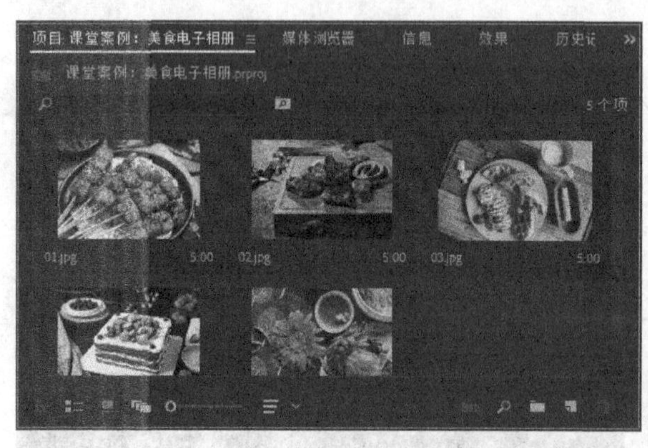

图5-27

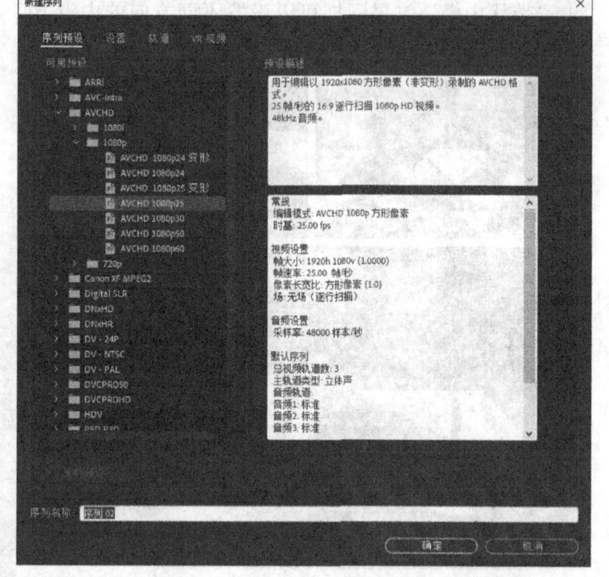

图5-28

03 将素材01.jpg拖曳到"时间轴"面板上，然后打开"剪辑速度/持续时间"对话框并设置"持续时间"为00:00:01:00，如图5-29所示。此时"时间轴"面板中剪辑的效果如图5-30所示。

图5-29

图5-30

04 将素材02.jpg拖曳到"时间轴"面板上，同样调整时长为1秒，如图5-31所示。

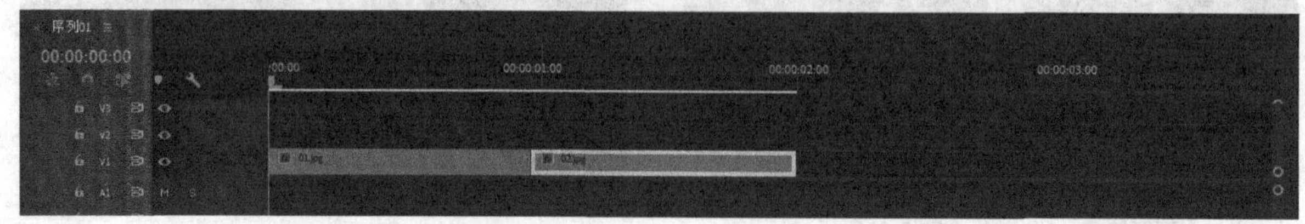

图5-31

05 按照同样的方法将其他素材文件都放置在“时间轴”面板上，如图5-32所示。

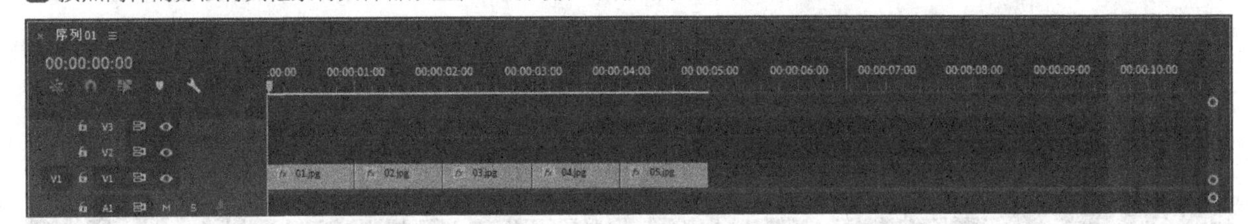

图5-32

06 在“效果”面板的“视频过渡”效果组中选中“中心拆分”过渡效果，然后按住鼠标左键将其拖曳到剪辑01.jpg和02.jpg的中间位置，如图5-33所示。效果如图5-34所示。

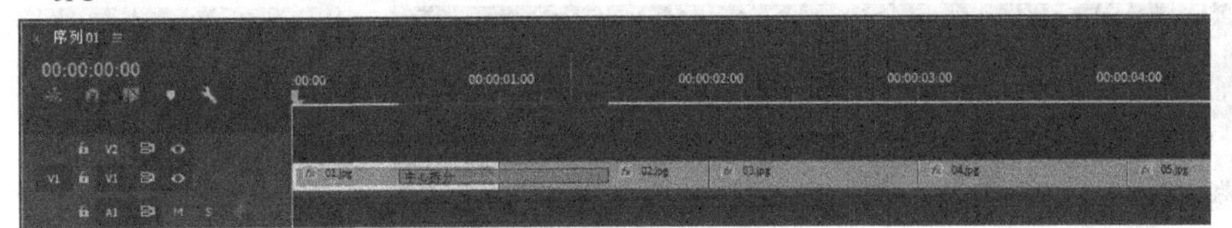

图5-33

图5-34

07 在“效果”面板中选中“带状内滑”过渡效果，然后按住鼠标左键将其拖曳到剪辑02.jpg和03.jpg的中间位置，如图5-35所示。效果如图5-36所示。

图5-35

图5-36

08 在“效果”面板中选中“拆分”过渡效果，然后按住鼠标左键将其拖曳到剪辑03.jpg和04.jpg的中间位置，如图5-37所示。效果如图5-38所示。

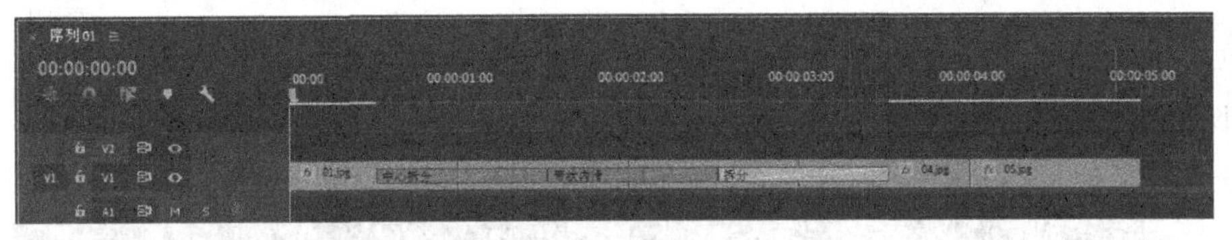

图5-37

图5-38

09 在“效果”面板中选中“推”过渡效果，然后按住鼠标左键将其拖曳到剪辑04.jpg和05.jpg的中间位置，如图5-39所示。效果如图5-40所示。

图5-39

图5-40

10 按Space键预览效果，发现起始位置有些单调。在“效果”面板中选中“内滑”过渡效果，然后按住鼠标左键将其拖曳到剪辑01.jpg的起始位置，如图5-41所示。效果如图5-42所示。

图5-41

图5-42

⑪ 由于01.jpg剪辑的下方没有素材，因此过渡的底层显示为黑色。选中所有的剪辑，然后向上移动到V2轨道，如图5-43所示。

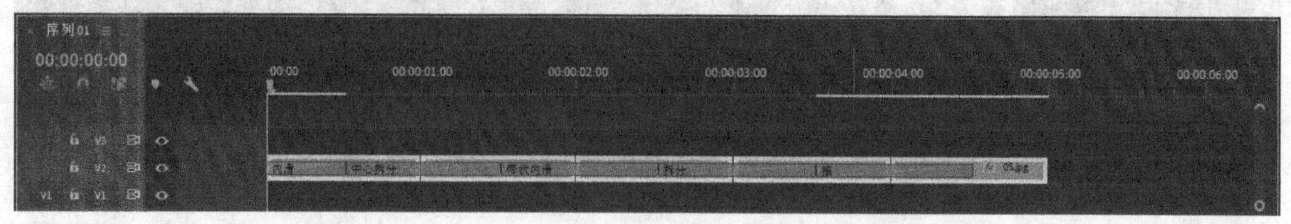

图5-43

⑫ 将素材05.jpg拖曳到V1轨道，然后缩短其时长为1秒，如图5-44所示。此时的过渡效果如图5-45所示。

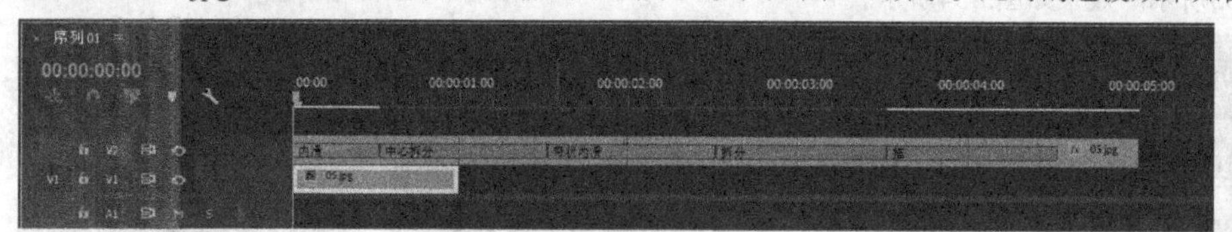

图5-44

图5-45

技巧与提示

选中剪辑尾部向前拖曳，即可缩短剪辑时长。

⑬ 按Space键预览效果，发现过渡的时间过长，显得没有节奏感。选中“内滑”过渡效果，然后在“效果控件”面板中设置“持续时间”为00:00:00:15、过渡方向为“自北向南”，如图5-46所示。效果如图5-47所示。

图5-46

图5-47

⑭ 选中“中心拆分”过渡效果，然后在“效果控件”面板中设置“持续时间”为00:00:00:15，如图5-48所示。

图5-48

⑮ 按照上面的方法，将其他过渡效果的“持续时间”都修改为00:00:00:15，如图5-49所示。

图5-49

⑯ 单击“导出帧”按钮导出4个序列帧，案例最终效果如图5-50所示。

图5-50

5.3 “划像”类视频过渡效果

“划像”类过渡效果是将两段剪辑以特定形状进行放大或缩小，从而形成过渡效果。

本节效果介绍

效果名称	效果作用	重要程度
交叉划像	实现拆分过渡效果	中
圆划像	实现圆形过渡效果	中
盒形划像	实现矩形过渡效果	中
菱形划像	实现菱形过渡效果	中

5.3.1 交叉划像

视频云课堂：040- 交叉划像

“交叉划像”效果与“中心拆分”效果类似，也是将前一段剪辑拆分为4块，不同的是“交叉划像”效果的拆分块不会向外移动，只会沿着拆分的位置逐渐减少，如图5-51所示。

图5-51

勾选“反向”选项后，后一段剪辑会沿着拆分位置逐渐增大，如图5-52所示。

图5-52

5.3.2 圆划像

视频云课堂：041- 圆划像

“圆划像”效果会将后一段剪辑按照圆形逐渐延展开，直到全部覆盖前一段剪辑，如图5-53所示。

图5-53

技巧与提示

“圆划像”效果可以简单地理解为在后一段剪辑上添加了一个圆形的蒙版，然后为这个蒙版添加放大的关键帧。

勾选“反向”选项后，后一段剪辑会按照圆形逐渐缩小，直到全部覆盖前一段剪辑，如图5-54所示。

图5-54

5.3.3 盒形划像/菱形划像

视频云课堂：042- 盒形划像及菱形划像

“盒形划像”效果与“圆划像”效果用法一致，只是将圆形替换为矩形，如图5-55所示。

图5-55

“菱形划像”效果也是相同的用法，只是将圆形替换为菱形，如图5-56所示。

图5-56

5.4 “擦除”类视频过渡效果

“擦除”类的过渡效果较多，可以实现丰富的过渡效果。

本节效果介绍

效果名称	效果作用	重要程度
划出	实现覆盖过渡效果	高
双侧平推门	实现覆盖过渡效果	中
带状擦除	实现带状过渡效果	高
径向擦除	实现径向过渡效果	中
插入	实现覆盖过渡效果	中
时钟式擦除	实现旋转过渡效果	中
棋盘	实现棋盘格过渡效果	中
棋盘擦除	实现棋盘格过渡效果	中
楔形擦除	实现旋转过渡效果	中
水波块	实现方块过渡效果	中
油漆飞溅	实现随机过渡效果	高
渐变擦除	实现自定义过渡效果	中
百叶窗	实现带状过渡效果	高
螺旋框	实现螺旋过渡效果	中
随机块	实现随机块状过渡效果	中
随机擦除	实现随机块状过渡效果	高
风车	实现旋转过渡效果	中

5.4.1 划出

视频云课堂：043- 划出

“划出”过渡效果与“内滑”效果大致相同，不同的地方在于后一段剪辑的位置始终不变，只是从左向右逐渐覆盖前一段剪辑，如图5-57所示。

图5-57

“划出”过渡效果也可以在“效果控件”面板中选择不同的划出方向，如图5-58所示。

图5-58

5.4.2 双侧平推门

视频云课堂：044- 双侧平推门

“双侧平推门”效果与“拆分”效果大体类似，区别在于“双侧平推门”效果的剪辑本身不会移动，如图5-59所示。

图5-59

除了横向推开，也可以选择竖向推开效果，如图5-60所示。

图5-60

5.4.3 带状擦除

视频云课堂：045- 带状擦除

“带状擦除”效果与“带状内滑”效果相似，区别在于“带状擦除”效果的剪辑本身不会移动，如图5-61所示。

图5-61

“带状擦除”效果也可以实现不同方向的擦除效果，如图5-62所示。

图5-62

5.4.4 径向擦除

视频云课堂：046- 径向擦除

“径向擦除”过渡效果是将后一段剪辑以画面的一个角为圆心旋转一周，从而覆盖前一段剪辑，如图5-63所示。

图5-63

默认情况下以前一段剪辑的左上角为圆心进行旋转，也可以以其他3个角为圆心进行旋转，如图5-64所示。

图5-64

5.4.5 插入

视频云课堂：047- 插入

“插入”过渡效果是将后一段剪辑从左上角逐渐放大，从而覆盖前一段剪辑，如图5-65所示。

图5-65

默认情况下从前一段剪辑的左上角开始进行放大，也可以从其他3个角进行放大，如图5-66所示。

图5-66

5.4.6 时钟式擦除

视频云课堂：048- 时钟式擦除

“时钟式擦除”过渡效果是将后一段剪辑以画面中心为圆点进行旋转，从而覆盖前一段剪辑，如图5-67所示。

图5-67

在“效果控件”面板中可以选择擦除起始的位置，如图5-68所示。

图5-68

5.4.7 棋盘/棋盘擦除

视频云课堂：049- 棋盘及棋盘擦除

“棋盘”效果是按照棋盘格的效果交替显示前后两段剪辑，从而使后一段剪辑覆盖前一段剪辑，如图5-69所示。

图5-69

技巧与提示

“棋盘”过渡效果不能设置过渡的方向。

在“效果控件”面板中单击“自定义”按钮 自定义... ，可以在弹出的“棋盘设置”对话框中设置棋盘的格子数，如图5-70所示。

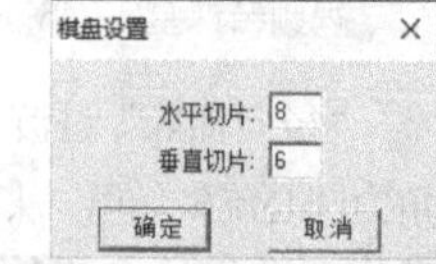

图5-70

“棋盘擦除”效果与“棋盘”效果很相似，也是通过棋盘格的效果交替显示前后两段剪辑，从而使后一段剪辑覆盖前一段剪辑，不同的是“棋盘擦除”的显示方式与“棋盘”不同，且可以设定擦除方向，如图5-71和图5-72所示。

图5-71

图5-72

5.4.8 楔形擦除

视频云课堂：050-楔形擦除

“楔形擦除”效果与“时钟式擦除”效果有些类似，都是以画面中心为圆点旋转覆盖前一段剪辑，不同点是“楔形擦除”是同时朝两边进行旋转，如图5-73所示。

图5-73

“楔形擦除”效果也可以在“效果控件”面板中设置不同的起始位置，如图5-74所示。

图5-74

5.4.9 水波块

视频云课堂：051-水波块

“水波块”过渡效果是以方格为基础从上到下依次递进，从而让后一段剪辑覆盖前一段剪辑，如图5-75所示。

图5-75

“水波块”效果无法设置起始位置，但可以单击“自定义”按钮 自定义... ，在弹出的“水波块设置”对话框中设置整体方块的数量，如图5-76所示。

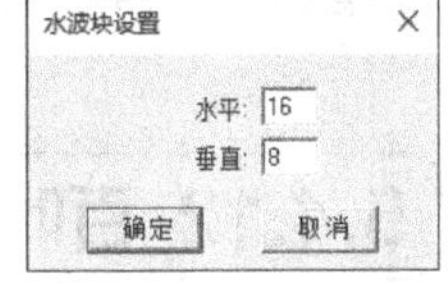

图5-76

5.4.10 油漆飞溅

视频云课堂：052-油漆飞溅

“油漆飞溅”过渡效果是模拟液体飞溅的形式，将后一段剪辑覆盖前一段剪辑，如图5-77所示。“油漆飞溅”过渡效果在日常制作中比较常见。

图5-77

技巧与提示

“油漆飞溅”过渡效果无法设置生成的方向。

5.4.11 渐变擦除

视频云课堂：053- 渐变擦除

“渐变擦除”过渡效果是按照用户自定义的图片进行柔和擦除，从而使后一段剪辑覆盖前一段剪辑，如图5-78所示。

图5-78

在初次加载“渐变擦除”效果时，或在“效果控件”面板单击“自定义”按钮[自定义...]，都可以打开“渐变擦除设置”对话框，如图5-79所示。在该对话框中可以使用默认的黑白渐变，也可以加载用户自定义的渐变贴图，同时设置“柔和度”数值，控制渐变的边缘过渡效果。

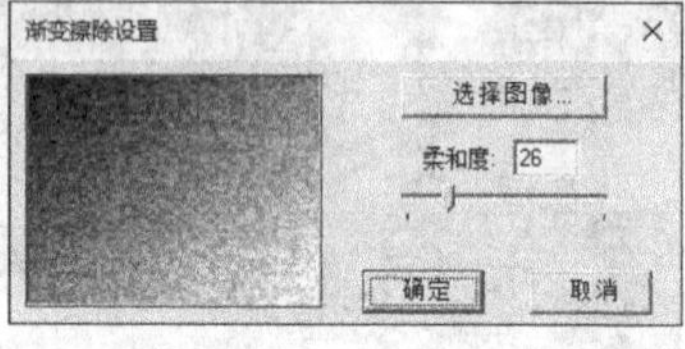

图5-79

技巧与提示

用户自定义加载的渐变贴图最好是黑白灰的图片。如果加载彩色图片，会根据其灰度产生渐变。

5.4.12 百叶窗

视频云课堂：054- 百叶窗

“百叶窗”过渡效果是将后一段剪辑以百叶窗的形式覆盖前一段剪辑，如图5-80所示。

图5-80

在“效果控件”面板中可以设置百叶窗移动的方向，效果如图5-81所示。单击“自定义”按钮[自定义...]，在弹出的对话框中可以设置百叶窗的数量，如图5-82所示。

图5-81

图5-82

5.4.13 螺旋框

视频云课堂：055- 螺旋框

“螺旋框”过渡效果与“水波块”效果类似，都是以方块移动进行擦除。不同点是“螺旋框”是以螺旋的移动方式擦除前一段剪辑，如图5-83所示。

图5-83

在“效果控件”面板中单击“自定义”按钮[自定义...]，在弹出的对话框中可以设置方框的数量，如图5-84所示。

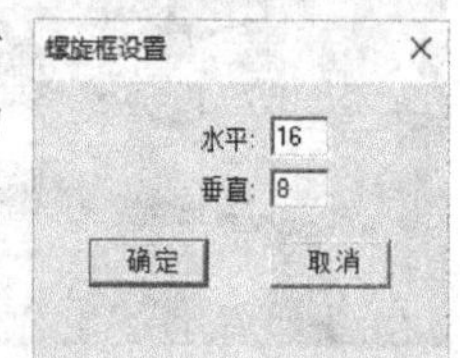

图5-84

5.4.14 随机块/随机擦除

视频云课堂：056- 随机块及随机擦除

“随机块”过渡效果同样利用方块对前一段剪辑进行擦除，且方块呈现效果是随机无规律的，如图5-85所示。

图5-85

在“效果控件”面板中单击“自定义”按钮[自定义...]，在弹出的对话框中可以设置方框的数量，如图5-86所示。

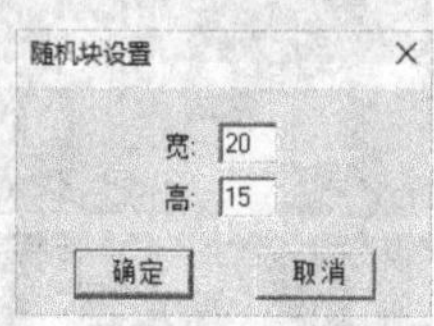

图5-86

“随机擦除”效果与“随机块”效果一样，也是利用随机的方块对前一段剪辑进行擦除，但擦除是带有方向性的，如图5-87所示。

图5-87

在“效果控件”面板中可以设置不同的擦除方向，如图5-88所示。

图5-88

5.4.15 风车

视频云课堂：057-风车

“风车”过渡效果是以画面中心为圆心进行旋转，后一段剪辑以风车叶片的形式擦除前一段剪辑，如图5-89所示。

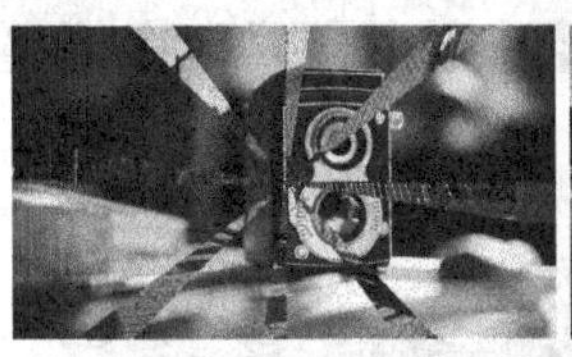

图5-89

在“效果控件”面板中单击“自定义”按钮，在弹出的对话框中可以设置叶片的数量，如图5-90所示。

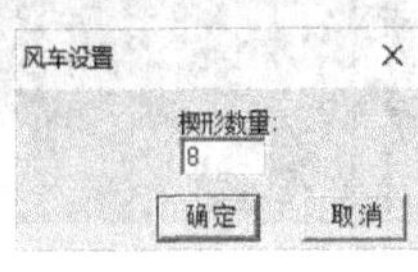

图5-90

课堂案例

风景视频转场

素材文件 素材文件>CH05>02

实例文件 实例文件>CH05>课堂案例：风景视频转场>课堂案例：风景视频转场.prproj

视频名称 课堂案例：风景视频转场.mp4

学习目标 练习“擦除”类视频过渡效果

扫码观看视频

本案例要为4张风景图片添加“擦除”类过渡效果，形成转场效果，如图5-91所示。

图5-91

01 双击“项目”面板的空白处，导入本书学习资源中“素材文件>CH05>02”文件夹下的所有素材，如图5-92所示。

图5-92

02 新建一个AVCHD 1080p25序列，然后将所有素材都拖曳到轨道上，并设置“持续时间”均为00:00:01:15，如图5-93所示。

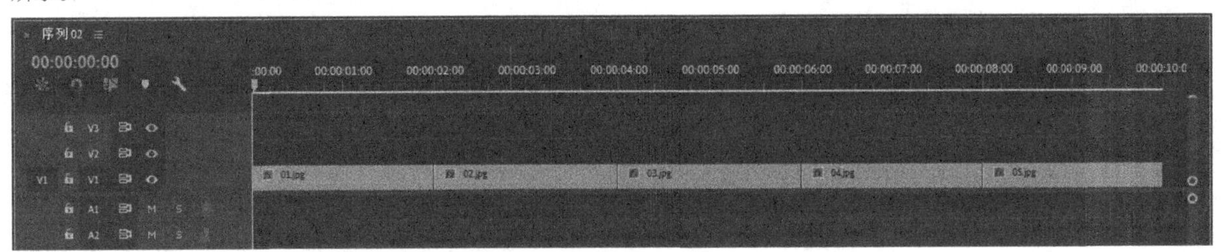

图5-93

03 在“效果”面板的“视频过渡”效果组中选中“油漆飞溅”过渡效果，然后按住鼠标左键将其拖曳到剪辑01.jpg和02.jpg的中间位置，如图5-94所示。效果如图5-95所示。

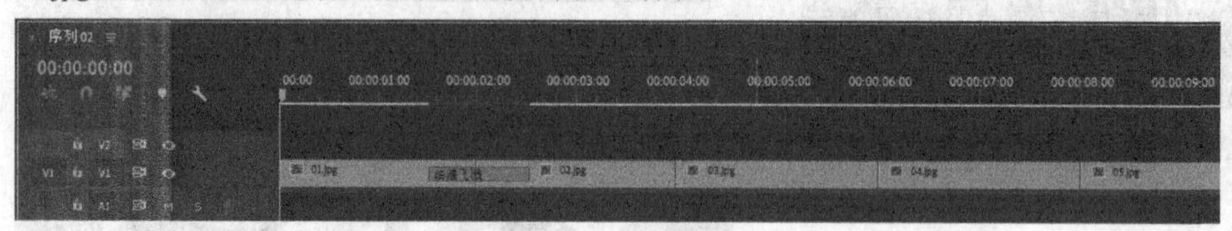

图5-94

图5-95

04 在“效果”面板中选中“随机擦除”过渡效果，然后按住鼠标左键将其拖曳到剪辑02.jpg和03.jpg的中间位置，如图5-96所示。效果如图5-97所示。

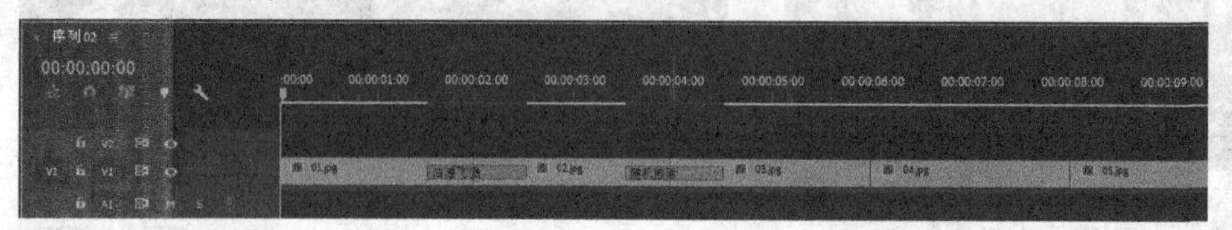

图5-96

图5-97

05 选中“随机擦除”过渡效果，在“效果控件”面板中设置过渡方向为“自西向东”，如图5-98所示。效果如图5-99所示。

图5-98

图5-99

06 在“效果”面板中选中“带状擦除”过渡效果，然后按住鼠标左键将其拖曳到剪辑03.jpg和04.jpg的中间位置，如图5-100所示。效果如图5-101所示。

图5-100

图5-101

07 选中“带状擦除”过渡效果，在“效果控件”面板中设置过渡方向为“自东南向西北”，如图5-102所示。效果如图5-103所示。

图5-102

图5-103

08 观察效果，发现带状数量有些少。在“效果控件”面板中单击“自定义”按钮 自定义... ，在弹出的对话框中设置“带数量”为12，如图5-104所示。效果如图5-105所示。

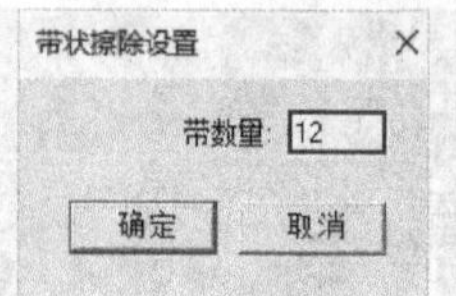

图5-104

图5-105

09 在“效果”面板中选中“百叶窗”过渡效果，然后按住鼠标左键将其拖曳到剪辑04.jpg和05.jpg的中间位置，如图5-106所示。效果如图5-107所示。

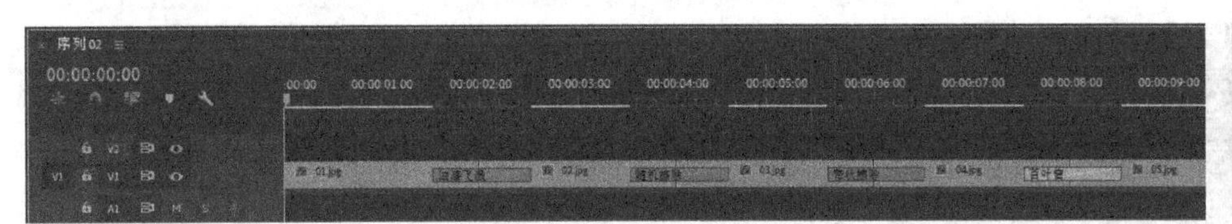

图5-106

图5-107

10 选中“百叶窗”过渡效果，在“效果控件”面板中单击“自定义”按钮[自定义]，在弹出的对话框中设置“带数量”为4，如图5-108所示。效果如图5-109所示。

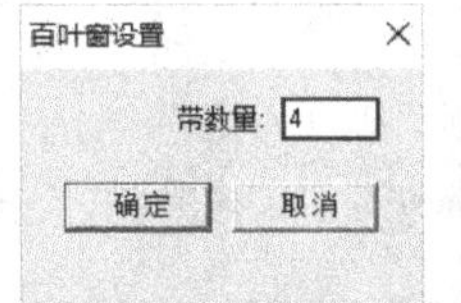

图5-108

图5-109

11 按Space键预览效果，确认无误后单击“导出帧”按钮导出4个序列帧，案例最终效果如图5-110所示。

图5-110

课堂案例

旅游度假视频转场

素材文件　素材文件>CH05>03

实例文件　实例文件>CH05>课堂案例：旅游度假视频转场>课堂案例：旅游度假视频转场.prproj

视频名称　课堂案例：旅游度假视频转场.mp4

学习目标　练习“擦除”类过渡效果

扫码观看视频

本案例要对一段旅游度假的视频进行裁剪，然后添加“擦除”类的过渡效果形成转场效果，如图5-111所示。

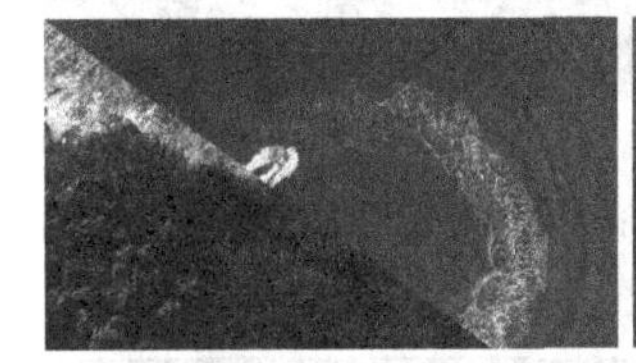

图5-111

01 双击“项目”面板的空白处，导入本书学习资源中“素材文件>CH05>03”文件夹下的素材，如图5-112所示。

02 新建一个AVCHD 1080p25序列，然后将视频素材拖曳到轨道上，如图5-113所示。

图5-112

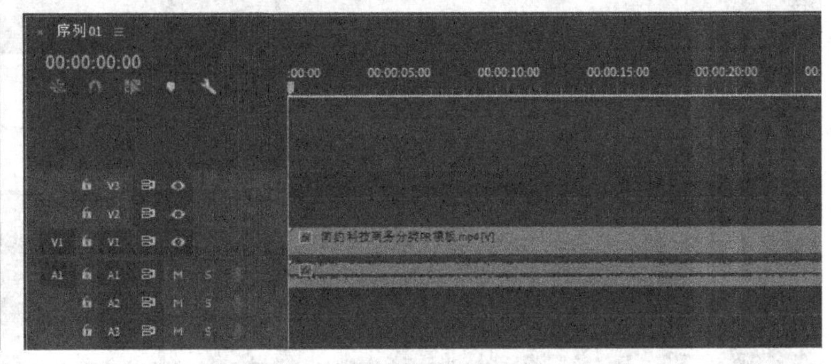

图5-113

03 移动播放指示器到00:00:01:15和00:00:04:00的位置，然后使用“剃刀工具”将序列进行裁剪，并将裁剪出的剪辑移动到V2轨道上，如图5-114所示。

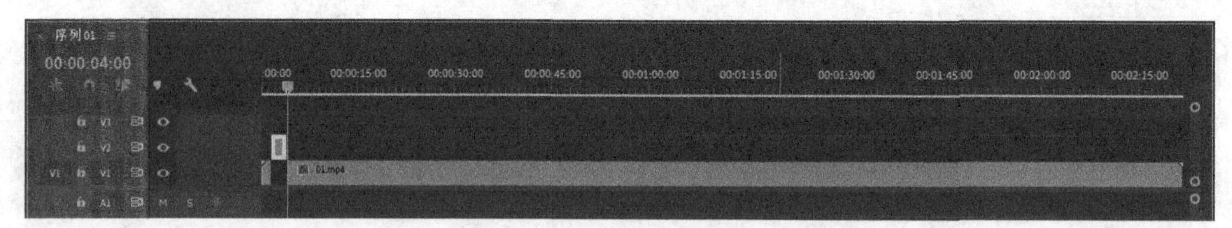

图5-114

技巧与提示

放置在V2轨道上的剪辑是后面需要添加过渡效果的剪辑部分。

04 移动播放指示器到00:00:17:05和00:00:20:00的位置，然后使用“剃刀工具”将序列进行裁剪，并将裁剪出的剪辑移动到V2轨道上，如图5-115所示。

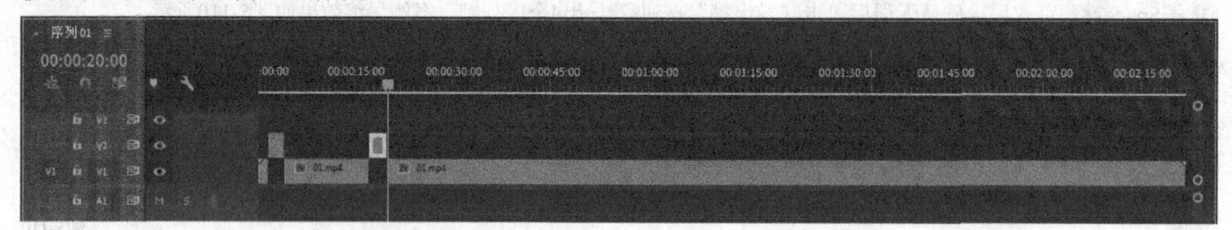

图5-115

05 移动播放指示器到00:00:41:20和00:00:44:00的位置，然后使用“剃刀工具”将序列进行裁剪，并将裁剪出的剪辑移动到V2轨道上，如图5-116所示。

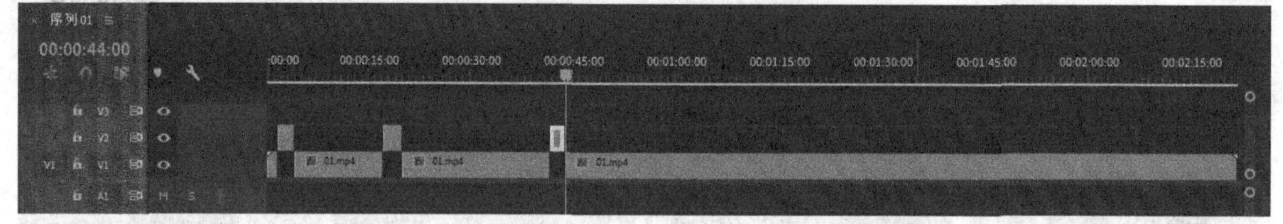

图5-116

06 移动播放指示器到00:01:32:07和00:01:34:15的位置，然后使用“剃刀工具”将序列进行裁剪，并将裁剪出的剪辑移动到V2轨道上，如图5-117所示。

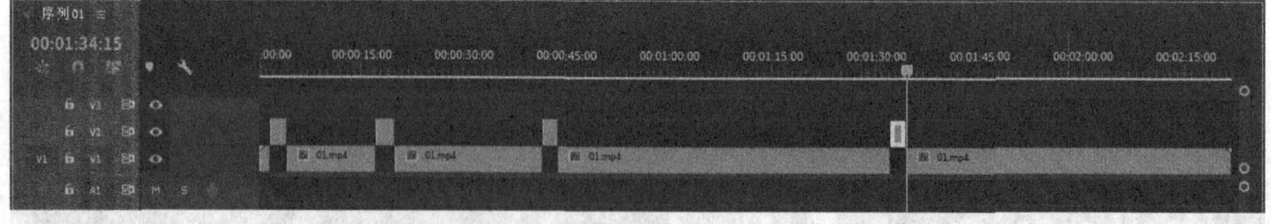

图5-117

07 将播放指示器移动到00:01:48:00和00:01:50:00的位置，然后使用“剃刀工具”将序列进行裁剪，并将裁剪出的剪辑移动到V2轨道上，如图5-118所示。

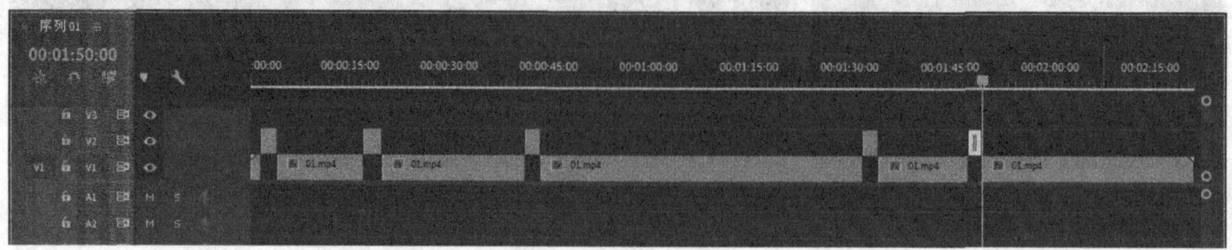

图5-118

08 将V1轨道上的剪辑全部删除，然后拼合V2轨道上的剪辑，如图5-119所示。

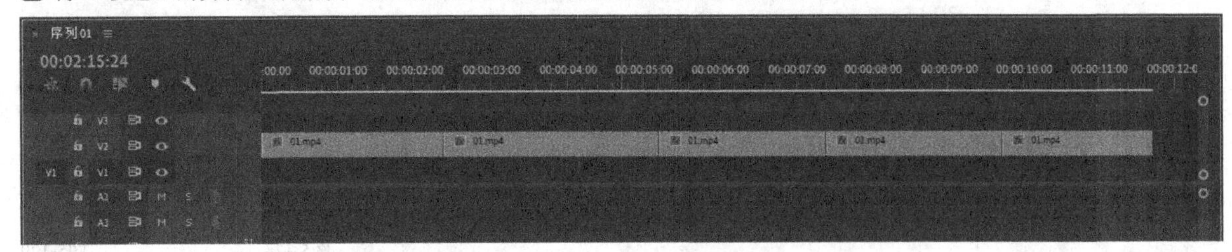

图5-119

09 将所有裁剪后的剪辑的“持续时间”都设置为00:00:01:10，如图5-120和图5-121所示。

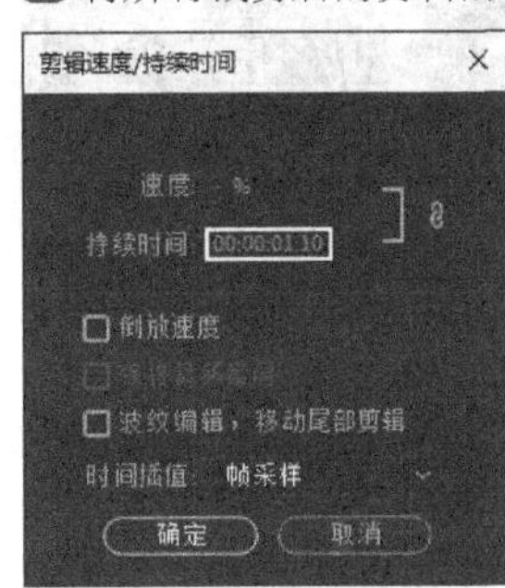

图5-120

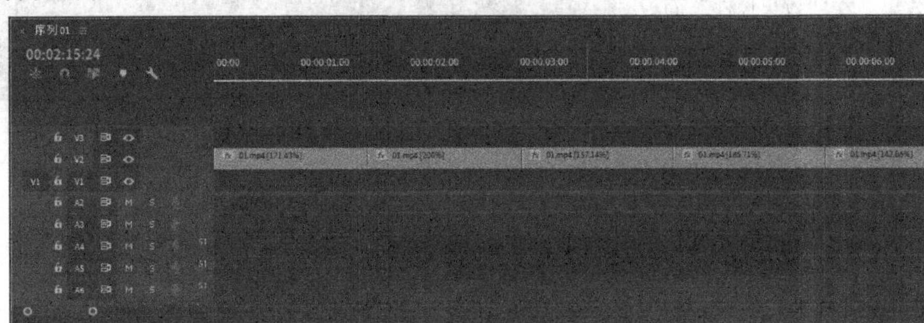

图5-121

10 在“效果”面板的“视频过渡”效果组中选中“径向擦除”过渡效果，然后按住鼠标左键将其拖曳到前两段剪辑的中间位置，如图5-122所示。效果如图5-123所示。

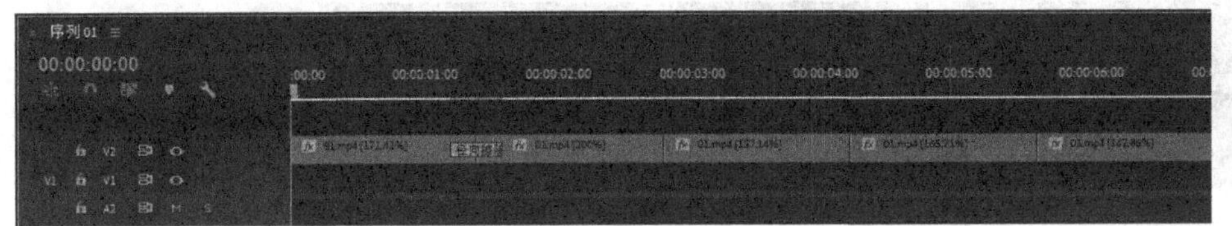

图5-122

图5-123

11 选中“径向擦除”过渡效果，在“效果控件”面板中设置“持续时间”为00:00:00:10，如图5-124所示。

图5-124

12 在“效果”面板选中“随机擦除”过渡效果，然后按住鼠标左键将其拖曳到第2段剪辑和第3段剪辑的中间位置，如图5-125所示。效果如图5-126所示。

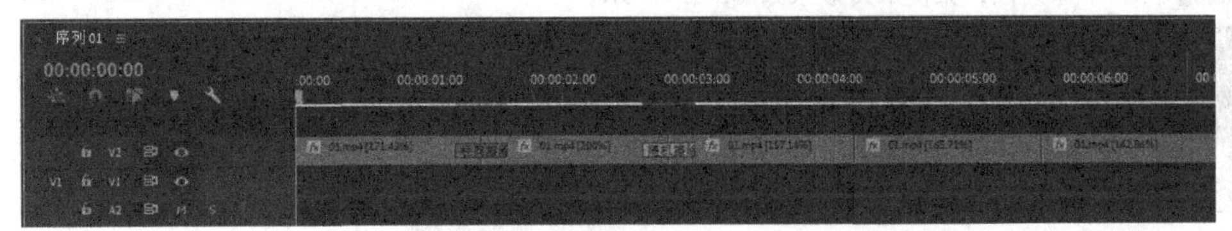

图5-125

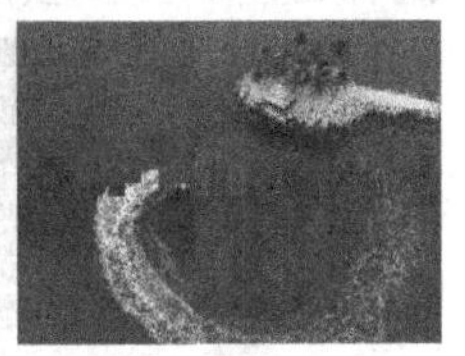

图5-126

13 选中“随机擦除”过渡效果，同样在“效果控件”面板中设置“持续时间”为00:00:00:10，如图5-127所示。

图5-127

⑭ 在“效果”面板选中“棋盘擦除”过渡效果，然后按住鼠标左键将其拖曳到第3段剪辑和第4段剪辑的中间位置，如图5-128所示。效果如图5-129所示。

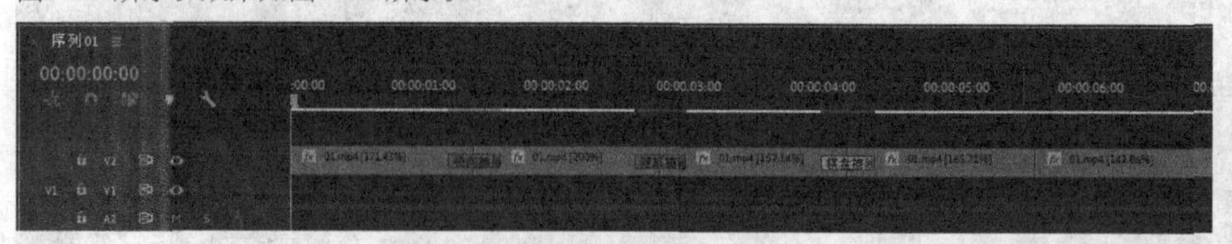

图5-128

图5-129

⑮ 选中“棋盘擦除”过渡效果，在“效果控件”面板中设置过渡方向为“自南向北”、“持续时间”为00:00:00:10，如图5-130所示。

图5-130

⑯ 继续在“效果控件”面板中单击“自定义”按钮 自定义... ，在弹出的对话框中设置“水平切片”为10、“垂直切片”为2，如图5-131所示。效果如图5-132所示。

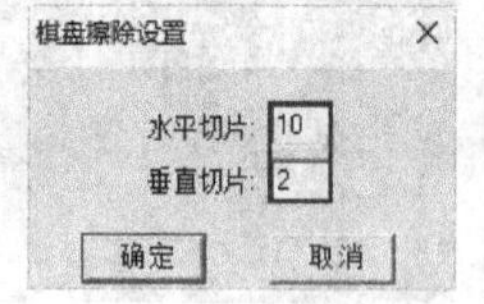

图5-131

图5-132

⑰ 在“效果”面板选中“划出”过渡效果，然后按住鼠标左键将其拖曳到第4段剪辑和第5段剪辑的中间位置，如图5-133所示。效果如图5-134所示。

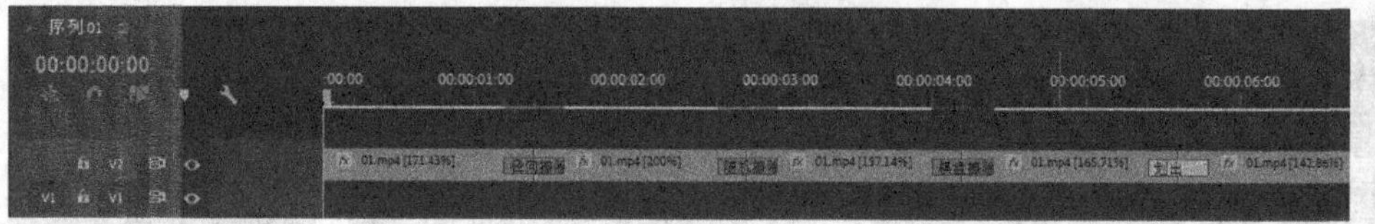

图5-133

图5-134

⑱ 选中“划出”过渡效果，在“效果控件”面板中设置过渡方向为“自北向南”、“持续时间”为00:00:00:10，如图5-135所示。效果如图5-136所示。

图5-135

图5-136

⑲ 单击“导出帧”按钮 导出4个序列帧，案例最终效果如图5-137所示。

图5-137

5.5 “溶解”类视频过渡效果

“溶解”类视频过渡效果在日常制作中比较常见，是将两段剪辑以不同的形式进行融合过渡。

本节效果介绍

效果名称	效果作用	重要程度
交叉溶解	实现渐隐过渡效果	高
叠加溶解	实现混合渐隐过渡效果	中
白场过渡	实现带状过渡效果	高
黑场过渡	实现径向过渡效果	高
胶片溶解	实现覆盖过渡效果	中

5.5.1 交叉溶解

视频云课堂：058- 交叉溶解

“交叉溶解”过渡效果会让前一段剪辑渐隐于后一段剪辑，从而形成过渡效果，如图5-138所示。

图5-138

技巧与提示

这种效果类似于在前一段剪辑中添加“不透明度”的关键帧，从而形成过渡效果。

5.5.2 叠加溶解

视频云课堂：059- 叠加溶解

“叠加溶解”过渡效果会在“交叉溶解”的基础上，让两段剪辑有叠加的混合效果，从而会在某些像素上形成变亮或过曝效果，如图5-139所示。“叠加溶解”过渡效果只能设置过渡的时长和对齐效果，没有其他参数，用法较为简单。

图5-139

5.5.3 白场过渡/黑场过渡

视频云课堂：060- 白场过渡及黑场过渡

“白场过渡”和“黑场过渡”效果在影视剪辑中运用较多，这两种剪辑原理一样，都是在视频交接的位置添加一个白色或黑色的渐隐剪辑，从而形成过渡效果，如图5-140和图5-141所示。

图5-140

图5-141

5.5.4 胶片溶解

视频云课堂：061-胶片溶解

“胶片溶解”过渡效果会让前一段剪辑以线性方式渐隐于后一段剪辑，从而形成过渡效果，如图5-142所示。其原理与“交叉溶解”效果相似，只是在图片混合方式上不同。

图5-142

课堂案例

公园林荫道视频转场

素材文件　素材文件>CH05>04

实例文件　实例文件>CH05>课堂案例：公园林荫道视频转场>课堂案例：公园林荫道视频转场.prproj

视频名称　课堂案例：公园林荫道视频转场.mp4

学习目标　练习“溶解”类过渡效果

扫码观看视频

本案例要对一段公园林荫道的视频进行裁剪，然后添加“溶解”类的过渡效果形成转场效果，如图5-143所示。

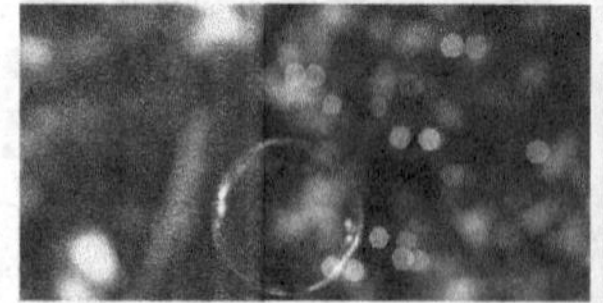   

图5-143

01 双击“项目”面板的空白处，导入本书学习资源中“素材文件>CH05>04”文件夹下的素材，如图5-144所示。

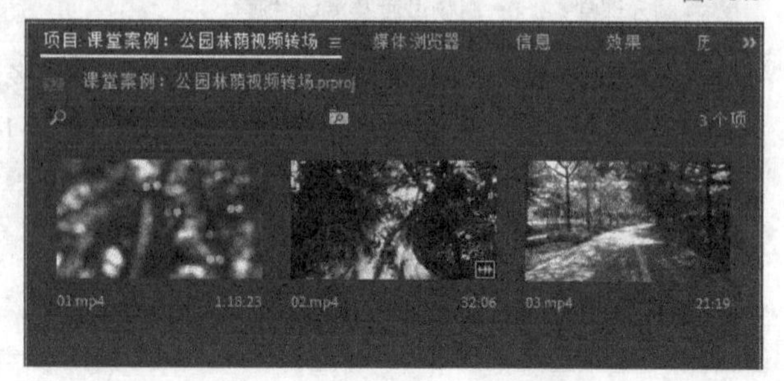

图5-144

02 新建一个AVCHD 1080p25序列，然后将素材视频拖曳到轨道上，如图5-145所示。

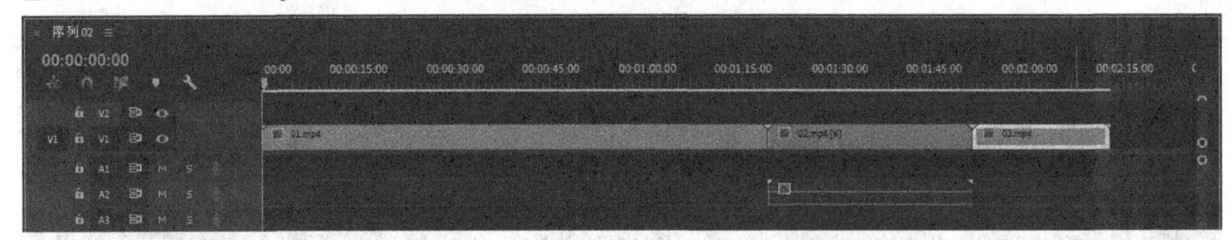

图5-145

03 移动播放指示器到00:00:06:15和00:00:16:00的位置，然后使用“剃刀工具”将序列进行裁剪，并将裁剪出的剪辑移动到V2轨道上，如图5-146所示。

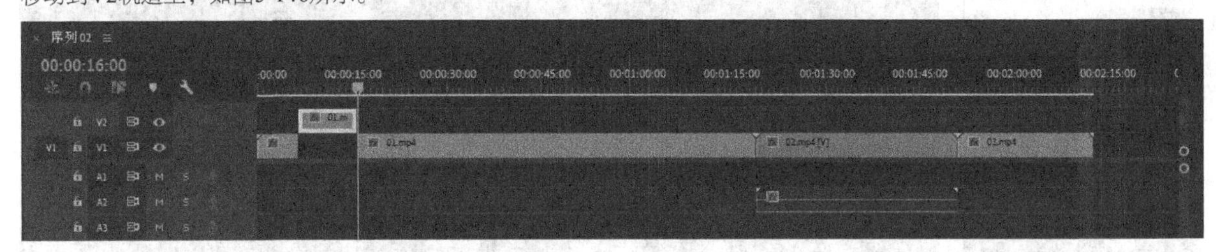

图5-146

04 移动播放指示器到00:01:19:00和00:01:25:00的位置，然后使用“剃刀工具”将序列进行裁剪，并将裁剪出的剪辑移动到V2轨道上，如图5-147所示。

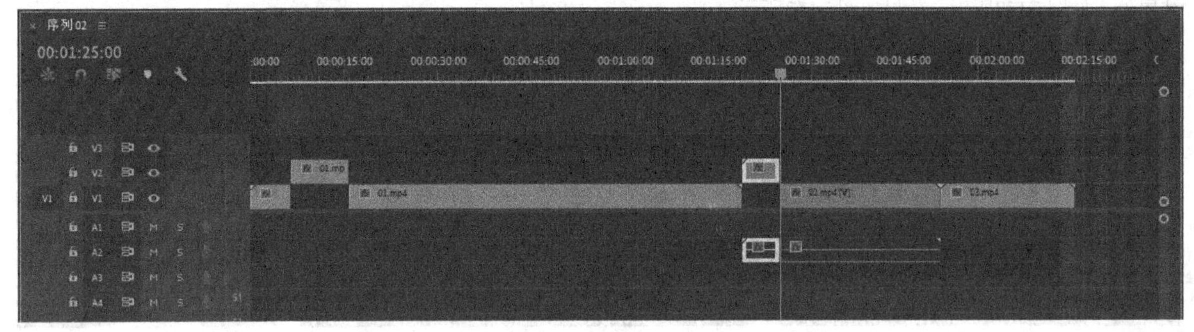

图5-147

05 将播放指示器移动到00:02:02:00和00:02:06:15的位置，然后使用“剃刀工具”将序列进行裁剪，并将裁剪出的剪辑移动到V2轨道上，如图5-148所示。

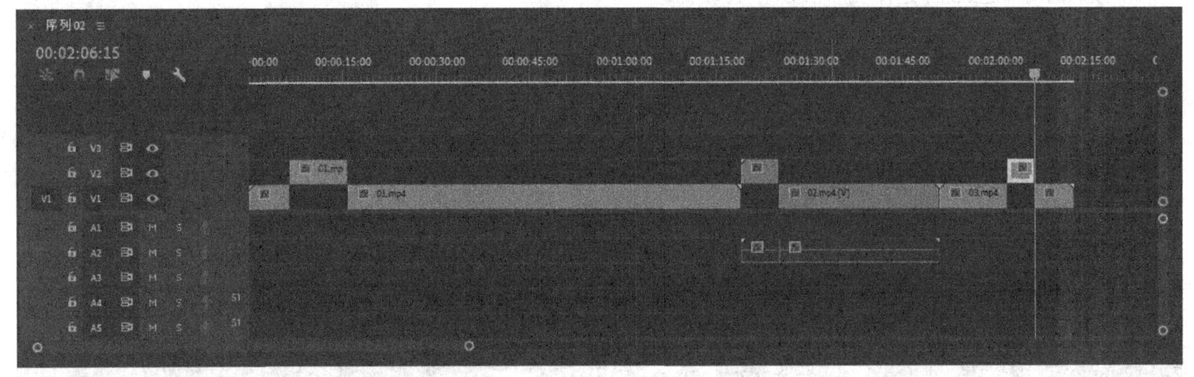

图5-148

技巧与提示

读者也可以双击素材，在源监视器中标记入点和出点，然后使用“插入”按钮提取剪辑。

06 将V1轨道上的剪辑和下方的音频全部删除，然后拼合V2轨道上的剪辑，如图5-149所示。

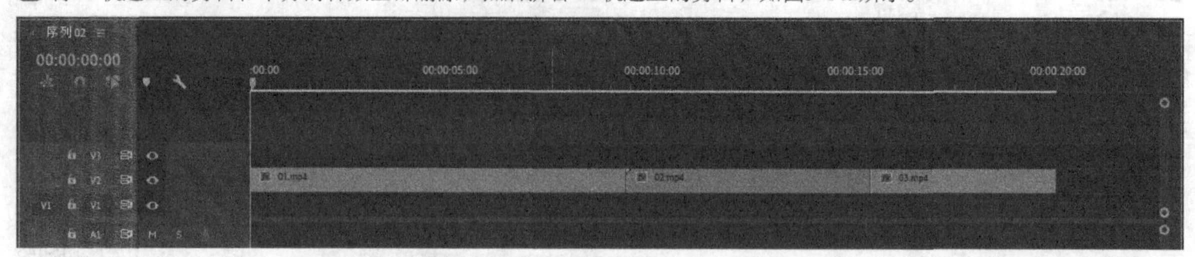

图5-149

07 将所有裁剪后的剪辑的“持续时间”都设置为00:00:03:00，如图5-150和图5-151所示。

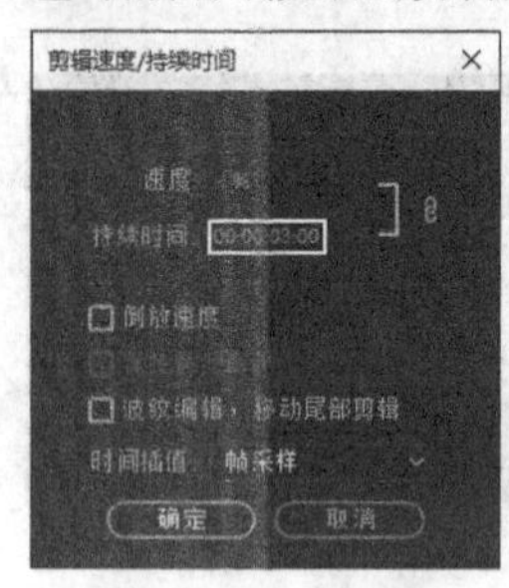

图5-150

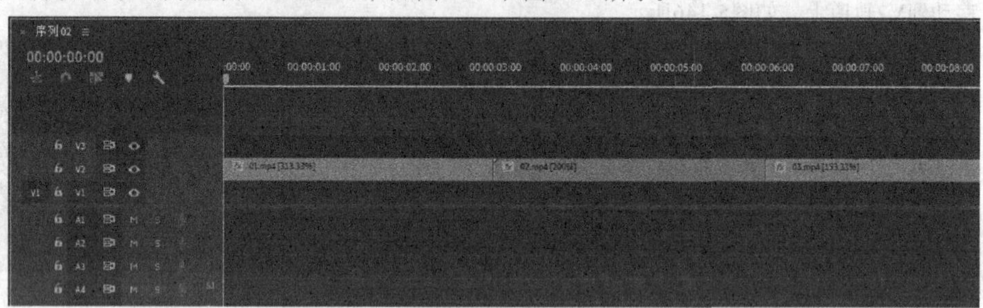

图5-151

08 在“效果”面板的“视频过渡”效果组中选中“黑场过渡”过渡效果，然后按住鼠标左键将其拖曳到序列的起始和结尾处，如图5-152所示。效果如图5-153所示。

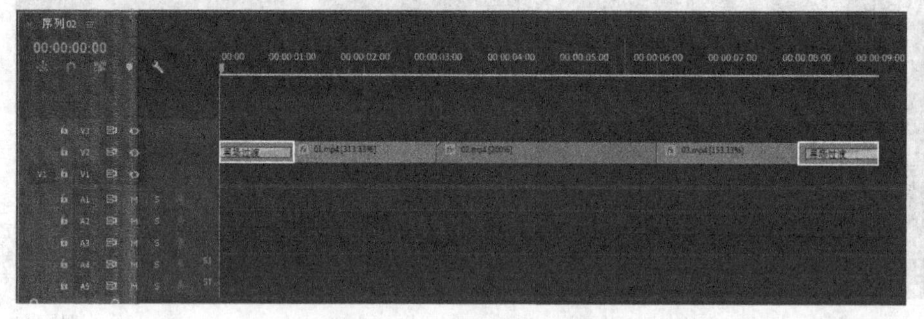

图5-152

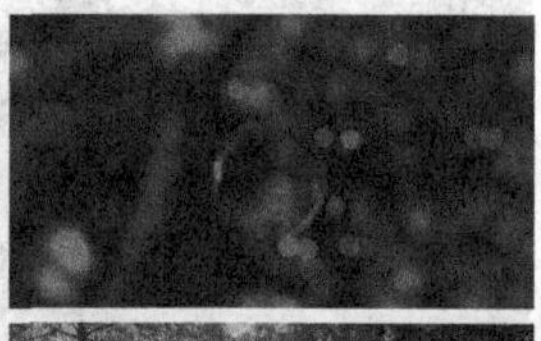

图5-153

技巧与提示

视频的两端都是黑底，选择“黑场过渡”比较合适。

09 在“效果”面板选中“叠加溶解”过渡效果，然后按住鼠标左键将其拖曳到02.mp4剪辑的两侧，如图5-154所示。

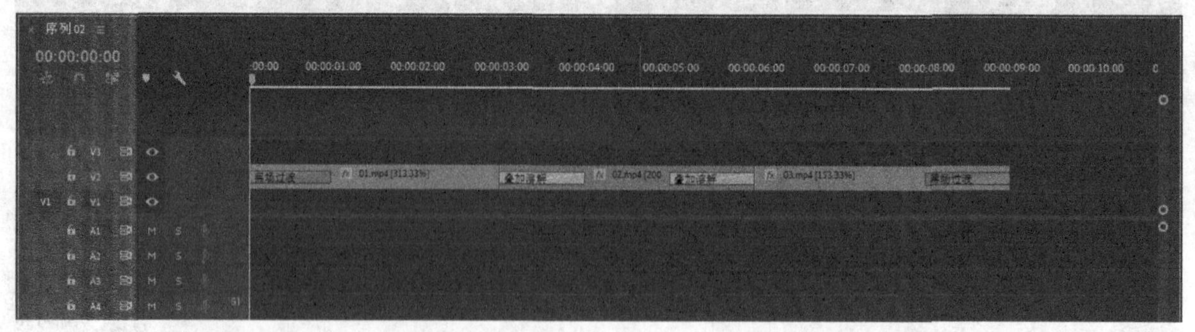

图5-154

10 选中“叠加溶解”过渡效果，然后在“效果控件”面板中设置“持续时间”为00:00:00:15、“对齐”为“中心切入”，如图5-155所示。效果如图5-156所示。

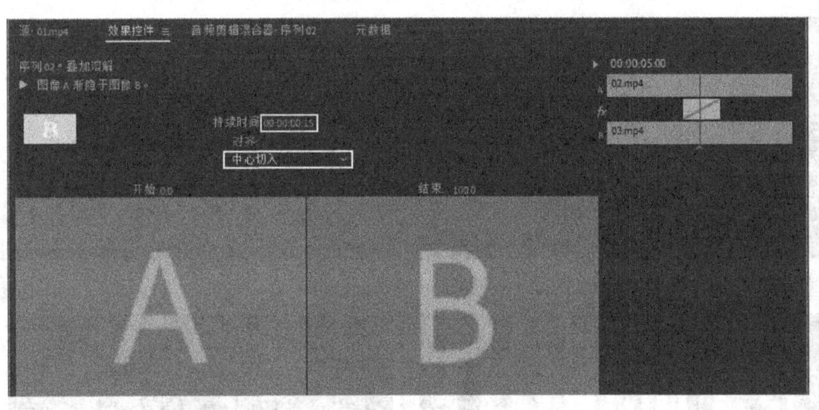

图5-155

图5-156

技巧与提示

整体素材的亮度较高，且有曝光过度的部分，使用“叠加溶解”可以很好地融合素材中曝光过度的部分，形成自然的过渡效果。

11 单击“导出帧”按钮导出4个序列帧，案例最终效果如图5-157所示。

图5-157

课堂案例

快节奏视频转场

素材文件 素材文件>CH05>05

实例文件 实例文件>CH05>课堂案例：快节奏视频转场>课堂案例：快节奏视频转场.prproj

视频名称 课堂案例：快节奏视频转场.mp4

学习目标 练习常用的过渡效果

扫码观看视频

本案例需要用到多种类型的过渡效果，完成一段快节奏的视频转场，案例效果如图5-158所示。

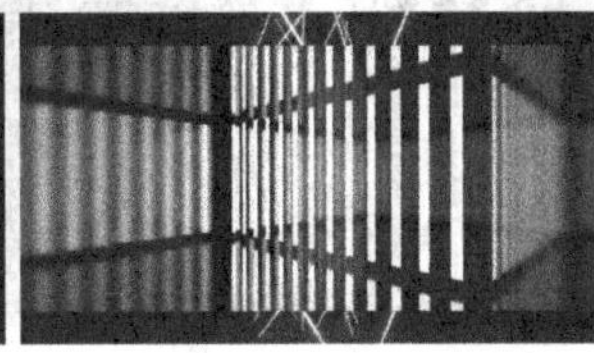
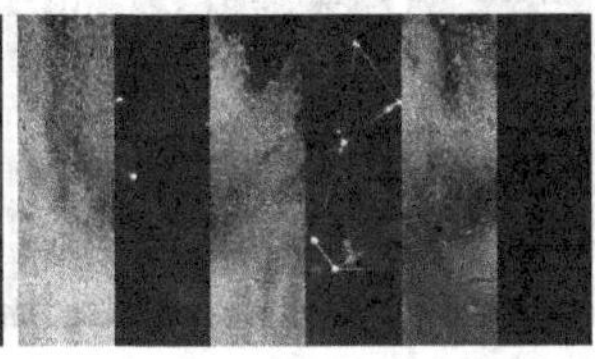
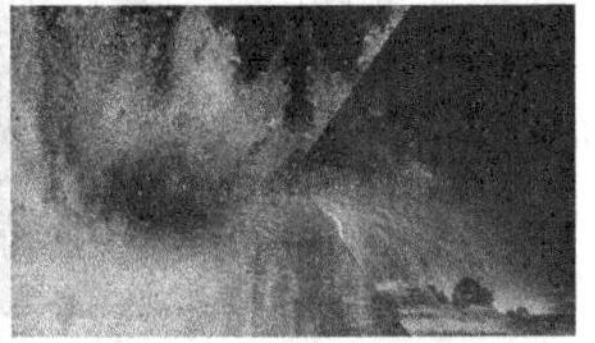

图5-158

01 双击“项目”面板的空白处，导入本书学习资源中“素材文件>CH05>05”文件夹下的素材，如图5-159所示。

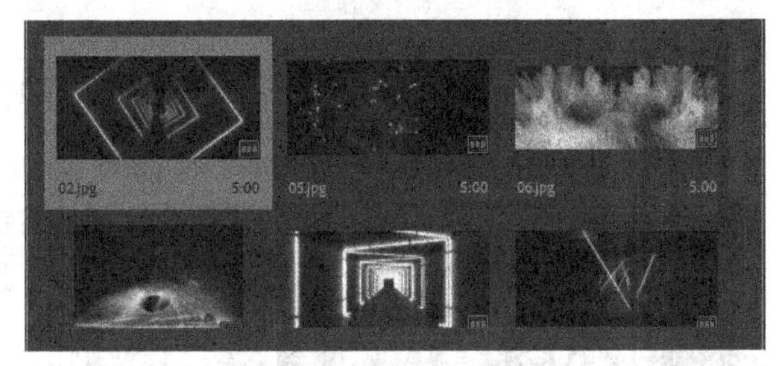

图5-159

02 新建一个AVCHD 1080p25序列，然后将素材按照顺序拖曳到轨道上，如图5-160所示。观察节目监视器，可以发现一部分素材的大小与序列不匹配，如图5-161所示。

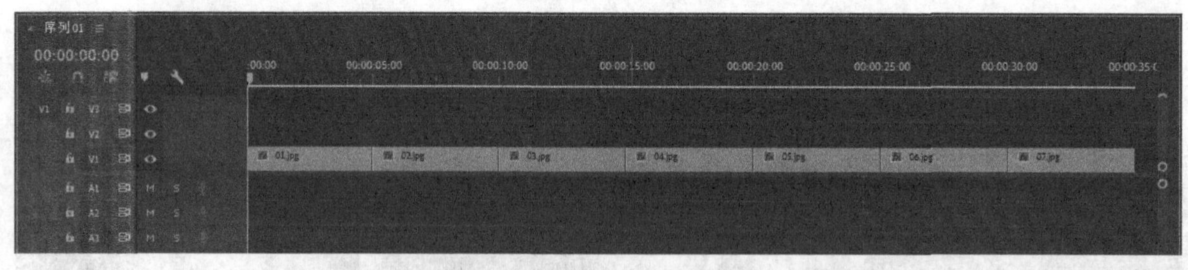

图5-160

图5-161

03 选中所有剪辑，然后单击鼠标右键，在弹出的菜单中选择“缩放为帧大小”命令，如图5-162所示。此时在节目监视器中可以观察到，素材按照自身的大小缩放为符合序列的大小，如图5-163所示。

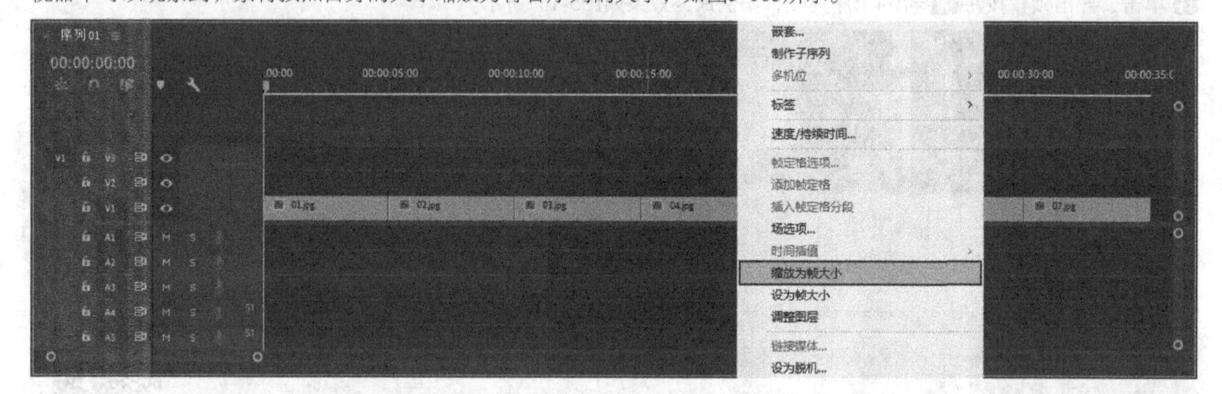

图5-162

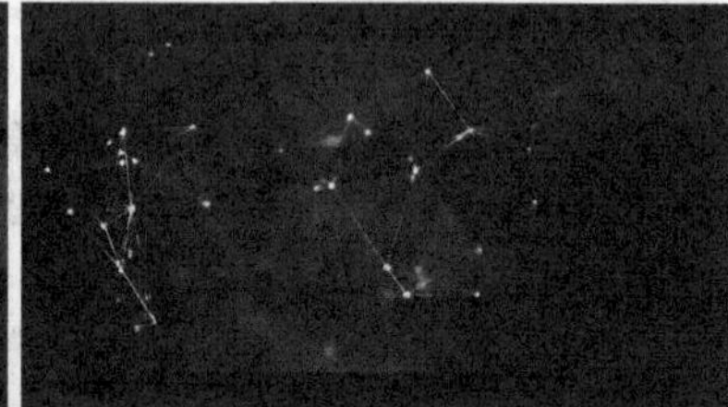

图5-163

技巧与提示

素材图片的长宽比与剪辑不一致，导致在上下两边留出黑边。

04 选中有黑边的剪辑，然后在“效果控件”面板中调整“缩放”的大小，使其符合帧的大小，如图5-164所示。

图5-164

05 选中所有剪辑，然后设置“持续时间”为00:00:00:20，如图5-165所示。

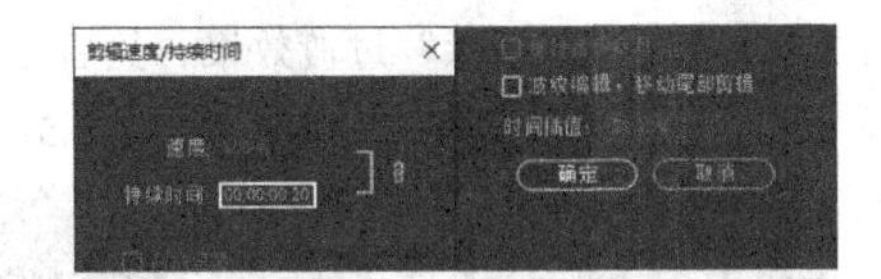

图5-165

06 在剪辑01.jpg的起始位置和07.jpg的结束位置添加“黑场过渡”效果，然后在“效果控件”面板中设置“持续时间”都为00:00:00:05，如图5-166所示。效果如图5-167所示。

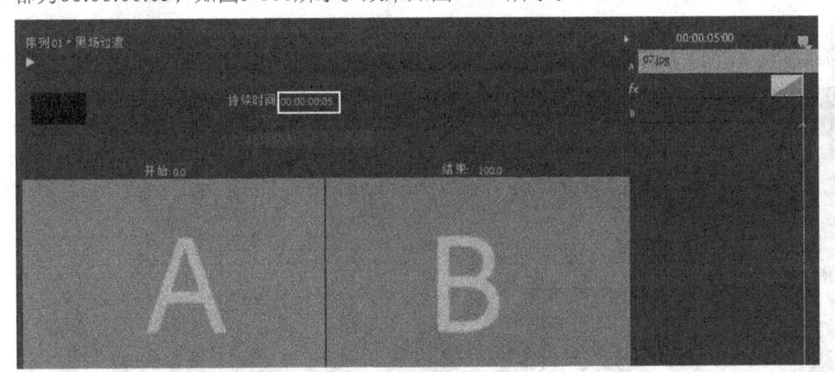

图5-166

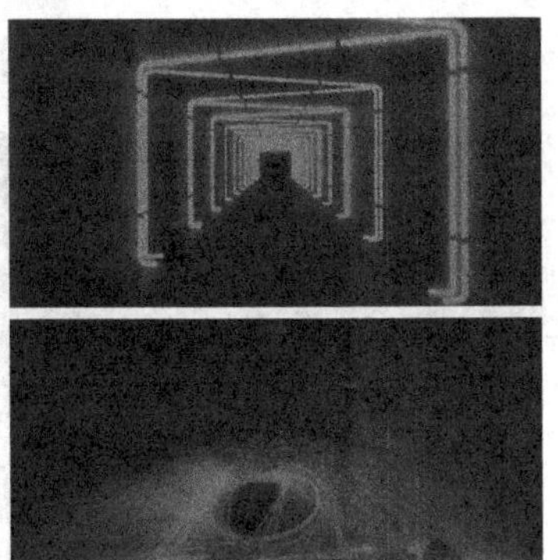

图5-167

07 在“效果”面板选中“交叉缩放”过渡效果，按住鼠标左键将其拖曳到剪辑01.jpg和02.jpg的中间，如图5-168所示。

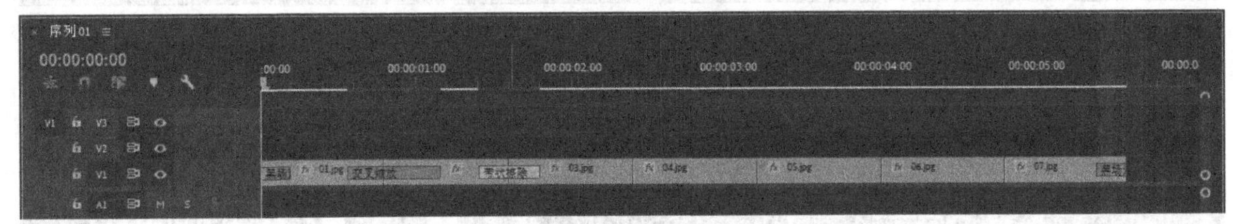

图5-168

08 选中“交叉缩放”过渡效果，在“效果控件”面板中设置“持续时间”为00:00:00:15，如图5-169所示。效果如图5-170所示。

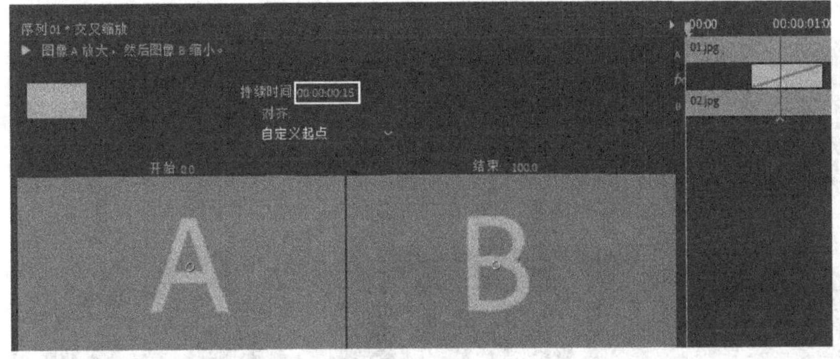

图5-169

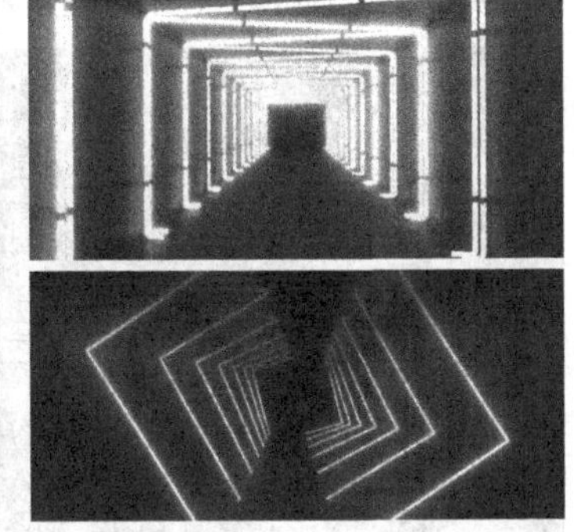

图5-170

09 在“效果”面板选中“带状擦除”过渡效果，按住鼠标左键将其拖曳到剪辑02.jpg和03.jpg的中间，如图5-171所示。

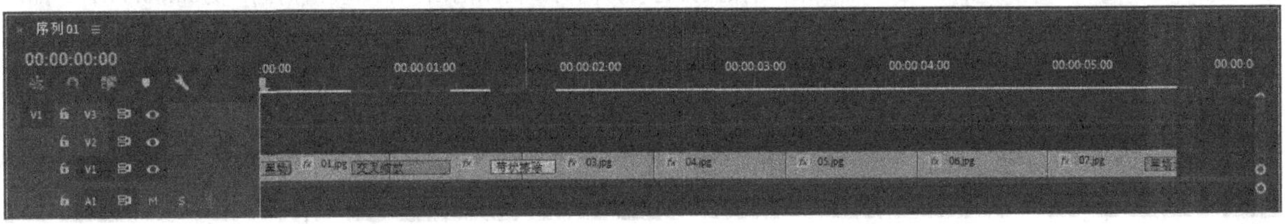

图5-171

⑩ 选中“带状擦除”过渡效果，然后在“效果控件”面板设置过渡方向为“自东南向西北”、“持续时间”为00:00:00:10，如图5-172所示。效果如图5-173所示。

图5-172

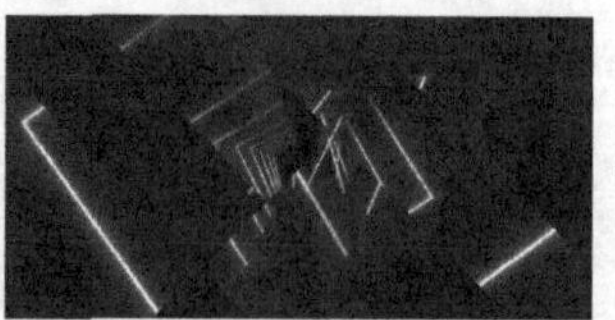

图5-173

⑪ 在“效果”面板选中“拆分”过渡效果，按住鼠标左键将其拖曳到剪辑03.jpg和04.jpg的中间，如图5-174所示。

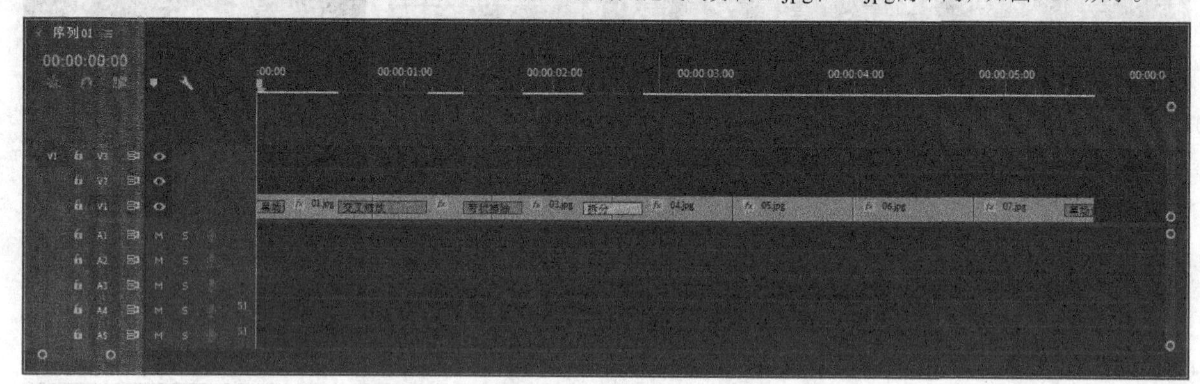

图5-174

⑫ 选中“拆分”过渡效果，然后在“效果控件”面板设置过渡方向为“自南向北”、“持续时间”为00:00:00:10，如图5-175所示。效果如图5-176所示。

图5-175

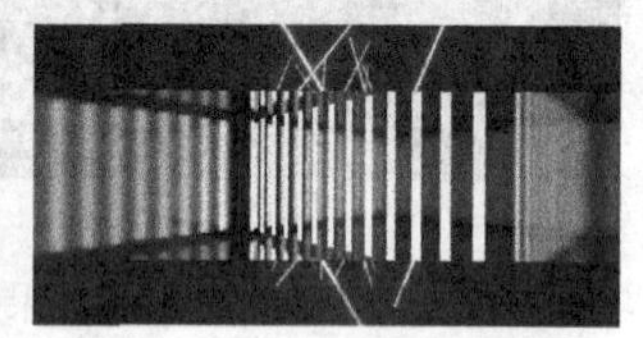

图5-176

⑬ 在“效果”面板选中“推”过渡效果，按住鼠标左键将其拖曳到剪辑04.jpg和05.jpg的中间，如图5-177所示。

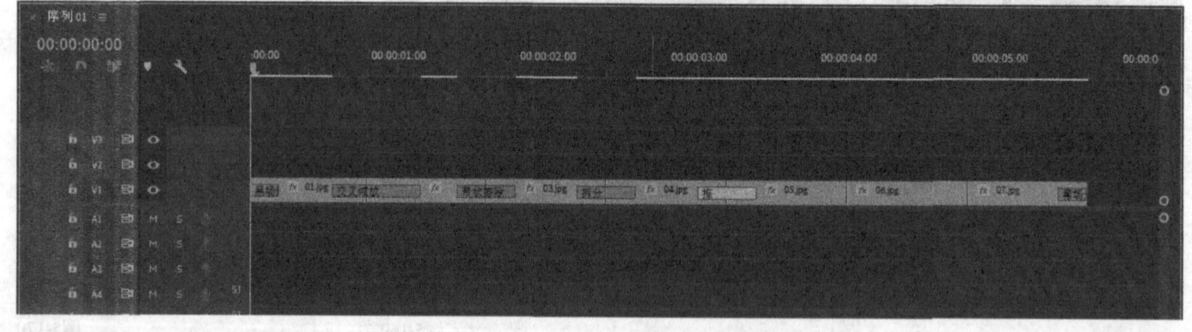

图5-177

⑭ 选中“推”过渡效果，然后在“效果控件”面板设置过渡方向为“自东向西”、“持续时间”为00:00:00:10，如图5-178所示。效果如图5-179所示。

图5-178

图5-179

⑮ 在“效果”面板选中“百叶窗”过渡效果，按住鼠标左键将其拖曳到剪辑05.jpg和06.jpg的中间，如图5-180所示。

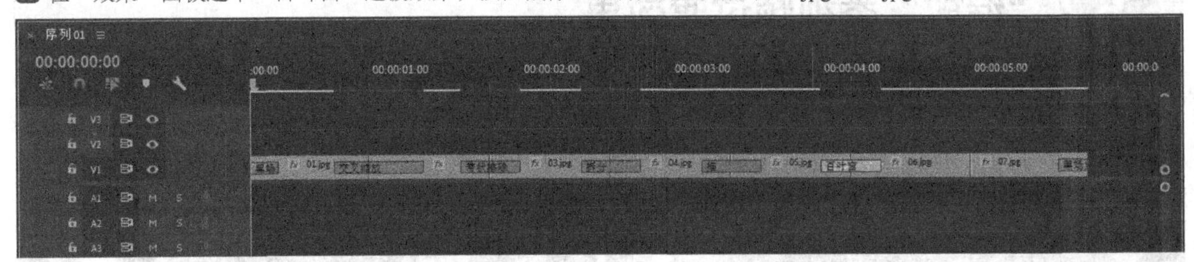

图5-180

⑯ 选中“百叶窗”过渡效果，然后在“效果控件”面板设置过渡方向为“自西向东”、“持续时间”为00:00:00:10，如图5-181所示。效果如图5-182所示。

图5-181

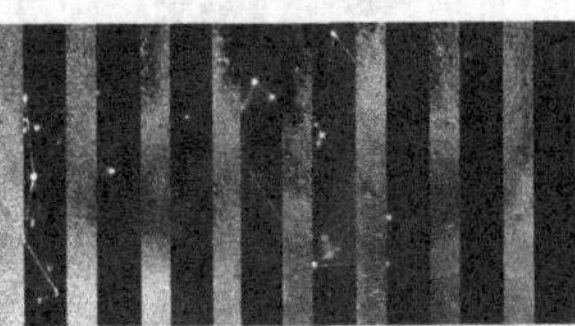

图5-182

⑰ 继续在“效果控件”面板中单击“自定义”按钮自定义...，然后设置“带数量”为3，如图5-183所示。效果如图5-184所示。

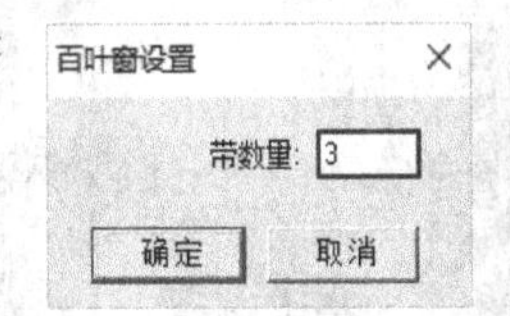

图5-183

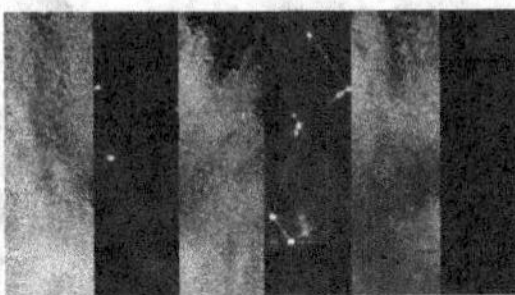

图5-184

⑱ 在“效果”面板选中“楔形擦除”过渡效果，按住鼠标左键将其拖曳到剪辑06.jpg和07.jpg的中间，如图5-185所示。

图5-185

⑲ 选中“楔形擦除”过渡效果，然后在“效果控件”面板设置过渡方向为“自东向西”、“持续时间”为00:00:00:10，如图5-186所示。效果如图5-187所示。

图5-186

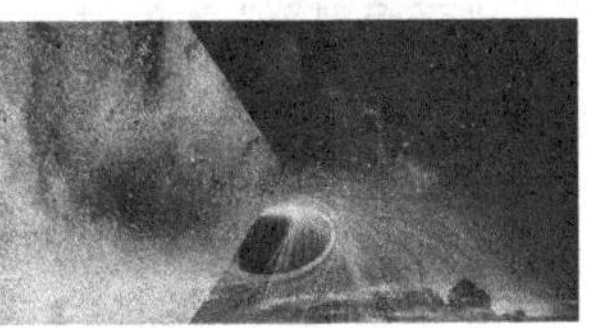

图5-187

⑳ 单击“导出帧”按钮导出4个序列帧，案例最终效果如图5-188所示。

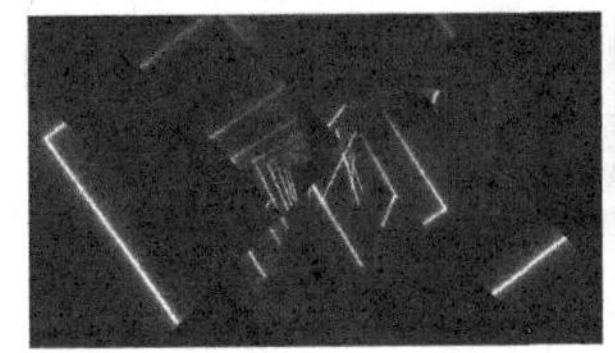
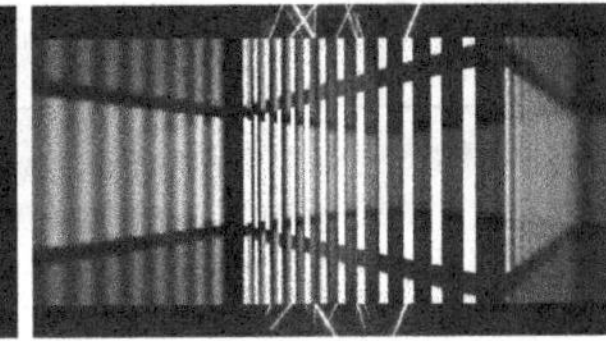
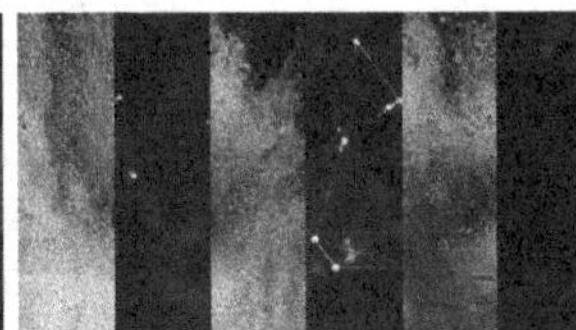

图5-188

5.6 “缩放”类视频过渡效果

视频云课堂：062- 交叉缩放

“缩放”类视频过渡效果中只有一种过渡效果，即“交叉缩放”。“交叉缩放”效果是将前一段剪辑放大，然后将后一段剪辑缩小，从而形成过渡效果，如图5-189所示。

图5-189

技巧与提示

为剪辑添加“缩放”关键帧也可以达到相同的效果。

5.7 “页面剥落”类视频过渡效果

“页面剥落”类的过渡效果类似翻书，在实际工作中运用不多。

本节效果介绍

效果名称	效果作用	重要程度
翻页	实现移动过渡效果	中
页面剥落	实现移动过渡效果	中

5.7.1 翻页

视频云课堂：063- 翻页

“翻页”过渡效果是将前一段剪辑卷曲移动，从而显示后一段剪辑，类似于翻书的效果，如图5-190所示。

图5-190

默认状态下是从左上角显示翻页效果，还可以设置成其他3个角的翻页效果，如图5-191所示。

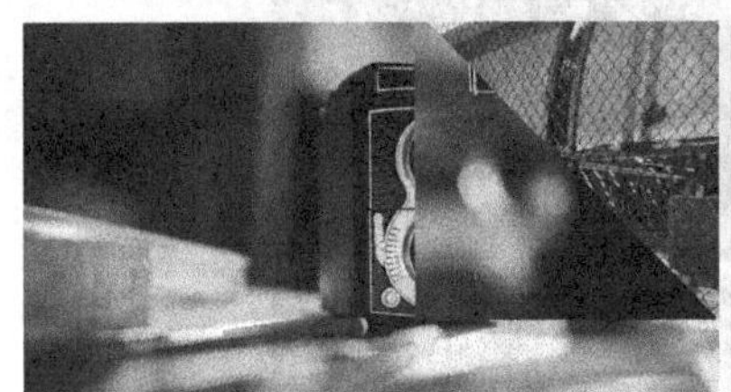

图5-191

5.7.2 页面剥落

视频云课堂：064- 页面剥落

“页面剥落”过渡效果是在“翻页”效果的基础上添加了阴影，如图5-192所示。

图5-192

5.8 本章小结

通过本章的学习，相信读者对Premiere Pro的视频过渡效果已经有了一定的认识。视频过渡效果可以将两段剪辑连接起来，形成丰富的视觉效果，不同类型的过渡效果所呈现的视觉效果也不相同。读者需要根据剪辑的前后内容和作品风格选择合适的过渡效果，这就需要大量的练习且不断总结经验。

5.9 课后习题

下面通过两个课后习题复习巩固本章所学的内容。

课后习题

焰火视频转场

素材文件　素材文件>CH05>06

实例文件　实例文件>CH05>课后习题：焰火视频转场>课后习题：焰火视频转场.prproj

视频名称　课后习题：焰火视频转场.mp4

学习目标　练习多种过渡效果

扫码观看视频

本习题将对一段焰火视频进行剪辑，然后添加多种过渡效果，效果如图5-193所示。

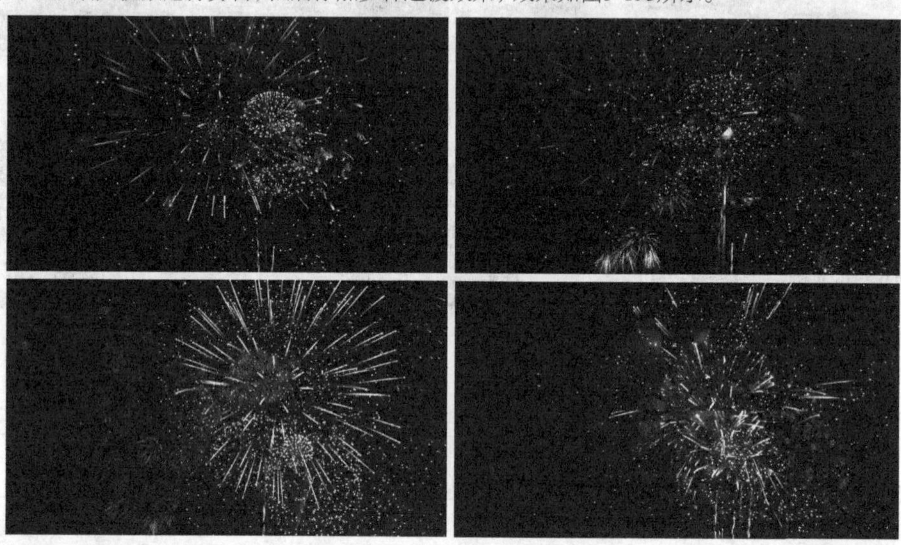

图5-193

课后习题

家居视频转场

素材文件　素材文件>CH05>07

实例文件　实例文件>CH05>课后习题：家居视频转场>课后习题：家居视频转场.prproj

视频名称　课后习题：家居视频转场.mp4

学习目标　练习多种过渡效果

扫码观看视频

本习题需要添加多张素材图片并为其应用多种过渡效果来实现视频转场，效果如图5-194所示。

图5-194

Pr Premiere Pro

第6章 视频效果

本章将讲解视频效果的相关知识。系统为用户提供了多种视频效果，可以为视频添加气氛，烘托剪辑，将最终的视频效果进一步升华。

课堂学习目标

- 掌握常用的视频效果
- 运用视频效果制作案例

6.1 “变换”类视频效果

在“效果”面板中展开“视频效果”效果组，第1个出现的效果类型就是“变换”。“变换”类效果可以使素材产生翻转、羽化和裁剪等变换效果。

本节效果介绍

效果名称	效果作用	重要程度
垂直翻转	实现垂直镜像效果	中
水平翻转	实现水平镜像效果	中
羽化边缘	边缘模糊处理	中
自动重构图	调整不同的构图比例	中
裁剪	裁剪画面	中

6.1.1 垂直翻转

视频云课堂：065-垂直翻转

选中“垂直翻转”效果，将其拖曳到剪辑上，就会自动生成垂直翻转的效果，如图6-1所示为其“效果控件”面板。其翻转对比效果如图6-2所示。

图6-1

图6-2

在“效果控件”面板中可以利用蒙版设置剪辑翻转的区域，如图6-3所示。

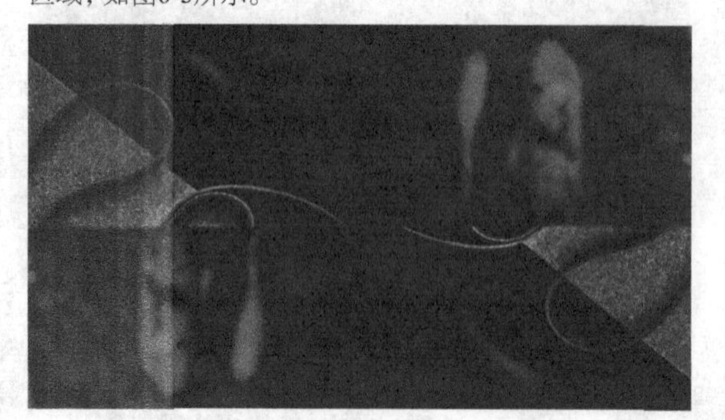

图6-3

6.1.2 水平翻转

视频云课堂：066-水平翻转

选中“水平翻转”效果，将其拖曳到剪辑上，就会自动生成水平翻转的效果，如图6-4所示为其“效果控件”面板。其翻转对比效果如图6-5所示。

图6-4

图6-5

与“垂直翻转”一样，“水平翻转”也可以利用蒙版控制水平翻转的区域，如图6-6所示。

图6-6

6.1.3 羽化边缘

视频云课堂：067-羽化边缘

选中“羽化边缘”效果，将其拖曳到剪辑上，就会将素材的边缘羽化模糊处理，如图6-7所示为其“效果控件”面板。

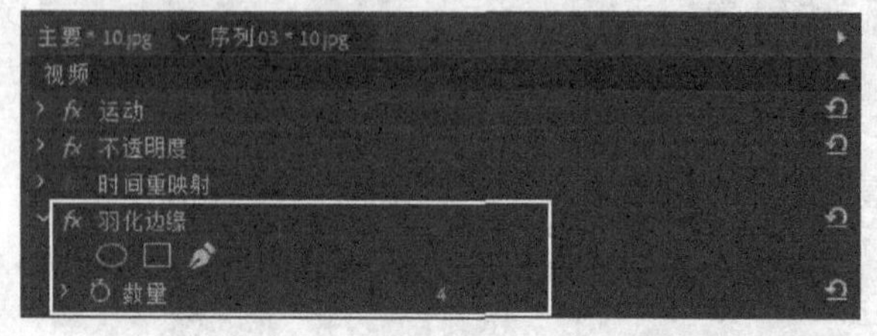

图6-7

在“效果控件”面板中可以使用蒙版绘制需要羽化的区域，也可以通过设置“数量”选项控制羽化的大小，如图6-8所示为“数量”为20和90的对比效果。

图6-8

6.1.4 自动重构图

视频云课堂：068- 自动重构图

“自动重构图”效果是一种新加入的效果，可以将素材按照不同比例进行调整，特别方便将横屏素材调整为适合手机播放的竖屏效果，如图6-9所示为其“效果控件”面板。“自动重构图”效果不仅可以对单个剪辑进行转换，还可以同时转换多个剪辑，如图6-10所示。

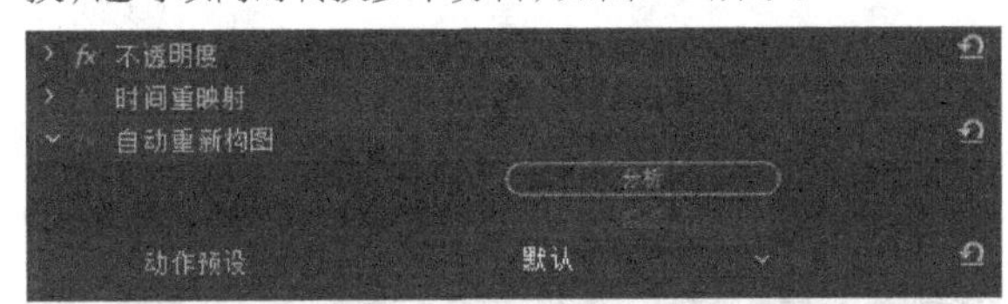

图6-9

图6-10

在“效果控件”面板中可以调整不同的“动作预设”，如图6-11所示。

图6-11

6.1.5 裁剪

视频云课堂：069- 裁剪

选中“裁剪”效果，将其拖曳到剪辑上，就可以通过参数来调整剪辑裁剪的大小。图6-12所示的是“裁剪”效果的“效果控件”面板，在其中可以设置4个方向的裁剪区域、缩放大小和边缘羽化的大小。

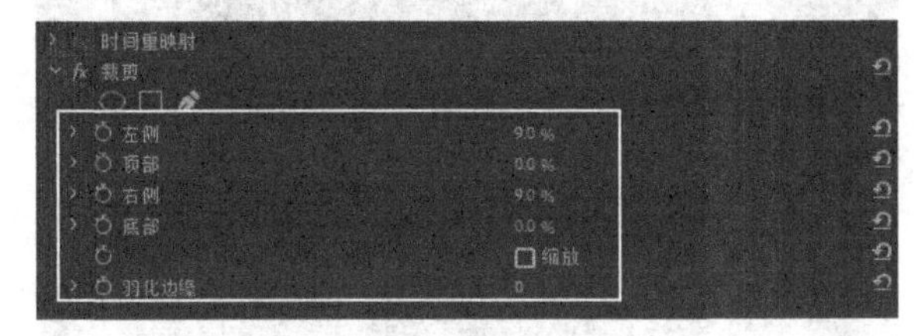

图6-12

左侧/顶部/右侧/底部：设置各个方向裁剪的大小，如图6-13所示的是对比效果。

图6-13

缩放：勾选后会将裁剪后的画面扩展填充到剪辑画面中，如图6-14所示。

图6-14

羽化边缘：针对裁剪的剪辑边缘进行羽化处理，如图6-15所示。

图6-15

6.2 "实用程序"类视频效果

视频云课堂：070- Cineon 转换器

"实用程序"类视频效果中只有"Cineon转换器"一种效果。"Cineon转换器"可以改变剪辑的明度、色调、高光和灰度等，如图6-16所示为其"效果控件"面板。

图6-16

转换类型： 系统提供"线性到对数""对数到线性""对数到对数"3种色调转换类型，如图6-17所示。

图6-17

10位黑场： 设置剪辑细节的黑点数量。

内部黑场： 设置剪辑整体的黑点数量。

10位白场： 设置剪辑细节的白点数量。

内部白场： 设置剪辑整体的白点数量。

灰度系数： 调整剪辑的灰度。

高光滤除： 设置剪辑中的高光数量。

6.3 "扭曲"类视频效果

"扭曲"类的视频效果较多，包括"位移""变换""放大"等效果，可以让视频产生各种形式的形变。

本节效果介绍

效果名称	效果作用	重要程度
位移	水平或垂直移动	中
变形稳定器	消除抖动	中
变换	位置、大小、角度和不透明度调整	中
放大	局部放大	中
旋转扭曲	画面局部旋转扭曲	中
果冻效应修复	修复抖动、变形	中
波形变形	实现水波纹效果	中
湍流置换	扭曲变形	中
球面化	实现球形放大镜效果	中
边角定位	确定边角控制剪辑	中
镜像	实现对称翻转效果	中
镜头扭曲	调整镜头扭曲	中

6.3.1 位移

视频云课堂：071- 位移

"位移"效果可以让剪辑产生水平或垂直的移动，剪辑中空缺的像素会自动补充。添加"位移"效果后剪辑不会有任何改变，必须在"效果控件"面板中设置才会发生改变，如图6-18所示。

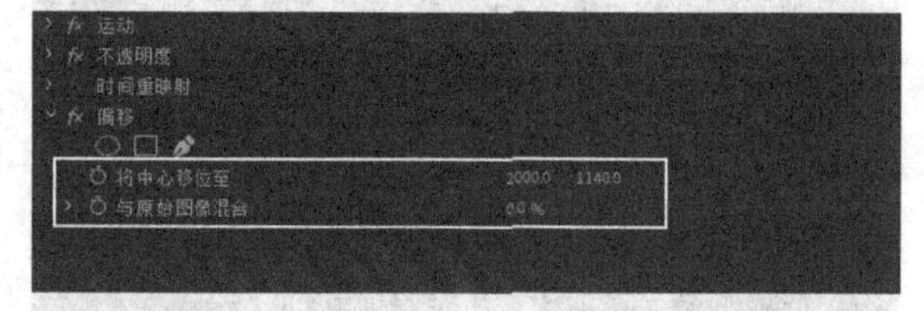

图6-18

将中心移位至： 通过调整数值改变剪辑的中心位置，如图6-19所示的是对比效果。

图6-19

与原始图像混合： 调整后的效果与原图进行混合处理，如图6-20所示。

图6-20

6.3.2 变形稳定器

视频云课堂：072- 变形稳定器

“变形稳定器”效果用来消除因摄像机移动而导致的剪辑抖动，抖动会转换为平滑的拍摄效果。在“效果控件”面板中通过设置参数，可以控制剪辑的抖动，如图6-21所示。

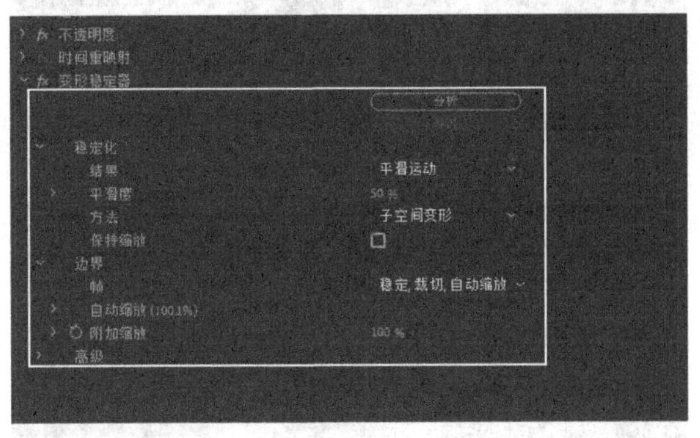

图6-21

技巧与提示

加载“变形稳定器”效果后，系统需要逐帧计算效果，会消耗一段时间。

稳定化： 设置剪辑的稳定程度。

边界： 将超出序列帧剪辑限度的图像裁剪掉。

高级： 将剪辑内容进行详细分析，并且可以在“高级”卷展栏下隐藏警告栏。

6.3.3 变换

视频云课堂：073- 变换

“变换”效果可以对剪辑的位置、大小、角度和不透明度进行调整。在“效果控件”面板中可以设置剪辑的位置、缩放和倾斜等效果，如图6-22所示。

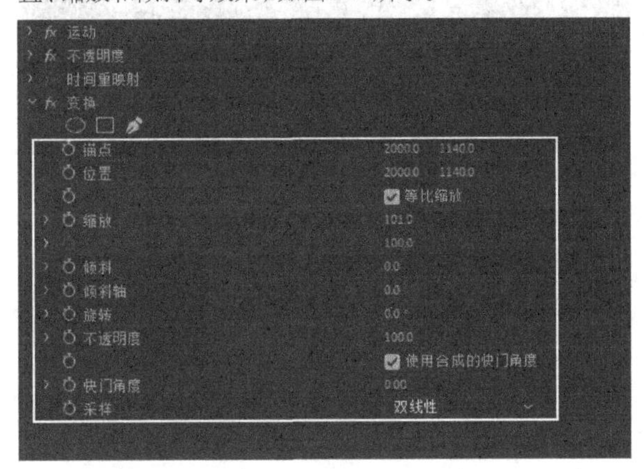

图6-22

锚点： 调整剪辑中心点的位置。

位置： 设置剪辑的位置，如图6-23所示。

等比缩放： 勾选该选项后，在“缩放”中调整参数，剪辑会按照序列的比例进行放大或缩小，如图6-24所示。

图6-23

图6-24

倾斜： 设置剪辑的旋转角度，如图6-25所示。

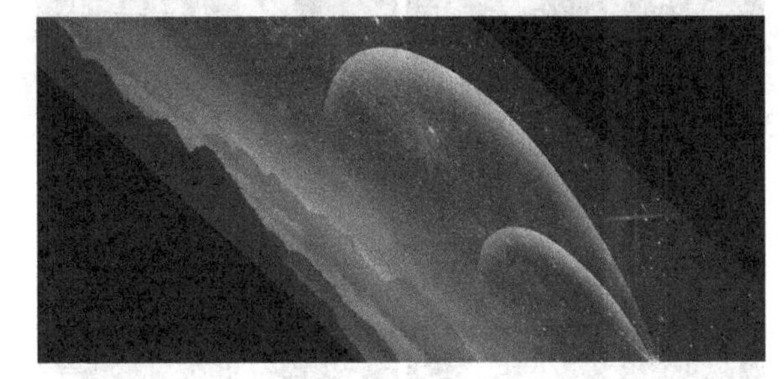

图6-25

不透明度： 设置剪辑的不透明度。

快门角度： 设置运动模糊时剪辑的快门角度。

6.3.4 放大

视频云课堂：074- 放大

“放大”效果可以在剪辑上形成局部放大的效果。在“效果控件”面板中可以设置局部放大的形状和放大参数，如图6-26所示。

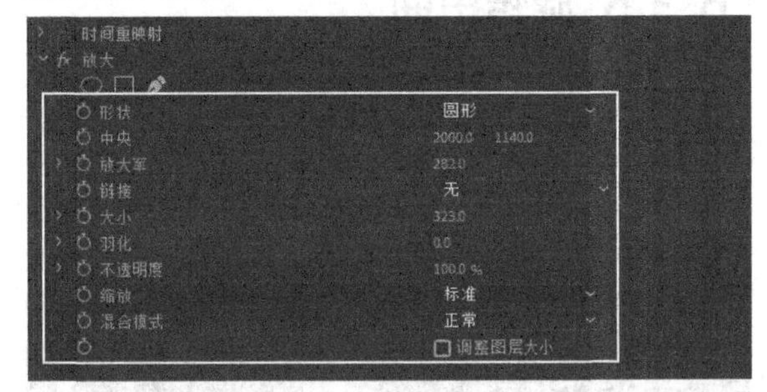

图6-26

形状： 系统提供“圆形”或“正方形”的形式进行局部放大，如图6-27所示。

图6-27

中央：设置放大区域的位置。

放大率：设置放大的倍数，如图6-28所示。

图6-28

链接：设置放大区域与放大倍数的关系。

大小：设置放大区域的大小，如图6-29所示。

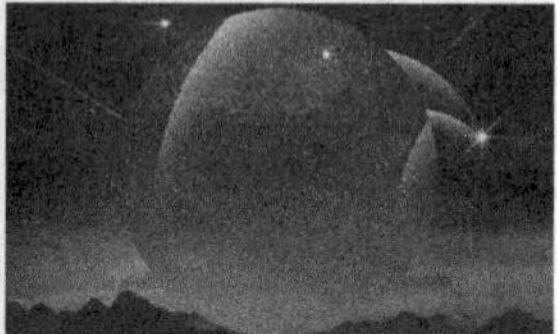

图6-29

羽化：设置放大区域边缘的模糊程度，如图6-30所示。

图6-30

不透明度：设置放大区域的透明程度。

缩放：控制放大的类型，包含“标准”“柔和”“扩散”3种。

混合模式：将放大区域与原有剪辑进行混合。

6.3.5 旋转扭曲

视频云课堂：075- 旋转扭曲

“旋转扭曲”效果是以轴点为中心，使剪辑产生旋转并扭曲的变化效果。在“效果控件”面板中可以设置旋转的中心和旋转的大小，如图6-31所示。

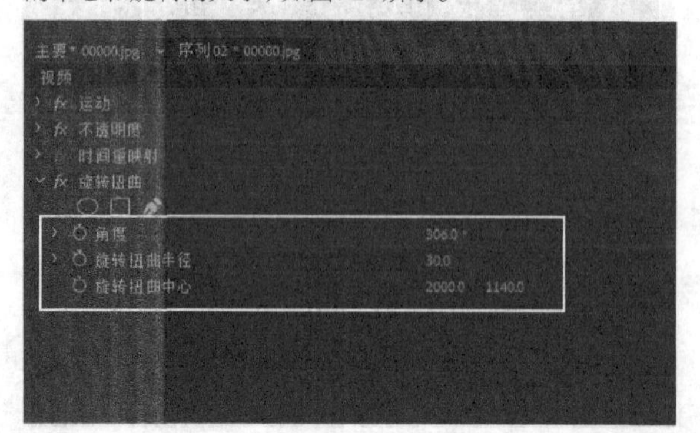

图6-31

角度：设置剪辑的旋转角度。

旋转扭曲半径：设置剪辑在旋转过程中的半径，如图6-32所示。

图6-32

旋转扭曲中心：设置剪辑的旋转中心位置，默认在画面的中心，如图6-33所示。

图6-33

6.3.6 果冻效应修复

视频云课堂：076- 果冻效应修复

在拍摄素材的过程中产生抖动、变形时，应用“果冻效应修复”效果可以起到修复的作用。在“效果控件”面板中可以设置相应的参数，如图6-34所示。

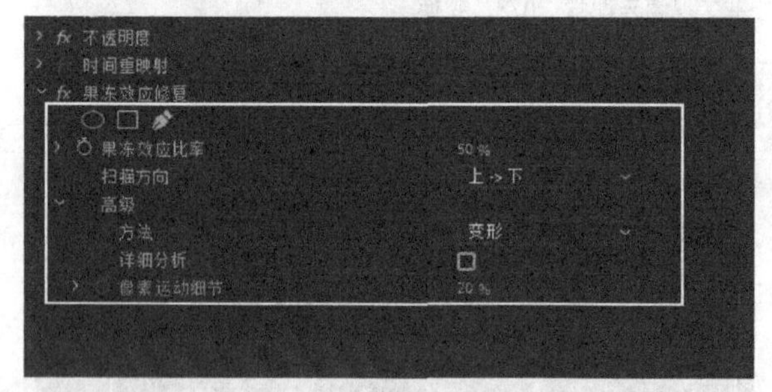

图6-34

果冻效应比率：设置扫描时间的百分比。

扫描方向：在下拉列表中可以选择4种扫描方式，如图6-35所示。

上 -> 下
下 -> 上
左 -> 右
右 -> 左

图6-35

高级：包含“变形”和“像素运动”两种方法，以及像素运动细节调整。

6.3.7 波形变形

视频云课堂：077- 波形变形

“波形变形”效果可以让剪辑产生类似水波纹的波浪形状。在“效果控件”面板中可以设置波纹的各种属性，如图6-36所示。

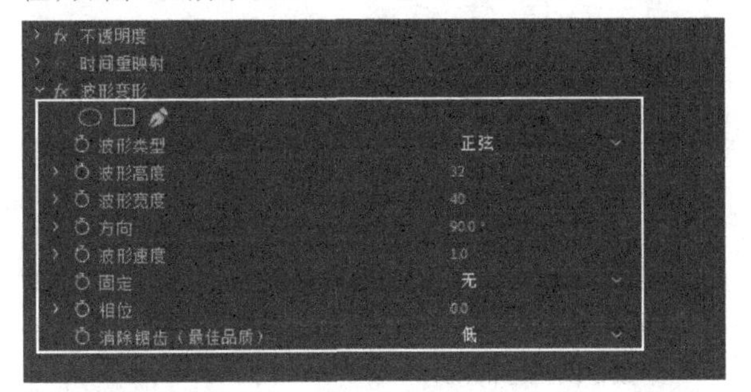

图6-36

波形类型：在下拉列表中可以选择不同类型的波形，效果如图6-37所示。

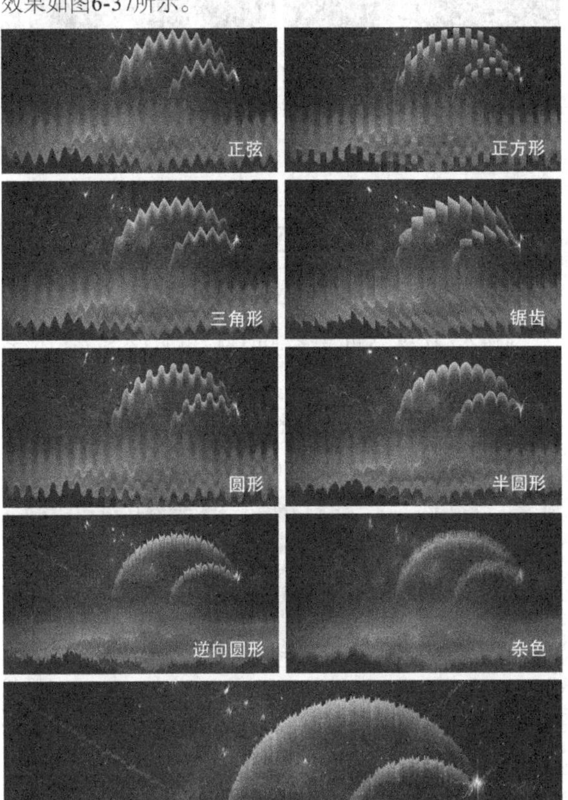

图6-37

波形高度：设置波纹的高度，数值越大，高度越高，如图6-38所示。

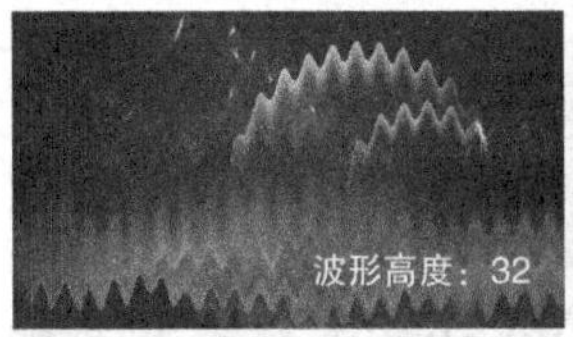

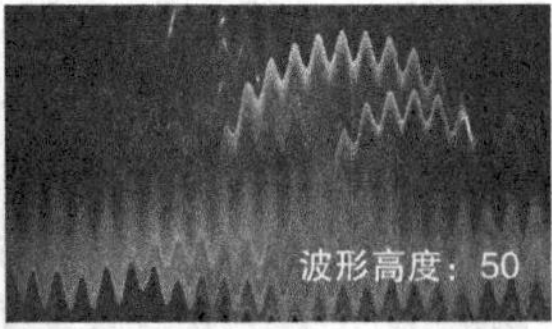

图6-38

波形宽度：设置波纹的宽度，数值越大，宽度越宽，如图6-39所示。

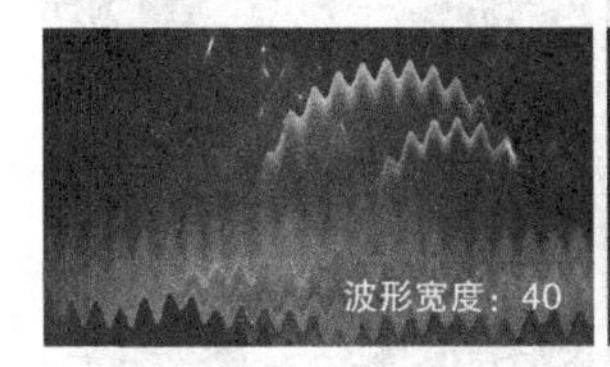

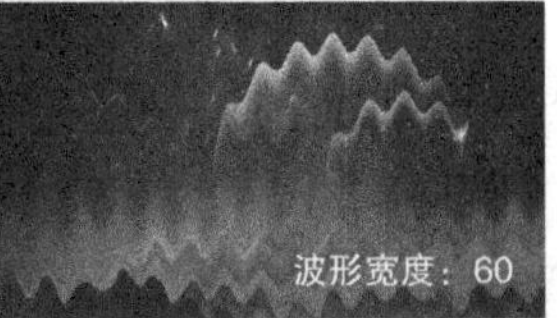

图6-39

方向：设置波形的方向，如图6-40所示。

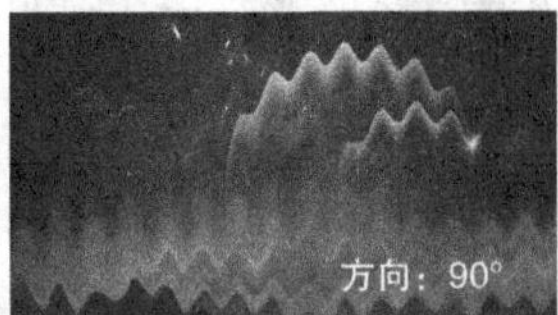

图6-40

波形速度：调整波形产生的速度快慢。

固定：在下拉列表中设置目标固定的类型，如图6-41所示。

✓ 无	右边
所有边缘	底边
中心	水平边
左边	垂直边
顶边	

图6-41

相位：设置波形的水平移动位置。

6.3.8 湍流置换

视频云课堂：078- 湍流置换

“湍流置换”效果会让剪辑产生扭曲变形的效果。在“效果控件”面板中可以设置湍流置换的各种参数，如图6-42所示。

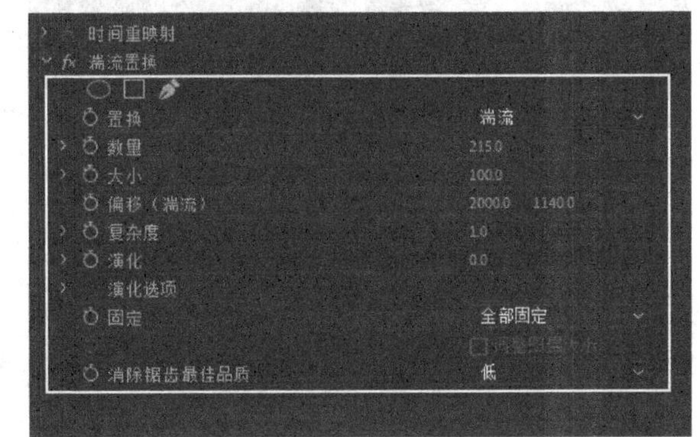

图6-42

置换：在下拉列表中可以设置不同的置换方式，效果如图6-43所示。

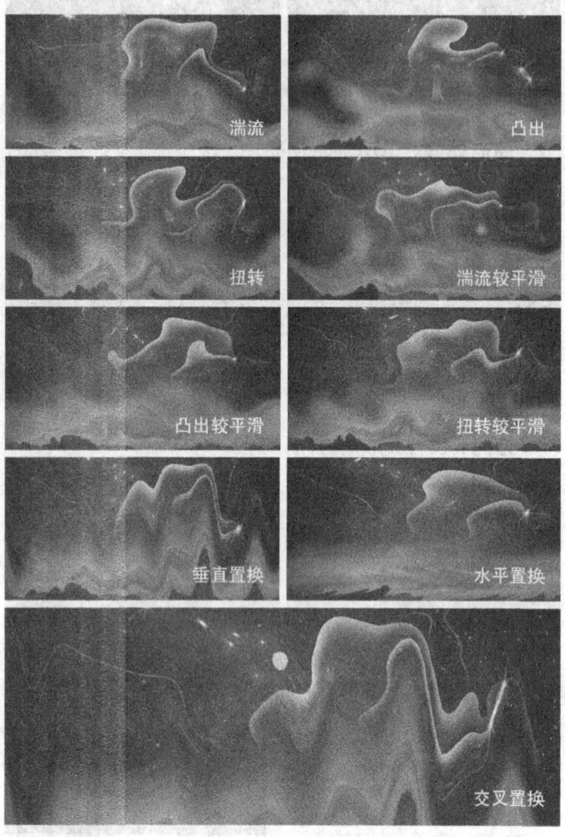

图6-43

数量：控制剪辑的变形程度，如图6-44所示。

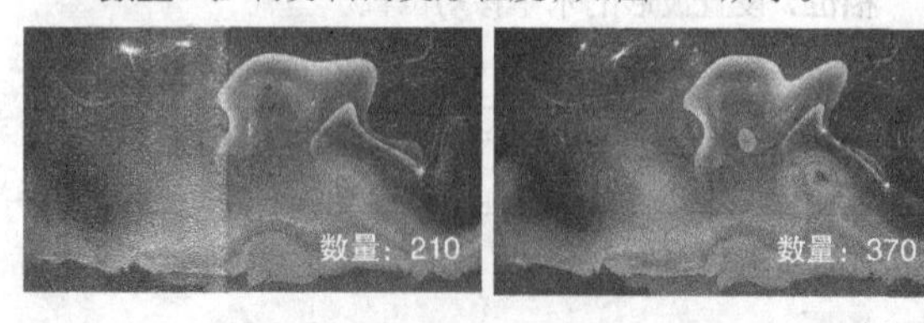

图6-44

大小：设置剪辑的扭曲幅度，如图6-45所示。

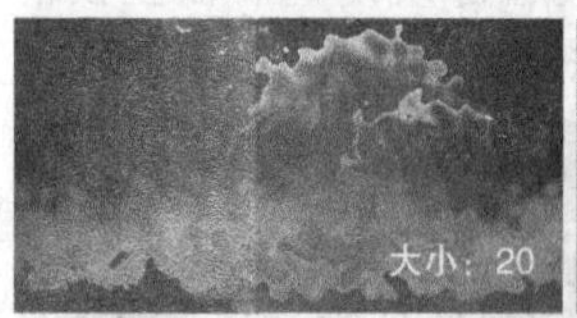

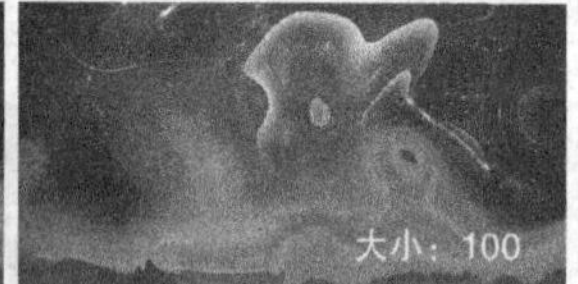

图6-45

偏移（湍流）：设置扭曲的坐标。

复杂度：控制剪辑变形的复杂程度，如图6-46所示。

图6-46

6.3.9 球面化

视频云课堂：079- 球面化

“球面化”效果可以让剪辑产生类似放大镜的球形效果。在“效果控件”面板中可以设置“球面化”效果的相关参数，如图6-47所示。

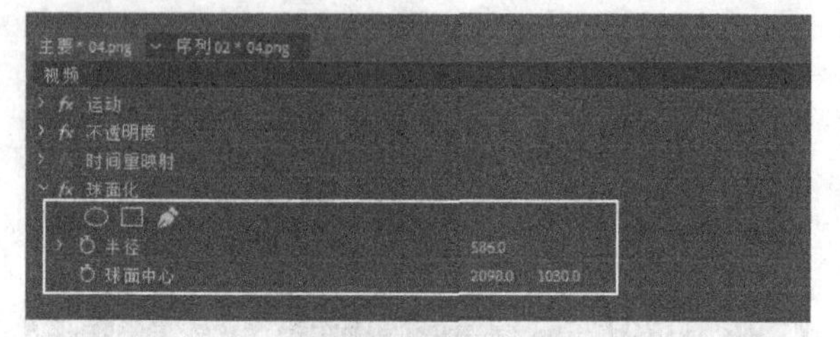

图6-47

半径：设置球面的大小。

球面中心：设置球面的水平位移，如图6-48所示。

图6-48

6.3.10 边角定位

视频云课堂：080- 边角定位

“边角定位”效果是通过设置剪辑的4个边角位置参数，从而调整其位置。在“效果控件”面板中可以设置“左上”“右上”“左下”“右下”参数控制4个边角的位置，如图6-49所示。效果如图6-50所示。

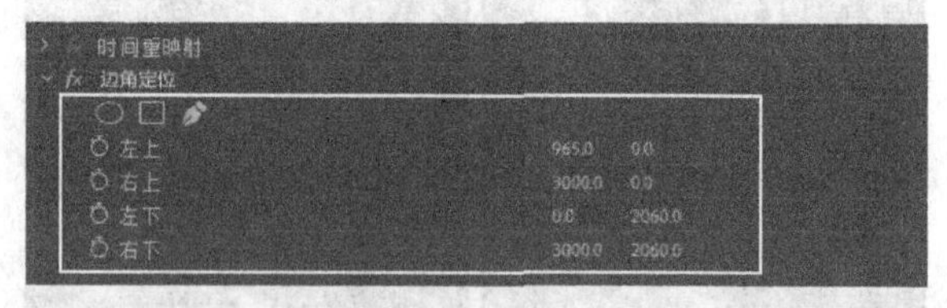

图6-49

图6-50

6.3.11 镜像

视频云课堂：081-镜像

“镜像”效果用于制作剪辑的对称翻转效果。在“效果控件”面板中可以设置镜像的位置和角度，如图6-51所示。

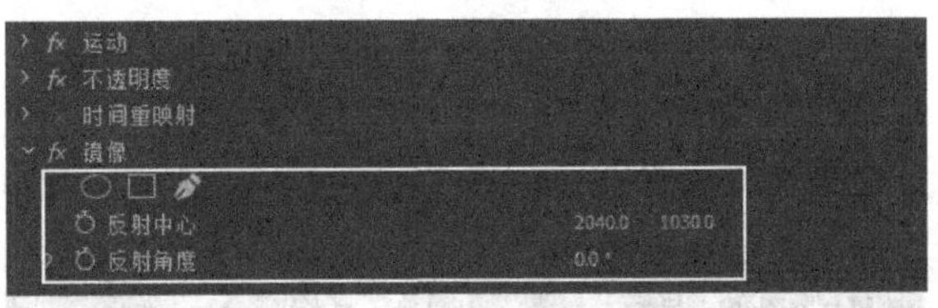

图6-51

反射中心：设置镜面反射的中心位置，如图6-52所示。

图6-52

反射角度：设置镜面反射的角度，如图6-53所示。

图6-53

6.3.12 镜头扭曲

视频云课堂：082-镜头扭曲

“镜头扭曲”效果可以调整剪辑在水平或垂直方向上的扭曲程度。在“效果控件”面板中通过设置相关的参数，可以控制扭曲效果，如图6-54所示。

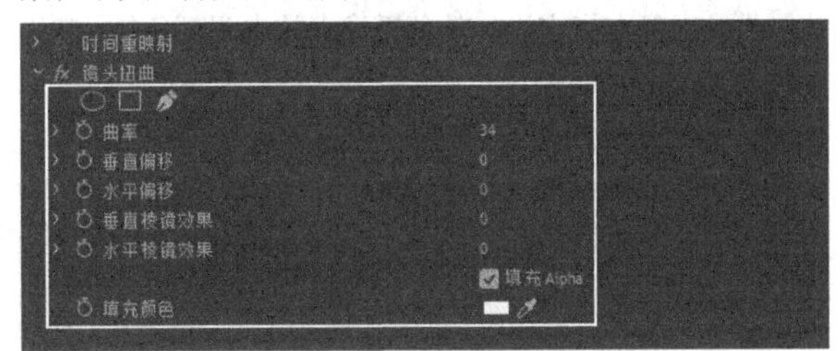

图6-54

曲率：设置镜头的弯曲程度。

垂直偏移/水平偏移：设置剪辑在垂直或水平方向的偏移程度，如图6-55所示。

图6-55

垂直棱镜效果/水平棱镜效果：设置剪辑在垂直或水平方向的拉伸程度，如图6-56所示。

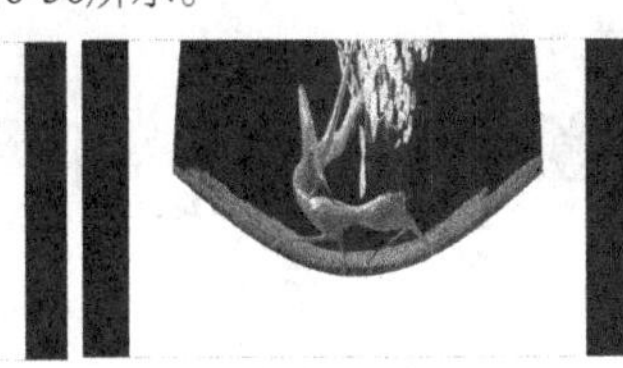

图6-56

填充Alpha：勾选该选项，即可为剪辑添加Alpha通道。

填充颜色：设置剪辑偏移过渡时无像素位置的颜色，默认为白色。

6.4 “时间”类视频效果

“时间”类视频效果中包含“残影”和“色调分离时间”两种效果。

本节效果介绍

效果名称	效果作用	重要程度
残影	混合帧的像素	中
色调分离时间	使画面在播放时产生抽帧现象	中

6.4.1 残影

视频云课堂：083-残影

“残影”效果是将画面中不同帧像素进行混合处理。在“效果控件”面板中可以设置“残影”效果的相关属性，如图6-57所示。

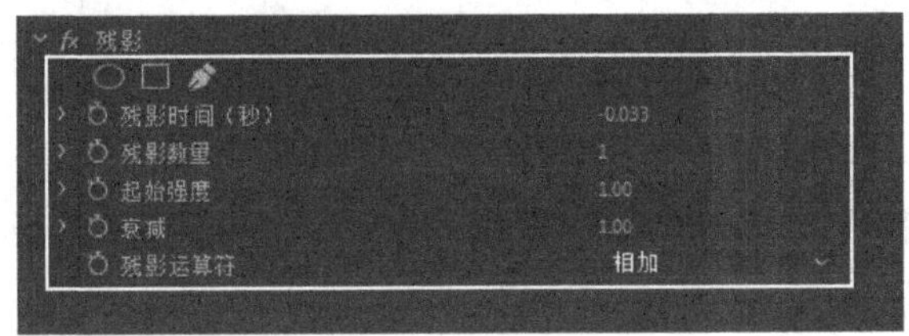

图6-57

残影时间（秒）：设置图像的曝光程度，以秒为单位，如图6-58所示。

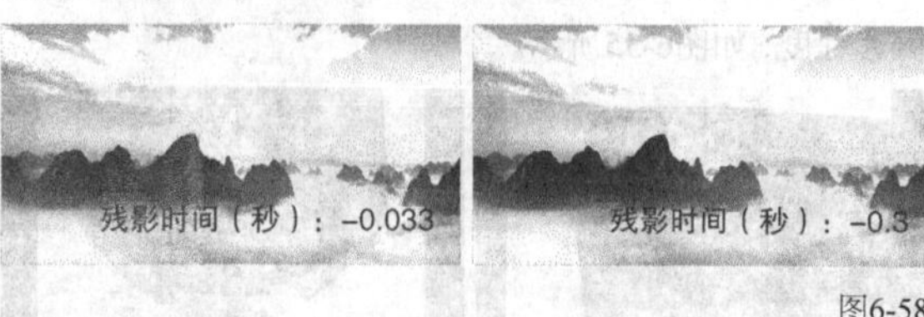

图6-58

残影数量：设置图像中的残影数量，设置的值越大，图像曝光越强，如图6-59所示。

图6-59

起始强度：调整画面的明暗度，如图6-60所示。

图6-60

衰减：设置画面线性衰减的效果。

残影运算符：在下拉列表中可以选择残影的运算方式，各运算方式对应的效果如图6-61所示。

图6-61

6.4.2 色调分离时间

视频云课堂：084-色调分离时间

“色调分离时间”效果在旧版本中叫做“抽帧时间”，它可以使画面在播放时产生抽帧现象。在“效果控件”面板中设置“帧速率”可以控制每秒显示的静帧格数。使用“色调分离时间”的效果如图6-62所示。

图6-62

6.5 “杂色与颗粒”类视频效果

“杂色与颗粒”类的视频效果可以为剪辑添加杂色。效果组中包含“杂色”和“蒙尘与划痕”等6种效果。

本节效果介绍

效果名称	效果作用	重要程度
中间值（旧版）	制作类似绘画类效果	中
杂色	添加混杂的颜色颗粒	中
杂色Alpha	产生不同大小的单色颗粒	中
杂色HLS	设置杂色的色相、亮度、饱和度和颗粒大小	中
杂色HLS自动	通过噪波控制杂色	中
蒙尘与划痕	区分单个颜色的像素	中

6.5.1 中间值（旧版）

视频云课堂：085-中间值（旧版）

“中间值（旧版）”效果是将每个像素都替换为另一像素，此像素具有指定半径的邻近像素的中间颜色值，常用于制作类似绘画类的效果。在“效果控件”面板中可以设置像素的半径，如图6-63所示。

图6-63

半径： 控制画面的虚化程度，数值越大，虚化越明显，如图6-64所示。

图6-64

在Alpha通道上运算： 勾选该选项后，可以在Alpha通道上运算。

6.5.2 杂色

视频云课堂：086- 杂色

“杂色”效果可以为剪辑画面添加混杂的颜色颗粒。在“效果控件”面板中可以设置杂色的数量和颜色，如图6-65所示。

图6-65

杂色数量： 设置杂色在剪辑画面中存在的数量。

杂色类型： 勾选“使用颜色杂色”选项后，剪辑画面中单色的噪点会变为彩色，如图6-66所示。

图6-66

剪切： 勾选“剪切结果值”选项后，杂色下方会显示原有剪辑的画面。

6.5.3 杂色Alpha

视频云课堂：087- 杂色 Alpha

“杂色Alpha”效果可以使剪辑画面产生不同大小的单色颗粒。在“效果控件”面板中可以设置相关的属性，如图6-67所示。

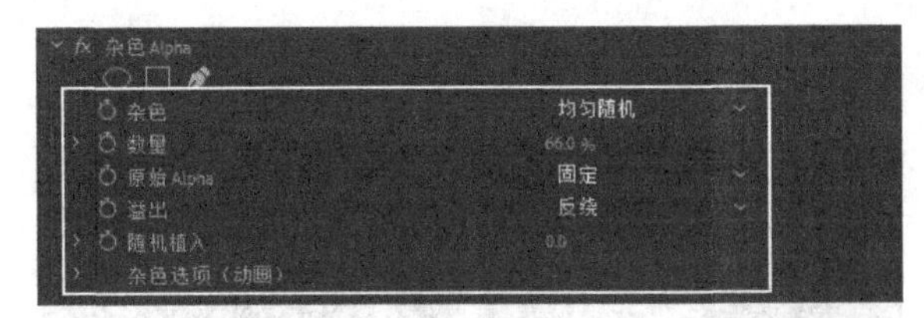

图6-67

杂色： 在下拉列表中可以选择所创建的杂色的类型，共有“均匀随机”“随机方形”“均匀动画”“方形动画”4种，如图6-68所示。

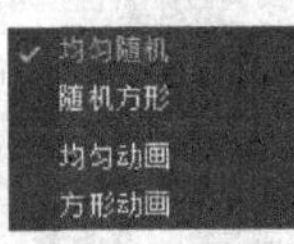

图6-68

数量： 设置杂色噪点在剪辑画面中的数量，如图6-69所示。

图6-69

原始Alpha： 在下拉列表中可以选择将杂色应用于Alpha通道的方式，如图6-70所示。

图6-70

溢出： 包含3种颗粒的处理方式，如图6-71所示。

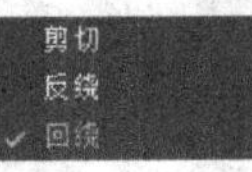

图6-71

随机植入： 设置颗粒随机存在的位置。

6.5.4 杂色HLS

视频云课堂：088- 杂色 HLS

“杂色HLS”可以设置剪辑画面中杂色的色相、亮度、饱和度和颗粒大小等效果。在“效果控件”面板中可以设置噪点的相关属性，如图6-72所示。

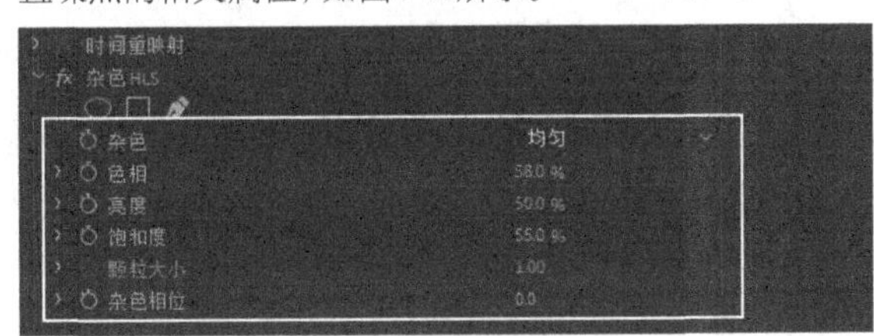

图6-72

杂色：系统提供“均匀”“方形”“颗粒”共3种噪波类型，如图6-73所示。

图6-73

色相：设置剪辑画面中颗粒的颜色倾向，如图6-74所示。

图6-74

亮度：设置剪辑画面中颗粒的明暗程度，如图6-75所示。

图6-75

饱和度：设置剪辑画面中颗粒的颜色饱和度，如图6-76所示。

图6-76

杂色相位：设置颗粒的移动程度。

6.5.5 杂色HLS自动

视频云课堂：089- 杂色 HLS 自动

“杂色HLS自动”效果与“杂色HLS”效果很相似，可以通过调整参数控制噪波的色调，具体参数如图6-77所示。

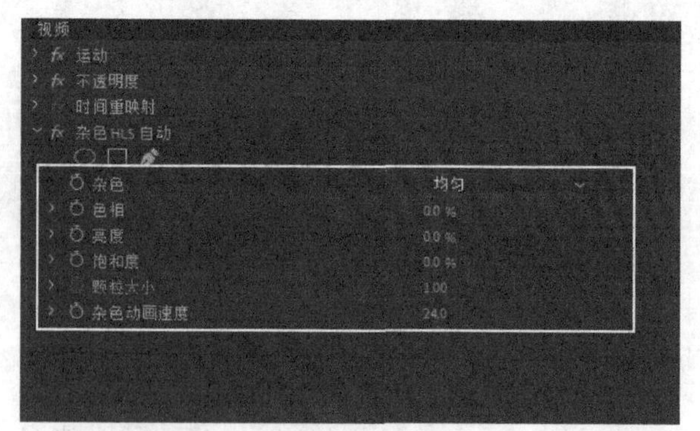

图6-77

技巧与提示

“杂色HLS自动”效果与“杂色HLS”效果的用法基本相同，这里不再赘述。

6.5.6 蒙尘与划痕

视频云课堂：090- 蒙尘与划痕

“蒙尘与划痕”效果可以通过调整参数区分剪辑画面中各颜色的像素，使层级感更加强烈。在“效果控件”面板中可以通过设置参数控制效果，如图6-78所示。

图6-78

半径：设置蒙尘和划痕的半径大小，如图6-79所示。

图6-79

阈值：设置色调间的容差值，如图6-80所示。

图6-80

在Alpha通道上运算：勾选该选项后，调整的效果可运用于Alpha通道。

6.6 “模糊与锐化”类视频效果

“模糊与锐化”类的视频效果可以让剪辑画面变得模糊，也可以让剪辑画面变得锐利。

本节效果介绍

效果名称	效果作用	重要程度
减少交错闪烁	消除剪辑画面的交错闪烁	中
复合模糊	根据轨道自动生成模糊效果	中
方向模糊	根据角度和长度生成模糊效果	中
相机模糊	实现拍摄过程中的虚焦效果	中
通道模糊	对红、绿、蓝和Alpha通道进行模糊处理	中
钝化蒙版	调整剪辑画面的锐化和对比度	中
锐化	快速让模糊的画面变得清晰	中
高斯模糊	让画面既模糊又平滑	高

6.6.1 减少交错闪烁

视频云课堂：091-减少交错闪烁

“减少交错闪烁”效果可以用来消除剪辑画面的交错闪烁。在“效果控件”面板中通过调整“柔和度”的参数值使画面变得稍微模糊一些，从而减少闪烁效果，如图6-81所示。效果如图6-82所示。

图6-81

图6-82

6.6.2 复合模糊

视频云课堂：092-复合模糊

“复合模糊”效果可以根据轨道的选择，自动使画面生成模糊效果。在“效果控件”面板中可以选择模糊的轨道和模糊程度，如图6-83所示。

图6-83

模糊图层： 设置模糊的轨道剪辑。

最大模糊： 以方形像素块在剪辑画面中呈现模糊效果，数值越大，模糊的程度越大，如图6-84所示。

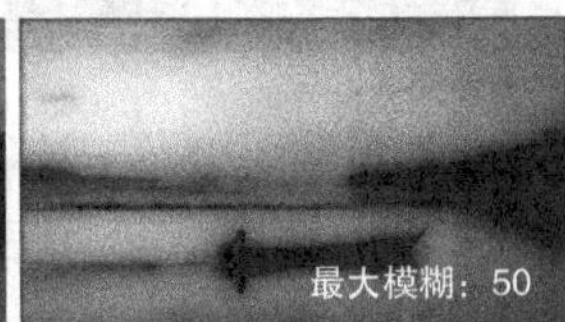

图6-84

如果图层大小不同： 勾选“伸缩对应图以适合”选项后，可以为两个不同尺寸的剪辑自动调整像素模糊的大小。

反转模糊： 勾选该选项，会将整个画面的模糊效果进行反转。

6.6.3 方向模糊

视频云课堂：093-方向模糊

“方向模糊”效果可以根据角度和长度将画面进行模糊处理。在“效果控件”面板中可以设置模糊的方向和长度，如图6-85所示。

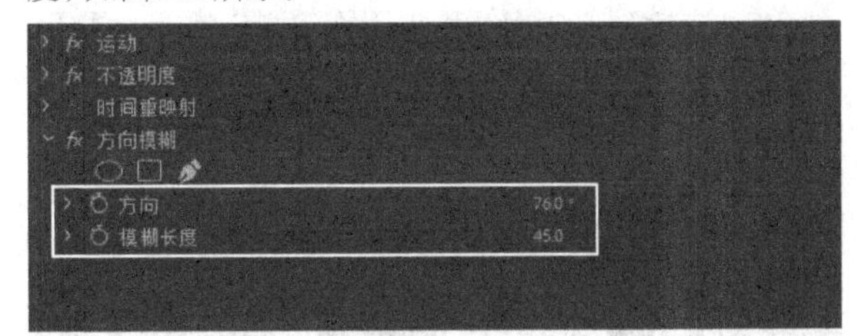

图6-85

方向： 设置剪辑画面的模糊方向，如图6-86所示。

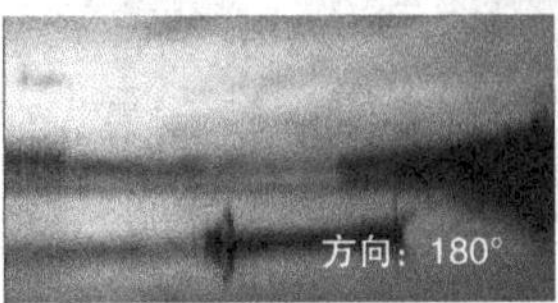

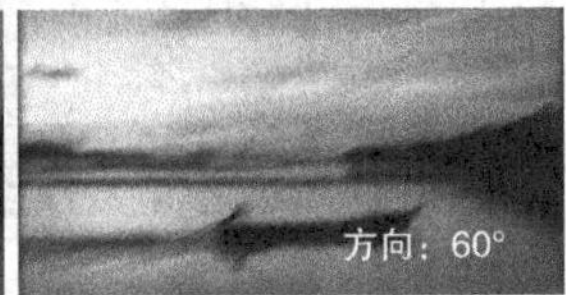

图6-86

模糊长度： 设置模糊的像素距离，数值越大，模糊越明显。

6.6.4 相机模糊

视频云课堂：094-相机模糊

“相机模糊”效果可以实现拍摄过程中的虚焦效果。在“效果控件”面板中通过设置“百分比模糊”参数值控制画面的模糊程度，如图6-87所示。效果如图6-88所示。

图6-87

图6-88

技巧与提示

“百分比模糊”参数值越大，剪辑画面的模糊效果越明显。

6.6.5 通道模糊

视频云课堂：095-通道模糊

“通道模糊”效果可以对红、绿、蓝和Alpha通道进行模糊处理。在“效果控件”面板中可以设置模糊的各个通道，如图6-89所示。

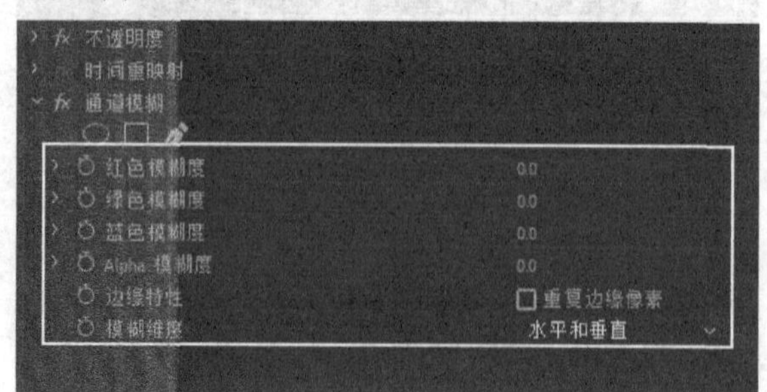

图6-89

红色模糊度： 控制画面中红色数量和红色通道内的模糊程度，如图6-90所示。

图6-90

绿色模糊度： 控制画面中绿色数量和绿色通道内的模糊程度，如图6-91所示。

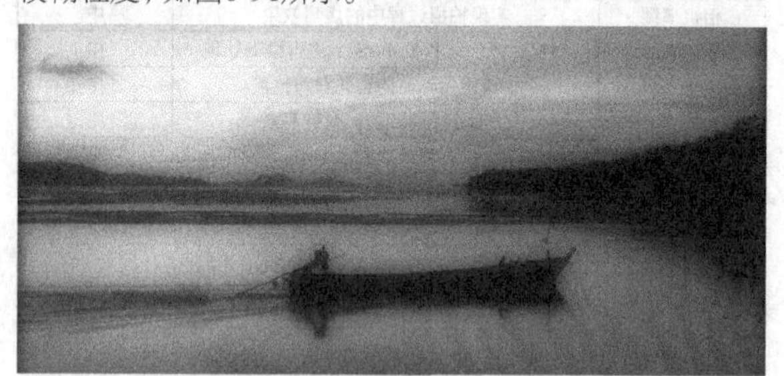

图6-91

蓝色模糊度： 控制画面中蓝色数量和蓝色通道内的模糊程度，如图6-92所示。

图6-92

Alpha模糊度： 控制画面中Alpha通道的模糊程度，如图6-93所示。

图6-93

边缘特性： 勾选“重复边缘像素”选项后，会将素材边缘进行模糊。

模糊维度： 在下拉列表中可以选择模糊的方向，如图6-94所示。

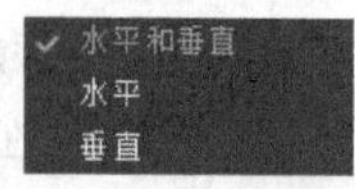

图6-94

6.6.6 钝化蒙版

视频云课堂：096- 钝化蒙版

“钝化蒙版”效果可以同时调整剪辑画面的锐化和对比度。在“效果控件”面板中可以设置相关参数，如图6-95所示。

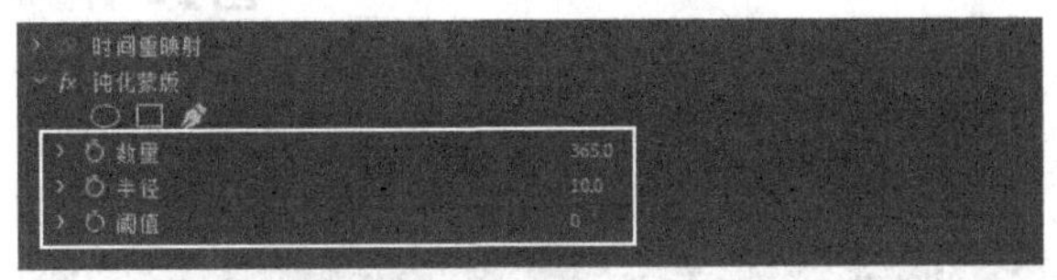

图6-95

数量： 设置画面的锐化程度，数值越大，锐化效果越明显。

半径： 设置画面的曝光半径，如图6-96所示。

图6-96

阈值： 设置模糊的容差，如图6-97所示。

图6-97

6.6.7 锐化

视频云课堂：097- 锐化

“锐化”效果可以快速让模糊的画面变得清晰。在“效果控件”面板中设置“锐化量”参数值就可以控制画面锐化的程度，如图6-98所示。效果如图6-99所示。

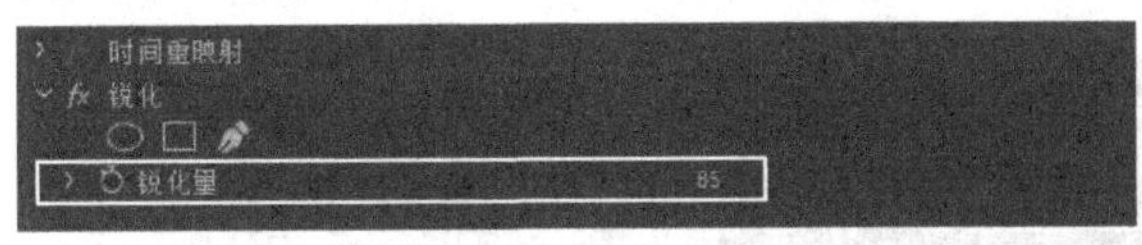

图6-98

图6-99

6.6.8 高斯模糊

视频云课堂：098- 高斯模糊

“高斯模糊”效果可以让画面既模糊又平滑。在“效果控件”面板中可以设置相关参数，如图6-100所示。

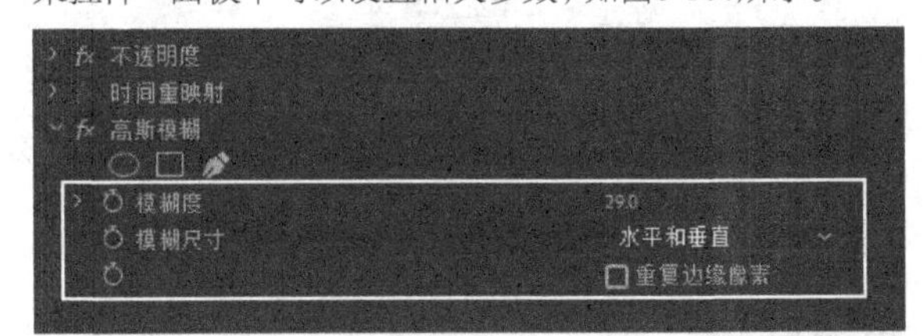

图6-100

模糊度： 控制画面中高斯模糊的强度，如图6-101所示。

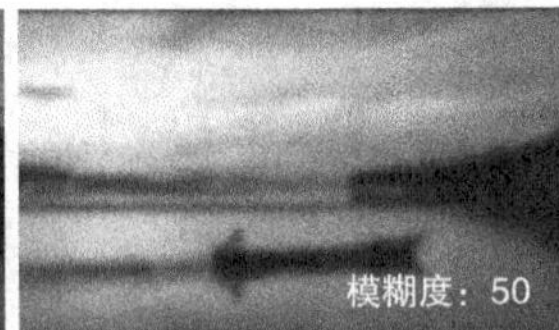

图6-101

模糊尺寸： 包含“水平”“垂直”“水平和垂直”3种模糊方式，如图6-102所示。

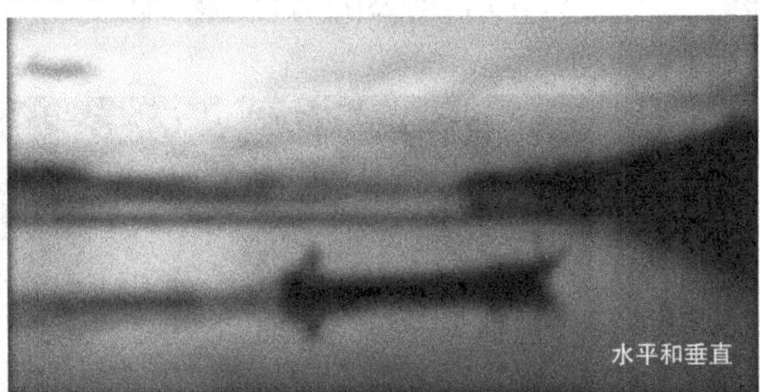

图6-102

重复边缘像素：勾选该选项后，可以对画面边缘进行像素模糊处理。

课堂案例

用“高斯模糊”效果制作发光字

素材文件　素材文件>CH06>01

实例文件　实例文件>CH06>课堂案例：用高斯模糊制作发光字>课堂案例：用高斯模糊制作发光字.prproj

视频名称　课堂案例：用高斯模糊制作发光字.mp4

学习目标　练习“高斯模糊”效果

本案例需要为背景图片和艺术字都添加“高斯模糊”效果，最终得到发光字的效果，如图6-103所示。

01 双击“项目”面板的空白处，导入本书学习资源中“素材文件>CH06>01”文件夹下的所有素材，如图6-104所示。

图6-103

图6-104

02 新建一个AVCHD 1080p25序列，然后将素材都拖曳到轨道上，确保“背景.jpg”素材在下方的轨道，如图6-105所示。效果如图6-106所示。

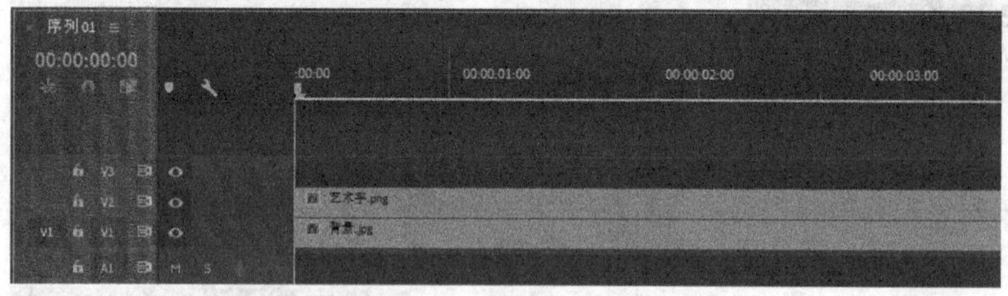

图6-105

图6-106

03 选择“背景.jpg”剪辑，在“效果控件”面板中设置“缩放”为145，让背景的剪辑在画面中保持合适的大小，如图6-107所示。

04 在“效果”面板中选中“高斯模糊”效果，按住鼠标左键将其拖曳到“背景.jpg”剪辑上，然后在“效果控件”面板中设置“模糊度”为10，如图6-108所示。效果如图6-109所示。

图6-107

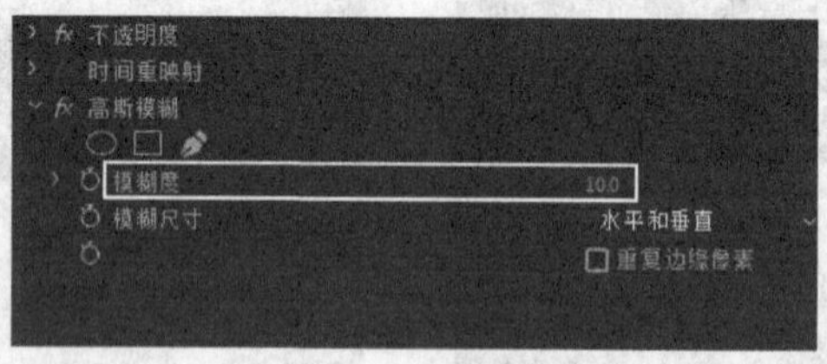

图6-108

图6-109

技巧与提示

模糊背景后，可以突出主题文字。

05 按住Alt键，将“艺术字.png”剪辑向上复制两份，如图6-110所示。

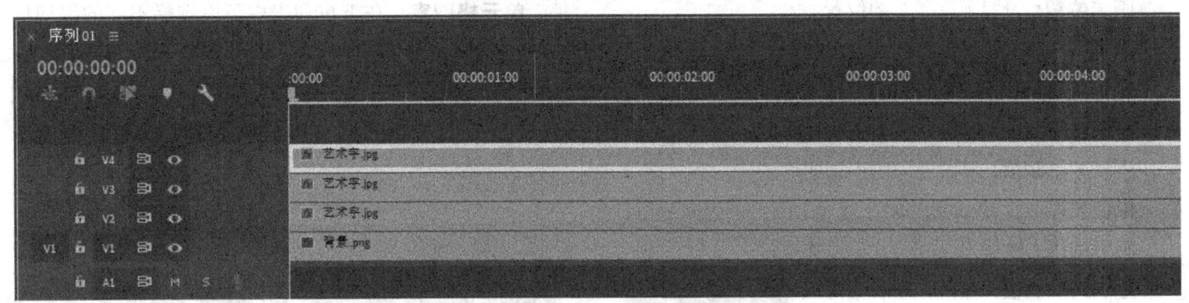

图6-110

06 选择V2轨道上的剪辑，然后添加“高斯模糊”效果，设置“缩放”为110、“模糊度”为80，如图6-111所示。效果如图6-112所示。

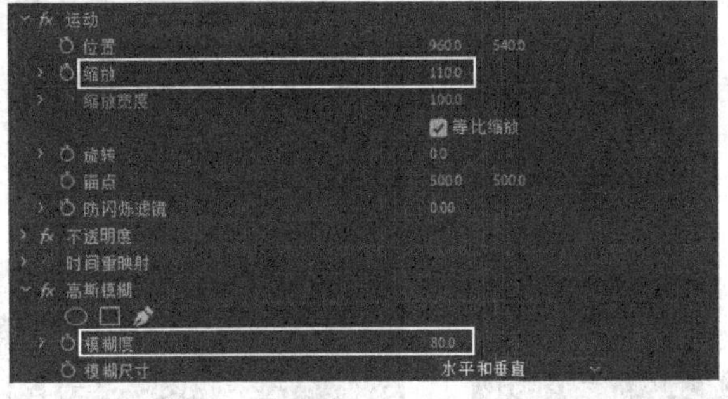

图6-111

图6-112

07 选择V3轨道上的剪辑，然后添加“高斯模糊”效果，设置“模糊度”为50，如图6-113所示。效果如图6-114所示。至此，本案例制作完成。

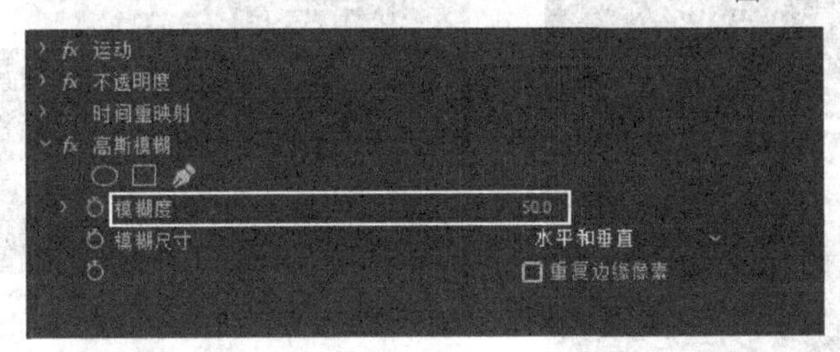

图6-113

图6-114

6.7 “生成”类视频效果

“生成”类视频效果中共有12种视频效果，可以实现不同的变化效果。

本节效果介绍

效果名称	效果作用	重要程度
书写	类似于画笔笔触的效果	中
单元格图案	制作纹理效果	中
吸管填充	吸取颜色并填充	中
四色渐变	添加4种颜色的渐变	高
圆形	添加一个圆形的蒙版	中
棋盘	生成黑白矩形棋盘效果	中
椭圆	生成一个椭圆形	中
油漆桶	在指定位置填充颜色	中
渐变	叠加线性渐变或径向渐变	中
网格	自动呈现矩形网格	中
镜头光晕	模拟拍摄时遇到强光所产生的光晕效果	高
闪电	模拟天空中的闪电形态	中

6.7.1 书写

视频云课堂：099- 书写

“书写”可以制作出类似于画笔笔触的效果。在“效果控件”面板中可以设置画笔的各项属性，如图6-115所示。

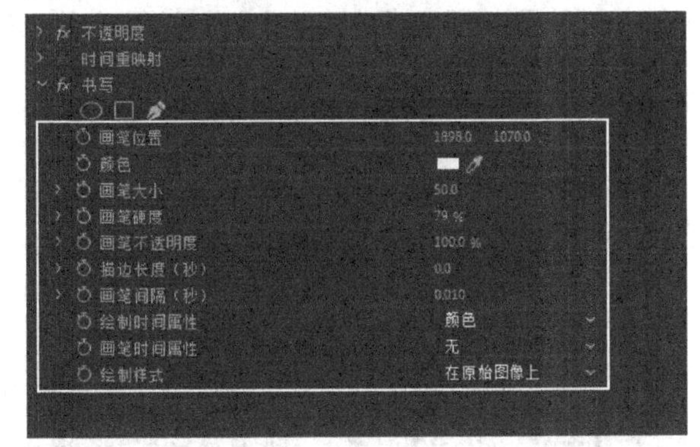

图6-115

画笔位置： 设置画笔所在的位置。

颜色： 设置书写的颜色，默认为白色。

画笔大小： 设置画笔的粗细。

画笔硬度： 设置画笔书写时的笔刷硬度。

画笔不透明度： 设置笔刷的不透明度。

描边长度（秒）： 设置笔刷在画面上的停留时间。

画笔间隔（秒）： 设置笔触之间的间隔。

绘制时间属性： 在下拉列表中可以设置色彩类型，如图6-116所示。

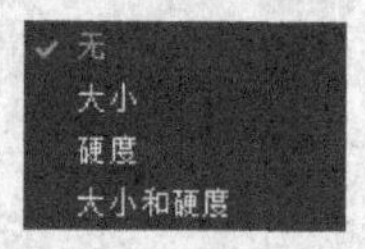

图6-116

画笔时间属性： 在下拉列表中可以选择笔触类型，如图6-117所示。

无
大小
硬度
大小和硬度

图6-117

绘制样式： 包含“在原始图像上”“在透明背景上”“显示原始图像”3种混合样式，如图6-118所示。

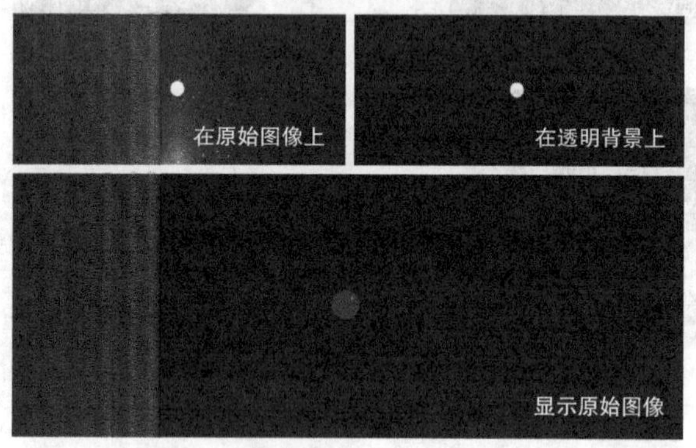

图6-118

6.7.2 单元格图案

视频云课堂：100-单元格图案

“单元格图案”可以在剪辑画面上制作出纹理效果。在“效果控件”面板中可以设置单元格的各种属性，如图6-119所示。

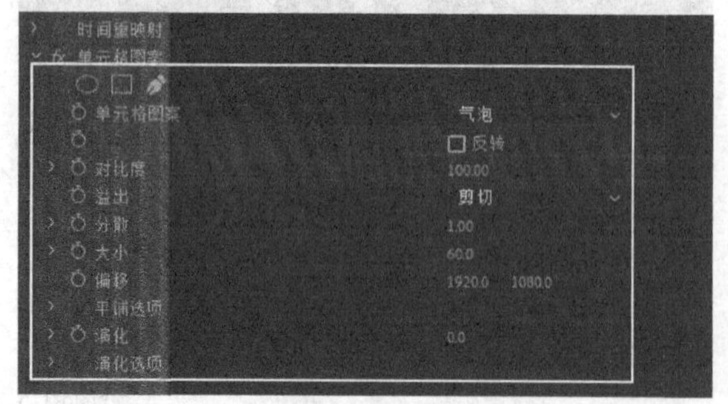

图6-119

单元格图案： 在下拉列表中可以选择不同的纹理样式，效果如图6-120所示。

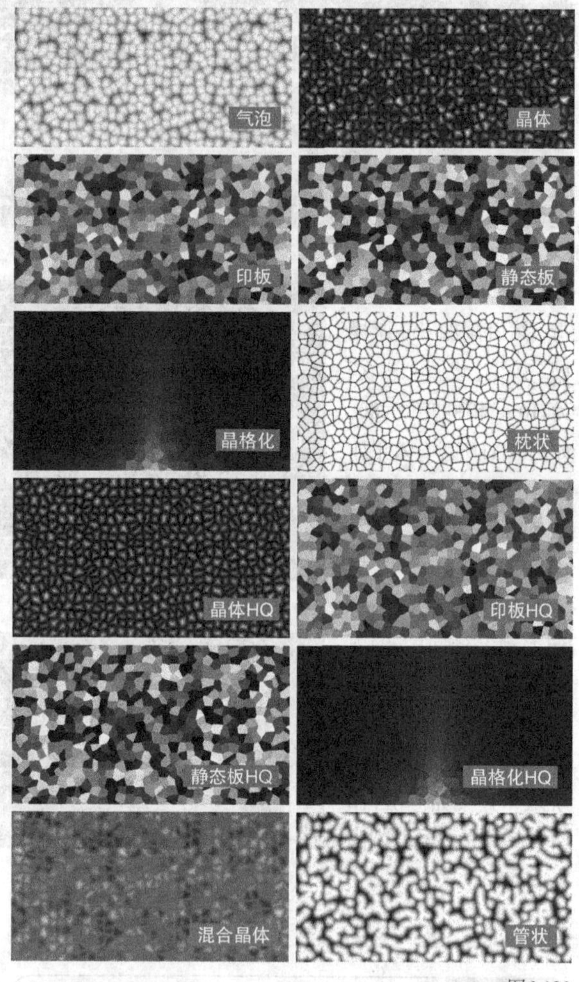

图6-120

反转： 勾选该选项后，画面颜色纹理将会反转。

对比度： 调整纹理图案的对比度。

溢出： 设置单元格图案溢出部分的方式，如图6-121所示。

图6-121

分散： 设置单元格图案在画面中的分布情况。

大小： 设置单元格图案的大小。

偏移： 设置单元格图案的坐标位置。

6.7.3 吸管填充

视频云课堂：101-吸管填充

“吸管填充”效果可以用来调整剪辑的色调，并加以填充。在“效果控件”面板中可以设置吸取颜色与原图之间的混合效果，如图6-122所示。

图6-122

采样点： 设置取样颜色的区域。

采样半径： 设置颜色的取样半径。

平均像素颜色： 在下拉列表中可以选择平均像素颜色的方式，如图6-123所示。

图6-123

保持原始Alpha： 勾选该选项后，剪辑即可保留原有的Alpha。

与原始图像混合： 设置填充颜色的不透明度，如图6-124所示。

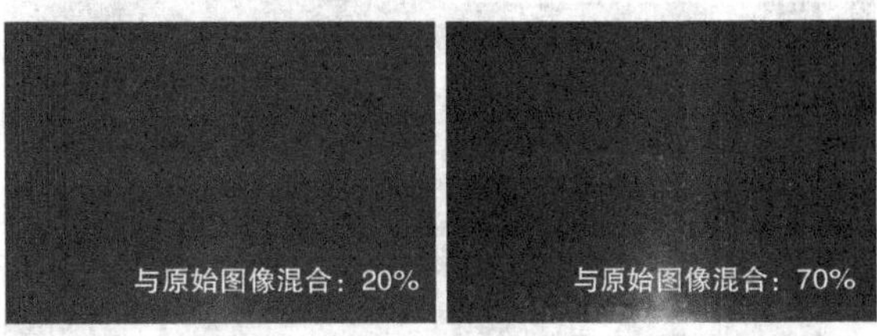

图6-124

6.7.4 四色渐变

视频云课堂：102- 四色渐变

"四色渐变"效果是在原有剪辑的基础上添加4种颜色的渐变。在"效果控件"面板中可以设置渐变的相关参数，如图6-125所示。

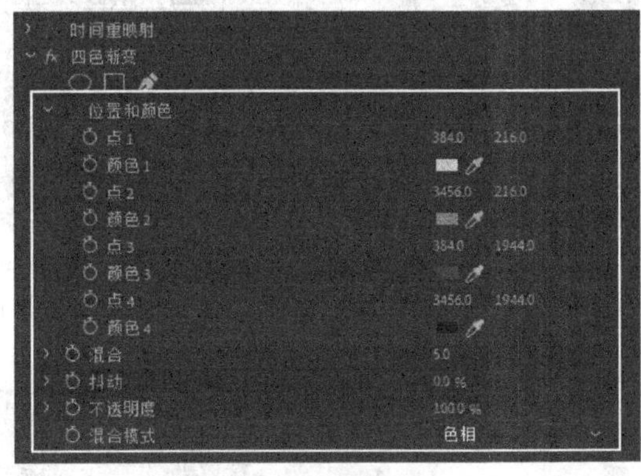

图6-125

点1/点2/点3/点4： 设置渐变颜色的坐标。

颜色1/颜色2/颜色3/颜色4： 设置4个渐变颜色。

混合： 设置渐变颜色在画面中的明度，如图6-126所示。

抖动： 设置颜色变化的流量。

不透明度： 设置渐变色的不透明度。

混合模式： 在下拉列表中可以选择不同的混合模式，如图6-127所示的是对比效果。

图6-126

图6-127

课堂案例

用"四色渐变"效果制作唯美色调

素材文件	素材文件>CH06>02
实例文件	实例文件>CH06>课堂案例：用四色渐变制作唯美色调>课堂案例：用四色渐变制作唯美色调.prproj
视频名称	课堂案例：用四色渐变制作唯美色调.mp4
学习目标	练习"四色渐变"效果

扫码观看视频

本案例将使用"四色渐变"效果为视频制作唯美色调，效果如图6-128所示。

图6-128

01 双击“项目”面板的空白处，导入本书学习资源中“素材文件>CH06>02”文件夹下的所有素材，如图6-129所示。

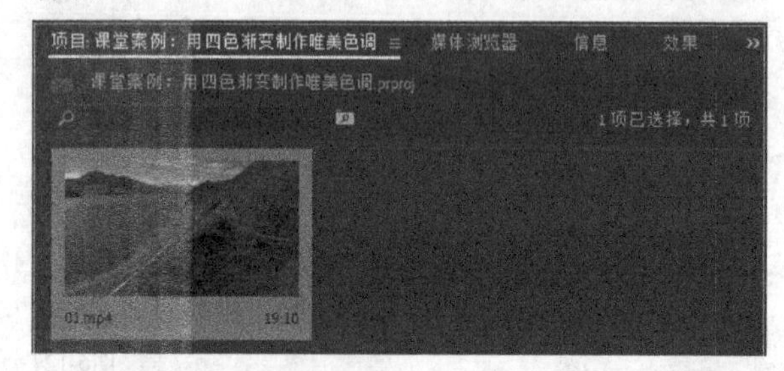

图6-129

02 新建一个AVCHD 1080p25序列，然后将素材拖曳到轨道上，如图6-130所示。

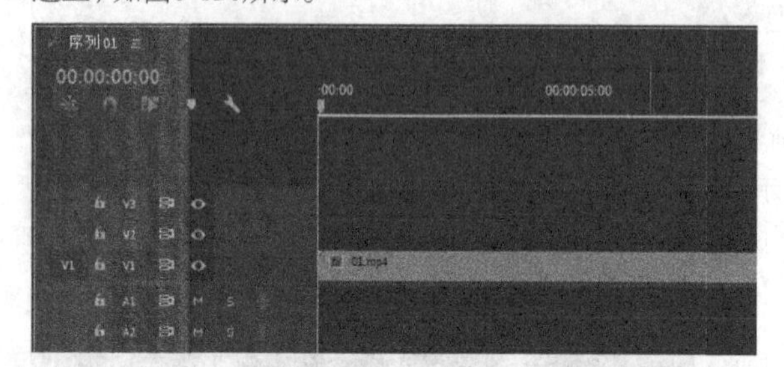

图6-130

03 在“效果”面板中选择“四色渐变”效果，然后将其拖曳到剪辑上，如图6-131所示。

图6-131

04 在“效果控件”面板中设置“颜色1”为青色、“颜色2”为黄色、“颜色3”为蓝色、“颜色4”为橙色，如图6-132所示。效果如图6-133所示。

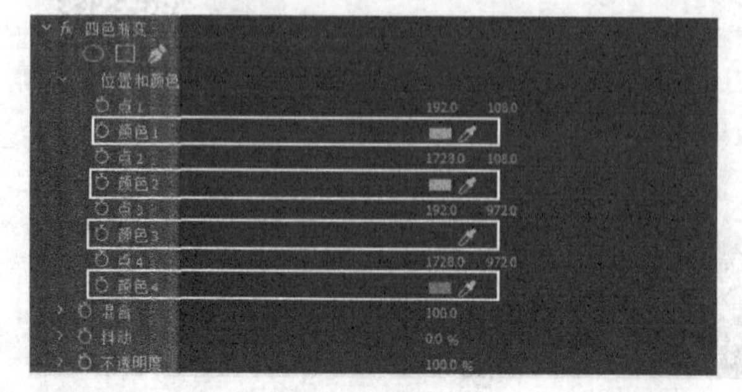

图6-132

图6-133

技巧与提示

渐变的颜色仅为参考，读者可自行发挥。

05 继续在“效果控件”面板中设置“不透明度”为60%、“混合模式”为“叠加”，如图6-134所示。效果如图6-135所示。

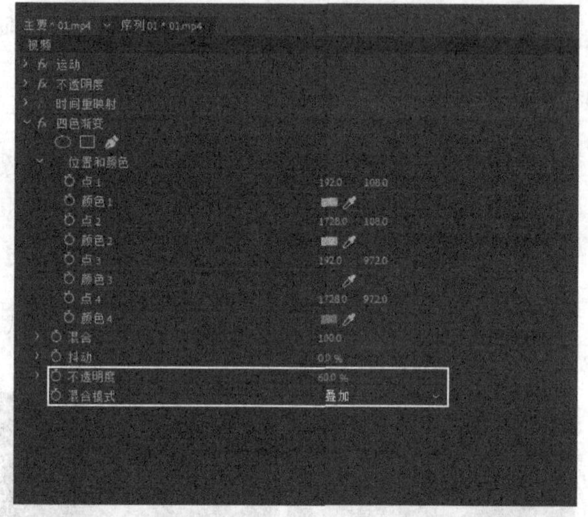

图6-134

图6-135

06 在“效果”面板中选择“镜头光晕”效果，将其拖曳到剪辑上，然后在“效果控件”面板中设置“光晕中心”为24.0，-93.0、“光晕亮度”为150%，如图6-136所示。效果如图6-137所示。

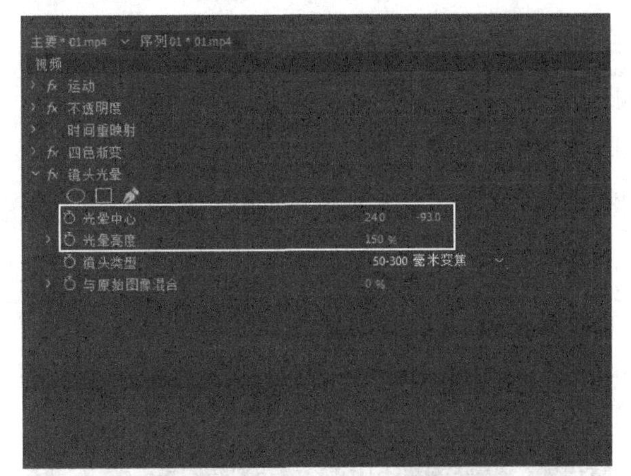

图6-136

图6-137

> **技巧与提示**
>
> “镜头光晕”的相关知识请参阅“6.7.11 镜头光晕”。

07 在剪辑中随意导出4帧，案例最终效果如图6-138所示。

图6-138

6.7.5 圆形

视频云课堂：103- 圆形

“圆形”效果是在剪辑上添加一个圆形的蒙版，通过参数调整改变圆形的效果。在“效果控件”面板中可以设置“圆形”效果的各种属性，如图6-139所示。

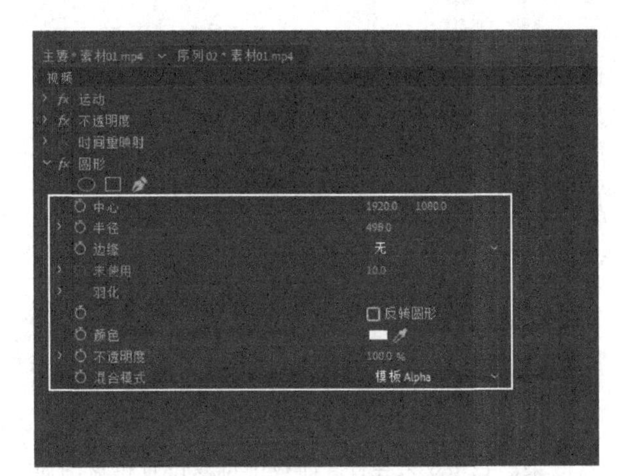

图6-139

中心：设置圆形的中心坐标。

半径：设置圆形的半径大小。

边缘：在下拉列表中可以设置不同的边缘类型，效果如图6-140所示。

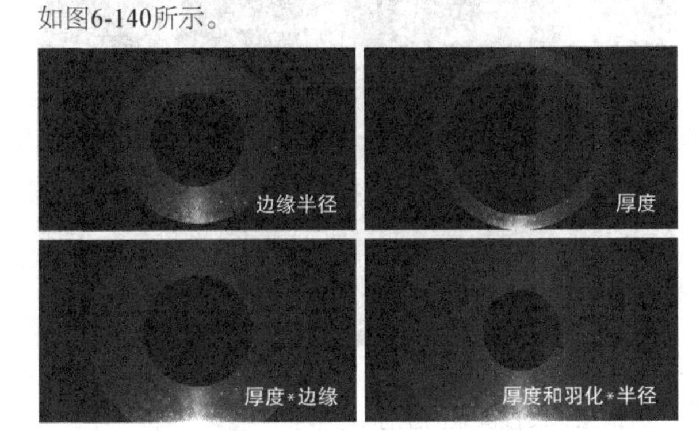

图6-140

羽化：设置圆形边缘模糊程度。

反转圆形：勾选该选项后，画面颜色将反转，如图6-141所示。

图6-141

颜色：设置圆形填充的颜色。

不透明度：设置圆形在画面中的不透明度。

混合模式：设置圆形与原图的混合模式，效果如图6-142所示。

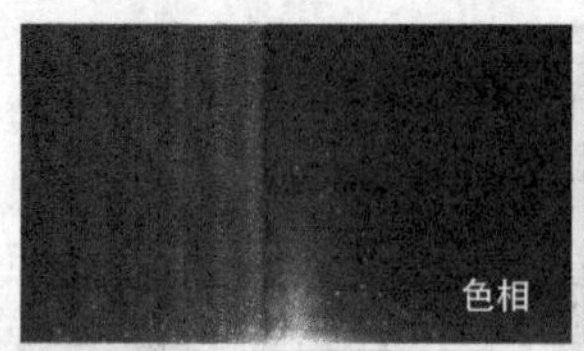

图6-142

6.7.6 棋盘

视频云课堂：104-棋盘

“棋盘”效果是在原有的剪辑上生成黑白矩形棋盘效果。在“效果控件”面板中可以设置棋盘的属性，如图6-143所示。

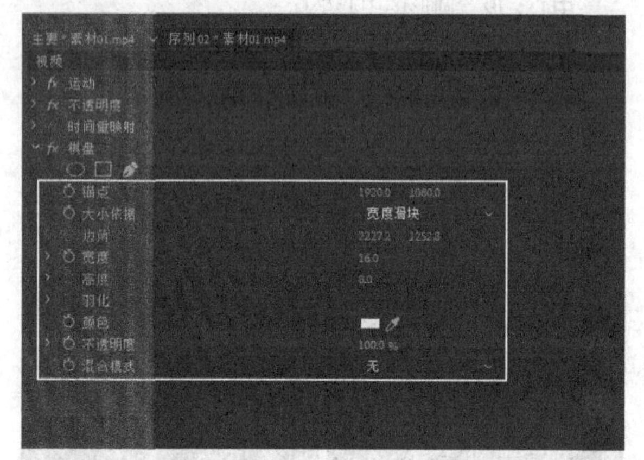

图6-143

锚点：设置棋盘的坐标。

大小依据：根据“边角点”“宽度滑块”“宽度和高度”生成3种棋盘形式。

边角：设置棋盘的边角位置和大小。

宽度：设置棋盘格子的宽度，如图6-144所示。

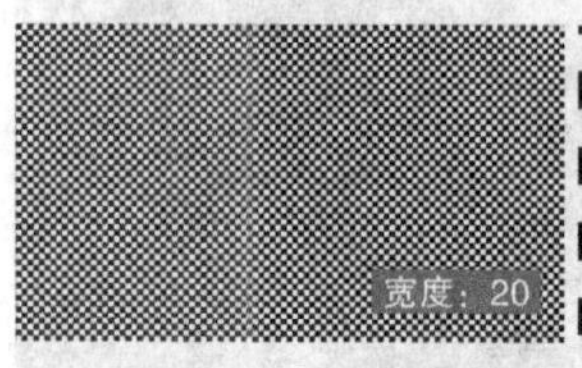

图6-144

羽化：设置棋盘的羽化效果。

不透明度：设置棋盘的不透明度。

混合模式：设置棋盘和原图的混合效果，如图6-145所示。

图6-145

6.7.7 椭圆

视频云课堂：105-椭圆

“椭圆”效果是在剪辑画面上生成一个椭圆形。在“效果控件”面板中可以设置椭圆的各种属性，如图6-146所示。

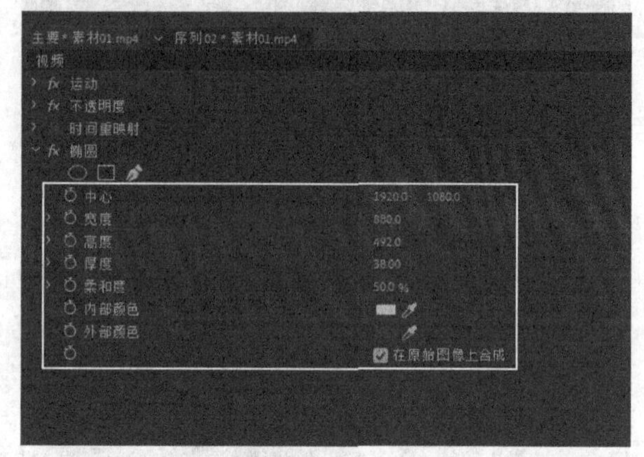

图6-146

中心：设置椭圆在画面中的位置。

宽度/高度：设置椭圆在画面中的宽度和高度。

厚度：设置椭圆的厚度，如图6-147所示。

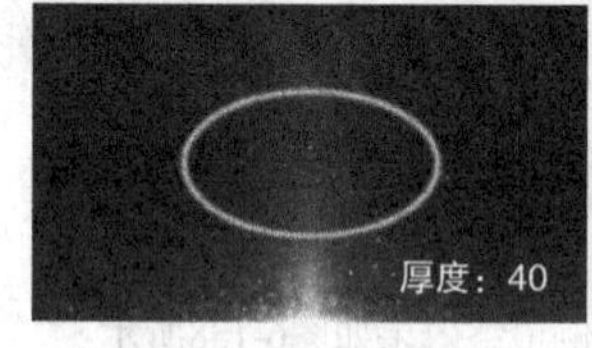

图6-147

柔和度：设置椭圆的羽化效果。

内部颜色/外部颜色：设置椭圆内部和外部填充的颜色。

在原始图像上合成：勾选该选项后可以在椭圆下方显示原始图像，如图6-148所示。

图6-148

6.7.8 油漆桶

视频云课堂：106-油漆桶

“油漆桶”效果可以为剪辑画面的指定位置填充颜色。在“效果控件”面板中可以设置填充的颜色等信息，如图6-149所示。

图6-149

填充点：设置填充颜色所在位置。

填充选择器：在下拉列表中可以选择不同的填充形式，如图6-150所示。

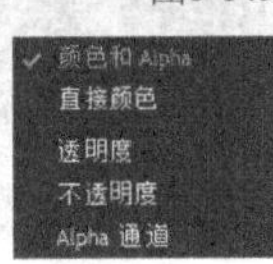

图6-150

容差：设置填充颜色的容差，如图6-151所示。

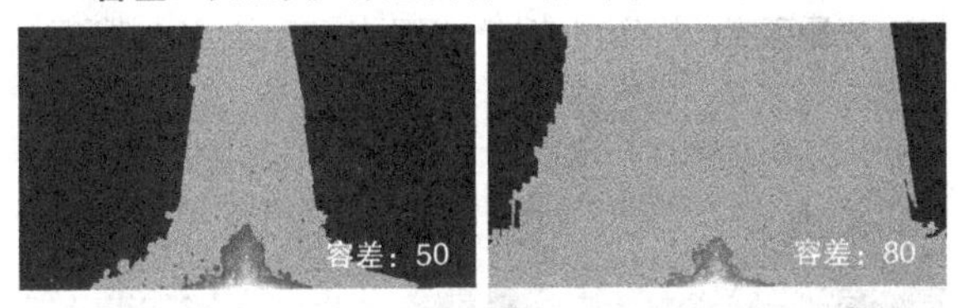

图6-151

描边：设置不同的描边方式，效果如图6-152所示。

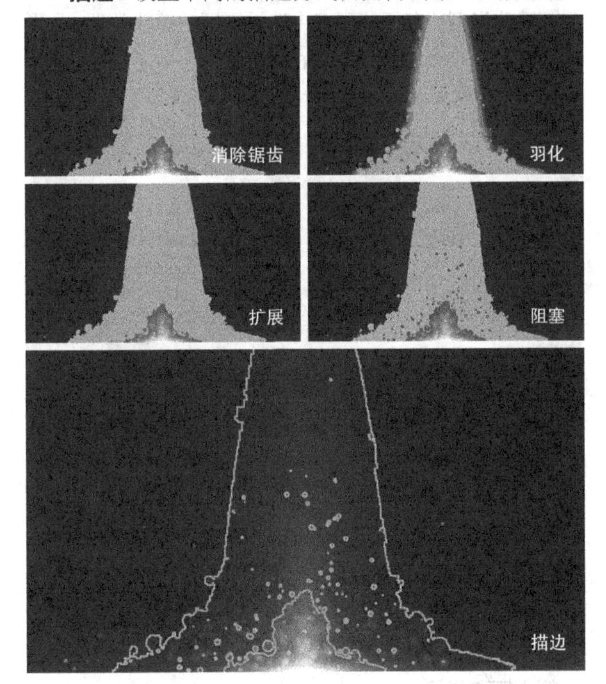

图6-152

反转填充：勾选该选项后，颜色会反向填充。

颜色：设置填充的颜色。

不透明度：设置填充颜色的不透明度。

混合模式：设置填充颜色与原图的混合效果。

6.7.9 渐变

视频云课堂：107- 渐变

“渐变”效果可以在剪辑画面上叠加线性渐变或径向渐变。在“效果控件”面板中可以设置渐变的各种效果，如图6-153所示。

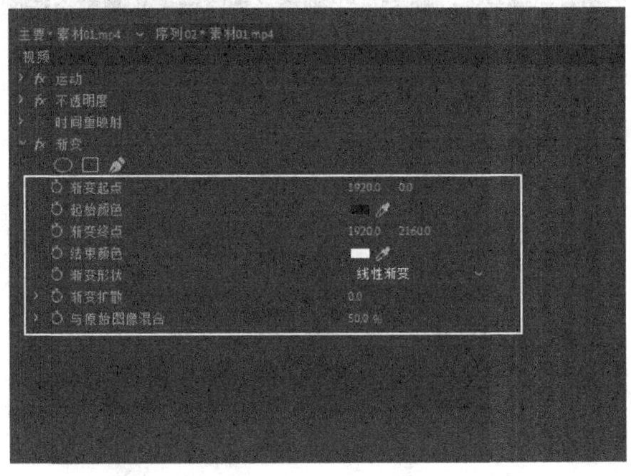

图6-153

渐变起点/渐变终点：设置渐变的起始和结束位置。

起始颜色/结束颜色：设置渐变的起始和结束颜色。

渐变形状：可以选择“线性渐变”和“径向渐变”两种形式，如图6-154所示。

图6-154

渐变扩散：设置画面中渐变的扩散程度。

与原始图像混合：设置渐变与原始图像的混合程度，如图6-155所示。

图6-155

6.7.10 网格

视频云课堂：108- 网格

“网格”效果可以在剪辑画面上自动呈现矩形网格。在“效果控件”面板中可以设置网格的相关参数，如图6-156所示。

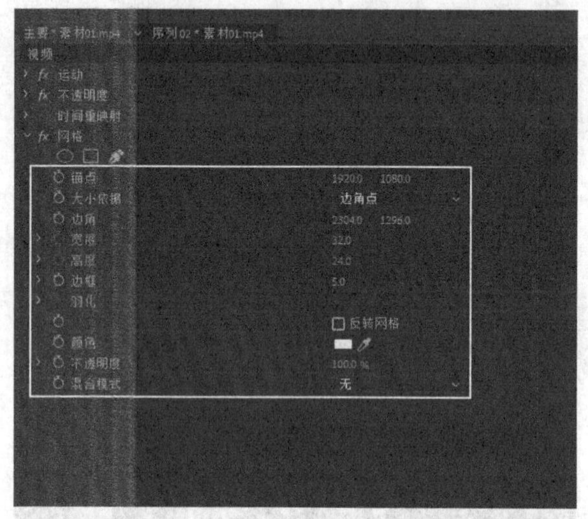

图6-156

锚点： 设置水平和垂直方向上的网格数量。

大小依据： 在下拉列表中可以选择不同类型的网格，如图6-157所示。

边角点
宽度滑块
宽度和高度滑块

图6-157

边角： 设置网格边角所在的位置。

宽度/高度： 设置矩形网格的宽度和高度。

边框： 设置矩形边框的粗细，如图6-158所示。

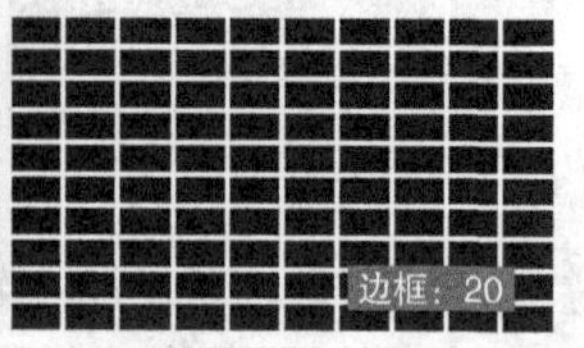

图6-158

羽化： 设置网格水平或垂直的模糊程度。

颜色： 设置网格的填充颜色。

混合模式： 设置网格与剪辑画面的混合效果。

6.7.11 镜头光晕

视频云课堂：109- 镜头光晕

“镜头光晕”是在剪辑画面上模拟拍摄时遇到强光所产生的光晕效果。在“效果控件”面板中可以设置光晕的相关参数，如图6-159所示。

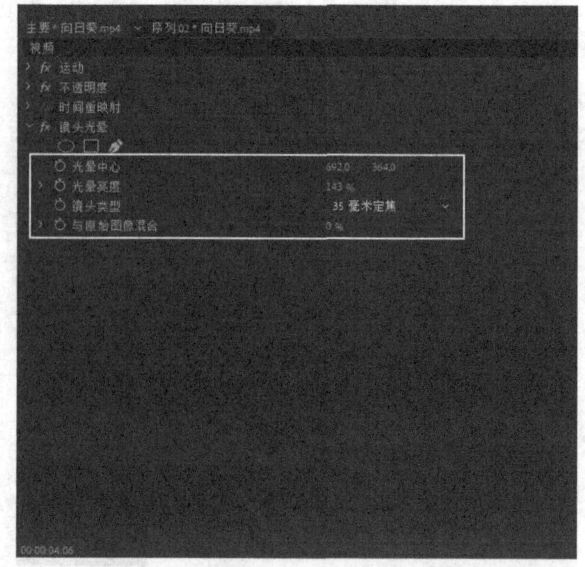

图6-159

光晕中心： 设置光晕中心所在的位置。

光晕亮度： 设置镜头光晕的范围及亮度，如图6-160所示。

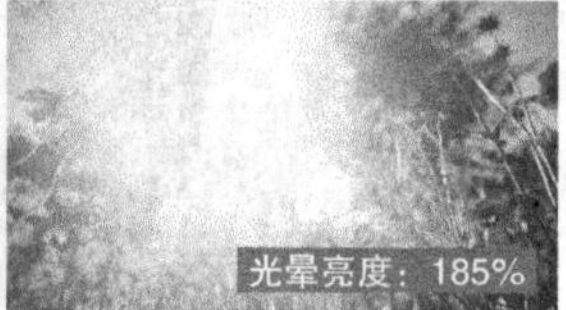

图6-160

镜头类型： 在下拉列表中选择不同的镜头类型，会形成不同的光晕效果，如图6-161所示。

图6-161

与原始图像混合： 设置光晕与剪辑画面的混合程度。

技巧与提示

“镜头光晕”效果与Photoshop中的“镜头光晕”滤镜原理一致。

6.7.12 闪电

视频云课堂：110- 闪电

“闪电”效果可以用来模拟天空中的闪电形态。在“效果控件”面板中可以设置相关的参数，如图6-162所示。

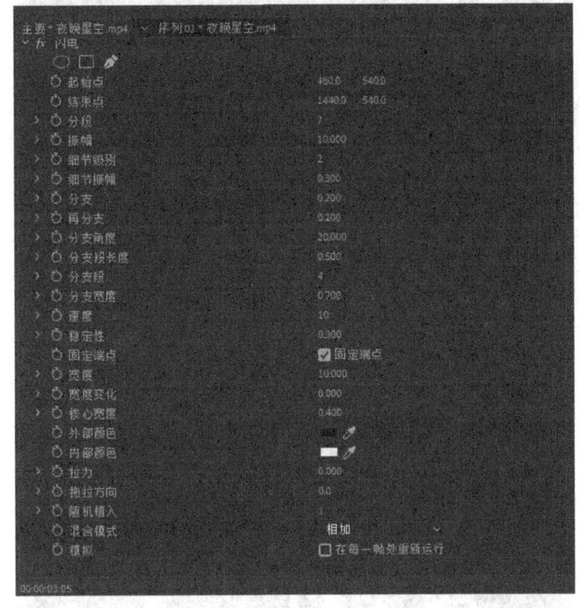

图6-162

起始点/结束点： 设置闪电的起始位置和结束位置。

分段： 设置闪电主干上的段数分支，如图6-163所示。

图6-163

振幅： 设置闪电的扩张范围。

细节级别： 设置闪电的粗细和曝光度。

细节振幅： 设置闪电在分支上的弯曲程度。

分支： 设置主干上的分支，如图6-164所示。

图6-164

再分支： 相对于“分支”更加精细，继续设置分支数量。

固定端点： 勾选此选项后，闪电的起始和结束位置会固定在画面的某个坐标上；如果不勾选，则会在画面中呈现摇摆不定的效果。

宽度： 设置闪电的整体宽度。

外部颜色/内部颜色： 设置闪电边缘和内部填充的颜色。

拉力： 设置闪电分支的延展程度。

模拟： 勾选“在每一帧处重新运行”选项后，可以改变闪电的变换形态。

6.8 “视频”类视频效果

“视频”类效果可以对剪辑画面做一些简单的调整，例如添加一些文字或时间码等信息。

本节效果介绍

效果名称	效果作用	重要程度
SDR遵从情况	调整剪辑的亮度、对比度和软阈值	中
剪辑名称	在剪辑画面上显示剪辑的名称	高
时间码	在剪辑画面上显示时间编码	高
简单文本	在剪辑画面上进行简单的文字编辑	中

6.8.1 SDR遵从情况

视频云课堂：111- SDR 遵从情况

“SDR遵从情况”效果可以调整剪辑的亮度、对比度和软阈值，其“效果控件”面板如图6-165所示。

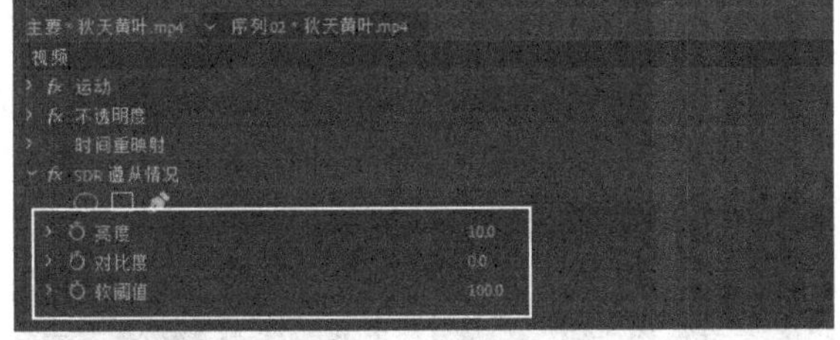

图6-165

亮度： 调整画面的亮度，如图6-166所示。

图6-166

对比度： 调整画面的对比度，如图6-167所示。

图6-167

软阈值： 用来控制画面的明暗。

6.8.2 剪辑名称

视频云课堂：112- 剪辑名称

“剪辑名称”效果会在剪辑画面上显示剪辑的名称。在“效果控件”面板中可以设置剪辑名称的相关属性，如图6-168所示。

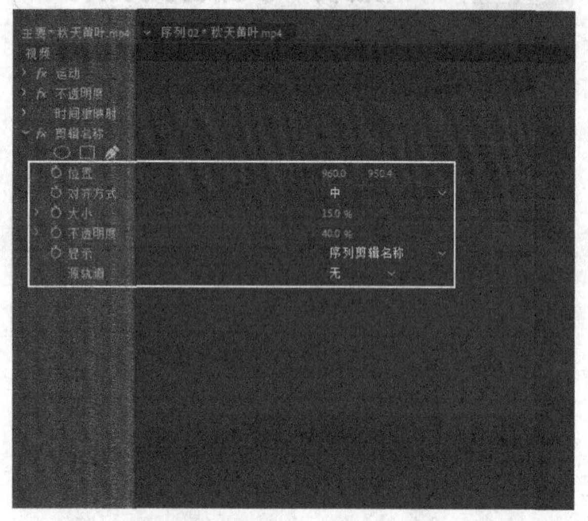

图6-168

位置： 调整剪辑名称的位置。

对齐方式： 在下拉列表中可以选择“左”“中”“右”3种方式。

大小： 设置文字的大小。

不透明度： 设置黑色矩形框的不透明度，如图6-169所示。

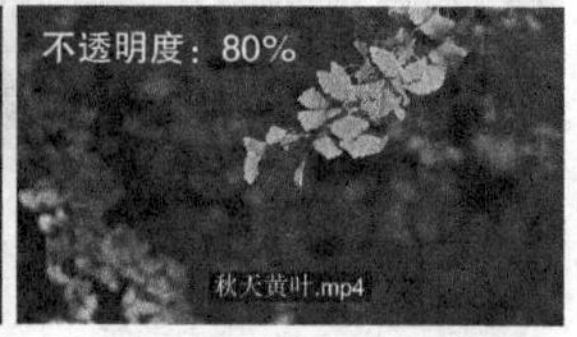

图6-169

显示： 可以选择“序列剪辑名称”“项目剪辑名称”“文件名称”3种显示形式。

源轨道： 设置显示名称在各个轨道中的针对性。

6.8.3 时间码

视频云课堂：113- 时间码

“时间码”效果会在剪辑画面上显示时间编码。在“效果控件”面板中可以设置时间码的相关属性，如图6-170所示。

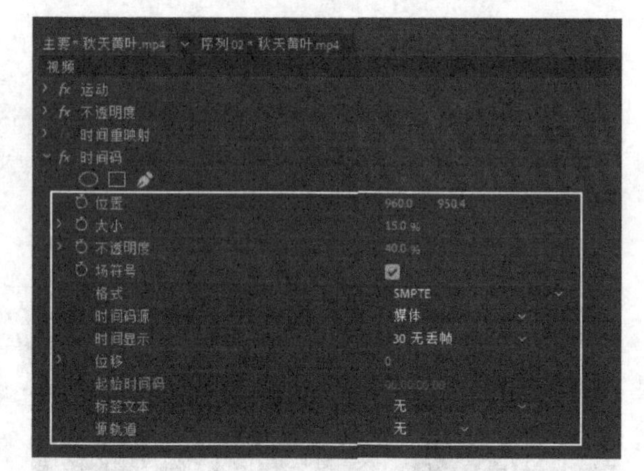

图6-170

位置： 设置时间码在画面上显示的位置。

大小： 设置时间码在画面中显示的大小。

场符号： 勾选该选项后，会在数字右侧显示椭圆图标。

格式： 设置时间码的显示格式，如图6-171所示。

图6-171

时间码源： 设置时间码的初始状态。

时间显示： 在下拉列表中选择显示制式，如图6-172所示。

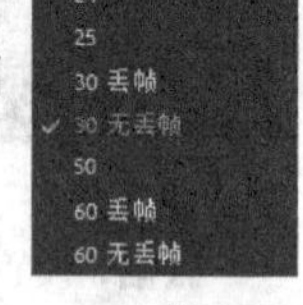

图6-172

6.8.4 简单文本

视频云课堂：114- 简单文本

“简单文本”效果可以在剪辑画面上进行简单的文字编辑。在“效果控件”面板中可以设置文本的相关信息，如图6-173所示。

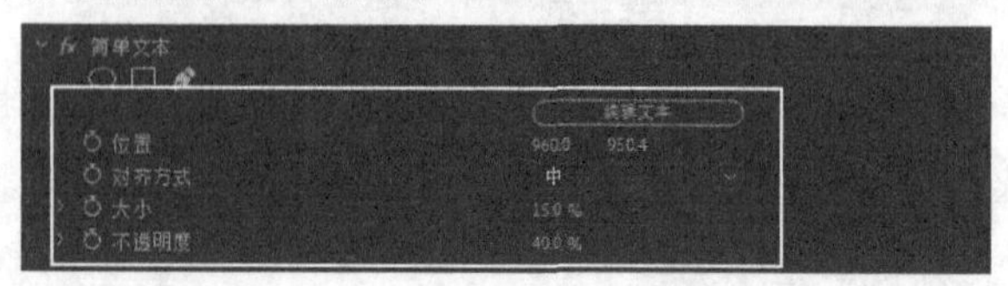

图6-173

编辑文本：单击该按钮，在弹出的对话框中可以输入需要的文字内容，如图6-174所示。

图6-174

位置：设置文本框的坐标位置。

对齐方式：设置文字的对齐方式，包括“左”“中”“右”3种方式。

大小：调整文字的大小。

不透明度：设置文本框的透明度。

6.9 “调整”类视频效果

“调整”类视频效果可以对剪辑画面进行亮度、对比度和颜色等效果的调整。

本节效果介绍

效果名称	效果作用	重要程度
ProcAmp	调整亮度、对比度、色相和饱和度	中
光照效果	模拟灯光照射在物体上的效果	中
卷积内核	调整画面的色阶	中
提取	将彩色的剪辑画面转换为黑白效果	中
色阶	调整画面中的明暗层次关系	高

6.9.1 ProcAmp

视频云课堂：115- ProcAmp

ProcAmp效果可以调整剪辑画面的亮度、对比度、色相和饱和度等信息。在“效果控件”面板中即可调整相关参数，如图6-175所示。

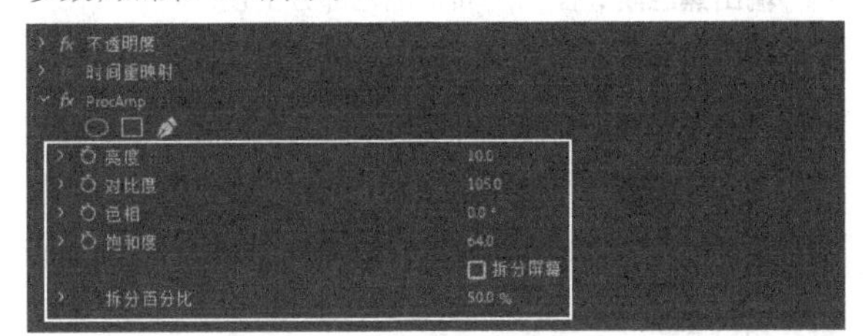

图6-175

亮度：用于调整画面整体的亮度，其对比效果如图6-176所示。

图6-176

对比度：调整画面整体的对比度。

色相：调整画面整体的颜色倾向，如图6-177所示。

拆分屏幕：勾选该选项后可以同时看到调整前与调整后的效果，如图6-178所示。

图6-177

图6-178

拆分百分比：调整拆分屏幕的画面比例。

6.9.2 光照效果

视频云课堂：116- 光照效果

“光照效果”可以模拟灯光照射在物体上的效果。在“效果控件”面板中可以调整灯光的参数，如图6-179所示。

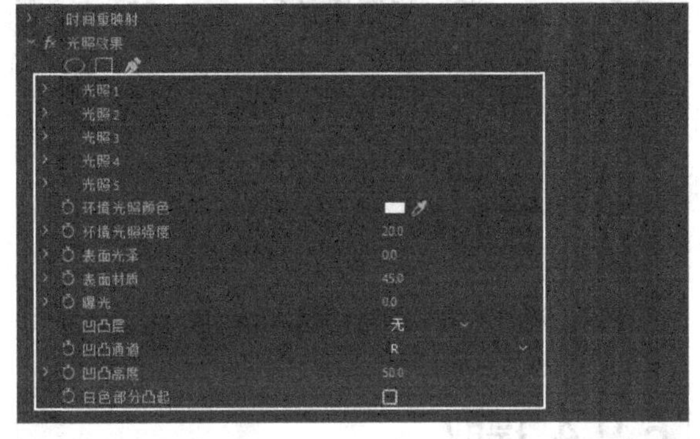

图6-179

光照1/光照2/光照3/光照4/光照5：为剪辑画面添加灯光效果，如图6-180所示。

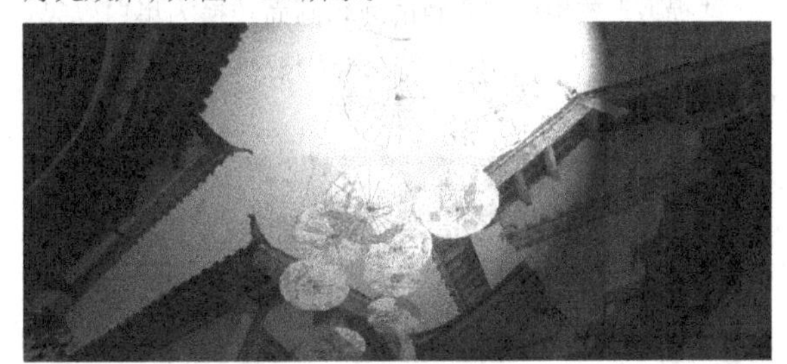

图6-180

环境光照强度： 控制周围环境光的强度。

表面光泽： 设置光源的明暗程度。

表面材质： 设置图像表面的材质效果。

曝光： 控制灯光的曝光效果。

6.9.3 卷积内核

视频云课堂：117- 卷积内核

"卷积内核"效果可以通过参数调整剪辑画面的色阶。在"效果控件"面板中可以调整相应的参数，如图6-181所示。

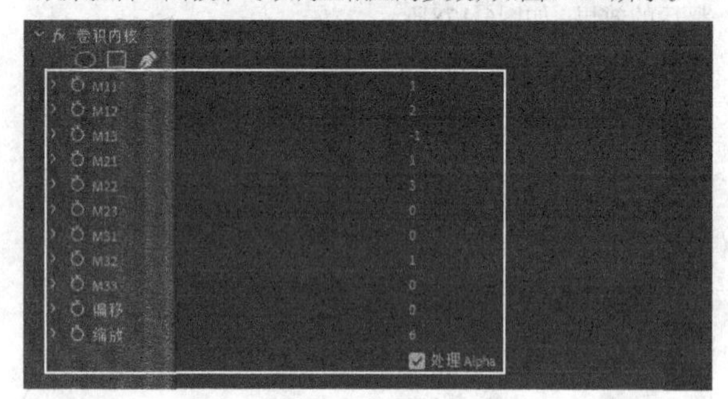

图6-181

M11/M12/M13： 1级调整画面的明暗和对比度，对比效果如图6-182所示。

图6-182

M21/M22/M23： 2级调整画面的明暗和对比度。

M31/M32/M33： 3级调整画面的明暗和对比度。

偏移： 控制画面的曝光程度。

缩放： 控制画面的进光数量。

6.9.4 提取

视频云课堂：118- 提取

"提取"效果可将彩色的剪辑画面转换为黑白效果。在"效果控件"面板中可以通过调整黑白色阶来调整画面，如图6-183所示。

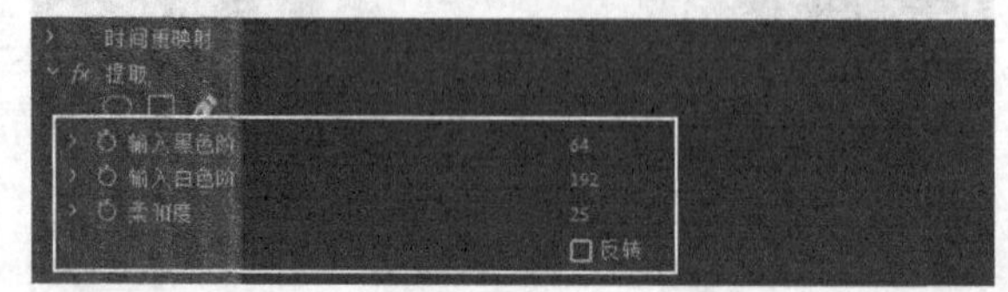

图6-183

输入黑色阶/输入白色阶： 控制画面中的黑色和白色部分，对比效果如图6-184所示。

图6-184

柔和度： 控制画面中灰色的数量。

6.9.5 色阶

视频云课堂：119- 色阶

"色阶"效果用于调整画面中的明暗层次关系。在"效果控件"面板中可以通过参数控制整体或通道的色阶，如图6-185所示。对比效果如图6-186所示。

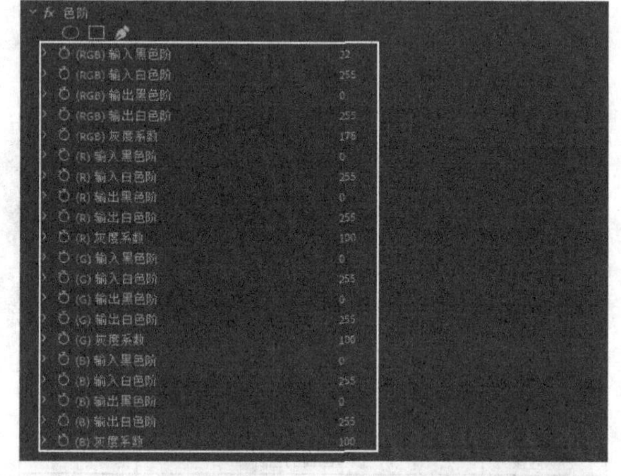

图6-185

图6-186

输入黑色阶： 控制画面中黑色部分的比例。

输入白色阶： 控制画面中白色部分的比例。

输出黑色阶： 控制画面中黑色部分的明暗。

输出白色阶： 控制画面中白色部分的明暗。

灰度系数： 控制画面的灰度值。

技巧与提示

在参数前会有括号，表明所对应的通道。其中（RGB）代表整体画面，（R）代表红通道，（G）代表绿通道，（B）代表蓝通道。

6.10 “过渡”类视频效果

“过渡”类视频效果中包含“块溶解”“径向擦除”“渐变擦除”等5种效果。该类效果在实际制作中运用得较多，需要重点掌握。

本节效果介绍

效果名称	效果作用	重要程度
块溶解	让画面逐渐显示或逐渐消失	高
径向擦除	沿着设置的中心轴点进行表针式画面擦除	中
渐变擦除	类似色阶梯度渐变逐渐显示或消失	中
百叶窗	类似百叶窗的状态逐渐显示或消失	高
线性擦除	以线性的方式显示或擦除画面	高

6.10.1 块溶解

视频云课堂：120- 块溶解

“块溶解”效果可以让画面逐渐显示或逐渐消失。在“效果控件”面板中可以通过参数控制溶解的效果，如图6-187所示。

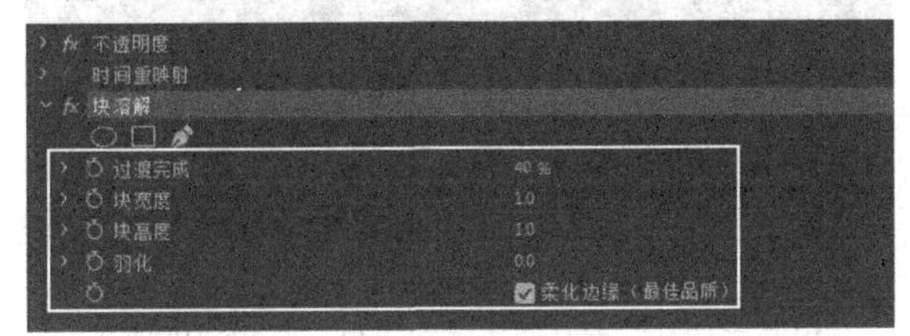

图6-187

过渡完成：设置素材的溶解度，如图6-188所示。

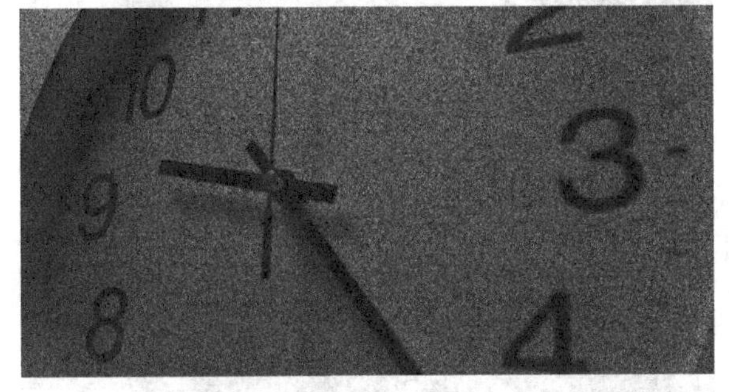

图6-188

块宽度/块高度：设置溶解块的宽度和高度，对比效果如图6-189所示。

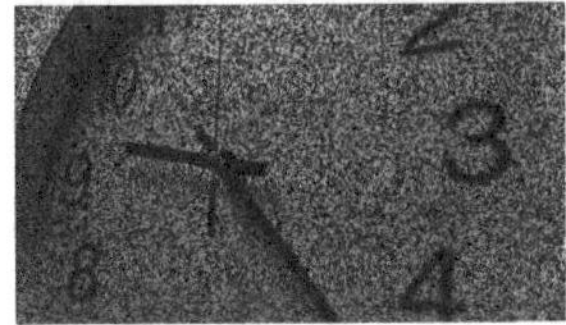
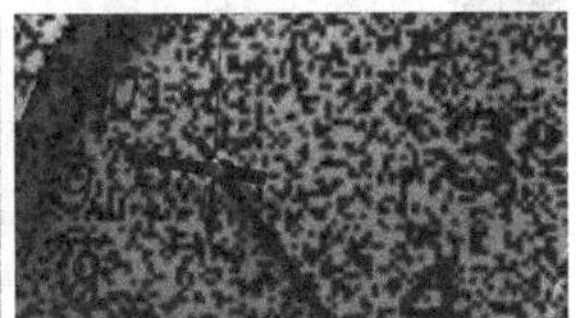

图6-189

羽化：设置块像素的边缘羽化效果。

6.10.2 径向擦除

视频云课堂：121- 径向擦除

“径向擦除”效果是沿着设置的中心轴点进行表针式画面擦除。其效果与上一章中的“时钟式擦除”过渡效果较为类似。在“效果控件”面板中可以控制擦除效果，如图6-190所示。

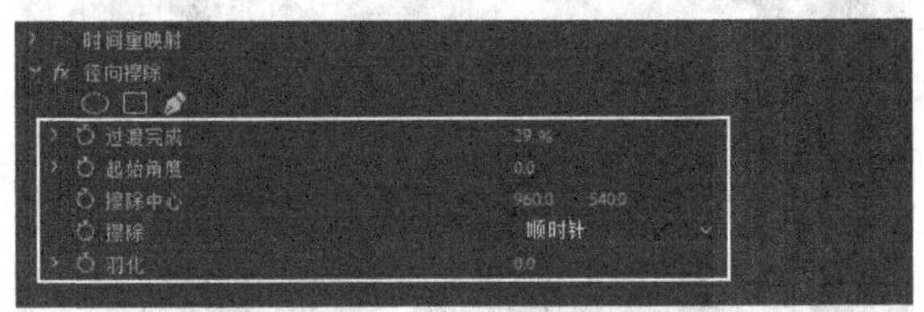

图6-190

过渡完成：设置画面擦除的大小，如图6-191所示。

图6-191

起始角度：设置擦除时夹角的角度朝向，如图6-192所示。

图6-192

擦除中心：设置擦除时的轴点位置。

擦除：设置擦除的方向，包含“顺时针”“逆时针”“两者兼有”3种模式。

羽化：设置擦除边缘的羽化效果。

6.10.3 渐变擦除

视频云课堂：122- 渐变擦除

“渐变擦除”效果可以制作出类似色阶梯度渐变的感觉。在“效果控件”面板中可以设置渐变的参数，如图6-193所示。

图6-193

过渡完成： 设置画面中梯度渐变的数量，如图6-194所示。

图6-194

过渡柔和度： 调整渐变边缘的柔和度。

渐变图层： 设置渐变擦除的轨道。

渐变放置： 设置渐变的平铺方式，包含“平铺渐变”“中心渐变”“伸缩渐变以适合”3种方式。

反转渐变： 勾选该选项后，会将渐变效果反转。

6.10.4 百叶窗

视频云课堂：123- 百叶窗

“百叶窗”效果可以在画面中产生类似百叶窗的状态。该效果与上一章中所讲的“百叶窗”过渡效果相类似。在“效果控件”面板中可以设置百叶窗的相关参数，如图6-195所示。

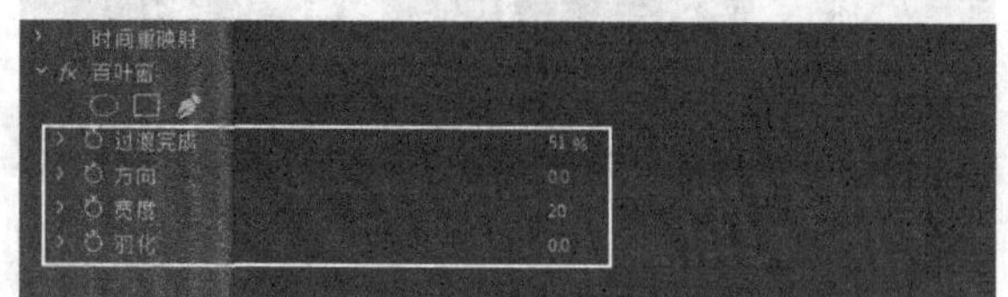

图6-195

过渡完成： 设置画面中擦除的数量，如图6-196所示。

图6-196

方向： 设置百叶窗的角度，对比效果如图6-197所示。

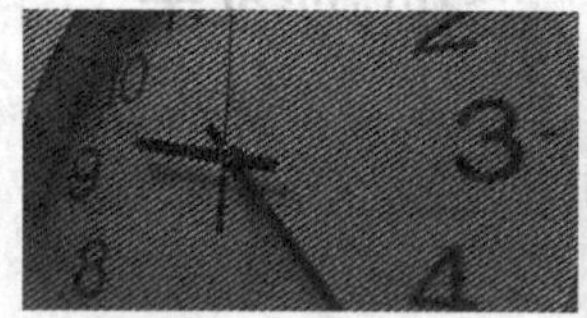

图6-197

宽度： 设置百叶窗的宽度。

羽化： 设置叶片边缘的羽化效果。

6.10.5 线性擦除

视频云课堂：124- 线性擦除

“线性擦除”效果是以线性的方式擦除画面。在“效果控件”面板中可以设置擦除的效果，如图6-198所示。

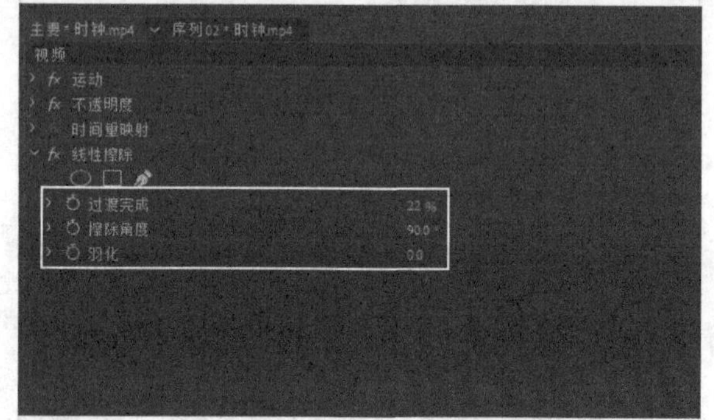

图6-198

过渡完成： 设置画面擦除的大小，如图6-199所示。

擦除角度： 设置线性擦除的角度，如图6-200所示。

图6-199

图6-200

羽化： 设置擦除边缘的模糊效果。

课堂案例

用“块溶解”效果和“百叶窗”效果实现画面切换

素材文件　素材文件>CH06>03

实例文件　实例文件>CH06>课堂案例：用块溶解和百叶窗实现画面切换>课堂案例：用块溶解和百叶窗实现画面切换.prproj

视频名称　课堂案例：用块溶解和百叶窗实现画面切换.mp4

学习目标　练习“块溶解”效果和“百叶窗”效果

扫码观看视频

本案例将使用“块溶解”效果和“百叶窗”效果制作图片的切换效果，如图6-201所示。

图6-201

01 双击“项目”面板的空白处，导入本书学习资源中“素材文件>CH06>03”文件夹下的所有素材，如图6-202所示。

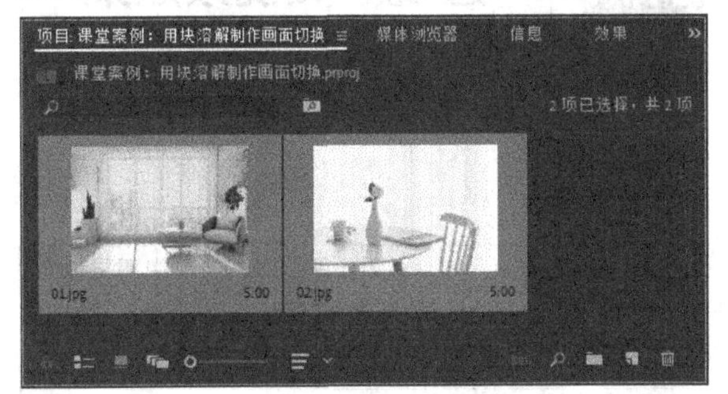

图6-202

02 新建一个AVCHD 1080p25序列，然后将素材拖曳到轨道上，如图6-203所示。

图6-203

03 选择两个剪辑，然后单击鼠标右键，在弹出的菜单中选择“缩放为帧大小”命令，如图6-204所示。此时图片在节目监视器中会自动缩放到合适的大小，如图6-205所示。

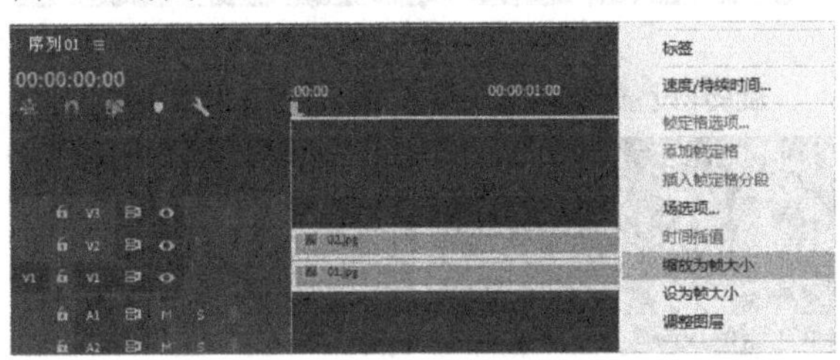

图6-204

图6-205

04 在“效果”面板中选择“块溶解”效果，将其拖曳到02.jpg剪辑上，在“效果控件”面板中设置“过渡完成”为100%，并在剪辑起始位置添加关键帧，如图6-206所示。此时节目监视器中会显示01.jpg剪辑的效果，如图6-207所示。

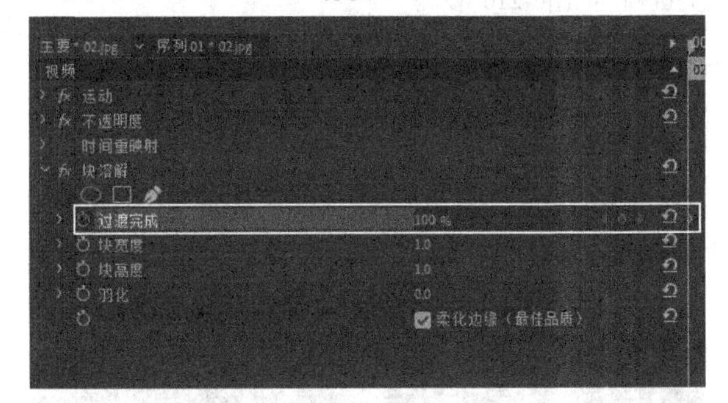

图6-206

图6-207

05 移动播放指示器到00:00:02:00的位置，然后设置“过渡完成”为0%，如图6-208所示。此时节目监视器中会显示02.jpg剪辑的效果，如图6-209所示。

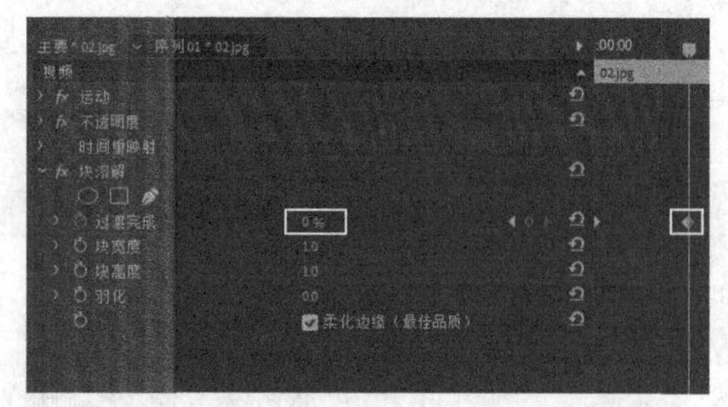

图6-208

图6-209

06 移动播放指示器到00:00:03:15的位置，然后为02.jpg剪辑添加“百叶窗”效果，设置“过渡完成”为0%，并添加关键帧，如图6-210所示。

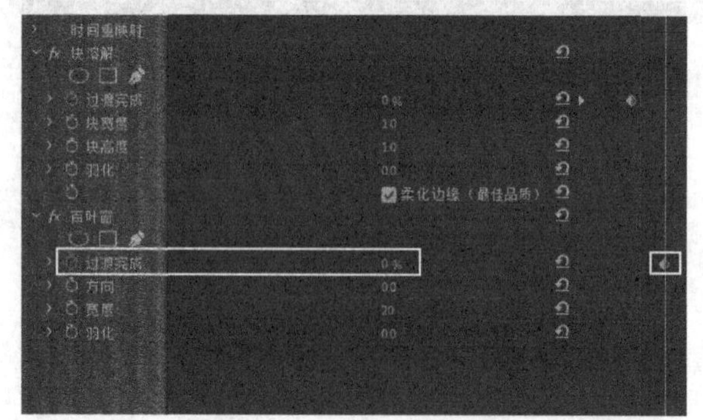

图6-210

07 移动播放指示器到00:00:05:00的位置，然后设置“过渡完成”为100%，如图6-211所示。

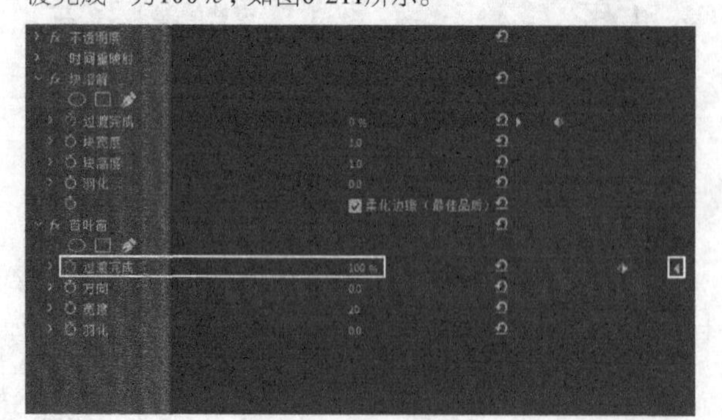

图6-211

08 在剪辑中随意导出4帧，案例最终效果如图6-212所示。

图6-212

6.11 “透视”类视频效果

利用“透视”类视频效果，可以将剪辑画面制作出不同的立体效果。

本节效果介绍

效果名称	效果作用	重要程度
基本3D	产生立体翻转等效果	中
径向阴影	将一个三维层投影到二维层中	中
投影	在剪辑画面的下方呈现阴影效果	中
斜面Alpha	通过Alpha通道使素材产生三维效果	中
边缘斜面	制作斜切状立体效果	中

6.11.1 基本3D

视频云课堂：125- 基本 3D

“基本3D”效果可以让剪辑画面产生立体翻转等效果。在“效果控件”面板中还可以设置其他翻转的效果，如图6-213所示。

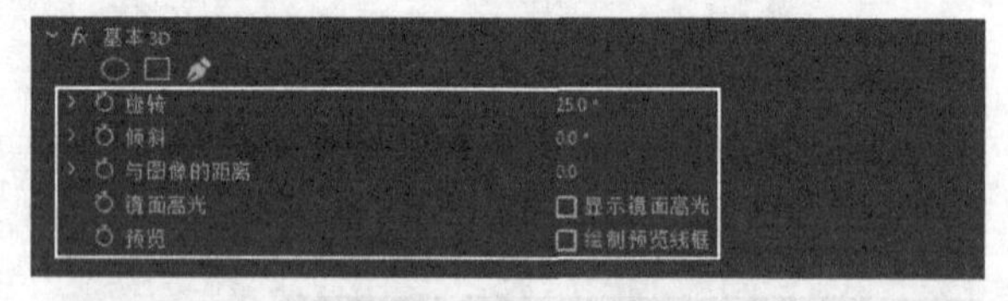

图6-213

旋转：设置剪辑画面的水平旋转角度，如图6-214所示。

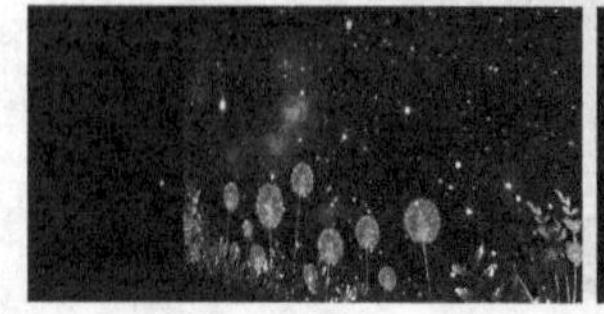
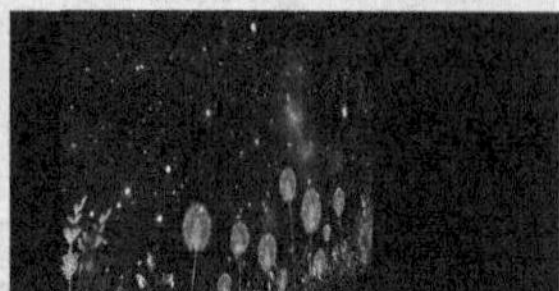

图6-214

倾斜：设置剪辑画面的垂直翻转角度，如图6-215所示。

图6-215

与图像的距离：设置剪辑画面在节目监视器中拉近或推远的状态，如图6-216所示。

图6-216

6.11.2 径向阴影

视频云课堂：126-径向阴影

"径向阴影"效果会将一个三维层投影到二维层中。在"效果控件"面板中可以设置投影的相关参数，如图6-217所示。

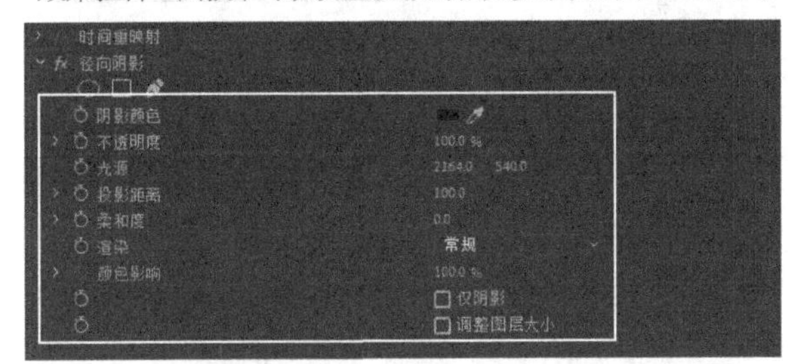

图6-217

阴影颜色：设置阴影区域的颜色，如图6-218所示。

图6-218

不透明度：设置阴影的不透明度。

光源：设置光源的坐标起始位置。

投影距离：设置阴影与画面间的拉伸距离。

柔和度：设置阴影边缘的模糊度。

仅阴影：勾选该选项后，仅显示阴影颜色，如图6-219所示。

图6-219

6.11.3 投影

视频云课堂：127-投影

"投影"效果可以在剪辑画面的下方呈现阴影效果。在"效果控件"面板中可以设置相关的参数，如图6-220所示。

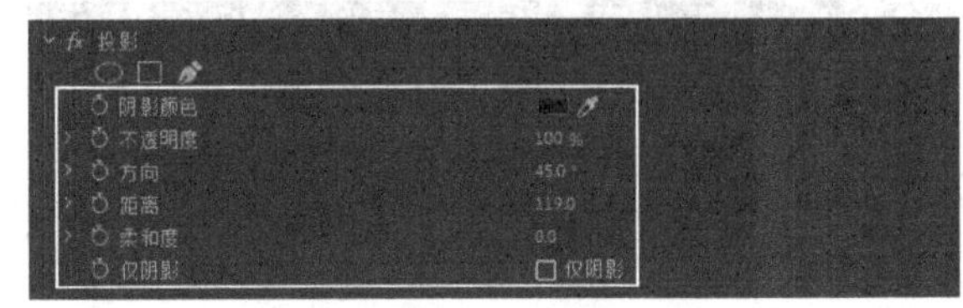

图6-220

阴影颜色：设置阴影的颜色。

不透明度：设置阴影的不透明度。

方向：设置投影的方向，如图6-221所示。

图6-221

距离：设置阴影与剪辑画面之间的距离。

柔和度：设置阴影边缘的柔和程度。

6.11.4 斜面Alpha

视频云课堂：128-斜面Alpha

"斜面Alpha"效果可以通过Alpha通道使素材产生三维效果。在"效果控件"面板中可以设置具体的效果，如图6-222所示。

图6-222

边缘厚度： 设置素材边缘的厚度，如图6-223所示。

图6-223

光照角度： 设置光源照射的方向。

光照强度： 设置光源照射的强度。

6.11.5 边缘斜面

视频云课堂：129- 边缘斜面

"边缘斜面"效果可以制作斜切状立体效果。在"效果控件"面板中可以设置斜面的相关参数，如图6-224所示。

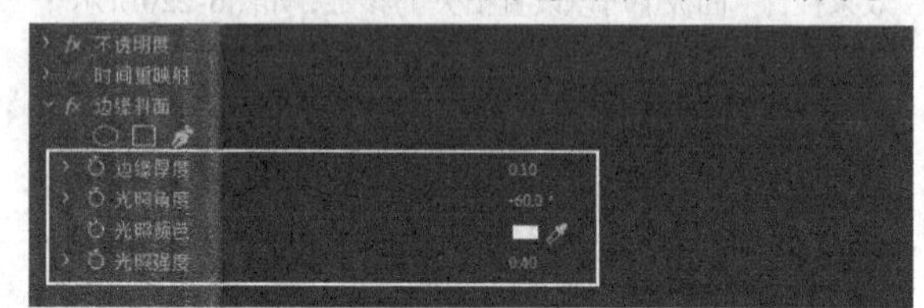

图6-224

边缘厚度： 设置边缘斜面的厚度，如图6-225所示。

图6-225

光照角度： 设置光照的方向。

光照强度： 设置光照的强度。

6.12 "通道"类视频效果

使用"通道"类视频效果中包含的7种效果，可以让剪辑呈现不同的显示或混合效果。

本节效果介绍

效果名称	效果作用	重要程度
反转	使剪辑画面产生颜色反转	中
复合运算	混合原视频和其他轨道的视频	中
混合	将两个剪辑进行混合时的叠加效果	中
算术	控制画面中RGB颜色的阈值情况	中
纯色合成	将纯色与剪辑进行混合	中
计算	将源剪辑与素材剪辑进行混合计算	中
设置遮罩	指定通道作为遮罩，并与源剪辑进行混合	中

6.12.1 反转

视频云课堂：130- 反转

"反转"效果可以让剪辑画面产生颜色反转。在"效果控件"面板中可以设置不同的反转通道，如图6-226所示。反转对比效果如图6-227所示。

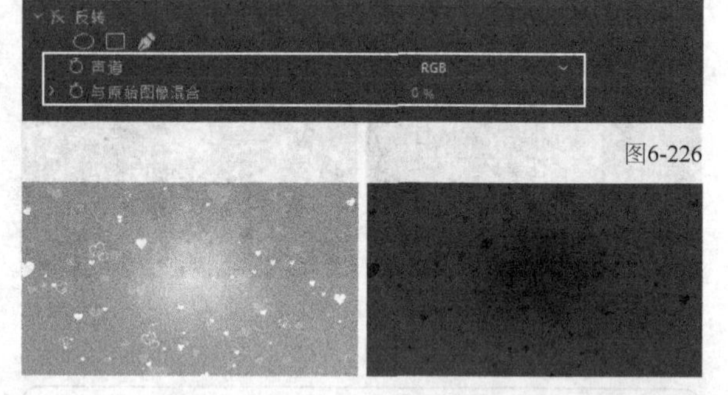

图6-226

图6-227

声道： 在下拉列表中可以设置需要反转的通道，如图6-228所示。

RGB 红色 绿色 蓝色 HLS 色相 亮度 饱和度 YIQ 明亮度 相内彩色度 正交色度 Alpha

图6-228

与原始图像混合： 设置反转画面后与原始画面进行混合的百分比，效果如图6-229所示。

图6-229

6.12.2 复合运算

视频云课堂：131- 复合运算

"复合运算"效果用于混合原视频和其他轨道的视频。在"效果控件"面板中可以设置不同的混合方式，如图6-230所示。混合后的对比效果如图6-231所示。

图6-230

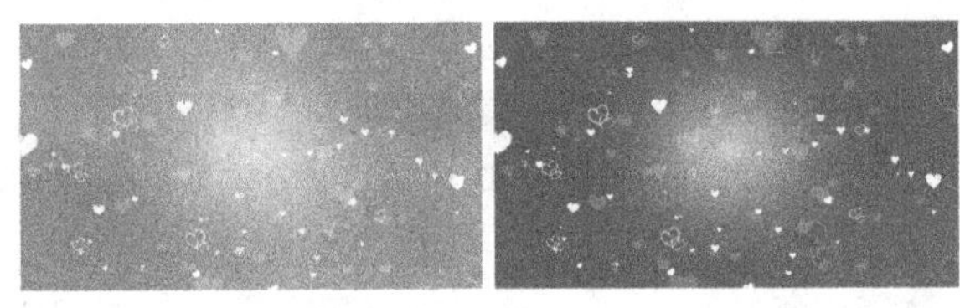

图6-231

第二个源图层：指定要混合的素材文件轨道。

运算符：用于选择画面混合的运算方式。

在通道上运算：系统提供RGB、ARGB和Alpha 3种通道模式进行计算。

6.12.3 混合

视频云课堂：132- 混合

“混合”效果是将两个剪辑进行混合时的叠加效果。在“效果控件”面板中可以指定不同的混合模式，如图6-232所示。混合后的对比效果如图6-233所示。

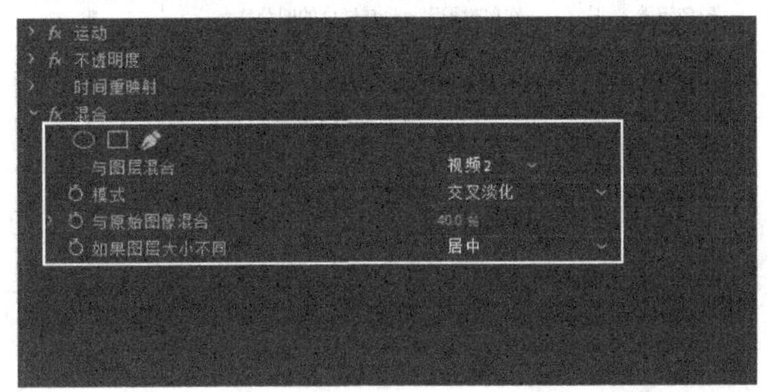

图6-232

图6-233

与图层混合：设置混合的剪辑轨道。

模式：设置混合的计算方式，如图6-234所示。

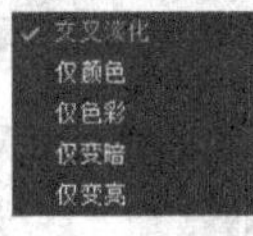

图6-234

与原始图像混合：设置与原始图像的混合程度。

6.12.4 算术

视频云课堂：133- 算术

“算术”效果用于控制画面中RGB颜色的阈值情况。在“效果控件”面板中可以设置混合运算方式和颜色通道的阈值数量，如图6-235所示。

图6-235

运算符：在下拉列表中可以指定混合运算方式，如图6-236所示。

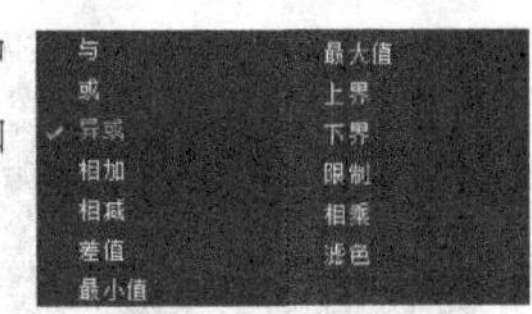

图6-236

红色值/绿色值/蓝色值：设置画面中红色、绿色或蓝色通道的阈值数量。图6-237所示的是设置前后的对比效果。

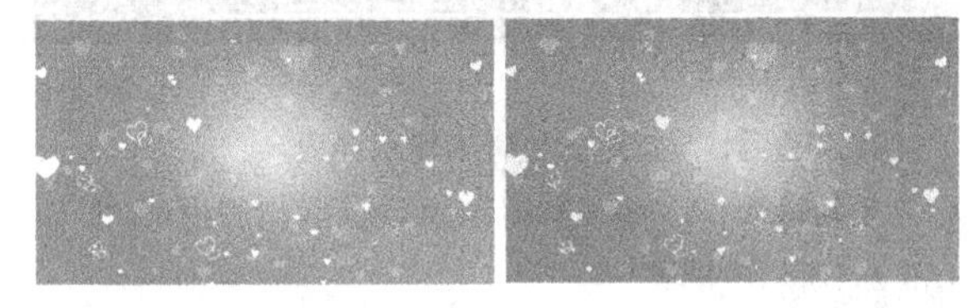

图6-237

剪切结果值：勾选该选项后，会将画面中多余的信息量剪切。

6.12.5 纯色合成

视频云课堂：134- 纯色合成

“纯色合成”效果可以将纯色与剪辑进行混合。在“效果控件”面板中可以设置混合的颜色，如图6-238所示。

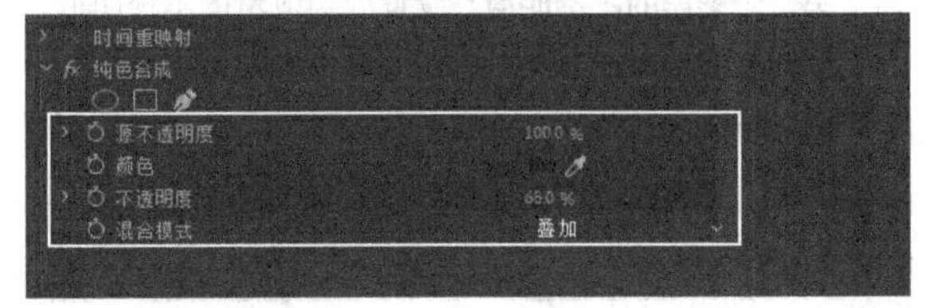

图6-238

源不透明度：设置剪辑的不透明度。

颜色：设置与剪辑混合的颜色，如图6-239所示。

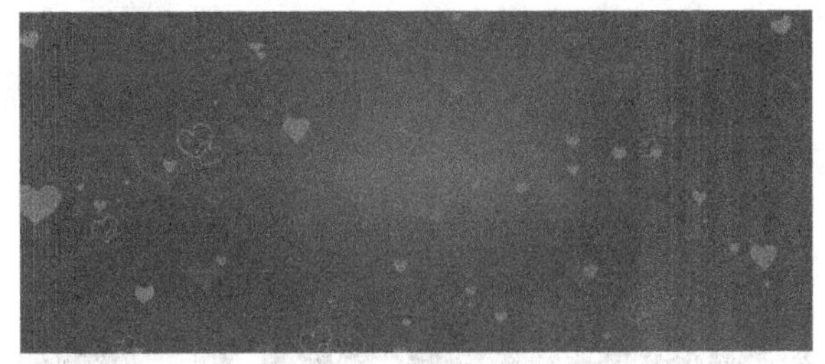

图6-239

不透明度：设置混合颜色的不透明度。

混合模式：设置混合颜色与剪辑间的混合模式。

6.12.6 计算

视频云课堂：135-计算

“计算”效果可将源剪辑与素材剪辑进行混合计算。在“效果控件”面板中可设置混合通道和模式，如图6-240所示。

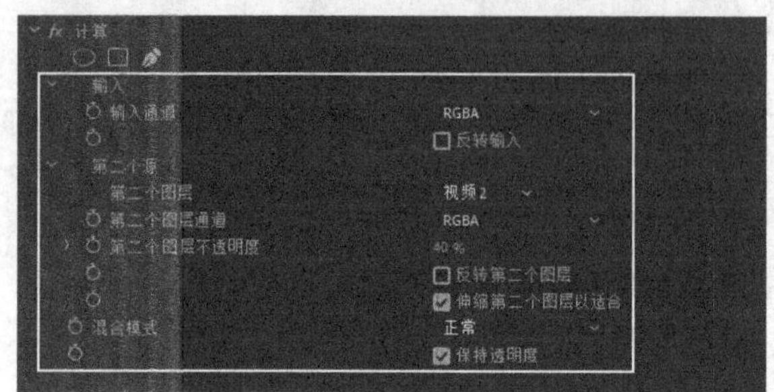

图6-240

输入通道：设置选定剪辑的输入通道。

反转输入：勾选该选项后，可以将剪辑进行反转，如图6-241所示。

图6-241

第二个源：设置混合剪辑的轨道。

第二个图层的不透明度：设置混合剪辑的不透明度。

混合模式：设置两个剪辑间的混合模式。

保持透明度：勾选该选项后，就可以不更改原图层的Alpha通道。

6.12.7 设置遮罩

视频云课堂：136-设置遮罩

“设置遮罩”效果可以指定通道作为遮罩，并与源剪辑进行混合。在“效果控件”面板中可以设置混合的通道，如图6-242所示。

图6-242

从图层获取遮罩：设置遮罩的轨道。

用于遮罩：在下拉列表中选择遮罩的混合方式，如图6-243所示。

红色通道 色相
绿色通道 亮度
蓝色通道 饱和度
Alpha 通道 完全
明亮度 关

图6-243

反转遮罩：勾选该选项后，将指定遮罩进行反转。

6.13 “风格化”类视频效果

“风格化”类视频效果类似于Photoshop中的“风格化”滤镜，可以生成不同的画面效果。

本节效果介绍

效果名称	效果作用	重要程度
Alpha发光	生成发光效果	高
复制	将剪辑画面进行大量复制	高
彩色浮雕	在剪辑画面上形成彩色的凹凸感	中
曝光过度	让剪辑画面产生曝光过度效果	中
查找边缘	生成类似彩铅绘制的线条感	中
浮雕	产生灰色的凹凸感	中
画笔描边	让剪辑画面产生类似水彩画的效果	中
粗糙边缘	在剪辑画面的边缘制作出腐蚀的效果	中
纹理	在剪辑画面表面呈现类似贴图的纹理效果	中
闪光灯	模拟真实的闪光灯闪烁	中
马赛克	将画面转换为像素块拼凑的效果	高

6.13.1 Alpha发光

视频云课堂：137-Alpha 发光

“Alpha发光”效果用于在剪辑画面上生成发光效果。在“效果控件”面板中可以设置发光的相关参数，如图6-244所示。

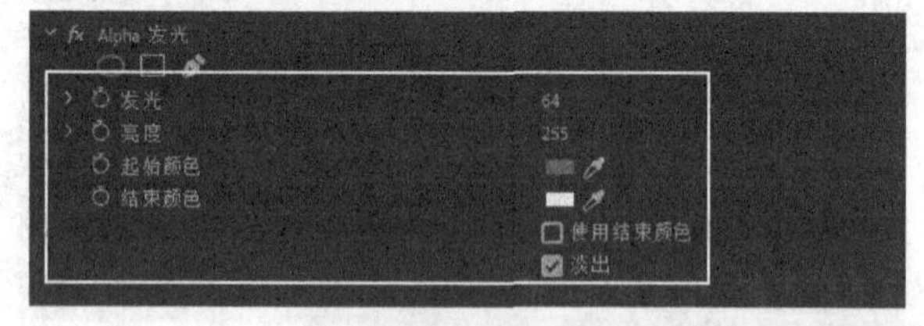

图6-244

发光：设置发光区域的大小，如图6-245所示。

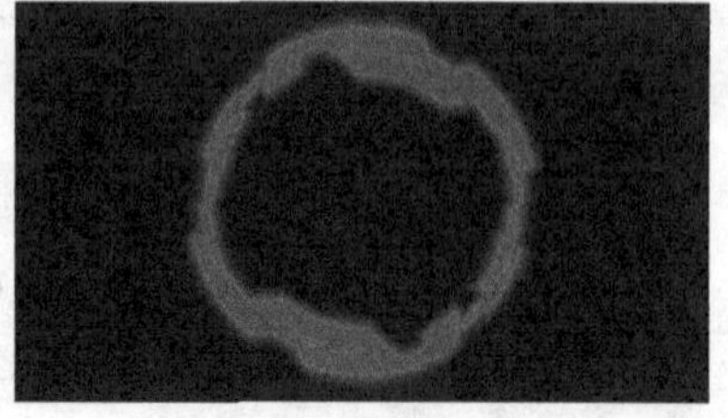

图6-245

亮度：设置灯光的亮度。

起始颜色/结束颜色：设置发光的起始或结束颜色。

淡出：勾选该选项后，发光会产生平滑的过渡效果。

课堂案例

用“Alpha发光”效果制作发光文字

素材文件　素材文件>CH06>04

实例文件　实例文件>CH06>课堂案例：用Alpha发光制作发光文字>课堂案例：用Alpha发光制作发光文字.prproj

视频名称　课堂案例：用Alpha发光制作发光文字.mp4

学习目标　练习“Alpha发光”效果的应用

扫码观看视频

本案例需要使用“Alpha发光”效果制作视频文字的发光效果，如图6-246所示。

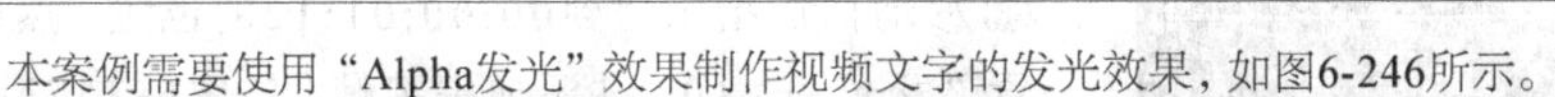

图6-246

01 双击“项目”面板的空白处，导入本书学习资源中“素材文件>CH06>04”文件夹下的所有素材，如图6-247所示。

02 新建一个AVCHD 1080p25序列，然后将所有素材拖曳到轨道上，并将“文字.jpg”剪辑置于“背景.mp4”剪辑的上方，如图6-248所示。

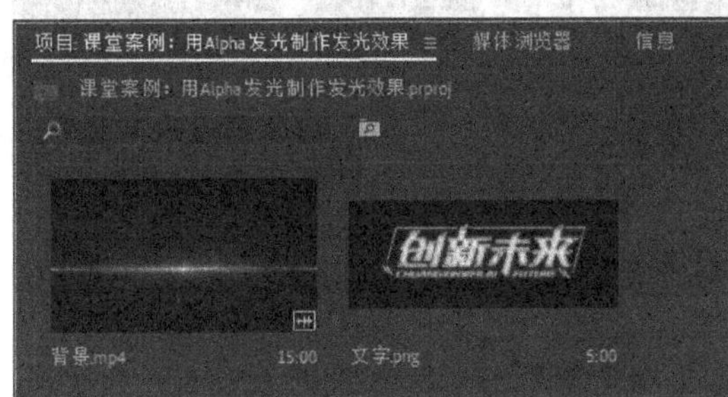

图6-247

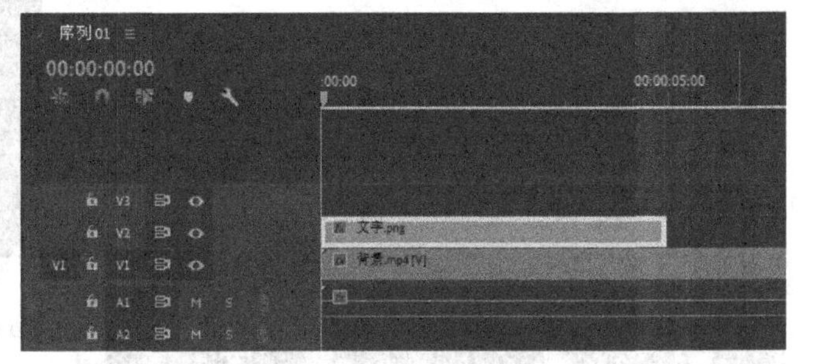

图6-248

03 将“背景.mp4”剪辑缩短到和“文字.jpg”剪辑相同的长度，并删掉音频，如图6-249所示。

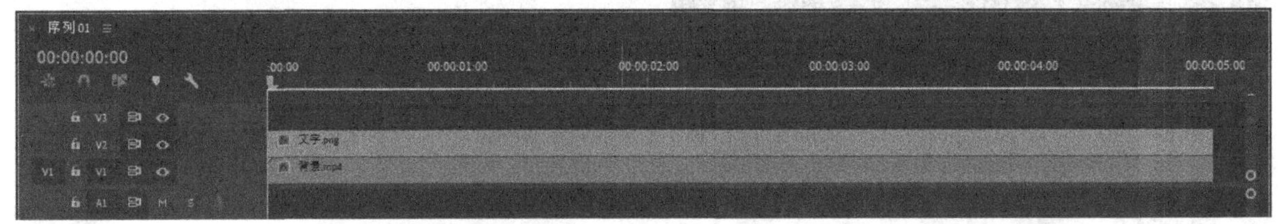

图6-249

04 选中“文字.jpg”剪辑，然后在“效果控件”面板中设置“缩放”为0、“不透明度”为0%，并在剪辑起始位置添加关键帧，如图6-250所示。此时节目监视器中只有背景部分，如图6-251所示。

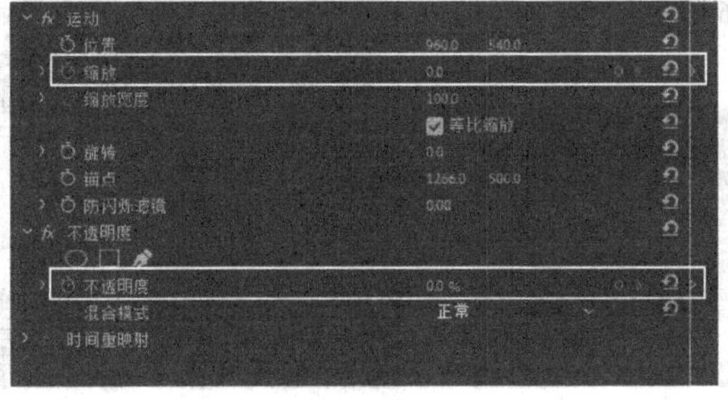

图6-250

图6-251

05 移动播放指示器到00:00:01:00的位置，然后设置“缩放”为70、“不透明度”为100%，如图6-252所示。此时节目监视器中的效果如图6-253所示。

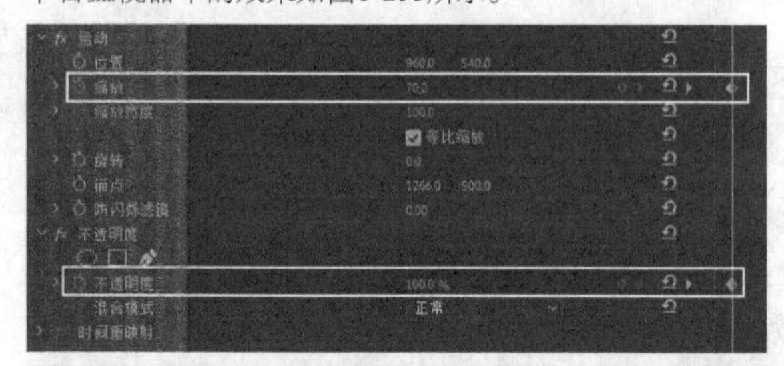

图6-252

图6-253

06 在“效果”面板中将“Alpha发光”效果拖曳到“文字.jpg”剪辑上，在“效果控件”面板中设置“发光”为0，并在00:00:01:00的位置添加关键帧，然后设置“起始颜色”为蓝色、“结束颜色”为青色，并勾选“使用结束颜色”选项，如图6-254所示。

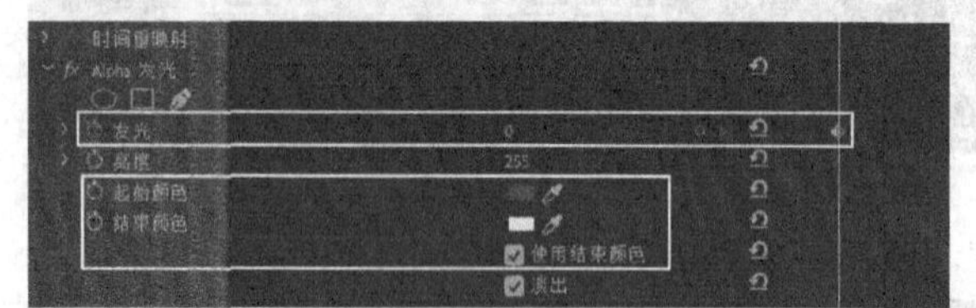

图6-254

技巧与提示

“起始颜色”和“结束颜色”可以通过单击后方的“吸管”按钮，然后在画面中吸取所需颜色的方式设置。

07 移动播放指示器到00:00:01:05的位置，然后设置“发光”为30，并添加关键帧，如图6-255所示。效果如图6-256所示。

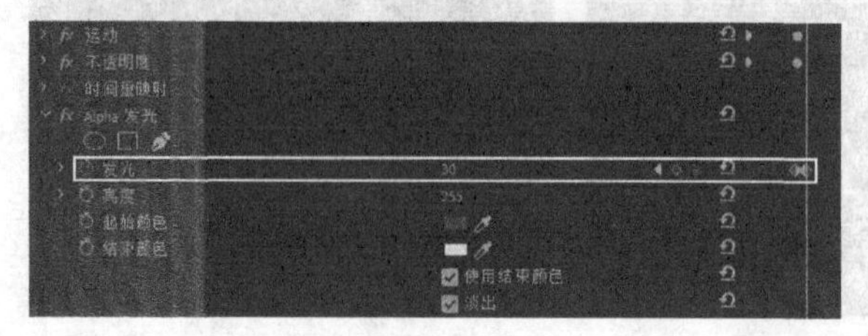

图6-255

图6-256

08 移动播放指示器到00:00:01:12的位置，然后设置“发光”为10，并添加关键帧，如图6-257所示。效果如图6-258所示。

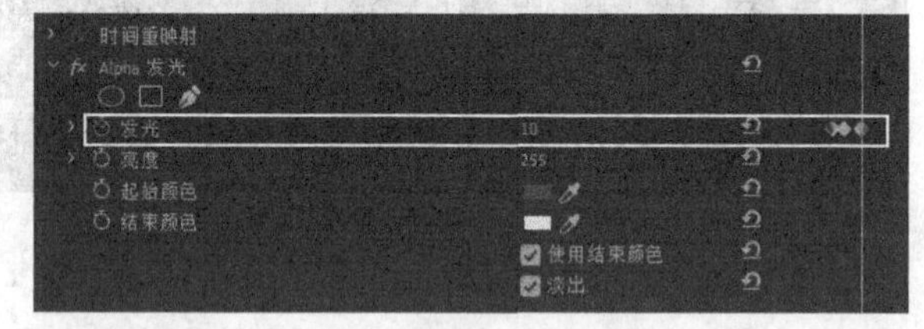

图6-257

图6-258

09 移动播放指示器到00:00:01:20的位置，然后设置“发光”为30，并添加关键帧，如图6-259所示。效果如图6-260所示。

图6-259

图6-260

⑩ 移动播放指示器到00:00:02:00的位置，然后设置“发光”为0，并添加关键帧，如图6-261所示。效果如图6-262所示。

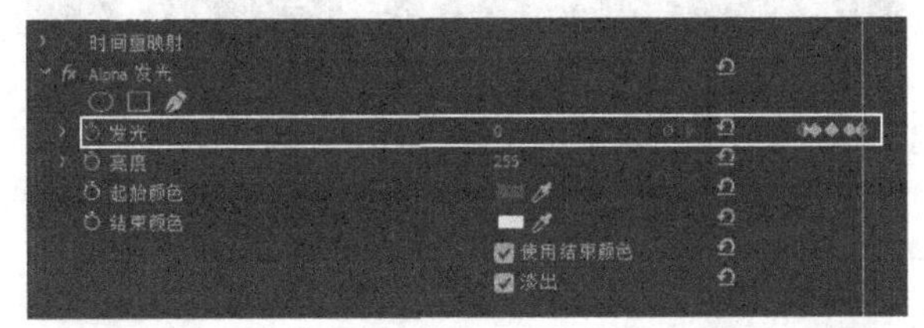

图6-261

图6-262

⑪ 在剪辑中随意导出4帧，案例最终效果如图6-263所示。

图6-263

6.13.2 复制

视频云课堂：138-复制

“复制”效果可以将剪辑画面进行大量复制。在“效果控件”面板中设置“计数”参数值就可以设置复制的数量，如图6-264所示。复制效果如图6-265所示。

图6-264

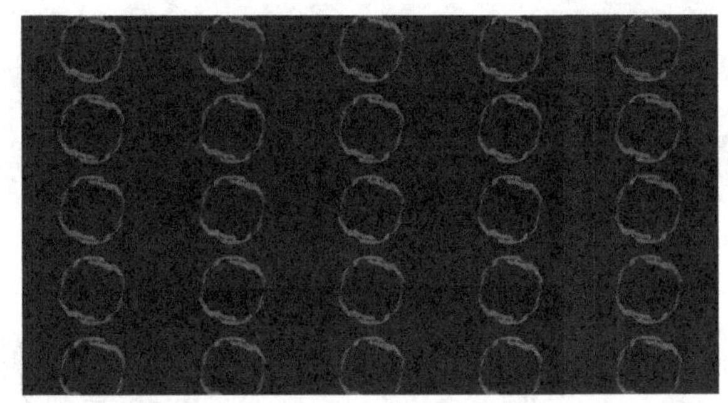

图6-265

6.13.3 彩色浮雕

视频云课堂：139-彩色浮雕

“彩色浮雕”效果可以在剪辑画面上形成彩色的凹凸感。在“效果控件”面板中可以设置彩色浮雕的相关参数，如图6-266所示。

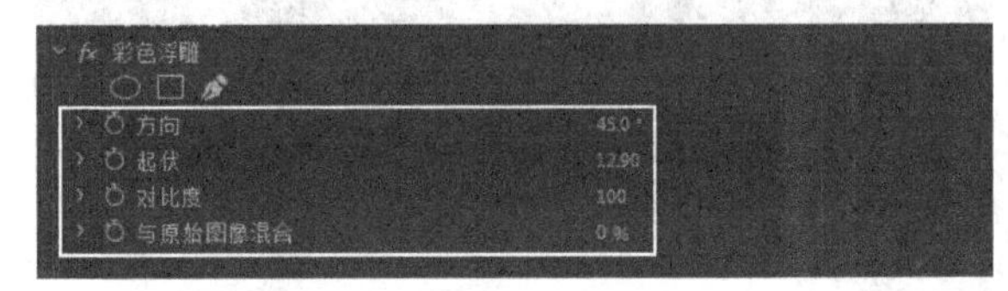

图6-266

方向：设置浮雕的方向。

起伏：设置浮雕的距离和大小，如图6-267所示。

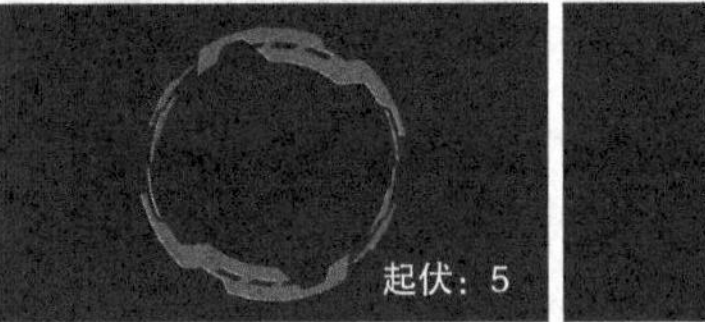

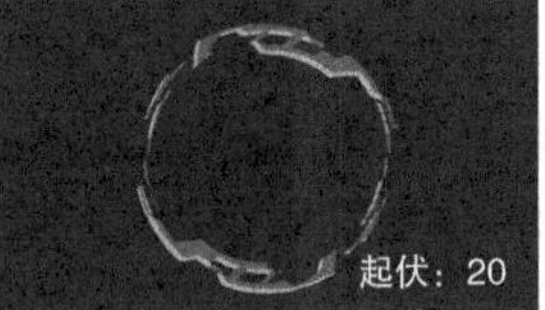

图6-267

对比度：设置浮雕的对比度效果。

与原始图像混合：设置浮雕效果与原有效果之间的混合情况。

6.13.4 曝光过度

视频云课堂：140-曝光过度

“曝光过度”效果会让剪辑画面产生过曝的效果。在“效果控件”面板中可通过调整“阈值”参数值控制曝光效果，如图6-268所示。对比效果如图6-269所示。

图6-268

图6-269

6.13.5 查找边缘

视频云课堂：141- 查找边缘

“查找边缘”效果可以生成类似彩铅绘制的线条感。在“效果控件”面板中可以调整查找边缘的效果，如图6-270所示。添加效果后画面自动生成彩铅效果，如图6-271所示。

反转： 勾选该选项后，会将生成的像素反相，如图6-272所示。

图6-270

图6-271

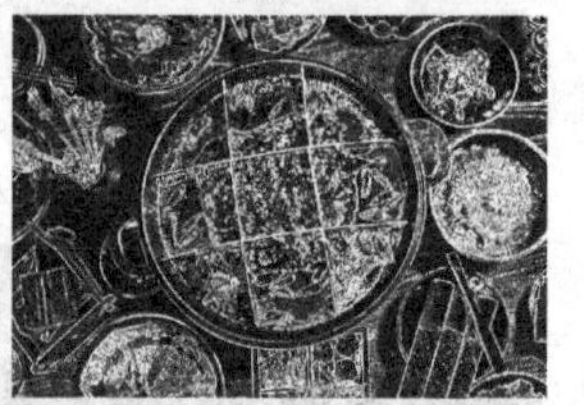

图6-272

与原始图像混合： 设置查找边缘的效果与原有效果的混合比例。

6.13.6 浮雕

视频云课堂：142- 浮雕

“浮雕”效果会让画面产生灰色的凹凸感，与之前讲解的“彩色浮雕”效果较为相似。在“效果控件”面板中可以设置浮雕的相关参数，如图6-273所示。效果如图6-274所示。

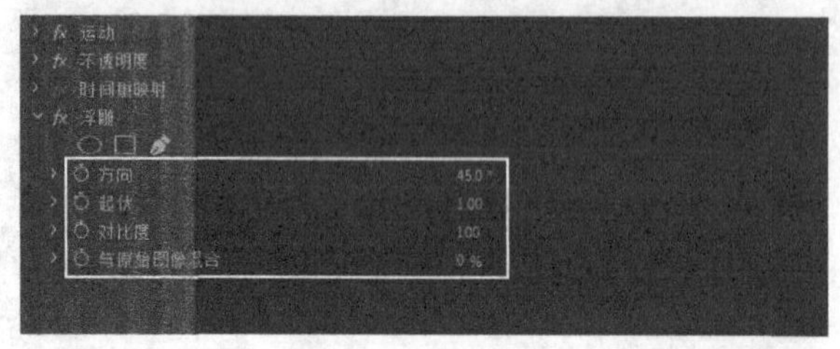

图6-273

图6-274

> **技巧与提示**
>
> “浮雕”效果的参数与“彩色浮雕”效果的参数用法一致，这里不再赘述。

6.13.7 画笔描边

视频云课堂：143- 画笔描边

“画笔描边”效果会让剪辑画面产生类似水彩画的效果。在“效果控件”面板中可以设置画笔描边的相关参数，如图6-275所示。

图6-275

描边角度： 设置画笔描边的方向。

画笔大小： 设置画笔的直径，如图6-276所示。

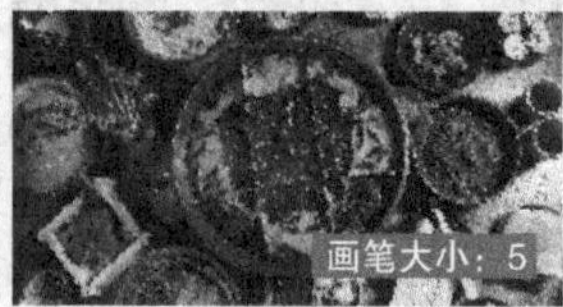

图6-276

描边长度： 设置画笔笔触的长短，如图6-277所示。

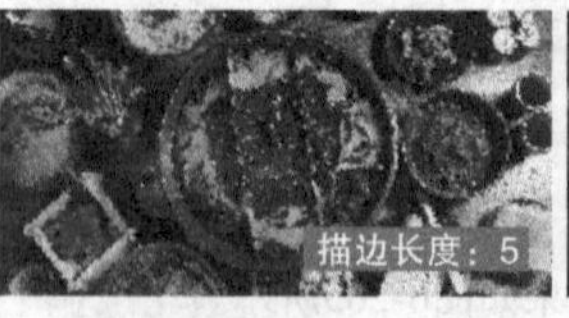

图6-277

描边浓度： 使像素进行叠加，从而改变图片的形状。

绘画表面： 在下拉列表中可以选择绘画方式，如图6-278所示。

在原始图像上绘画
在透明背景上绘画
在白色上绘画
在黑色上绘画

图6-278

6.13.8 粗糙边缘

视频云课堂：144- 粗糙边缘

“粗糙边缘”效果可以在剪辑画面的边缘制作出腐蚀的效果。在“效果控件”面板中可以调整腐蚀的各种效果，如图6-279所示。

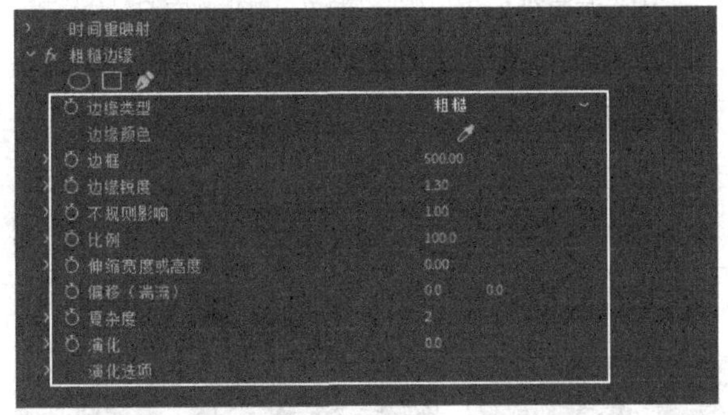

图6-279

边缘类型：在下拉列表中可以选择8种类型的边缘效果，如图6-280所示。

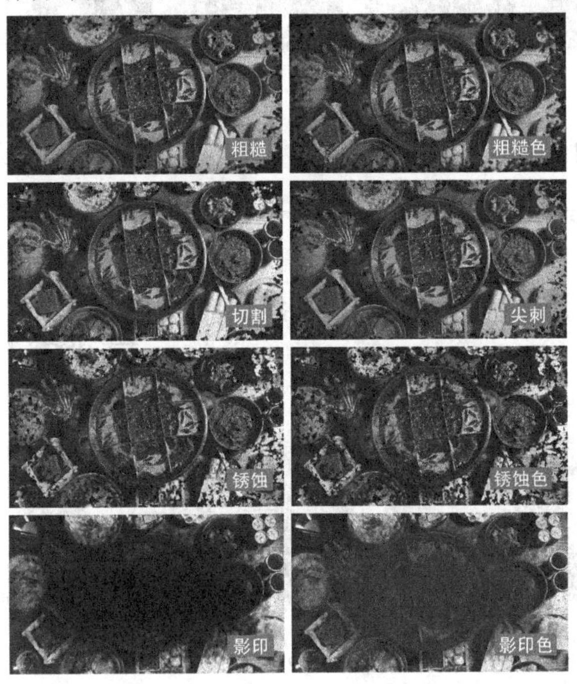

图6-280

边缘颜色：在特定的边缘类型中设置其颜色。

边框：设置腐蚀形状大小。

边缘锐化：调整画面边缘的清晰度。

比例：设置剪辑画面所占的比例。

伸缩宽度或高度：设置腐蚀边缘的宽度或高度。

偏移（湍流）：设置腐蚀效果的偏移程度。

演化：控制边缘的粗糙度。

6.13.9 纹理

视频云课堂：145- 纹理

“纹理”效果可以在剪辑画面上呈现类似贴图的纹理效果。在“效果控件”面板中可以设置纹理的通道等信息，如图6-281所示。

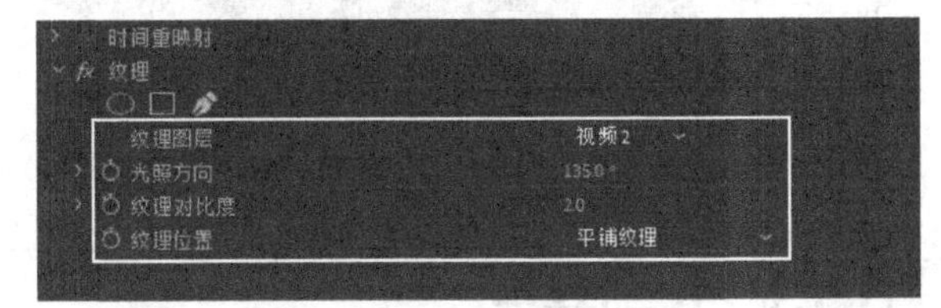

图6-281

纹理图层：选择纹理图层的轨道。

光照方向：设置纹理的光照方向。

纹理对比度：设置纹理图层的对比度，数值越大纹理越清晰，如图6-282所示。

图6-282

纹理位置：在下拉列表中设置纹理的位置，如图6-283所示。

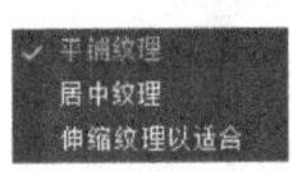

图6-283

6.13.10 闪光灯

视频云课堂：146- 闪光灯

“闪光灯”效果可以模拟真实的闪光灯闪烁。在“效果控件”面板中可以设置闪光灯的颜色和频率，如图6-284所示。

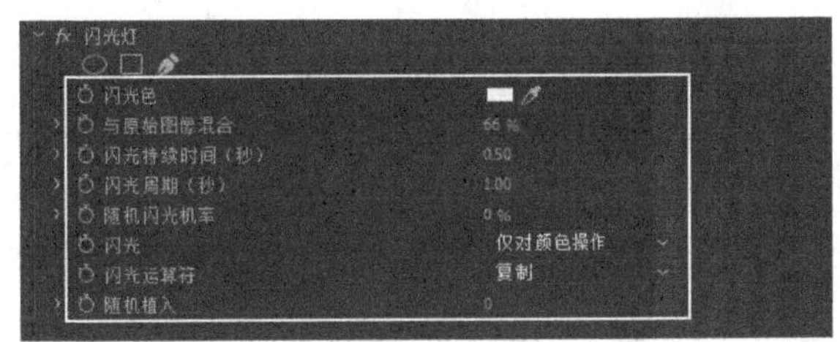

图6-284

闪光色：设置闪光灯的颜色。

与原始图像混合：调整闪光灯颜色与剪辑画面的混合程度，如图6-285所示。

图6-285

闪光持续时间（秒）：以秒为单位，设置闪光灯的闪烁时长。

闪光周期（秒）：以秒为单位，设置闪光灯的闪烁间隔。

随机闪光几率：设置随机闪烁的频率。

闪光：包含“仅对颜色操作”和“使图层透明”两种闪光方式。

闪光运算符：设置闪光灯颜色与剪辑画面的混合模式。

随机植入：设置闪光的随机植入，数值越大，画面透明度越高。

6.13.11 马赛克

视频云课堂：147- 马赛克

“马赛克”效果可以将画面转换为像素块拼凑的效果。在“效果控件”面板中可以设置马赛克的大小和区域，如图6-286所示。应用“马赛克”效果的结果如图6-287所示。

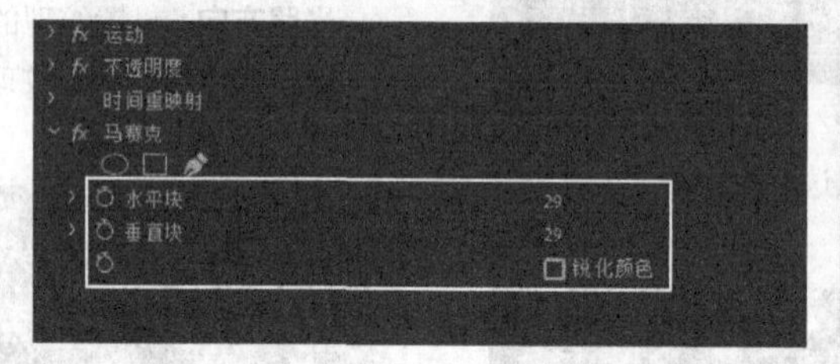

图6-286

图6-287

水平块/垂直块：设置马赛克的水平和垂直数量。

锐化颜色：勾选此选项后，可以强化像素块的颜色阈值。

课堂案例

用“马赛克”效果制作局部模糊效果

素材文件　素材文件>CH06>05

实例文件　实例文件>CH06>课堂案例：用马赛克制作局部模糊效果>课堂案例：用马赛克制作局部模糊效果.prproj

视频名称　课堂案例：用马赛克制作局部模糊效果.mp4

学习目标　练习“马赛克”效果的应用

扫码观看视频

本案例将使用“马赛克”效果使视频的局部变模糊，效果如图6-288所示。

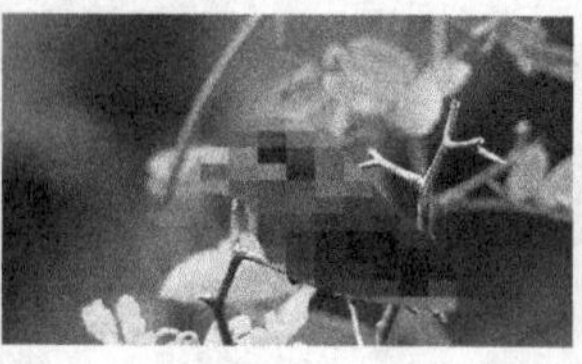
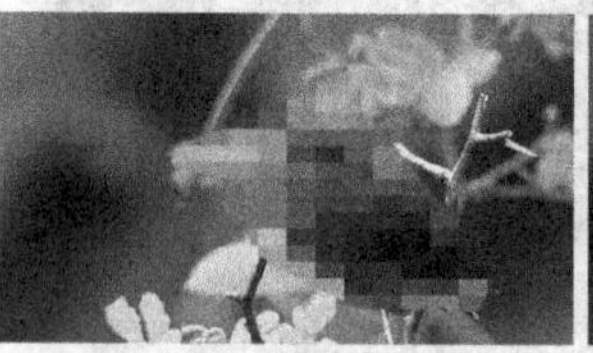

图6-288

01 双击“项目”面板的空白处，导入本书学习资源中“素材文件>CH06>05”文件夹下的所有素材，如图6-289所示。

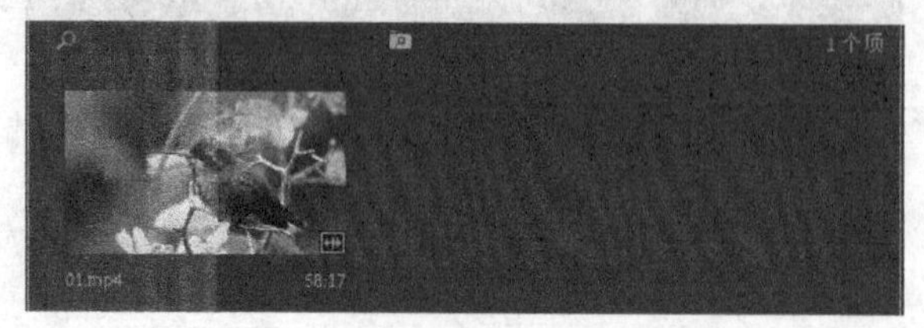

图6-289

02 新建一个AVCHD 1080p25序列，然后将素材拖曳到轨道上，如图6-290所示。

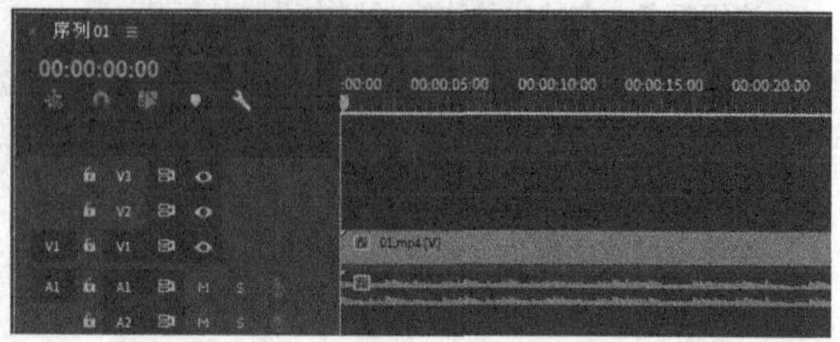

图6-290

03 在“效果”面板中选择“马赛克”效果，然后将其拖曳到剪辑上，此时整个画面都形成马赛克的模糊效果，如图6-291所示。

04 本案例只想将小鸟的部分制作成马赛克效果。在“效果控件”面板中单击“自由绘制贝塞尔曲线”按钮，然后绘制出小鸟的大致轮廓，如图6-292所示。

图6-291

图6-292

05 在“效果控件”面板中设置“水平块”和“垂直块”都为20，如图6-293所示，效果如图6-294所示。

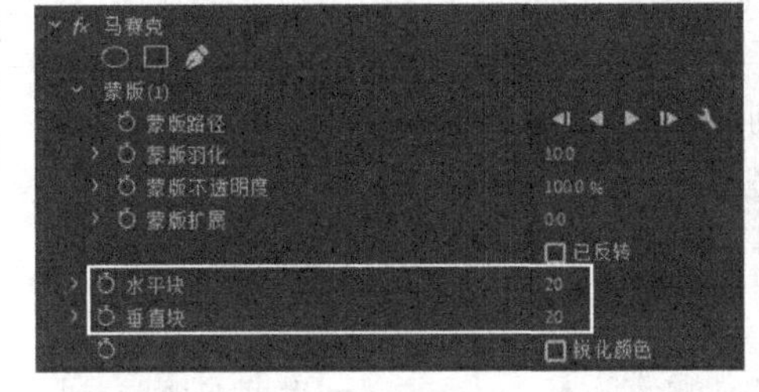

图6-293

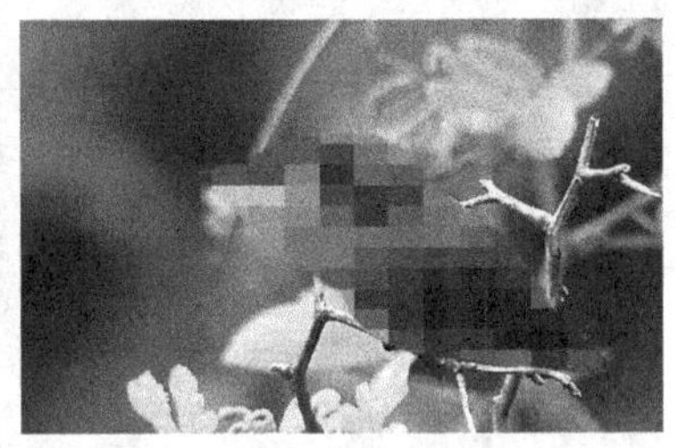

图6-294

06 移动播放指示器，可以观察到小鸟会不停地移动，而静止的马赛克不能完全覆盖移动的小鸟。在剪辑的起始位置为“蒙版路径”添加关键帧，如图6-295所示。

图6-295

07 移动播放指示器观察画面，在变化较大的位置改变蒙版的形状，并添加关键帧，如图6-296所示。

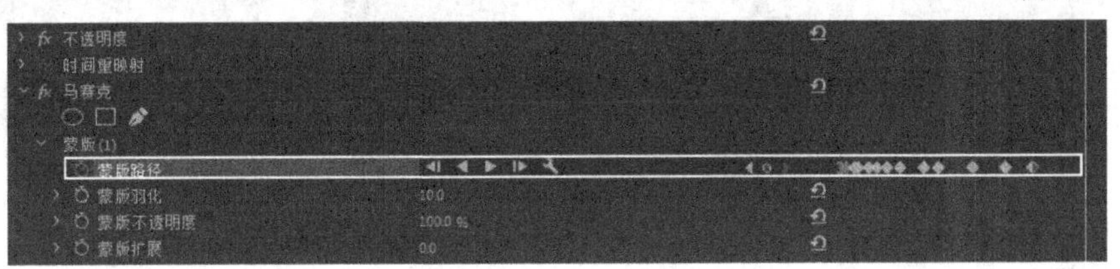

图6-296

技巧与提示

关键帧的位置不是固定的，读者可按照自己的感觉进行添加。

08 在剪辑中随意导出4帧，案例最终效果如图6-297所示。

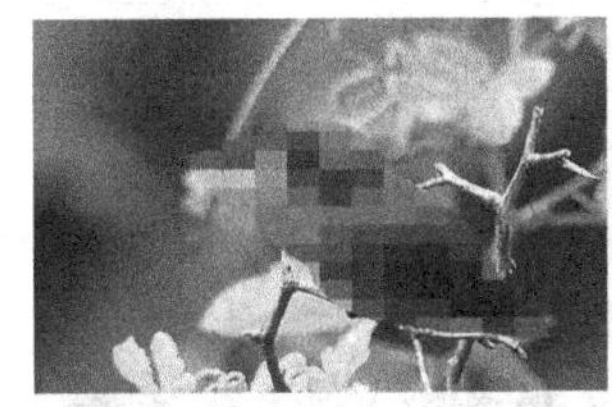
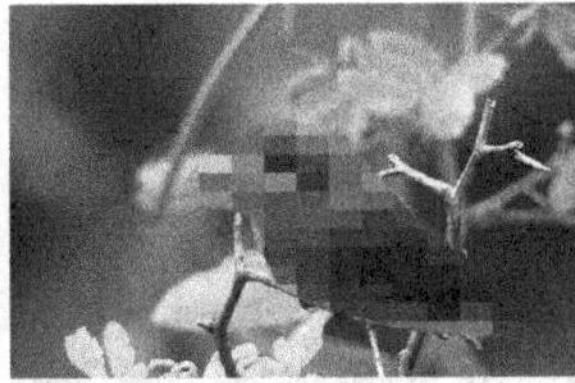

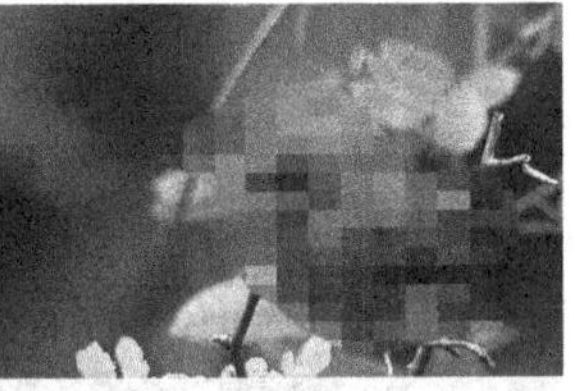

图6-297

6.14 本章小结

通过本章的学习，相信读者对Premiere Pro的视频效果已经有了一定的认识。通过Premiere Pro预设的丰富视频效果，可以为剪辑制作出多种不同的效果，让简单的画面变得更加丰富。

6.15 课后习题

下面通过两个课后习题练习本章所学的内容。

课后习题

动态节气海报

素材文件　素材文件>CH06>06

实例文件　实例文件>CH06>课后习题：动态节气海报>课后习题：动态节气海报.prproj

视频名称　课后习题：动态节气海报.mp4

学习目标　练习视频调色

扫码观看视频

本习题需要为一个节气海报制作动态效果，如图6-298所示。

图6-298

课后习题

变换霓虹空间

素材文件　素材文件>CH06>07

实例文件　实例文件>CH06>课后习题：变换霓虹空间>课后习题：变换霓虹空间.prproj

视频名称　课后习题：变换霓虹空间.mp4

学习目标　练习“复制”视频效果的使用

扫码观看视频

本习题需要为图片添加关键帧和“复制”效果，生成动态视频，效果如图6-299所示。

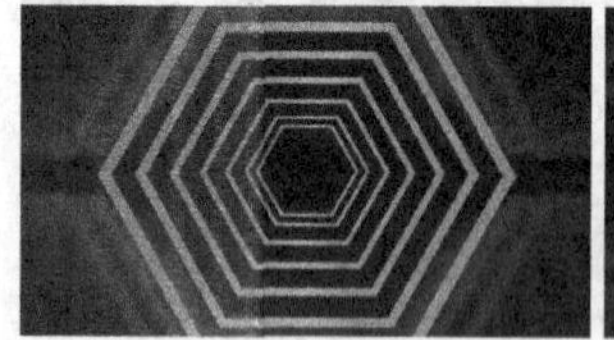

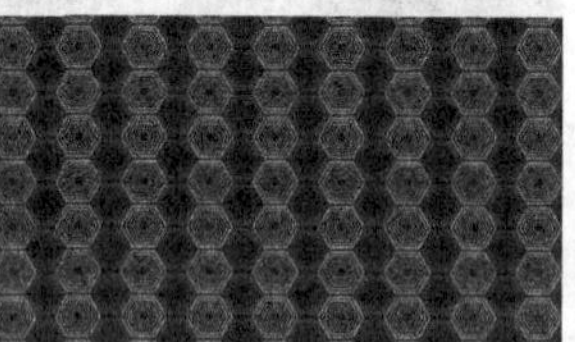

图6-299

字幕

本章主要讲解Premiere Pro中字幕文字的制作方法。我们除了要熟悉字幕的添加方法，还要学会用案例的形式演示常见的字幕文字效果。

课堂学习目标

- 熟悉创建字幕文字的两种方法
- 掌握常用的字幕文字效果

7.1 创建字幕

创建字幕有新、旧两种方法，新方法更加灵活便捷，而旧方法则符合老用户的习惯。下面将分别讲解这两种字幕创建方法。

本节工具介绍

工具名称	工具作用	重要程度
文字工具	快速添加文字	高
字幕创建界面	添加字幕和图形	高

7.1.1 创建字幕的新方法

视频云课堂：148- 创建字幕的新方法

从Premiere Pro CC 2017版本起，菜单栏中的“字幕”菜单被替换为“图形”菜单，但在工具箱中增加了“文字工具”T。直接使用“文字工具”T在节目监视器中输入即可创建字幕，这种方式非常简便。

选择“文字工具”T后，在节目监视器中单击，就会生成输入文字的红框，如图7-1所示。在红框内即可输入需要的文字内容，如图7-2所示。

图7-1

图7-2

此时，“时间轴”面板中会显示一个新的文字剪辑，如图7-3所示。

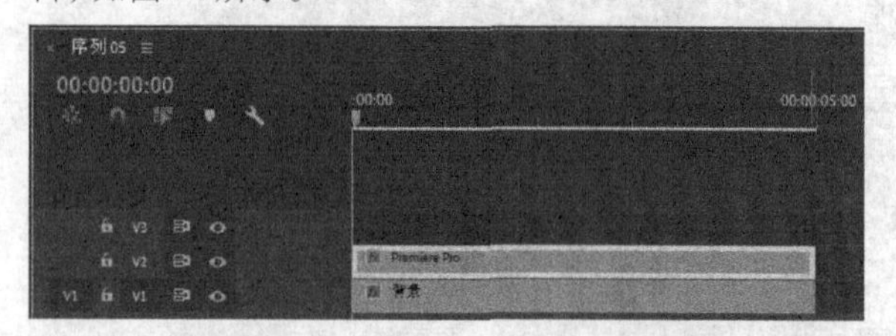

图7-3

默认情况下文字的颜色是白色的，若是要更改文字的相关属性，可在“效果控件”面板中展开“文本”卷展栏，对字体、字体大小和颜色等属性进行设置，如图7-4所示。

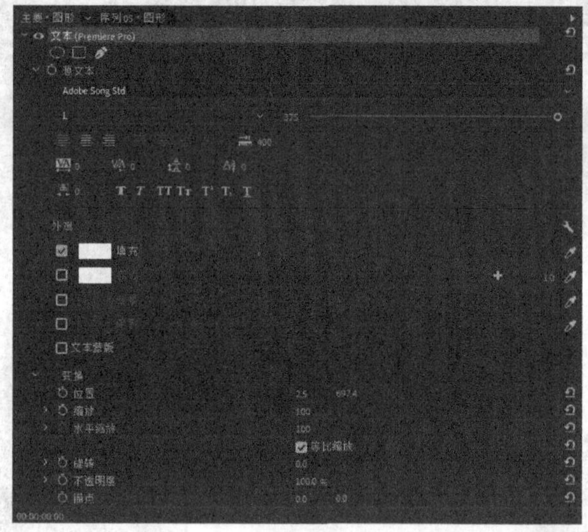

图7-4

技巧与提示

“文本”卷展栏中参数的用法与其他软件的文字工具一样，这里不再赘述。

除了可以在“效果控件”面板中调整文字的属性，也可以执行“窗口>基本图形”菜单命令，在“基本图形”面板中进行调整，如图7-5所示。具体使用这两种方法中的哪一种，读者只需按照自己的习惯选择即可。

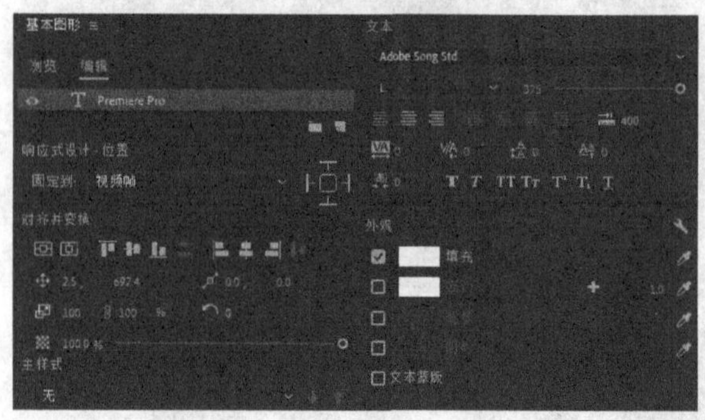

图7-5

7.1.2 创建字幕的旧方法

视频云课堂：149- 创建字幕的旧方法

使用旧方法创建字幕不仅可以创建文字，还可以创建图形、线段等，相比单纯的“文字工具” 更加强大。

1.旧版方法的介绍

执行“文件>新建>旧版标题”菜单命令，在弹出的对话框中单击“确定”按钮 确定 ，即可进入字幕创建界面，如图7-6和图7-7所示。

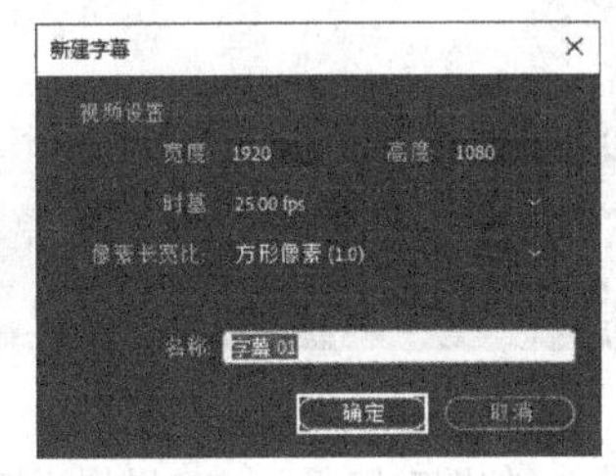

图7-6

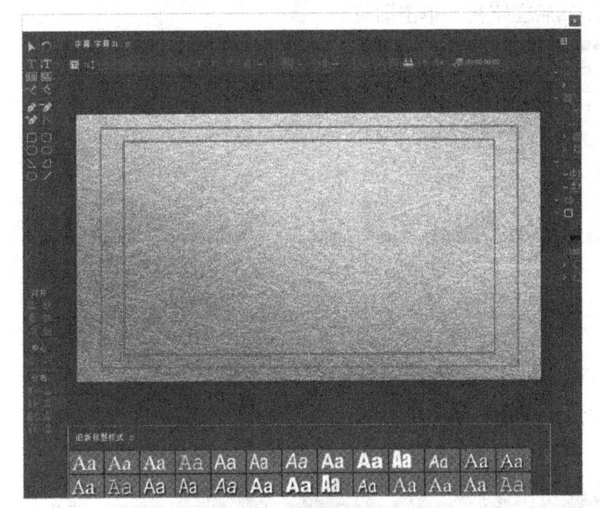

图7-7

在界面中选择“文字工具” ，然后在“字幕”面板的工作区域中单击，就可以输入需要的文字内容，如图7-8所示。在界面右侧的“旧版标题属性”面板中可以修改文字或图形的各项属性，如图7-9所示。使用“选择工具” 可以移动文字的位置，如图7-10所示。

图7-8

图7-9

图7-10

关闭字幕创建界面后，在“项目”面板中选中设置好的文字素材，将其拖曳到轨道中即可使用，如图7-11所示。

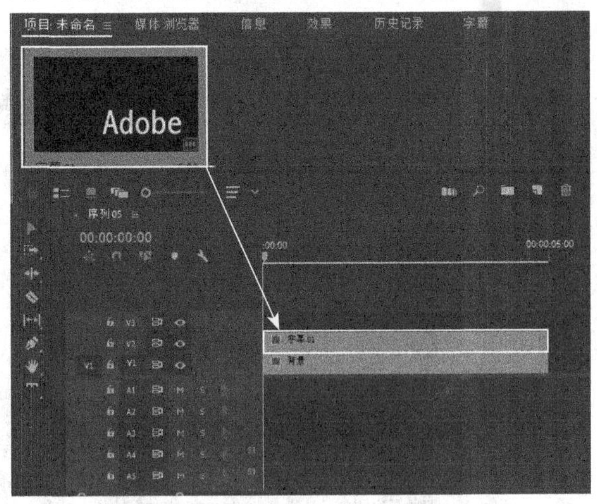

图7-11

技巧与提示

与新版创建字幕的方法不同，使用旧版方法制作的文字内容会自动存储在“项目”面板，需要拖曳到“时间轴”面板中，才可以在节目监视器中看到字幕效果。

使用字幕创建界面左侧的8种形状工具可以绘制不同的形状，如图7-12所示。以“矩形工具”■为例，选择“矩形工具”■后，在工作区域中按住鼠标左键从左上方到右下方进行拖曳，即可绘制出一个矩形，如图7-13所示。在右侧的“旧版标题属性”面板中，可以设置11种“图形类型”，如图7-14所示。

图7-12

图7-13

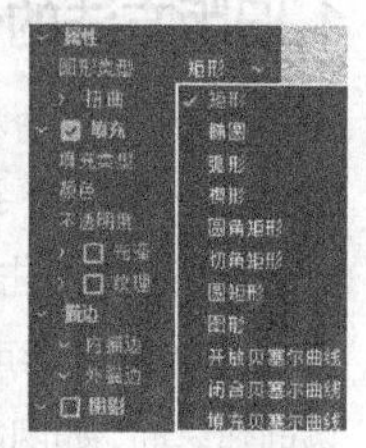

图7-14

使用“钢笔工具”■可以在工作区域中绘制任意形状的图形，如图7-15所示。如果想添加或减少路径上的锚点，在左侧工具箱中选择“添加锚点工具”■或“删除锚点工具”■，然后在路径上单击即可。

尖角的锚点和圆角的锚点可以通过“转换锚点工具”■进行转换。使用“转换锚点工具”■在圆角锚点上单击后，就可以将其转换为尖角锚点，如图7-16所示。

图7-15

图7-16

2.字幕创建界面

使用旧方法创建字幕时，必然会用到字幕创建界面。该界面共分为5个部分，分别是“字幕”面板、“工具”区域、“动作”区域、“旧版标题样式”面板和“旧版标题属性”面板，如图7-17所示。

图7-17

在“字幕”面板中，可以添加字幕并设置字体大小、对齐方式等属性，如图7-18所示。

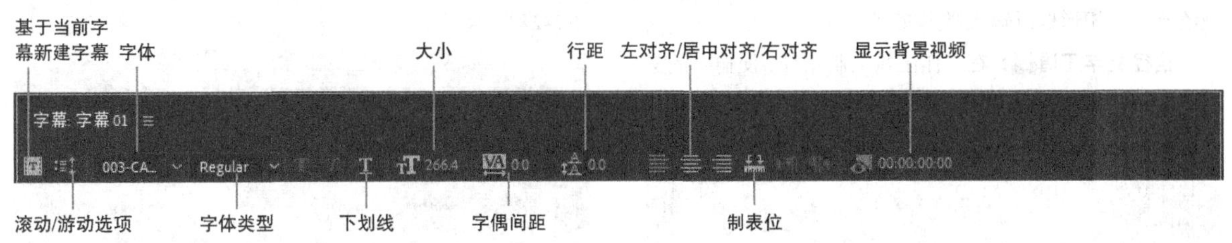

图7-18

基于当前字幕新建字幕：在当前字幕的基础上新建一个字幕，如图7-19所示。

滚动/游动选项：单击该按钮后，可以在弹出的对话框中选择字幕的类型、滚动的方向和帧设置等，如图7-20所示。

图7-19

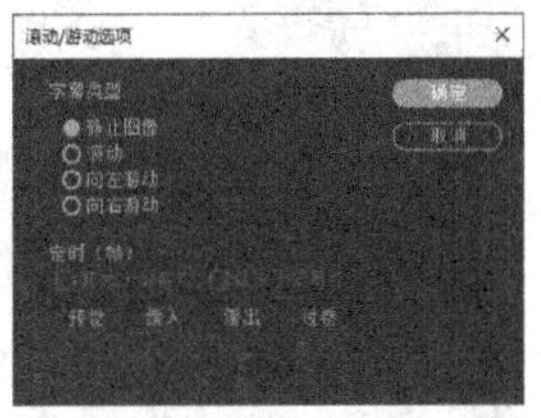

图7-20

字体：设置字体系列。

字体类型：设置字体的样式。

下划线：单击该按钮后，会在文字下方添加下划线。

大小：设置文字的字号。

字偶间距：设置文字的字间距。

行距：设置各行文字间的距离。

左对齐/居中对齐/右对齐：设置段落文字的对齐方式。

显示背景视频：切换显示背景视频和时间码。

“工具”区域中包含了选择文字、制作文字、编辑文字和绘制图形等类型的工具，如图7-21所示。

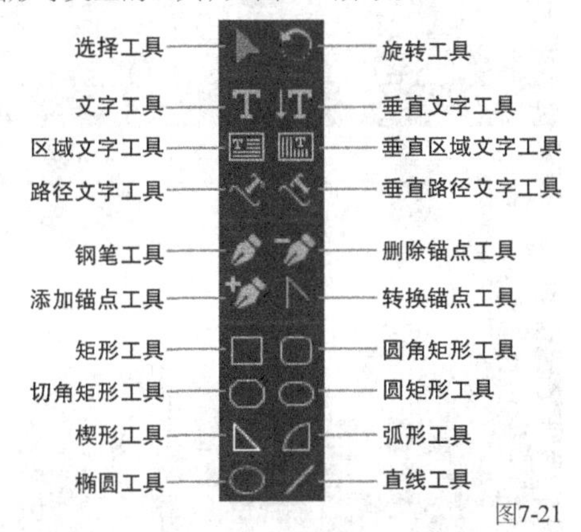

图7-21

选择工具：用于选择工作区域中的文字和图形。

旋转工具：选中需要旋转的对象后，选择该工具，可以通过拖曳控制柄旋转整体对象，如图7-22所示。

图7-22

技巧与提示

按V键可以在“选择工具”和“旋转工具”间进行切换。

文字工具：选择该工具后，可在工作区域输入横向文字。

垂直文字工具：选择该工具后，可在工作区域输入竖向文字，如图7-23所示。

图7-23

区域文字工具：选择该工具后，可以在工作区域绘制一个矩形框以输入多行文字，如图7-24所示。

图7-24

垂直区域文字工具：选择该工具后，可以在工作区域绘制一个矩形框以输入竖排文字。

路径文字工具：在工作区域绘制路径，使输入的文字沿着路径排列，如图7-25所示。

图7-25

垂直路径文字工具：与“路径文字工具”用法相同，只是输入文字与路径平行。

技巧与提示

其余工具在上一小节中已有过应用，这里不再赘述。

在“动作”区域中可针对多个字幕或形状进行对齐与分布设置，如图7-26所示。

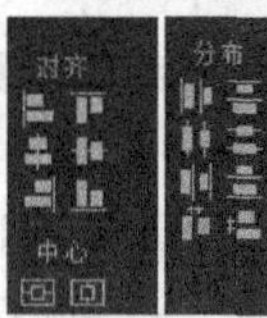

图7-26

对齐：所有的选择对象会以相应的基准对齐。图7-27所示是“水平靠左”和“水平居中”的效果。

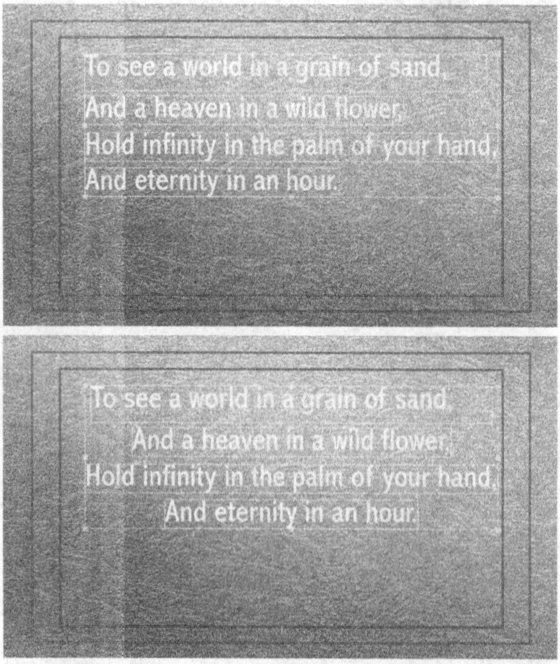

图7-27

中心：设置对象与工作区域中心的对齐方式，如图7-28所示。

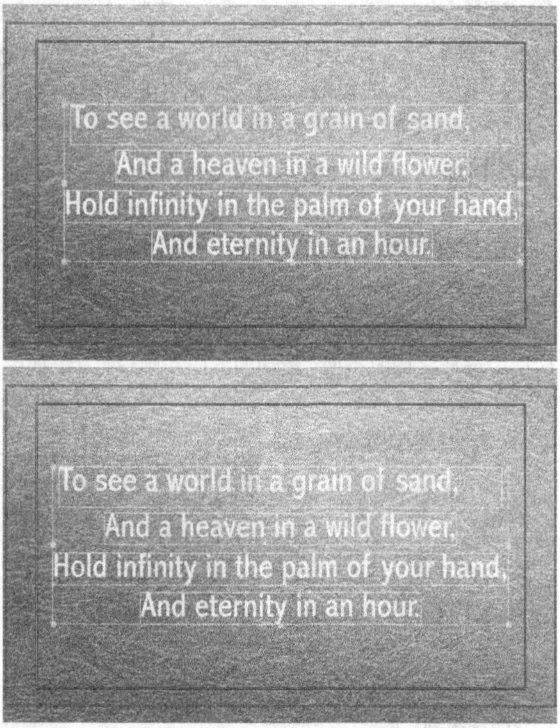

图7-28

分布：设置3个以上对象的对齐方式。图7-29所示是“水平均匀分布”和“垂直等距间隔”的效果。

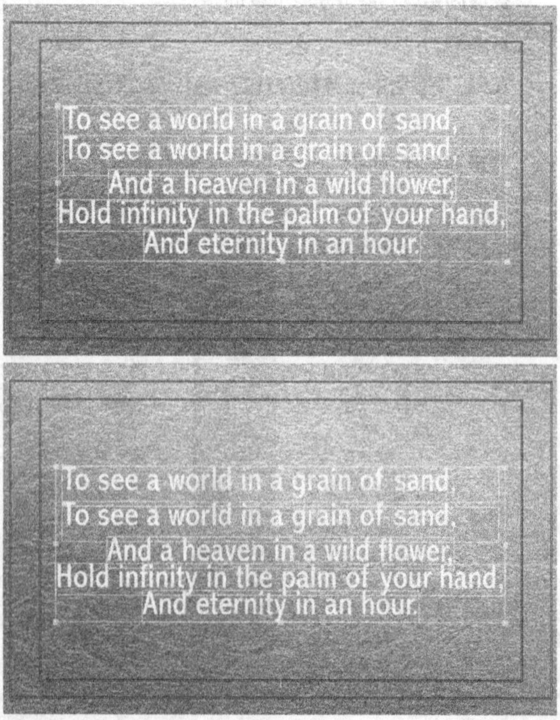

图7-29

"旧版标题属性"面板用于修改文字或形状的参数，默认出现在字幕创建界面的右侧，如图7-30所示。

图7-30

变换：用于设置字幕的不透明度、位置、宽度和高度等信息。

属性：用于设置字体、大小、行距和字偶间距等信息。

填充：用于设置文字内部的填充颜色，默认为浅灰色。填充的颜色不仅可以是纯色，也可以是渐变色，如图7-31所示。

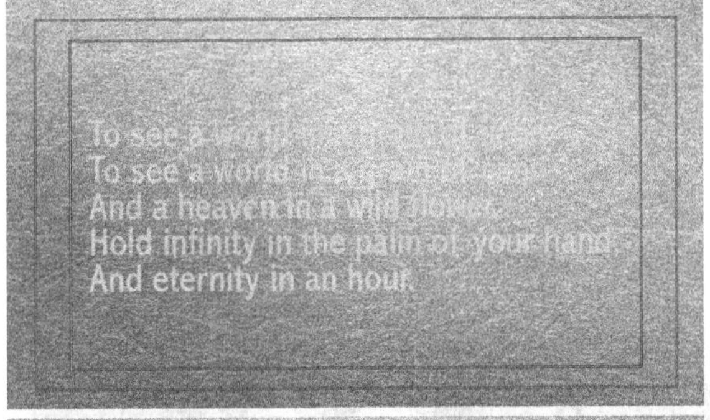

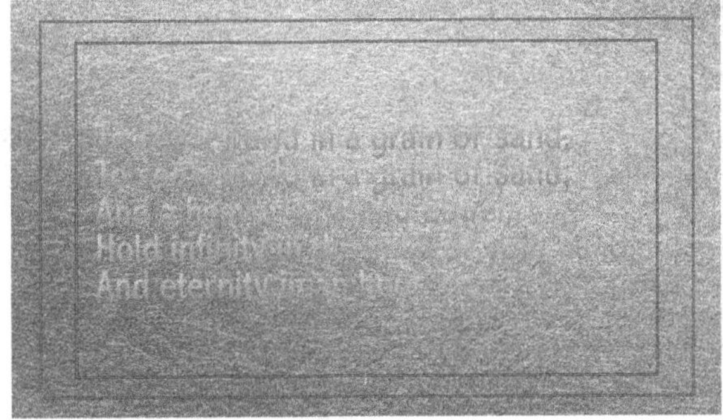

图7-31

描边：用于文字或形状的描边处理，分为内部描边和外部描边两部分，如图7-32所示。

阴影：用于添加文字或形状的阴影效果，如图7-33所示。

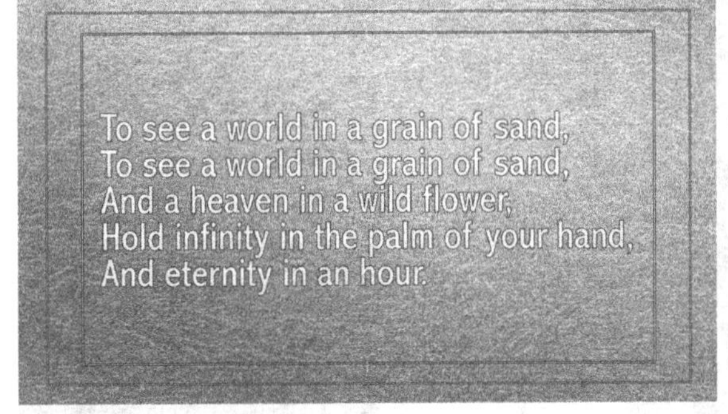

图7-32

图7-33

背景：用于对工作区域内的背景部分进行更改处理。

"旧版标题样式"面板可以为输入的文字快速添加各种效果，如图7-34所示。单击面板中的样式按钮，就可以为输入的文字添加相应的样式效果，如图7-35所示。

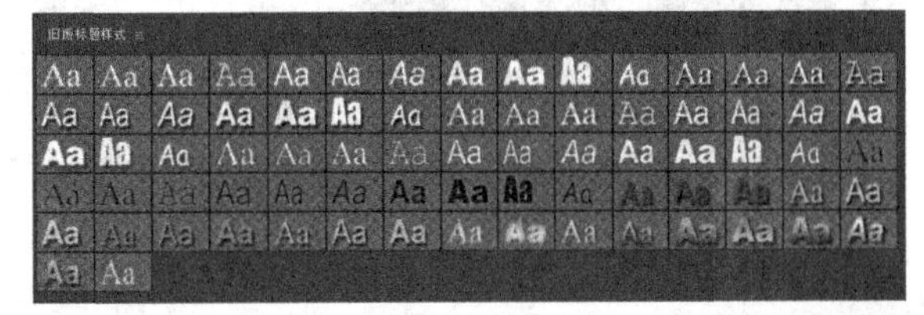

图7-34

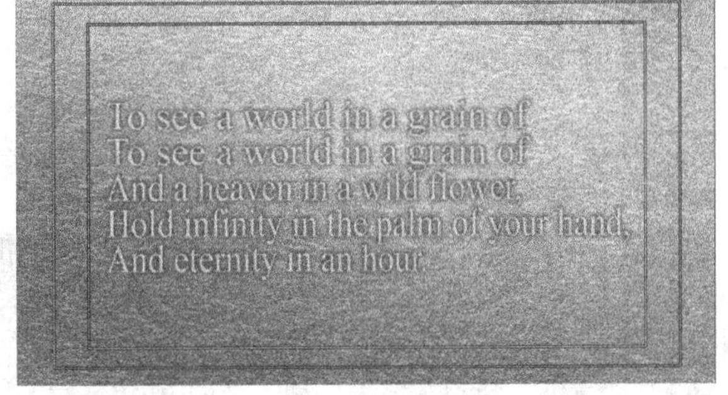

图7-35

7.2 常用字幕文字效果

本节将通过实际的课堂案例为读者演示常见的字幕文字效果。这些案例基本涵盖了日常工作中常见的字幕文字效果。

课堂案例

制作倒计时文字效果

素材文件 素材文件>CH07>01

实例文件 实例文件>CH07>课堂案例：制作倒计时文字效果>课堂案例：制作倒计时文字效果.prproj

视频名称 课堂案例：制作倒计时文字效果.mp4

学习目标 学习倒计时文字效果的制作方法

扫码观看视频

本案例将在素材文件上制作倒计时文字效果，如图7-36所示。

图7-36

01 新建一个项目，然后将本书学习资源"素材文件>CH07>01"文件夹中的素材文件全部导入"项目"面板中，如图7-37所示。

图7-37

02 新建一个AVCHD 1080p25序列，然后将视频素材按顺序依次首尾相接排列在"时间轴"面板上，如图7-38所示。

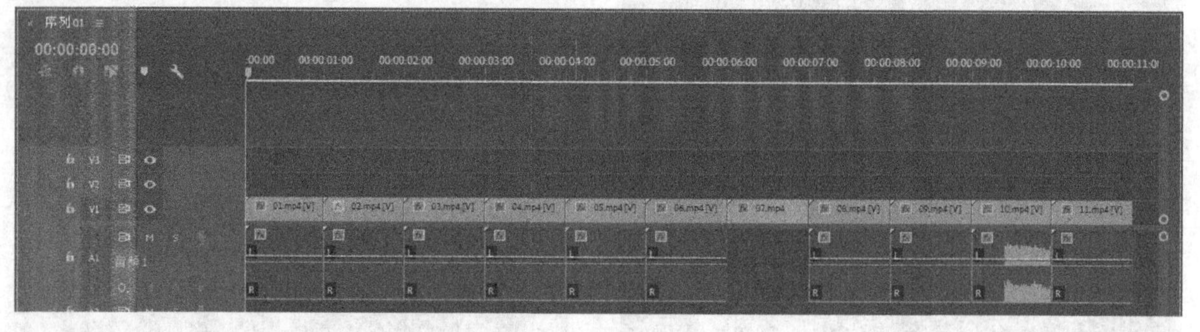

图7-38

技巧与提示

每个视频剪辑的长度需要统一为1秒。

03 本案例不需要音频，选中所有的视频剪辑，然后单击鼠标右键，在弹出的菜单中选择"取消链接"命令，如图7-39所示。此时视频和音频之间就会取消链接，选中音频剪辑并按Delete键将其全部删除，如图7-40所示。

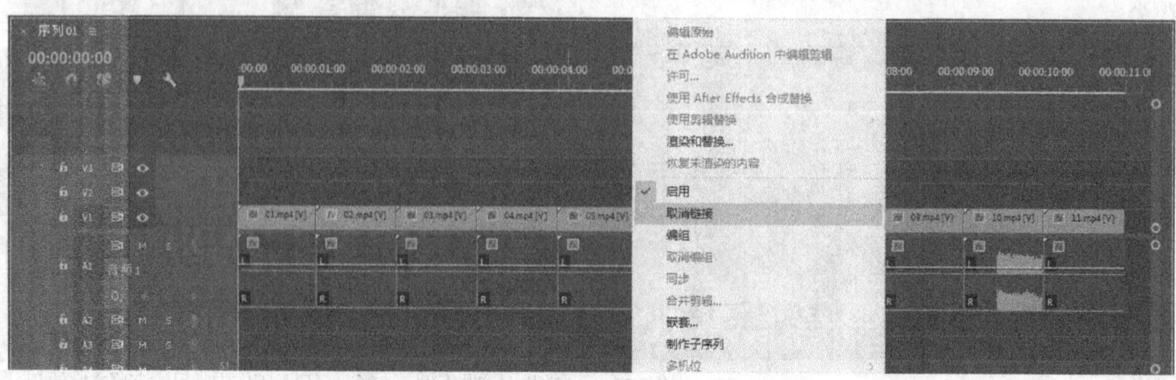

图7-39

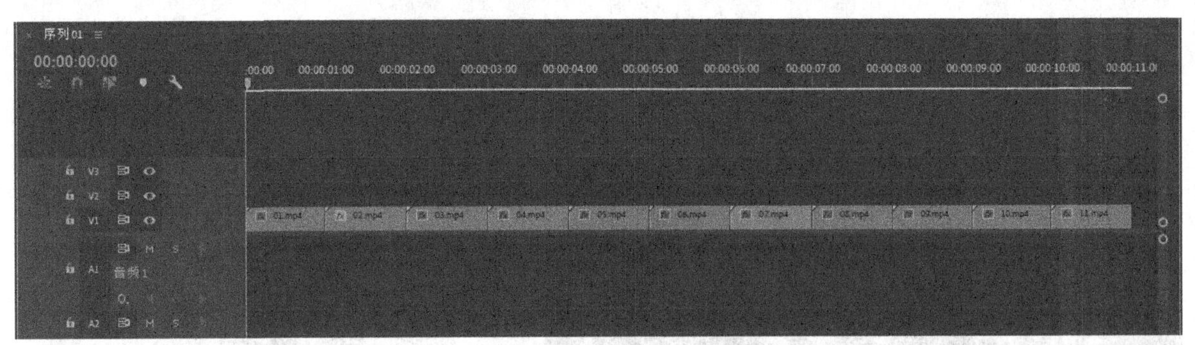

图7-40

04 在“项目”面板中选择“框.png”素材文件，将其拖曳到V2轨道上，如图7-41所示。

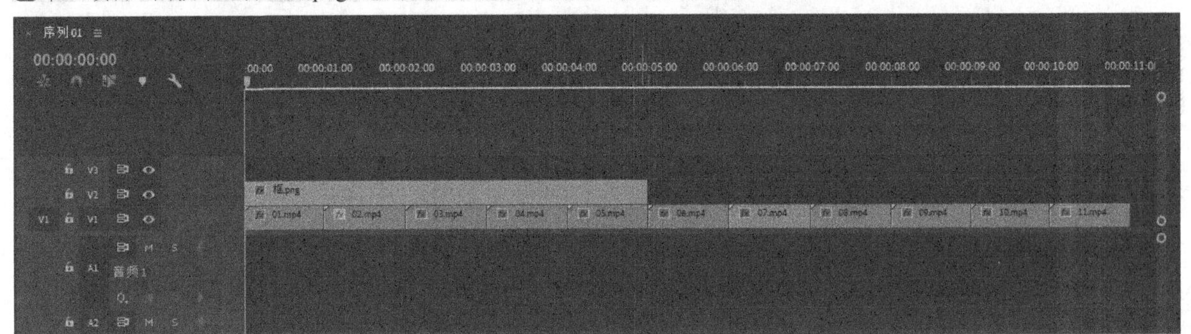

图7-41

05 将“框.png”剪辑延伸到和视频剪辑一样的长度，如图7-42所示。这样，图像素材就会一直出现在视频的上方，如图7-43所示。

06 使用“文字工具” T 在横线的中间输入文字TEN，如图7-44所示。

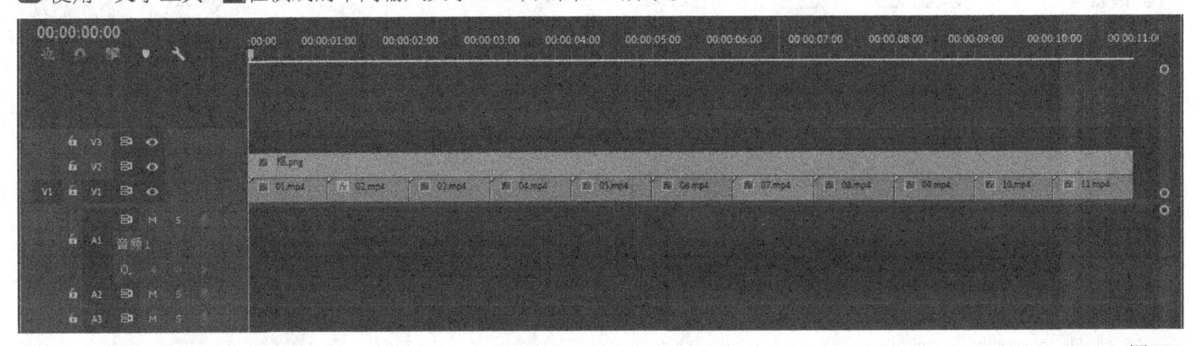

图7-42

图7-43

图7-44

07 选中文字素材，然后在"效果控件"面板中展开"文本"卷展栏，设置"字体"为PingFang SC、"字体大小"为140，如图7-45所示。修改后的文字效果如图7-46所示。

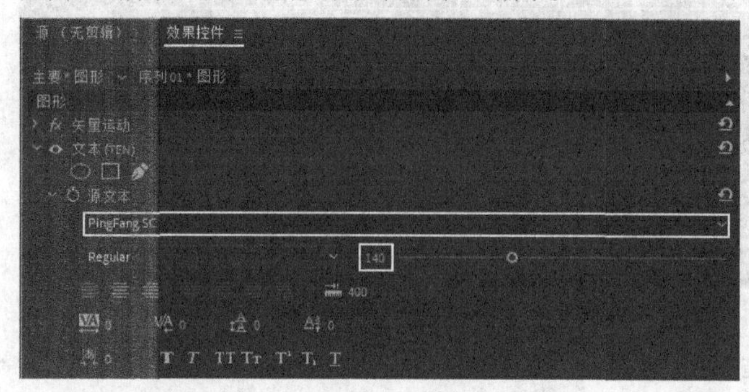

图7-45

图7-46

知识点：在计算机中添加缺失的字体

如果读者在操作步骤07时，发现本地计算机中没有PingFang SC字体，除了可以用其他字体代替外，还可以从网络购买并下载该字体后安装到计算机上。

下面以Windows 10系统为例介绍添加字体的方法。打开计算机中的"控制面板"，单击"字体"选项打开"字体"文件夹，如图7-47所示。

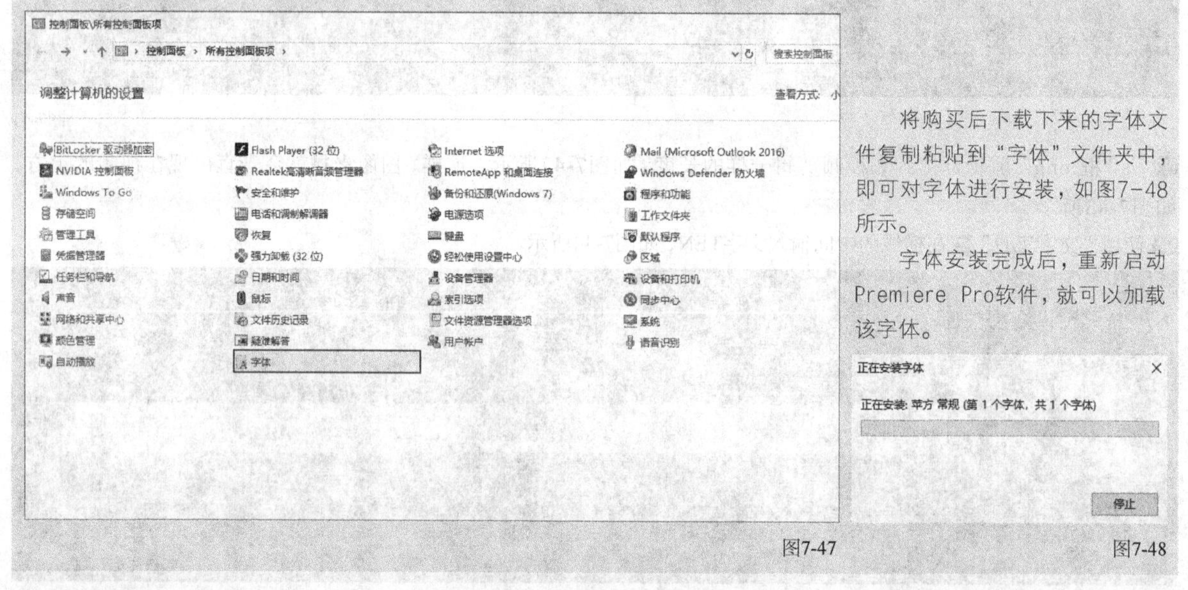

将购买后下载下来的字体文件复制粘贴到"字体"文件夹中，即可对字体进行安装，如图7-48所示。

字体安装完成后，重新启动Premiere Pro软件，就可以加载该字体。

图7-47

图7-48

08 将文字剪辑的长度缩短为1秒，这样就能与第1个画面相对应，如图7-49所示。

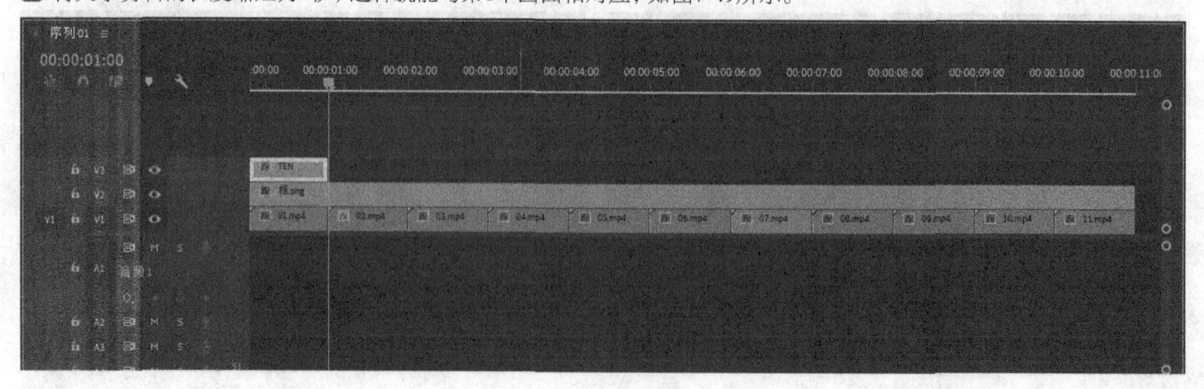

图7-49

09 选中文字剪辑，然后按住Alt键向右拖曳可以复制出一个相同的文字剪辑，效果如图7-50所示。此时在第2个视频剪辑上也会显示相同的文字内容，如图7-51所示。

10 使用“文字工具”T将文本内容修改为NINE，如图7-52所示。

图7-50

图7-51

图7-52

11 按住Alt键继续向右拖曳复制一个文字剪辑，如图7-53所示。效果如图7-54所示。

12 使用“文字工具”T将文本内容修改为EIGHT，如图7-55所示。

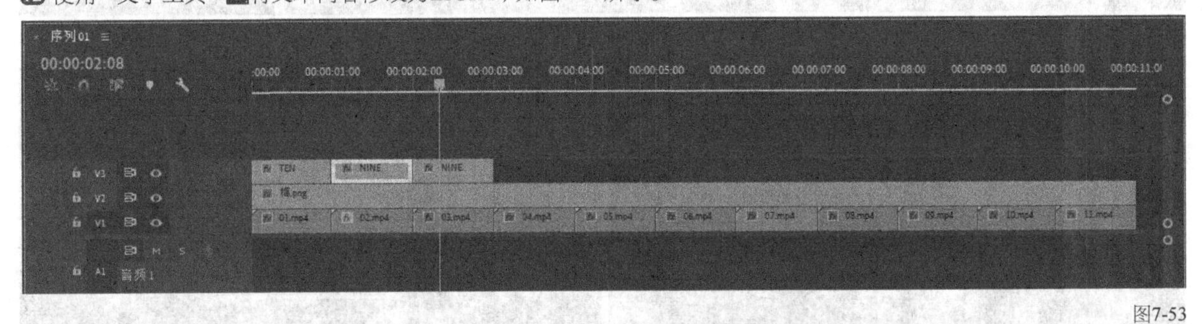

图7-53

图7-54

图7-55

⑬ 按照相同的方法，依次制作剩余视频剪辑的文字内容，如图7-56所示。

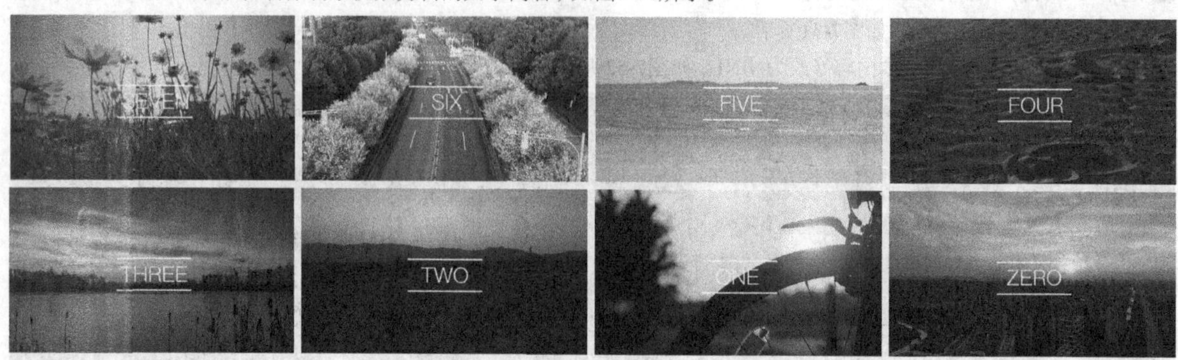

图7-56

⑭ 在“效果”面板中选择“黑场过渡”效果添加在视频剪辑、“框.png”剪辑和文字剪辑的两端，然后适当缩短过渡时长，如图7-57所示。此时在首尾两端的序列会呈现渐隐效果，如图7-58所示。至此，本案例制作完成。

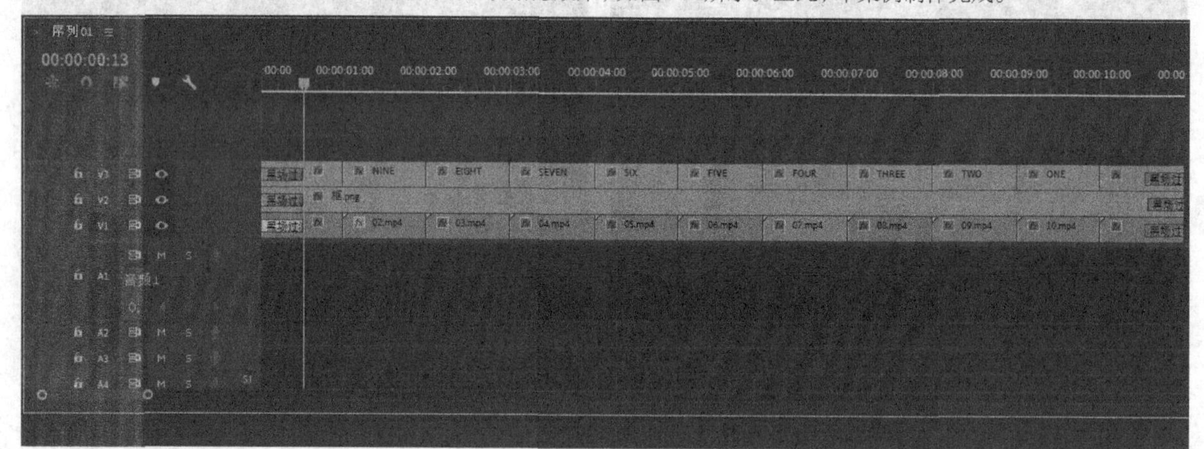

图7-57

图7-58

课堂案例

制作动态时尚文字海报

素材文件	素材文件>CH07>02
实例文件	实例文件>CH07>课堂案例：制作动态时尚文字海报>课堂案例：制作动态时尚文字海报.prproj
视频名称	课堂案例：制作动态时尚文字海报.mp4
学习目标	学习动态文字的制作方法

扫码观看视频

本案例将制作一个动态的时尚文字海报，案例效果如图7-59所示。

图7-59

01 新建一个项目，然后将本书学习资源“素材文件>CH07>02”文件夹中的素材文件全部导入“项目”面板中，如图7-60所示。

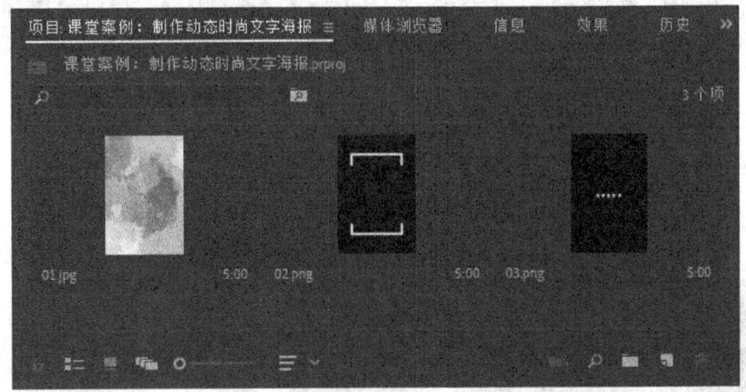

图7-60

02 将01.jpg素材文件拖曳到“时间轴”面板，自动生成一个新的序列，如图7-61所示。效果如图7-62所示。

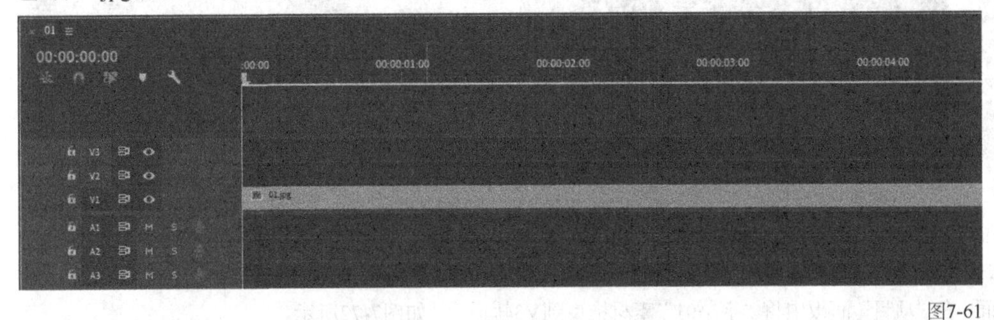

图7-61

图7-62

03 将02.png素材拖曳到“时间轴”面板中，并放置在V2轨道上，如图7-63所示。效果如图7-64所示。

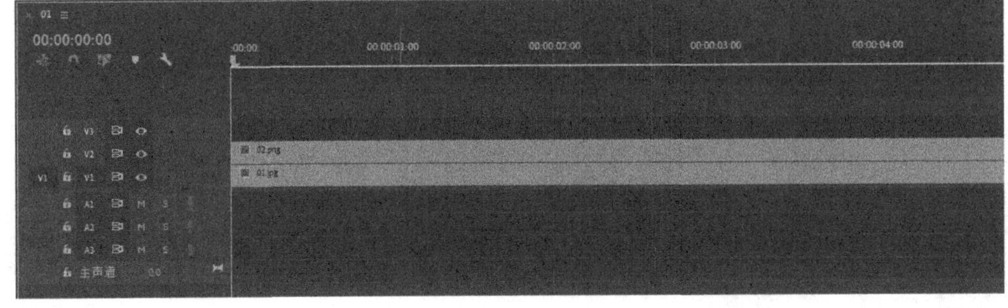

图7-63

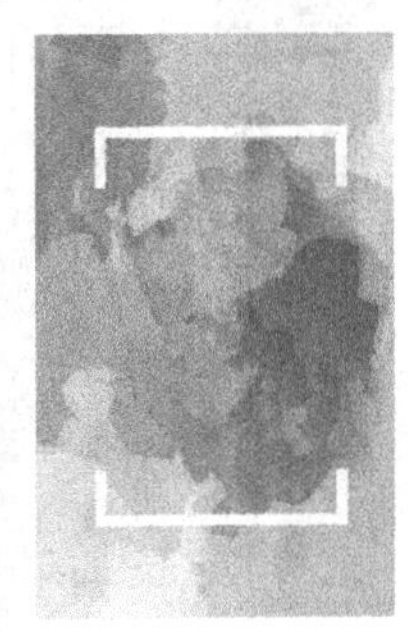

图7-64

04 执行“文件>新建>旧版标题”菜单命令，在弹出的对话框中单击“确定”按钮 确定 ，打开字幕创建界面，如图7-65和图7-66所示。

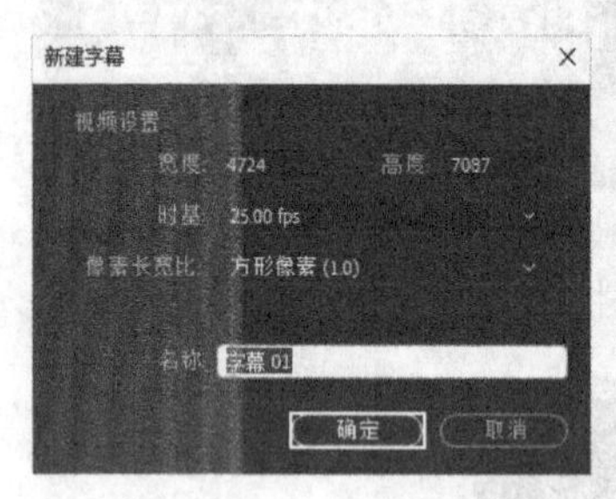

图7-65

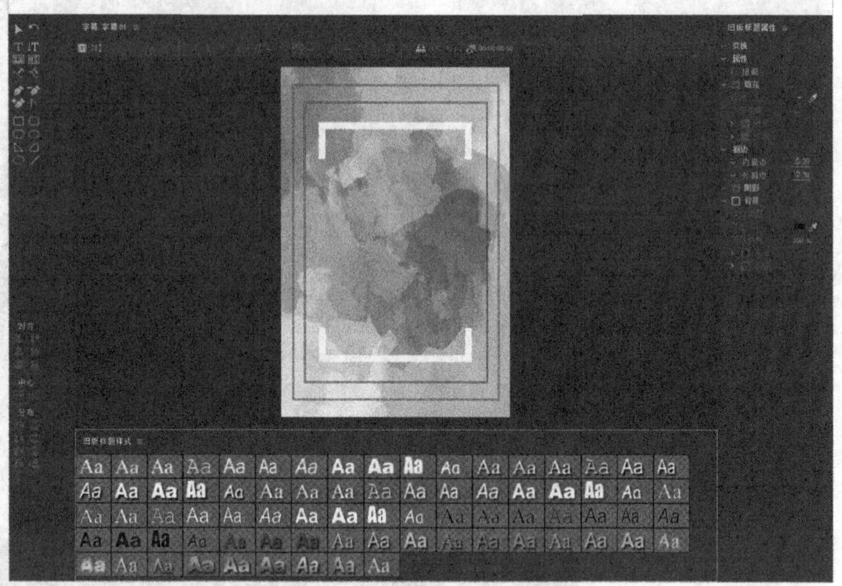

图7-66

05 使用“文本工具” T 在方框内输入SUMMER，然后在“旧版标题属性”面板中设置“字体系列”为“方正兰亭粗黑”、“字体大小”为500、“颜色”为白色，如图7-67所示。

06 继续在下方输入PARTY，字体和颜色不变，将“字体大小”调整为650，效果如图7-68所示。

07 在下方输入EVERY SUNDAY NIGHT和DJ ZURAKO， 然后设置 “字体大小” 为190， 效果如图7-69所示。

图7-67

图7-68

图7-69

08 最后在线框下方输入DOORS OPEN AT 11PM，然后设置“字体大小”为200，如图7-70所示。

09 选中所有的文字，然后在“对齐”选项组中单击“垂直居中对齐”按钮 ，效果如图7-71所示。

10 关闭字幕创建界面，在“项目”面板中将“字幕01”素材拖曳到V3轨道上，如图7-72所示。

图7-70

图7-71

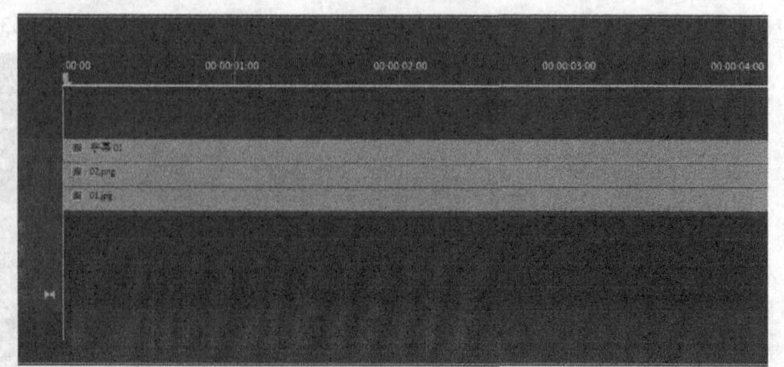

图7-72

⑪ 将03.png素材拖曳到V4轨道上，然后在“效果控件”面板中调整“位置”参数，将其放置在文字间的空隙位置，如图7-73所示。

⑫ 在“时间轴”面板上按住Alt键向上拖曳03.png剪辑，将其复制一份，然后调整位置，如图7-74所示。

⑬ 文字海报制作完成，下面为其添加动态效果。选中V2轨道的02.png剪辑，然后在剪辑起始位置设置“不透明度”为0%，在00:00:01:00位置设置“不透明度”为100%，边框变化效果如图7-75所示。

图7-73

图7-74

图7-75

⑭ 为V3轨道上的“字幕01”剪辑添加“百叶窗”效果，然后在剪辑起始位置设置“过渡完成”为100%，在00:00:01:10位置设置“过渡完成”为0%，接着设置“方向”为90°、“宽度”为100，如图7-76所示。变化效果如图7-77所示。

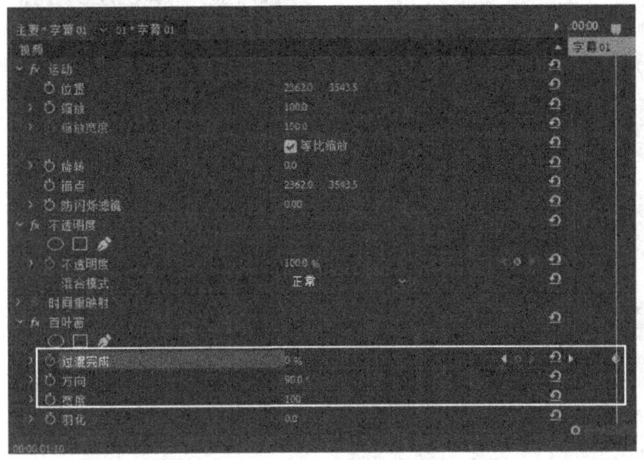

图7-76

图7-77

⑮ 为V4轨道上的03.png剪辑添加“线性擦除”效果，在剪辑起始位置和00:00:01:05位置设置“过渡完成”为100%，接着设置“擦除角度”为－90°，如图7-78所示。

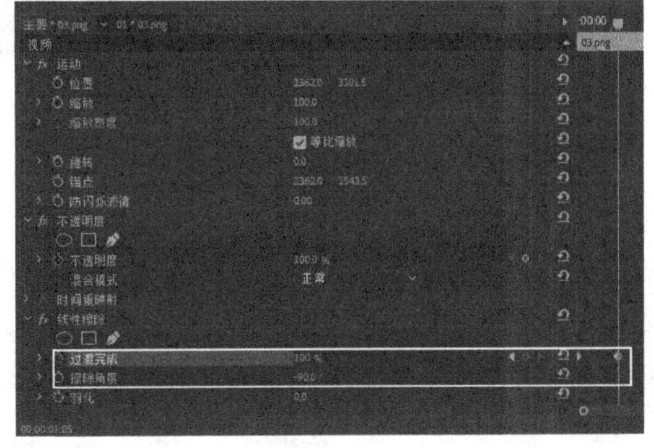

图7-78

⑯ 在00:00:01:15位置设置“过渡完成”为0%，如图7-79所示。效果如图7-80所示。

⑰ 为V5轨道上的03.png剪辑添加同样的“线性擦除”效果，但“擦除角度”设置为90°，效果如图7-81所示。

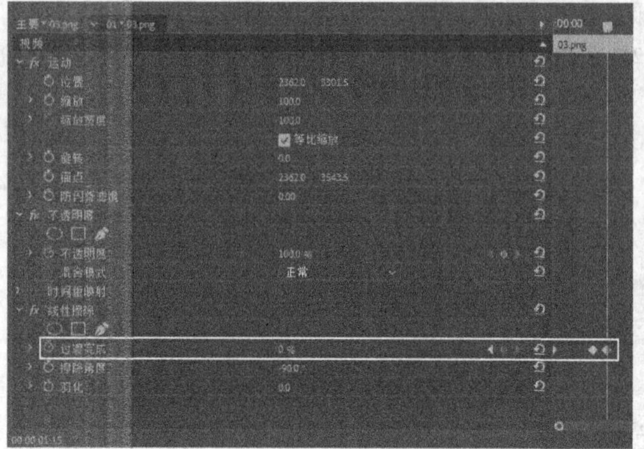

图7-79

图7-80

图7-81

知识点：复制和粘贴剪辑的属性

为了提高制作效率，先选中V4轨道上的剪辑，在右键菜单中选择“复制”命令，然后选中V5轨道上的剪辑，在右键菜单中选择“粘贴属性”命令，接着在弹出的对话框中只勾选“效果”中的“线性擦除”选项即可，如图7-82所示。

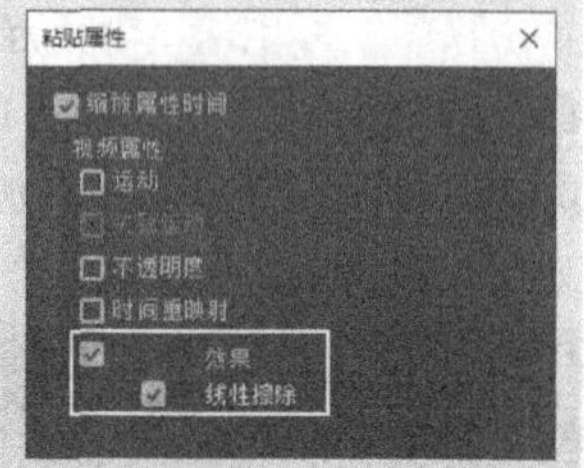

图7-82

⑱ 从序列中任意导出4帧，效果如图7-83所示。

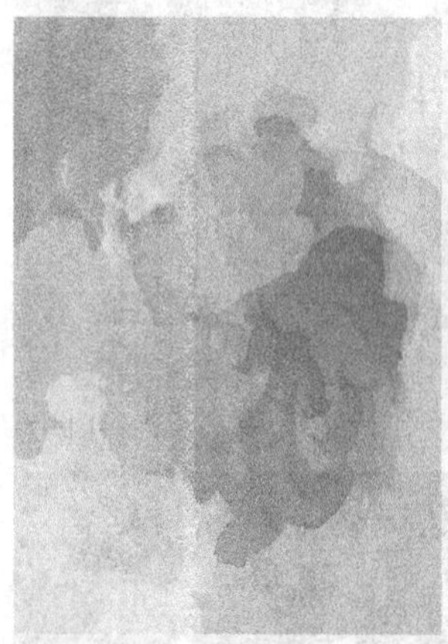

图7-83

课堂案例

制作动态早安电子杂志

素材文件 素材文件>CH07>03

实例文件 实例文件>CH07>课堂案例：制作动态早安电子杂志>课堂案例：制作动态早安电子杂志.prproj

视频名称 课堂案例：制作动态早安电子杂志.mp4

学习目标 学习动态电子杂志的制作方法

扫码观看视频

本案例将要制作一个动态的电子杂志页面，案例效果如图7-84所示。

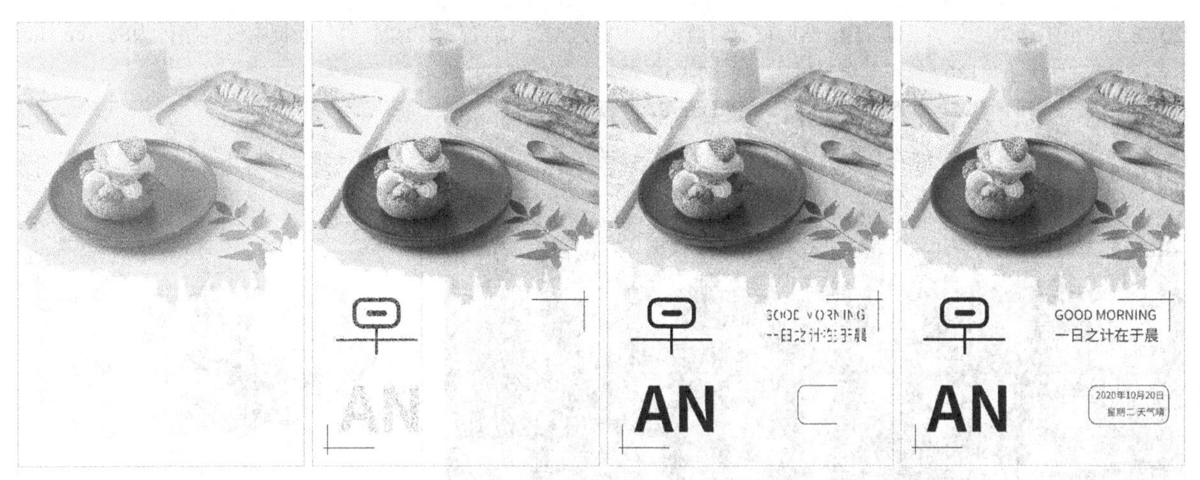

图7-84

01 新建一个项目，然后将本书学习资源“素材文件>CH07>03”文件夹中的素材文件全部导入“项目”面板中，如图7-85所示。

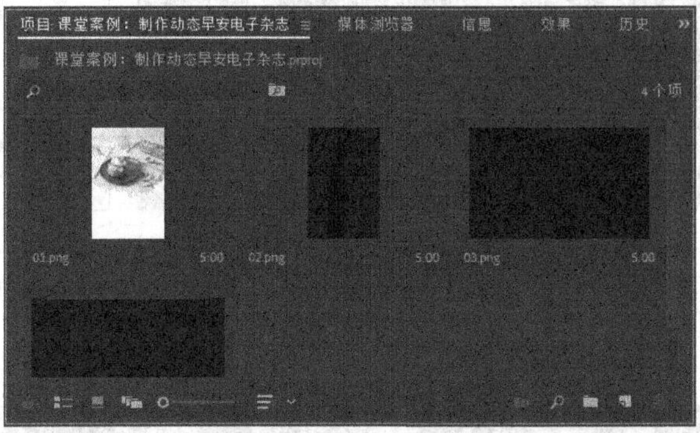

图7-85

02 选中01.png素材，将其拖曳到“时间轴”面板生成序列，如图7-86所示。效果如图7-87所示。

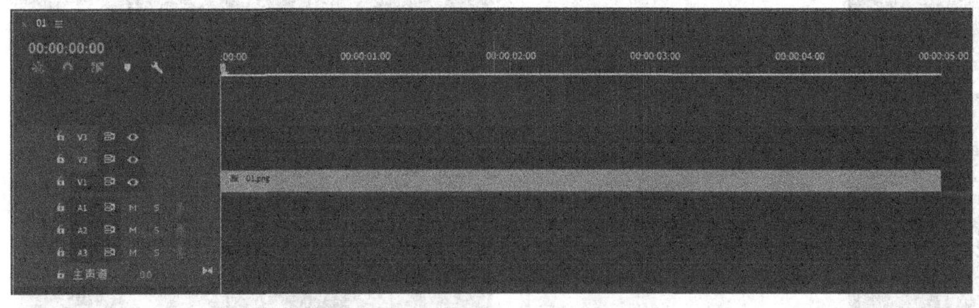

图7-86

图7-87

03 继续将剩余的素材文件拖曳到“时间轴”面板中，如图7-88所示。调整素材的位置后效果如图7-89所示。

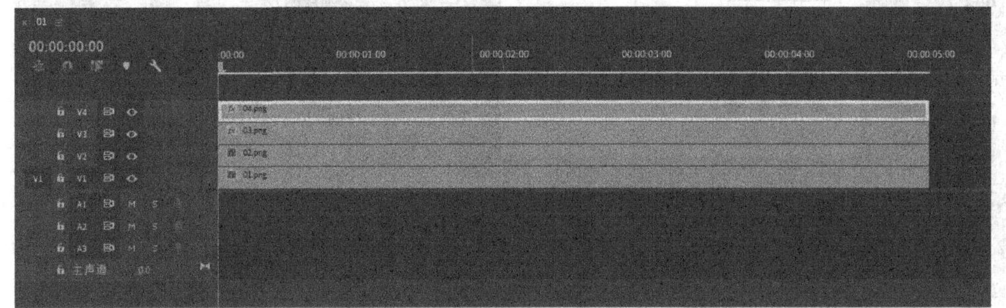

图7-88

图7-89

04 在工具箱中选择“文字工具” T，然后在节目监视器中输入AN，接着在“效果控件”面板中设置字体为Source Han Sans SC、字体大小为180、填充颜色为黑色，如图7-90所示。效果如图7-91所示。

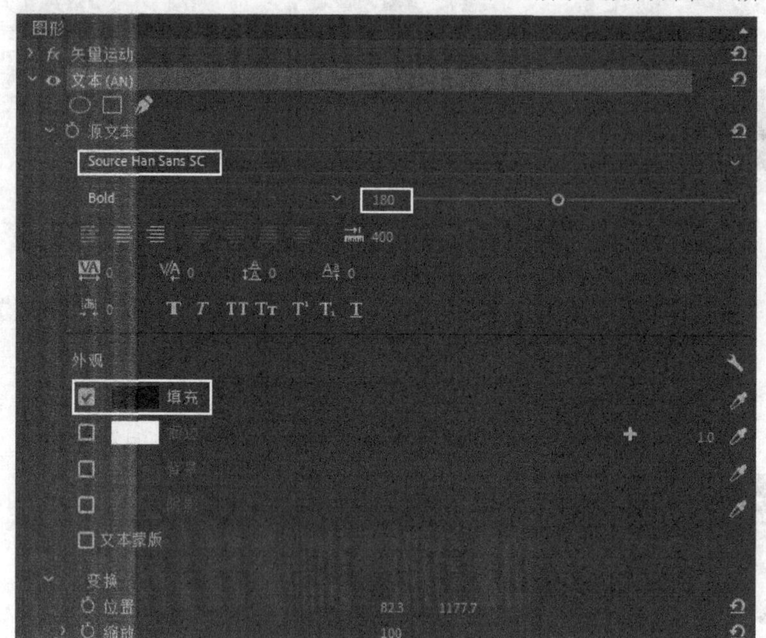

图7-90

图7-91

05 执行“文件>新建>旧版标题”菜单命令，在打开的字幕创建界面中输入GOOD MORNING，然后设置“字体系列”为“思源黑体”、“字体大小”为40、“颜色”为黑色，如图7-92所示。

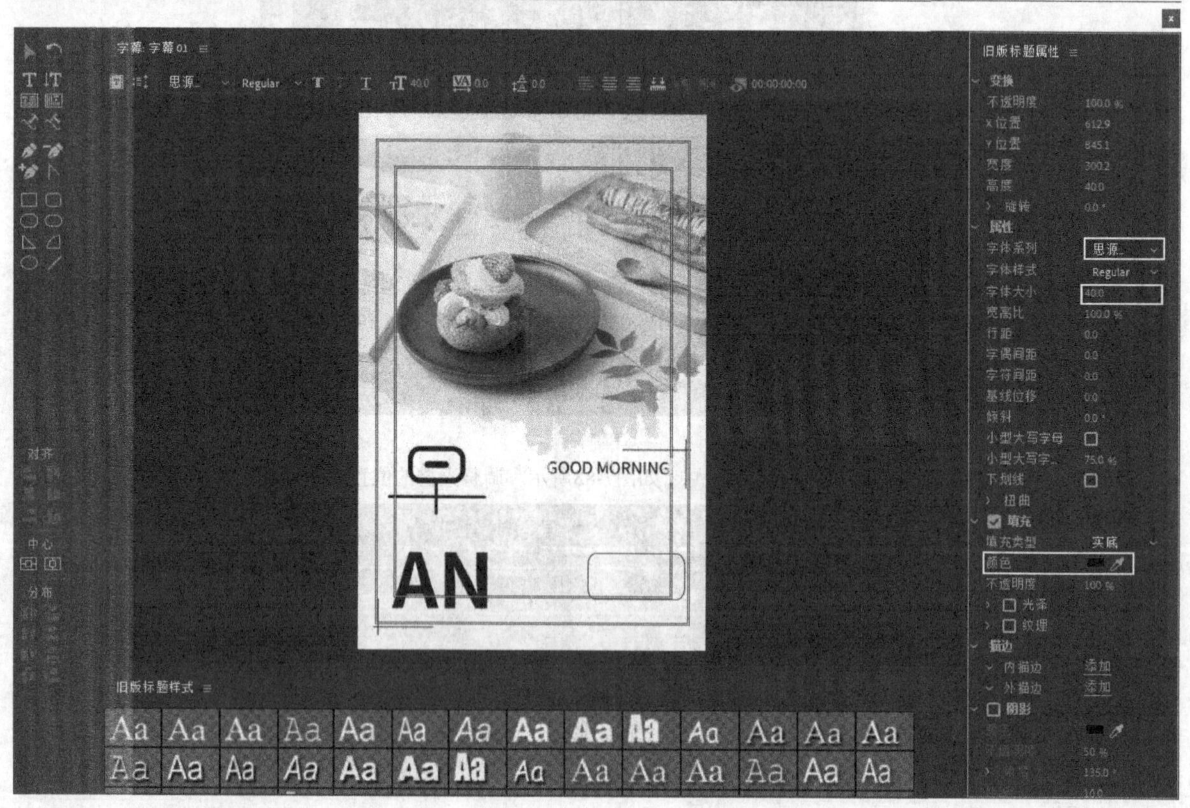

图7-92

06 继续在下方输入“一日之计在于晨”，然后设置“字体大小”为45，如图7-93所示。

07 关闭字幕创建界面，在“项目”面板生成“字幕01”素材文件，将其拖曳到“时间轴”面板的V6轨道上，如图7-94所示。效果如图7-95所示。

图7-93

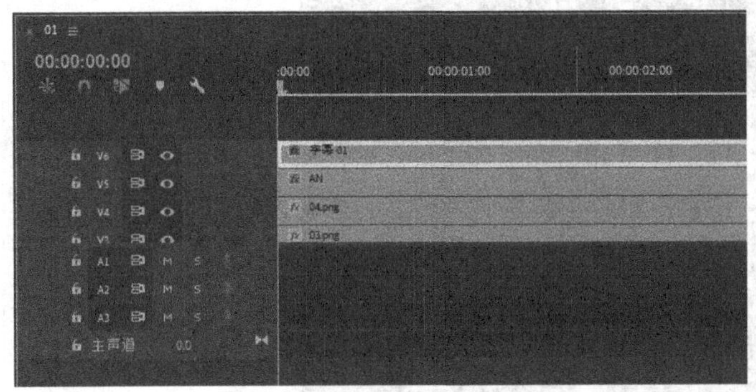

图7-94

图7-95

08 继续执行“文件>新建>旧版标题”菜单命令，在打开的字幕创建界面中输入“2020年10月20日”和“星期二 天气晴”，然后设置“字体系列”为“思源黑体”、“字体大小”为28、“颜色”为黑色，如图7-96所示。

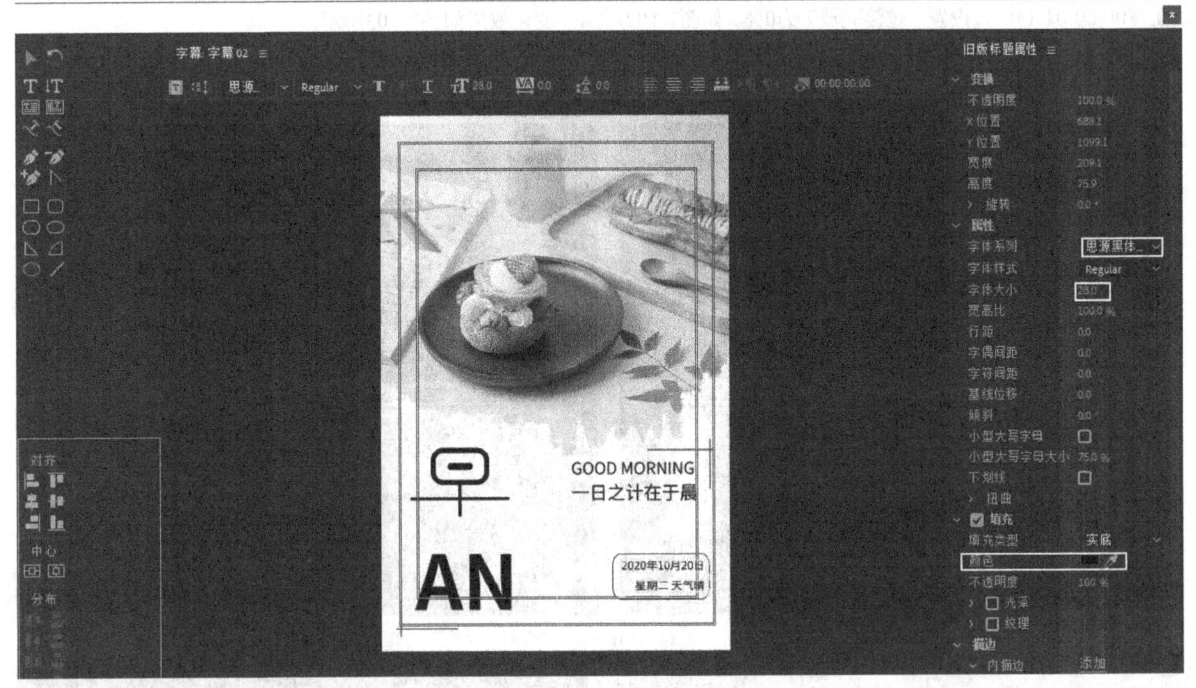

图7-96

09 关闭字幕创建界面，将“项目”面板中的“字幕02”素材拖曳到V7轨道上，如图7-97所示。效果如图7-98所示。

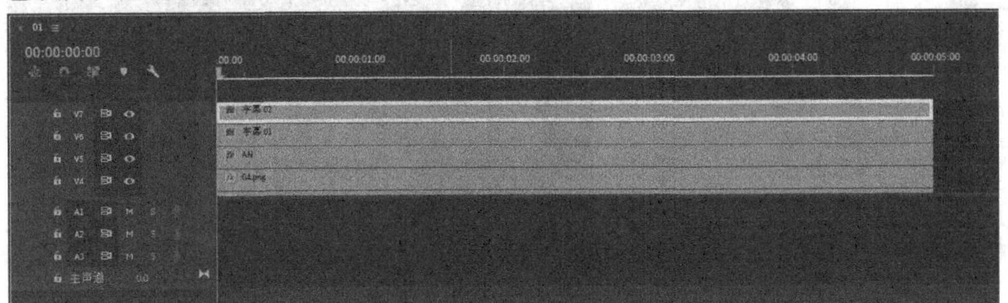

图7-97　图7-98

⑩ 静态的电子杂志页面制作完成，下面制作动态效果。在V1轨道上添加“白场过渡”效果，将其放置于剪辑的起始位置，并设置“持续时间”为00:00:01:00，如图7-99所示。效果如图7-100所示。

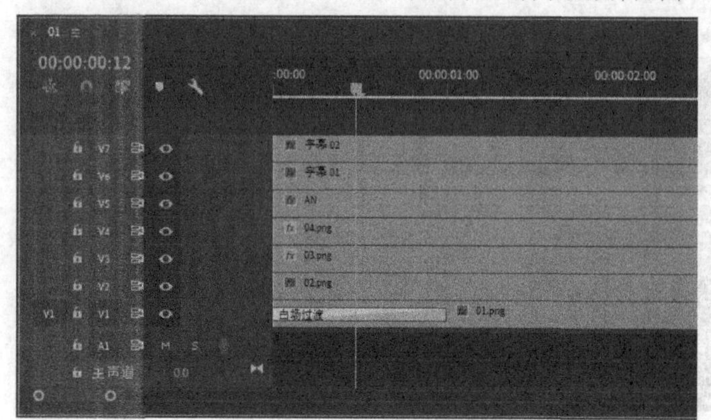

图7-99

图7-100

⑪ 选中V2轨道上的剪辑，为其添加“块溶解”效果，并在剪辑起始位置和00:00:01:00位置，设置“过渡完成”为100%，如图7-101所示。

⑫ 在00:00:01:15位置设置“过渡完成”为0%，如图7-102所示。变化效果如图7-103所示。

⑬ 在V5轨道的剪辑上也添加“块溶解”效果，并在剪辑起始位置和00:00:01:10位置，设置“过渡完成”为100%，如图7-104所示。

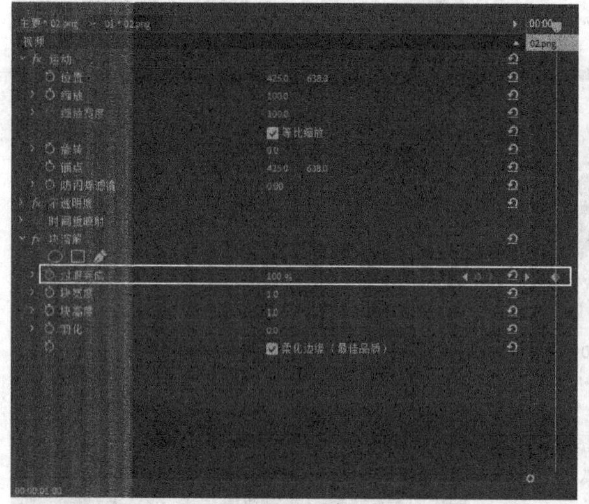

图7-101

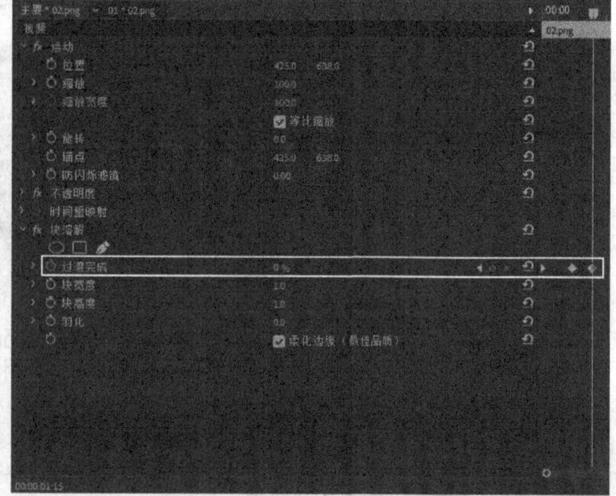

图7-102

图7-103

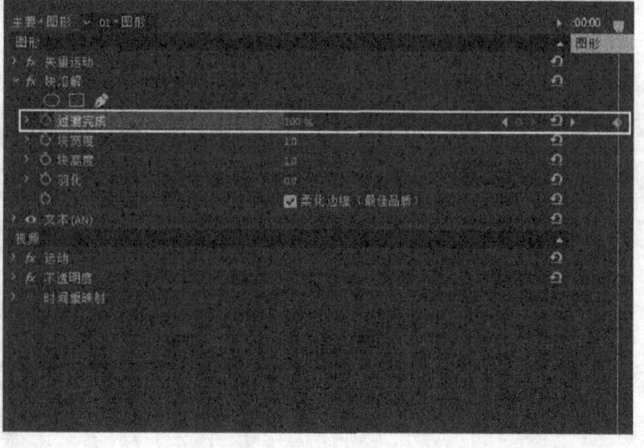

图7-104

⑭ 在00:00:02:00位置设置“过渡完成”为0%，如图7-105所示。变化效果如图7-106所示。

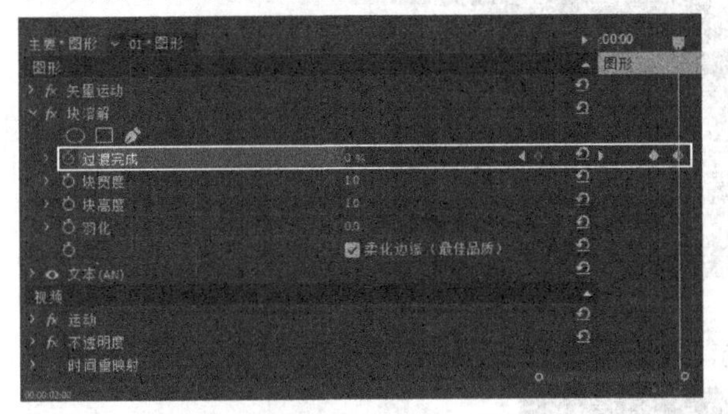

图7-105

图7-106

⑮ 为V3轨道上的剪辑添加“线性擦除”效果，并在00:00:00:20位置设置“过渡完成”为100%、“擦除角度”为－45°，如图7-107所示。

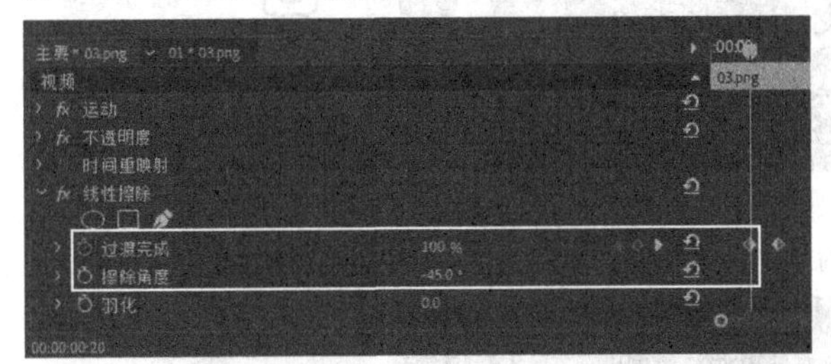

图7-107

⑯ 在00:00:01:10的位置设置“过渡完成”为0%，如图7-108所示。变化效果如图7-109所示。

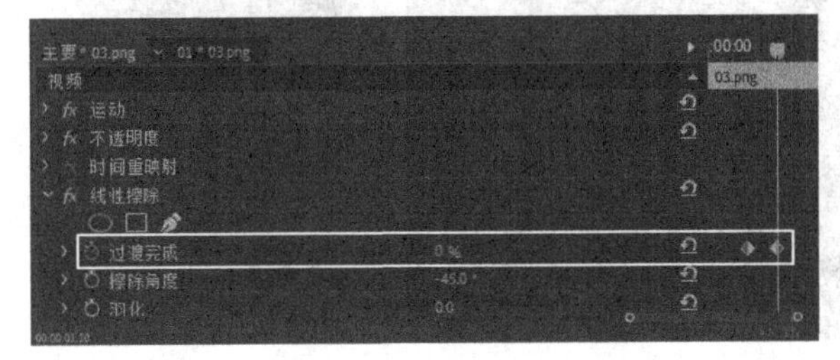

图7-108

图7-109

⑰ 为V6轨道上的剪辑添加“百叶窗”效果，并在00:00:01:15位置设置“过渡完成”为100%，如图7-110所示。

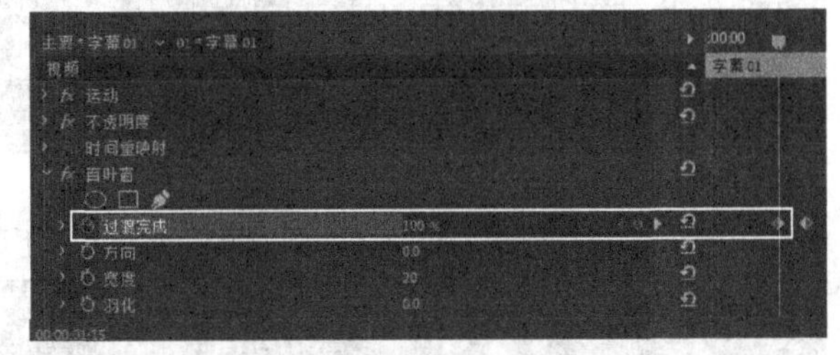

图7-110

⑱ 在00:00:02:05位置设置“过渡完成”为0%，如图7-111所示。变化效果如图7-112所示。

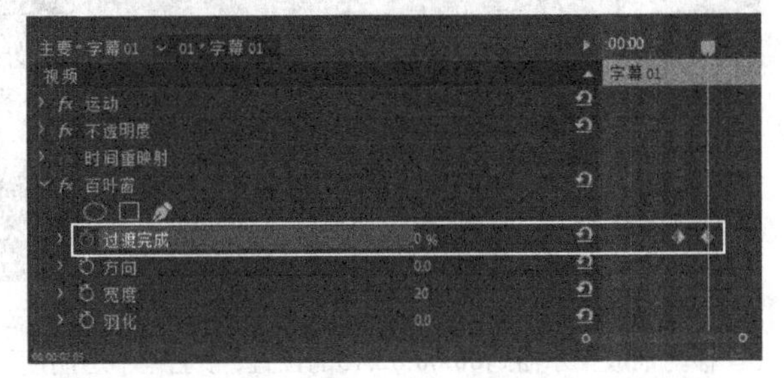

图7-111

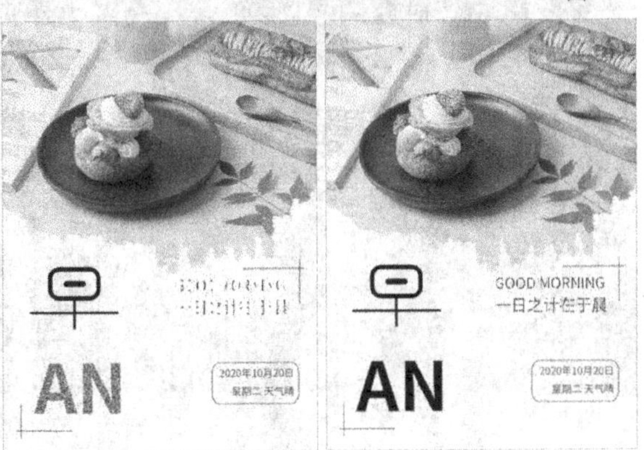

图7-112

⑲ 为V4轨道上的剪辑添加“径向擦除”效果，并在00:00:01:20位置设置“过渡完成”为100%，如图7-113所示。

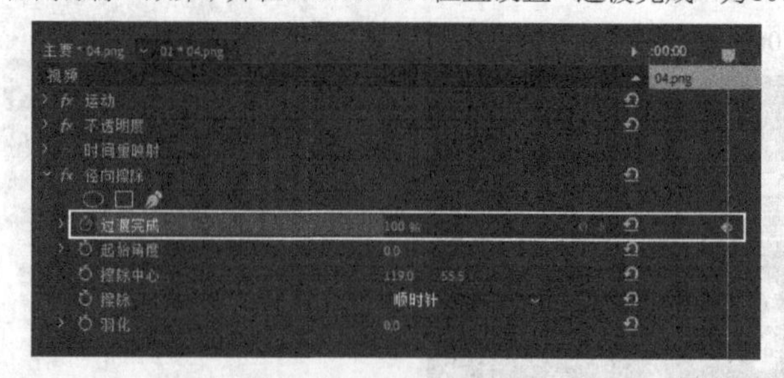

图7-113

⑳ 在00:00:02:05位置设置“过渡完成”为0%，如图7-114所示。变化效果如图7-115所示。

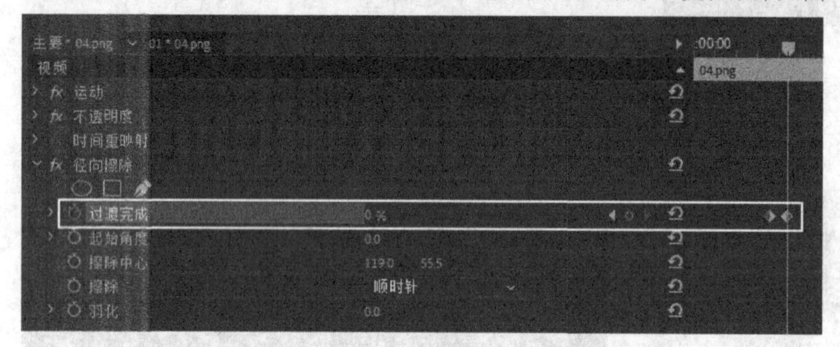

图7-114　　图7-115

㉑ 选中V7轨道上的剪辑，然后在00:00:02:05位置设置“不透明度”为0%，如图7-116所示。效果如图7-117所示。

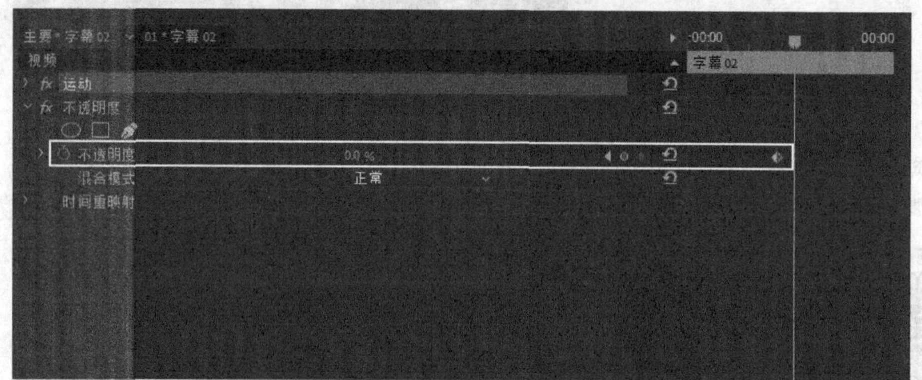

图7-116　　图7-117

㉒ 移动播放指示器到00:00:02:15的位置，设置“不透明度”为100%，如图7-118所示。效果如图7-119所示。

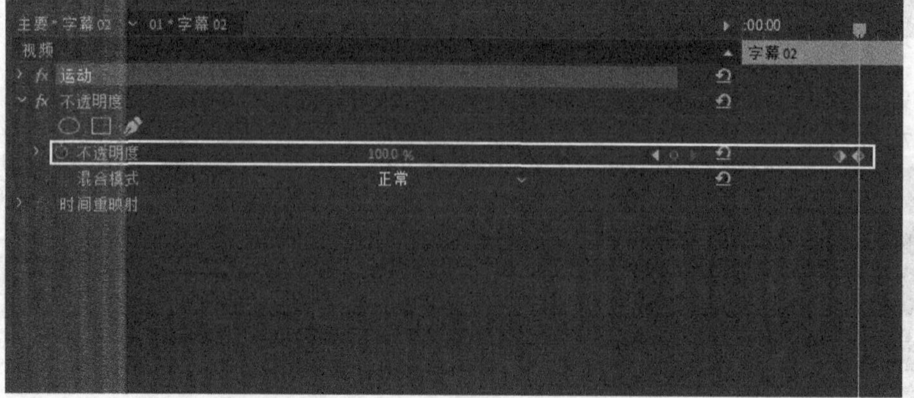

图7-118　　图7-119

23 从序列中任意导出4帧，案例最终效果如图7-120所示。

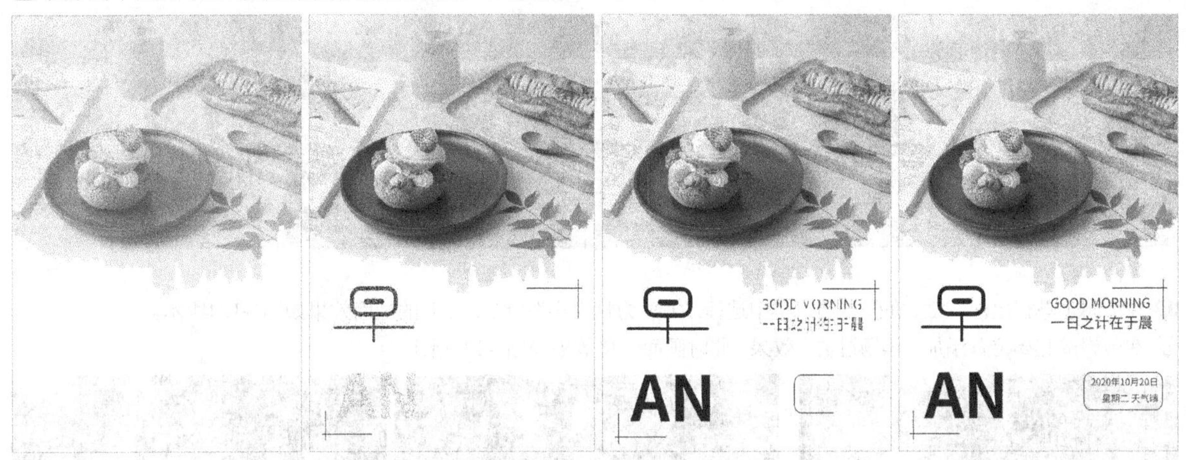

图7-120

课堂案例

制作动态粉笔字效果

素材文件　素材文件>CH07>04

实例文件　实例文件>CH07>课堂案例：制作动态粉笔字效果>课堂案例：制作动态粉笔字效果.prproj

视频名称　课堂案例：制作动态粉笔字效果.mp4

学习目标　学习动态文字的制作方法

本案例将制作一个动态粉笔字效果，如图7-121所示。

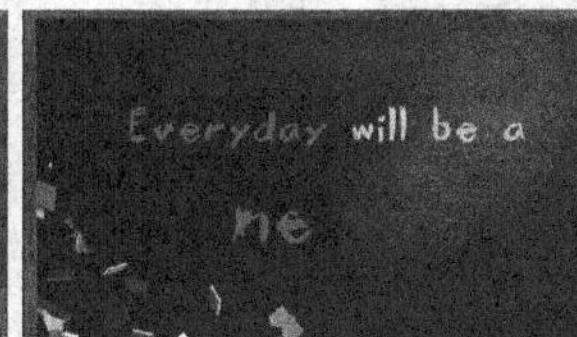

图7-121

01 新建一个项目，然后将本书学习资源“素材文件>CH07>04”文件夹中的素材文件全部导入“项目”面板中，如图7-122所示。

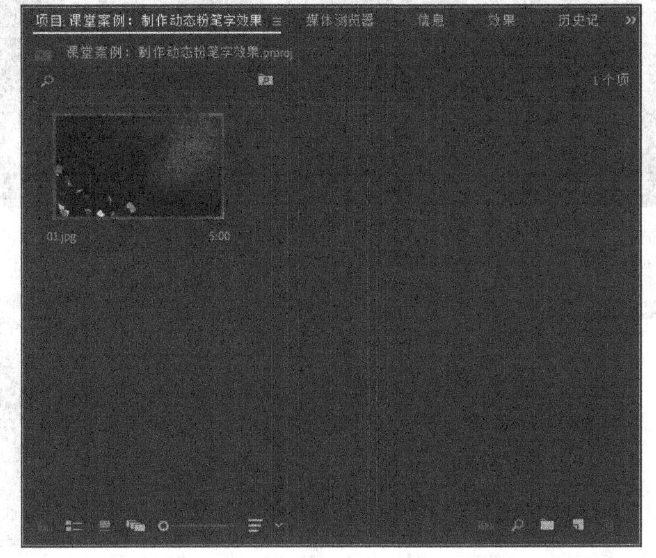

图7-122

02 新建一个AVCHD 1080p25序列，然后将素材文件拖曳到“时间轴”面板上，如图7-123所示。

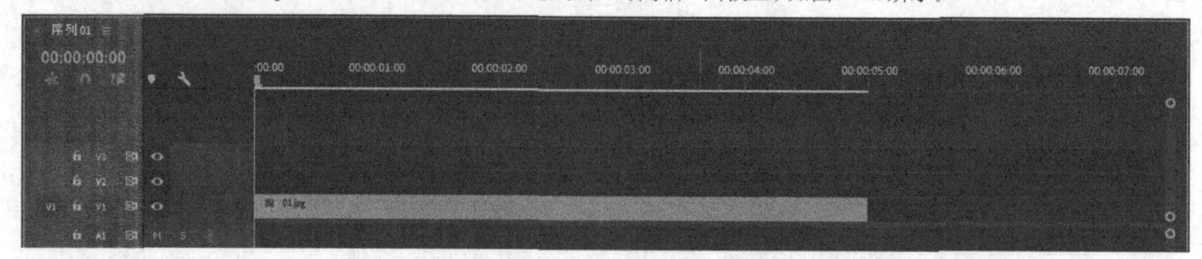

图7-123

03 在剪辑上单击鼠标右键，在弹出的菜单中选择“缩放为帧大小”命令，此时的画面效果如图7-124所示。

04 在剪辑的起始位置添加“黑场过渡”效果，此时画面变化效果如图7-125所示。

图7-124

图7-125

05 执行“文件>新建>旧版标题”菜单命令，在字幕创建界面中输入Everyday will be a，然后在“旧版标题属性”面板中设置“字体系列”为beck、“字体大小”为100，接着设置第1个单词为粉色、其余为白色，如图7-126所示。

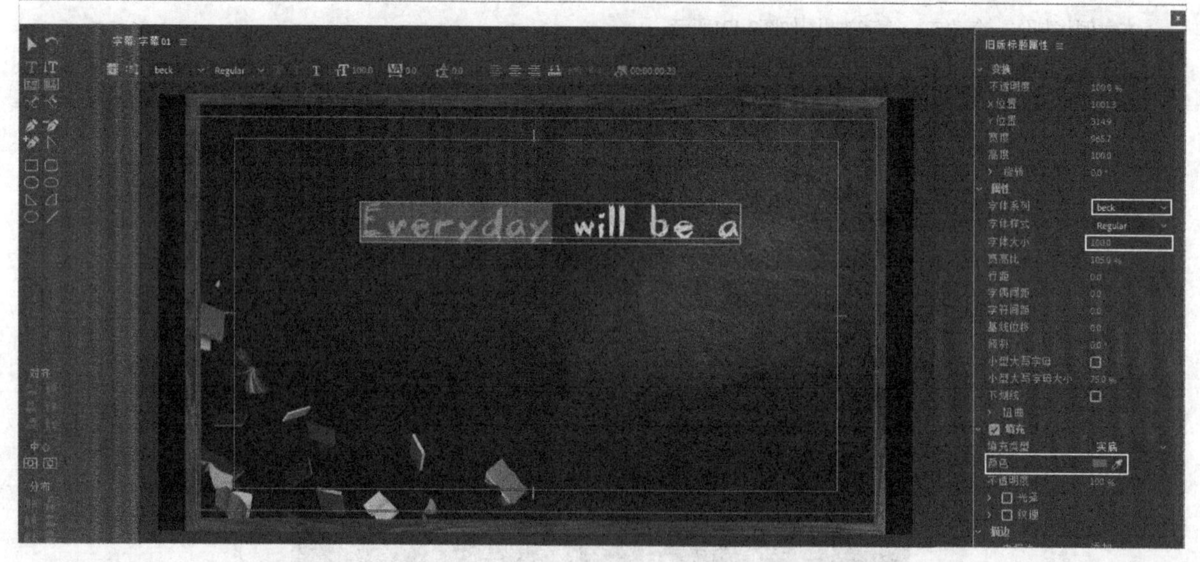

图7-126

06 在“字幕”面板中单击“基于当前字幕新建字幕”按钮，然后在弹出的对话框中单击“确定”按钮，如图7-127所示。

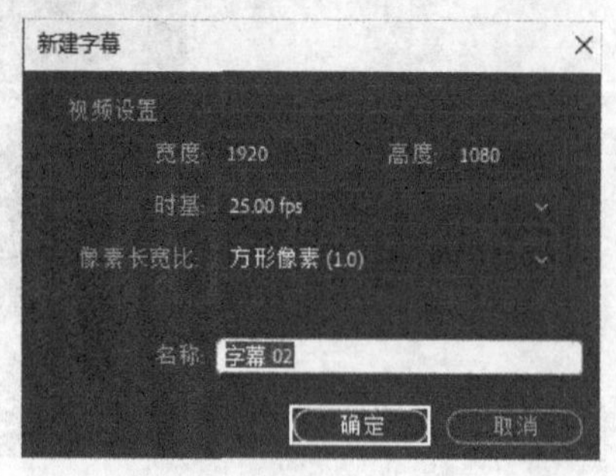

图7-127

07 修改文本的内容为new day，然后使用“选择工具”▶将文字内容向右下方移动，接着设置“字体大小”为150、“颜色”为绿色，如图7-128所示。

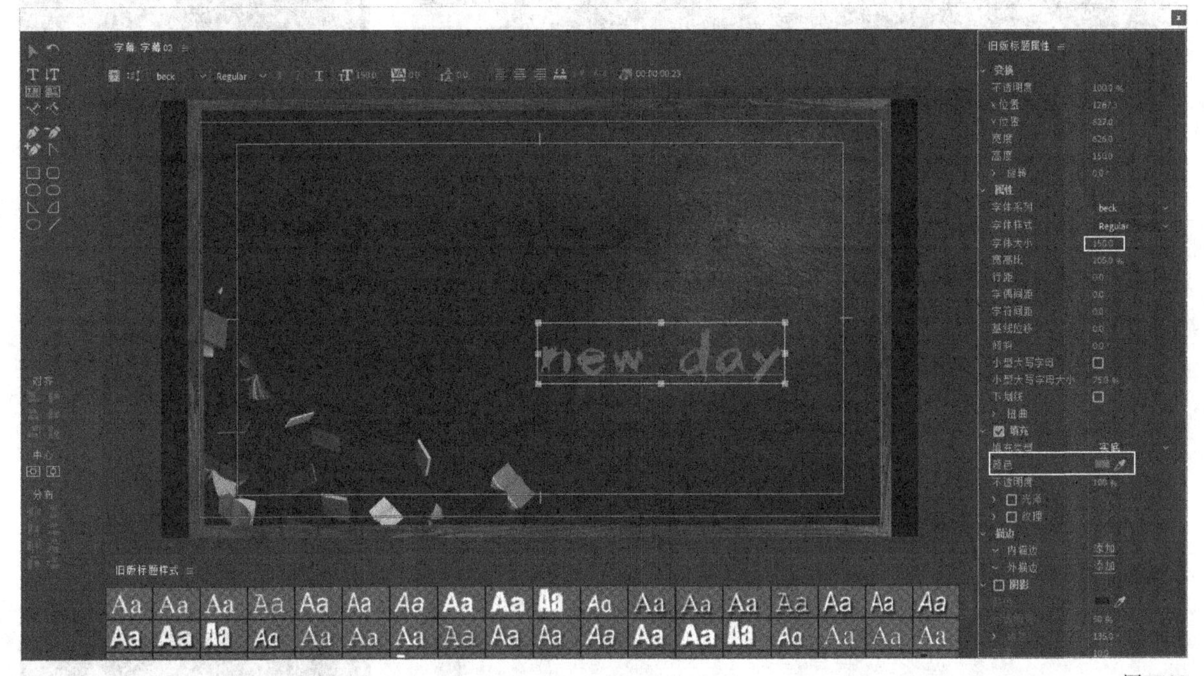

图7-128

08 关闭字幕创建界面，将“项目”面板中的两个字幕素材拖曳到V2和V3轨道上，如图7-129所示。效果如图7-130所示。

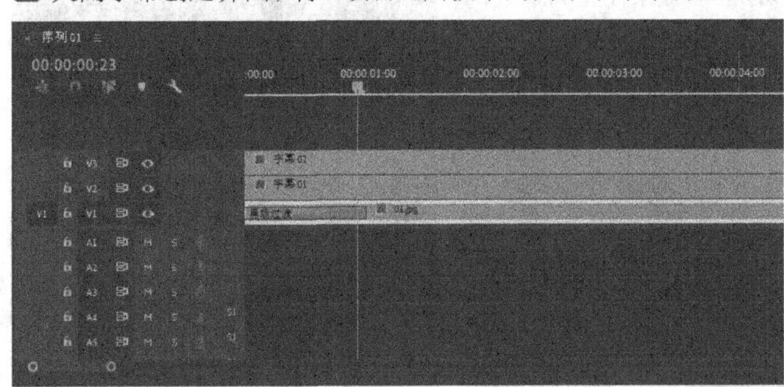

图7-129

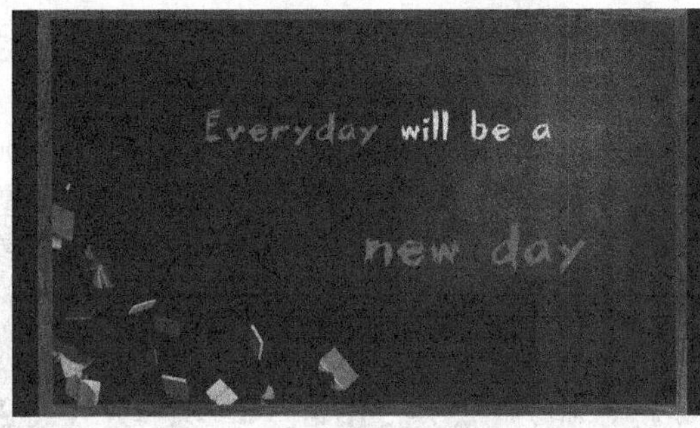

图7-130

09 在“效果控件”面板中调整两个字幕剪辑的大小和位置，使其更加和谐，如图7-131所示。

10 在“效果”面板中选择“线性擦除”效果，将其拖曳到V2轨道上，然后在00:00:01:00的位置设置“过渡完成”为100%、“擦除角度”为－130°，如图7-132所示。

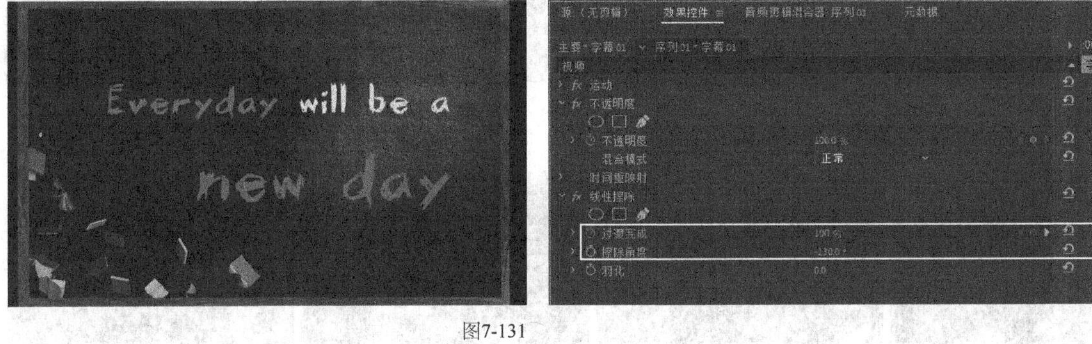

图7-131

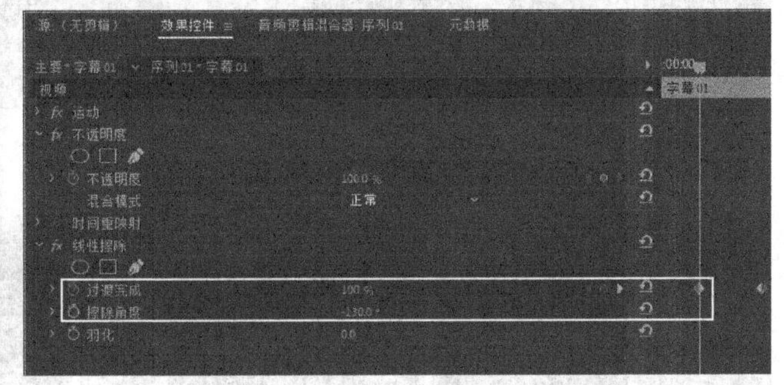

图7-132

⑪ 移动播放指示器到00:00:02:15的位置，然后设置“过渡完成”为0%，如图7-133所示。变化效果如图7-134所示。

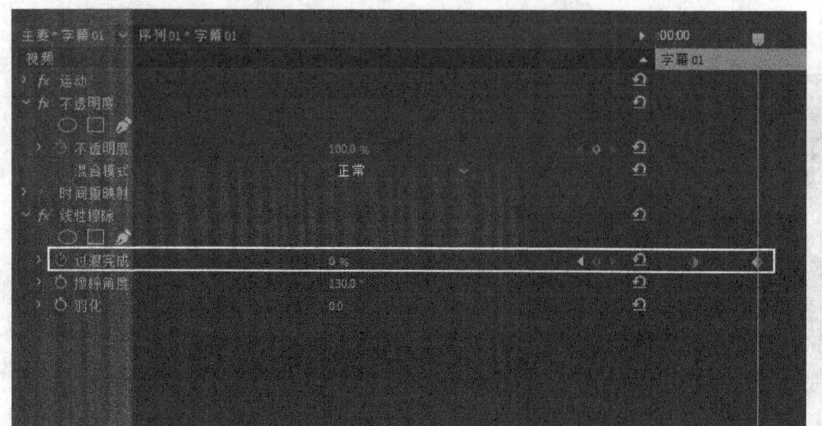

图7-133

图7-134

⑫ 选中V2轨道上的剪辑，然后按快捷键Ctrl+C复制，接着选中V3轨道上的剪辑并右击，在弹出菜单中选择“粘贴属性”命令，再在弹出的对话框中勾选“效果”和“线性擦除”选项，如图7-135所示。

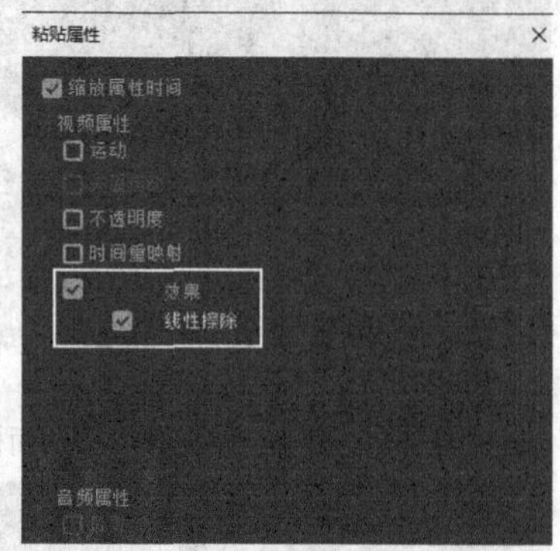

图7-135

技巧与提示

按快捷键Ctrl+C复制后，选中V3轨道上的剪辑，然后切换到“效果控件”面板并按快捷键Ctrl+V也可以快速复制其效果。这两种方法读者可任选一种。

⑬ 选中V3轨道上的剪辑的关键帧，然后向后移动到00:00:02:00的位置，如图7-136所示。变化效果如图7-137所示。

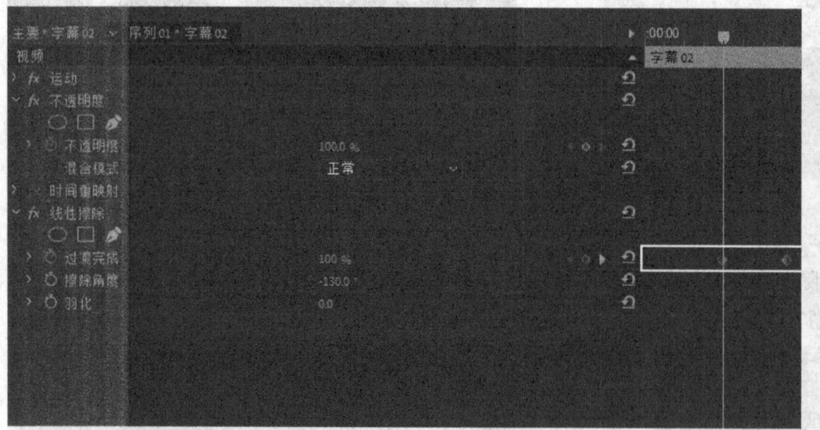

图7-136

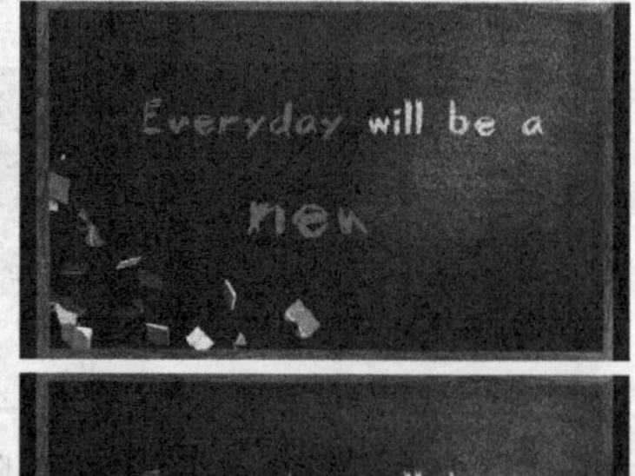

图7-137

⑭ 从序列中任意导出4帧，案例最终效果如图7-138所示。

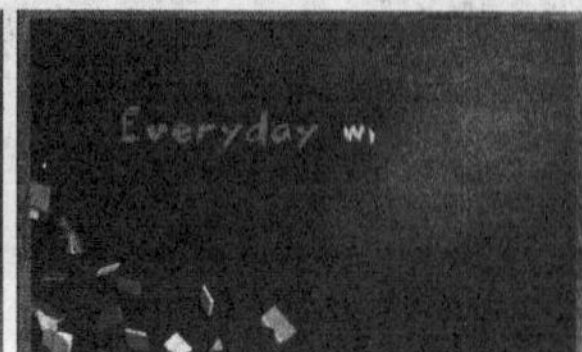

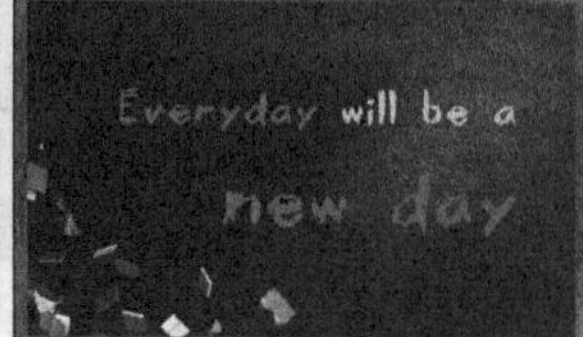

图7-138

课堂案例

制作MV滚动字幕

素材文件 素材文件>CH07>05

实例文件 实例文件>CH07>课堂案例：制作MV滚动字幕>课堂案例：制作MV滚动字幕.prproj

视频名称 课堂案例：制作MV滚动字幕.mp4

学习目标 学习滚动字幕的制作方法

扫码观看视频

本案例是为一段MV视频添加滚动的字幕，效果如图7-139所示。

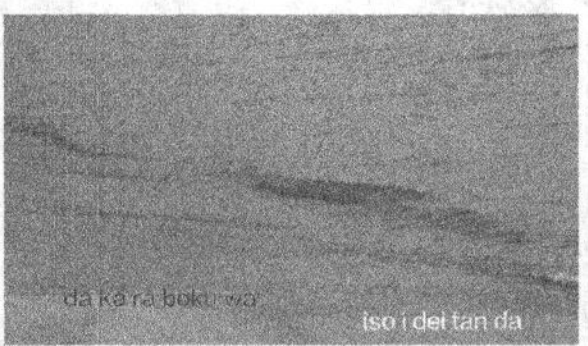

图7-139

01 新建一个项目，然后将本书学习资源“素材文件>CH07>05”文件夹中的素材文件全部导入“项目”面板中，如图7-140所示。

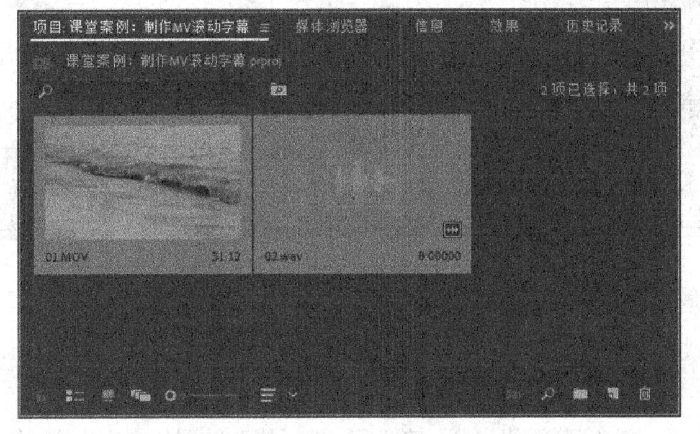

图7-140

02 将素材文件拖曳到“时间轴”面板中形成序列，如图7-141所示。

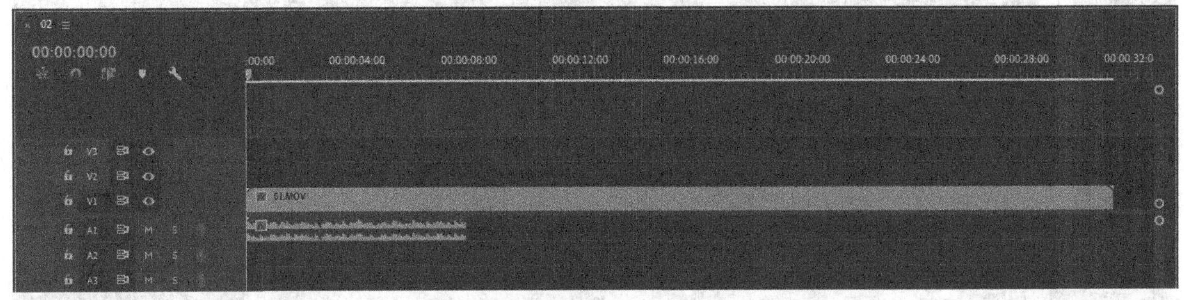

图7-141

03 将视频剪辑的持续时间缩短为和音频剪辑相同的长度，如图7-142所示。

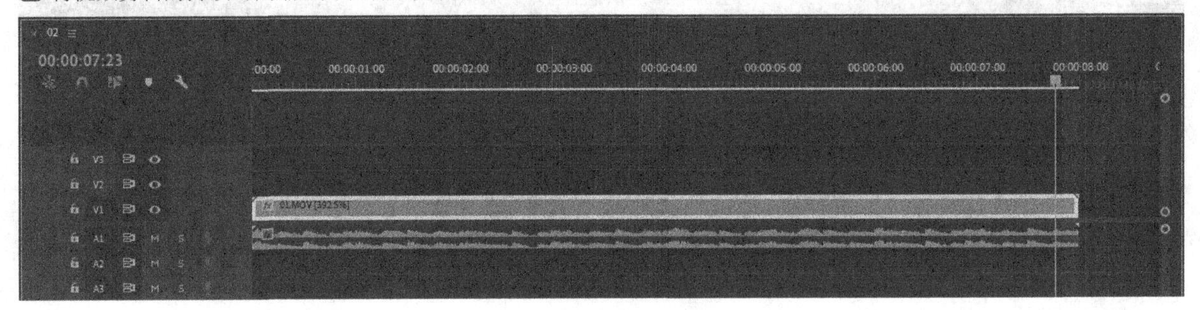

图7-142

04 执行"文件>新建>旧版标题"菜单命令，在"字幕"面板的下方输入歌词文字，然后设置"字体系列"为"方正兰亭准黑"、"字体大小"为75、"颜色"为白色，如图7-143所示。

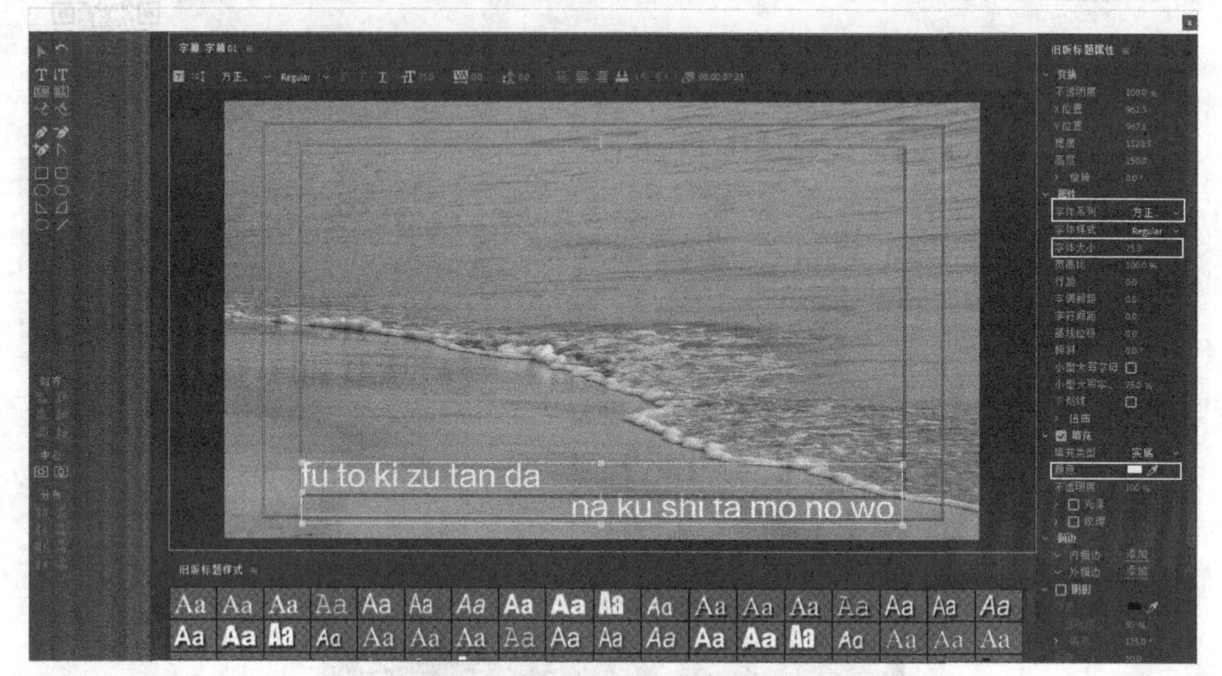

图7-143

技巧与提示

歌词内容请读者随意发挥，这里不作规定。

05 在"字幕"面板中单击"基于当前字幕新建字幕"按钮，然后修改歌词的文字内容，如图7-144所示。

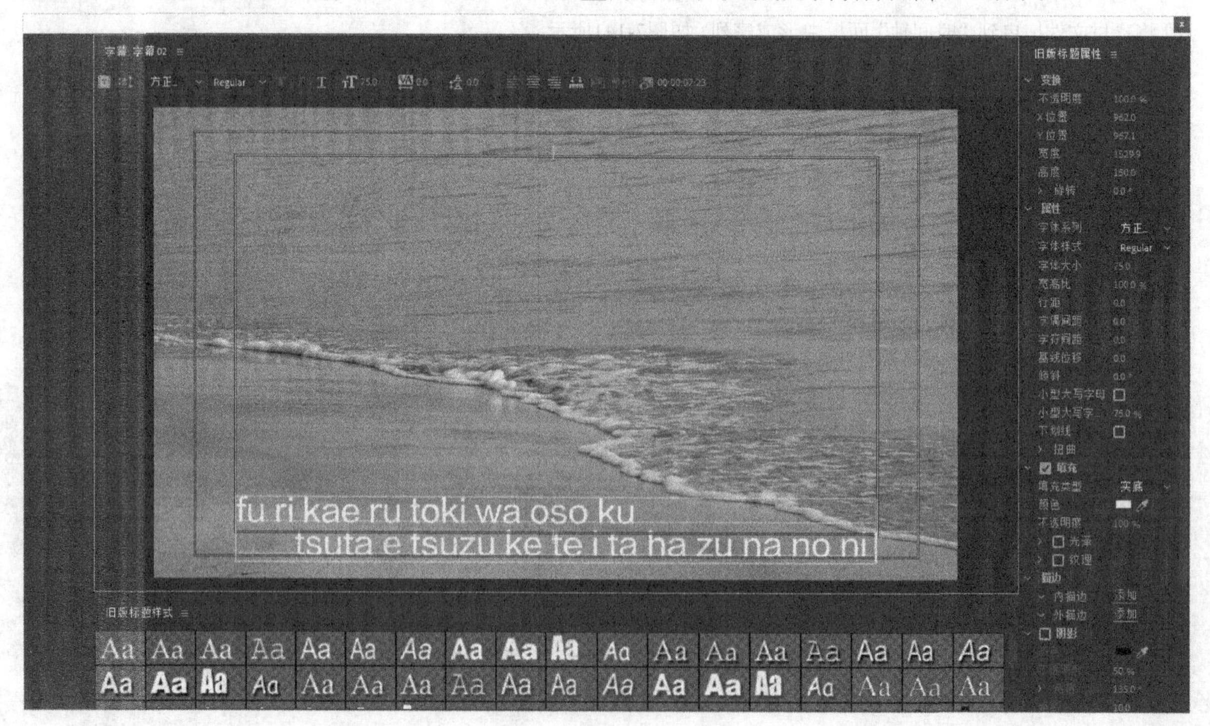

图7-144

06 继续按照相同的方法制作其他的几个字幕，如图7-145~图7-147所示。

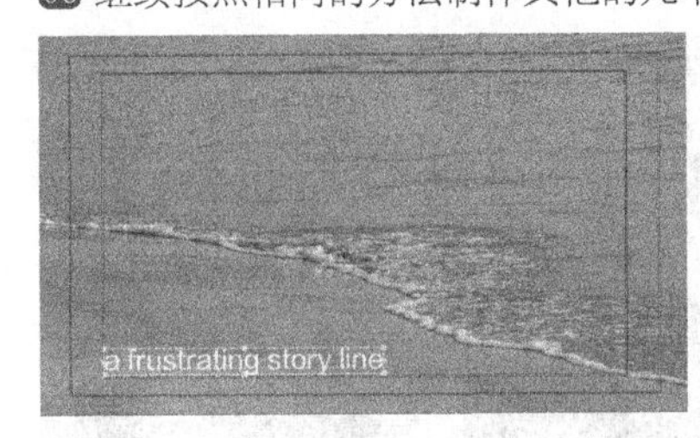

图7-145

图7-146

图7-147

07 字幕创建完成后关闭字幕创建界面，然后在“项目”面板中新建一个素材箱，将所有的字幕素材都放置在素材箱中，并命名为“白色字幕”，如图7-148所示。

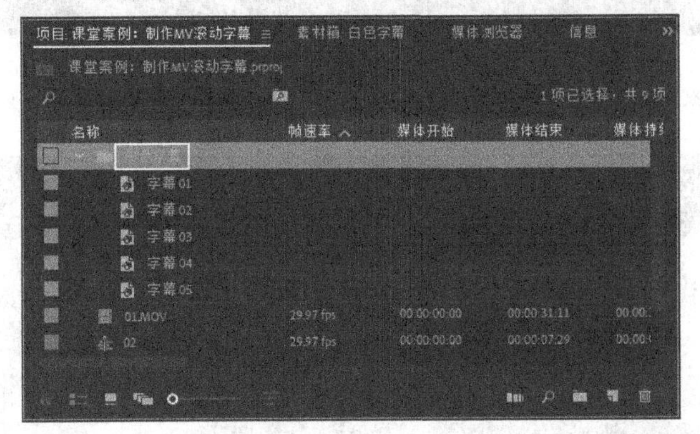

图7-148

08 将5个字幕素材文件拖曳到V2轨道上，然后设置每个素材的持续时间均为1秒，并将视频和音频剪辑与其对齐，如图7-149所示。

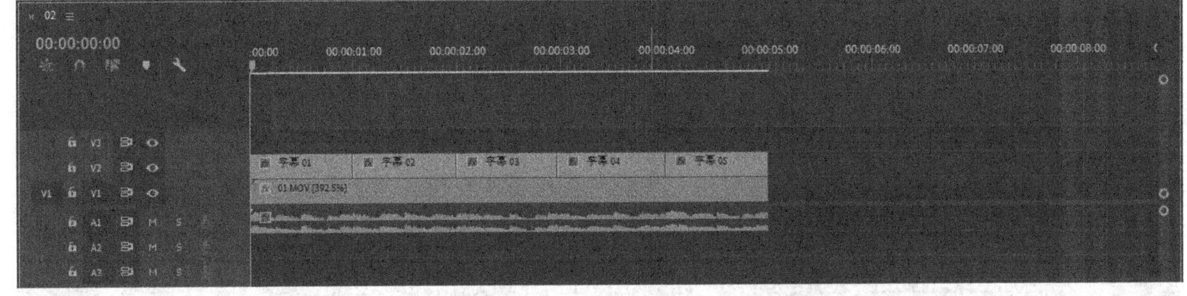

图7-149

09 在“项目”面板中将“白色字幕”素材箱复制一份，将复制的素材箱命名为“蓝色字幕”，如图7-150所示。

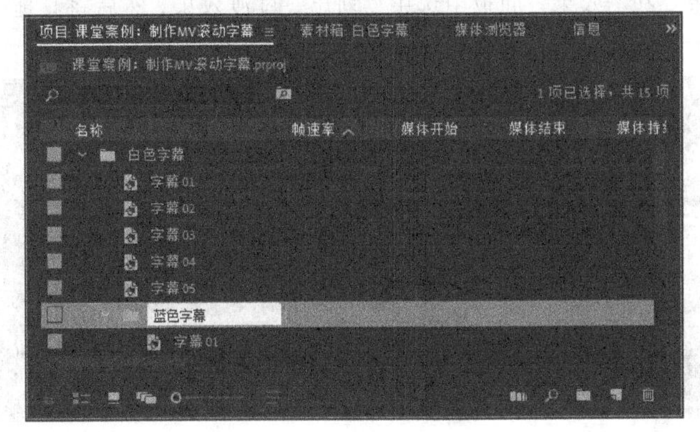

图7-150

⑩ 将蓝色字幕中的字幕素材都拖曳到V3轨道上，如图7-151所示。

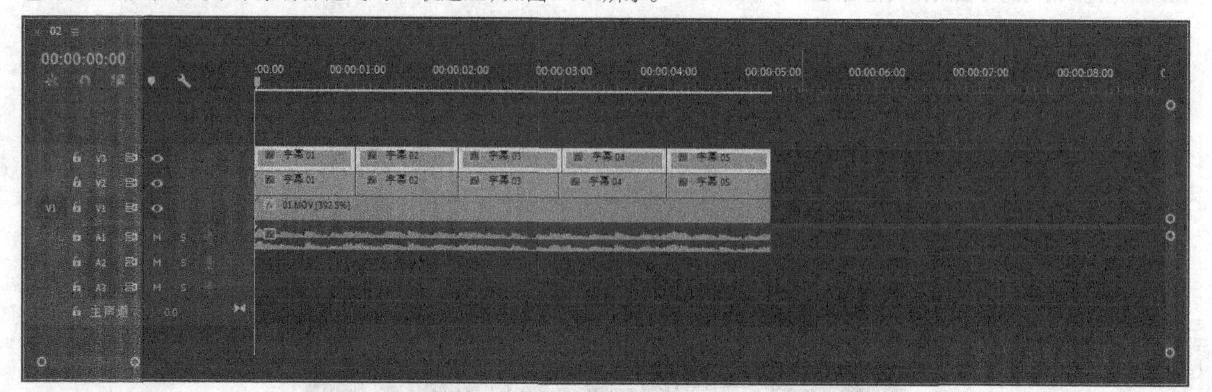

图7-151

⑪ 打开V3轨道上的剪辑，将“颜色”设置为蓝色，然后勾选“外描边”选项，并设置“颜色”为白色，如图7-152所示。

图7-152

⑫ 下面制作字幕过渡效果。在“效果”面板中选中“划出”过渡效果，然后将其拖曳到V3轨道的起始位置，如图7-153所示。

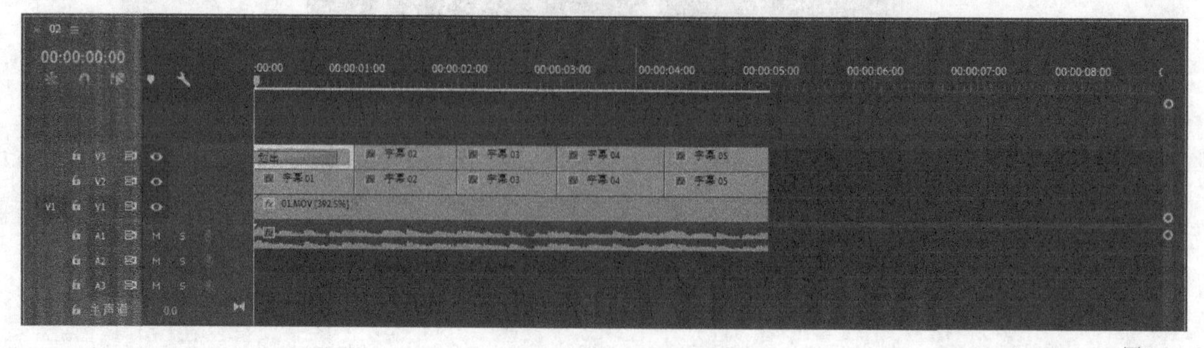

图7-153

⑬ 选中“划出”过渡效果，在“效果控件”面板中设置“持续时间”为00:00:01:00，如图7-154所示。

图7-154

⑭ 按照上面的方法，为其他几个剪辑添加“划出”过渡效果，如图7-155所示。

⑮ 预览播放效果，发现在部分剪辑位置出现字幕重叠的情况，如图7-156所示。

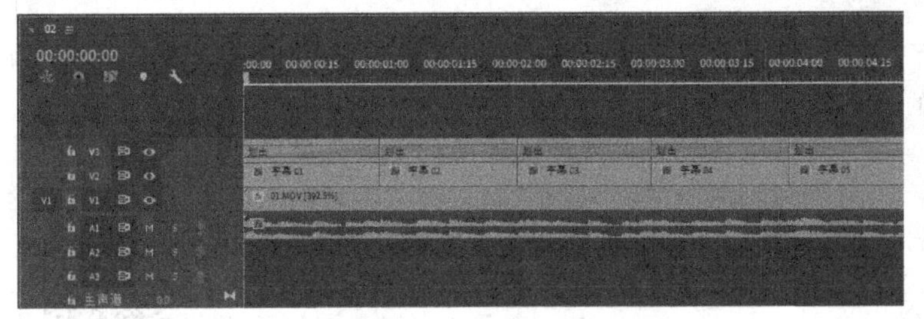

图7-155　　图7-156

⑯ 将V3轨道上的“字幕02”和“字幕04”剪辑向上移动到V4轨道，如图7-157所示。

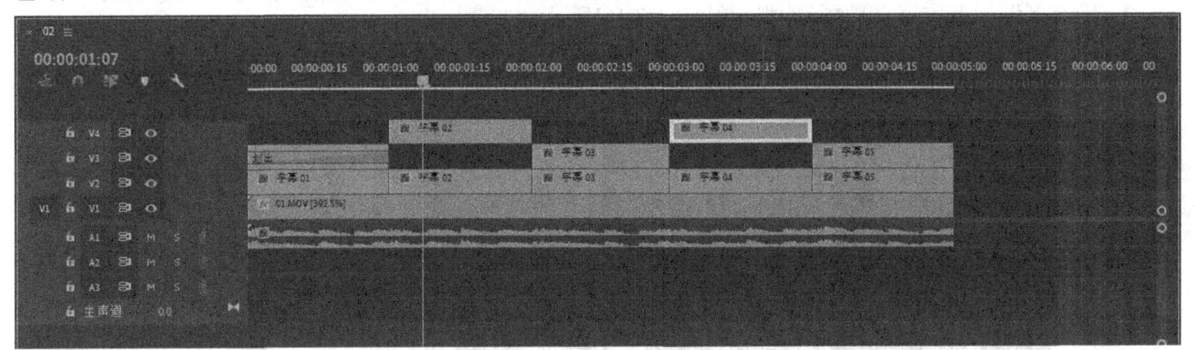

图7-157

⑰ 重新添加“划出”过渡效果，并调整持续时间，如图7-158所示。此时预览效果，不会再出现字幕重叠的情况，如图7-159所示。

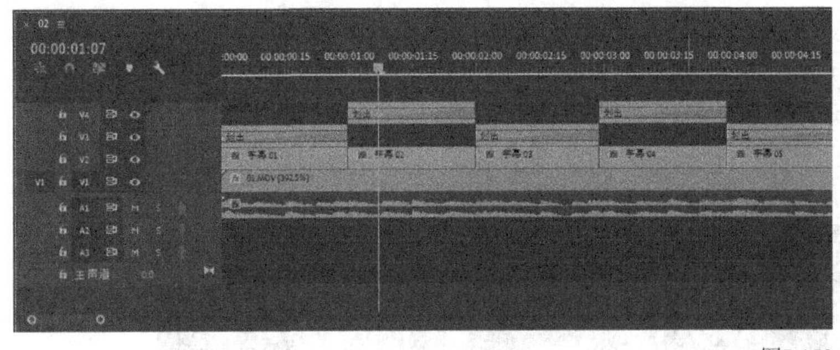

图7-158　　图7-159

⑱ 从序列中随意导出4帧，案例最终效果如图7-160所示。

图7-160

7.3 本章小结

通过本章的学习，相信读者对Premiere Pro的字幕已经有了一定的认识。在视频中添加各种静态或是动态的文字、图形，可以丰富画面的细节，增加视频的观赏性。

7.4 课后习题

下面通过两个课后习题练习本章所学的内容。

课后习题

动态招聘海报

素材文件　素材文件>CH07>06

实例文件　实例文件>CH07>课后习题：动态招聘海报>课后习题：动态招聘海报.prproj

视频名称　课后习题：动态招聘海报.mp4

学习目标　练习动态文字效果的制作

本习题将制作一段动态的招聘文字海报，效果如图7-161所示。

图7-161

课后习题

动态清新文字海报

素材文件　素材文件>CH07>07

实例文件　实例文件>CH07>课后习题：动态清新文字海报>课后习题：动态清新文字海报.prproj

视频名称　课后习题：动态清新文字海报.mp4

学习目标　练习动态文字效果的制作

本习题需要为素材添加相应的效果，生成动态文字海报，效果如图7-162所示。

图7-162

Pr Premiere Pro

第 8 章

调色

本章主要讲解Premiere Pro中的调色方法。我们需要熟悉调色的相关理论知识，还要掌握一些常用的调色效果和调色风格。

课堂学习目标

- 熟悉调色的相关知识
- 掌握常用的调色效果

8.1 调色的相关知识

调色是视频剪辑中非常重要的一个环节，一幅作品的颜色在很大程度上影响着观看者的心情。下面介绍一些调色的相关知识。

8.1.1 调色的相关术语

色相是调色中常用的术语，表示画面的整体色彩倾向，也叫作色调。图8-1所示为不同色调的图像。

图8-1

饱和度指画面的色彩鲜艳程度，也叫作纯度。饱和度越高，整个画面的色彩越鲜艳。图8-2所示是不同饱和度的图像。

图8-2

明度指色彩的明亮程度。色彩的明度不仅指同种颜色的明度变化，也指不同颜色的明度变化，如图8-3和图8-4所示。

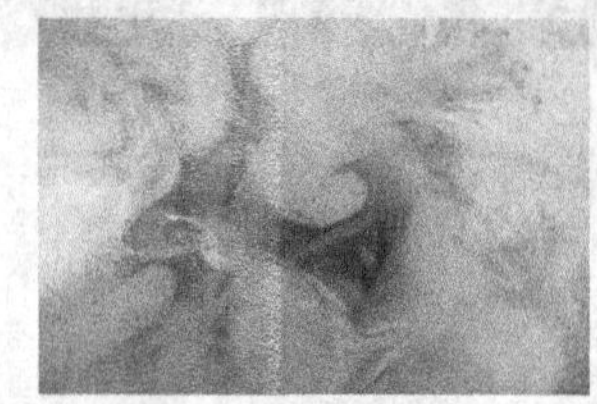
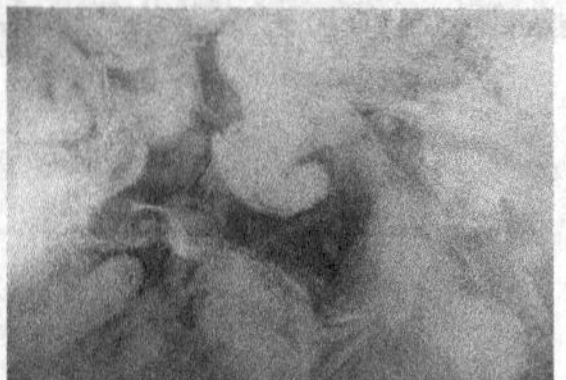

图8-3

图8-4

曝光度指照片在拍摄时曝光的程度。曝光过度会让图像发白，曝光不足会让图像偏暗，如图8-5所示。

图8-5

8.1.2 调色的要素

画面的色调可以从明暗、对比度、曝光度、饱和度等多个方面进行调整，但对于初学者来说，选择从哪一个方面入手进行调色会比较难以抉择。下面从4个方面为读者简单讲解调色的要素。

1.调整画面的整体

在调整画面时，先要从整体进行观察。例如，画面整体的亮度、对比度、色调和饱和度等。遇到上述某一方面的问题，就需要先进行处理，让画面的整体效果变合适，如图8-6和图8-7所示。

图8-6

图8-7

2.细节处理

整体调整后的画面看起来已经较为合适，但有些细节部分仍然可能不尽如人意。例如，某些部分的亮度不合适，或是要调整局部的颜色，如图8-8和图8-9所示。

图8-8

图8-9

3.融合各种元素

在制作一些视频的时候，往往需要在里面添加一些其他元素。在添加新的元素后，可能会造成整体画面不和谐。这种不和谐可能是因为大小比例、透视角度和虚实程度等问题，也可能是元素与主体色调不统一造成的，需要分析具体原因进行解决。图8-10左图所示的蓝色纸飞机与绿色的背景不和谐，需要调整背景为图8-10右图所示的黄色。

图8-10

4.增加气氛

通过上面3个步骤，画面的整体和细节都得到了很好的调整，已大致呈现了合格的画面效果。不过只是合格还不够，要想让画面脱颖而出吸引用户，就需要增加一些气氛。例如，让画面的颜色与主题契合，或增加一些效果起到点睛的作用，如图8-11和图8-12所示。

图8-11

图8-12

8.2 “图像控制”类视频效果

“图像控制”类效果可以为剪辑更改剪辑颜色，或使其转换为单色，也可以替换其中的颜色。

本节效果介绍

效果名称	效果作用	重要程度
灰度系数校正	调整画面亮度	中
颜色平衡（RGB）	调整画面颜色	高
颜色替换	替换画面颜色	高
颜色过滤	只保留画面中的一种颜色	中
黑白	将彩色画面转为单色画面	中

8.2.1 灰度系数校正

视频云课堂：150-灰度系数校正

选中“灰度系数校正”效果，将其拖曳到剪辑上，就可以通过参数来调整剪辑亮度，图8-13所示为其“效果控件”面板中的参数。

图8-13

通过设置“灰度系数”参数值就可以控制剪辑的亮度。其默认值为10，当小于10时，剪辑变亮，当大于10时，剪辑变暗，对比效果如图8-14所示。

图8-14

8.2.2 颜色平衡（RGB）

视频云课堂：151-颜色平衡（RGB）

选中“颜色平衡（RGB）”效果，将其拖曳到剪辑上，就可以通过参数来调整剪辑的颜色，图8-15所示为其“效果控件”面板中的参数，通过设置“红色”“蓝色”“绿色”参数值就可以控制剪辑的颜色。

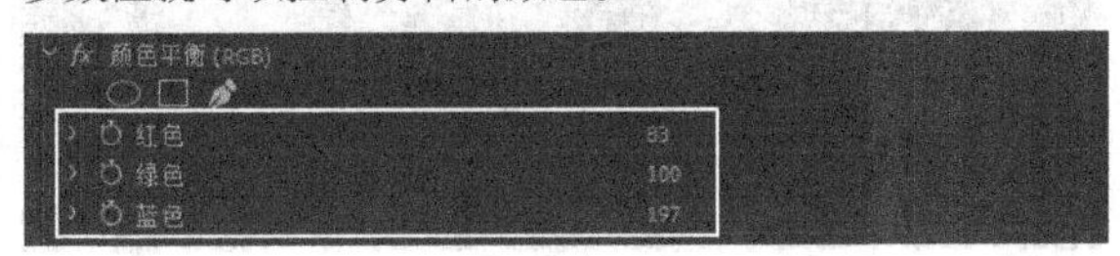

图8-15

红色： 增加或减少剪辑中的红色部分，如图8-16所示。

绿色： 增加或减少剪辑中的绿色部分，如图8-17所示。

蓝色： 增加或减少剪辑中的蓝色部分，如图8-18所示。

图8-16

图8-17

图8-18

课堂案例

用"颜色平衡（RGB）"效果制作冷色调画面

素材文件　素材文件>CH08>01

实例文件　实例文件>CH08>课堂案例：用颜色平衡（RGB）制作冷色调画面>课堂案例：用颜色平衡（RGB）制作冷色调画面.prproj

视频名称　课堂案例：用颜色平衡（RGB）制作冷色调画面.mp4

学习目标　练习"颜色平衡（RGB）"效果的使用

扫码观看视频

本案例将使用"颜色平衡（RGB）"效果为画面调整色调，对比效果如图8-19所示。

图8-19

01 双击"项目"面板的空白处，导入本书学习资源中"素材文件>CH08>01"文件夹下的所有素材，如图8-20所示。

图8-20

02 将素材文件拖曳到"时间轴"面板生成序列，如图8-21所示。效果如图8-22所示。

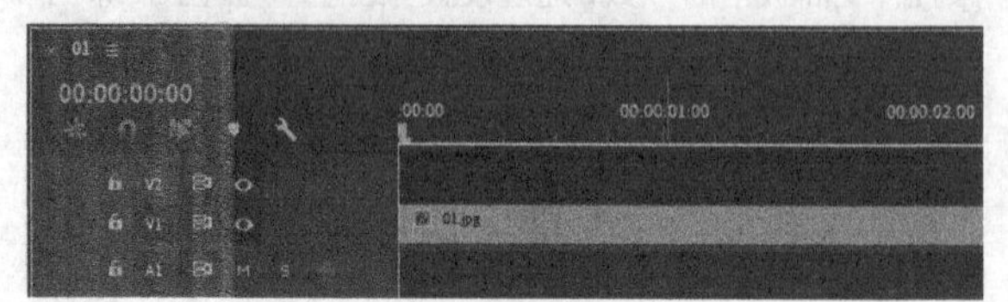

图8-21

图8-22

03 在"效果"面板中选择"颜色平衡（RGB）"效果并将其拖曳到剪辑上，然后在"效果控件"面板中设置"红色"为100、"绿色"为115、"蓝色"为135，如图8-23所示。此时画面变为冷色调，如图8-24所示。

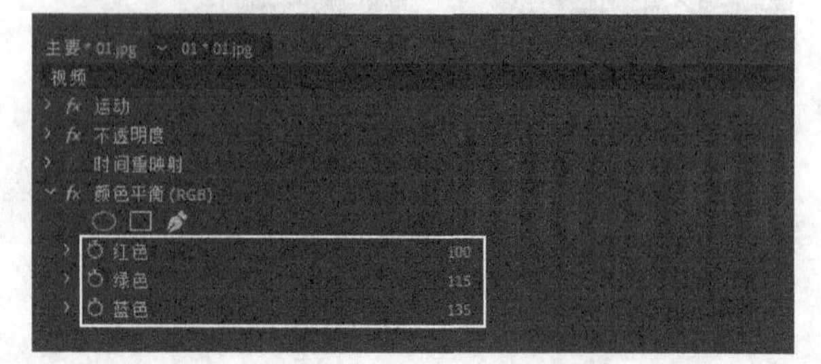

图8-23

图8-24

04 在“效果”面板中选择“镜头光晕”效果并将其拖曳到剪辑上，然后在“效果控件”面板中设置“光晕中心”为4267.4,55.6、“光晕亮度”为150%、“镜头类型”为“50-300毫米变焦”、“与原始图像混合”为20%，如图8-25所示。最终效果如图8-26所示。

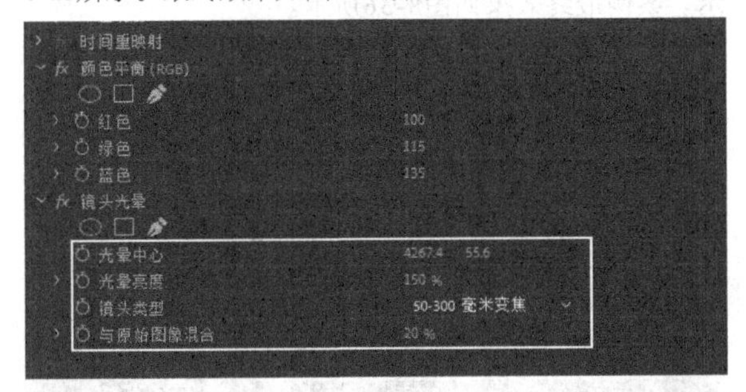

图8-25

图8-26

8.2.3 颜色替换

视频云课堂：152-颜色替换

选中“颜色替换”效果，将其拖曳到剪辑上，就可以选取剪辑中部分颜色替换为另一种颜色，其参数如图8-27所示，可以设置需要替换的颜色、目标颜色和取色的范围。

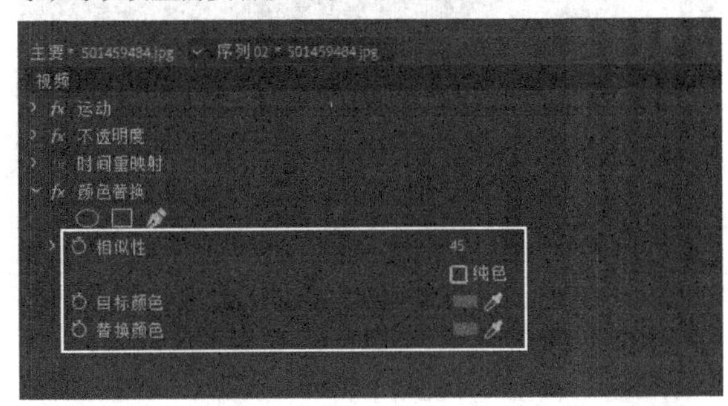

图8-27

相似性：设置目标颜色的取色范围，数值越大，取色的范围也越大，如图8-28所示。

图8-28

目标颜色：单击色块后的吸管按钮，可以在节目监视器中吸取需要替换的颜色。

替换颜色：单击色块可以在弹出的“拾色器”对话框中设置替换颜色，也可以单击吸管按钮在监视器中吸取替换颜色。

课堂案例

用“颜色替换”效果制作秋景

素材文件	素材文件>CH08>02
实例文件	实例文件>CH08>课堂案例：用颜色替换制作秋景>课堂案例：用颜色替换制作秋景.prproj
视频名称	课堂案例：用颜色替换制作秋景.mp4
学习目标	练习“颜色替换”效果的使用

扫码观看视频

本案例需要用“颜色替换”效果将一幅春景的画面转换为秋景，对比效果如图8-29所示。

图8-29

01 双击“项目”面板的空白处，导入本书学习资源中“素材文件>CH08>02”文件夹下的所有素材，如图8-30所示。

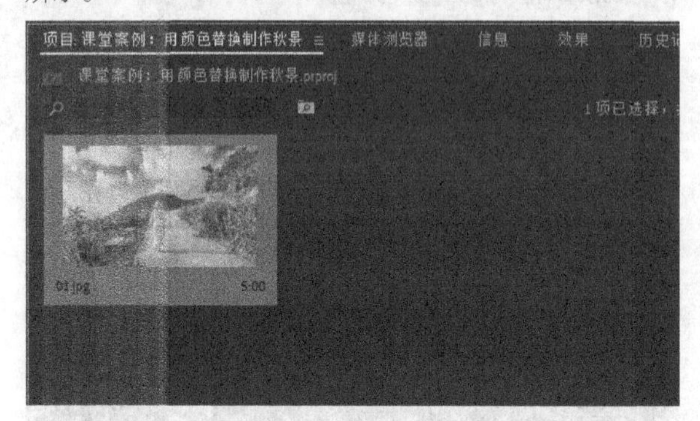

图8-30

02 将素材文件拖曳到“时间轴”面板生成序列，如图8-31所示。效果如图8-32所示。

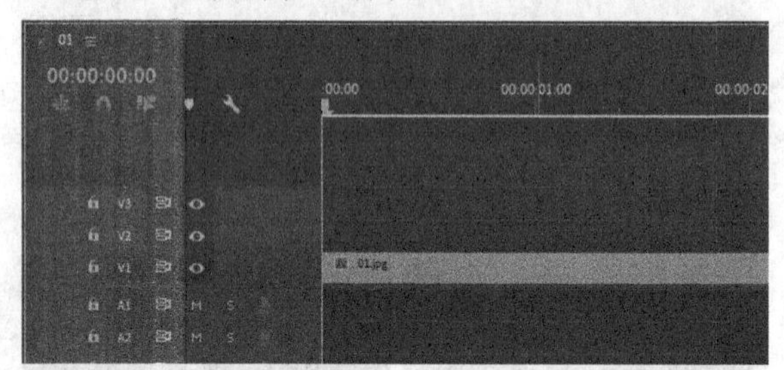

图8-31

图8-32

03 在“效果”面板中选择“颜色替换”效果并将其拖曳到剪辑上，然后在“效果控件”面板中设置“相似性”为34、“目标颜色”为草绿色、“替换颜色”为黄色，如图8-33所示。此时画面效果如图8-34所示。

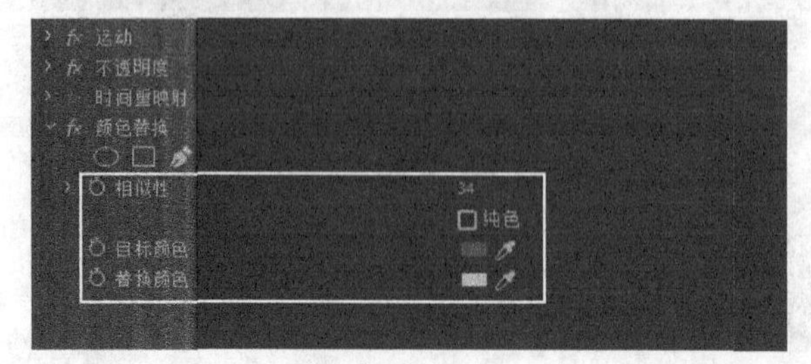

图8-33

图8-34

04 此时，远处的山仍然是绿色的，还需要调整。继续添加“颜色替换”效果，并设置“相似性”为21、“目标颜色”为青绿色、“替换颜色”为黄色，如图8-35所示。案例最终效果如图8-36所示。

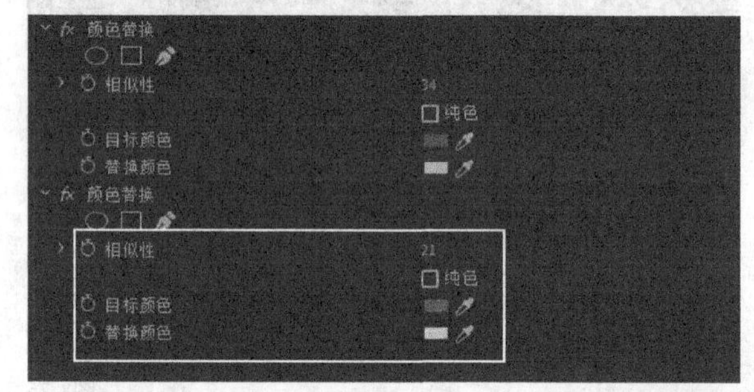

图8-35

图8-36

8.2.4 颜色过滤

视频云课堂：153- 颜色过滤

选中“颜色过滤”效果，将其拖曳到剪辑上，就可以在剪辑中只保留一种颜色的区域，剩余部分会变为灰色，其参数如图8-37所示，可以设置需保留的颜色预计范围。

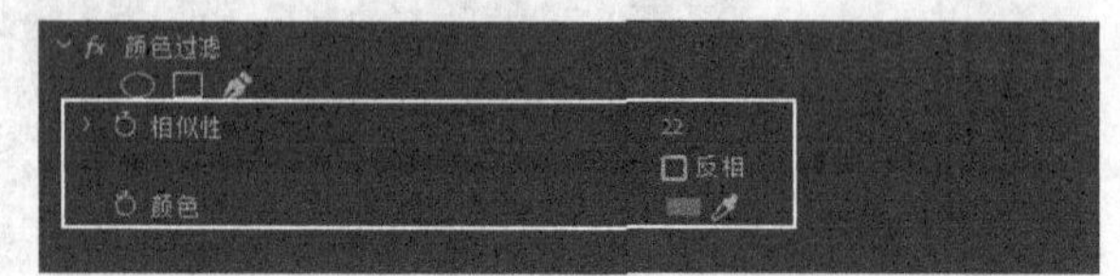

图8-37

相似性：设置保留颜色的范围，数值越大，所保留的范围也越大，如图8-38所示。

图8-38

反相：勾选该选项后，会将拾取的颜色部分变为灰色，而未拾取的部分则显示为原有的颜色，如图8-39所示。

图8-39

颜色：单击色块可以在弹出的“拾色器”对话框中设置保留颜色，也可以单击吸管按钮在监视器中吸取保留颜色。

8.2.5 黑白

视频云课堂：154-黑白

选中“黑白”效果，将其拖曳到剪辑上，就会将彩色的剪辑全部转换为黑白效果，如图8-40所示。在“效果控件”面板中可以通过蒙版让部分剪辑转换为黑白效果，如图8-41所示。

图8-40

图8-41

8.3 “过时”类视频效果

“过时”类视频效果可以通过曲线、颜色校正器、亮度、对比度、色阶和阴影/高光等调整视频的效果。

本节效果介绍

效果名称	效果作用	重要程度
RGB曲线	针对红、绿、蓝颜色通道用曲线进行调色	中
RGB颜色校正器	通过高光、中间调和阴影来控制画面的明暗	高
三向颜色校正器	通过阴影、中间调和高光分别调整画面的颜色	中
亮度曲线	通过曲线调整画面亮度	中
亮度校正器	调整画面的亮度、对比度和灰度	中
快速颜色校正器	通过色相和饱和度等调节画面的颜色	高
自动对比度	自动调整画面的对比度	中
自动色阶	自动调整画面的色阶	中
自动颜色	自动调整画面的颜色	中
阴影/高光	调整画面的阴影和高光	中

8.3.1 RGB曲线

视频云课堂：155-RGB曲线

“RGB曲线”效果可以针对红、绿、蓝颜色通道用曲线进行调色，从而产生丰富的颜色效果，其参数如图8-42所示，可以设置整体或单个通道的曲线。

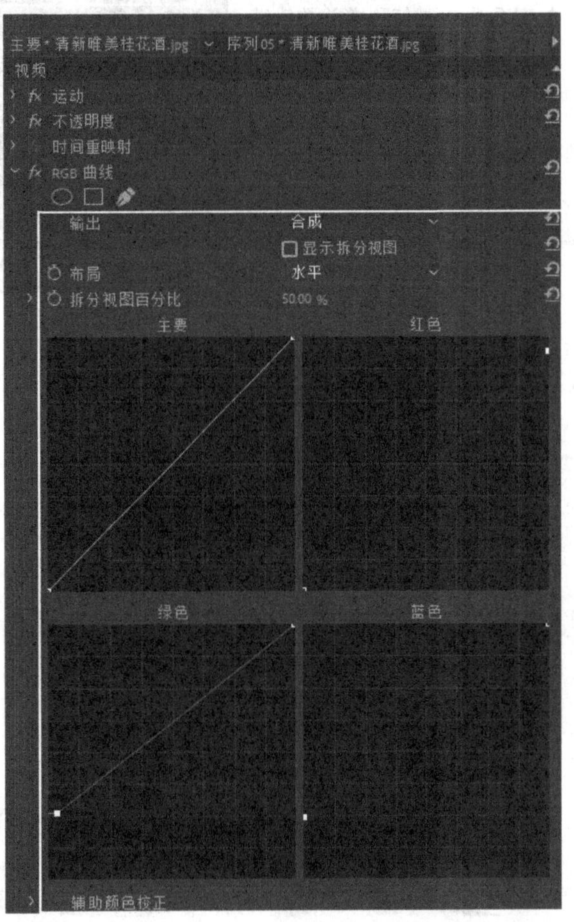

图8-42

输出：包含“合成”和“亮度”两种输出类型。

布局：包含“水平”和“垂直”两种布局类型。

拆分视图百分比： 调整素材文件的视图大小。

主要/红色/绿色/蓝色： 通过曲线调整整体画面或红、绿、蓝通道的颜色，如图8-43所示。

辅助颜色校正： 可以通过色相、饱和度和亮度等定义颜色，并针对画面中的颜色进行校正。

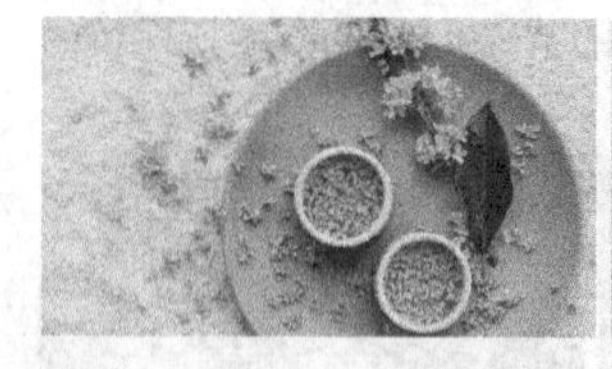
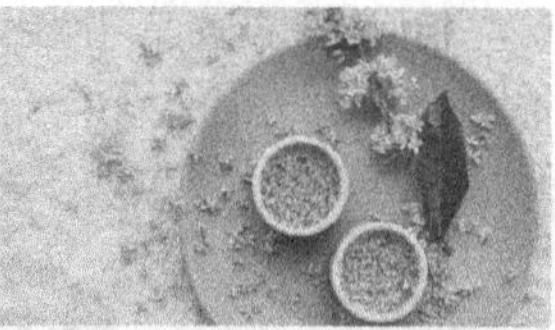

图8-43

8.3.2 RGB颜色校正器

视频云课堂：156-RGB 颜色校正器

“RGB颜色校正器”效果具有较为强大的调色功能，可以通过高光、中间调和阴影来控制画面的明暗，其参数如图8-44所示。

色调范围： 可以选择“主”“高光”“中间调”“阴影”来控制画面的明暗程度。

灰度系数： 根据“色调范围”来调整画面中的灰度值，如图8-45所示。

基值： 从Alpha通道中以颗粒状滤出一种杂色。

RGB： 可对颜色通道中的灰度系数、基值和增益数值进行设置。

> **技巧与提示**
>
> “RGB颜色校正器”效果类似于Photoshop中的“色阶”命令，读者可以类比使用。

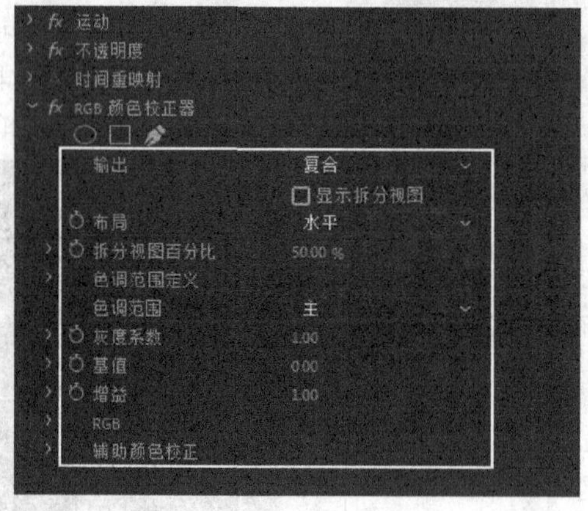

图8-44

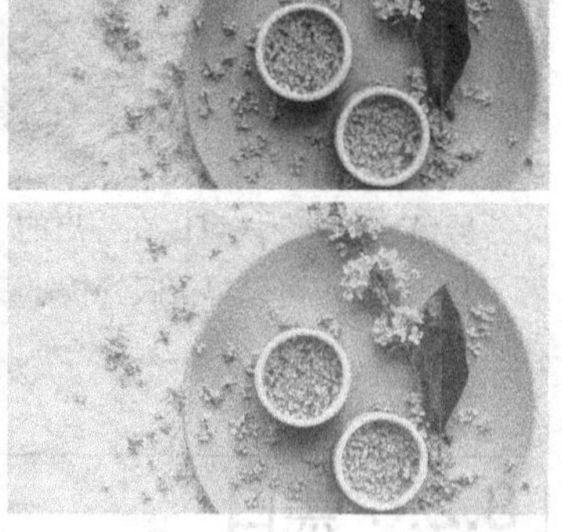

图8-45

课堂案例

用“RGB曲线”效果制作旧照片

素材文件　素材文件>CH08>03

实例文件　实例文件>CH08>课堂案例：用RGB曲线制作旧照片>课堂案例：用RGB曲线制作旧照片.prproj

视频名称　课堂案例：用RGB曲线制作旧照片.mp4

学习目标　练习“RGB曲线”效果的使用

扫码观看视频

本案例需要将一张图片处理为旧照片的效果，对比效果如图8-46所示。

图8-46

01 双击“项目”面板的空白处，导入本书学习资源中“素材文件>CH08>03”文件夹下的素材文件01.jpg，如图8-47所示。

图8-47

02 将素材文件拖曳到"时间轴"面板生成序列，如图8-48所示。效果如图8-49所示。

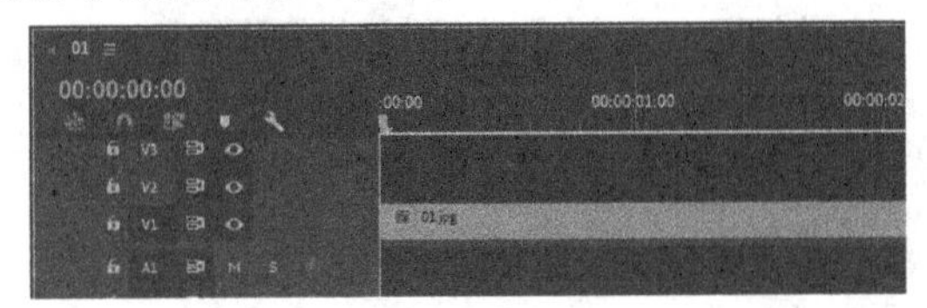

图8-48

图8-49

03 在"效果"面板中选择"RGB曲线"效果并将其拖曳到剪辑上，然后设置"主要""红色""蓝色"的曲线，如图8-50所示。效果如图8-51所示。

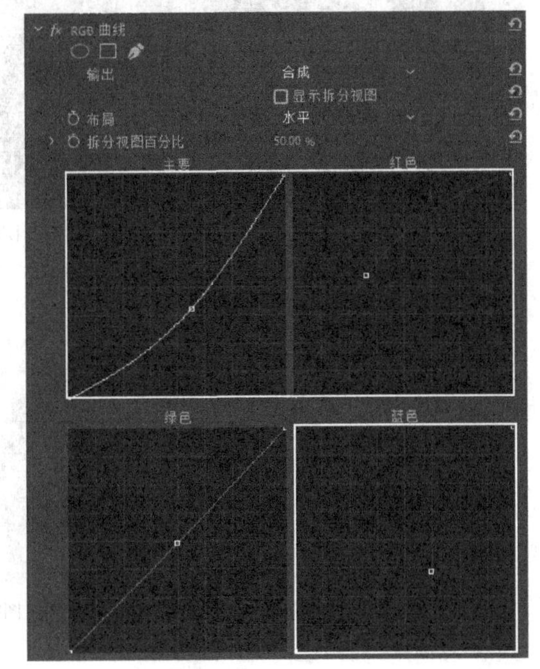

图8-50

图8-51

04 继续在剪辑上添加"杂色"效果，然后设置"杂色数量"为100%，如图8-52所示。效果如图8-53所示。

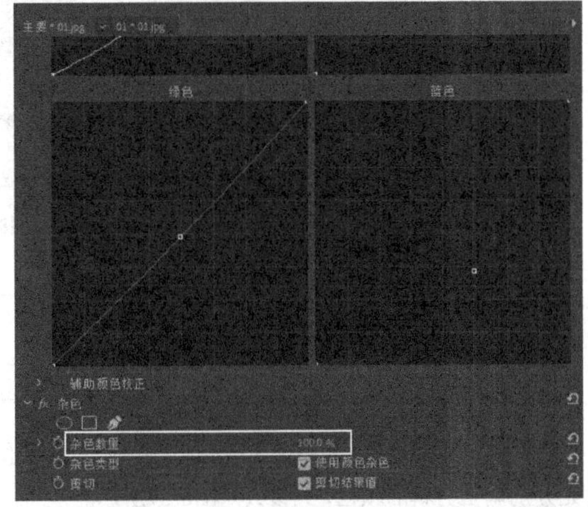

图8-52

图8-53

05 在"项目"面板中导入02.jpg素材文件，然后将其拖曳到V2轨道上并缩放至合适的大小，如图8-54所示。

图8-54

06 在“效果控件”面板中展开“不透明度”卷展栏，然后设置“混合模式”为“叠加”，如图8-55所示。案例最终效果如图8-56所示。

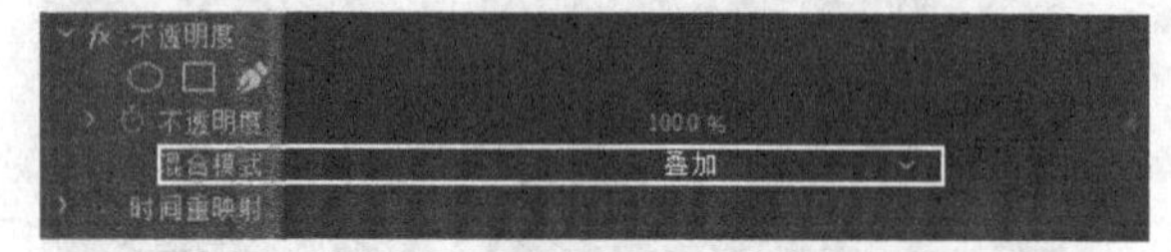

图8-55

图8-56

8.3.3 三向颜色校正器

视频云课堂：157-三向颜色校正器

“三向颜色校正器”效果可以通过阴影、中间调和高光分别调整剪辑的颜色，其参数如图8-57所示。

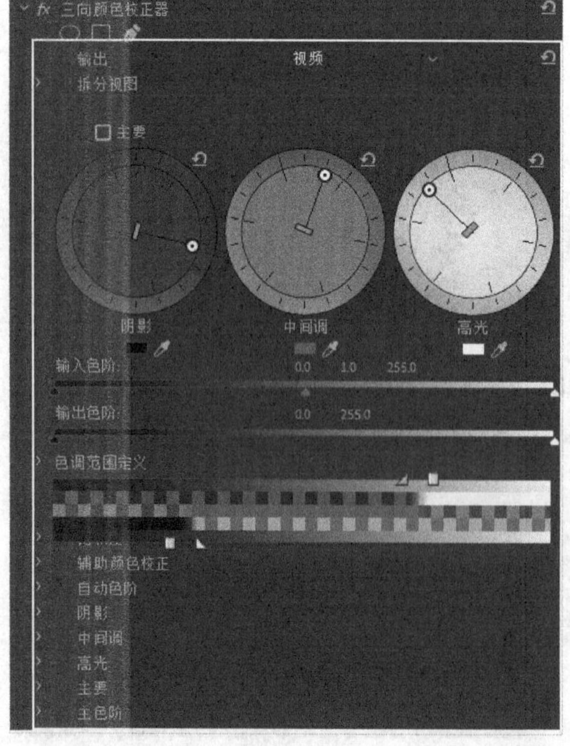

图8-57

拆分视图： 在颜色滚轮中调节阴影、中间调和高光区域的色调。

色调范围定义： 滑动滑块，可以调节阴影、中间调和高光区域的色调范围阈值。

饱和度： 调整剪辑画面的饱和度。

辅助颜色校正： 进一步精确调整颜色。

自动色阶： 调整剪辑画面的阴影高光。

阴影： 针对阴影部分进行细致调整。

中间调： 针对中间调部分进行细致调整。

高光： 针对高光部分进行细致调整。

主要： 针对画面整体进行细致调整。

主色阶： 调整画面的黑白灰色阶。

8.3.4 亮度曲线

视频云课堂：158-亮度曲线

“亮度曲线”效果可以通过曲线来调整剪辑画面的亮度，其参数如图8-58所示。

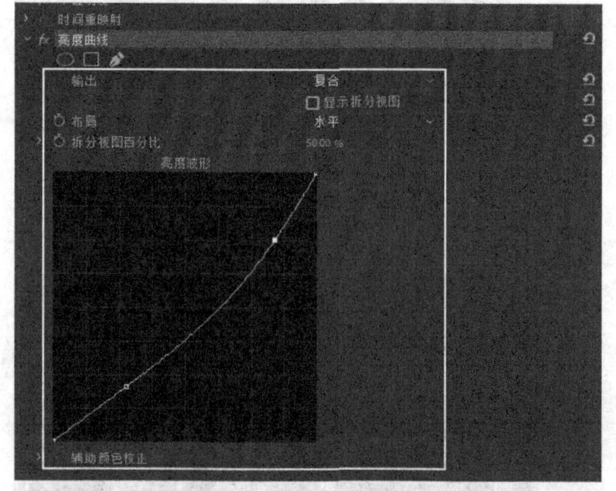

图8-58

显示拆分视图： 勾选该选项后，可显示剪辑画面调整前后的对比效果，如图8-59所示。

图8-59

拆分视图百分比： 调整对比画面的占比。

亮度波形： 通过调整曲线的形状控制画面的亮度。

8.3.5 亮度校正器

视频云课堂：159- 亮度校正器

“亮度校正器”效果可以调整剪辑画面的亮度、对比度和灰度，其参数如图8-60所示。

色调范围： 可以选择整体、阴影、中间调或高光区域进行亮度调整。

亮度： 控制相应色调范围的亮度。

对比度： 调整画面的对比度。

灰度系数： 调节图像中的灰度值。

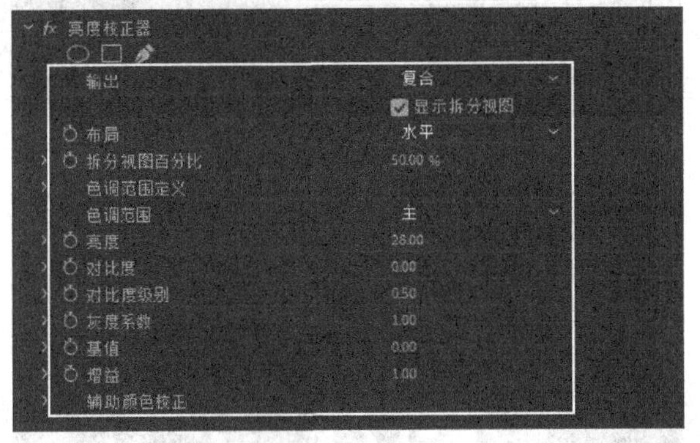

图8-60

8.3.6 快速颜色校正器

视频云课堂：160- 快速颜色校正器

“快速颜色校正器”效果可以通过色相、饱和度等参数调节画面的颜色，其参数如图8-61所示。

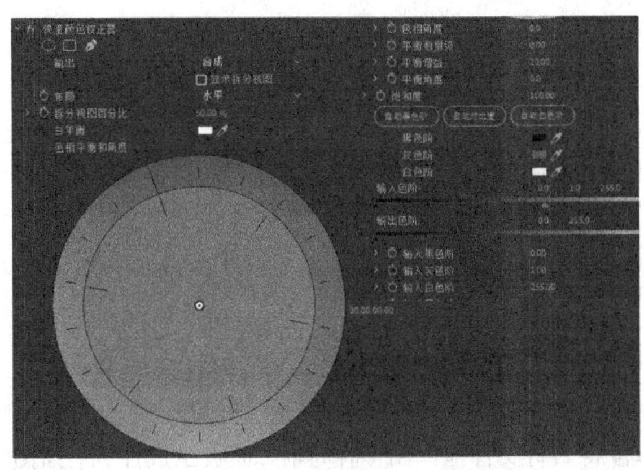

图8-61

色相平衡和角度： 手动调整色盘，可以便捷地对画面进行调色，如图8-62所示。

图8-62

色相角度： 控制阴影、中间调或高光区域的色相。

饱和度： 调整整体画面的饱和度。

输入黑色阶/输入灰色阶/输入白色阶： 用于调整画面中阴影、中间调和高光的数量。

课堂案例

用“快速颜色校正器”效果制作暖调图片

素材文件　素材文件>CH08>04

实例文件　实例文件>CH08>课堂案例：用快速颜色校正器制作暖调图片>课堂案例：用快速颜色校正器制作暖调图片.prproj

视频名称　课堂案例：用快速颜色校正器制作暖调图片.mp4

学习目标　练习“快速颜色校正器”效果的使用

扫码观看视频

本案例将使用“快速颜色校正器”效果制作暖调图片，调整前后对比效果如图8-63所示。

图8-63

01 双击“项目”面板的空白处，导入本书学习资源中“素材文件>CH08>04”文件夹下的所有素材，如图8-64所示。

图8-64

02 将素材文件拖曳到“时间轴”面板生成序列，如图8-65所示。效果如图8-66所示。

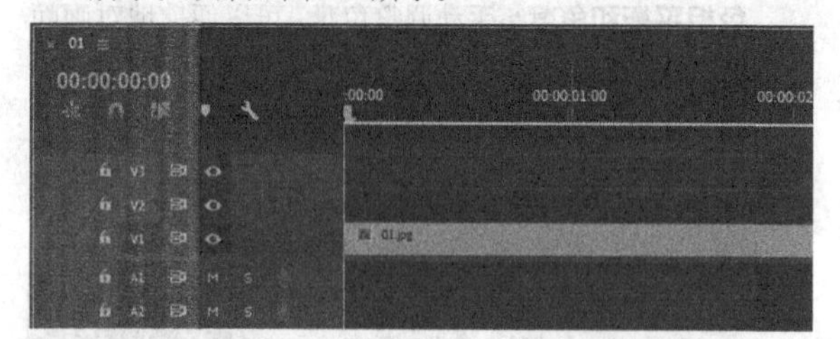

图8-65

图8-66

03 在“效果”面板中选择“快速颜色校正器”效果并将其拖曳到剪辑上，然后设置“平衡数量级”为100、“平衡增益”为30、“平衡角度”为－137.5°、“饱和度”为74，如图8-67所示。

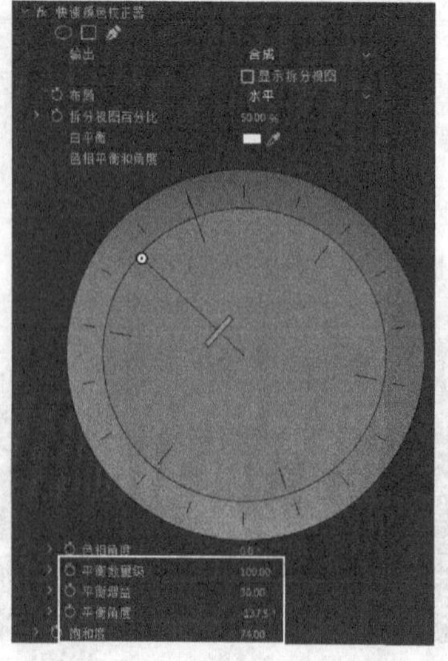

图8-67

04 继续在下方设置“输入黑色阶”为65.2、“输入灰色阶”为1.09、“输入白色阶”为229.10，如图8-68所示。调整后的效果如图8-69所示。

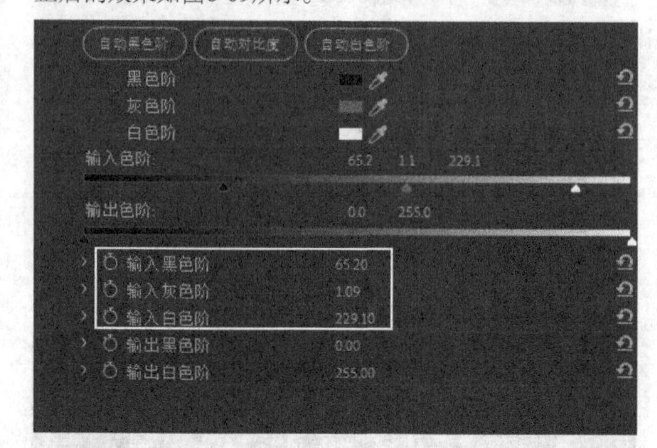

图8-68

图8-69

05 在“效果”面板中选择“自动颜色”效果并将其拖曳到剪辑上，然后设置“瞬时平滑（秒）”为3、“减少黑色像素”为0.1%，如图8-70所示。案例最终效果如图8-71所示。

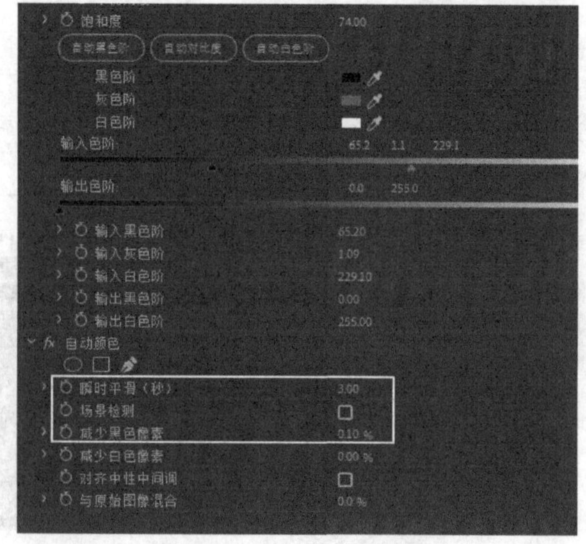

图8-70

图8-71

技巧与提示

“自动颜色”效果将在“8.3.9 自动颜色”中详细讲解。

8.3.7 自动对比度

视频云课堂：161- 自动对比度

“自动对比度”效果可以自动调整画面的对比度，在“效果控件”面板中可以设置其参数，如图8-72所示。

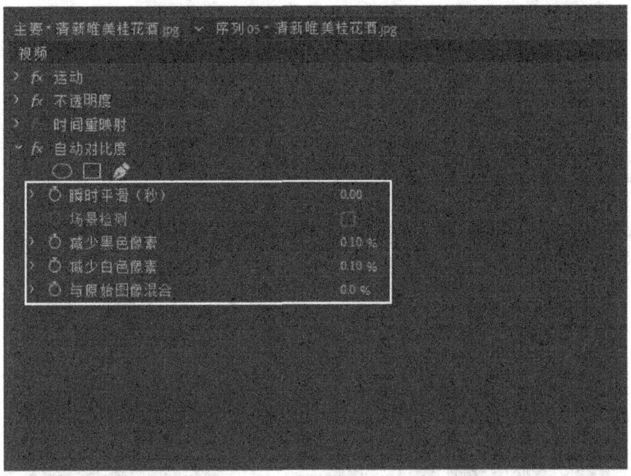

图8-72

瞬时平滑（秒）： 控制画面的平滑程度。

场景检测： 根据“瞬时平滑”参数自动进行对比度检测处理。

减少黑色像素： 控制暗部像素在画面中所占的百分比。

减少白色像素： 控制亮部像素在画面中所占的百分比。

与原始图像混合： 控制调整效果与原图之间的混合程度。

8.3.8 自动色阶

视频云课堂：162- 自动色阶

“自动色阶”效果可以自动对剪辑画面进行色阶调节，在“效果控件”面板中可以设置具体参数，如图8-73所示。

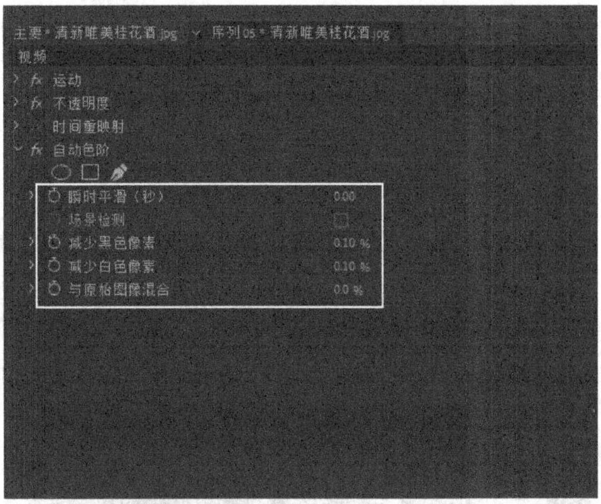

图8-73

瞬时平滑（秒）： 控制画面的平滑程度。

场景检测： 根据“瞬时平滑”参数自动进行色阶检测处理。

减少黑色像素： 控制暗部像素在画面中所占的百分比。

减少白色像素： 控制亮部像素在画面中所占的百分比。

8.3.9 自动颜色

视频云课堂：163- 自动颜色

“自动颜色”效果可以自动调节画面的颜色，在“效果控件”面板中可以设置相关参数，如图8-74所示。

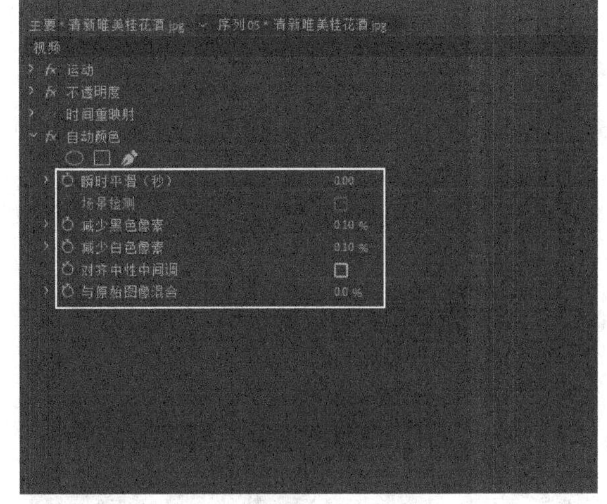

图8-74

瞬时平滑（秒）： 控制画面的平滑程度。

场景检测： 根据“瞬时平滑”参数自动进行颜色检测处理。

减少黑色像素： 控制暗部像素在画面中所占的百分比。

减少白色像素： 控制亮部像素在画面中所占的百分比。

8.3.10 阴影/高光

视频云课堂：164- 阴影和高光

“阴影/高光”效果用于调整画面的阴影和高光部分，在“效果控件”面板中可以设置相关参数，如图8-75所示。

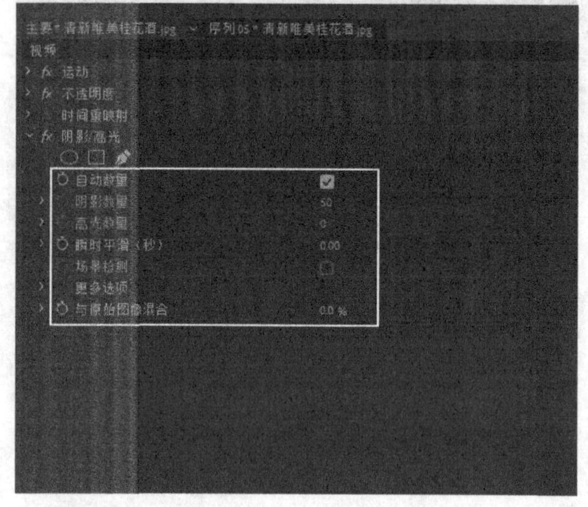

图8-75

自动数量： 勾选该选项后，会自动调节画面的阴影和高光部分。图8-76所示的是勾选前后的对比效果。

图8-76

阴影数量/高光数量： 控制画面中阴影、高光的数量。

瞬时平滑（秒）： 设置素材文件时间滤波的秒数。

更多选项： 可以对画面的阴影、高光和中间调等参数进行调整。

8.4 “颜色校正”类视频效果

使用“颜色校正”类效果，可以校正剪辑画面的颜色，形成不同的颜色风格。

本节效果介绍

效果名称	效果作用	重要程度
Lumetri颜色	通过多种方式调整画面的高光、阴影、色相和饱和度等	高
亮度与对比度	调整画面的亮度与对比度参数	中
保留颜色	指定画面中所需要保留的颜色，其余的颜色全部转换为灰度	中
均衡	通过RGB、亮度和Photoshop样式自动调整画面的颜色	中
更改颜色	单独修改画面中的颜色	高
色彩	更改颜色，对图像进行颜色变换处理	中
通道混合器	修改画面中的颜色	中
颜色平衡	单独调整阴影、中间调和高光区域的红、绿、蓝通道量	中
颜色平衡（HLS）	通过色相、亮度和饱和度等参数调整画面色调	高

8.4.1 Lumetri颜色

视频云课堂：165-Lumetri 颜色

“Lumetri颜色”效果可以通过多种方式调整画面的高光、阴影、色相和饱和度等信息，类似于Photoshop中的调色工具，其参数如图8-77所示。

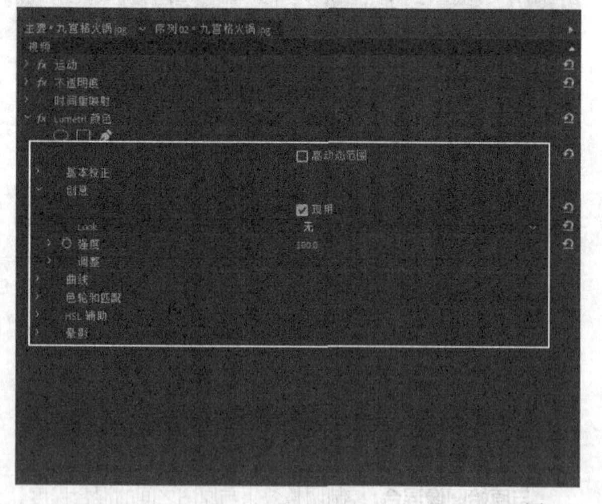

图8-77

基本校正： 调整剪辑画面的色温、色彩、高光、阴影和饱和度等信息。

创意： 调整剪辑画面的锐化、自然饱和度、阴影和高光的颜色，以及色彩平衡等信息。

曲线： 通过曲线调整剪辑画面的亮度、饱和度和通道颜色等信息。

色轮和匹配： 通过色轮调整剪辑画面的阴影、中间调和高光区域的颜色等信息。

HSL辅助： 调整单独颜色的亮度和饱和度等信息。

晕影： 在画面四角添加白色或黑色的晕影，如图8-78所示。

图8-78

课堂案例

用“Lumetri颜色”效果调整视频色调

素材文件	素材文件>CH08>05
实例文件	实例文件>CH08>课堂案例：用Lumetri颜色调整视频色调.prproj
视频名称	课堂案例：用Lumetri颜色调整视频色调.mp4
学习目标	练习“Lumetri颜色”效果的使用

扫码观看视频

本案例将使用“Lumetri颜色”效果为视频调整色调，效果如图8-79所示。

图8-79

01 双击“项目”面板的空白处，导入本书学习资源中“素材文件>CH08>05”文件夹下的所有素材，如图8-80所示。

图8-80

02 新建一个AVCHD 1080p25序列，然后将素材拖曳到轨道上，如图8-81所示。效果如图8-82所示。

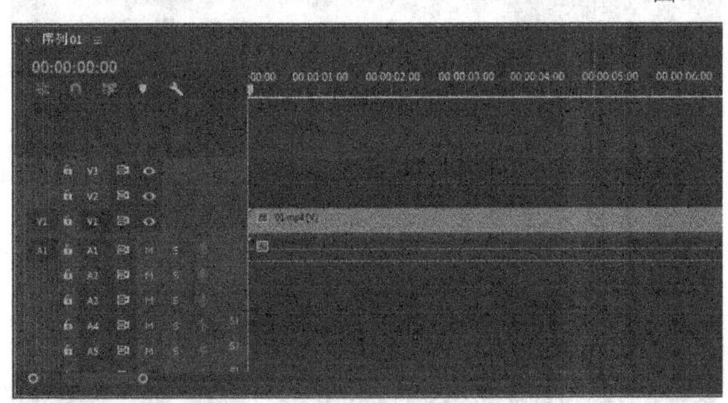

图8-81

图8-82

03 在“效果”面板中选择“Lumetri颜色”效果并将其拖曳到剪辑上，然后在“效果控件”面板中展开“基本校正”卷展栏，设置“色温”为-43、“色彩”为12、“高光”为11、“阴影”为-30、“白色”为20、“黑色”为-80、“饱和度”为85，如图8-83所示。效果如图8-84所示。

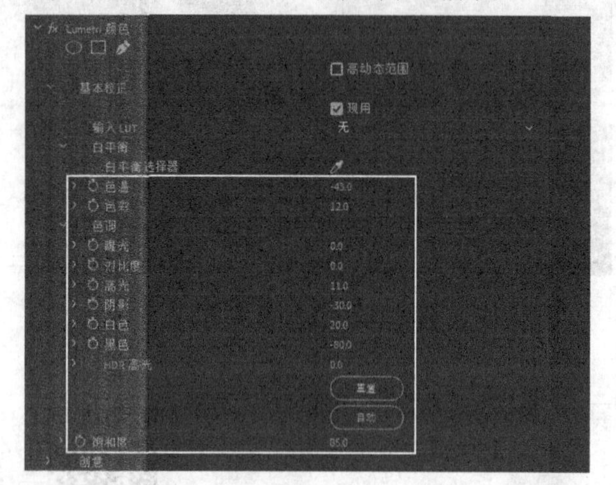

图8-83

图8-84

04 在“效果控件”面板中展开“创意”卷展栏，设置“锐化”为20、“阴影色彩”为蓝色、“高光色彩”为青色，如图8-85所示。效果如图8-86所示。

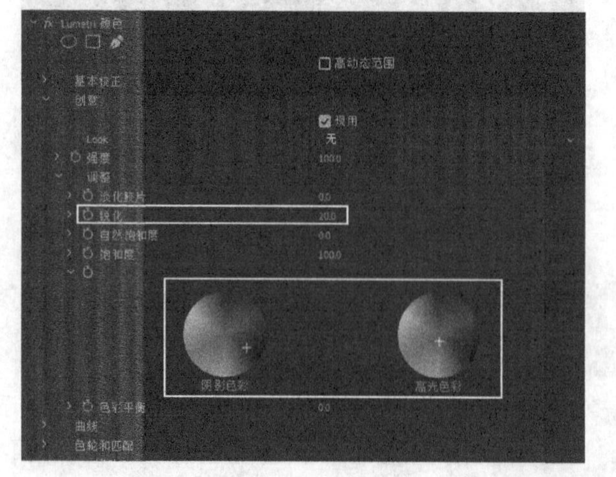

图8-85

图8-86

05 在“效果控件”面板中展开“晕影”卷展栏，设置“数量”为-2，如图8-87所示。效果如图8-88所示。

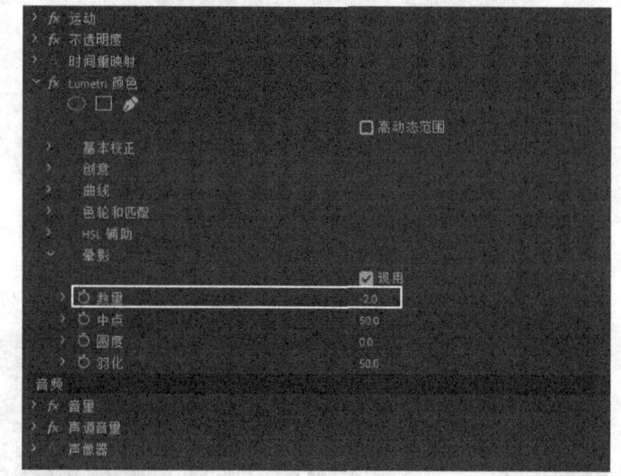

图8-87

图8-88

06 在“效果”面板中选择“镜头光晕”效果并将其拖曳到剪辑上，然后在“效果控件”面板中设置“光晕中心”为1280,50、“光晕亮度”为130%，如图8-89所示。效果如图8-90所示。

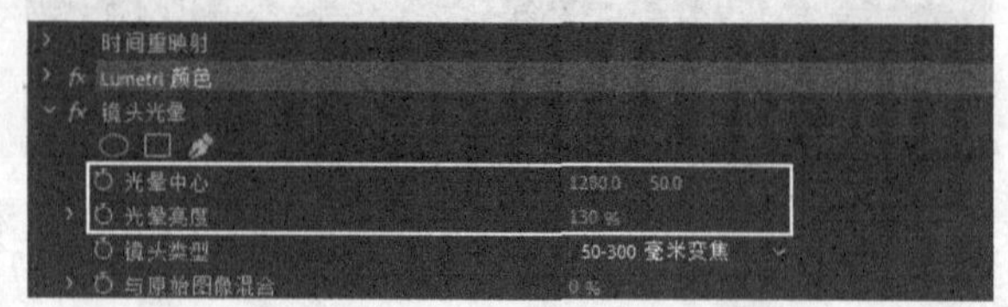

图8-89

图8-90

07 播放画面，会发现随着镜头的移动，镜头光晕位置不变会造成角度不合适。在剪辑起始位置，为“镜头光晕”效果的“光晕中心”参数添加关键帧，然后移动播放指示器到剪辑末尾，设置“光晕中心”为492,50，如图8-91所示。效果如图8-92所示。

图8-91

图8-92

08 从剪辑中随意导出4帧，案例最终效果如图8-93所示。

图8-93

8.4.2 亮度与对比度

视频云课堂：166-亮度与对比度

“亮度与对比度”效果可以调整画面的亮度与对比度，在“效果控件”面板中可以设置其参数，如图8-94所示。

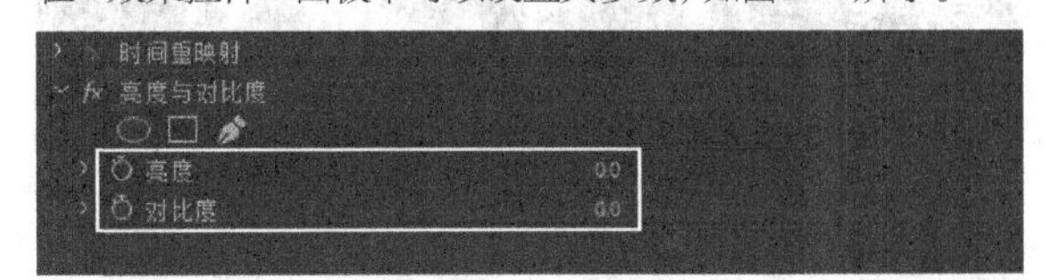

图8-94

亮度：调节画面的明暗程度，如图8-95所示。

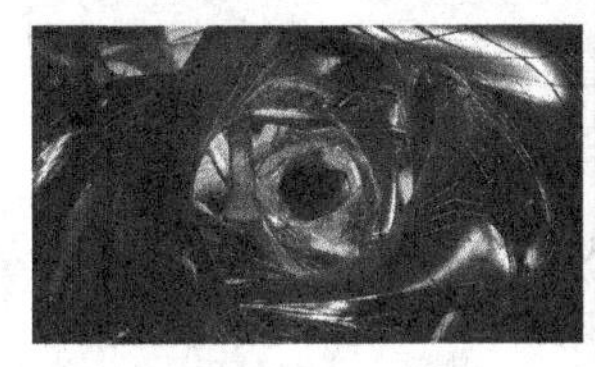

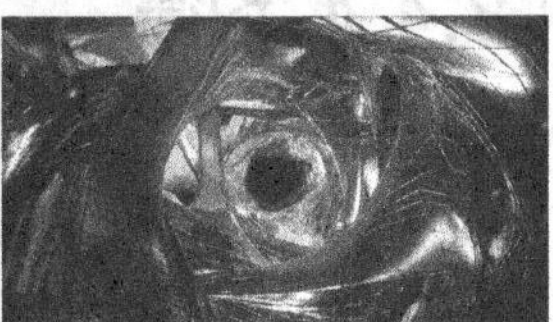

图8-95

对比度：调节画面中颜色的对比度，如图8-96所示。

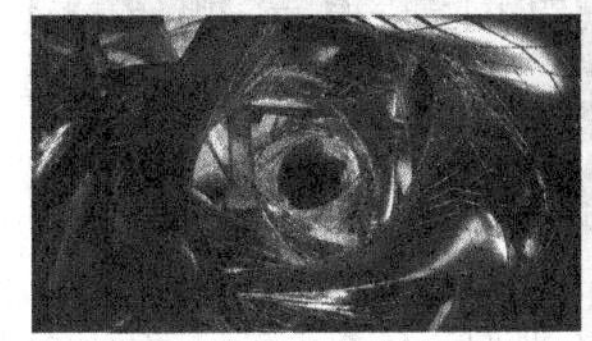

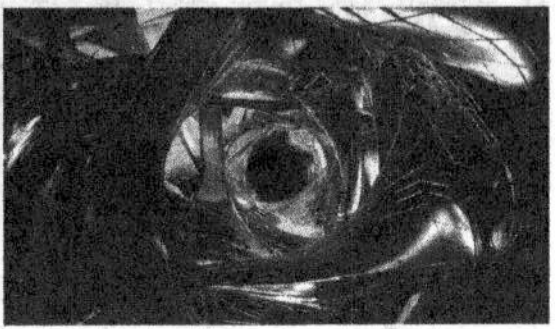

图8-96

8.4.3 保留颜色

视频云课堂：167-保留颜色

“保留颜色”效果可以指定画面中所需要保留的颜色，然后将其余的颜色全部转换为灰度。在“效果控件”面板中可以设置需要保留的颜色等参数，如图8-97所示。

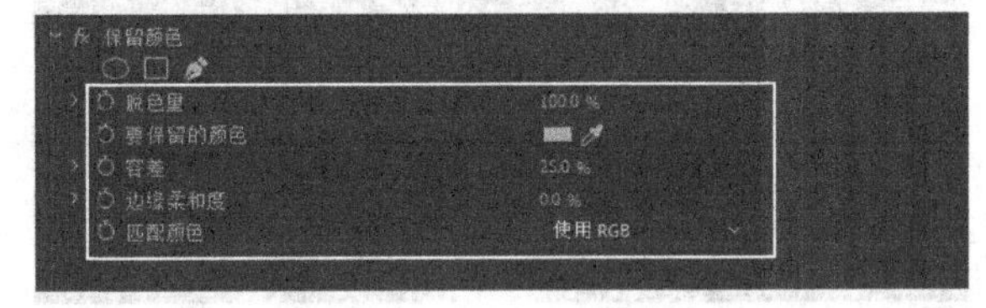

图8-97

脱色量：控制保留颜色以外颜色的灰度效果，数值越大，保留的颜色越少，如图8-98所示。

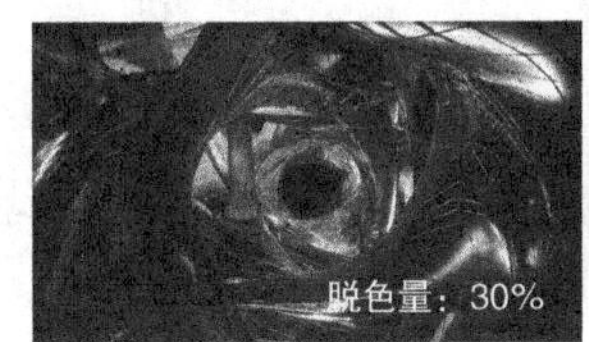

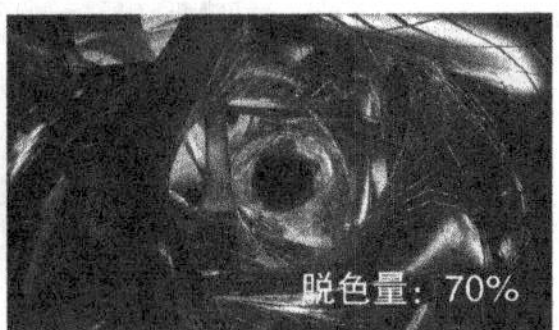

图8-98

要保留的颜色：设置画面中需要保留的颜色，可以直接使用吸管吸取画面中的颜色。

容差：设置保留颜色的容差，如图8-99所示。

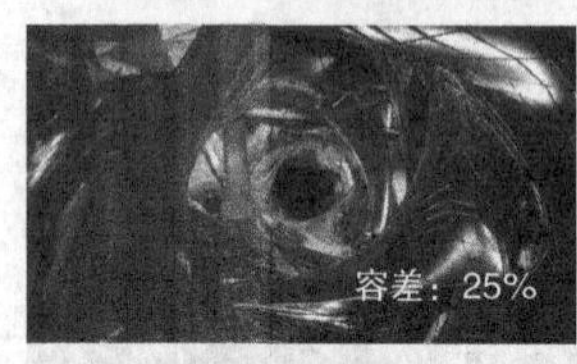

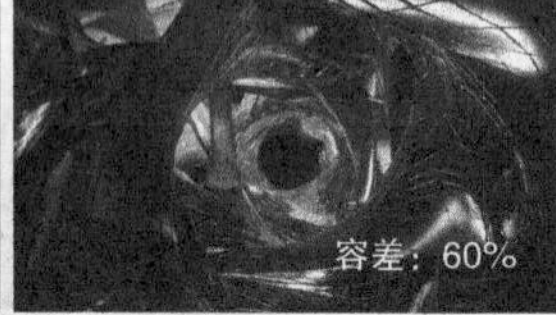

图8-99

边缘柔和度：控制保留颜色的边缘的柔和度。

8.4.4 均衡

视频云课堂：168- 均衡

“均衡”效果可以通过RGB、亮度和Photoshop样式自动调整画面的颜色，在“效果控件”面板中可以设置具体参数，如图8-100所示。

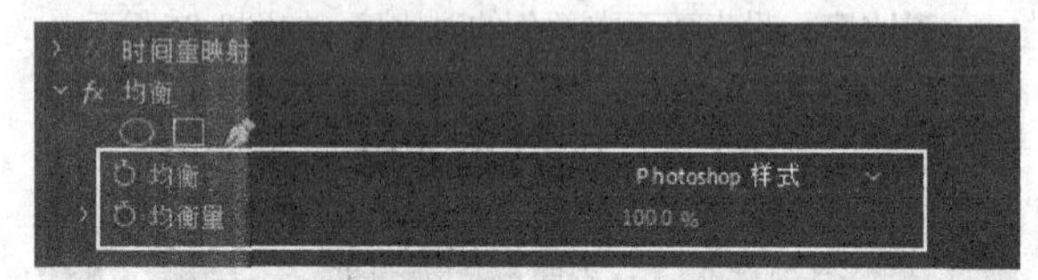

图8-100

均衡：设置画面均衡的类型，包含RGB、亮度和Photoshop样式3种类型，如图8-101所示。

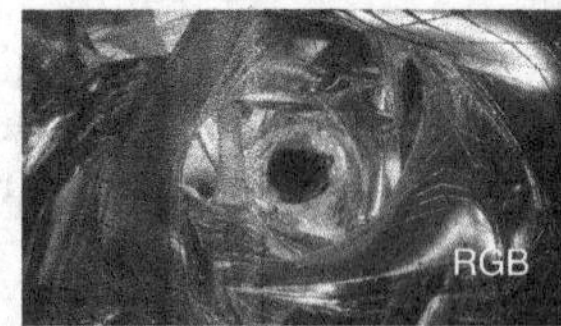

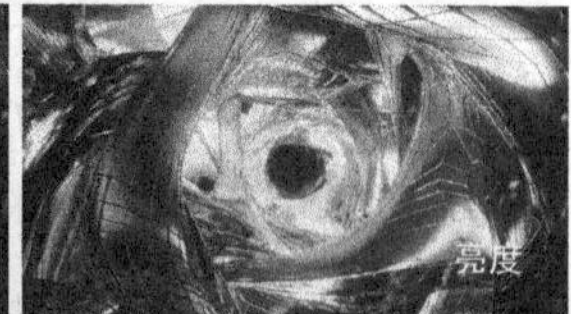

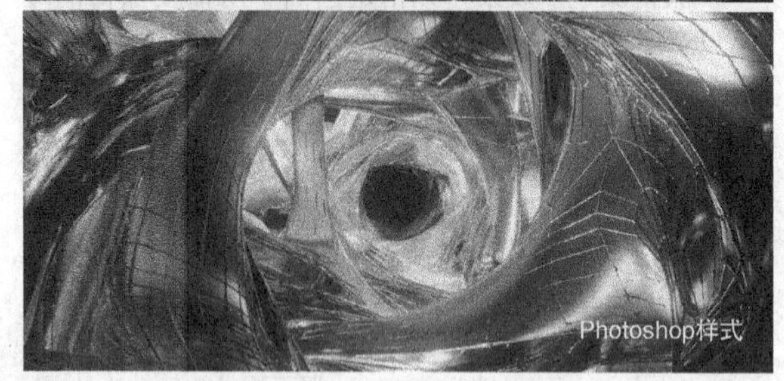

图8-101

均衡量：设置画面的曝光补偿度，对比效果如图8-102所示。

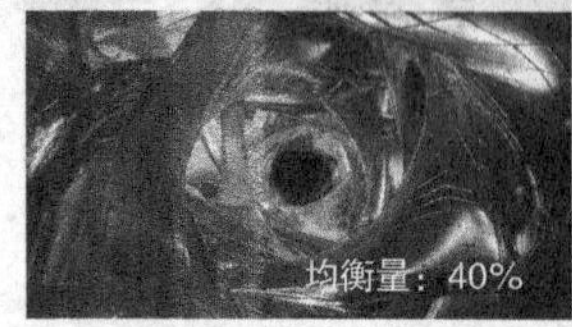

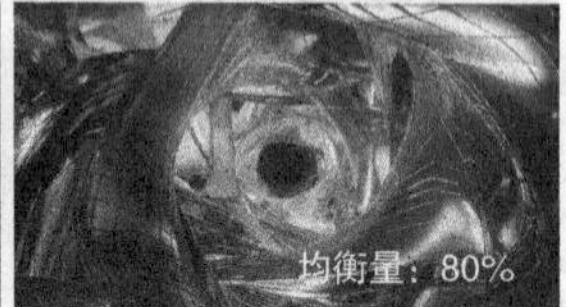

图8-102

8.4.5 更改颜色

视频云课堂：169- 更改颜色

“更改颜色”效果可以单独修改画面中的颜色，在“效果控件”面板中可以设置相关参数，如图8-103所示。

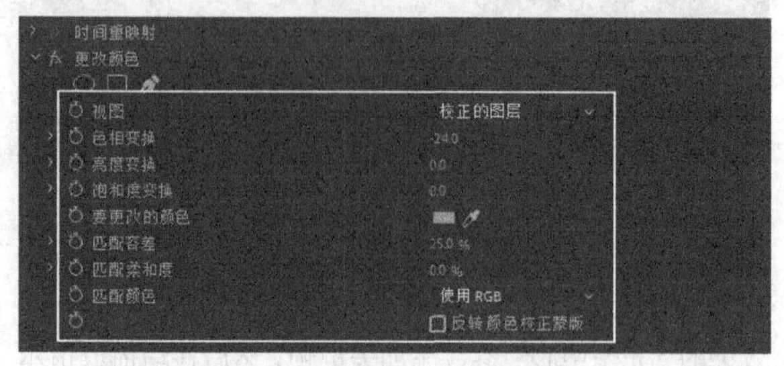

图8-103

视图：设置需要校正颜色的图层或是蒙版。

色相变换：设置更改颜色的色相，如图8-104所示。

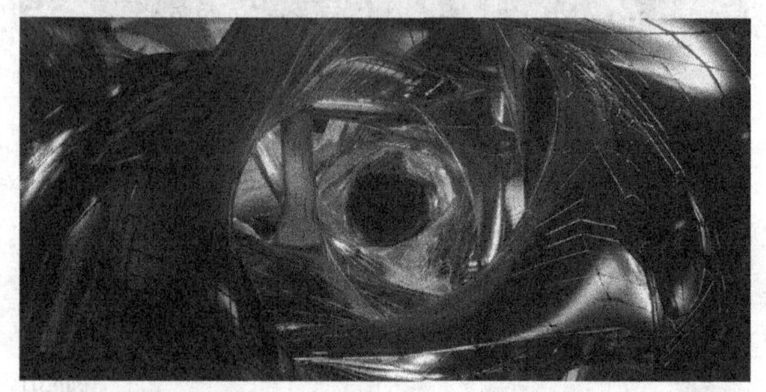

图8-104

亮度变换：设置更改颜色的亮度，如图8-105所示。

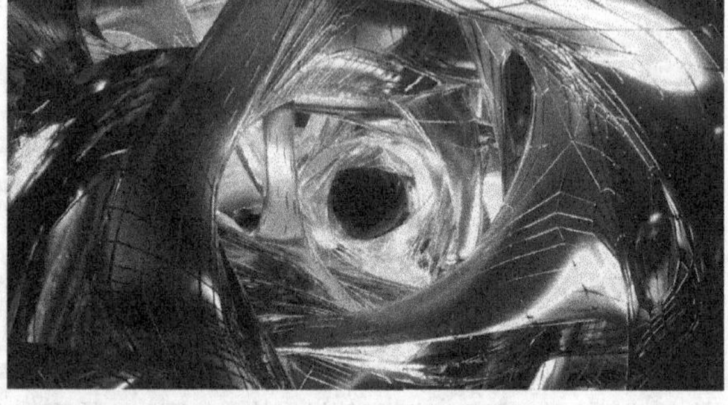

图8-105

饱和度变换：设置更改颜色的饱和度，如图8-106所示。

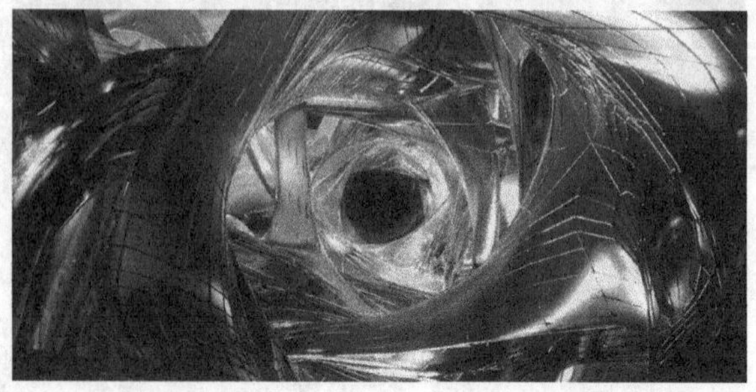

图8-106

要更改的颜色：设置需要更改的颜色，可以使用吸管直接吸取画面中的颜色。

匹配容差：设置更改颜色的容差。

匹配颜色：可在下拉列表中选择不同的匹配模式，如图8-107所示。

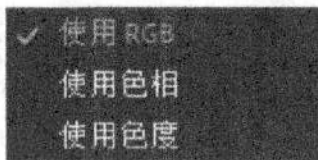

图8-107

> **技巧与提示**
>
> “更改为颜色”效果和“更改颜色”效果相似，都可以将颜色进行更改替换，这里不再赘述。

课堂案例

用“更改颜色”效果替换主题颜色

素材文件	素材文件>CH08>06
实例文件	实例文件>CH08>课堂案例：用更改颜色替换主题颜色>课堂案例：用更改颜色替换主题颜色.prproj
视频名称	课堂案例：用更改颜色替换主题颜色.mp4
学习目标	练习“更改颜色”效果的使用

扫码观看视频

本案例将使用“更改颜色”效果替换画面的主题颜色，对比效果如图8-108所示。

图8-108

01 双击“项目”面板的空白处，导入本书学习资源中“素材文件>CH08>06”文件夹下的所有素材，如图8-109所示。

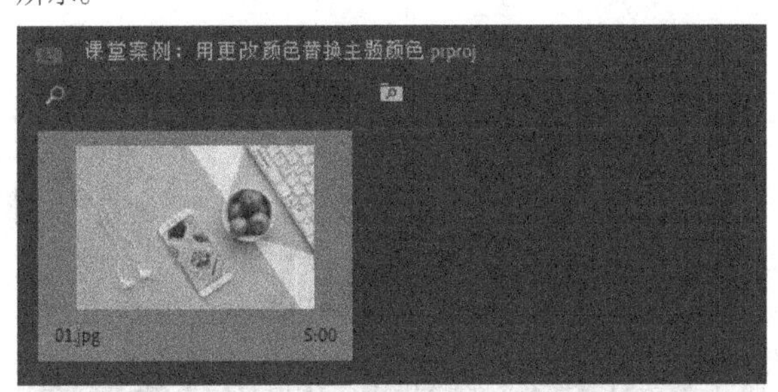

图8-109

02 将素材文件拖曳到“时间轴”面板生成序列，如图8-110所示。效果如图8-111所示。

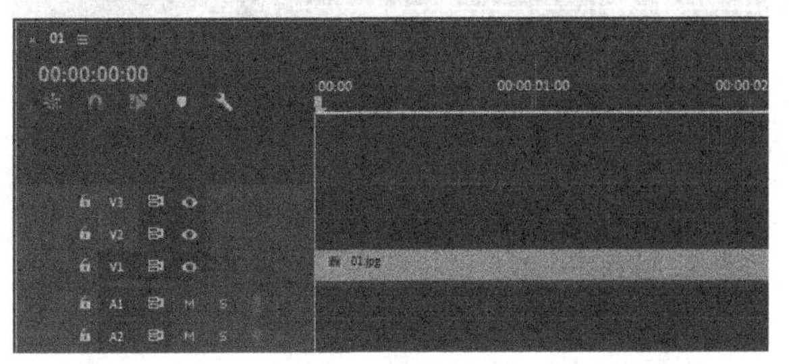

图8-110

图8-111

03 在“效果”面板中选中“更改颜色”效果并将其拖曳到剪辑上，然后在“效果控件”面板中设置“色相变换”为146、“饱和度变换”为-10、“要更改的颜色”为绿色、“匹配容差”为52%、“匹配柔和度”为57%，如图8-112所示。更改颜色后的效果如图8-113所示。

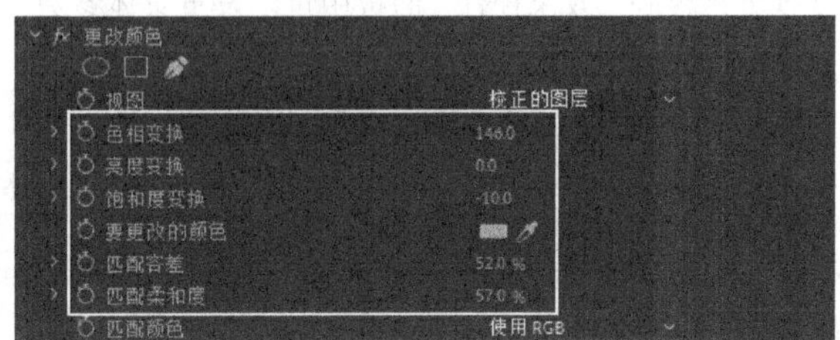

图8-112

图8-113

04 继续添加“亮度与对比度”效果，然后设置“亮度”为30，如图8-114所示。案例最终效果如图8-115所示。

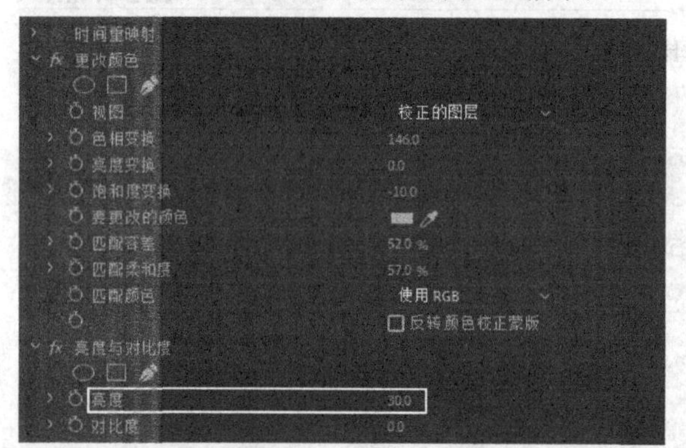

图8-114

图8-115

8.4.6 色彩

视频云课堂：170- 色彩

“色彩”效果可以通过更改颜色，对图像进行颜色变换处理。在“效果控件”面板中可以设置具体参数，如图8-116所示。

图8-116

将黑色映射到：可以将画面中深色的颜色变换为该颜色，如图8-117所示。

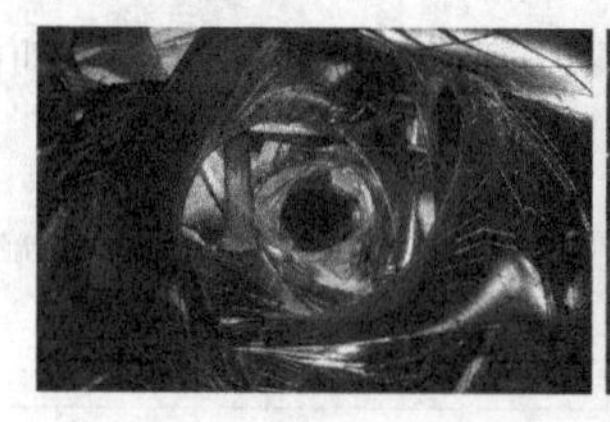
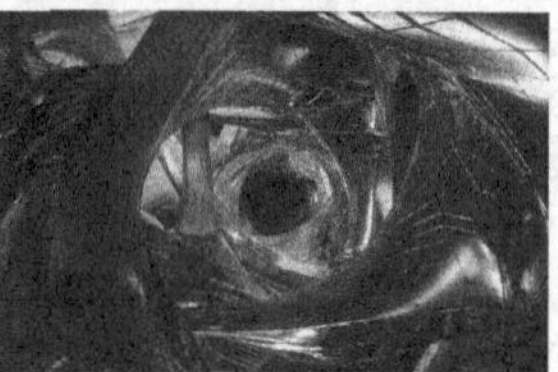

图8-117

将白色映射到：可以将画面中浅色的颜色变换为该颜色，如图8-118所示。

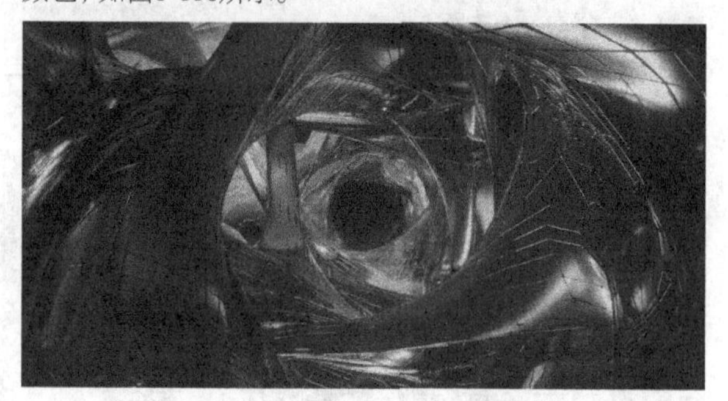

图8-118

着色量：设置两种颜色在画面中的浓度。

8.4.7 通道混合器

视频云课堂：171- 通道混合器

“通道混合器”效果常用于修改画面中的颜色，在“效果控件”面板中可以设置相应通道的颜色，如图8-119所示。

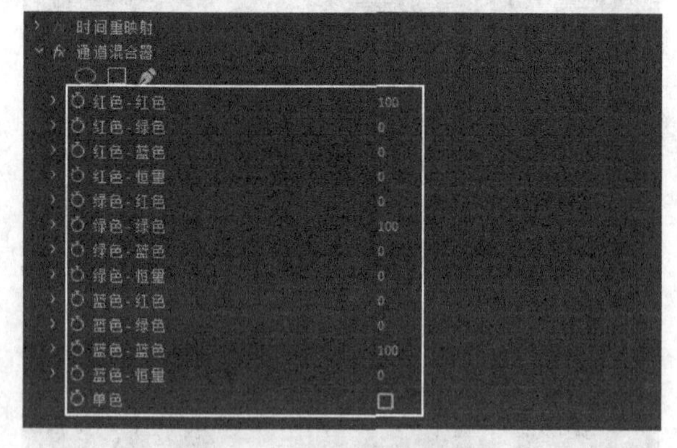

图8-119

红色-红色/红色-绿色/红色-蓝色：分别调整画面中红、绿、蓝通道中红色的数量。

绿色-红色/绿色-绿色/绿色-蓝色：分别调整画面中红、绿、蓝通道中绿色的数量。

蓝色-红色/蓝色-绿色/蓝色-蓝色：分别调整画面中红、绿、蓝通道中蓝色的数量。

8.4.8 颜色平衡

视频云课堂：172-颜色平衡

“颜色平衡”效果可以单独调整阴影、中间调和高光区域的红、绿、蓝通道量，在“效果控件”面板中可以设置相应的通道量，如图8-120所示。

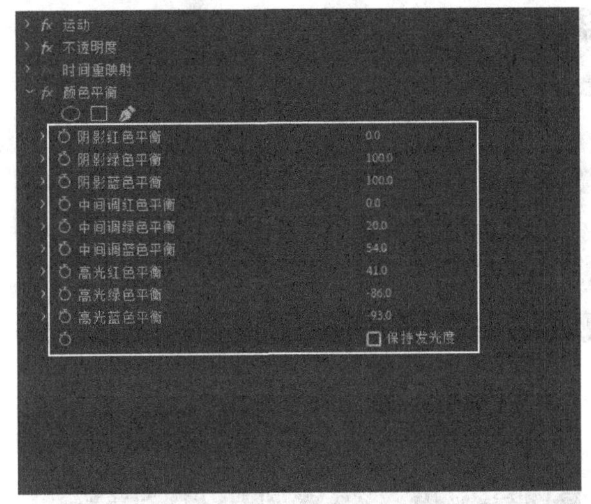

图8-120

阴影红色平衡/阴影绿色平衡/阴影蓝色平衡：设置阴影部分的红、绿、蓝通道量，如图8-121所示。

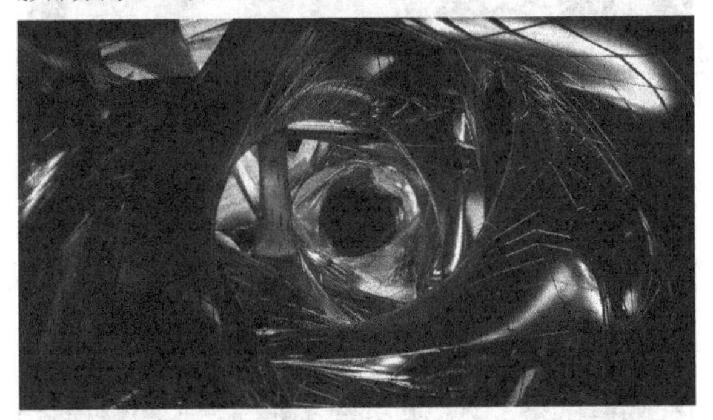

图8-121

中间调红色平衡/中间调绿色平衡/中间调蓝色平衡：设置中间调部分的红、绿、蓝通道量，如图8-122所示。

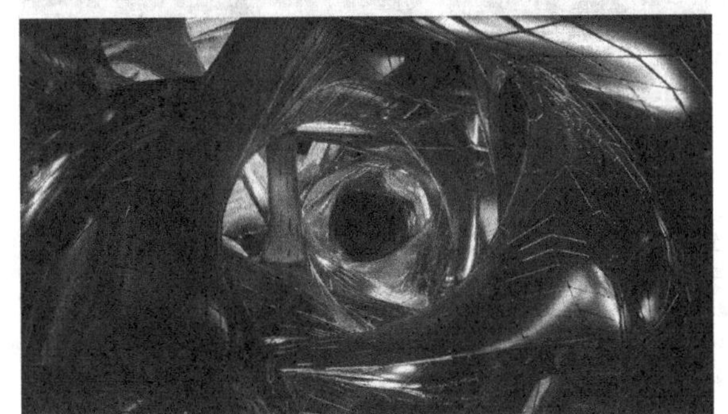

图8-122

高光红色平衡/高光绿色平衡/高光蓝色平衡：设置高光部分的红、绿、蓝通道量，如图8-123所示。

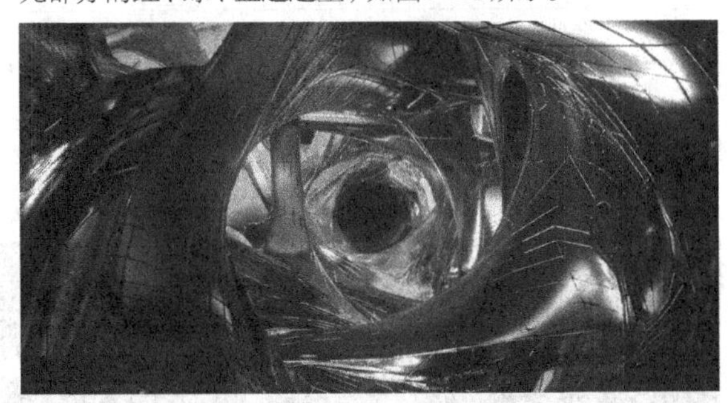

图8-123

8.4.9 颜色平衡（HLS）

视频云课堂：173-颜色平衡（HLS）

“颜色平衡（HLS）”效果可以通过色相、亮度和饱和度等参数调整画面色调。在“效果控件”面板中可以设置这些参数，如图8-124所示。

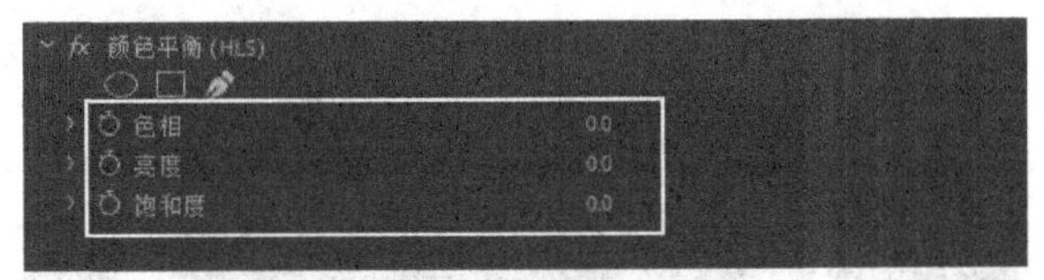

图8-124

色相：调整画面的颜色倾向，如图8-125所示。

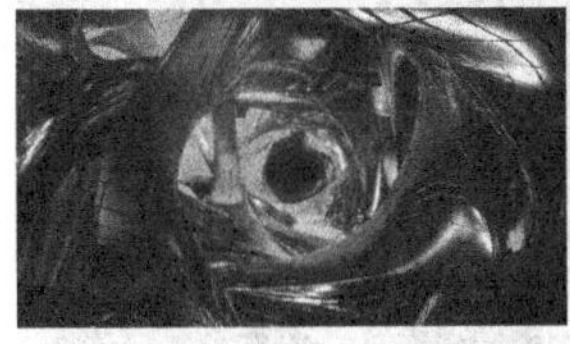
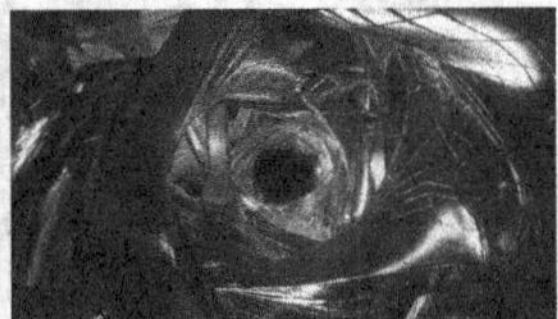

图8-125

亮度：调整画面的明亮度，如图8-126所示。

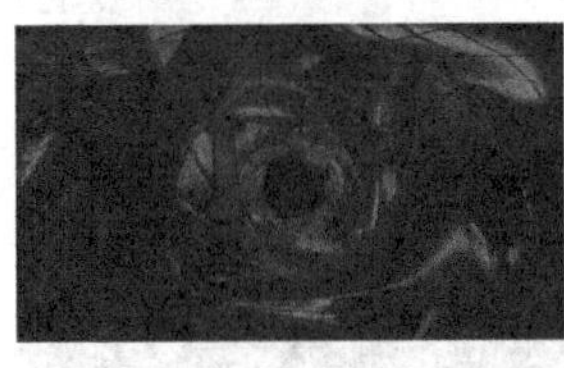
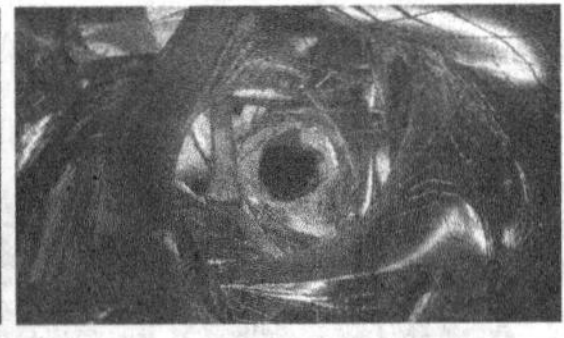

图8-126

饱和度：调整画面的饱和度，当参数值设置为－100时显示为黑白效果，如图8-127所示。

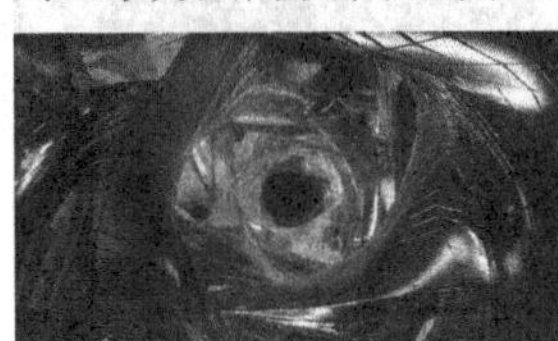
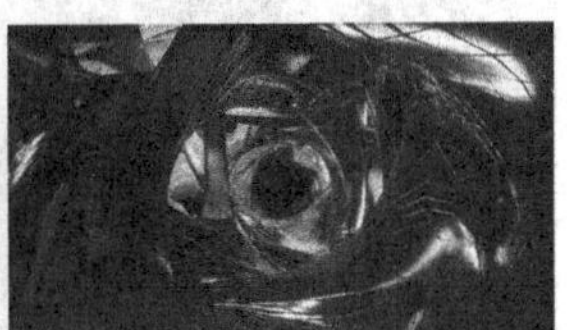

图8-127

课堂案例

用“颜色平衡”效果制作电影色调

素材文件　素材文件>CH08>07

实例文件　实例文件>CH08>课堂案例：用颜色平衡制作电影色调>课堂案例：用颜色平衡制作电影色调.prproj

视频名称　课堂案例：用颜色平衡制作电影色调.mp4

学习目标　练习“颜色平衡”效果和“颜色平衡（HLS）”效果的使用

扫码观看视频

本案例将使用“颜色平衡”效果和“颜色平衡（HLS）”效果制作电影色调，对比效果如图**8-128**所示。

图8-128

01 双击“项目”面板的空白处，导入本书学习资源中“素材文件>CH08>07”文件夹下的所有素材，如图**8-129**所示。

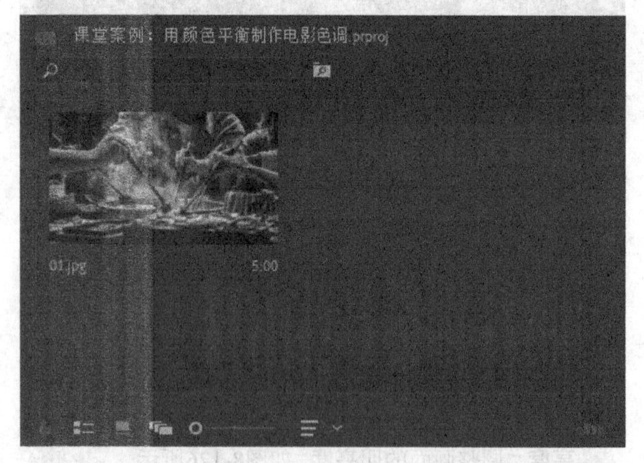

图8-129

02 将素材文件拖曳到“时间轴”面板生成序列，如图**8-130**所示。效果如图**8-131**所示。

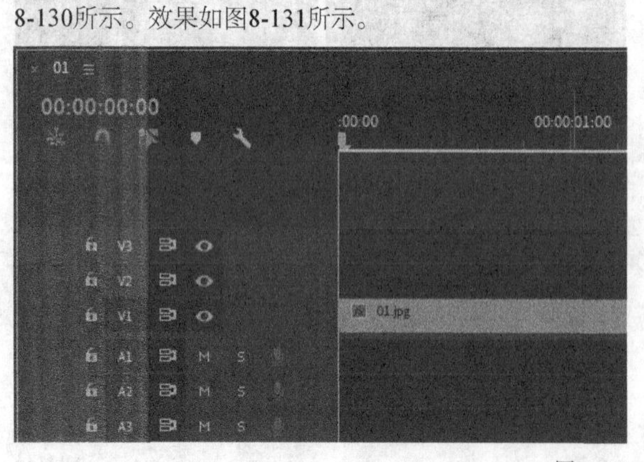

图8-130

图8-131

03 在“效果”面板中选择“颜色平衡（HLS）”效果并将其拖曳到剪辑上，在“效果控件”面板中设置“亮度”为15、“饱和度”为5，如图**8-132**所示。效果如图**8-133**所示。

图8-132

图8-133

04 继续为剪辑添加“颜色平衡”效果，然后设置“阴影红色平衡”为－30、“阴影绿色平衡”为40、“阴影蓝色平衡”为60、“中间调红色平衡”为100、“高光红色平衡”为60、“高光绿色平衡”为30，如图8-134所示。效果如图8-135所示。

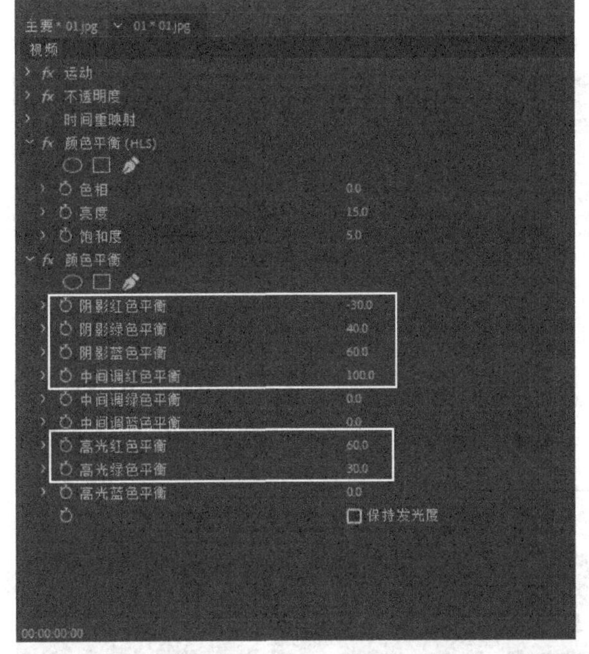

图8-134

图8-135

05 在“效果”面板中选择“裁剪”效果并将其拖曳到剪辑上，然后在“效果控件”面板中设置“顶部”和“底部”均为10%，如图8-136所示。此时画面更有电影的效果，如图8-137所示。

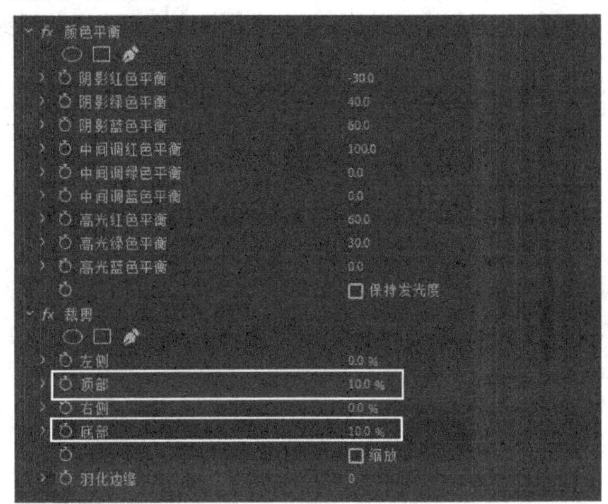

图8-136

图8-137

06 使用“文字工具” T 在画面下方输入一些字幕文字，并选择合适的字体和大小，设置颜色为白色，案例最终效果如图8-138所示。

图8-138

技巧与提示

输入的文字内容这里不作规定，读者可按照画面内容任意添加。

8.5 本章小结

通过本章的学习，相信读者对Premiere Pro中调色的相关知识已经有了一定的认识。将导入的剪辑调色后，可以更好地表现主题，进一步吸引观众的视线，因此调色是剪辑步骤中不可缺少的步骤。

8.6 课后习题

下面通过两个课后习题练习本章所学的内容。

课后习题

风景视频调色

素材文件 素材文件>CH08>08
实例文件 实例文件>CH08>课后习题：风景视频调色>课后习题：风景视频调色.prproj
视频名称 课后习题：风景视频调色.mp4
学习目标 练习多种调色效果

扫码观看视频

本习题需要对一段风景视频进行调色，调整后效果如图8-139所示。

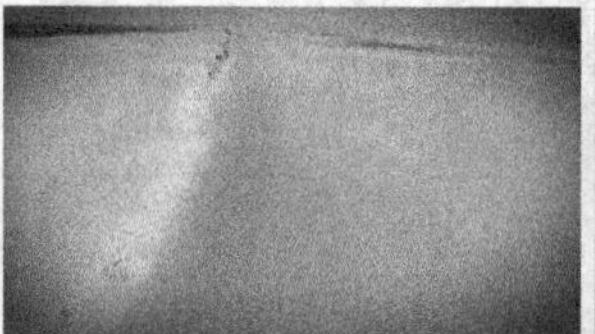
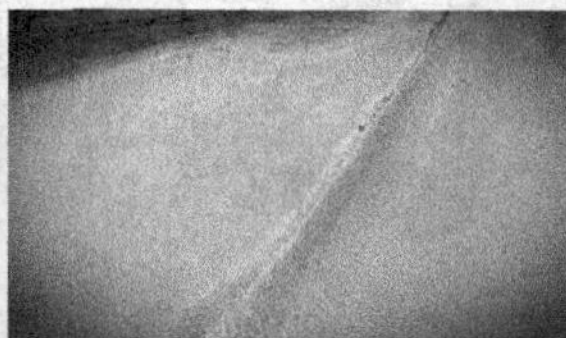

图8-139

课后习题

温馨朦胧画面

素材文件 素材文件>CH08>09
实例文件 实例文件>CH08>课后习题：温馨朦胧画面>课后习题：温馨朦胧画面.prproj
视频名称 课后习题：温馨朦胧画面.mp4
学习目标 练习多种调色效果

扫码观看视频

本习题需要将一张图片调色为温馨朦胧的画面效果，对比效果如图8-140所示。

图8-140

Premiere Pro

音频效果

本章主要讲解Premiere Pro的音频效果。一段音频通过处理后，可以模拟不同的音质，从而搭配相应的画面内容。

课堂学习目标

- 掌握常用的音频效果
- 掌握常用的音频过渡效果

9.1 常用的音频效果

"音频效果"效果组中包含50多种音频效果，每种效果所能实现的声音效果各不相同。

本节效果介绍

效果名称	效果作用	重要程度
过时的音频效果	提供旧版音频效果	中
吉他套件	模拟吉他弹奏的效果	高
多功能延迟	制作延迟的回声效果	中
模拟延迟	制作缓慢的回声效果	中
FFT滤波器	设置音频的频率输出	中
卷积混响	将音频与不同环境进行混响	高
图形均衡器	音频均衡器	中
室内混响	模拟室内演奏的音乐混响效果	中
延迟	制作声音的回响效果	中
消除齿音	消除前期录音时产生的刺耳齿音	中

9.1.1 过时的音频效果

视频云课堂：174- 过时的音频效果

"过时的音频效果"是2017版本之前的音频效果合集，方便老用户使用，如图9-1所示。

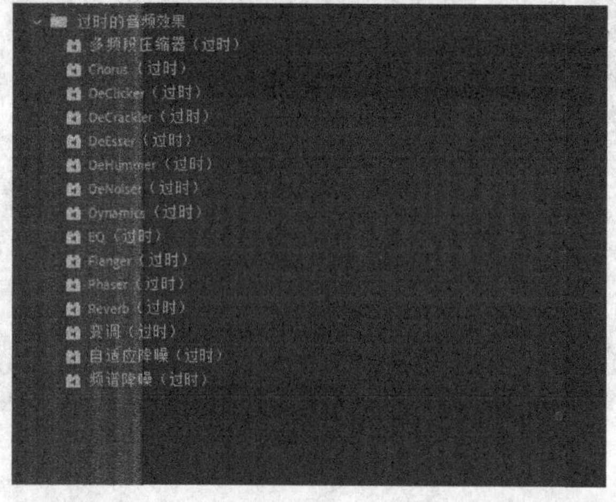

图9-1

当添加该组中的音频效果时，系统会弹出"音频效果替换"对话框，如图9-2所示。在对话框中单击"是"按钮 是 ，会进入新版本效果设置界面，单击"否"按钮 否 则继续使用旧版效果。

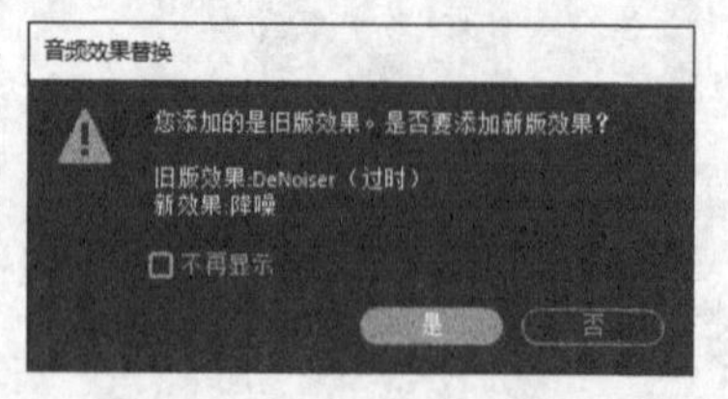

图9-2

技巧与提示

新版本效果的用法会在后面详细讲解。

9.1.2 吉他套件

视频云课堂：175- 吉他套件

"吉他套件"是模拟吉他弹奏的效果，可以让音质产生不同的变化。在"效果控件"面板中可以设置其参数，如图9-3所示。

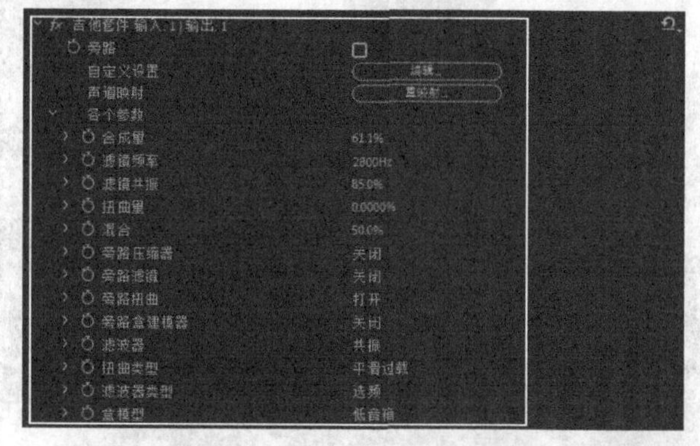

图9-3

自定义设置：单击"编辑"按钮 编辑 ，会弹出"剪辑效果编辑器-吉他套件"面板，如图9-4所示。在面板中可以设置不同效果的音质。

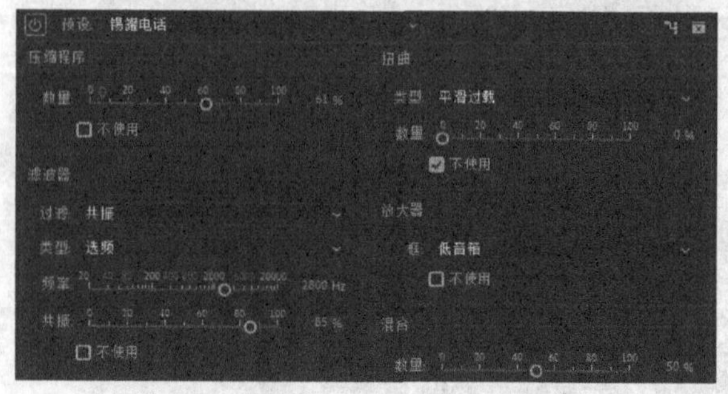

图9-4

各个参数：可以调节“合成量”“滤镜频率”“滤镜共振”等选项的参数。

课堂案例

用“吉他套件”效果制作律动背景音

素材文件	素材文件>CH09>01
实例文件	实例文件>CH09>课堂案例：用吉他套件制作律动背景音>课堂案例：用吉他套件制作律动背景音.prproj
视频名称	课堂案例：用吉他套件制作律动背景音.mp4
学习目标	练习“吉他套件”效果的使用

扫码观看视频

本案例将使用“吉他套件”效果为视频的背景音乐添加不同的音频效果，视频画面如图9-5所示。

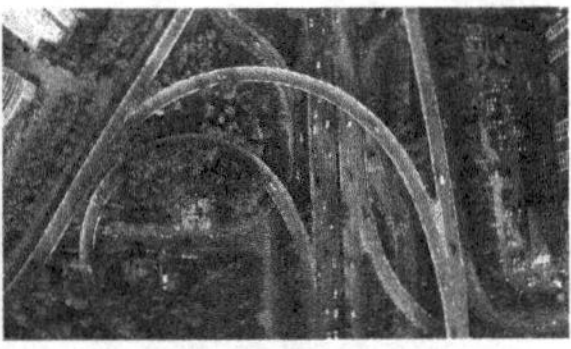

图9-5

01 双击“项目”面板的空白处，导入本书学习资源中“素材文件>CH09>01”文件夹下的所有素材，如图9-6所示。

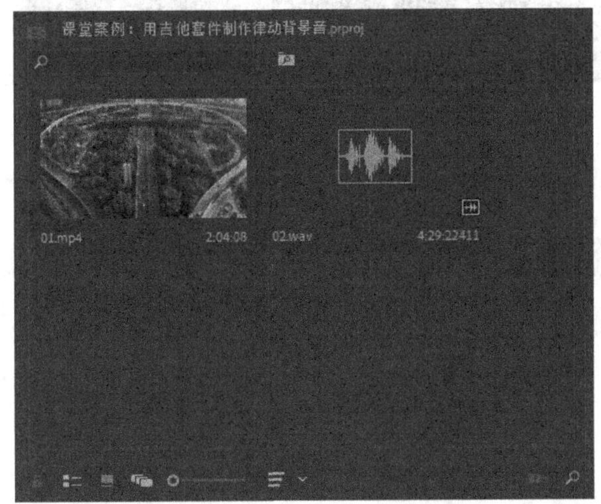

图9-6

02 将视频素材拖曳到“时间轴”面板生成序列，如图9-7所示。效果如图9-8所示。

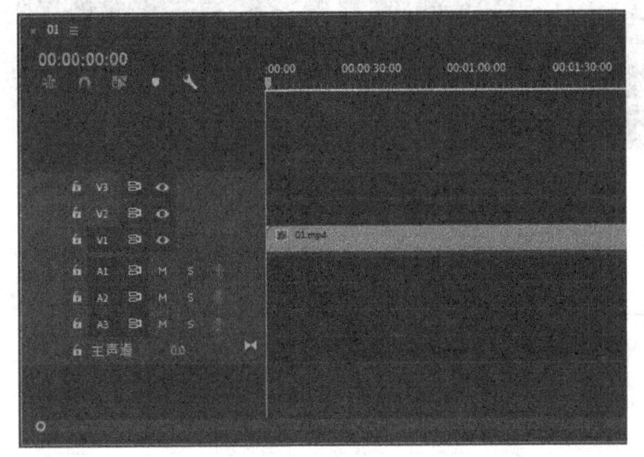

图9-7

图9-8

03 将音频素材拖曳到音频轨道上，如图9-9所示。

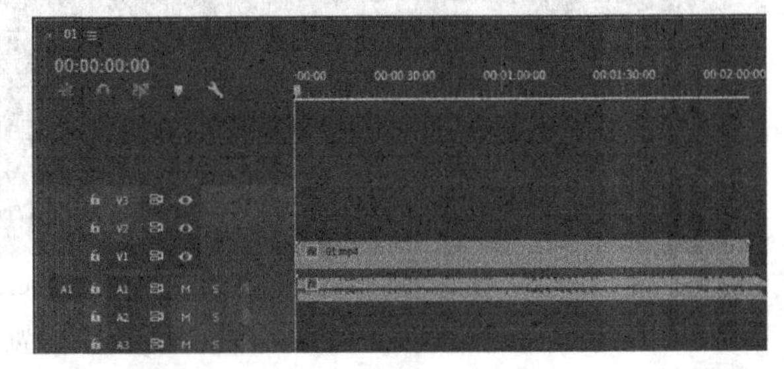

图9-9

04 在节目监视器中预览序列，可以发现音频的节奏要明显快于视频镜头的速度，两者会有些不和谐。移动播放指示器，使用“剃刀工具”将视频按照转场分割成5段剪辑，如图9-10所示。

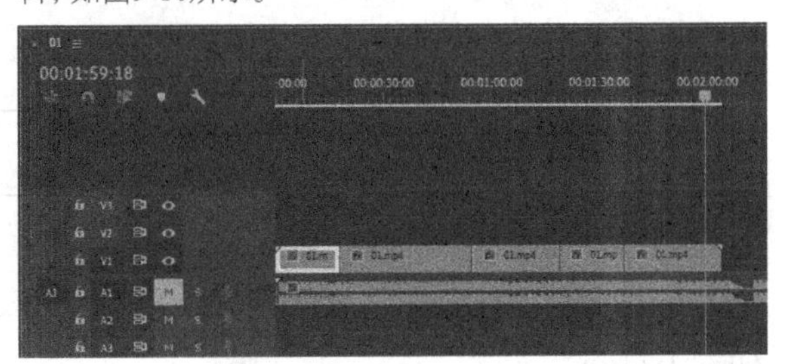

图9-10

05 移动播放指示器聆听音频，在重要的节奏起始位置添加标记，如图9-11所示。

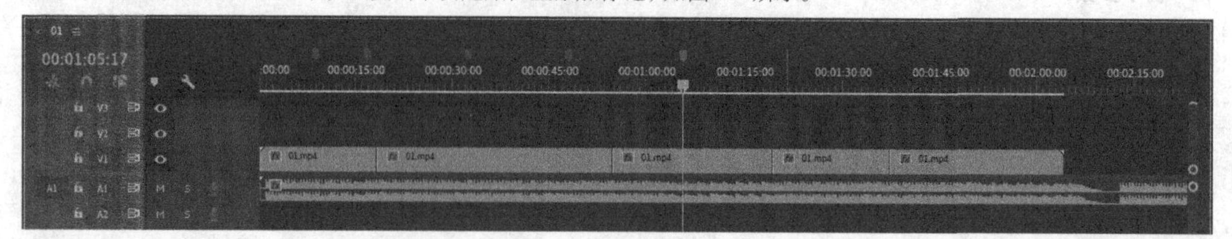

图9-11

技巧与提示

添加标记会方便镜头切换时准确卡在节奏点上。节奏点可以是音乐的重音，也可以是节奏转换的位置，具体情况需要用户自行分析。

06 按照标记的位置，将视频缩放到与标记间的音频相同的长度，如图9-12所示。

图9-12

07 使用“剃刀工具”在视频的末尾分割音频剪辑，将多余的音频剪辑删除，如图9-13所示。

08 选中音频剪辑，为其添加“吉他套件”效果，打开“剪辑效果编辑器-吉他套件”面板后，设置“预设”为“鼓包”，如图9-14所示。

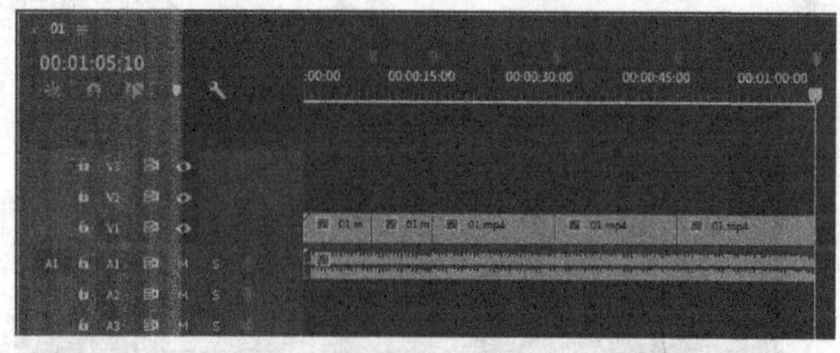

图9-13

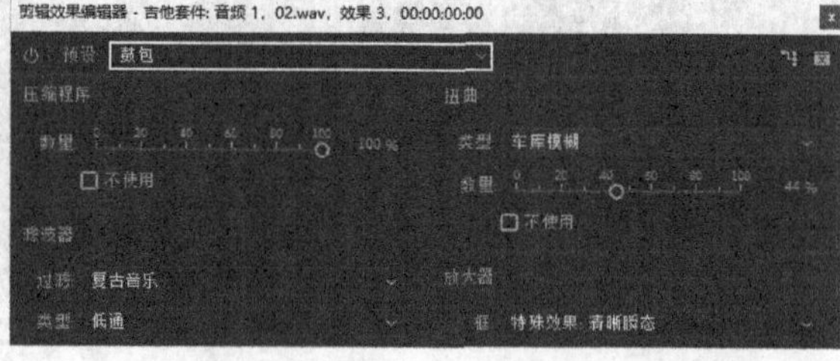

图9-14

09 关闭“剪辑效果编辑器-吉他套件”面板，按Space键预览画面，并任意导出4帧，效果如图9-15所示。

图9-15

9.1.3 多功能延迟

视频云课堂：176-多功能延迟

“多功能延迟”效果可以在原有音频的基础上制作延迟的回声效果。在“效果控件”面板中可以设置延迟的效果，如图9-16所示。

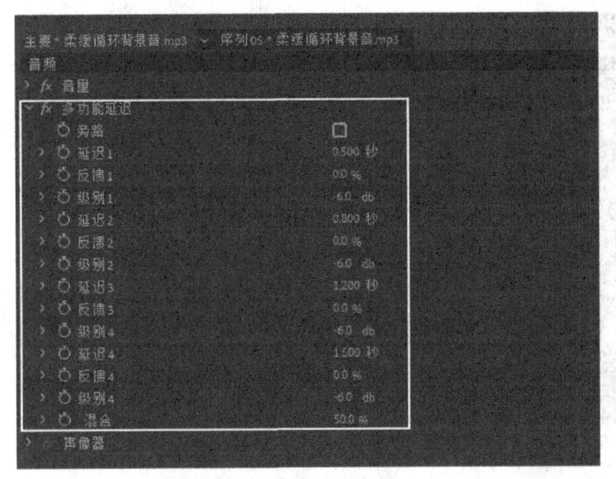

图9-16

延迟： 设置音频播放时的声音延迟时间。

反馈： 通过参数变量设置回声时间。

级别： 设置回声的强弱。

混合： 设置回声和原音频的混合强度。

9.1.4 模拟延迟

视频云课堂：177– 模拟延迟

“模拟延迟”效果可以为音频制作缓慢的回声效果。在“效果控件”面板中可以设置相关参数，如图9-17所示。

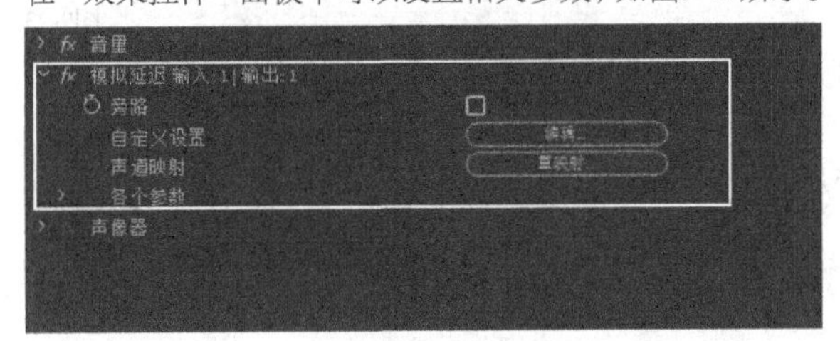

图9-17

自定义设置： 单击“编辑”按钮，会弹出“剪辑效果编辑器-模拟延迟”面板，如图9-18所示。

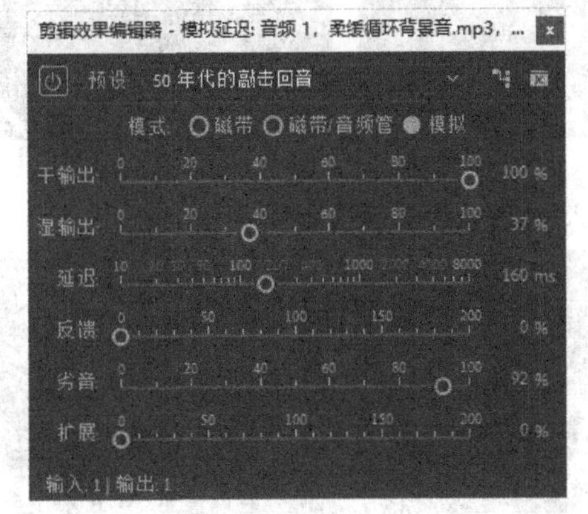

图9-18

9.1.5 FFT滤波器

视频云课堂：178–FFT 滤波器

“FFT滤波器”效果用于音频的频率输出设置。在“效果控件”面板中可以设置相关参数，如图9-19所示。

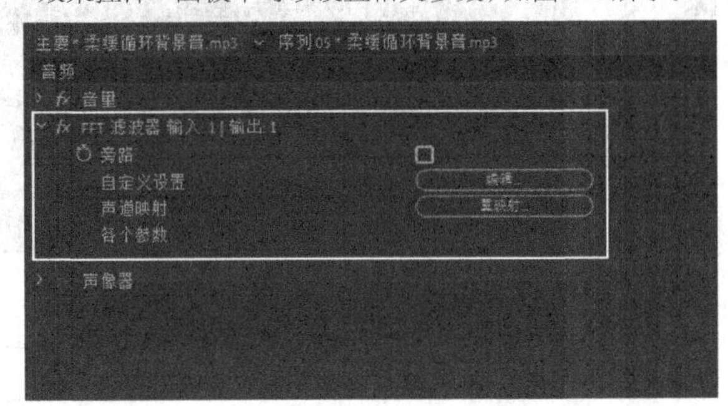

图9-19

旁路： 勾选该选项后，可将调整后的音频效果还原为调整前的状态。

自定义设置： 单击“编辑”按钮，会弹出“剪辑效果编辑器-FFT滤波器”面板，如图9-20所示。

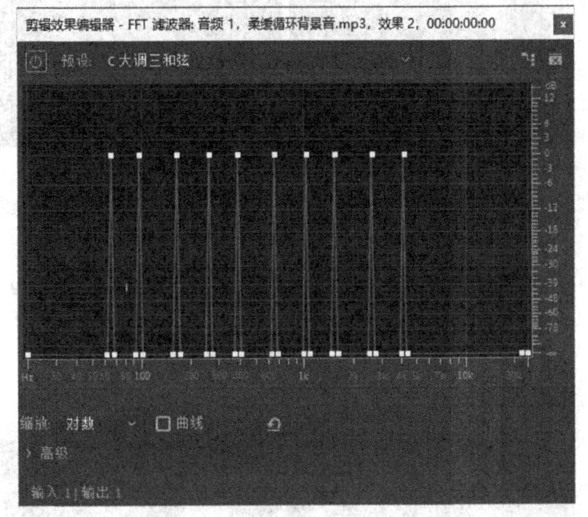

图9-20

9.1.6 卷积混响

视频云课堂：179– 卷积混响

“卷积混响”效果用于将音频与不同环境进行混响，使其听起来像是在原有环境中录制的效果。在“效果控件”面板中可以设置相关参数，如图9-21所示。

单击“编辑”按钮，会弹出“剪辑效果编辑器-卷积混响”面板，如图9-22所示。在面板中可以设置不同的场景效果。

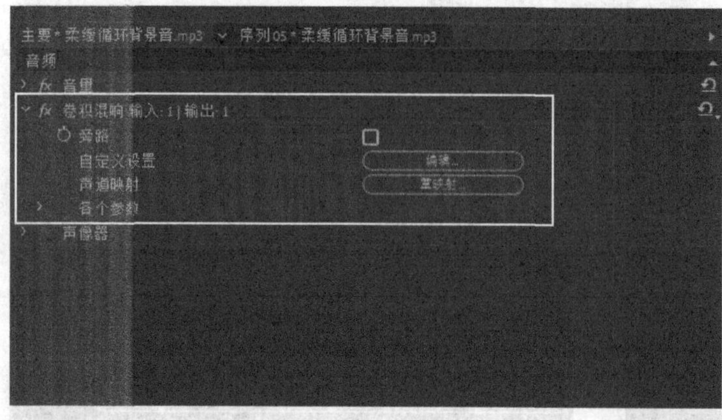

图9-21

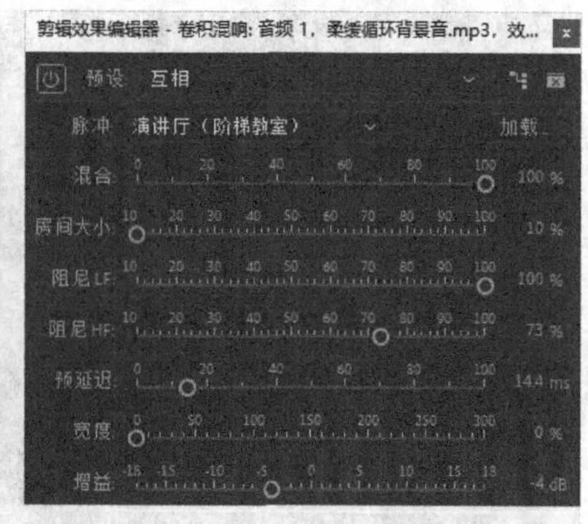

图9-22

课堂案例

用“卷积混响”效果制作混声音效

素材文件　素材文件>CH09>02

实例文件　实例文件>CH09>课堂案例：用卷积混响制作混声音效>课堂案例：用卷积混响制作混声音效.prproj

视频名称　课堂案例：用卷积混响制作混声音效.mp4

学习目标　练习“卷积混响”效果的使用

扫码观看视频

本案例需要用“卷积混响”效果为一段视频的背景音乐添加不同音效，视频画面如图9-23所示。

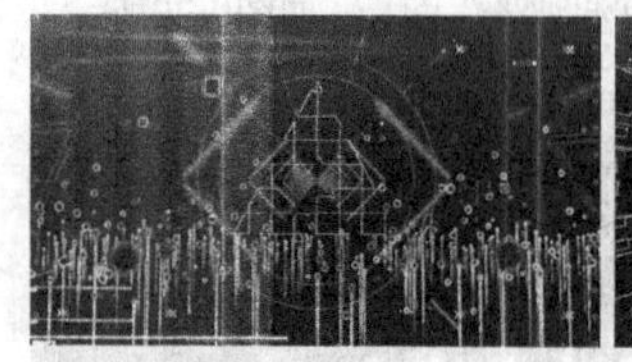
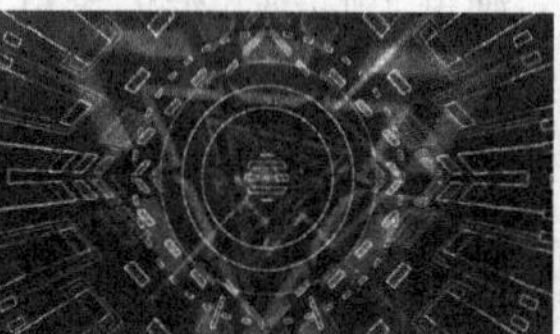
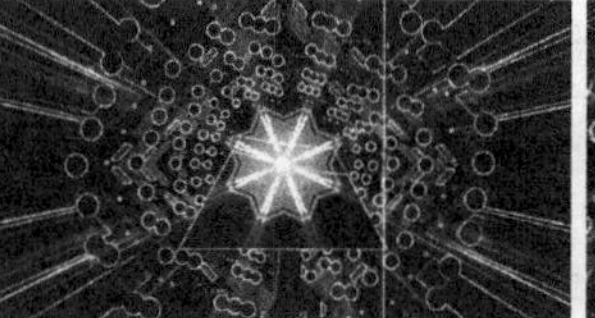
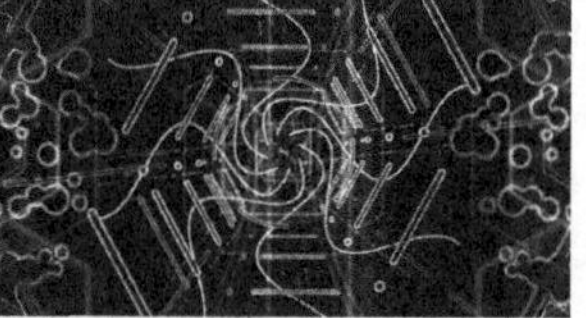

图9-23

01 双击“项目”面板的空白处，导入本书学习资源中“素材文件>CH09>02”文件夹下的所有素材，如图9-24所示。

02 将素材文件拖曳到“时间轴”面板生成序列，如图9-25所示。效果如图9-26所示。

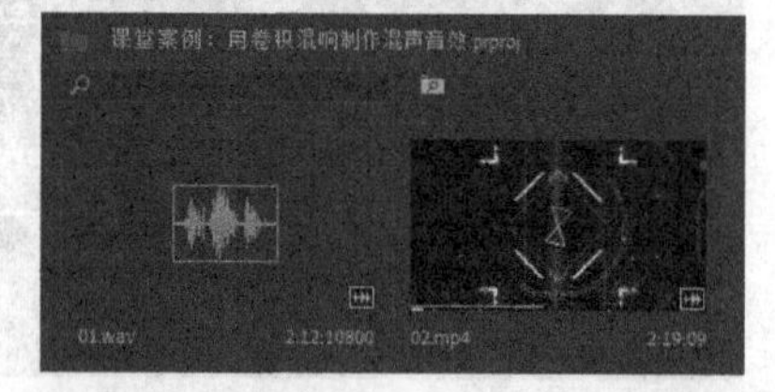

图9-24

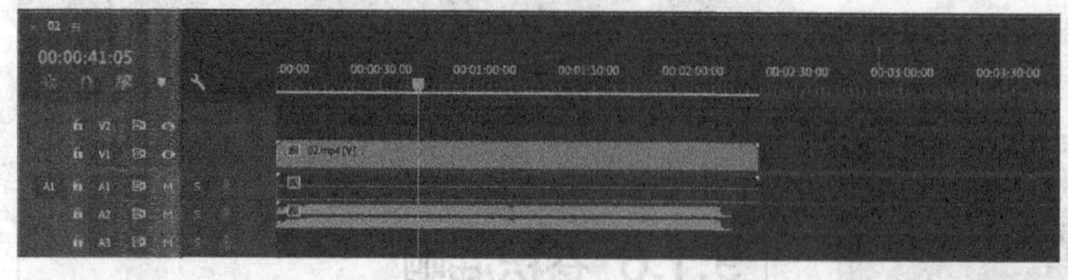

图9-25

图9-26

03 删除视频素材自带的音频，然后将视频的长度调整为和导入的音频素材相同的长度，如图9-27所示。

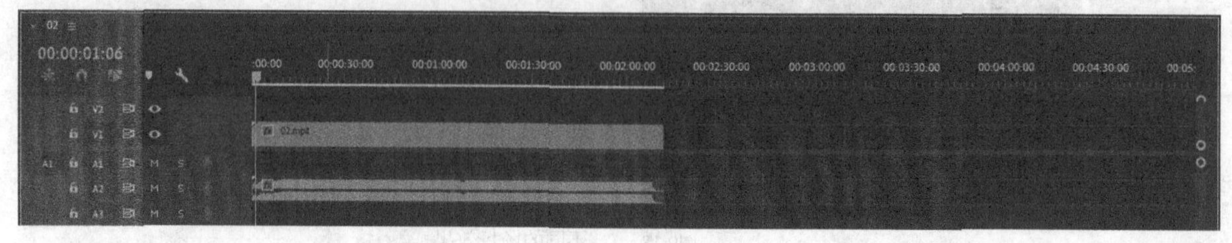

图9-27

04 移动播放指示器到00:00:09:17的位置，然后使用“剃刀工具”裁剪音频，如图9-28所示。

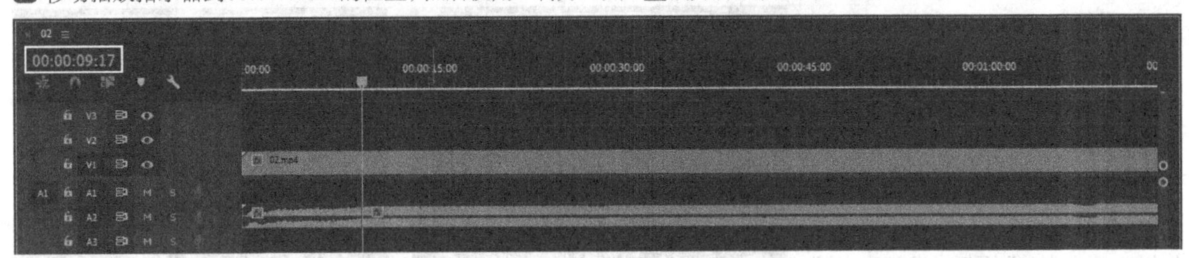

图9-28

05 继续移动播放指示器到00:00:29:06的位置，然后使用“剃刀工具”裁剪音频，如图9-29所示。

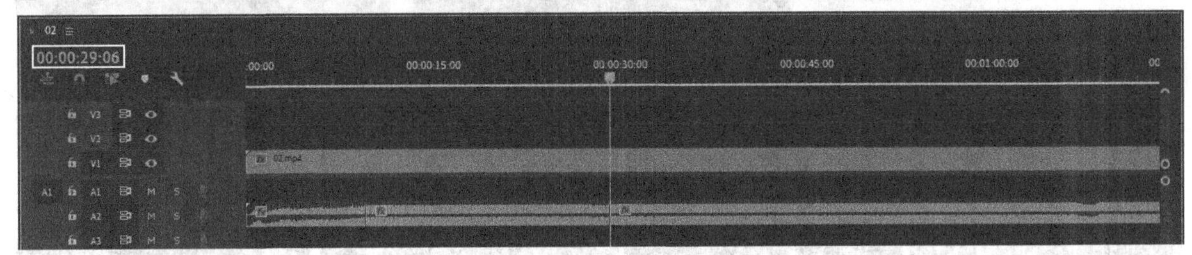

图9-29

06 移动播放指示器到00:01:08:18的位置，然后使用“剃刀工具”裁剪音频，如图9-30所示。

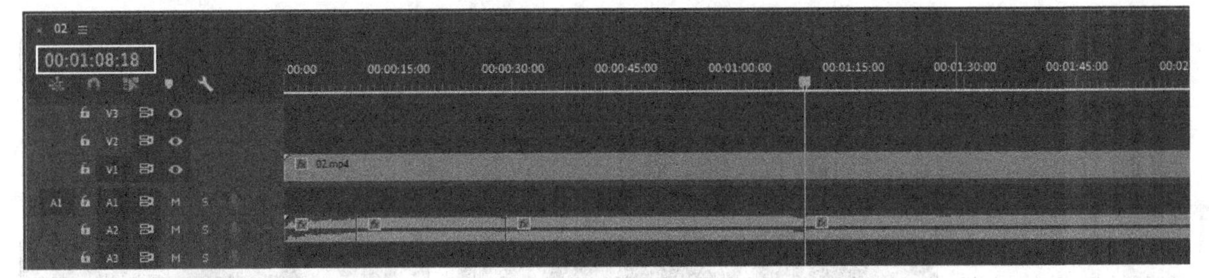

图9-30

07 移动播放指示器到00:01:28:03的位置，然后使用“剃刀工具”裁剪音频，如图9-31所示。

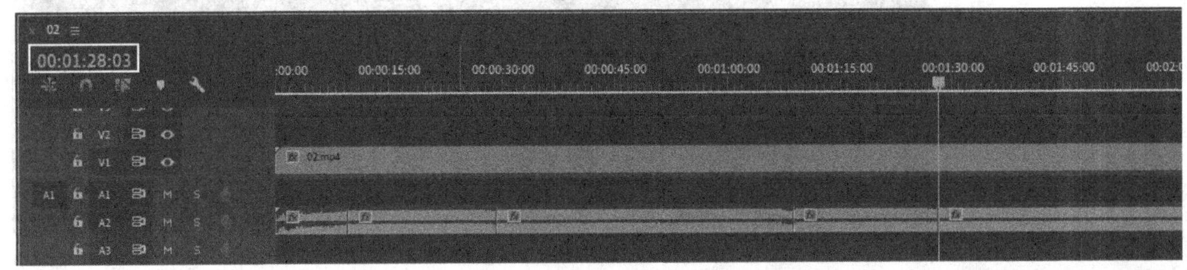

图9-31

08 选中第1段音频剪辑，为其添加“卷积混响”效果，然后在“剪辑效果编辑器-卷积混响”面板中设置“预设”为“有烟味的酒吧”、“脉冲”为“教室”，如图9-32所示。

09 选中第2段音频剪辑，为其添加“卷积混响”效果，然后在“剪辑效果编辑器-卷积混响”面板中设置“预设”为“仅限站立空间”、“脉冲”为“客厅”，如图9-33所示。

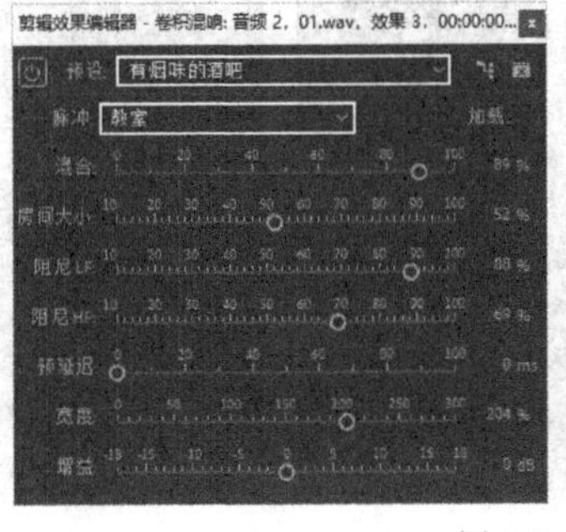

图9-32

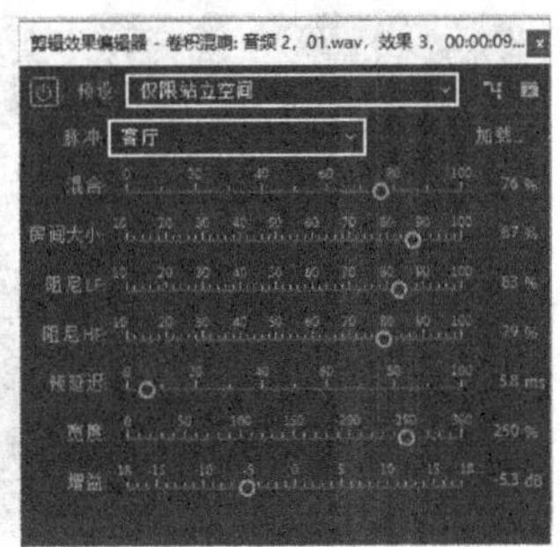

图9-33

10 选中第3段音频剪辑，为其添加“卷积混响”效果，然后在“剪辑效果编辑器-卷积混响”面板中设置“预设”为“互相”、“脉冲”为“在另一个房间”，如图9-34所示。

11 选中最后一段音频剪辑，为其添加“卷积混响”效果，然后在“剪辑效果编辑器-卷积混响”面板中设置“预设”为“有烟味的酒吧”、“脉冲”为“教室”，如图9-35所示。

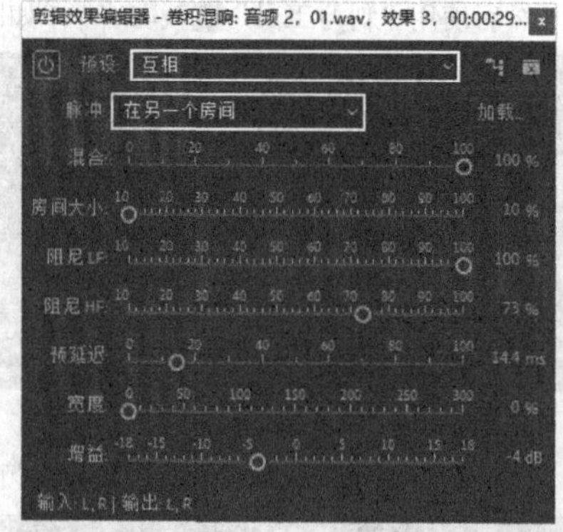

图9-34

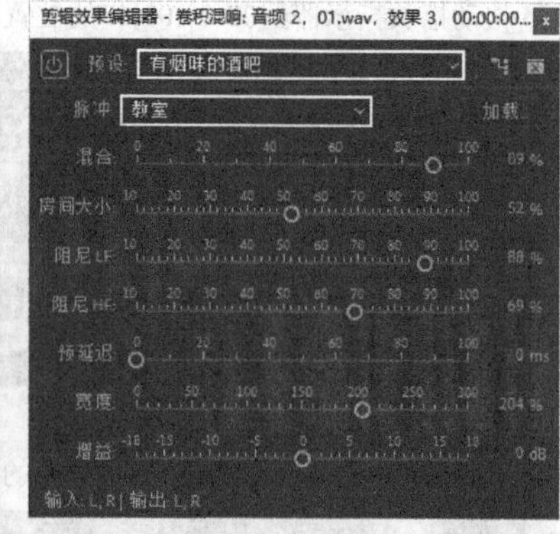

图9-35

12 关闭“剪辑效果编辑器-卷积混响”面板，按Space键预览效果，并单独截取4帧，效果如图9-36所示。

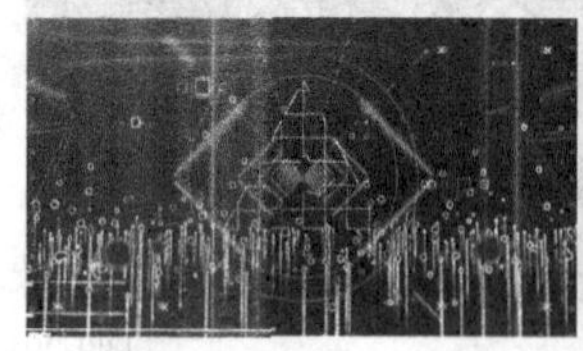

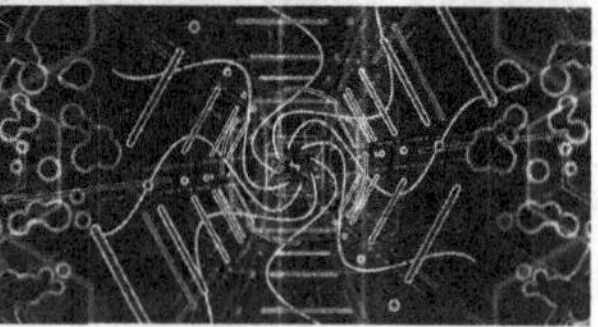

图9-36

9.1.7 图形均衡器

视频云课堂：180- 图形均衡器

图形均衡器有“图形均衡器（10段）”、“图形均衡器（20段）”和“图形均衡器（30段）”3种类型的效果，如图9-37所示。

这3种图形均衡器的区别在于，单击“编辑”按钮 编辑... 后，弹出的面板不同，如图9-38~图9-40所示。

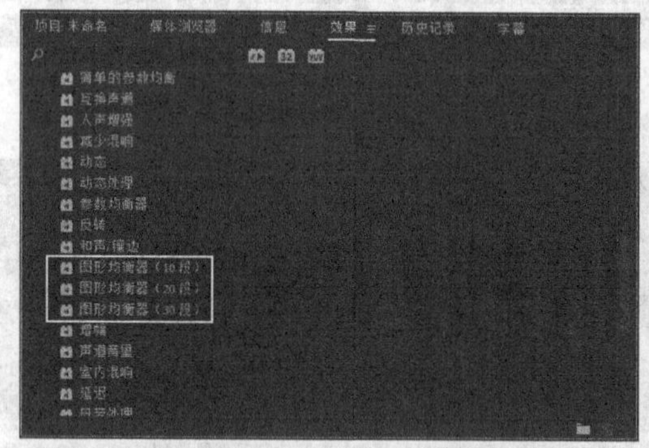

图9-37

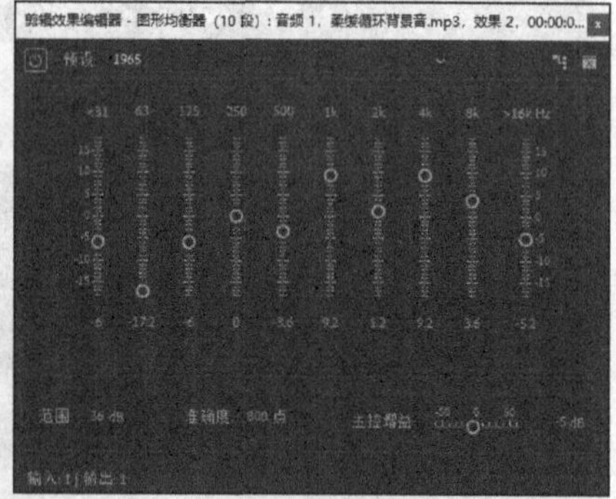

图9-38

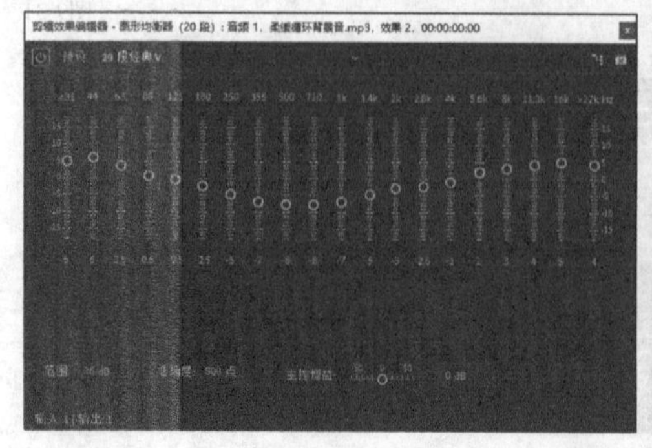

图9-39

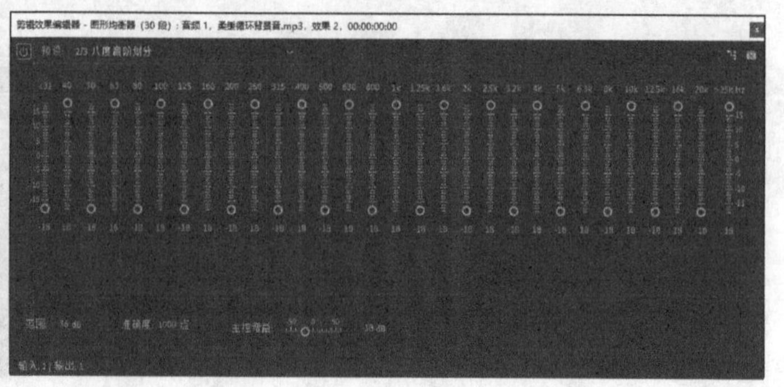

图9-40

9.1.8 室内混响

视频云课堂：181- 室内混响

“室内混响”效果可以模拟室内演奏的音乐混响效果。在“效果控件”面板中单击“编辑”按钮，可以在弹出的“剪辑效果编辑器-室内混响”面板中选择不同的“预设”场景，如图9-41所示。

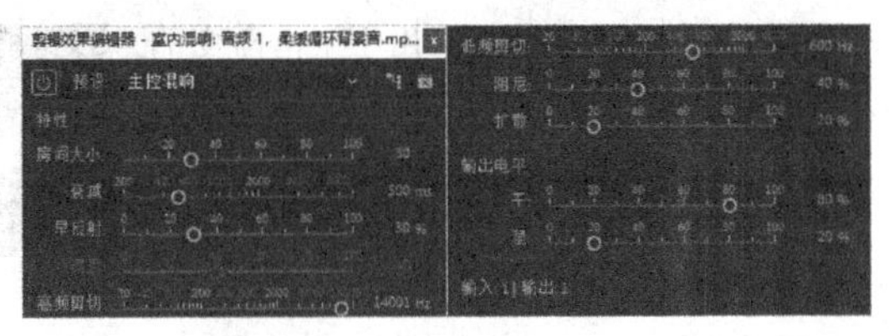

图9-41

9.1.9 延迟

视频云课堂：182- 延迟

“延迟”效果可以用来制作声音的回响效果，并且可以设置在指定的时间量之后播放。在“效果控件”面板中可以设置相关参数，如图9-42所示。

延迟：设置回音的间隔持续时间。

反馈：调节回音的强弱。

混合：设置混响的声音大小。

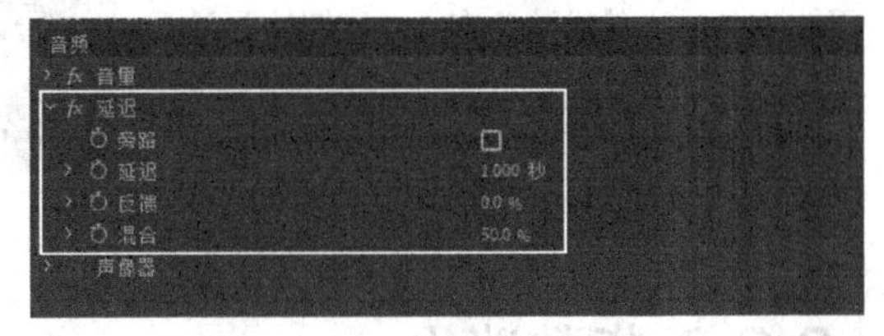

图9-42

9.1.10 消除齿音

视频云课堂：183- 消除齿音

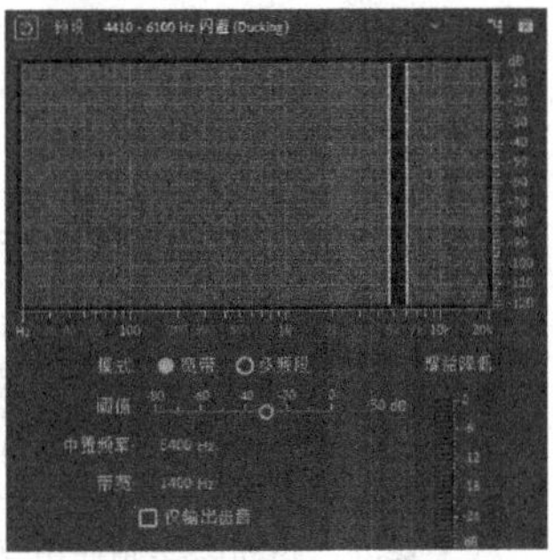

“消除齿音”效果用来消除前期录音时产生的刺耳齿音。在“效果控件”面板中单击“编辑”按钮，会弹出“剪辑效果编辑器-消除齿音”面板，用来设置齿音的相关参数，如图9-43所示。

技巧与提示

除了“消除齿音”外，“消除嗡嗡声”和“自动咔嗒声移除”效果也可以用来消除前期录制音频中的杂音。“过时的音频效果”中的“自适应降噪”效果，同样可以对带有噪音的音频进行降噪。

图9-43

9.2 音频过渡效果

音频过渡效果可将同轨道上的两段音频剪辑通过转场效果实现声音的交叉过渡。

本节效果介绍

效果名称	效果作用	重要程度
恒定功率	平滑渐变的过渡	高
恒定增益	以恒定的速率更改音频进出的过渡	高
指数淡化	以指数方式自上而下地淡入音频	中

9.2.1 恒定功率

视频云课堂：184- 恒定功率

“恒定功率”过渡效果用于平滑渐变的过渡，与视频过渡中的“溶解”过渡类似。在“效果控件”面板中，可以设置过渡的“持续时间”等参数，如图9-44所示。

图9-44

9.2.2 恒定增益

视频云课堂：185- 恒定增益

“恒定增益”过渡效果是以恒定的速率更改音频进出的过渡。在“效果控件”面板中，可以设置过渡的“持续时间”等参数，如图9-45所示。

图9-45

9.2.3 指数淡化

视频云课堂：186- 指数淡化

“指数淡化”过渡效果是以指数方式自上而下地淡入音频。在“效果控件”面板中，可以设置过渡的“持续时间”等参数，如图9-46所示。

图9-46

课堂案例

用音频过渡效果制作背景音乐

素材文件　素材文件>CH09>03

实例文件　实例文件>CH09>课堂案例：用音频过渡制作背景音乐>课堂案例：用音频过渡制作背景音乐.prproj

视频名称　课堂案例：用音频过渡制作背景音乐.mp4

学习目标　练习各种音频过渡效果的使用

扫码观看视频

本案例需将两段音频使用音频过渡效果进行拼接，视频画面如图9-47所示。

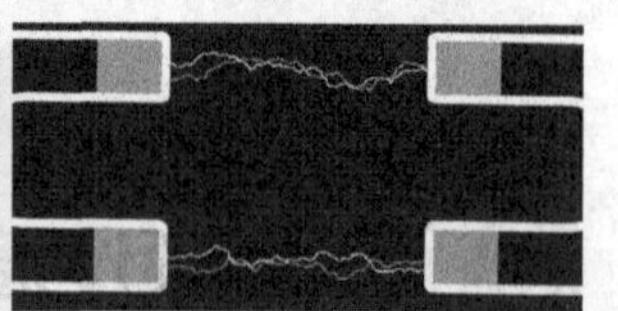

图9-47

01 双击“项目”面板的空白处，导入本书学习资源中“素材文件>CH09>03”文件夹下的所有素材，如图9-48所示。

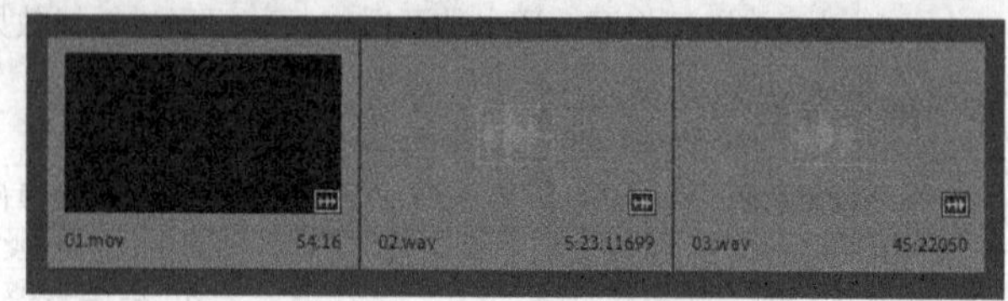

图9-48

02 将视频和音频素材都拖曳到“时间轴”面板生成序列，如图9-49所示。效果如图9-50所示。

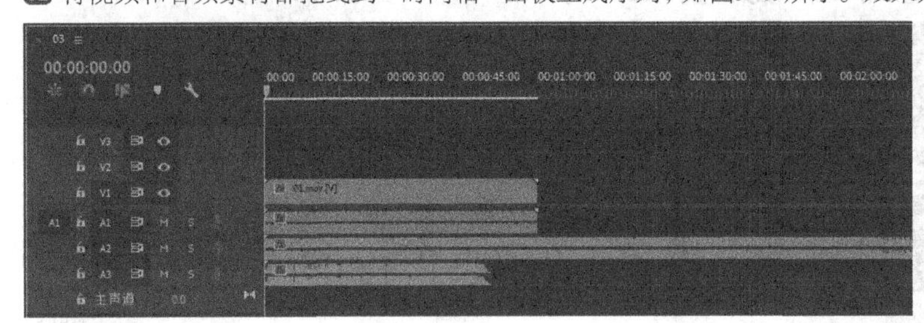

图9-49

图9-50

03 删除原有视频素材的音频剪辑，然后将03.wav音频放在A1轨道，将A2轨道的02.wav音频向后移动出视频素材的区域，如图9-51所示。

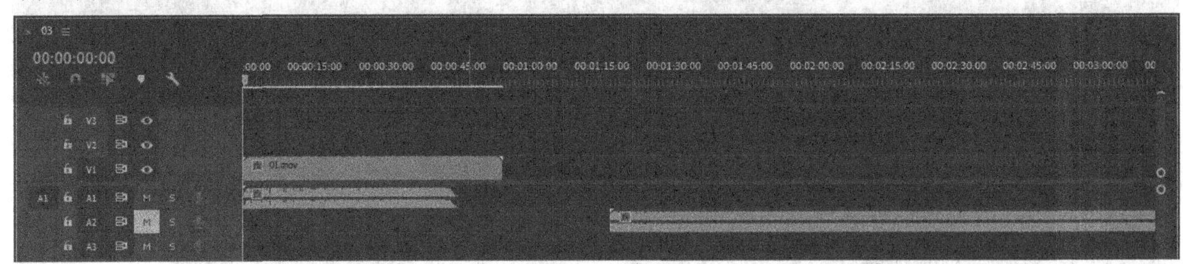

图9-51

技巧与提示

这样做的目的是为了不让02.wav音频干扰剪辑工作。当然读者也可以开启A1轨道的“独奏轨道”。

04 移动播放指示器，在00:00:15:05的位置使用“剃刀工具”将03.wav剪辑进行裁剪，如图9-52所示。

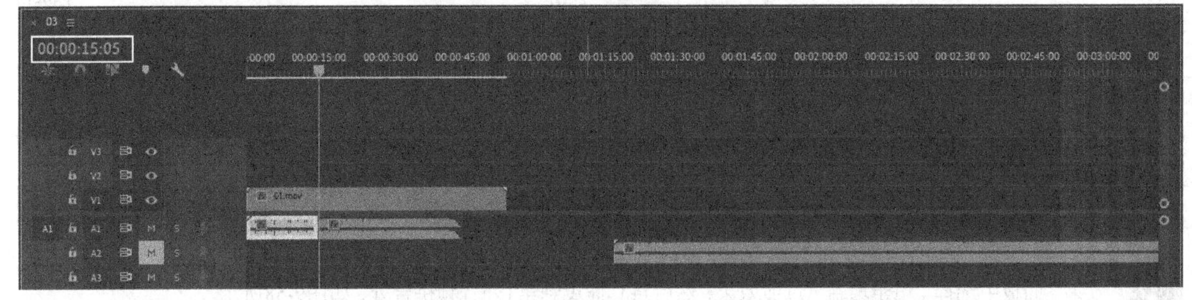

图9-52

05 选中03.wav素材后半段剪辑，向后、向下移动到视频素材以外的区域，然后将02.wav素材移动到裁剪后空余的位置，如图9-53所示。

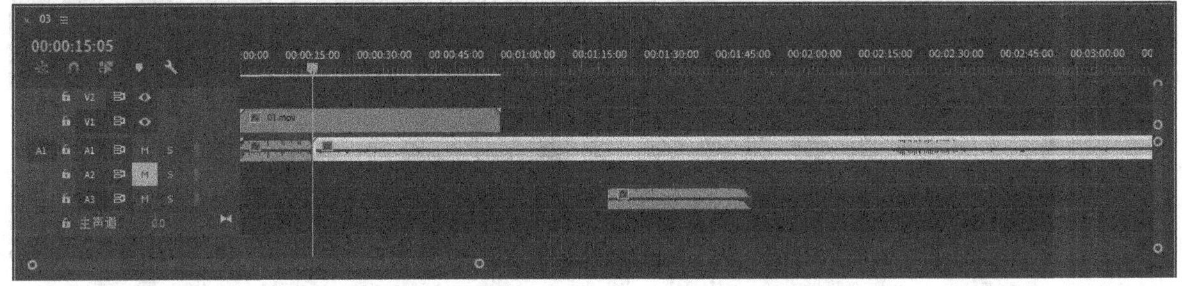

图9-53

技巧与提示

因为需要使用音频过渡效果，所以将02.wav素材移动到A1轨道上。

06 移动播放指示器，在00:00:29:12的位置使用“剃刀工具”将02.wav剪辑进行裁剪，如图9-54所示。

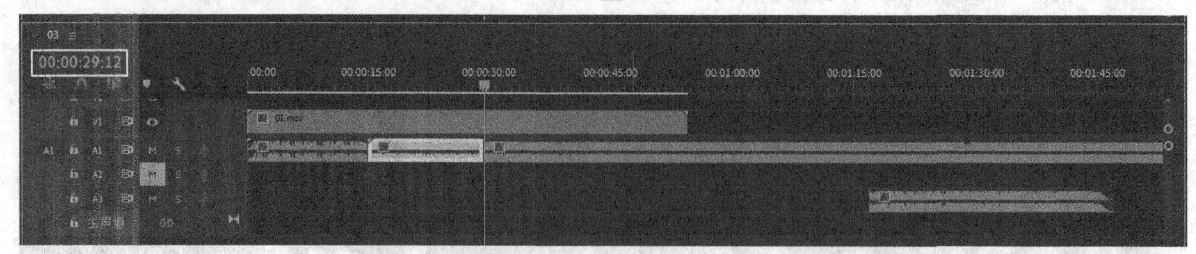

图9-54

07 将裁剪后的后半部分音频删掉，如图9-55所示。

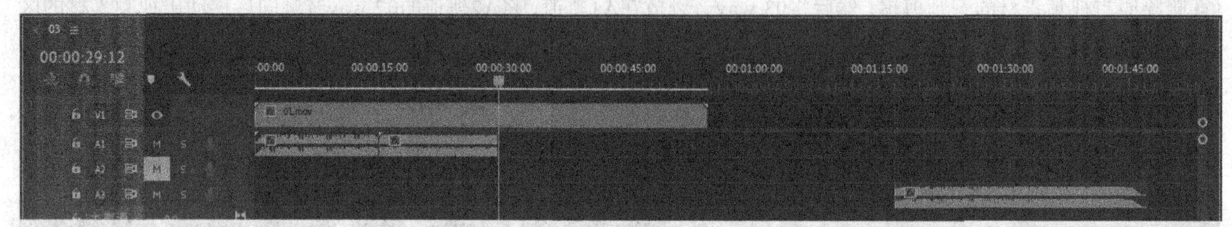

图9-55

08 将03.wav素材后半部分拼接在A1轨道后方，如图9-56所示。

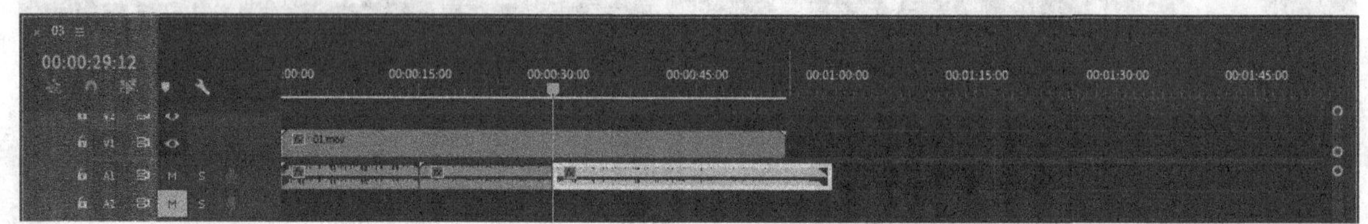

图9-56

09 用“剃刀工具”裁剪多余的音频，并将其删除，如图9-57所示。

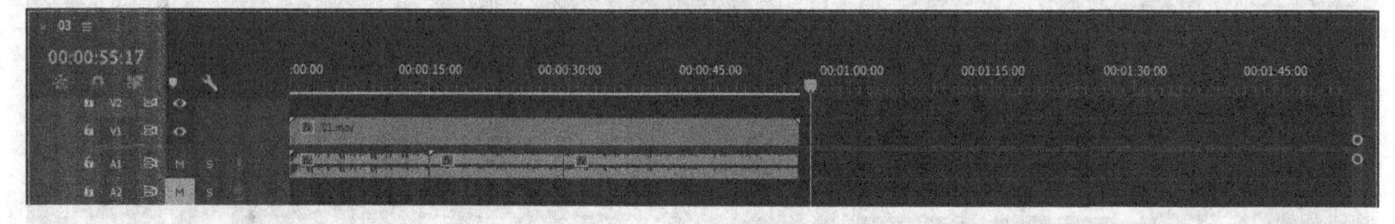

图9-57

10 在“效果”面板中选择“恒定增益”过渡效果，然后将其拖曳到第1处音频拼合处，如图9-58所示。

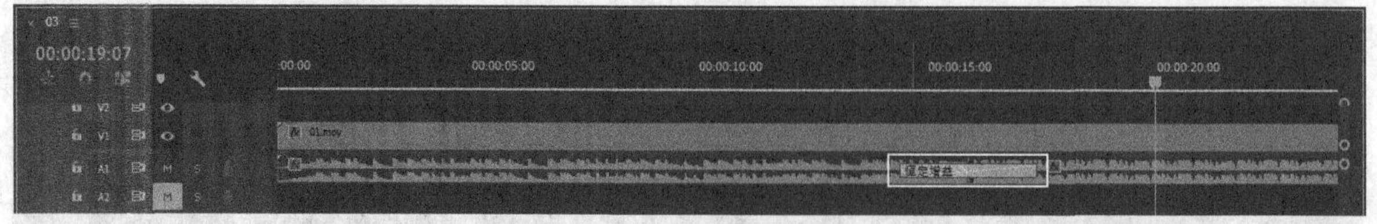

图9-58

11 在“效果控件”面板中设置“持续时间”为00:00:03:00、“对齐”为“中心切入”，如图9-59所示。

图9-59

技巧与提示

添加“恒定增益”过渡效果时，过渡效果会自动添加到第2段音频的起始位置，而没有出现在两段音频的中间位置，所以需要将“对齐”设置为“中心切入”。

⑫ 在“效果”面板中选择“指数淡化”过渡效果，然后将其拖曳到第2处音频拼合处，如图9-60所示。

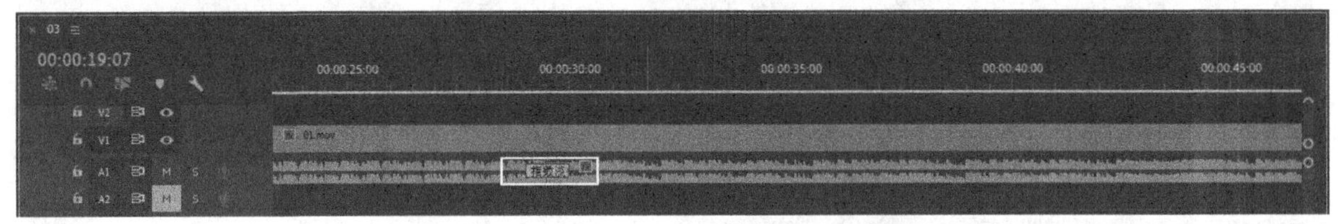

图9-60

⑬ 在“效果控件”面板中设置“持续时间”为00:00:02:00、“对齐”为“中心切入”，如图9-61所示。

图9-61

⑭ 按Space键预览效果，并单独截取4帧，效果如图9-62所示。

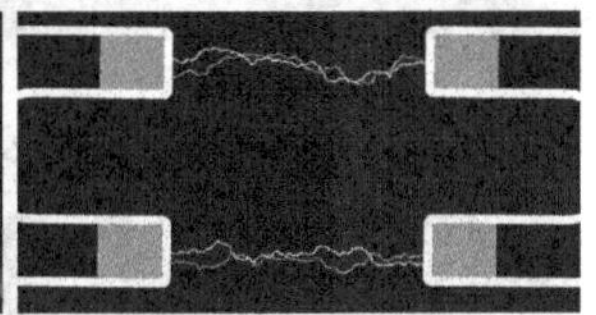

图9-62

课堂案例

用音频过渡效果制作水墨画背景音乐

素材文件	素材文件>CH09>04
实例文件	实例文件>CH09>课堂案例：用音频过渡制作水墨画背景音乐>课堂案例：用音频过渡制作水墨画背景音乐.prproj
视频名称	课堂案例：用音频过渡制作水墨画背景音乐.mp4
学习目标	练习各种音频过渡效果的使用

扫码观看视频

本案例需要为一段水墨画视频制作背景音乐，其中涉及将背景音乐与水滴音效相结合，视频画面如图9-63所示。

图9-63

⑪ 双击“项目”面板的空白处，导入本书学习资源中“素材文件>CH09>04”文件夹下的所有素材，如图9-64所示。

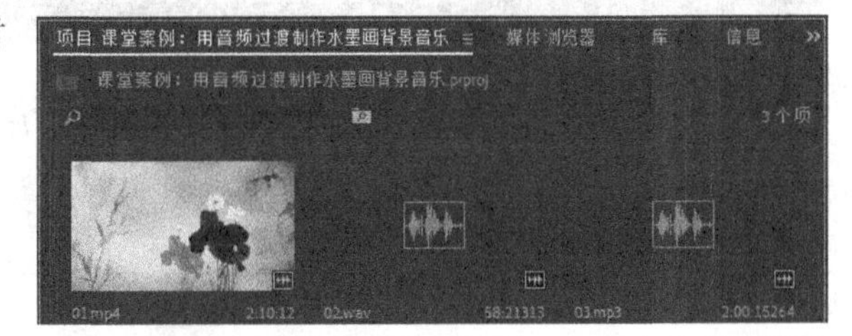

图9-64

⑫ 将视频素材拖曳到“时间轴”面板生成序列，如图9-65所示。效果如图9-66所示。

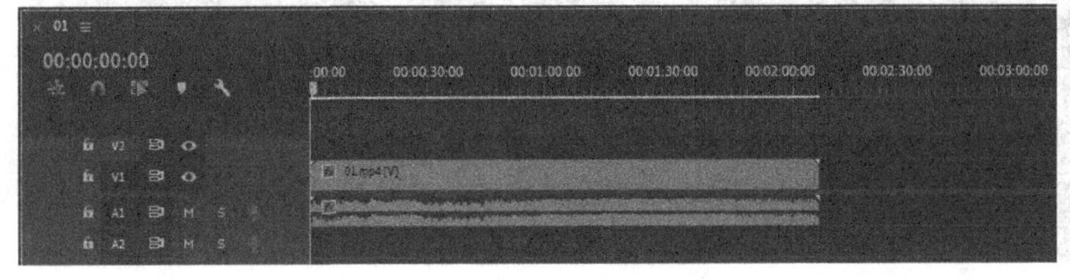

图9-65

图9-66

03 删除原有视频素材的音频剪辑，然后将02.wav音频素材拖曳到A1轨道上，如图9-67所示。

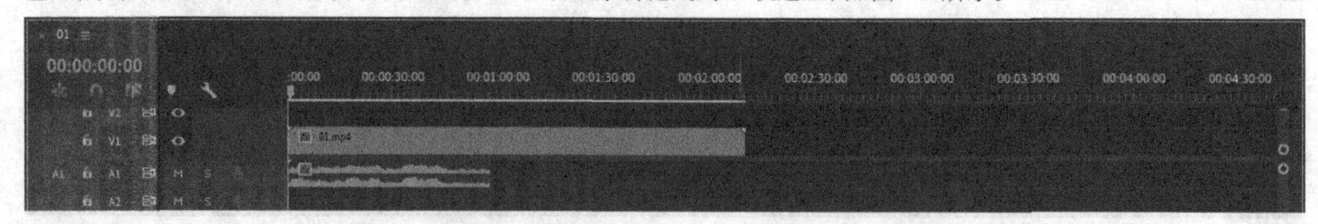

图9-67

04 此时发现音频的长度比视频短，因此选中音频剪辑，按住Alt键向后拖曳复制两段，如图9-68所示。

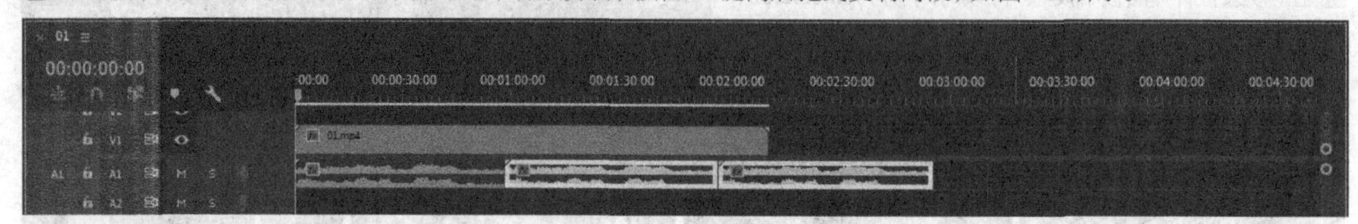

图9-68

05 用“剃刀工具”剪切多余的音频剪辑，并按Delete键将其删除，如图9-69所示。

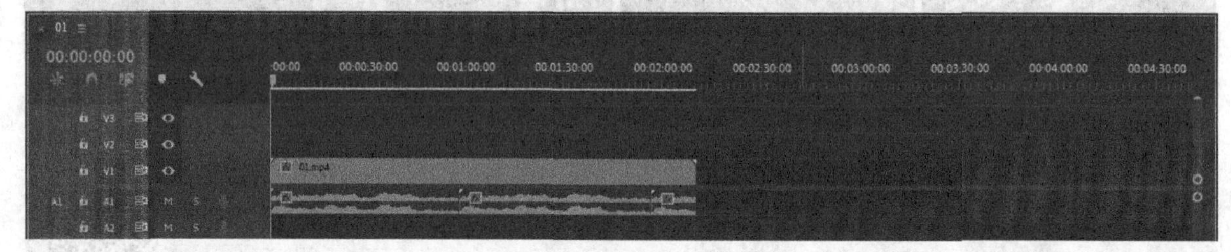

图9-69

06 按Space键播放音频，发现在两段剪辑衔接的地方过渡得有些生硬。在第2段音频剪辑起始位置添加“恒定功率”音频过渡效果，如图9-70所示。

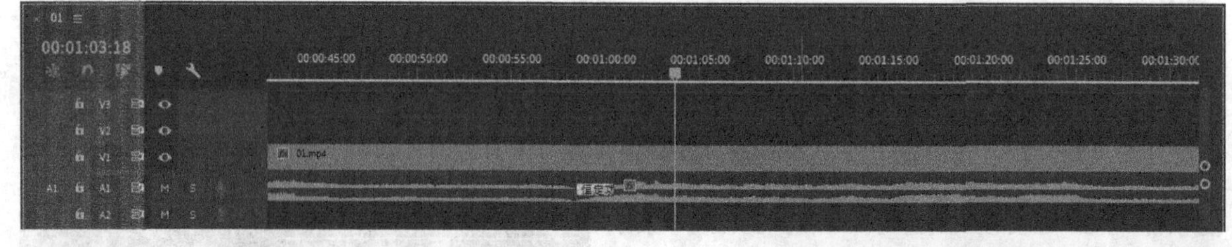

图9-70

07 在“效果控件”面板中设置“持续时间”为00:00:02:00，如图9-71所示。

图9-71

08 按照相同的方法，在第3段音频剪辑起始位置添加“恒定功率”音频过渡效果，如图9-72所示。

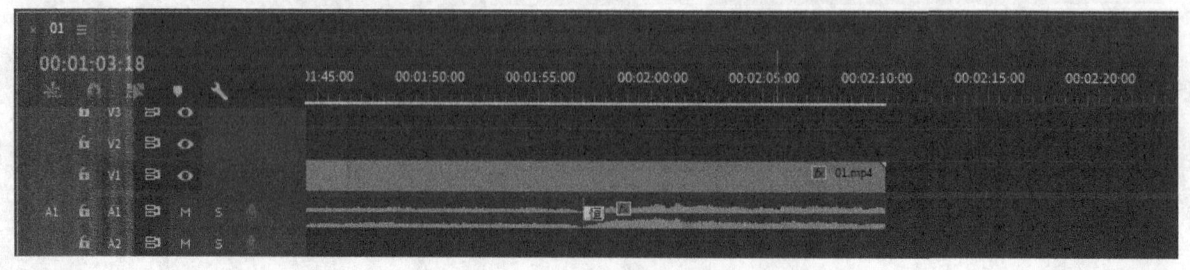

图9-72

09 同样在“效果控件”面板中设置“持续时间”为00:00:02:00，如图9-73所示。

10 在“项目”面板双击03.mp3音频素材，然后在源监视器中移动播放指示器到00:00:00:10的位置并单击“标记入点”按钮，接着移动播放指示器到00:00:00:22的位置并单击“标记出点”按钮，如图9-74所示。

图9-73

图9-74

11 在“时间轴”面板中移动播放指示器到00:00:02:16的位置，然后在源监视器单击“覆盖”按钮，此时入点和出点间的音频会覆盖到A2轨道上，如图9-75所示。

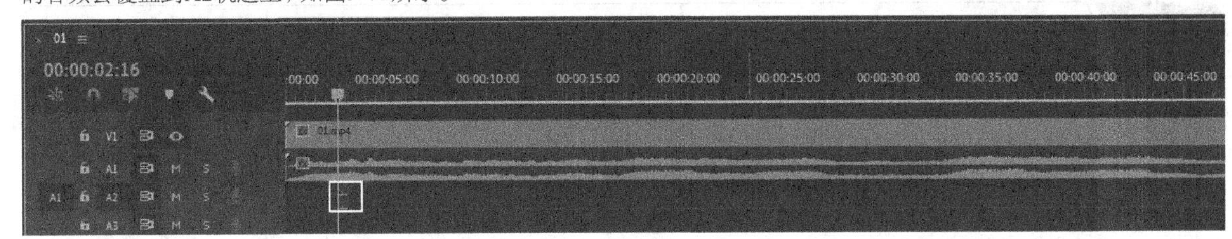

图9-75

技巧与提示

在单击“覆盖”按钮之前，需要单独选中A2轨道为目标切换轨道，否则会影响A1轨道上的音频剪辑。

12 移动播放指示器到00:00:08:15的位置，然后将水滴音效的剪辑复制一份到播放指示器所在的位置，如图9-76所示。

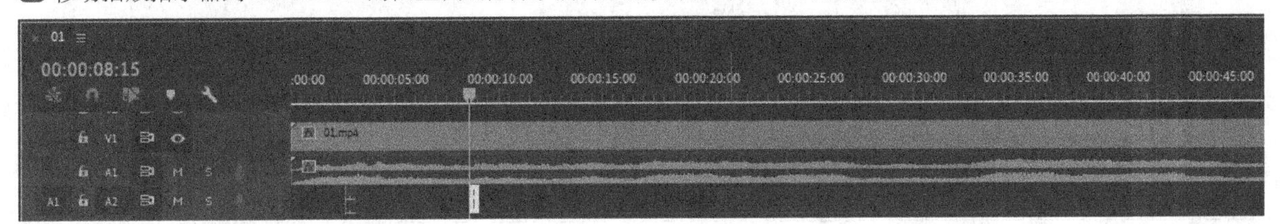

图9-76

13 移动播放指示器到00:00:34:15的位置，然后将03.mp3素材放置在A2轨道上，接着移动播放指示器到00:00:58:20的位置，使用“剃刀工具”进行裁剪并删除后半部分，如图9-77所示。这部分的视频中有连续的水滴动画，如图9-78所示，因此需要配上连续的水滴音效。

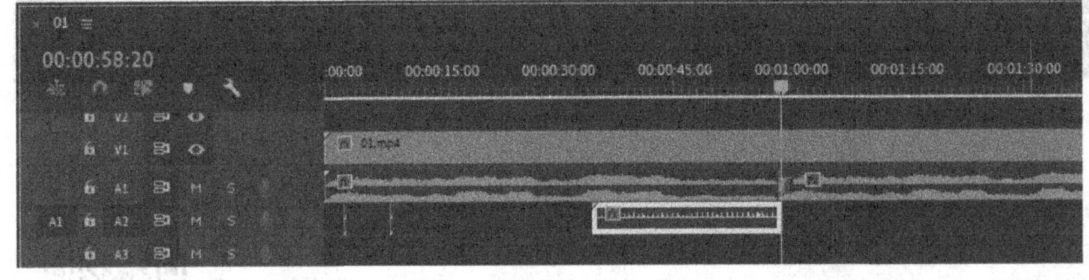

图9-77

图9-78

14 移动播放指示器到00:01:50:00的位置，然后将上一步裁剪的音频剪辑复制到播放指示器所在的位置，接着移动播放指示器到00:01:59:20的位置，使用“剃刀工具”进行裁剪并删除后半部分，如图9-79所示。与这段音频对应的视频中也呈现连续的水滴效果，如图9-80所示。

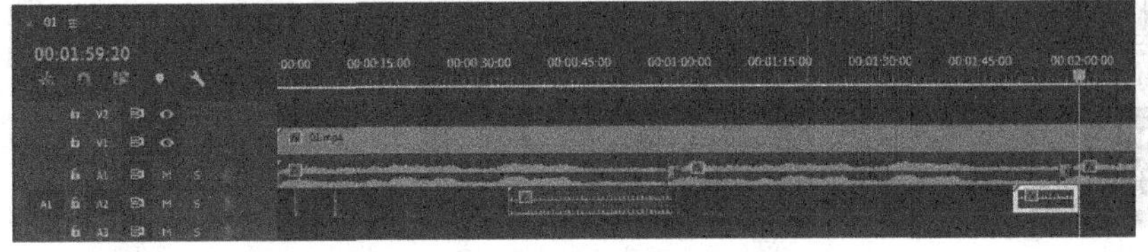

图9-79

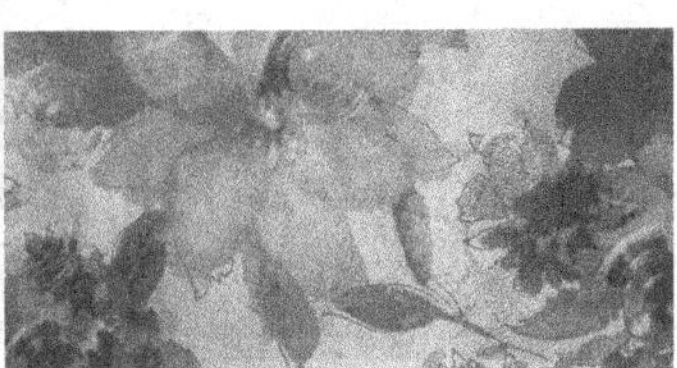

图9-80

⑮ 按Space键预览效果，并单独截取4帧，效果如图9-81所示。

图9-81

9.3 本章小结

通过本章的学习，相信读者对Premiere Pro的音频效果已经有了一定的认识。通过为导入的音频素材添加音频效果可以得到不同的声音效果；两段音频剪辑之间通过音频过渡效果的连接，就能产生平稳自然的过渡效果。

9.4 课后习题

下面通过两个课后习题练习本章所学的内容。

课后习题

荧光小人跳舞

素材文件	素材文件>CH09>05
实例文件	实例文件>CH09>课后习题：荧光小人跳舞>课后习题：荧光小人跳舞.prproj
视频名称	课后习题：荧光小人跳舞.mp4
学习目标	练习“卷积混响”效果的使用

扫码观看视频

本习题需要用“卷积混响”效果调整荧光小人跳舞的背景音乐，视频画面如图9-82所示。

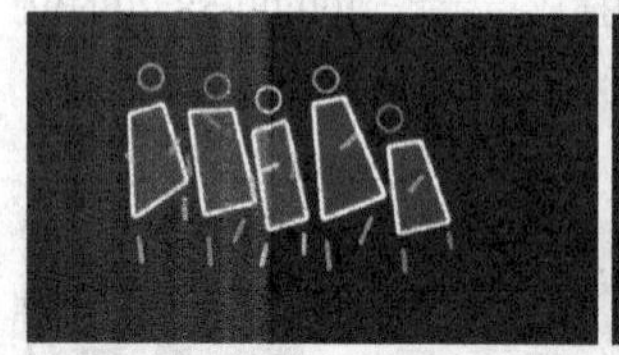

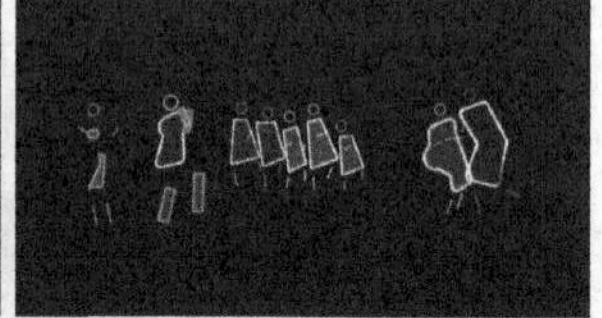

图9-82

课后习题

可视化音频

素材文件	素材文件>CH09>06
实例文件	实例文件>CH09>课后习题：可视化音频>课后习题：可视化音频.prproj
视频名称	课后习题：可视化音频.mp4
学习目标	练习音频过渡效果

扫码观看视频

本习题需要为一段可视化音频添加背景音乐，并通过应用音频过渡效果配合视频画面的变化，视频画面如图9-83所示。

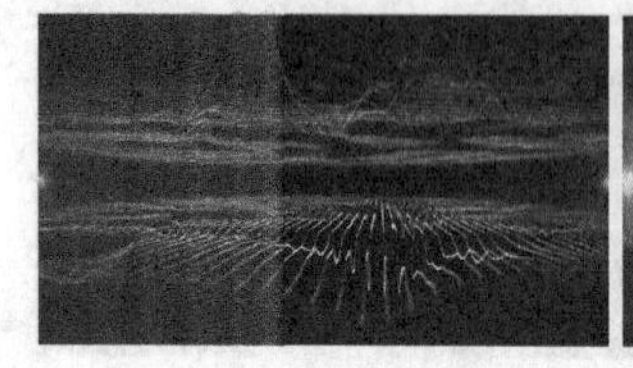
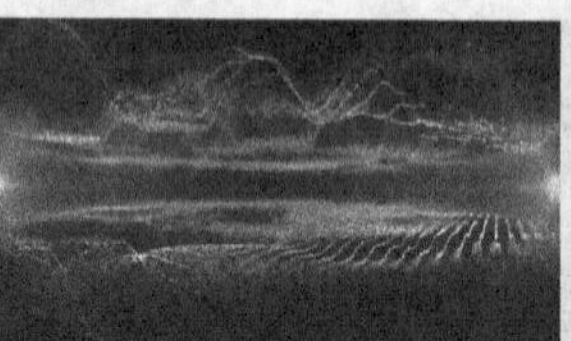
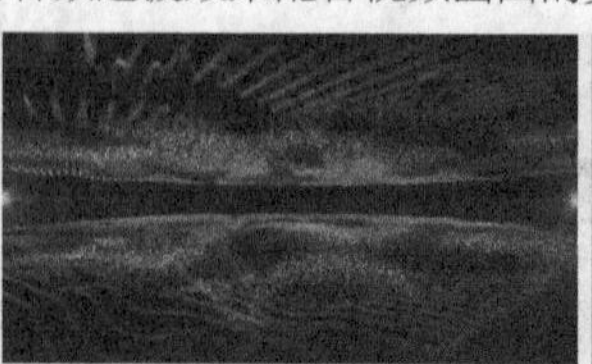
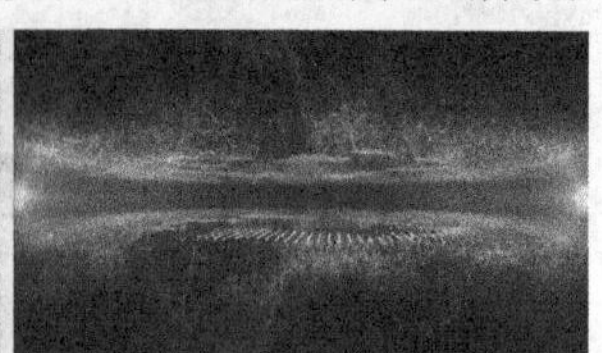

图9-83

第10章

输出作品

本章主要讲解Premiere Pro的作品输出方法。在制作完视频和音频后，就需要将其合成输出为一个单独的可播放文件。

课堂学习目标

- 掌握导出设置方法
- 掌握常用的文件格式
- 熟悉使用 Adobe Media Encoder 渲染的方法

10.1 导出设置

视频编辑完成后，就需要进行导出操作了。切换到"时间轴"面板，然后执行"文件>导出>媒体"菜单命令或按快捷键Ctrl+M就可以打开"导出设置"对话框，如图10-1所示。该对话框主要包括输出预览、导出设置、扩展参数和其他参数4个部分。

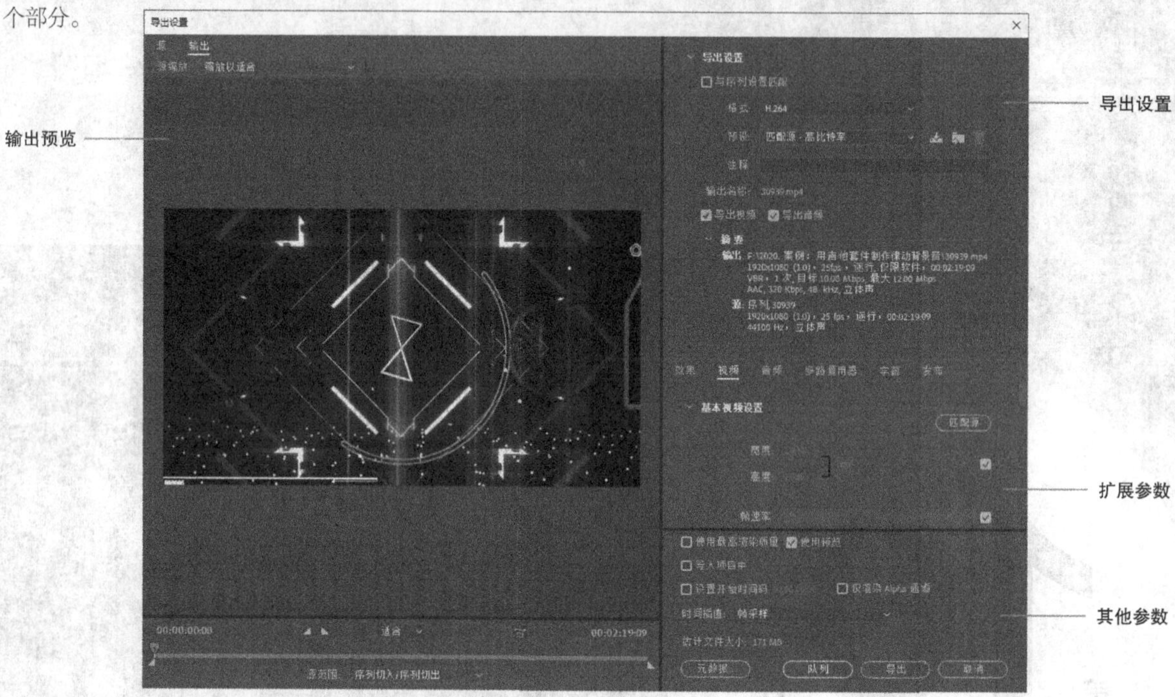

图10-1

10.1.1 输出预览

视频云课堂：187- 输出预览

"输出预览"窗口可以在渲染视频时对效果进行预览，分成"源"和"输出"两个选项卡，如图10-2所示。

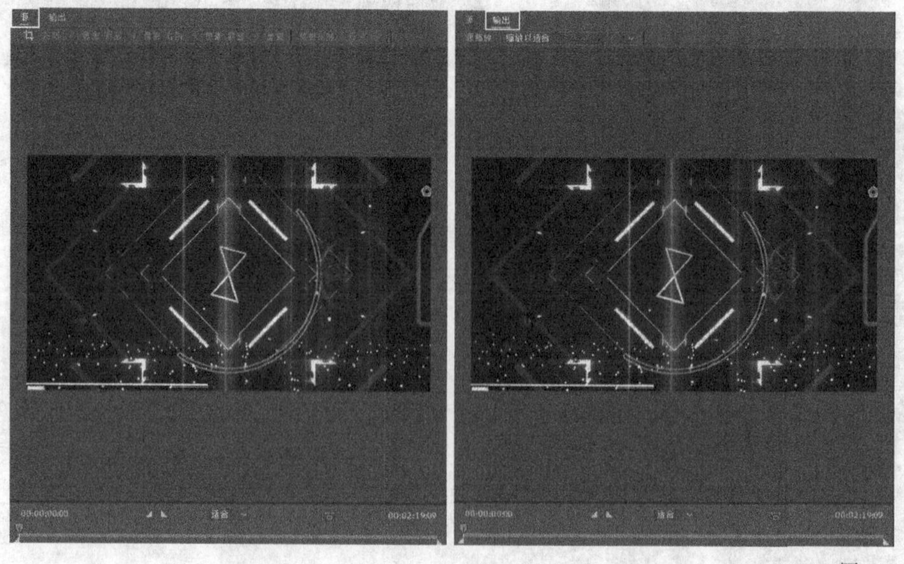

图10-2

1.源

在“源”选项卡中，可以对预览窗口中的素材进行裁剪编辑。单击“裁剪输出视频”按钮，即可设置“左侧”“顶部”“右侧”“底部”的像素裁剪参数，如图10-3所示。

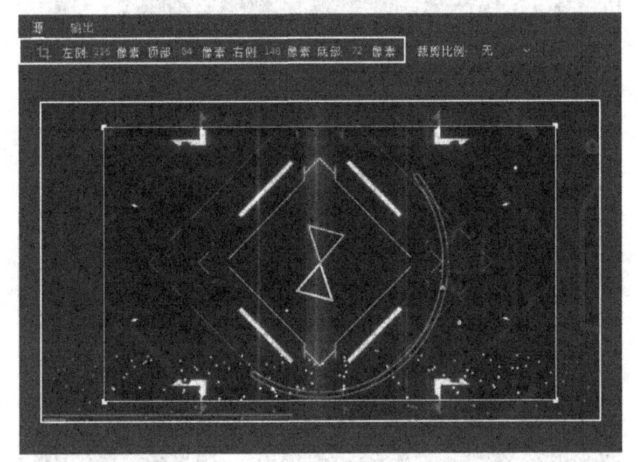

图10-3

展开“裁剪比例”下拉列表，可见系统提供了10种裁剪比例，可快速针对素材的需要设置比例尺寸，如图10-4所示。

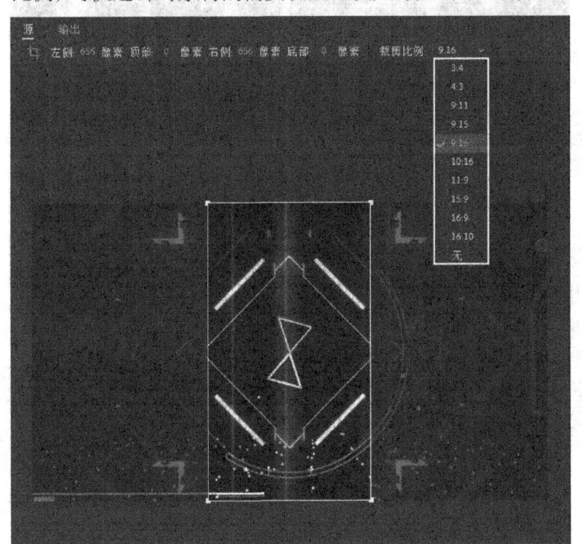

图10-4

选项卡下方提供了一些按钮，可以进行相关设置。

设置入点：设置操作区间的起始位置。

设置出点：设置操作区间的结束位置。

选择缩放级别 适合：调整屏幕素材显示的比例大小。

长宽比校正：设置素材文件的长宽比例。

2.输出

在“输出”选项卡中，展开“源缩放”下拉列表，可以设置素材在预览窗口中的呈现方式，如图10-5所示。

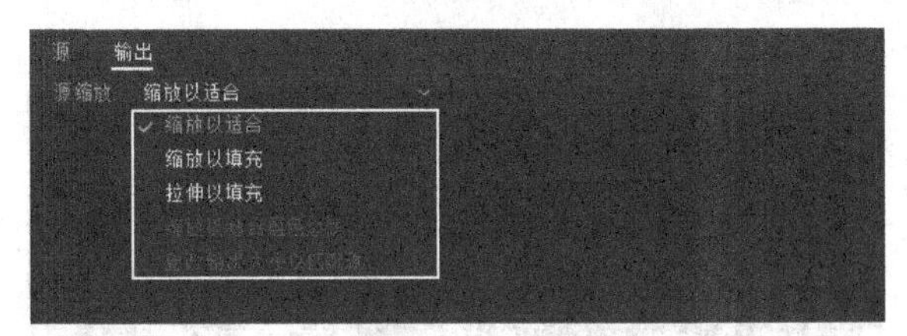

图10-5

10.1.2 导出设置

视频云课堂：188-导出设置

“导出设置”是设置导出文件的格式和名称等重要内容的板块，如图10-6所示。

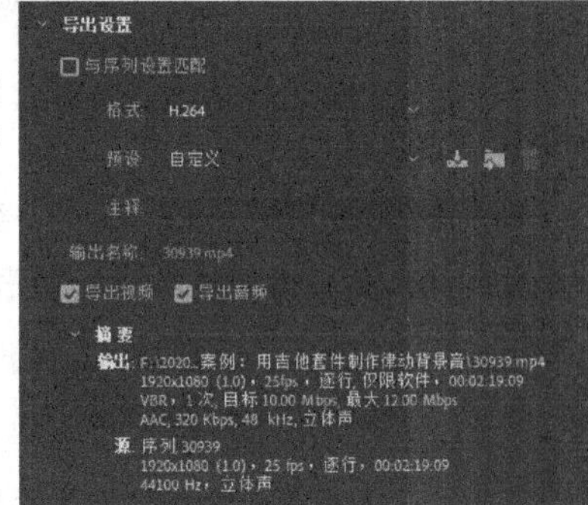

图10-6

格式：在下拉列表中可以设置视频或音频的文件格式，如图10-7所示。

AAC 音频
AIFF
Apple ProRes MXF OP1a
AS-10
AS-11
AVI
AVI（未压缩）
BMP
DNxHR/DNxHD MXF OP1a
DPX
GIF
H.264
H.264 蓝光
HEVC (H.265)
JPEG
JPEG2000 MXF OP1a
MP3
MPEG2
MPEG2 蓝光
MPEG2-DVD
MPEG4
MXF OP1a
OpenEXR
P2 影片
PNG
QuickTime
Targa
TIFF
Windows Media
Wraptor DCP
动画 GIF
波形音频

图10-7

知识点：常用的视频和音频文件格式

Premiere Pro支持多种视频和音频格式，但在实际工作中运用到的格式却不多，下面简单介绍一些常用的视频和音频格式。

AVI：导出后生成AVI格式的视频文件，体积较大，输出较慢。

H.264：导出后生成MP4格式的视频文件，体积适中，输出较快，运用的范围最广。

QuickTime：导出后生成MOV格式的视频文件，适用于苹果系统播放器。

Windows Media：导出后生成WMV格式的视频文件，适用于微软系统播放器。

MP3：导出后生成MP3格式的音频文件，是常用的音频格式。

预设：设置视频的编码配置，如图10-8所示。

图10-8

技巧与提示

不同格式的文件所对应的预设不同。

保存预设：单击该按钮，可以将当前预设参数进行保存。

导入预设：单击该按钮，可以将外部预设导入系统。

删除预设：单击该按钮，可以将当前预设删除。

技巧与提示

系统自带的预设是无法删除的。

注释：在导出视频时所添加的文件注解。

输出名称：设置导出视频文件的名称和保存路径。默认的保存路径与项目文件路径相同。

导出视频：勾选该选项，可以单独导出视频部分。

导出音频：勾选该选项，可以单独导出音频部分。

摘要：显示视频的"输出"信息和"源"信息。

10.1.3 扩展参数

视频云课堂：189-扩展参数

"扩展参数"用于对"导出设置"中的参数进行更详细的设置，包含"效果""视频""音频""多路复用器""字幕""发布"共6个选项卡，如图10-9所示。

图10-9

1.效果

在"效果"选项卡中可以设置Lumetri Look/LUT、"SDR遵从情况""图像叠加""名称叠加""时间码叠加""时间调谐器"等效果，如图10-10所示。

图10-10

Lumetri Look/LUT：针对视频进行调色预设置，如图10-11所示。不同的调色效果如图10-12所示。

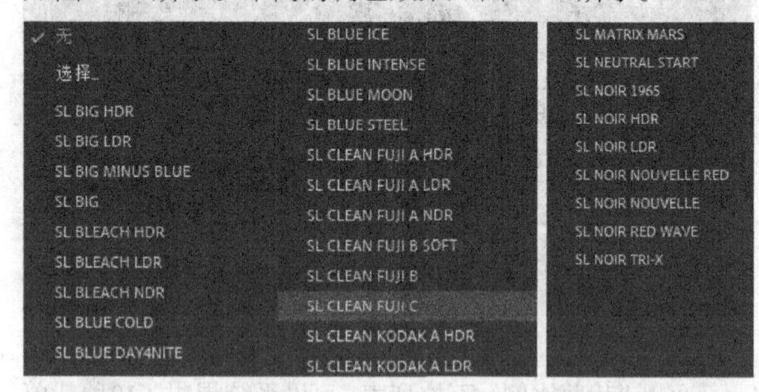

图10-11

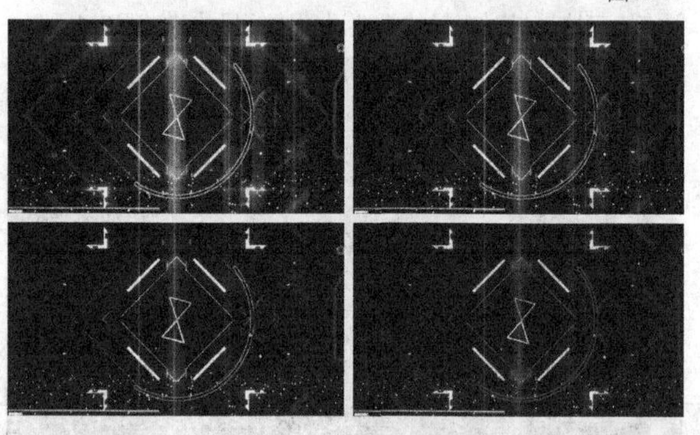

图10-12

SDR遵从情况：对素材进行亮度、对比度和软阈值的调整，如图10-13所示。

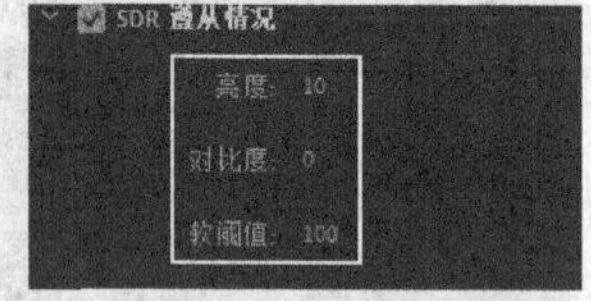

图10-13

图像叠加：在"已应用"列表中选择要叠加的图像，并与原图像进行混合，如图10-14所示。

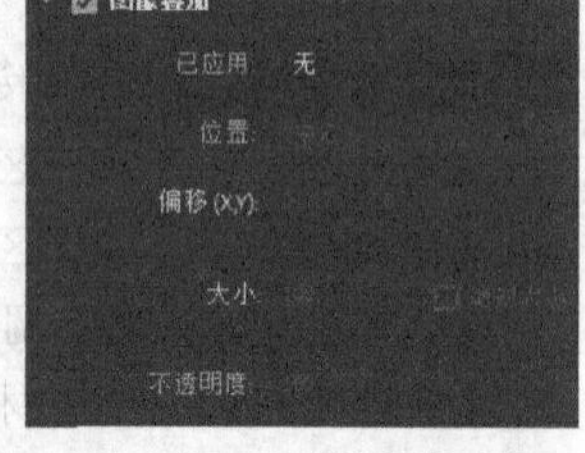

图10-14

名称叠加：在画面上方会显示序列的名称，如图10-15所示。

时间码叠加：在画面下方会显示视频的时间码，如图10-16所示。

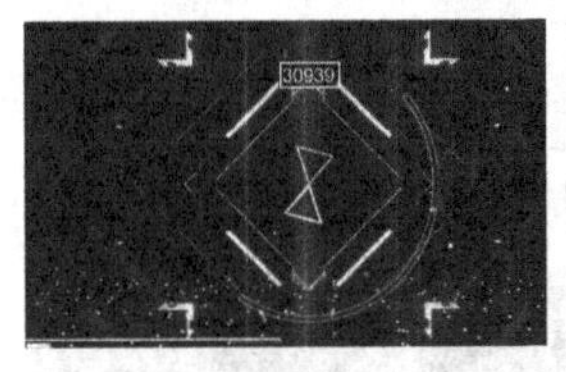
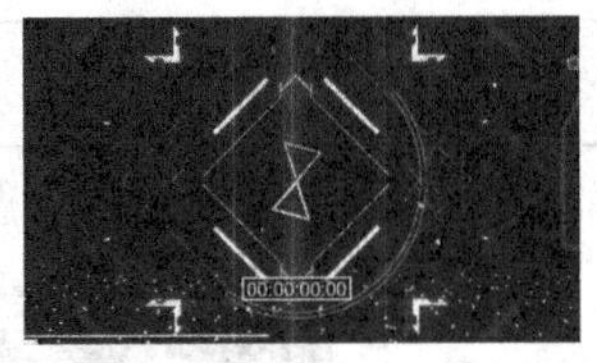

图10-15　　图10-16

时间调谐器： 可针对素材的目标持续时间进行更改。

视频限制器： 可降低画面的亮度和色度范围。

响度标准化： 调整音频的响度大小。

2.视频

在“视频”选项卡中可以设置导出视频的相关参数，如图10-17所示。

基本视频设置： 可以设置视频的“宽度”“高度”“帧速率”等参数，如图10-18所示。

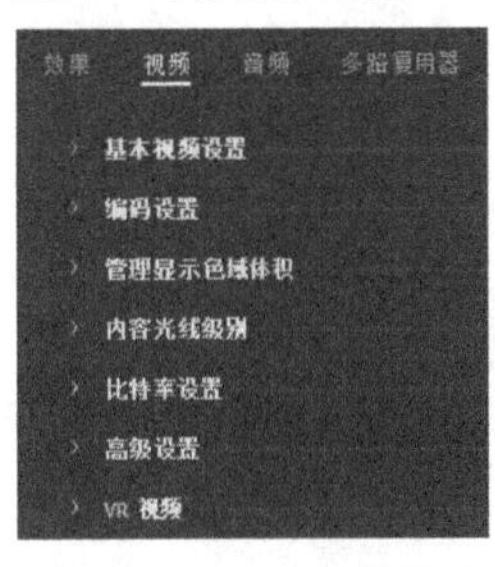

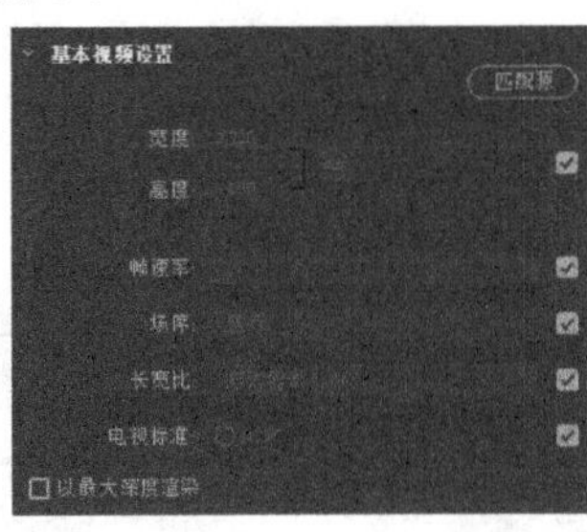

图10-17　　图10-18

编码设置： 可以设置视频的编码类型。

管理显示色域体积： 设置管理时使用的显示色域。

高级设置： 可以设置“关键帧”参数。

3.音频

在“音频”选项卡中可以针对音频文件进行相关参数设置，如图10-19所示。

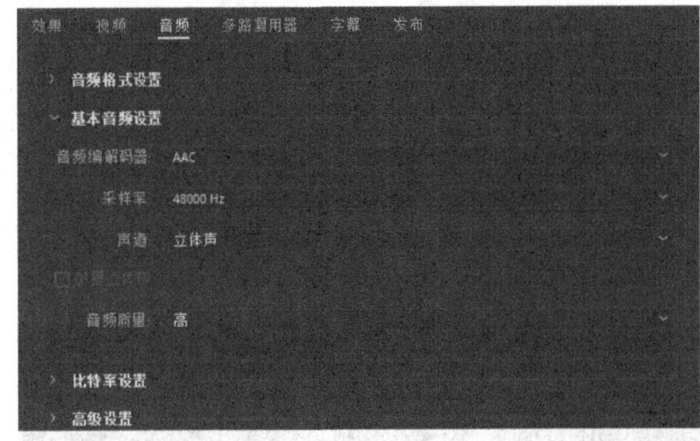

图10-19

音频格式设置： 可以选择AAC和MPEG两种格式，如图10-20所示。

图10-20

基本音频设置： 可设置声音的“采样率”“声道”“音频质量”等参数。

比特率设置： 可以在下拉列表中设置声音的比特率，如图10-21所示。比特率的数值越高，声音的质量越好。

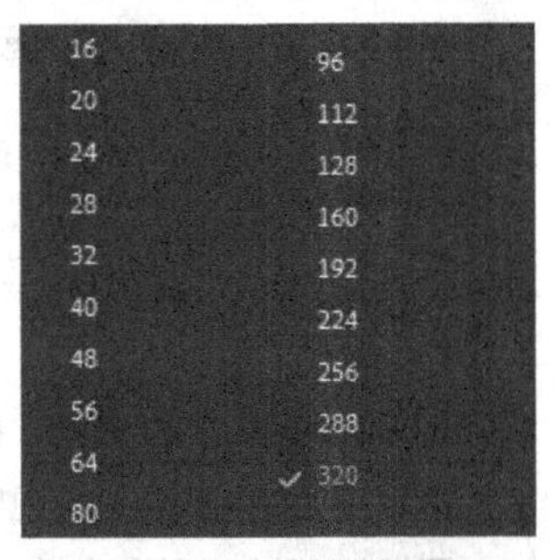

图10-21

高级设置： 设置“比特率”或“采样率”的优先性，如图10-22所示。

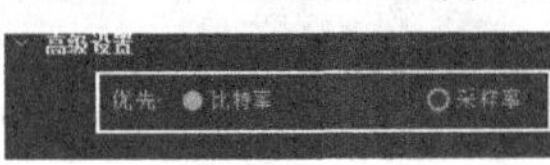

图10-22

4.多路复用器

“多路复用器”用于设置不同格式文件中的视频和音频是否导出为单独文件，如图10-23所示。不同格式所生成的参数也不同。

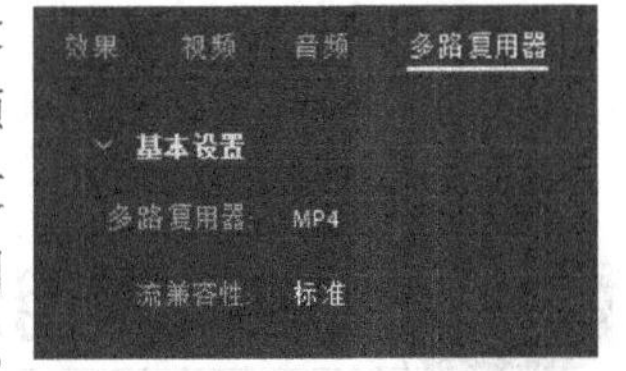

图10-23

5.字幕

在“字幕”选项卡中可以针对导出的文字进行相关参数的调整，如图10-24所示。

图10-24

导出选项： 设置字幕的导出类型。

文件格式： 设置字幕的导出格式。

帧速率： 设置每秒钟的字幕帧数。

6.发布

“发布”用于输出完成后，将其发布到一些媒体平台上，如图10-25所示。

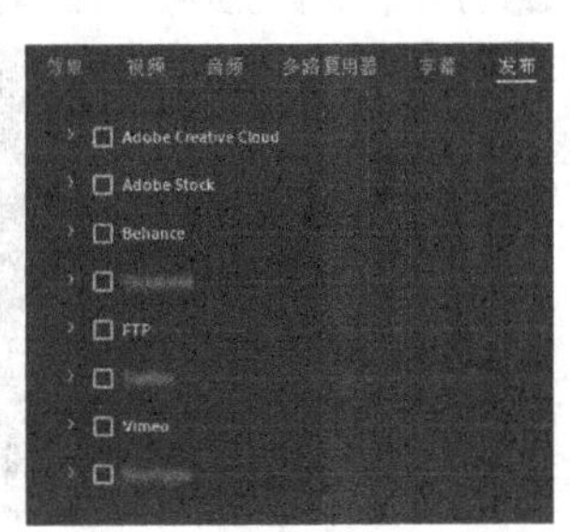

图10-25

10.1.4 其他参数

视频云课堂：190- 其他参数

此处可以对视频的品质等参数进行设置，如图10-26所示。

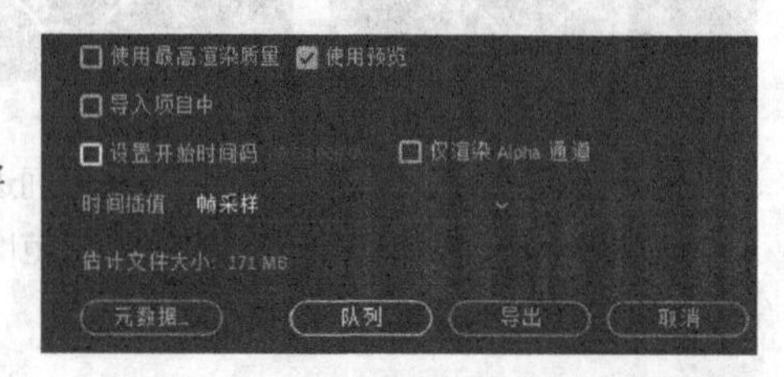

图10-26

使用最高渲染质量：提供更高质量的渲染效果，但会增加渲染时间。

使用预览：如果已经生成预览，勾选此选项后所使用的渲染时间将会减少。

导入项目中：将视频导入指定的项目中。

设置开始时间码：编辑视频开始的时间码。

仅渲染Alpha通道：勾选该选项后，仅导出Alpha通道。

时间插值：当输入的帧速率与输出帧速率不相同时，可混合相邻的帧以生成更平滑的运动效果，包含"帧采样""帧混合""光流法"3种模式，如图10-27所示。

图10-27

元数据：选择要写入输出的元数据。

队列：添加到Adobe Media Encoder队列。

导出：使用当前设置导出视频。

取消：取消视频导出。

10.2 渲染常用的文件格式

本节将通过实际案例的形式为读者讲解常用视频、音频格式的导出设置和渲染方法。

课堂案例

输出MP4格式视频文件

素材文件	素材文件>CH10>01
实例文件	实例文件>CH10>课堂案例：输出MP4格式视频文件>课堂案例：输出MP4格式视频文件.prproj
视频名称	课堂案例：输出MP4格式视频文件.mp4
学习目标	练习MP4格式文件的输出方法

扫码观看视频

本案例用一个制作好的项目文件进行渲染输出，生成MP4格式的视频文件，效果如图10-28所示。

图10-28

01 打开本书学习资源中的"素材文件>CH10>01>01.prproj"文件，如图10-29所示。

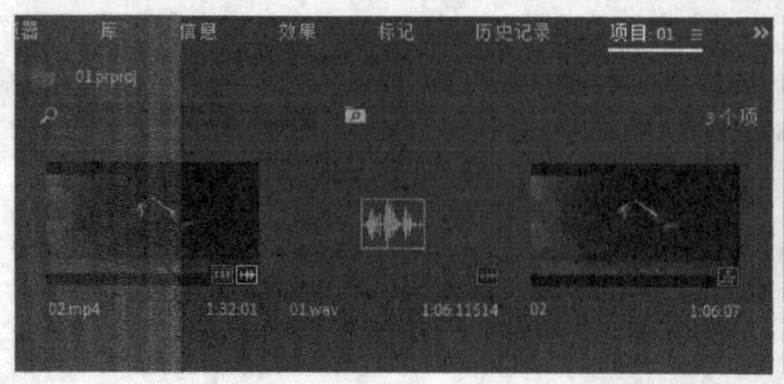

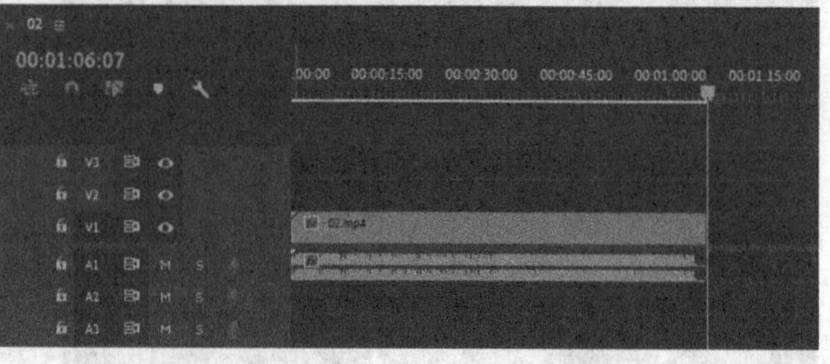

图10-29

02 切换到“时间轴”面板，然后执行“文件>导出>媒体”菜单命令，打开“导出设置”对话框，如图10-30所示。

03 在“导出设置”中设置“格式”为H.264，如图10-31所示。

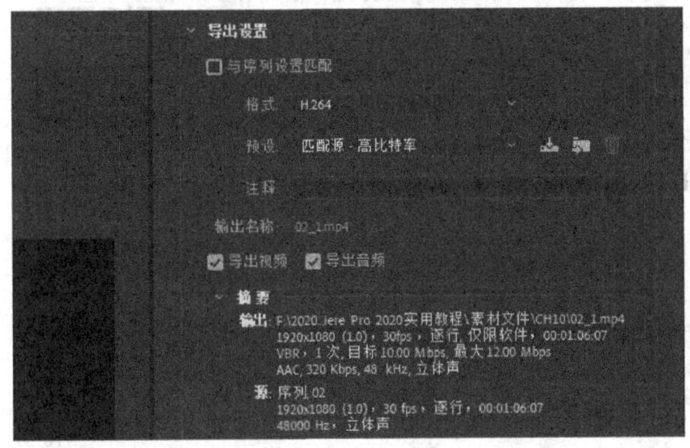

图10-30

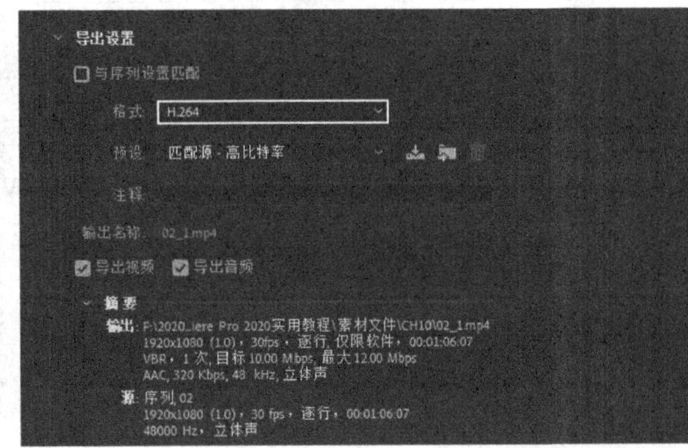

图10-31

技巧与提示

H.264对应输出的文件格式就是MP4。

04 继续在“导出设置”中单击“输出名称”后的02_1.mp4，然后在弹出的对话框中选择导出视频的保存路径，并重新设置导出视频的名称为“课堂案例：输出MP4格式视频文件”，如图10-32所示。

05 在“其他参数”中勾选“使用最高渲染质量”选项，然后单击“导出”按钮 导出 即可开始渲染，如图10-33所示。系统会弹出对话框显示渲染的进度，如图10-34所示。

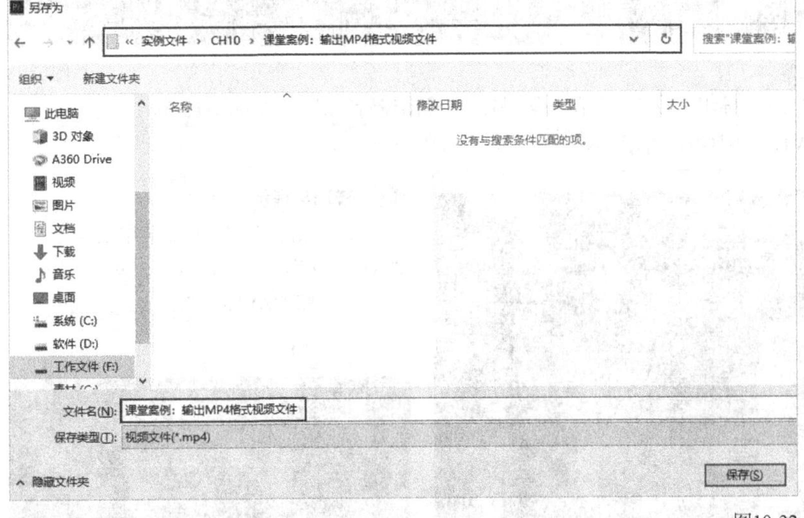

图10-32

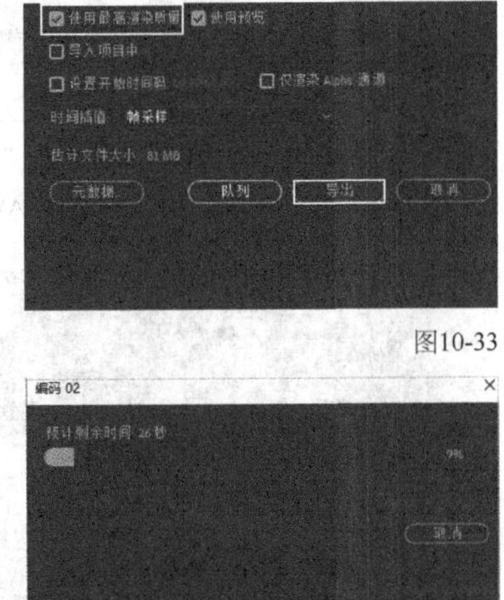

图10-33

图10-34

06 渲染完成后，在之前设置的保存路径的文件夹里就可以找到渲染完成的MP4格式视频，如图10-35所示。

07 在视频中随意截取4帧，效果如图10-36所示。

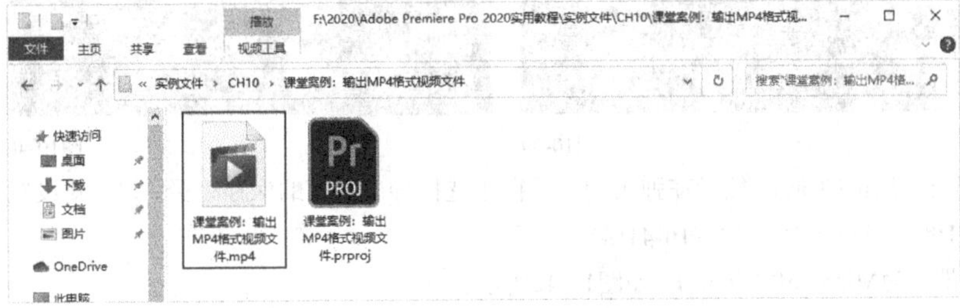

图10-35

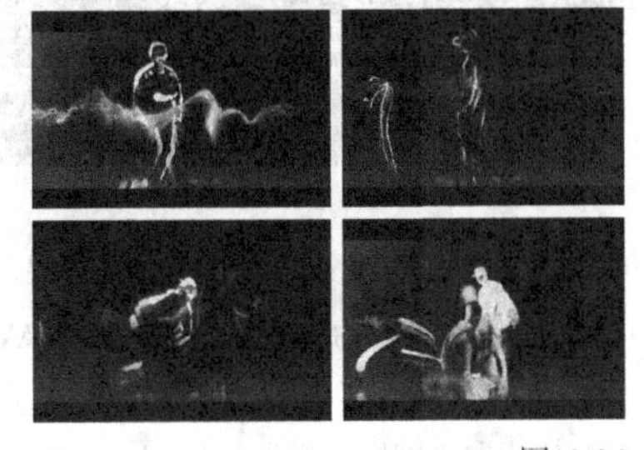

图10-36

课堂案例

输出AVI格式视频文件

素材文件　素材文件>CH10>02

实例文件　实例文件>CH10>课堂案例：输出AVI格式视频文件>课堂案例：输出AVI格式视频文件.prproj

视频名称　课堂案例：输出AVI格式视频文件.mp4

学习目标　练习AVI格式文件的输出方法

本案例用一个制作好的项目文件进行渲染输出，生成AVI格式的视频文件，效果如图10-37所示。

图10-37

01 打开本书学习资源中的“素材文件>CH10>02>01.prproj”文件，如图10-38所示。

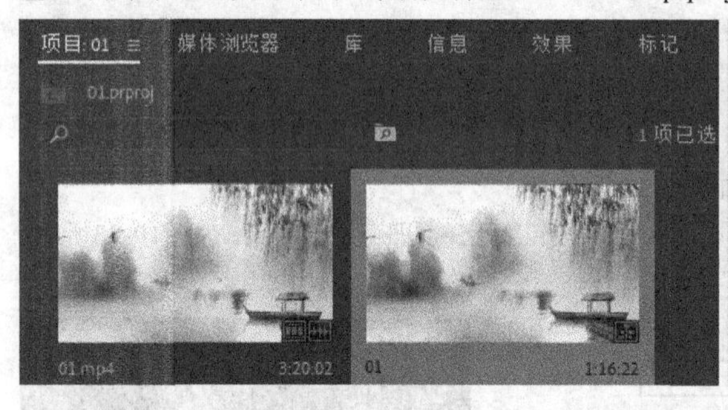

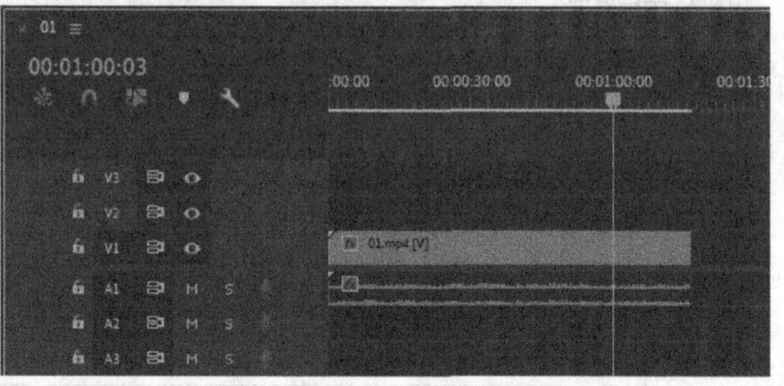

图10-38

02 切换到“时间轴”面板，然后执行“文件>导出>媒体”菜单命令，打开“导出设置”对话框，如图10-39所示。

03 在“导出设置”中设置“格式”为AVI，如图10-40所示。

图10-39

> **技巧与提示**
>
> 在“格式”下拉列表中还有一种“AVI（未压缩）”格式，相对于AVI格式，未压缩的AVI格式文件会更大。

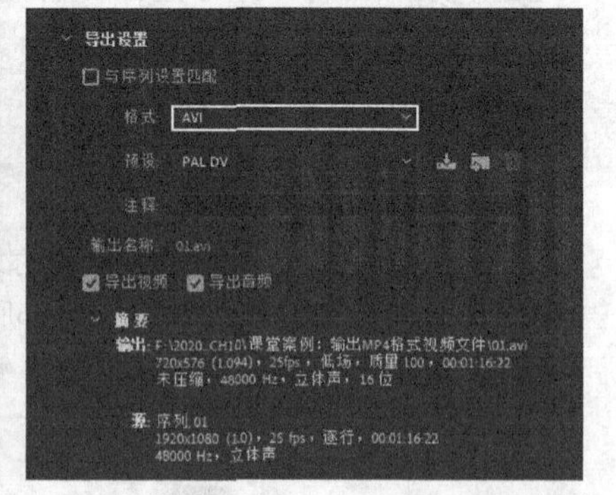

图10-40

04 继续在“导出设置”中单击“输出名称”后的01.avi，然后在弹出的对话框中选择导出视频的保存路径，并重新设置导出视频的名称为“课堂案例：输出AVI格式视频文件”，如图10-41所示。

05 在“扩展参数”中设置“视频编解码器”为Microsoft Video 1，如图10-42所示。

06 继续在“扩展参数”中设置“宽度”为1920、“高度”为1080、“场序”为“逐行”，如图10-43所示。

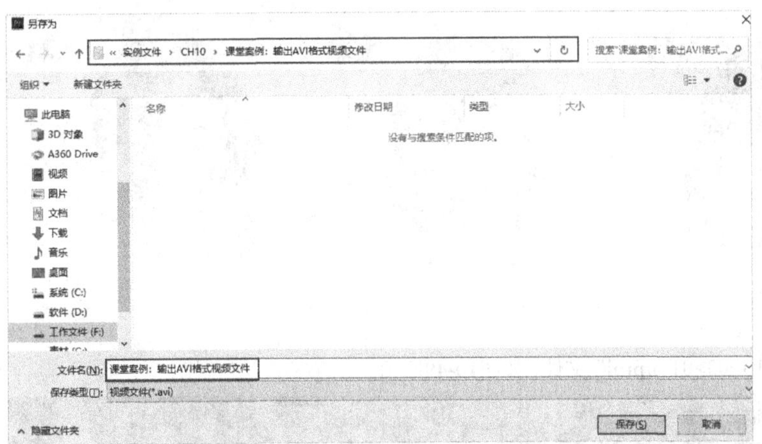

图10-41

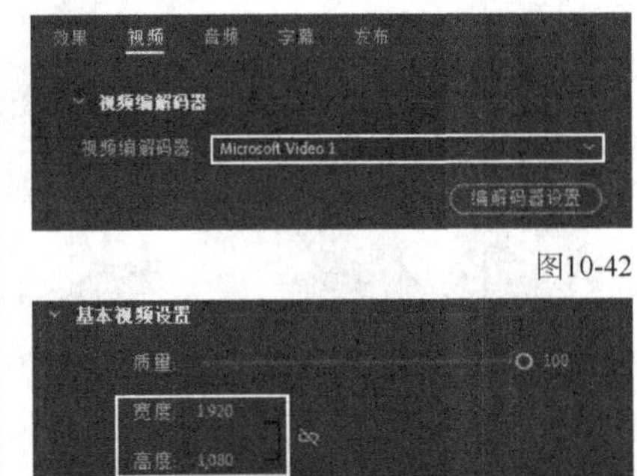

图10-42

图10-43

07 在“其他参数”中勾选“使用最高渲染质量”选项，然后单击“导出”按钮 导出 即可开始渲染，如图10-44所示。系统会弹出对话框显示渲染的进度，如图10-45所示。相对于MP4格式，AVI格式的导出速度明显较慢。

08 渲染完成后，在设置的保存路径的文件夹里就可以找到渲染完成的AVI格式视频，如图10-46所示。

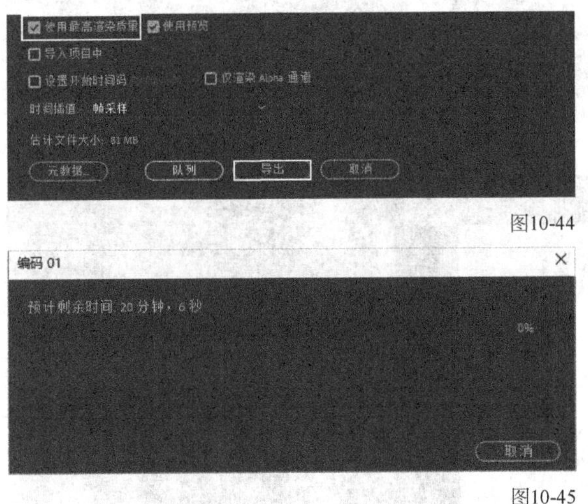

图10-44

图10-45

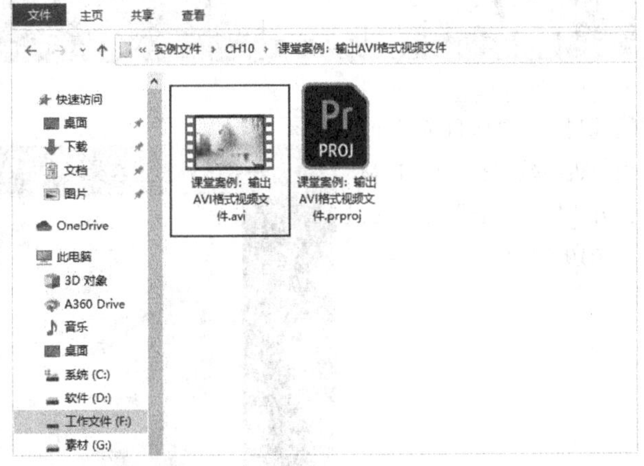

图10-46

09 在视频中随意截取4帧，效果如图10-47所示。

图10-47

课堂案例

输出GIF格式动图

素材文件	素材文件>CH10>03
实例文件	实例文件>CH10>课堂案例：输出GIF格式动图>课堂案例：输出GIF格式动图.prproj
视频名称	课堂案例：输出GIF格式动图.mp4
学习目标	练习GIF格式文件的输出方法

扫码观看视频

本案例用一个制作好的项目文件进行渲染输出，生成GIF格式的动图，效果如图10-48所示。

图10-48

01 打开本书学习资源中的“素材文件>CH10>03>01.prproj”文件，如图10-49所示。

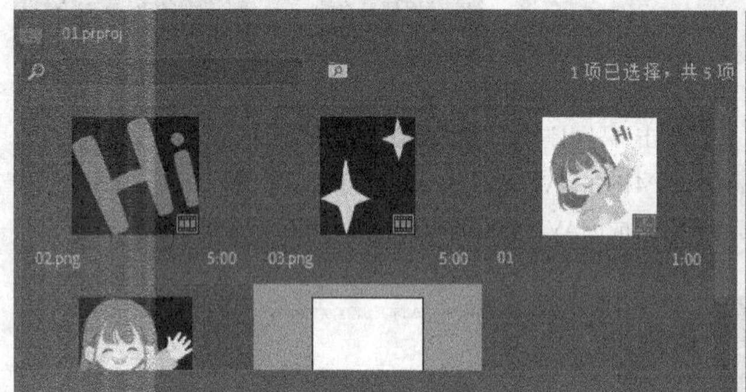

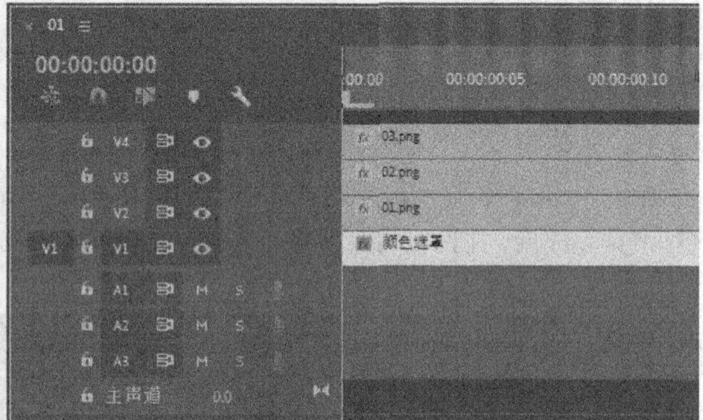

图10-49

02 切换到“时间轴”面板，然后按快捷键Ctrl+M打开“导出设置”对话框，如图10-50所示。

图10-50

03 在“导出设置”中设置“格式”为“动画GIF”，如图10-51所示。

04 继续在“导出设置”中单击“输出名称”后的01.gif，然后在弹出的对话框中选择导出文件的保存路径，并重新设置导出文件的名称为“课堂案例：输出GIF格式动图”，如图10-52所示。

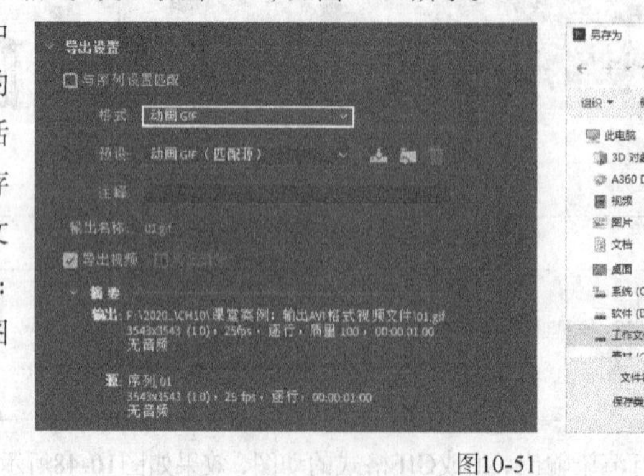

图10-51

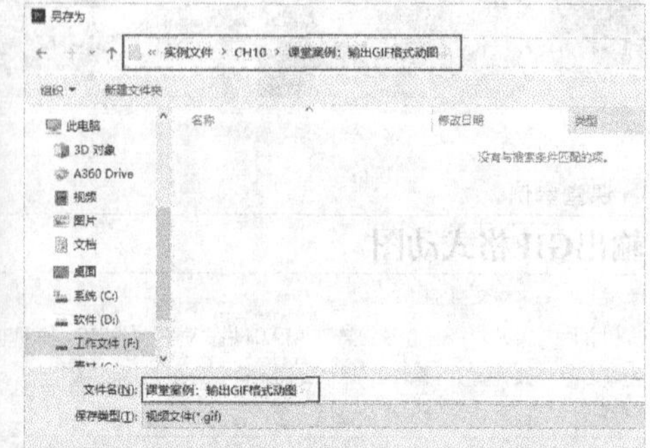

图10-52

05 在“其他参数”中勾选“使用最高渲染质量”选项，然后单击“导出”按钮 导出 即可开始渲染，如图10-53所示。系统会弹出对话框显示渲染的进度，如图10-54所示。

06 渲染完成后，在设置的保存路径的文件夹里就可以找到渲染完成的GIF格式的动图，如图10-55所示。

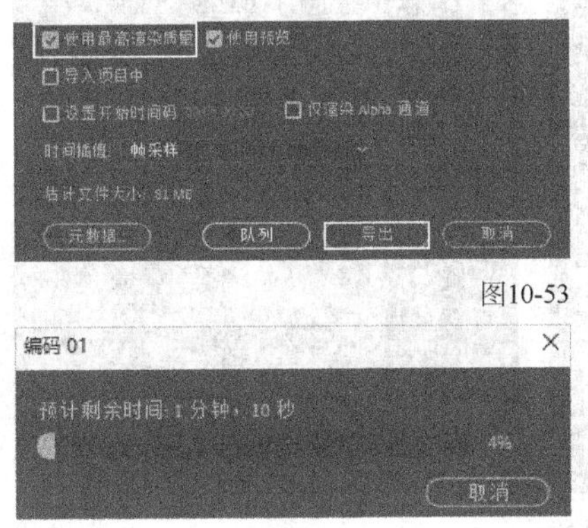

图10-53

图10-54

图10-55

07 在动图中随意截取4帧，效果如图10-56所示。

图10-56

课堂案例

输出单帧图片

素材文件	素材文件>CH10>04
实例文件	实例文件>CH10>课堂案例：输出单帧图片>课堂案例：输出单帧图片.prproj
视频名称	课堂案例：输出单帧图片.mp4
学习目标	练习单帧图片的输出方法

扫码观看视频

本案例用一个制作好的项目文件进行渲染输出，生成BMP格式的图片文件，效果如图10-57所示。

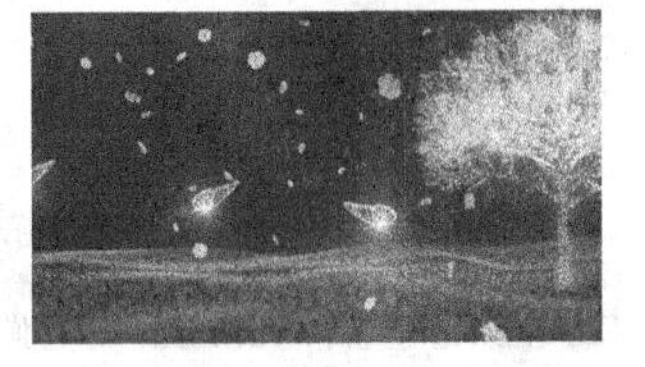

图10-57

01 打开本书学习资源中的“素材文件>CH10>04>01.prproj”文件，如图10-58所示。

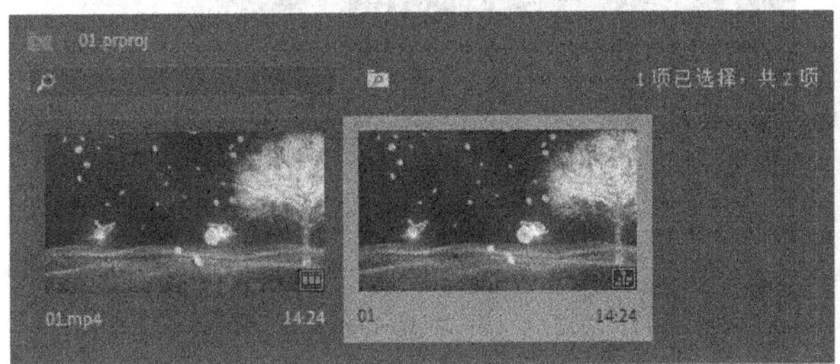

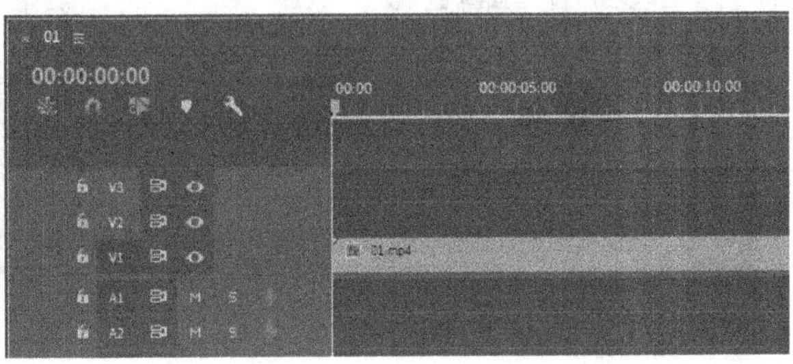

图10-58

02 切换到“时间轴”面板，然后按快捷键Ctrl+M打开“导出设置”对话框，如图10-59所示。

03 在“导出设置”中设置“格式”为BMP，如图10-60所示。

图10-59

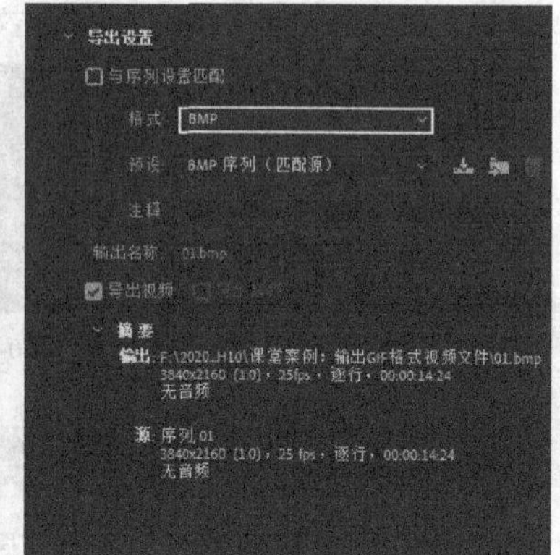

图10-60

04 继续在“导出设置”中单击“输出名称”后的01.bmp，然后在弹出的对话框中选择导出图片的保存路径，并重新设置导出图片的名称为“课堂案例：输出单帧图片”，如图10-61所示。

05 在“扩展参数”中取消勾选“导出为序列”选项，如图10-62所示。

06 在“其他参数”中勾选“使用最高渲染质量”选项，然后单击“导出”按钮 导出 即可开始渲染，如图10-63所示。

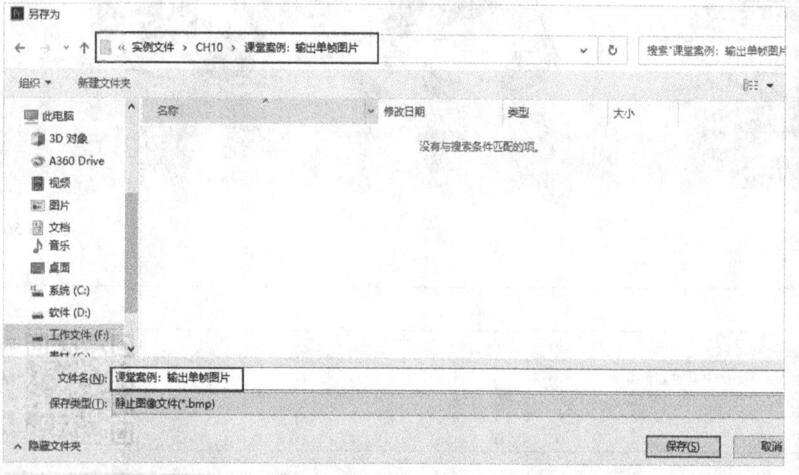

图10-61

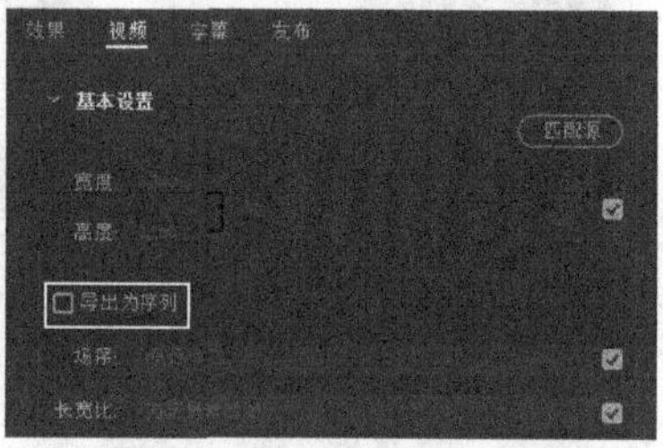

图10-62

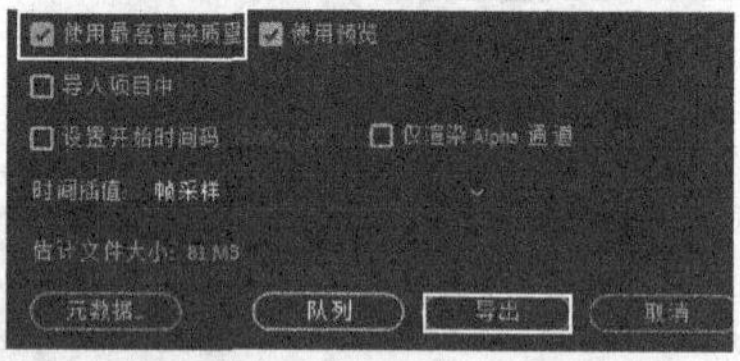

图10-63

技巧与提示

导出单帧图片时，系统也会弹出对话框显示渲染的进度，但因为渲染的速度非常快，对话框可以忽略不计。

07 渲染完成后，在设置的保存路径的文件夹里就可以找到渲染完成的单帧图片，如图10-64所示。最终效果如图10-65所示。

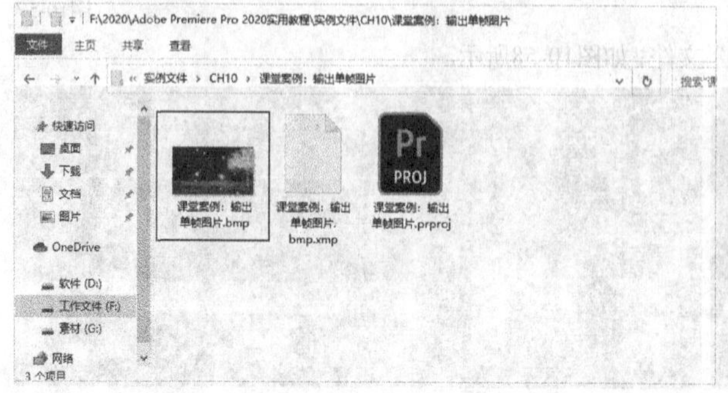

图10-64

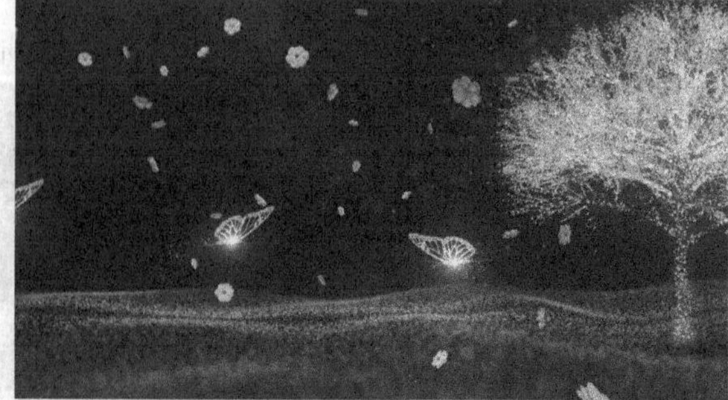

图10-65

课堂案例

输出MP3格式音频文件

素材文件	素材文件>CH10>05
实例文件	实例文件>CH10>课堂案例：输出MP3格式音频文件>课堂案例：输出MP3格式音频文件.prproj
视频名称	课堂案例：输出MP3格式音频文件.mp4
学习目标	练习音频文件的输出方法

本案例用一个制作好的项目文件进行渲染输出，生成MP3格式的音频文件，其中视频画面如图10-66所示。

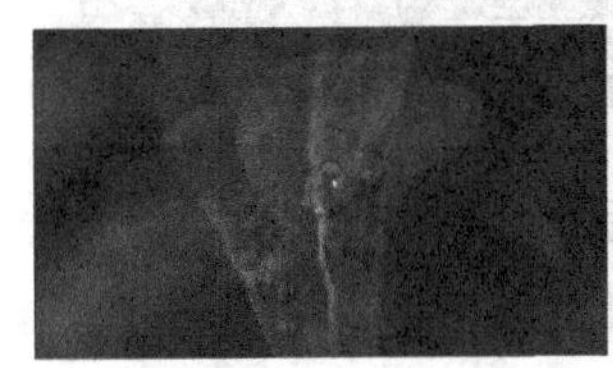

图10-66

01 打开本书学习资源中的“素材文件>CH10>05>01.prproj”文件，如图10-67所示。

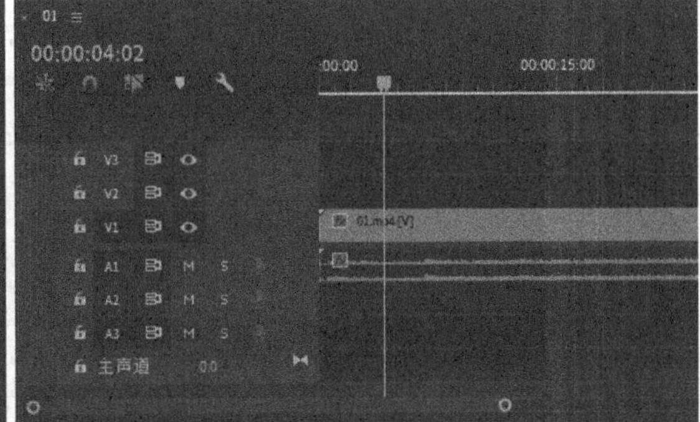

图10-67

02 切换到“时间轴”面板，然后按快捷键Ctrl+M打开“导出设置”对话框，如图10-68所示。

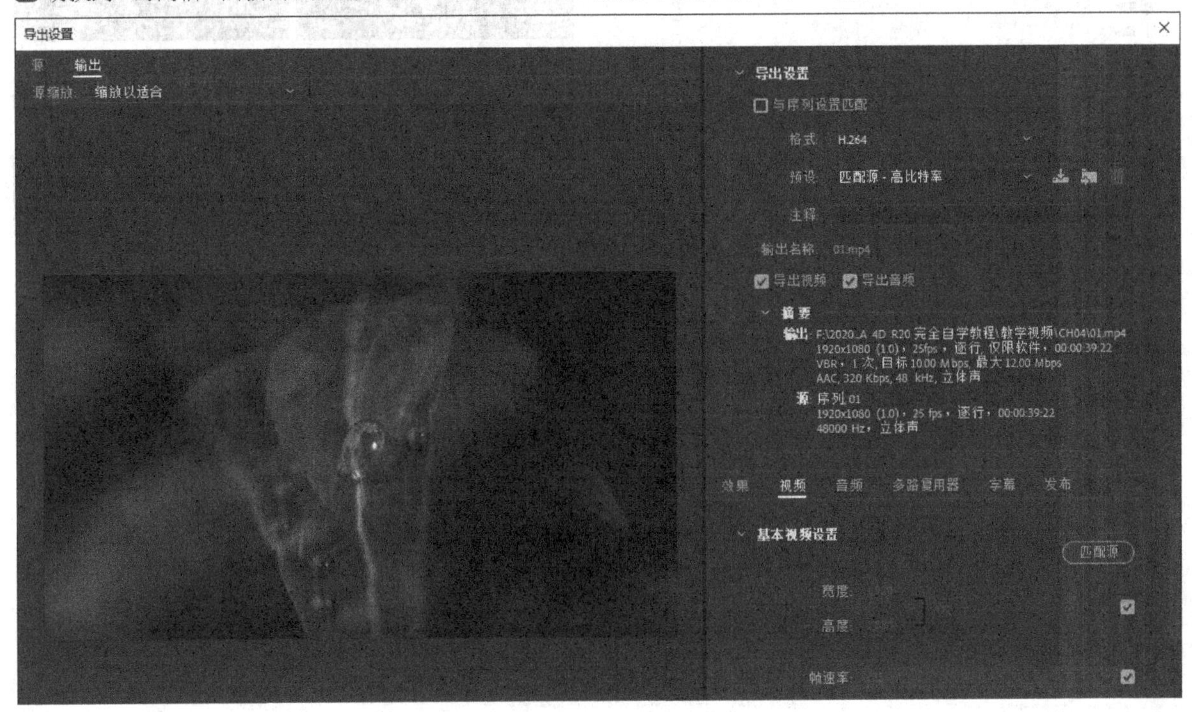

图10-68

03 在“导出设置”中设置“格式”为MP3，如图10-69所示。

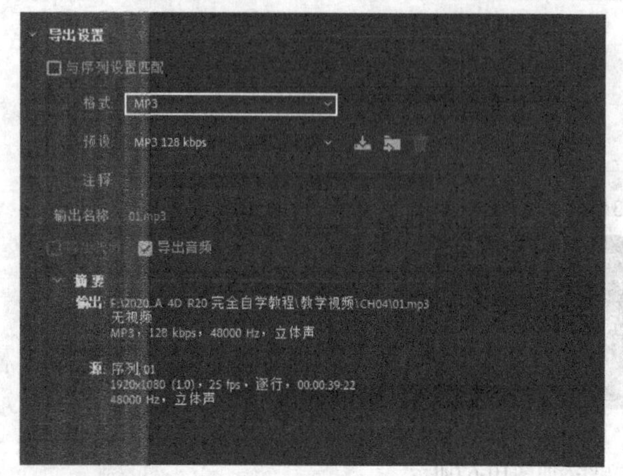

图10-69

04 继续在“导出设置”中单击“输出名称”后的01.mp3，然后在弹出的对话框中选择导出音频文件的保存路径，并重新设置导出音频文件的名称为“课堂案例：输出MP3格式音频文件”，如图10-70所示。

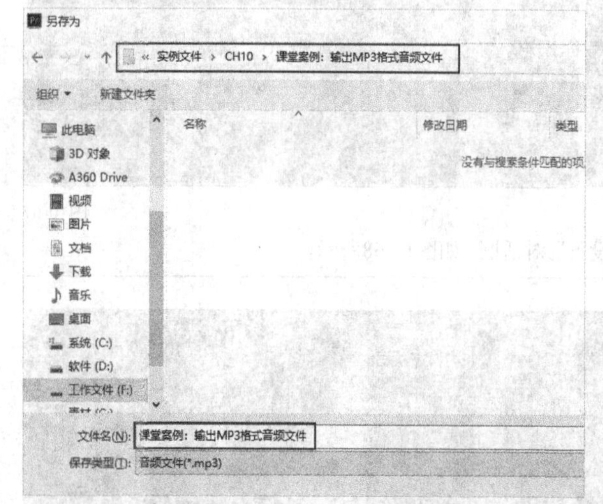

图10-70

05 在“其他参数”中单击“导出”按钮 导出 即可开始渲染，如图10-71所示。

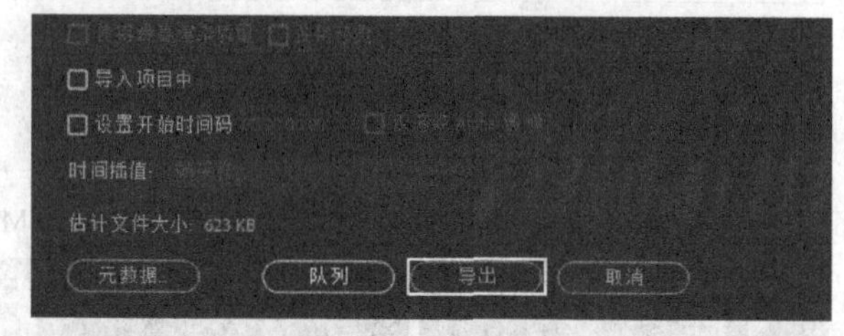

图10-71

06 渲染完成后，在设置的保存路径的文件夹里就可以找到渲染完成的音频文件，如图10-72所示。

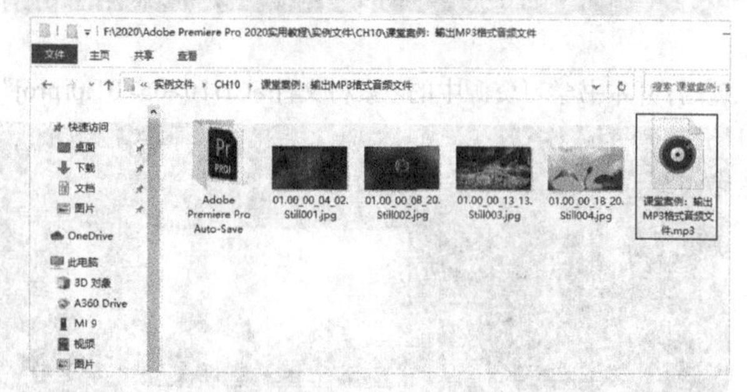

图10-72

07 在实例文件的视频中随意截取4帧，效果如图10-73所示。

图10-73

10.3 使用Adobe Media Encoder渲染

Adobe Media Encoder是一款用于视频和音频的编码程序，用于渲染输出不同格式的文件。

10.3.1 Adobe Media Encoder的界面

视频云课堂：191- Adobe Media Encoder 的界面

只有安装了与Premiere Pro 2020相同版本的Adobe Media Encoder 2020，才可以在Premiere Pro中直接打开Media Encoder。安装完Adobe Media Encoder 2020后，双击桌面的图标启动软件，会显示其启动画面，如图10-74所示。

图10-74

与Premiere Pro 2020软件的界面一样，Adobe Media Encoder 2020的软件界面也是深灰色的，该界面分为5大部分，分别是“媒体浏览器”“预设浏览器”“队列”“监视文件夹”“编码”，如图10-75所示。

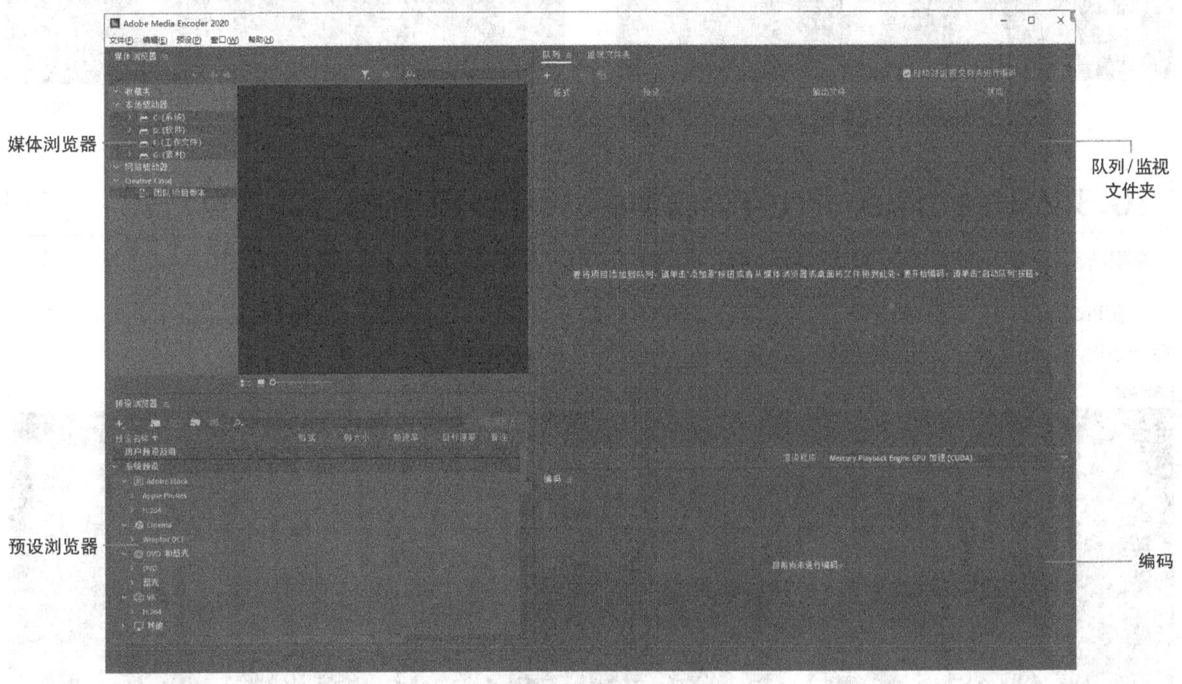

图10-75

媒体浏览器：可以在媒体文件添加到队列之前预览这些文件，保证渲染后不出现问题，减少时间的浪费，其界面如图10-76所示。

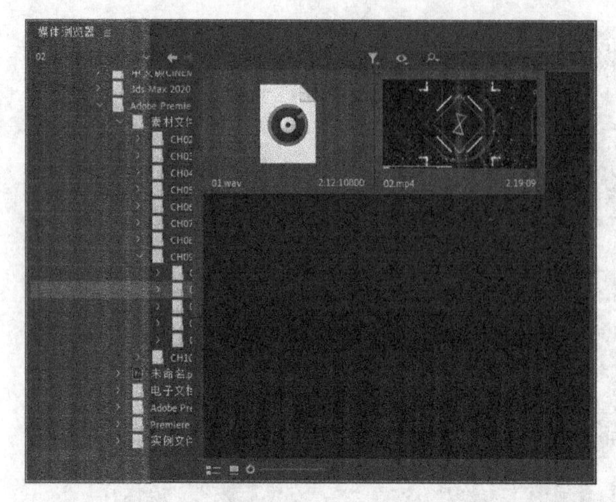

图10-76

预设浏览器： 提供各种可以帮助简化工作流程的选项，如图10-77所示。

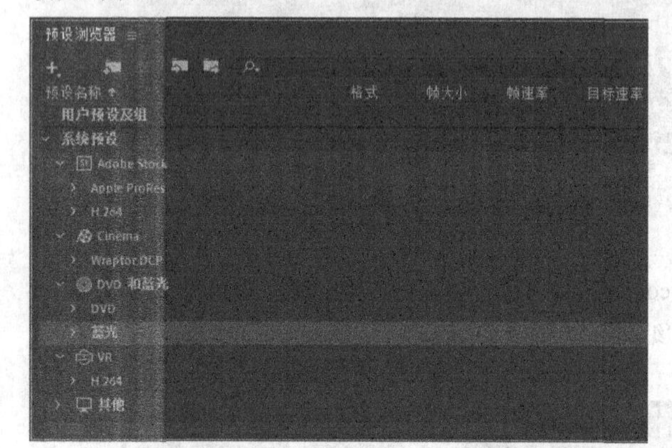

图10-77

队列： 将需要输出的文件添加到队列中。不仅可以输出视频和音频文件，还可以兼容Premiere Pro序列和After Effects序列，如图10-78所示。

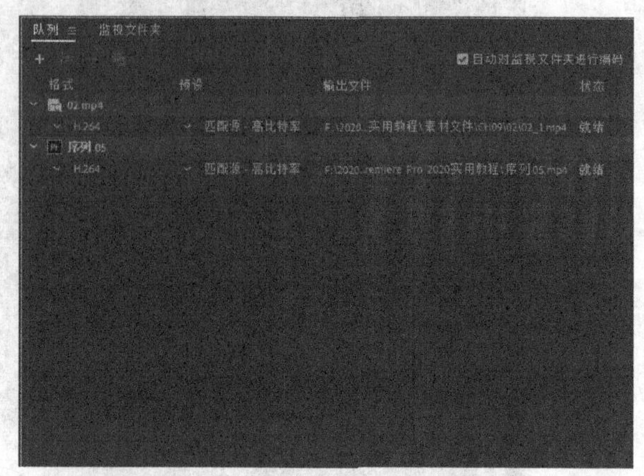

图10-78

监视文件夹： 在此处可以添加任意路径的文件夹作为监视文件夹，之后添加在监视文件夹中的文件都会使用预设的序列进行输出。

编码： 提供了每个编码文件的状态信息，如图10-79所示。

图10-79

10.3.2 Premiere Pro与Adobe Media Encoder的交互方式

视频云课堂：192- Premiere Pro 与 Adobe Media Encoder 的交互方式

在Premiere Pro中制作好序列后，按快捷键Ctrl+M打开“导出设置”对话框设置导出的参数，如图10-80所示，在最后一步时不能单击“导出”按钮 导出 ，而要单击“队列”按钮 队列 。

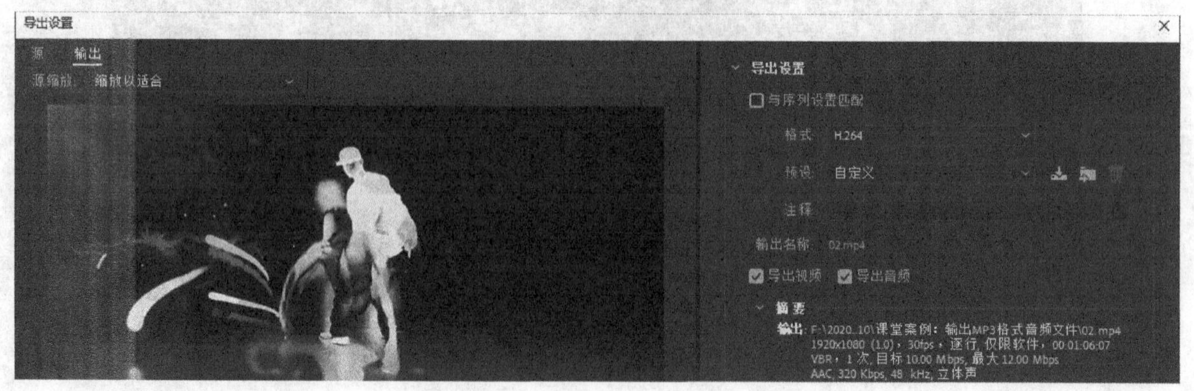

图10-80

单击“队列”按钮 队列 后，系统会自动打开Adobe Media Encoder软件，在该软件的“队列”面板中就可以找到之前导入的序列文件，如图10-81所示。

图10-81

单击“队列”面板下的按钮，在弹出的下拉列表中可以选择文件的格式，如图10-82所示。

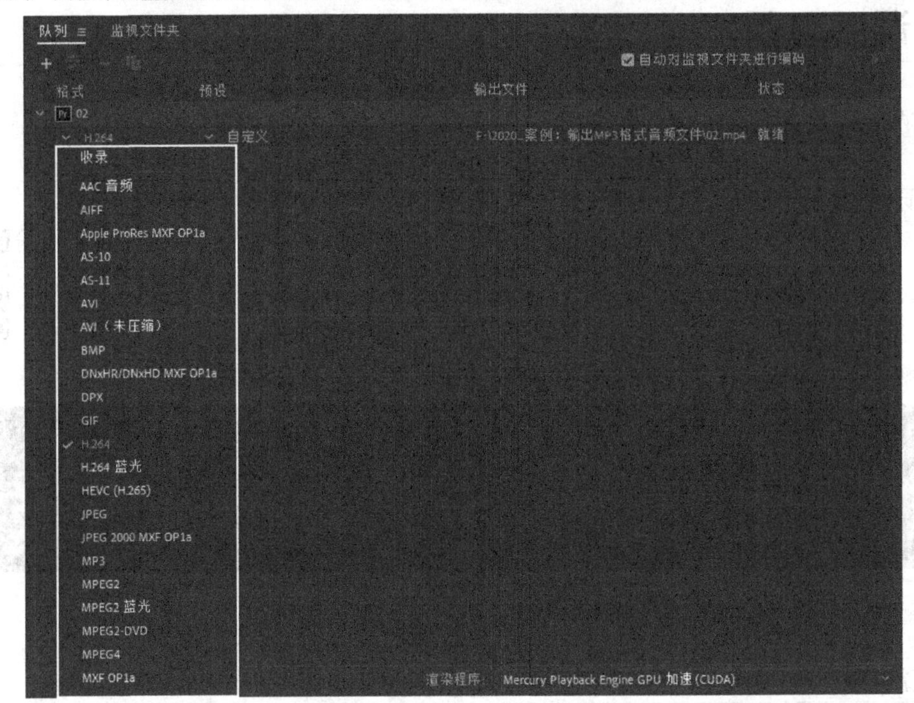

图10-82

单击右侧蓝色的文字，如图10-83所示，可以在弹出的对话框中设置导出文件的路径和名称。

图10-83

一切设置就绪后，单击右上角的“启动队列”按钮，如图10-84所示，就可以开始渲染序列。渲染完成后，在之前设置的路径文件夹中就能看到渲染出的文件。

图10-84

技巧与提示

使用Adobe Media Encoder的好处是，可以在空闲时间批量渲染序列，从而能够节省很多的时间，提高工作效率。

10.4 本章小结

通过本章的学习，相信读者对Premiere Pro的输出已经有了一定的认识。无论是使用软件自带的“导出设置”对话框，还是使用Adobe Media Encoder，都可以将制作好的序列输出为所需格式的文件。输出是Premiere Pro中必须掌握的知识点，请读者务必多加练习。

10.5 课后习题

下面通过两个课后习题练习本章所学的内容。

课后习题

输出炫酷倒计时视频

素材文件	素材文件>CH10>06
实例文件	实例文件>CH10>课后习题：输出炫酷倒计时视频>课后习题：输出炫酷倒计时视频.prproj
视频名称	课后习题：输出炫酷倒计时视频.mp4
学习目标	练习视频的输出方式

扫码观看视频

本习题需要将一个炫酷的倒计时序列输出为MP4格式的视频，效果如图10-85所示。

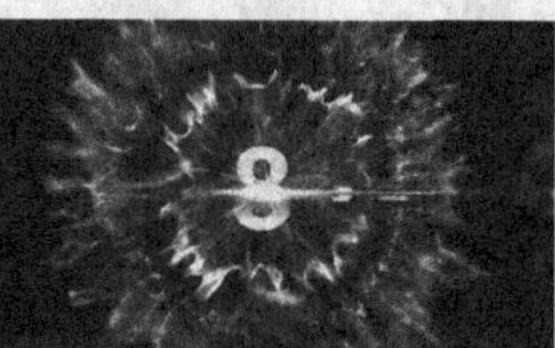

图10-85

课后习题

输出动感摇滚音频

素材文件	素材文件>CH10>07
实例文件	实例文件>CH10>课后习题：输出动感摇滚音频>课后习题：输出动感摇滚音频.prproj
视频名称	课后习题：输出动感摇滚音频.mp4
学习目标	练习音频的输出方式

扫码观看视频

本习题需要将图10-86所示的一段动感摇滚视频输出为MP3格式的音频文件。

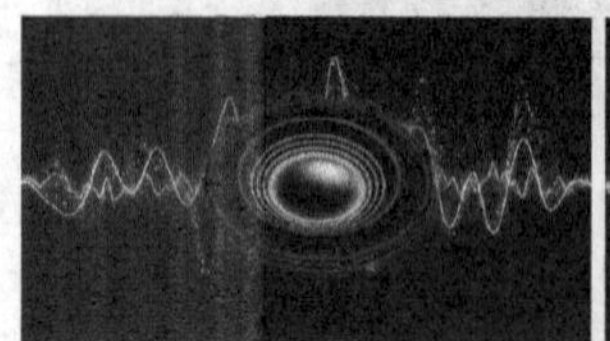
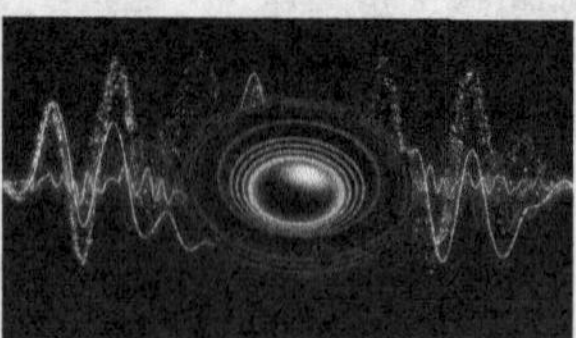

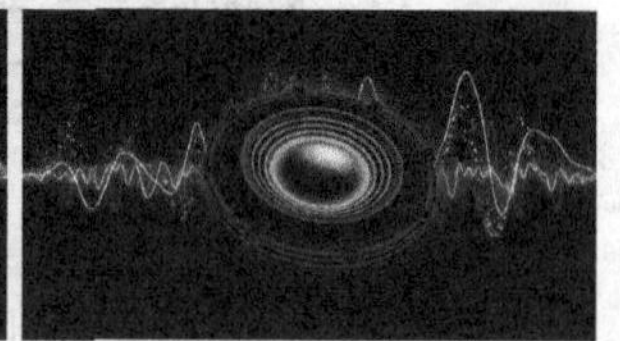

图10-86

Premiere Pro

综合实例

本章会将之前学习的内容进行汇总，制作5个综合实例。这些实例都是日常生活中常见的类型，在制作上有一定的难度，读者可结合案例视频进行学习。

课堂学习目标

- 掌握快闪类视频的制作方法
- 掌握婚庆片头的制作
- 掌握企业宣传视频的制作
- 掌握栏目包装片头的制作
- 掌握电子相册的制作

11.1 三维效果展示快闪视频

素材文件	素材文件>CH11>01
实例文件	实例文件>CH11>案例实训：三维效果展示快闪视频>案例实训：三维效果展示快闪视频.prproj
视频名称	案例实训：三维效果展示快闪视频.mp4
学习目标	练习快闪类视频的制作方法

本案例需要为一套三维效果图制作快闪视频，并配合快节奏的音乐进行踩点；不仅要排列图片，还需要制作文字内容，案例效果如图11-1所示。本案例需要分为图片和文字两部分进行制作。

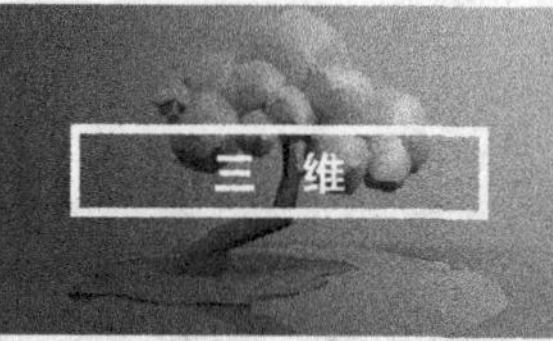

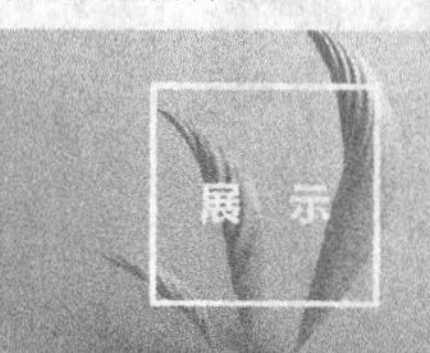

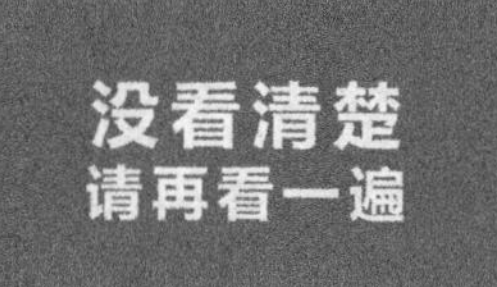

图11-1

11.1.1 图片制作

01 新建一个项目，然后将本书学习资源“素材文件>CH11>01”文件夹中的素材文件全部导入“项目”面板中，并将其分在不同的素材箱中，如图11-2所示。

02 新建一个AVCHD 1080p25序列，先将音频文件拖曳到“时间轴”面板上，如图11-3所示。

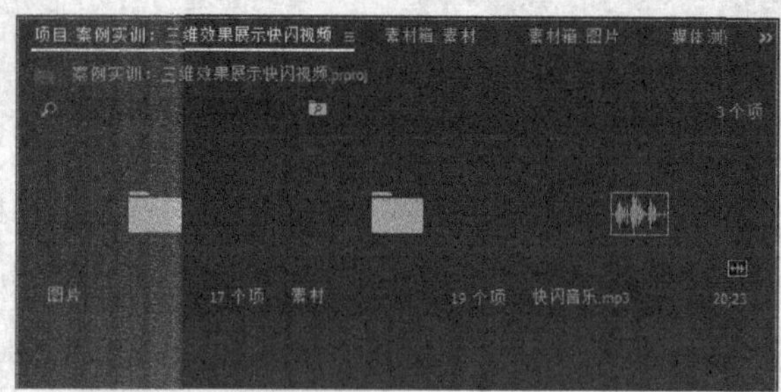

图11-2

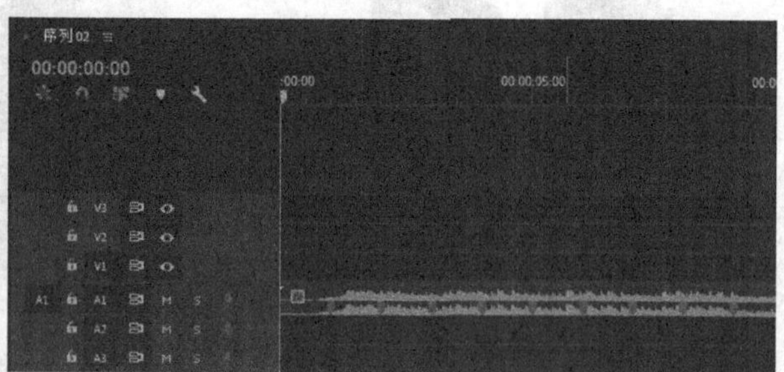

图11-3

技巧与提示

将素材分类到不同的素材箱中会方便查找。

03 现有的音频文件时长太长，需要将其剪掉一部分。移动播放指示器到00:00:08:14的位置，然后使用“剃刀工具”将其裁剪，如图11-4所示。

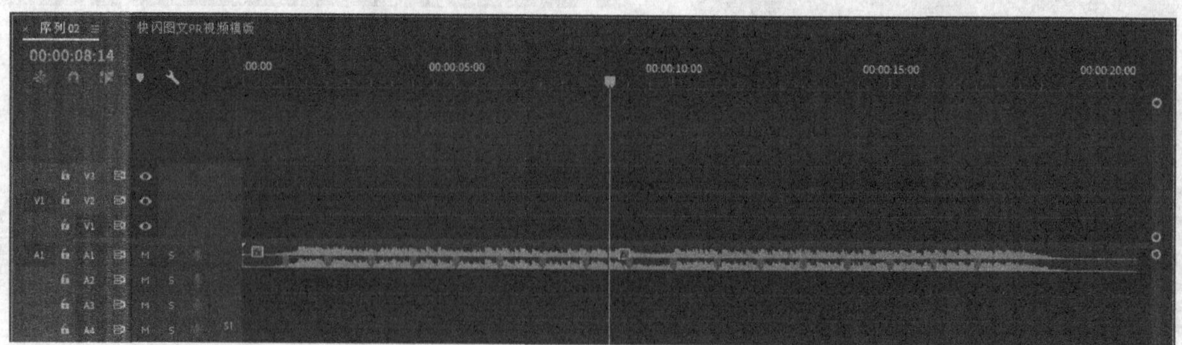

图11-4

04 继续移动播放指示器到00:00:17:09的位置，然后使用“剃刀工具” 将其裁剪，如图11-5所示。

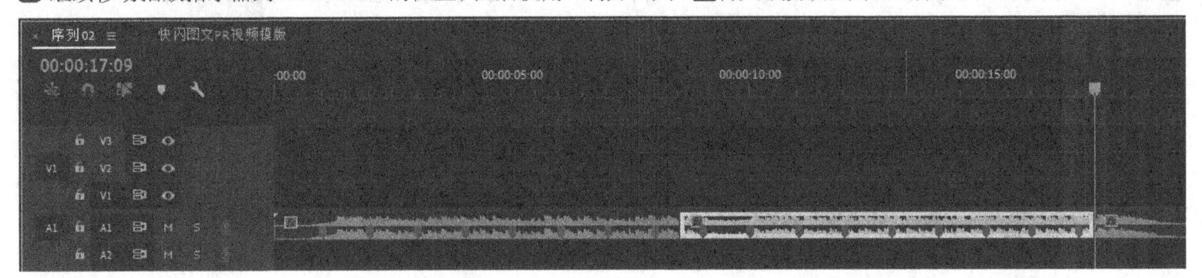

图11-5

05 删除中间的音频部分，然后将首尾两段音频进行拼接，如图11-6所示。

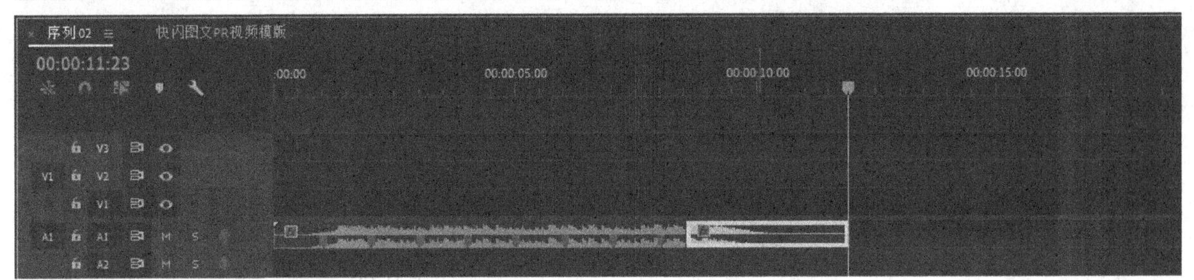

图11-6

06 将播放指示器移动到00:00:00:18的位置，然后将“素材箱：素材”中的“白背景.jpg”素材拖曳到V1轨道上，并缩短到播放指示器所在位置的长度，如图11-7所示。

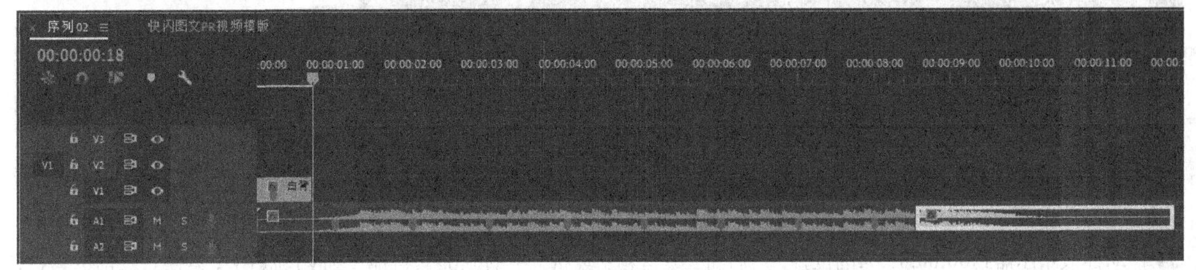

图11-7

技巧与提示

这里的白背景是作为白场过渡使用的。

07 将播放指示器移动到00:00:01:08的位置，然后将“素材箱：素材”中的1.jpg素材拖曳到V1轨道上，紧挨着之前的白背景，如图11-8所示。效果如图11-9所示。

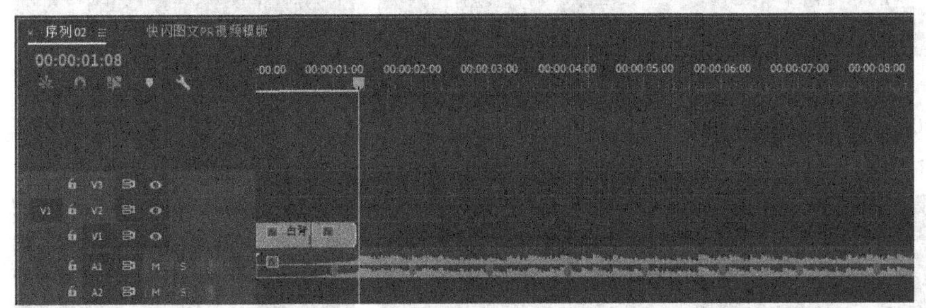

图11-8

图11-9

技巧与提示

视频素材的长短需要根据音频的节奏而定，具体节奏需要读者聆听音频文件自行感受。

08 移动播放指示器到00:00:01:12的位置，然后将“素材箱：素材”中的2.jpg素材拖曳到V1轨道上，紧挨着之前的素材，如图11-10所示。效果如图11-11所示。

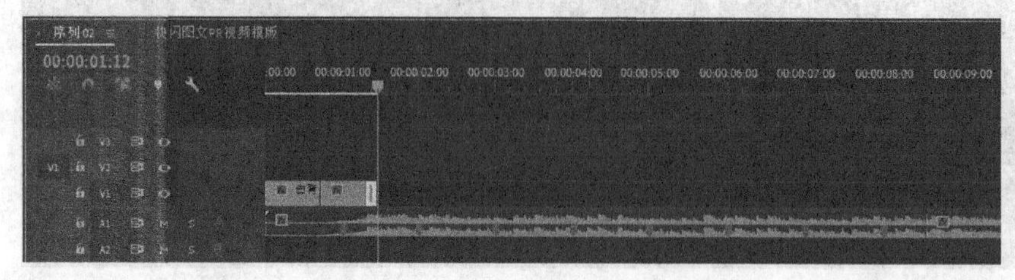

图11-10

图11-11

09 移动播放指示器到00:00:01:17的位置，然后将“素材箱：素材”中的3.jpg素材拖曳到V1轨道上，紧挨着之前的素材，如图11-12所示。效果如图11-13所示。

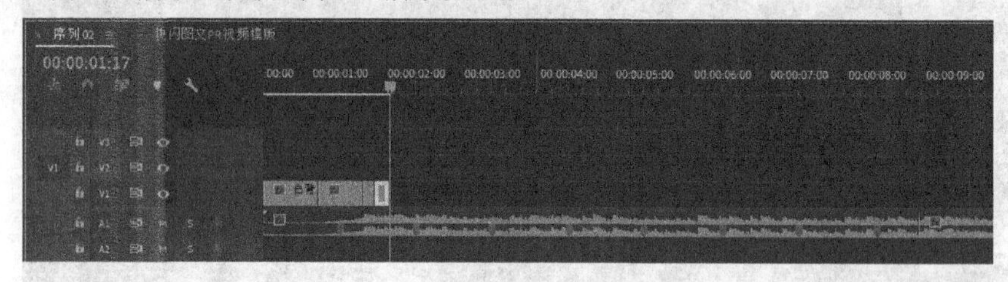

图11-12

图11-13

10 移动播放指示器到00:00:01:22的位置，然后将“素材箱：素材”中的4.jpg素材拖曳到V1轨道上，紧挨着之前的素材，如图11-14所示。效果如图11-15所示。

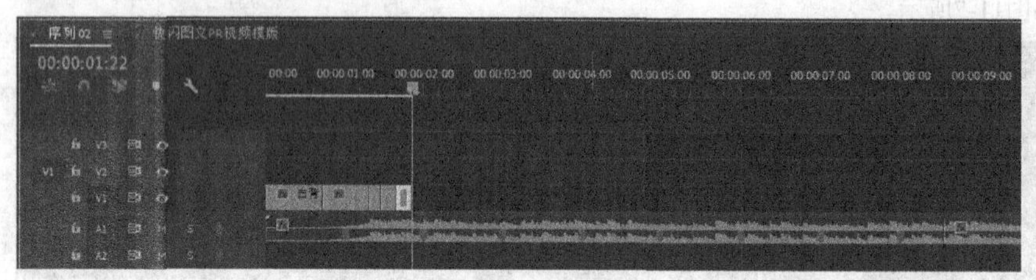

图11-14

图11-15

11 移动播放指示器到00:00:02:04的位置，然后将“素材箱：素材”中的5.jpg素材拖曳到V1轨道上，紧挨着之前的素材，如图11-16所示。效果如图11-17所示。

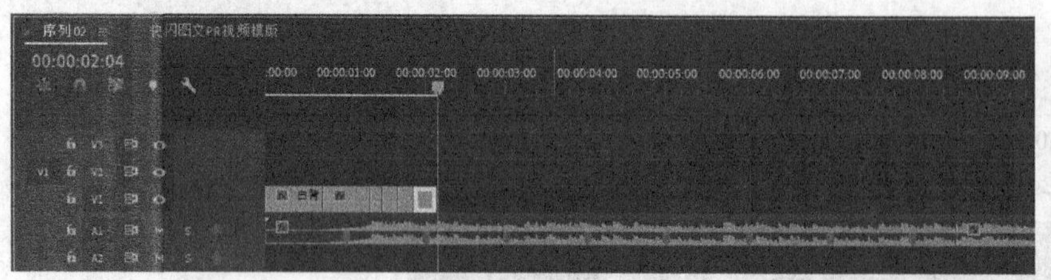

图11-16

图11-17

12 移动播放指示器到00:00:02:08的位置，然后将“素材箱：图片”中的01.jpg素材拖曳到V1轨道上，紧挨着之前的素材，如图11-18所示。效果如图11-19所示。

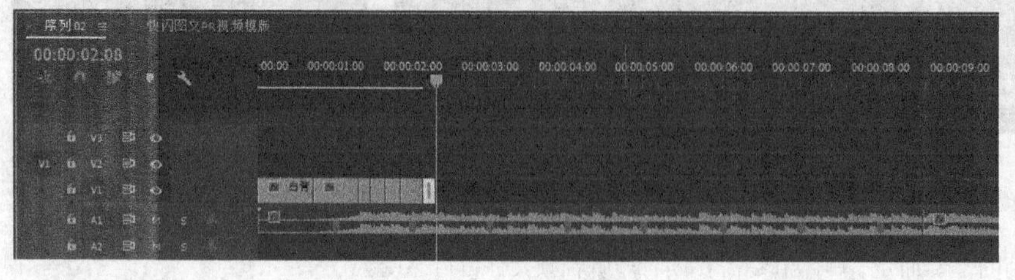

图11-18

图11-19

⑬ 选中该剪辑，然后单击鼠标右键，在弹出的菜单中选择“缩放为帧大小”命令，效果如图11-20所示。

⑭ 在“效果控件”面板中，设置“缩放”为134，如图11-21所示。效果如图11-22所示。

图11-20

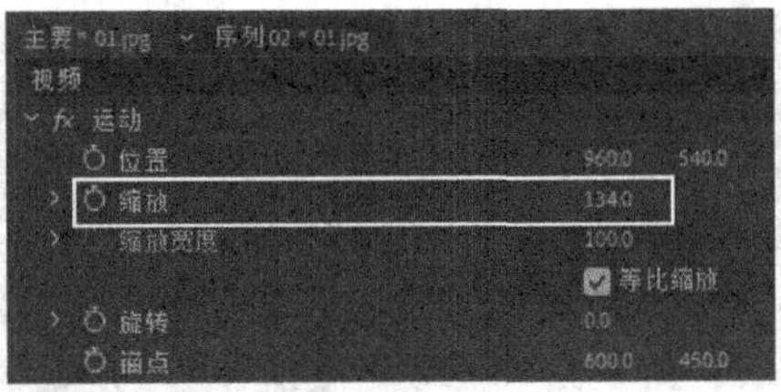

图11-21

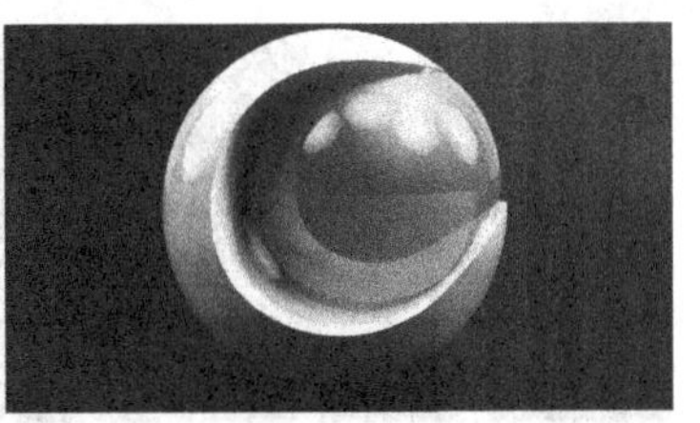

图11-22

技巧与提示

后续步骤中调整帧大小的方法完全相同，不会重复讲解。

⑮ 移动播放指示器到00:00:02:11的位置，然后将“素材箱：图片”中的02.jpg素材拖曳到V1轨道上，紧挨着之前的素材，如图11-23所示。效果如图11-24所示。

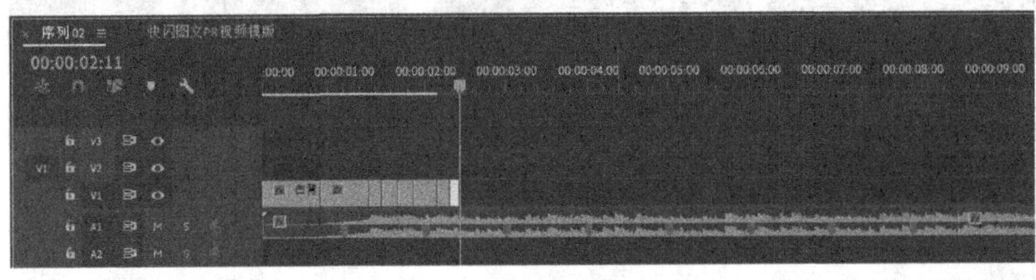

图11-23

图11-24

⑯ 移动播放指示器到00:00:02:14的位置，然后将“素材箱：图片”中的03.jpg素材拖曳到V1轨道上，紧挨着之前的素材，如图11-25所示。效果如图11-26所示。

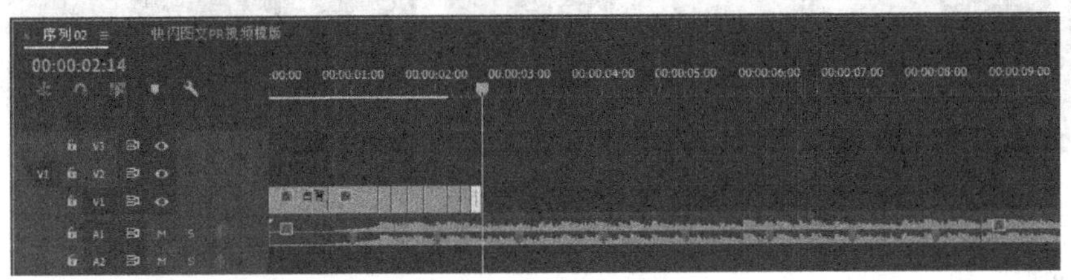

图11-25

图11-26

⑰ 移动播放指示器到00:00:02:18的位置，然后将“素材箱：图片”中的04.jpg素材拖曳到V1轨道上，紧挨着之前的素材，如图11-27所示。效果如图11-28所示。

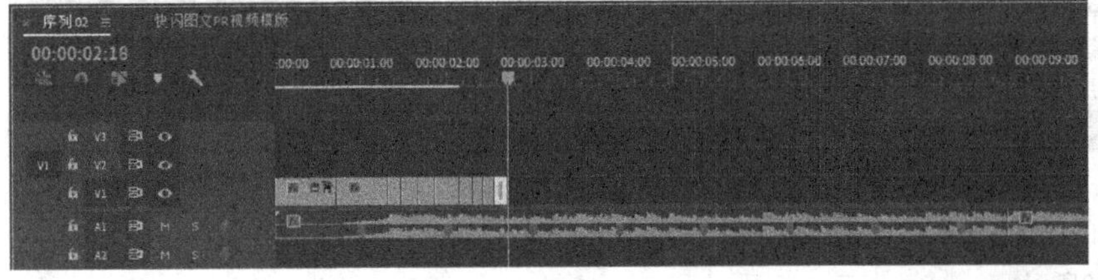

图11-27

图11-28

⑱ 将播放指示器移动到00:00:03:03的位置，然后将“素材箱：素材”中的7.jpg素材拖曳到V1轨道上，紧挨着之前的素材，如图11-29所示。效果如图11-30所示。

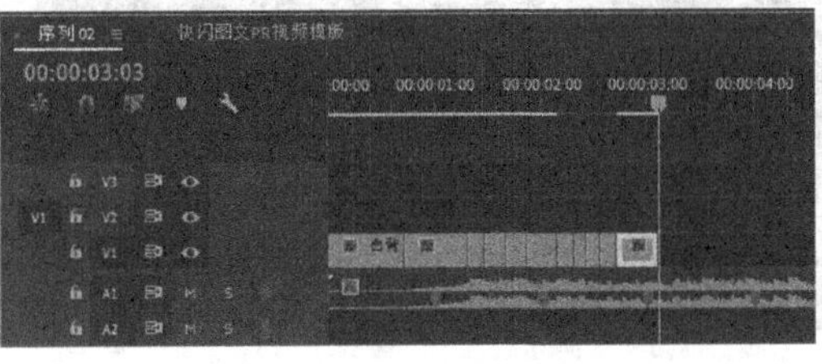

图11-29

图11-30

⑲ 移动播放指示器到00:00:03:08的位置，然后将“素材箱：素材”中的2.jpg素材拖曳到V1轨道上，紧挨着之前的素材，如图11-31所示。效果如图11-32所示。

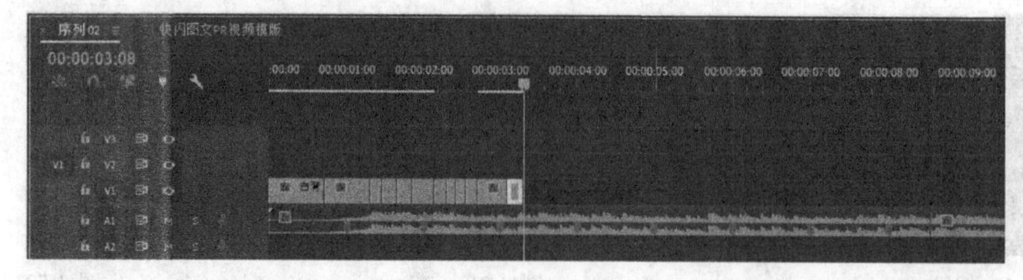

图11-31　图11-32

⑳ 移动播放指示器到00:00:03:14的位置，然后将“素材箱：素材”中的11.jpg素材拖曳到V1轨道上，紧挨着之前的素材，如图11-33所示。效果如图11-34所示。

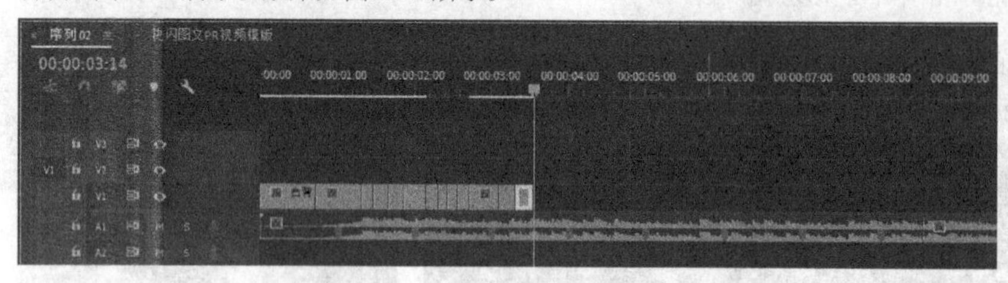

图11-33　图11-34

㉑ 移动播放指示器到00:00:03:20的位置，然后将“素材箱：素材”中的8.jpg素材拖曳到V1轨道上，紧挨着之前的素材，如图11-35所示。效果如图11-36所示。

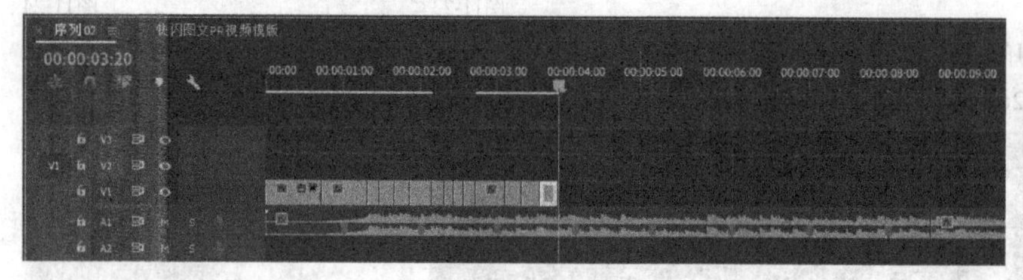

图11-35　图11-36

㉒ 移动播放指示器到00:00:04:01的位置，然后将“素材箱：素材”中的13.jpg素材拖曳到V1轨道上，紧挨着之前的素材，如图11-37所示。效果如图11-38所示。

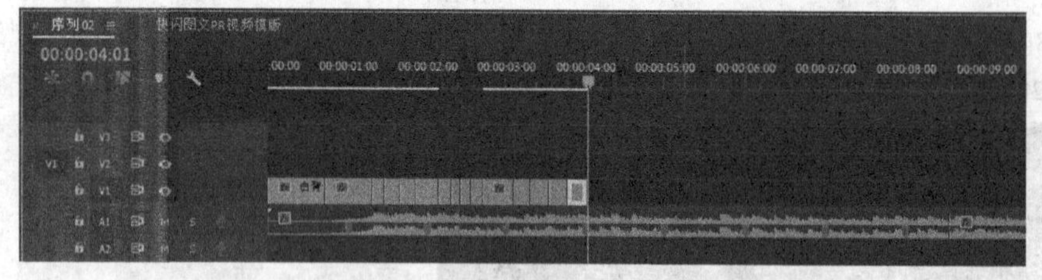

图11-37　图11-38

㉓ 移动播放指示器到00:00:04:06的位置，然后将“素材箱：图片”中的05.jpg素材拖曳到V1轨道上，紧挨着之前的素材，如图11-39所示。效果如图11-40所示。

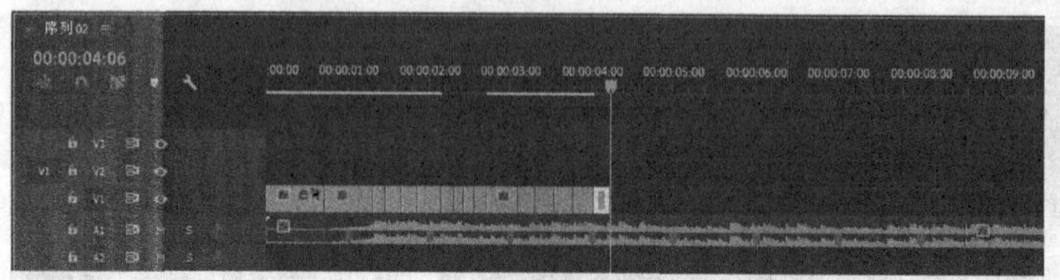

图11-39　图11-40

24 移动播放指示器到00:00:04:09的位置，然后将“素材箱：图片”中的06.jpg素材拖曳到V1轨道上，紧挨着之前的素材，如图11-41所示。效果如图11-42所示。

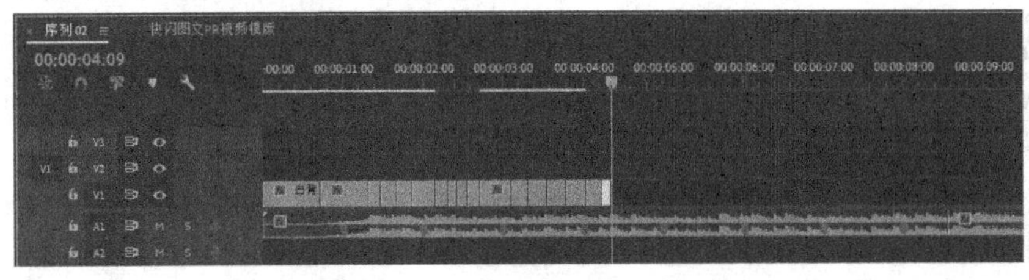

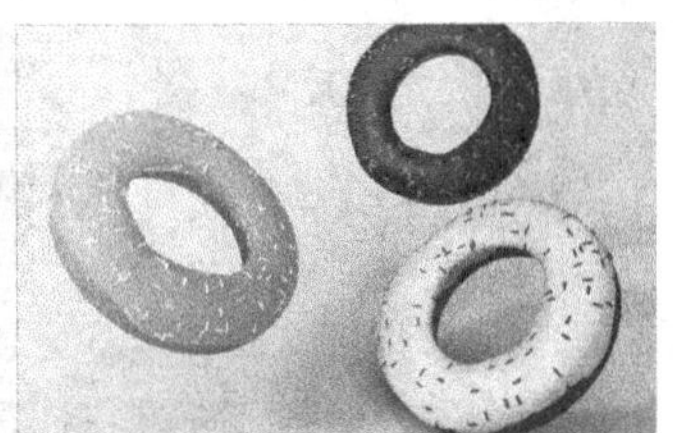

图11-41　　图11-42

25 移动播放指示器到00:00:04:12的位置，然后将“素材箱：图片”中的07.jpg素材拖曳到V1轨道上，紧挨着之前的素材，如图11-43所示。效果如图11-44所示。

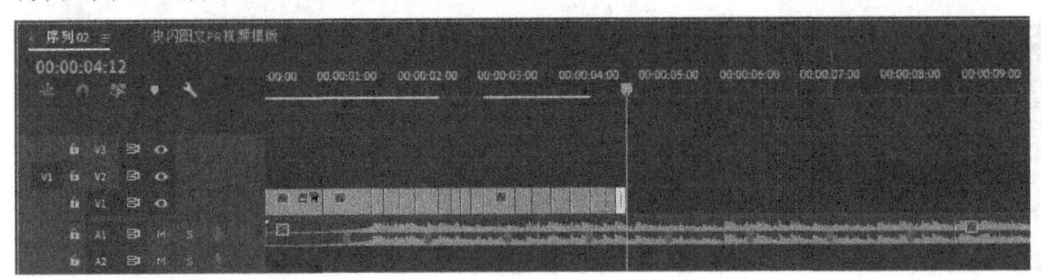

图11-43　　图11-44

26 移动播放指示器到00:00:04:15的位置，然后将“素材箱：图片”中的08.jpg素材拖曳到V1轨道上，紧挨着之前的素材，如图11-45所示。效果如图11-46所示。

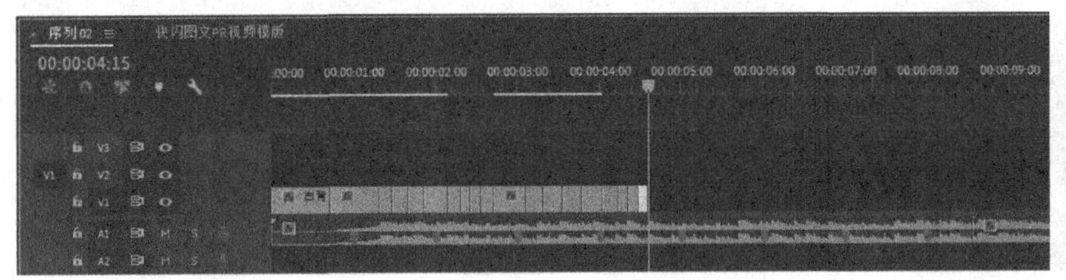

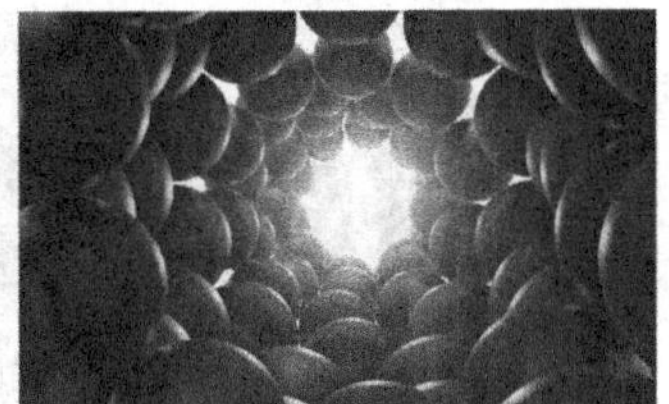

图11-45　　图11-46

27 移动播放指示器到00:00:04:18的位置，然后将“素材箱：图片”中的09.jpg素材拖曳到V1轨道上，紧挨着之前的素材，如图11-47所示。效果如图11-48所示。

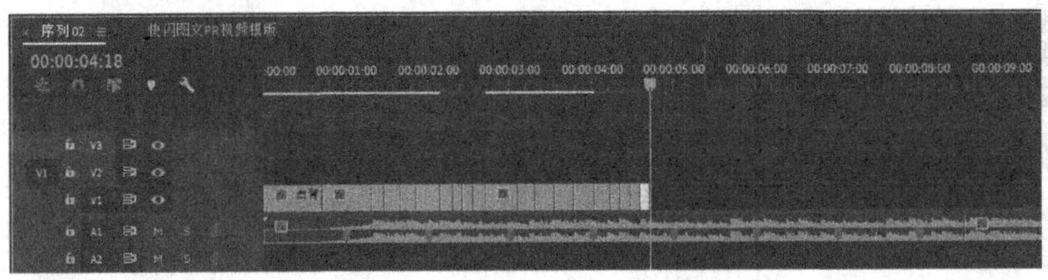

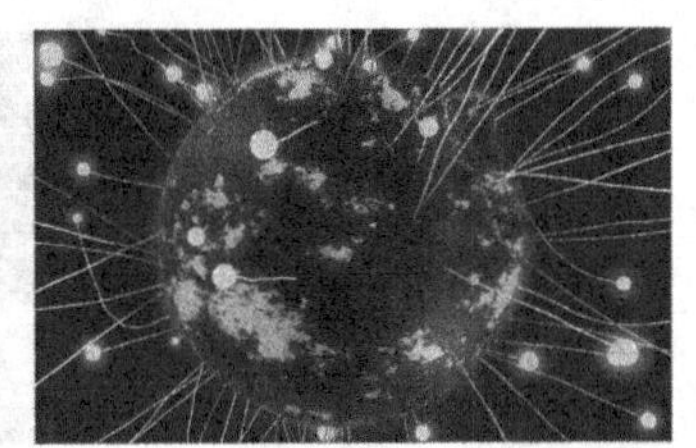

图11-47　　图11-48

28 移动播放指示器到00:00:04:20的位置，然后将“素材箱：图片”中的10.jpg素材拖曳到V1轨道上，紧挨着之前的素材，如图11-49所示。效果如图11-50所示。

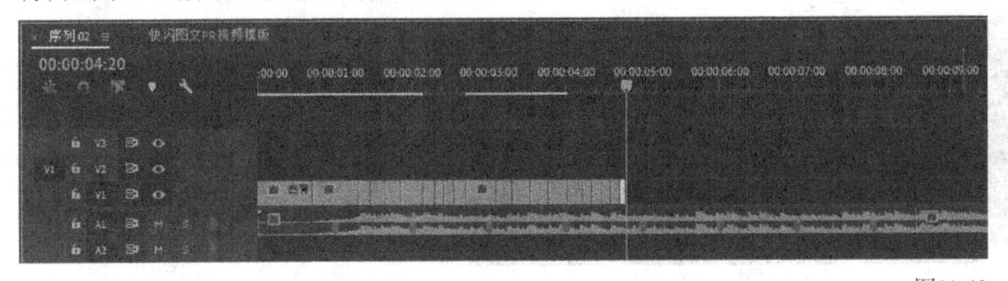

图11-49　　图11-50

㉙ 移动播放指示器到00:00:04:24的位置，然后将“素材箱：图片”中的011.jpg素材拖曳到V1轨道上，紧挨着之前的素材，如图11-51所示。效果如图11-52所示。

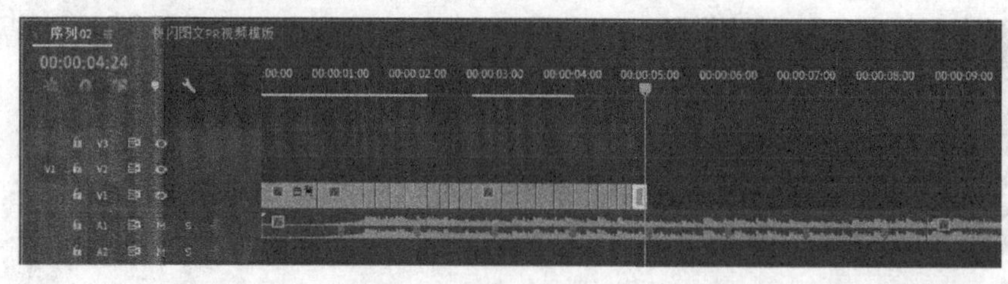

图11-51

图11-52

㉚ 移动播放指示器到00:00:05:01的位置，然后将“素材箱：图片”中的012.jpg素材拖曳到V1轨道上，紧挨着之前的素材，如图11-53所示。效果如图11-54所示。

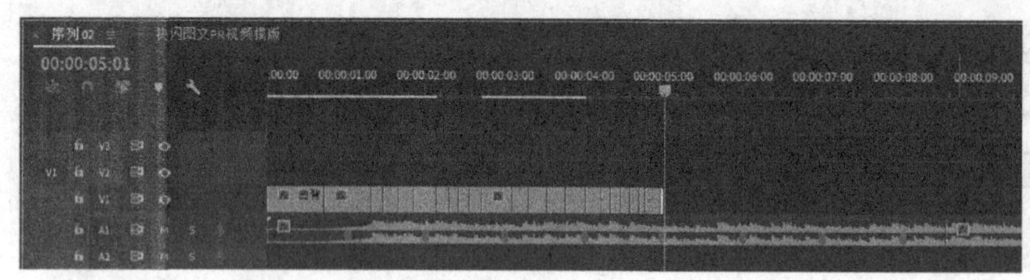

图11-53

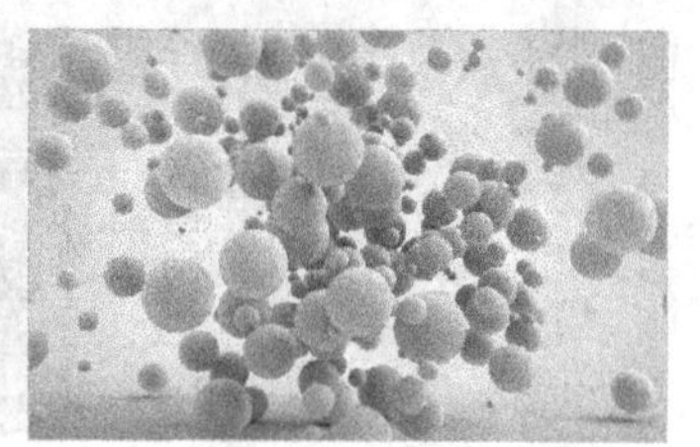

图11-54

㉛ 移动播放指示器到00:00:05:04的位置，然后将“素材箱：图片”中的013.jpg素材拖曳到V1轨道上，紧挨着之前的素材，如图11-55所示。效果如图11-56所示。

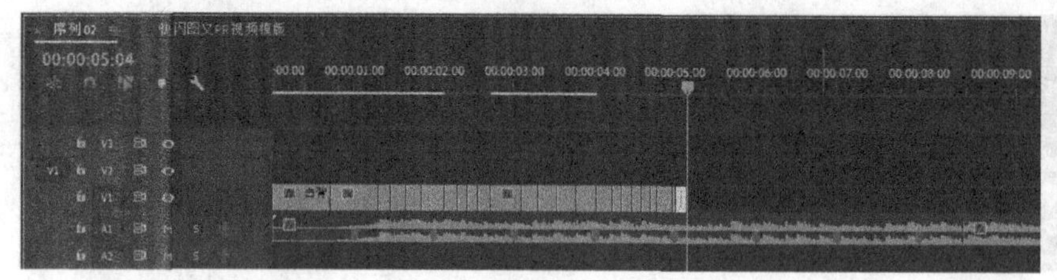

图11-55

图11-56

㉜ 移动播放指示器到00:00:05:08的位置，然后将“素材箱：图片”中的014.jpg素材拖曳到V1轨道上，紧挨着之前的素材，如图11-57所示。效果如图11-58所示。

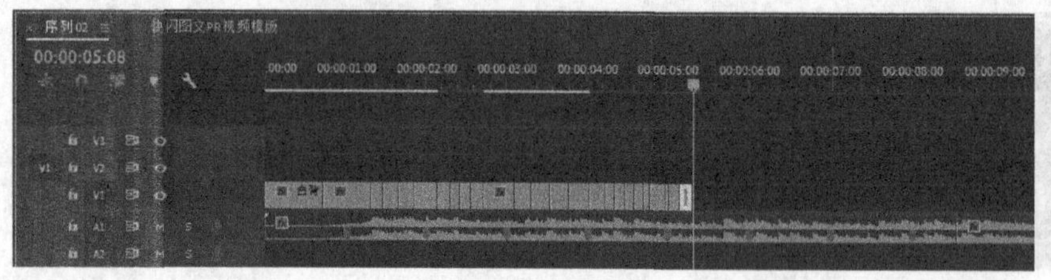

图11-57

图11-58

㉝ 移动播放指示器到00:00:05:09的位置，然后将“素材箱：素材”中的14.jpg素材拖曳到V1轨道上，紧挨着之前的素材，如图11-59所示。效果如图11-60所示。

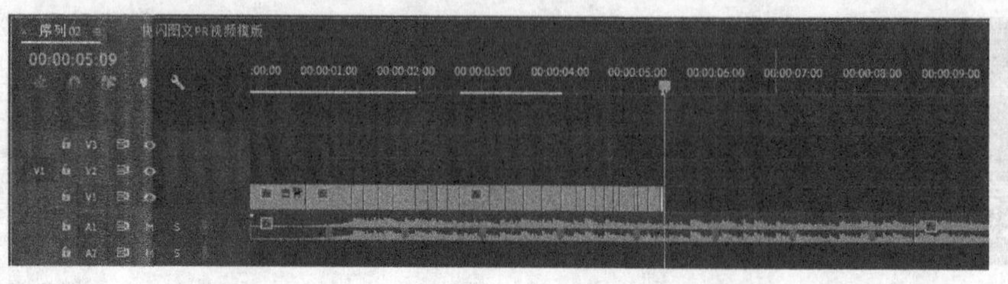

图11-59

图11-60

34 移动播放指示器到00:00:05:17的位置，然后将“素材箱：素材”中的16.jpg素材拖曳到V1轨道上，紧挨着之前的素材，如图11-61所示。效果如图11-62所示。

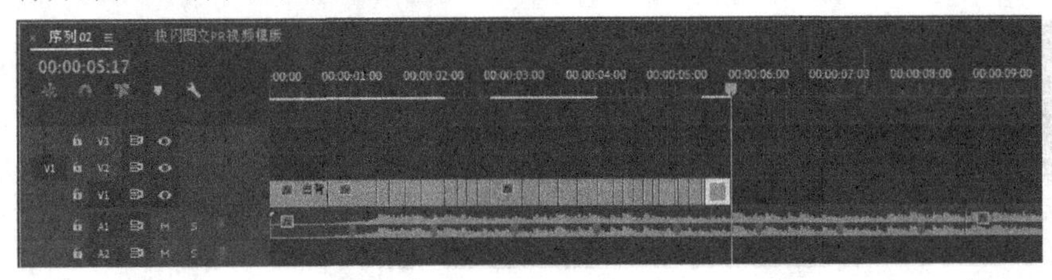

图11-61

图11-62

35 移动播放指示器到00:00:05:19的位置，然后将“素材箱：素材”中的9.jpg素材拖曳到V1轨道上，紧挨着之前的素材，如图11-63所示。效果如图11-64所示。

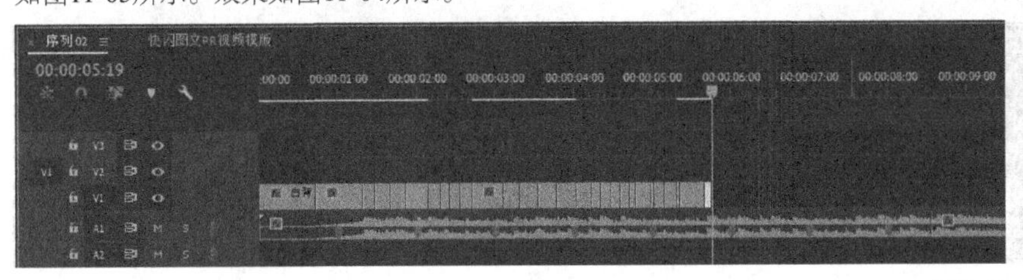

图11-63

图11-64

36 移动播放指示器到00:00:06:04的位置，然后将“素材箱：素材”中的12.jpg素材拖曳到V1轨道上，紧挨着之前的素材，如图11-65所示。效果如图11-66所示。

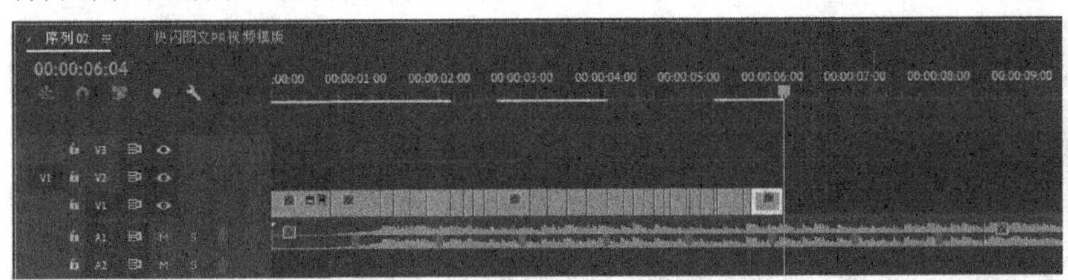

图11-65

图11-66

37 移动播放指示器到00:00:06:15的位置，然后将“素材箱：素材”中的13.jpg素材拖曳到V1轨道上，紧挨着之前的素材，如图11-67所示。效果如图11-68所示。

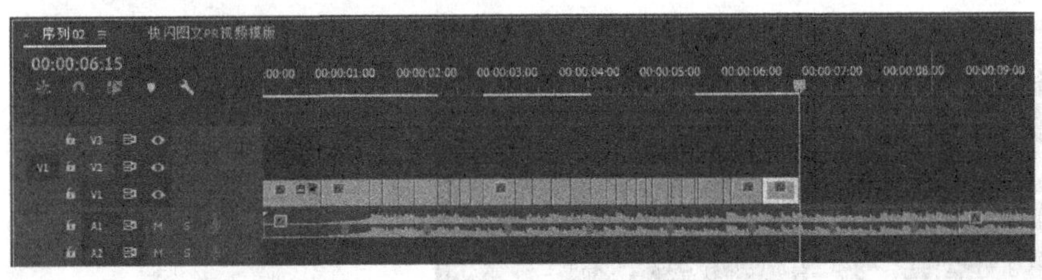

图11-67

图11-68

38 移动播放指示器到00:00:06:16的位置，然后将“素材箱：素材”中的“白背景.jpg”素材拖曳到V1轨道上，紧挨着之前的素材，如图11-69所示。

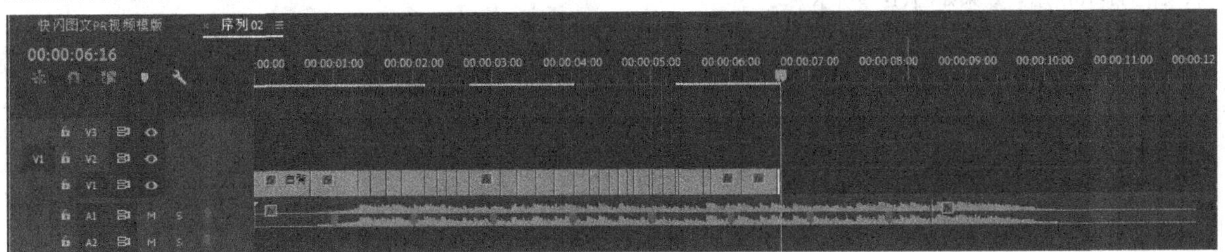

图11-69

39 移动播放指示器到00:00:06:19的位置，然后将“素材箱：图片”中的014.jpg素材拖曳到V1轨道上，紧挨着之前的素材，如图11-70所示。效果如图11-71所示。

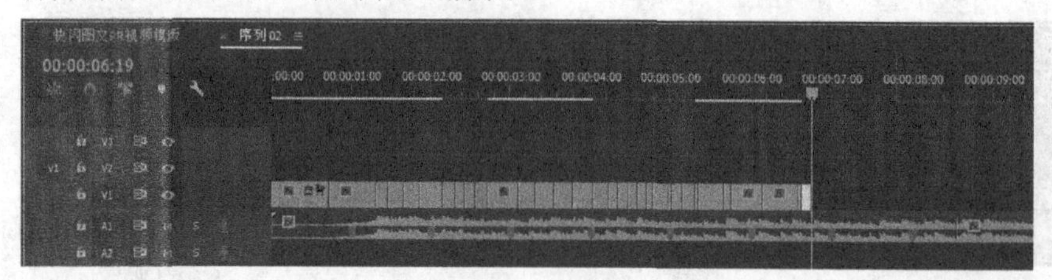

图11-70

图11-71

40 移动播放指示器到00:00:06:23的位置，然后将“素材箱：图片”中的016.jpg素材拖曳到V1轨道上，紧挨着之前的素材，如图11-72所示。效果如图11-73所示。

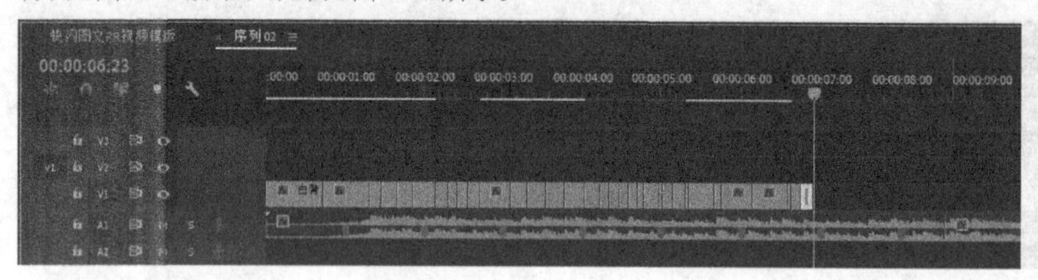

图11-72

图11-73

41 移动播放指示器到00:00:07:01的位置，然后将“素材箱：图片”中的017.jpg素材拖曳到V1轨道上，紧挨着之前的素材，如图11-74所示。效果如图11-75所示。

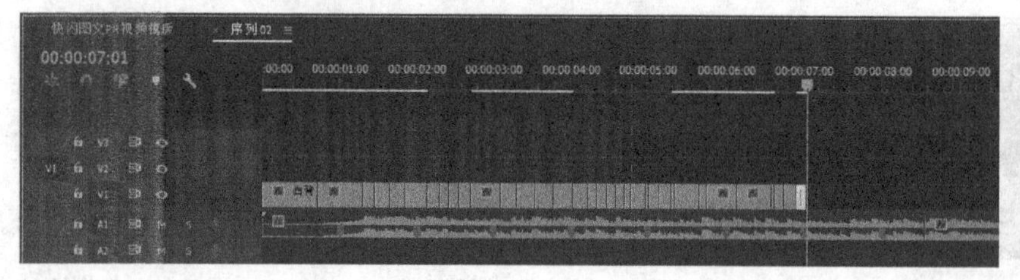

图11-74

图11-75

42 移动播放指示器到00:00:07:04的位置，然后将“素材箱：图片”中的018.jpg素材拖曳到V1轨道上，紧挨着之前的素材，如图11-76所示。效果如图11-77所示。

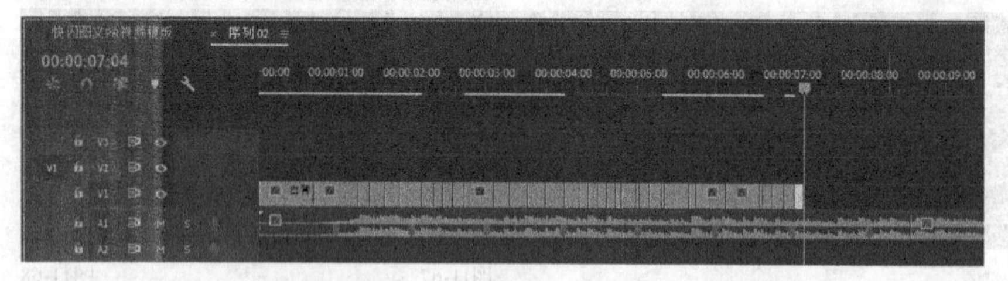

图11-76

图11-77

43 移动播放指示器到00:00:07:07的位置，然后将“素材箱：图片”中的019.jpg素材拖曳到V1轨道上，紧挨着之前的素材，如图11-78所示。效果如图11-79所示。

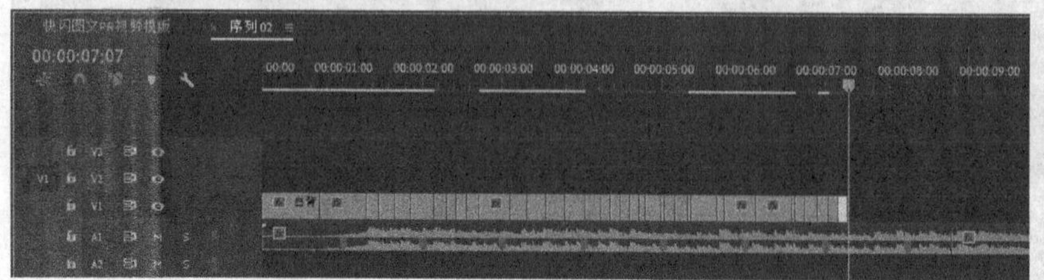

图11-78

图11-79

44 移动播放指示器到00:00:07:10的位置，然后将“素材箱：图片”中的020.jpg素材拖曳到V1轨道上，紧挨着之前的素材，如图11-80所示。效果如图11-81所示。

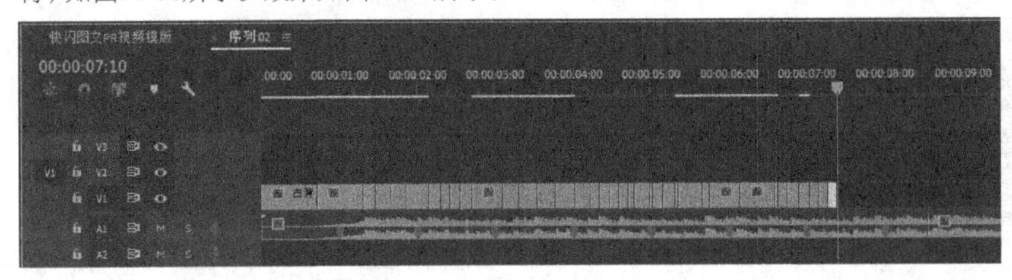

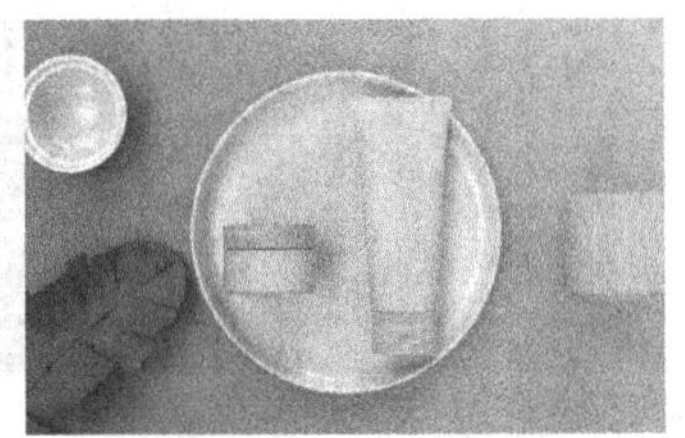

图11-80 图11-81

45 移动播放指示器到00:00:07:14的位置，然后将“素材箱：图片”中的021.jpg素材拖曳到V1轨道上，紧挨着之前的素材，如图11-82所示。效果如图11-83所示。

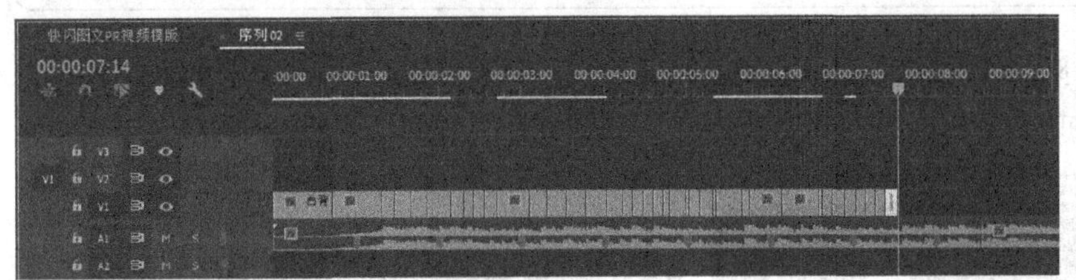

图11-82 图11-83

46 移动播放指示器到00:00:07:23的位置，然后将“素材箱：素材”中的1.jpg素材拖曳到V1轨道上，紧挨着之前的素材，如图11-84所示。效果如图11-85所示。

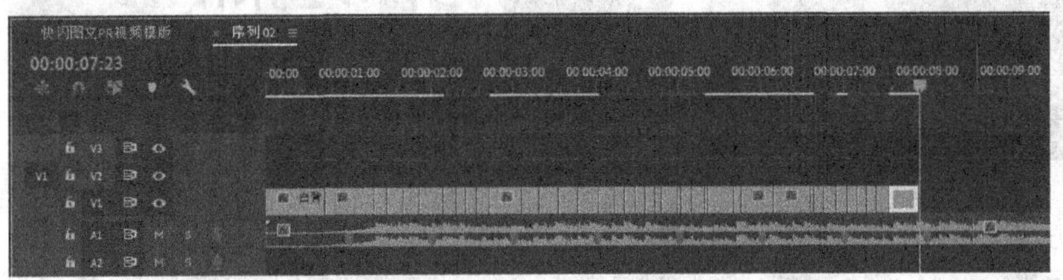

图11-84 图11-85

47 移动播放指示器到00:00:08:08的位置，然后将“素材箱：素材”中的7.jpg素材拖曳到V1轨道上，紧挨着之前的素材，如图11-86所示。效果如图11-87所示。

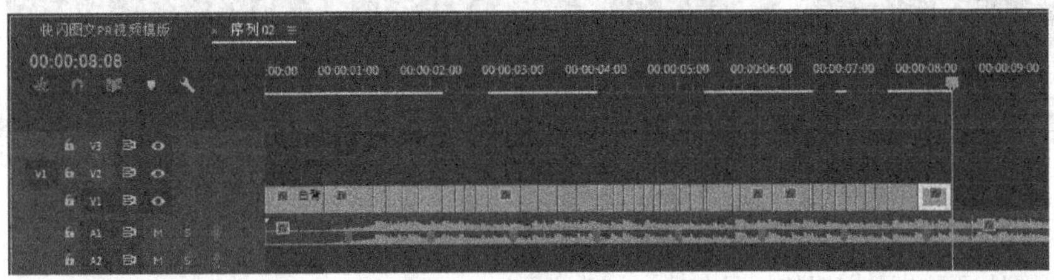

图11-86 图11-87

48 移动播放指示器到00:00:08:14的位置，然后将“素材箱：素材”中的8.jpg素材拖曳到V1轨道上，紧挨着之前的素材，如图11-88所示。效果如图11-89所示。

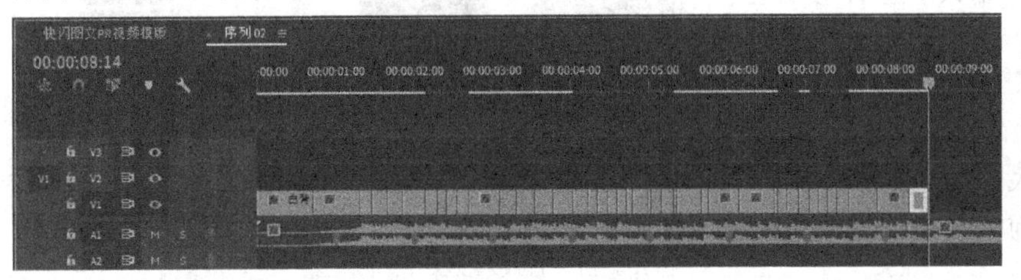

图11-88 图11-89

㊾ 最后将“素材箱：素材”中的2.jpg素材拖曳到V1轨道上，紧挨着之前的素材并与音频末尾齐平，如图11-90所示。效果如图11-91所示。至此，图片部分就按照音乐的节奏制作完成。

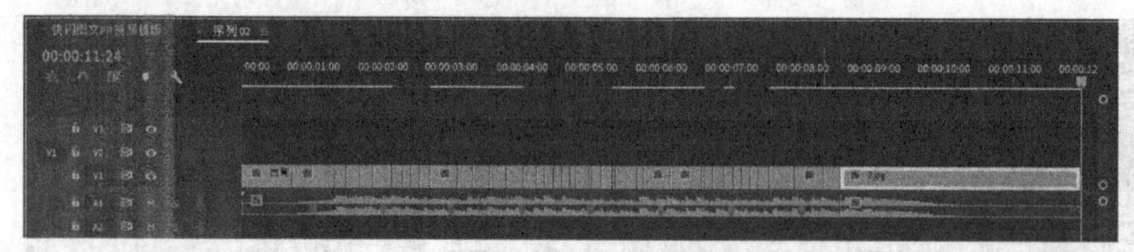

图11-90

图11-91

11.1.2 文字制作

01 移动播放指示器到00:00:00:18的位置，然后使用“文字工具”在节目监视器中输入“别眨眼”，接着在“效果控件”面板中设置“字体”为FZLanTingHei-B-GBK、“字体大小”为300、“字距调整”为200，如图11-92所示。效果如图11-93所示。

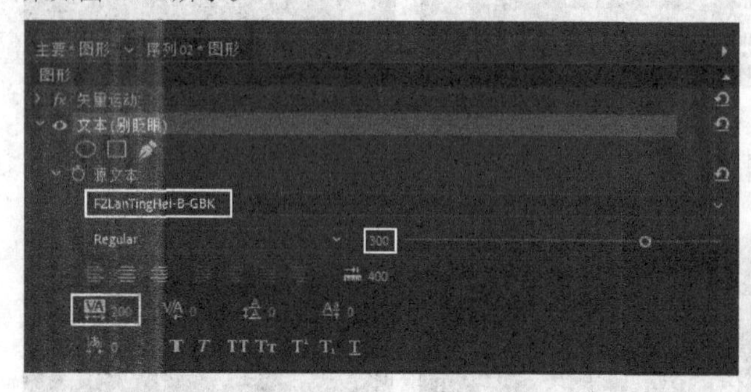

图11-92

图11-93

02 将文本剪辑的长度缩短到和下方图片相同的长度，如图11-94所示。

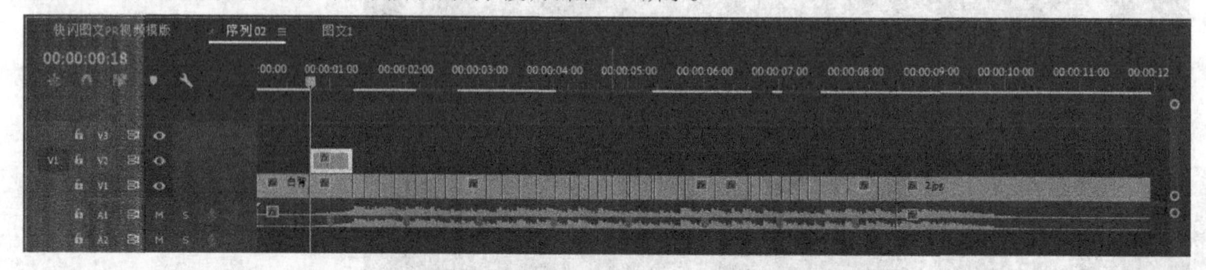

图11-94

技巧与提示

后续将省略介绍使文字剪辑的长度与下方图片剪辑的长度相同这一步。

03 移动播放指示器到00:00:01:08的位置，然后使用“文字工具”在节目监视器中输入“这”，接着在“效果控件”面板中设置“字体大小”为700，效果如图11-95所示。

04 移动播放指示器到00:00:01:12的位置，然后使用“文字工具”在节目监视器中输入“是”，接着在“效果控件”面板中设置“填充颜色”为橙色（R:255，G:121，B:0），效果如图11-96所示。

图11-95

图11-96

技巧与提示

单击“填充”后的吸管按钮，直接吸取图片上的橙色，就可以直接改变文字的颜色。

05 移动播放指示器到00:00:01:17的位置，然后使用“文字工具”在节目监视器中输入“一个”，接着在“效果控件”面板中设置“字体大小”为350、“填充颜色”为白色，效果如图11-97所示。

06 移动播放指示器到00:00:01:22的位置，然后使用“文字工具”在节目监视器中输入“快节奏”，效果如图11-98所示。

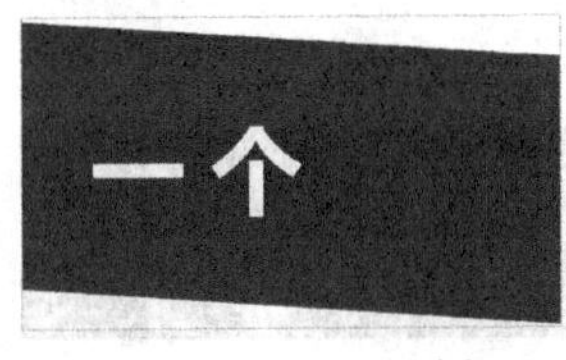

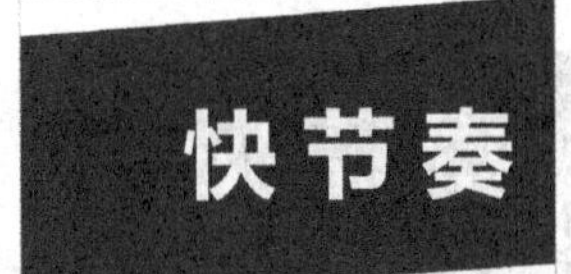

图11-97 图11-98

07 移动播放指示器到00:00:02:04的位置，然后使用“文字工具”在节目监视器中输入Cinema 4D，接着在“效果控件”面板中设置“字体大小”为150、“字距调整”为100，效果如图11-99所示。

08 将“素材箱：素材”文件夹中的“长方形.psd”素材拖曳到文字剪辑的上方，效果如图11-100所示。

图11-99 图11-100

技巧与提示

相应的图片、文字和矩形的剪辑可以转换为一个嵌套序列，这样能方便用户管理序列面板。

09 移动播放指示器到00:00:02:08的位置，然后使用“文字工具”在节目监视器中输入“三维”，接着在“效果控件”面板中设置“字距调整”为999，效果如图11-101所示。

10 将“素材箱：素材”文件夹中的“长方形1.psd”素材拖曳到文字剪辑的上方，效果如图11-102所示。

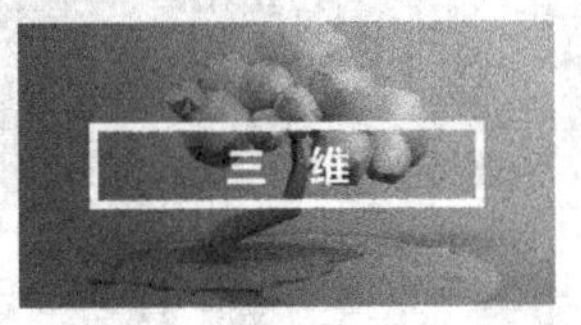

图11-101 图11-102

11 移动播放指示器到00:00:02:11的位置，然后使用“文字工具”在节目监视器中输入“效果”，效果如图11-103所示。

12 将“素材箱：素材”文件夹中的“条.png”素材拖曳到文字剪辑的上方，效果如图11-104所示。

图11-103 图11-104

13 移动播放指示器到00:00:02:14的位置，然后使用“文字工具”在节目监视器中输入“展示”，效果如图11-105所示。

14 将“素材箱：素材”文件夹中的“方块.psd”素材拖曳到文字剪辑的上方，效果如图11-106所示。

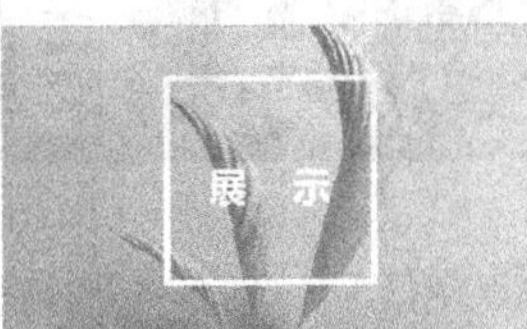

图11-105 图11-106

15 移动播放指示器到00:00:02:18的位置，然后使用“文字工具”在节目监视器中输入“快闪”，然后设置“文字大小”为300、“填充颜色”为青色（R:73，G:152，B:151），效果如图11-107所示。

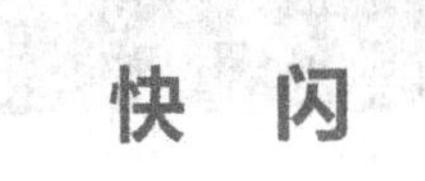

图11-107

16 移动播放指示器到00:00:02:20的位置，然后设置文本的“缩放”关键帧为100，在末尾设置“缩放”关键帧为150，如图11-108所示。效果如图11-109所示。

17 移动播放指示器到00:00:03:03的位置，然后使用“文字工具”在节目监视器中输入“如果”，然后设置“文字大小”为600、“字距调整”为300、“填充颜色”为深灰色（R:46，G:46，B:46），效果如图11-110所示。

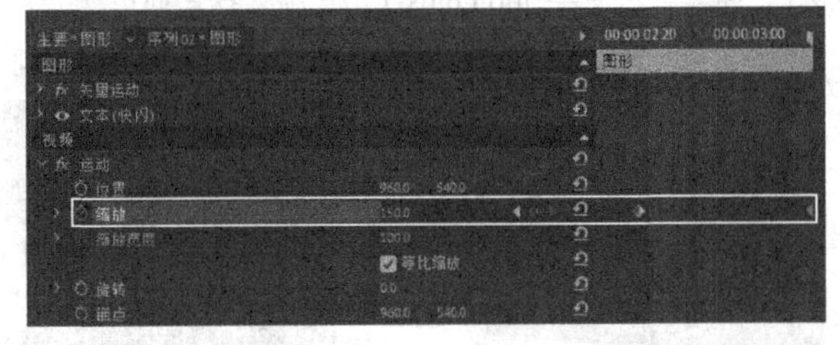

图11-108

快 闪

图11-109 图11-110

⑱ 移动播放指示器到00:00:03:08的位置，然后使用“文字工具”T在节目监视器中输入“没有”，然后设置“填充颜色”为白色，效果如图11-111所示。

⑲ 移动播放指示器到00:00:03:14的位置，然后使用“文字工具”T在节目监视器中输入“看清楚”，然后设置“字体大小”为300，效果如图11-112所示。

⑳ 移动播放指示器到00:00:03:20的位置，然后使用“文字工具”T在节目监视器中输入“请再看一遍”，然后设置“字距调整”为100、“填充颜色”为橙色（R:255，G:121，B:0），效果如图11-113所示。

㉑ 移动播放指示器到00:00:05:08的位置，然后使用“文字工具”T在节目监视器中输入“别”，然后设置“字体大小”为600、“填充颜色”为白色，效果如图11-114所示。

图11-111

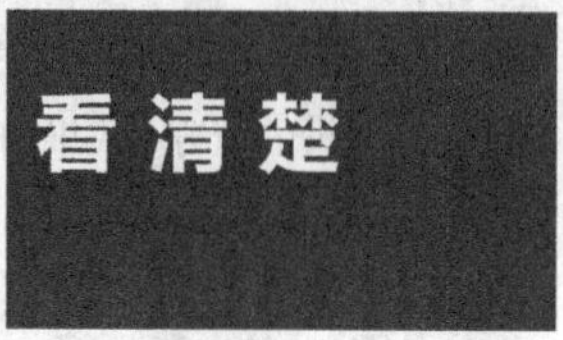

看清楚

图11-112

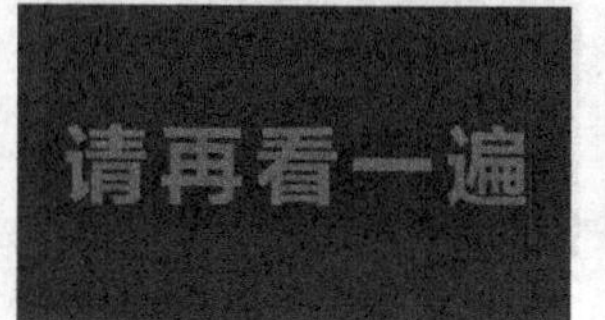

图11-113

图11-114

㉒ 按住Alt键将上一步创建的字体剪辑向右复制一份，并使其和下方图片的剪辑长度相同，如图11-115所示。效果如图11-116所示。

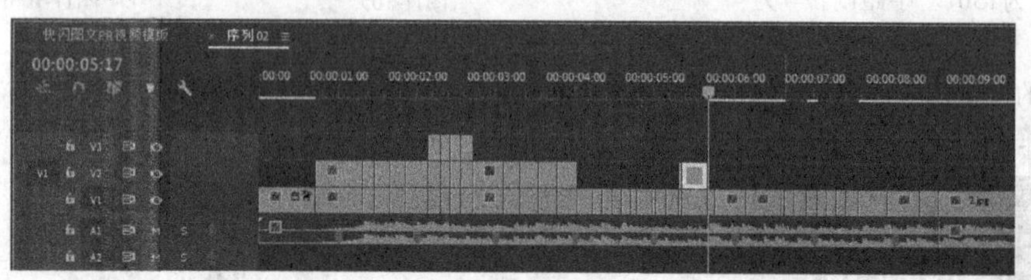

图11-115

图11-116

㉓ 移动播放指示器到00:00:05:12的位置，然后使用“剃刀工具”将文字剪辑裁剪为两截，如图11-117所示。然后移动后半截剪辑中文字的位置，如图11-118所示。

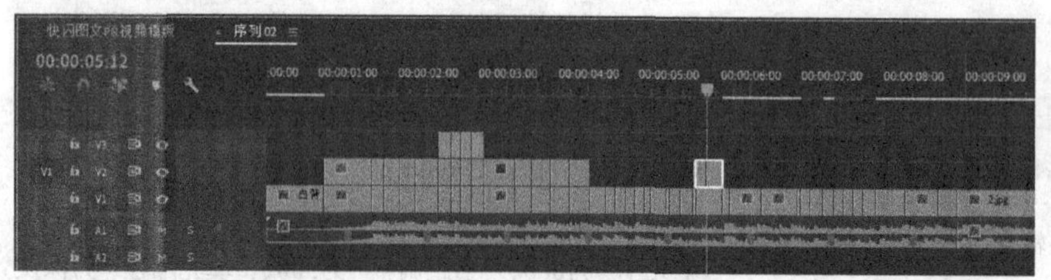

图11-117

图11-118

㉔ 移动播放指示器到00:00:05:17的位置，然后使用“文字工具”T在节目监视器中输入“眨”，如图11-119所示。

㉕ 将文字剪辑复制到右侧，并与下方的图片剪辑长度相同，如图11-120所示。

图11-119

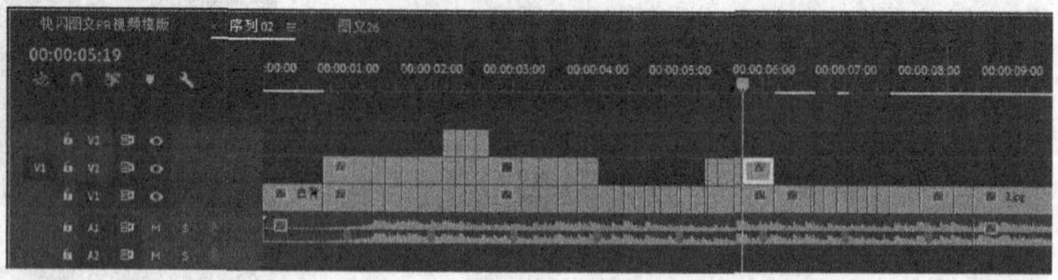

图11-120

㉖ 在00:00:05:21和00:00:06:00的位置使用“剃刀工具”裁剪文字剪辑，然后移动后两段剪辑中文字的位置，如图11-121和图11-122所示。

㉗ 移动播放指示器到00:00:06:04的位置，然后使用“文字工具”T在节目监视器中输入“眼”，如图11-123所示。

㉘ 移动播放指示器到00:00:07:14的位置，然后使用“文字工具”T在节目监视器中输入OK，如图11-124所示。

图11-121  图11-122  图11-123  图11-124

29 将上一步制作的文字剪辑均分为3部分，如图11-125所示。

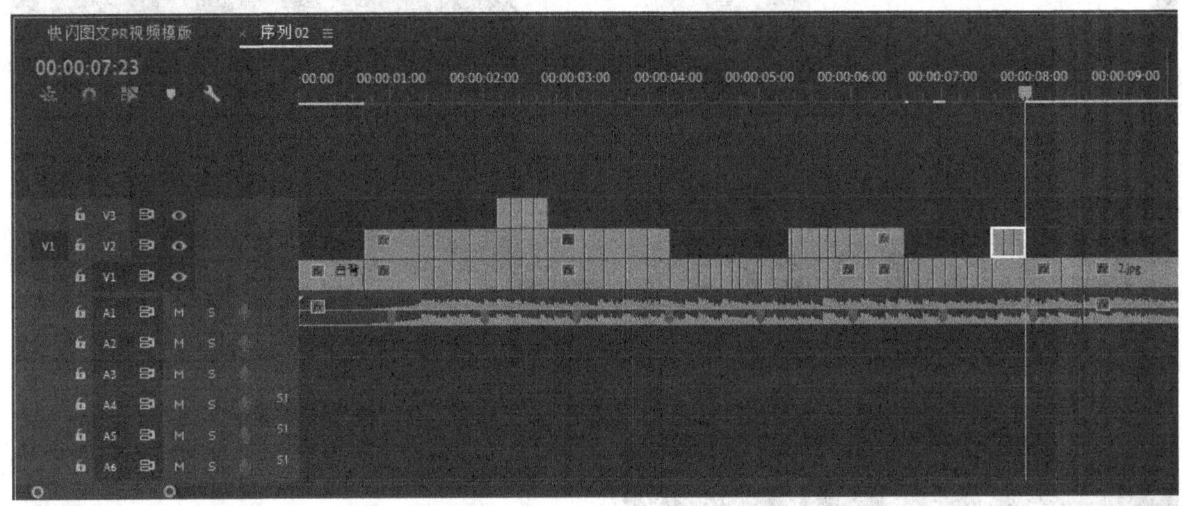

图11-125

技巧与提示

文字剪辑总长9帧，均分3份后，每个剪辑长3帧。

30 在后两个剪辑中移动OK文字的位置，如图11-126和图11-127所示。

31 移动播放指示器到00:00:07:23的位置，然后使用“文字工具”T在节目监视器中输入“展示”，接着在“效果控件”面板中设置“字体大小”为600、“填充颜色”为青色（R:73，G:152，B:151），如图11-128所示。

32 移动播放指示器到00:00:08:08的位置，然后使用“文字工具”T在节目监视器中输入“完毕”，接着在“效果控件”面板中设置“字体大小”为400、“填充颜色”为白色，如图11-129所示。

图11-126

图11-127

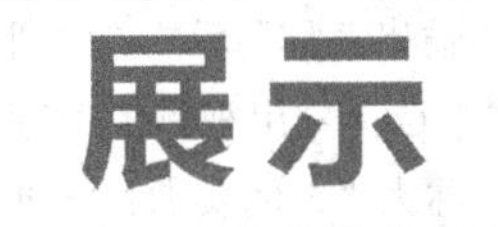

图11-128

图11-129

33 移动播放指示器到00:00:08:14的位置，然后使用“文字工具”T在节目监视器中输入“没看清楚 请再看一遍”，接着在“效果控件”面板中设置“没看清楚”的“字体大小”为245、“请再看一遍”的“字体大小”为200，如图11-130所示。至此，文字部分制作完成。

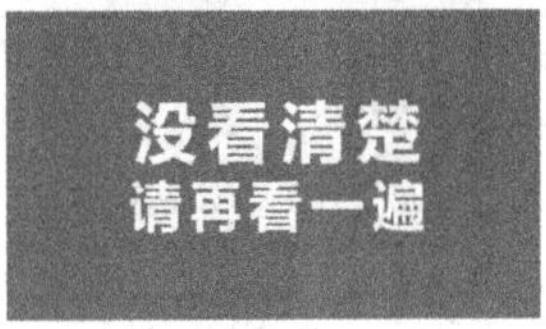

图11-130

11.1.3 渲染输出

01 切换到“时间轴”面板，然后执行“文件>导出>媒体”菜单命令，打开“导出设置”对话框，如图11-131所示。

图11-131

02 在“导出设置”中设置“格式”为H.264，如图11-132所示。

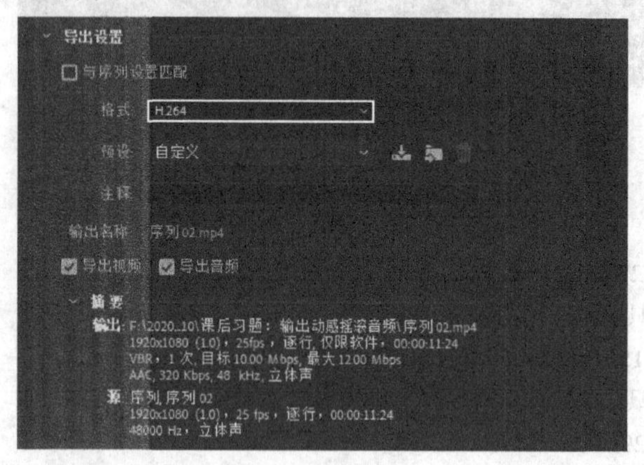

图11-132

03 继续在“导出设置”中单击“输出名称”后的“序列02.mp4”，然后在弹出的对话框中选择导出视频的保存路径，并重新设置导出视频的名称为“案例实训：三维效果展示快闪视频”，如图11-133所示。

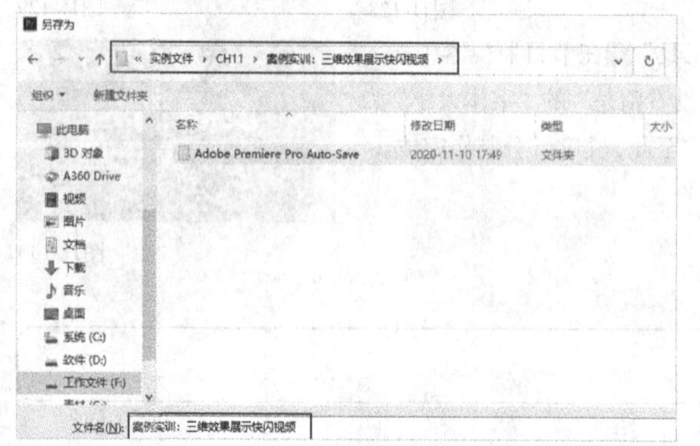

图11-133

04 在“其他参数”中勾选“使用最高渲染质量”选项，然后单击“导出”按钮即可开始渲染，如图11-134所示。系统会弹出对话框显示渲染的进度，如图11-135所示。

图11-134

图11-135

05 渲染完成后，在设置的保存路径的文件夹里就可以找到渲染完成的MP4格式的视频，如图11-136所示。

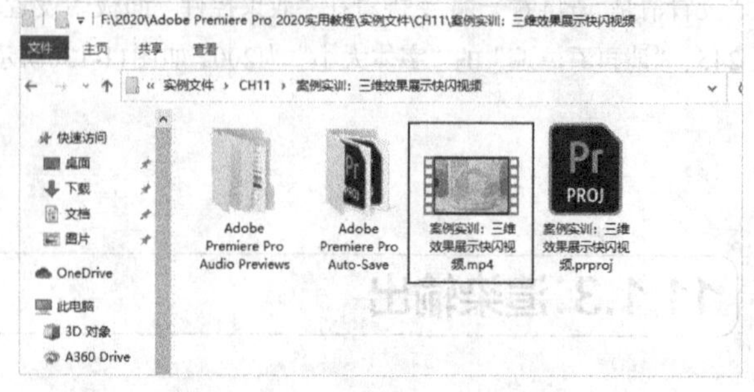

图11-136

06 在视频中随意截取4帧，效果如图11-137所示。

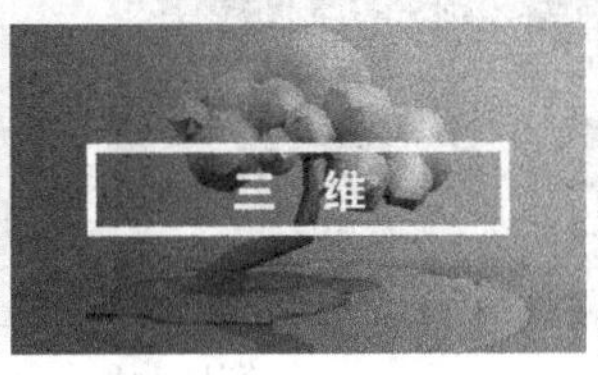

图11-137

11.2 婚礼开场视频

素材文件 素材文件>CH11>02

实例文件 实例文件>CH11>案例实训：婚礼开场视频>案例实训：婚礼开场视频.prproj

视频名称 案例实训：婚礼开场视频.mp4

学习目标 练习婚庆类视频的制作方法

本案例将制作一个婚礼庆典的开场视频，需要在背景视频和音乐中添加婚庆的照片，并制作照片的过渡方式，案例效果如图11-138所示。

图11-138

11.2.1 图片和文字制作

01 导入本书学习资源中“素材文件>CH11>02”文件夹下的所有素材，如图11-139所示。

02 新建一个AVCHD 1080p25序列，先将音频文件和背景视频文件拖曳到“时间轴”面板上，如图11-140所示。

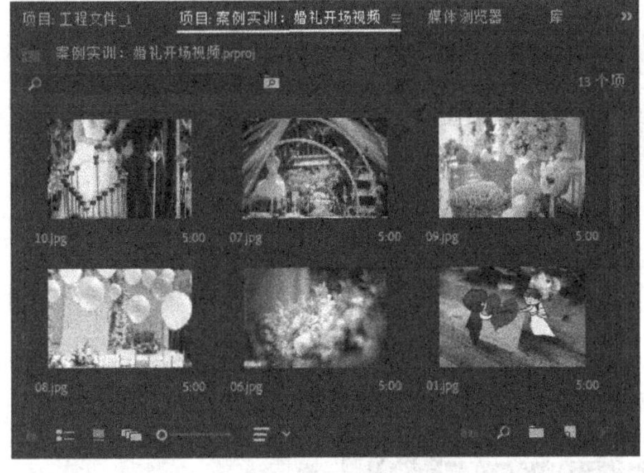

图11-139

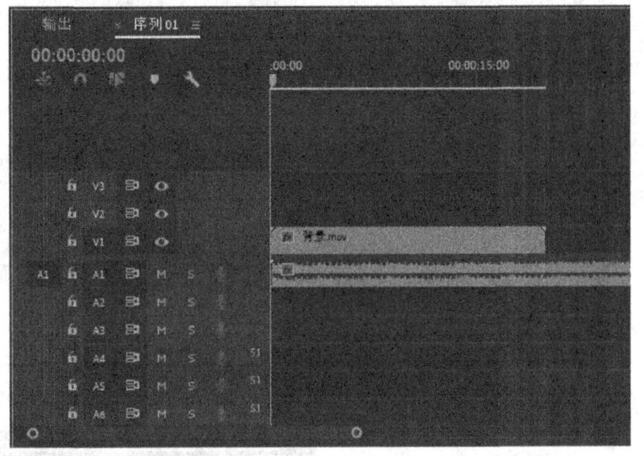

图11-140

03 在00:00:15:00的位置裁剪背景视频和音频的剪辑，让整个序列长度保持在15秒，如图11-141所示。效果如图11-142所示。

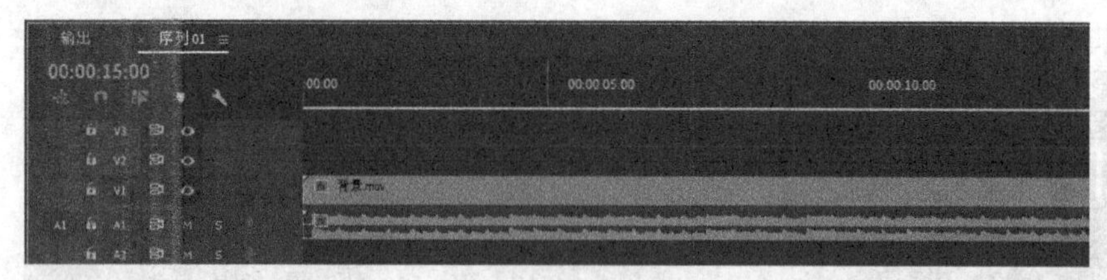

图11-141

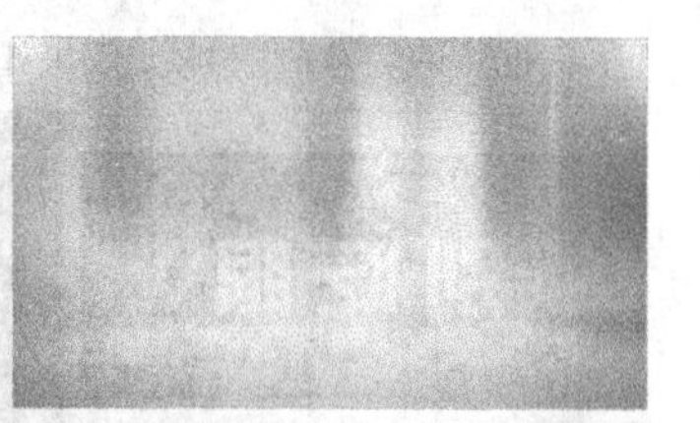

图11-142

04 将图片素材按照顺序依次摆放在V2轨道中，然后设置单个图片素材的“持续时间”均为00:00:01:12，如图11-143所示。

图11-143

05 将播放指示器移动到10.jpg剪辑的末尾，然后使用“文字工具” 在节目监视器中输入“即将开始 尽请期待”，接着设置“字体”为HYShiGuangTiW、“字体大小”为215、“填充颜色”为橘红色（R:244，G:108，B:81），如图11-144和图11-145所示。

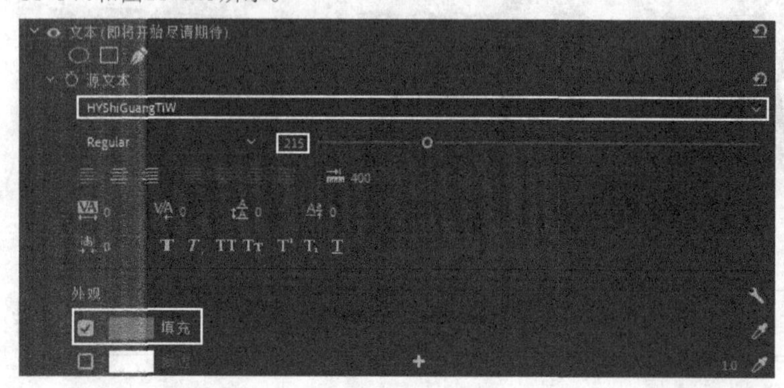

图11-144

技巧与提示

字体和颜色这里仅作为参考，读者可灵活处理。

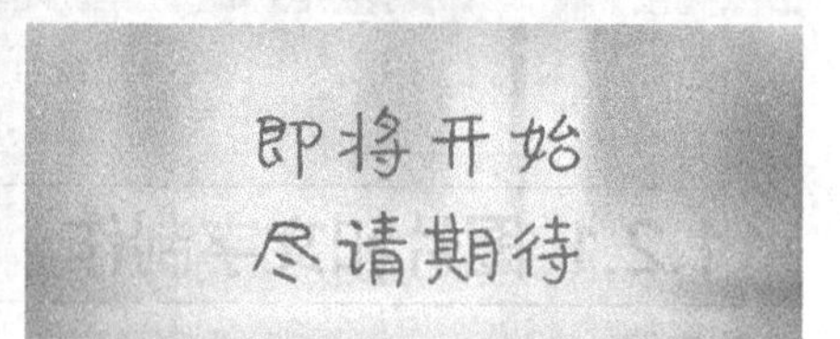

图11-145

06 选中所有的图片剪辑，然后将其缩放为帧大小后，再设置“缩放”为75，如图11-146所示。

图11-146

11.2.2 动画制作

01 选中01.jpg剪辑，然后在起始位置设置“位置”为960，-597、“旋转”为20°，并添加关键帧，如图11-147所示。此时素材图片位于画面外部，如图11-148所示。

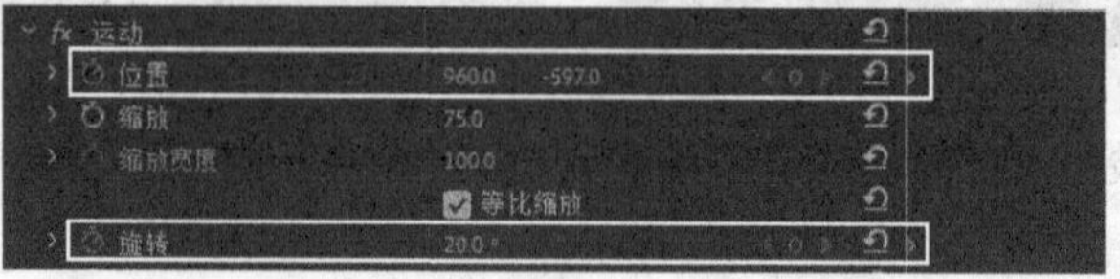

图11-147

图11-148

02 移动播放指示器到00:00:00:10的位置，然后设置“位置”为960,550、“旋转”为0°，如图11-149所示。画面效果如图11-150所示。

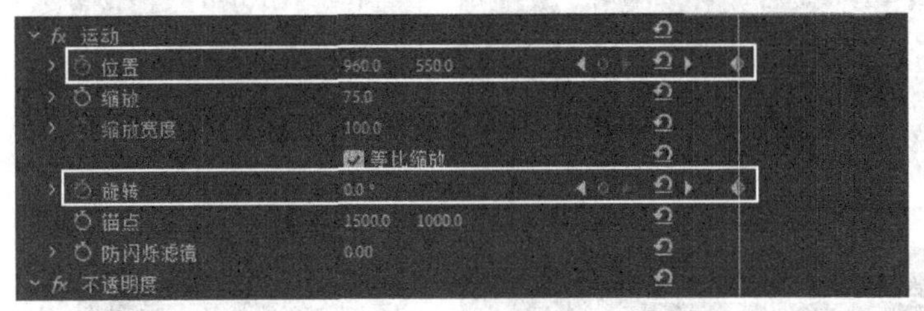

图11-149

图11-150

03 移动播放指示器到00:00:00:20的位置，继续添加相同的位置和旋转关键帧，如图11-151所示。移动播放指示器到00:00:01:12的位置，然后设置“位置”为2666,1025、“旋转”为－60°，如图11-152所示。此时素材会移动到画面外侧。

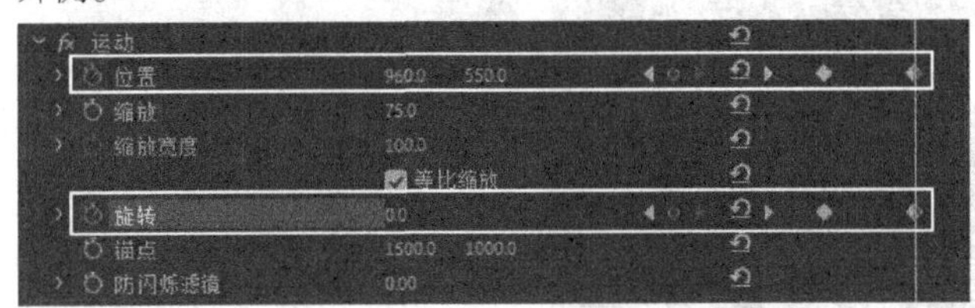

图11-151

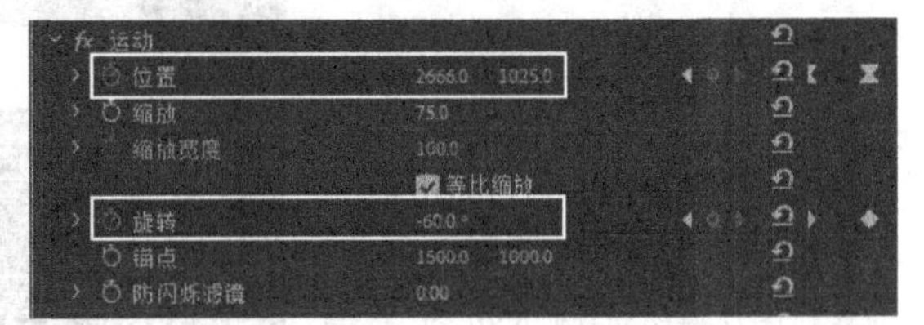

图11-152

04 展开“位置”的运动曲线，将其调整为图11-153所示的曲线效果，这样就能让图片的运动看起来更加平滑。

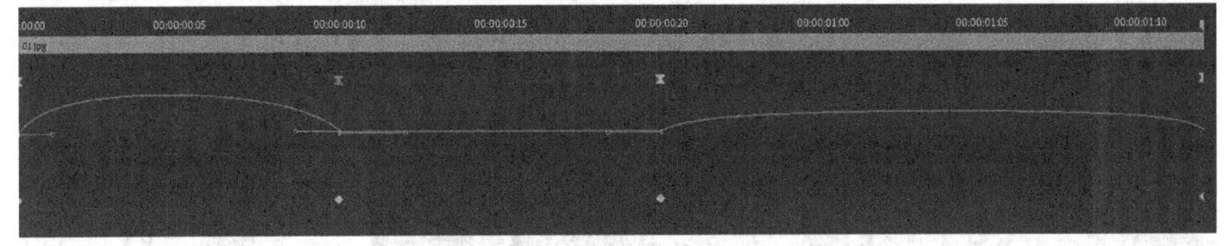

图11-153

技巧与提示

调整关键帧曲线效果在后续的步骤中不会专门讲解，请读者根据动画效果灵活处理。

05 移动播放指示器到00:00:01:05的位置，然后将02.jpg剪辑移动到播放指示器所在位置的V3轨道上，如图11-154所示。此时两个素材会在画面上部分重叠，如图11-155所示。

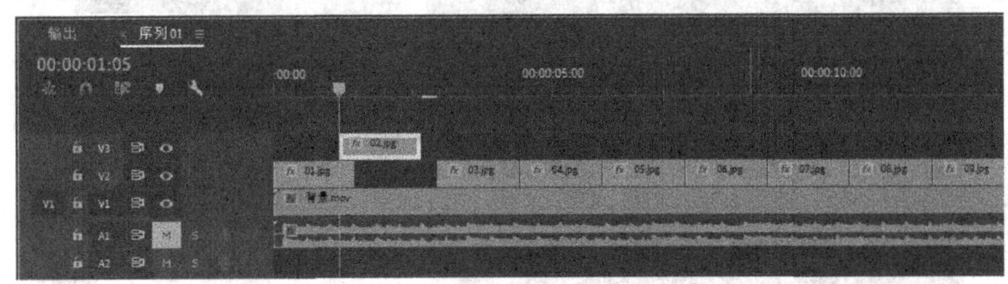

图11-154

图11-155

06 在“效果控件”面板中设置“位置”为620,30、“旋转”为50°，如图11-156所示。效果如图11-157所示。

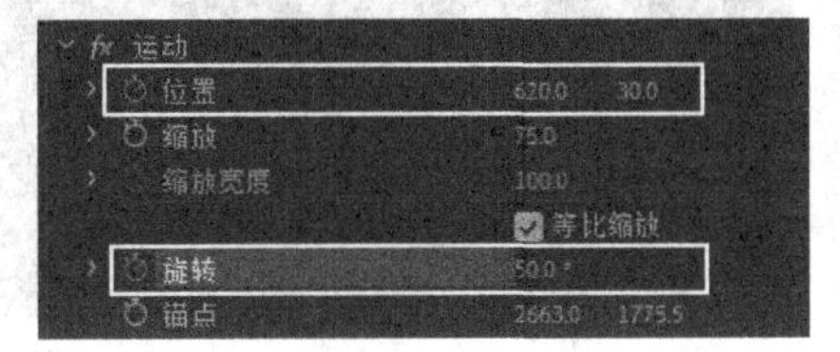

图11-156

图11-157

07 移动播放指示器到00:00:01:15的位置，设置“位置”为960,550、“旋转”为5°，如图11-158所示。效果如图11-159所示。

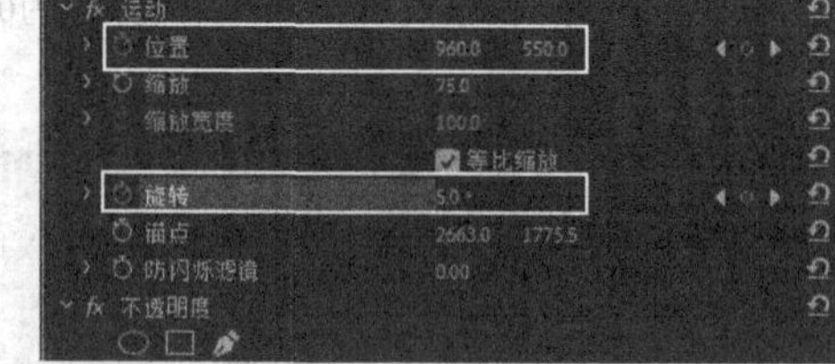

图11-158

图11-159

08 移动播放指示器到00:00:02:00的位置，设置“位置”为960,550、“旋转”为0°，如图11-160所示。效果如图11-161所示。

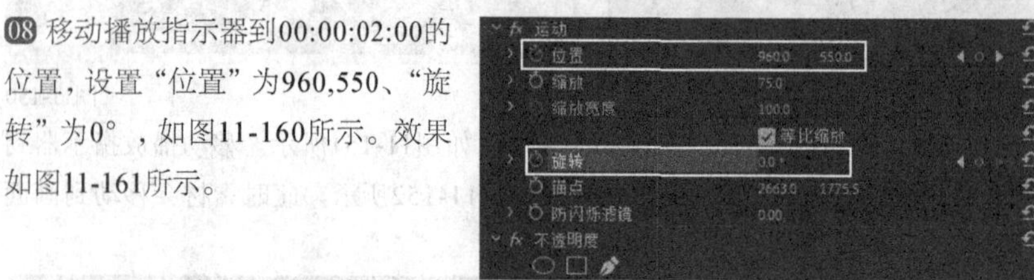

图11-160

图11-161

09 移动播放指示器到00:00:02:15的位置，设置“位置”为960,－425、“旋转”为0°，如图11-162所示。此时素材图片将移动到画面外部，效果如图11-163所示。

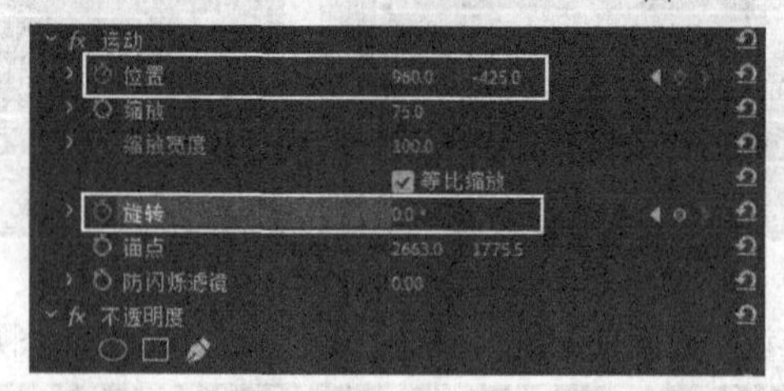

图11-162

图11-163

10 移动播放指示器到00:00:02:10的位置，然后将03.jpg剪辑置于播放指示器所在的位置，如图11-164所示。此时两个图片都会出现在画面中，如图11-165所示。

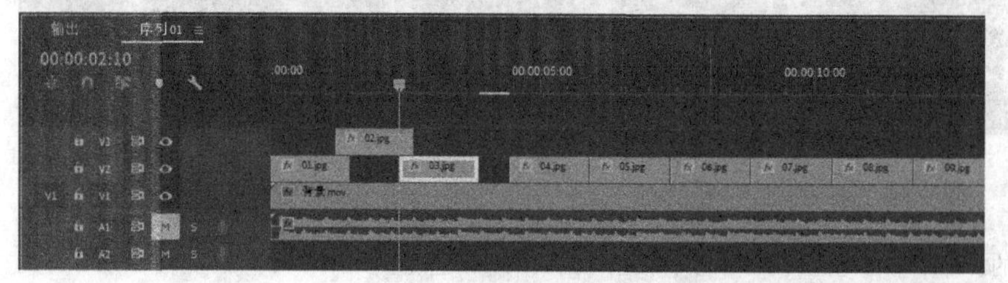

图11-164

图11-165

11 选中03.jpg剪辑，设置“位置”为960,1160，如图11-166所示。效果如图11-167所示。

图11-166

图11-167

12 移动播放指示器到00:00:02:20的位置，设置“位置”为960,550、“旋转”为0°，如图11-168所示。效果如图11-169所示。

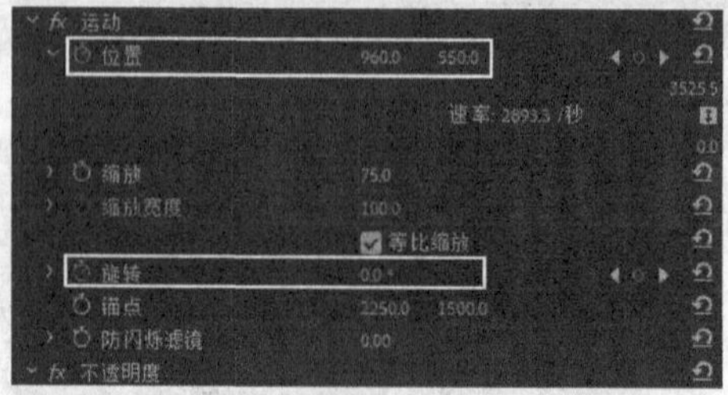

图11-168

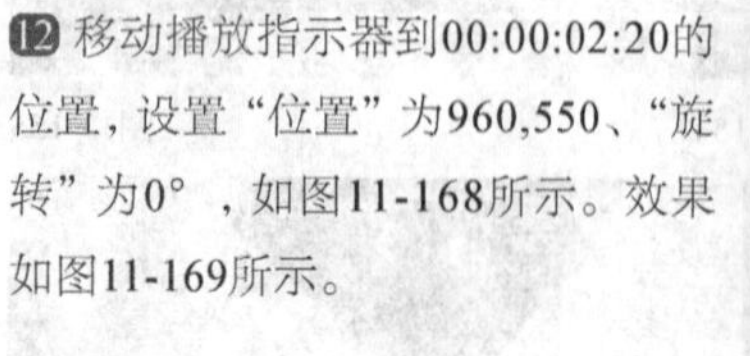

图11-169

⑬ 移动播放指示器到00:00:03:05的位置，设置"位置"为960,443、"旋转"为-5°，如图11-170所示。效果如图11-171所示。

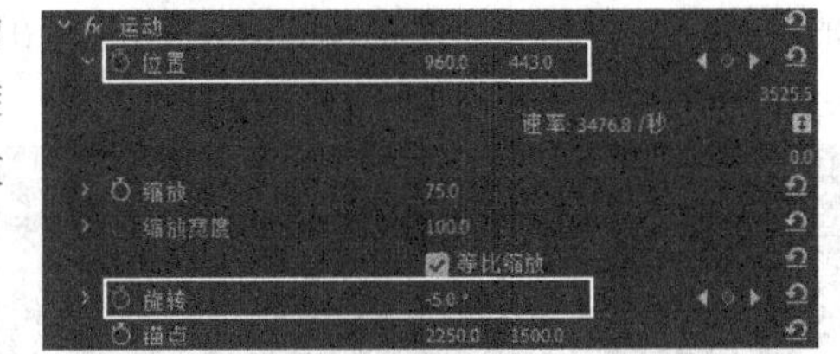

图11-170

图11-171

⑭ 移动播放指示器到00:00:03:22的位置，设置"位置"为170,-643、"旋转"为-30°，如图11-172所示。此时素材图片会离开画面，效果如图11-173所示。

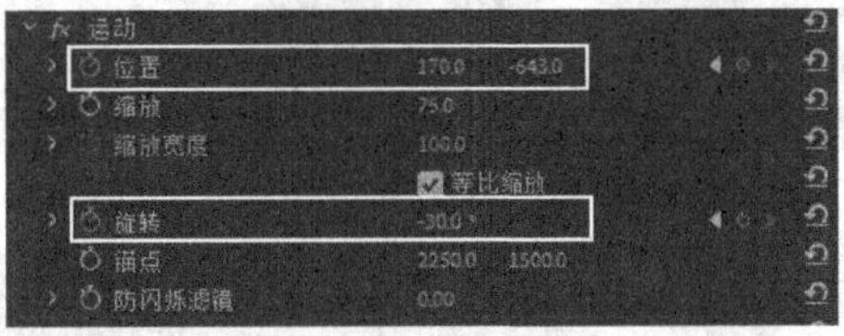

图11-172

图11-173

⑮ 移动播放指示器到00:00:03:15的位置，然后将04.jpg剪辑移动到V3轨道上，如图11-174所示。此时画面中会同时存在两个素材图片，如图11-175所示。

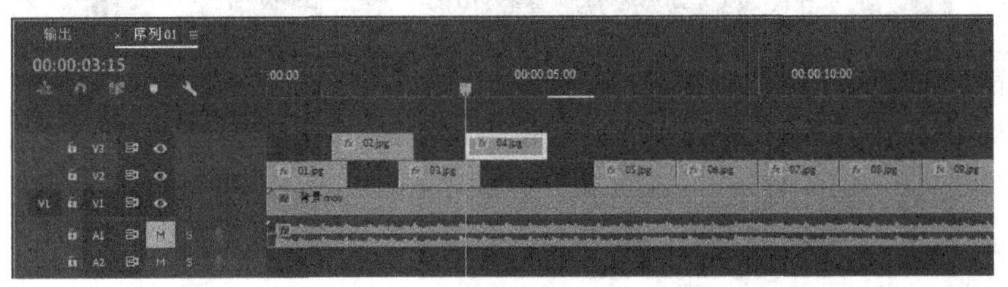

图11-174

图11-175

⑯ 在"效果控件"面板中设置"位置"为1347,1184、"旋转"为70°，如图11-176所示。画面效果如图11-177所示。

图11-176

图11-177

⑰ 移动播放指示器到00:00:04:00的位置，设置"位置"为960,550、"旋转"为5°，如图11-178所示。效果如图11-179所示。

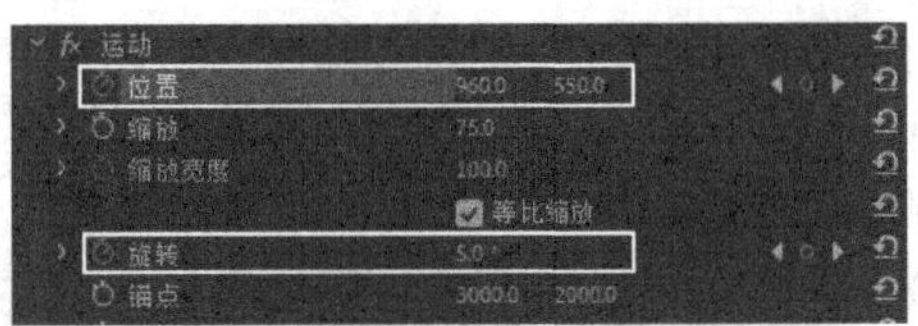

图11-178

图11-179

⑱ 移动播放指示器到00:00:04:10的位置，设置"位置"为960,550、"旋转"为0°，如图11-180所示。效果如图11-181所示。

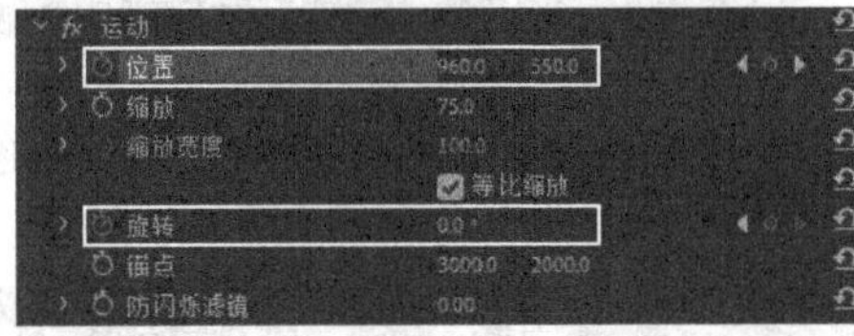

图11-180

图11-181

⑲ 移动播放指示器到00:00:05:01的位置，设置"位置"为960,1546，如图11-182所示。此时素材图片会向下移动出画面，如图11-183所示。

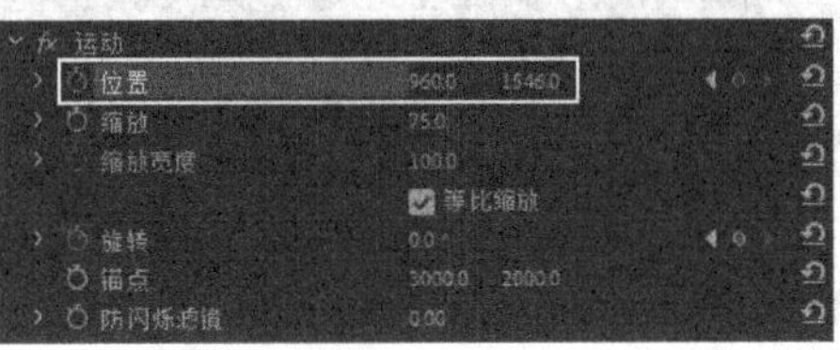

图11-182

图11-183

⑳ 移动播放指示器到00:00:04:15的位置，然后将05.jpg剪辑移动到播放指示器所在位置，如图11-184所示。此时画面中会同时存在两张素材图片，如图11-185所示。

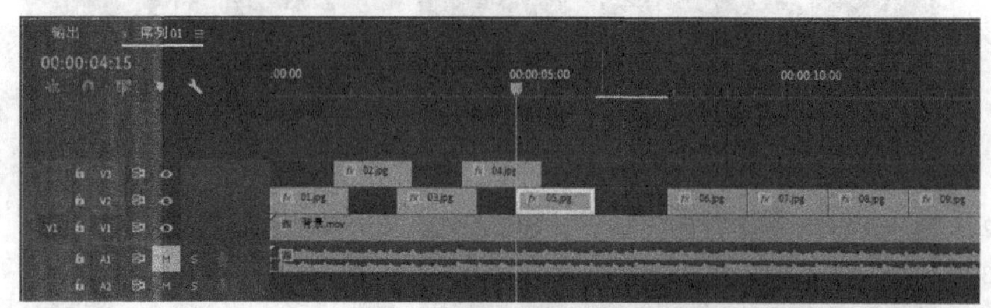

图11-184

图11-185

㉑ 在“效果控件”面板中设置“位置”为960，-253、“旋转”为0°，如图11-186所示。效果如图11-187所示。

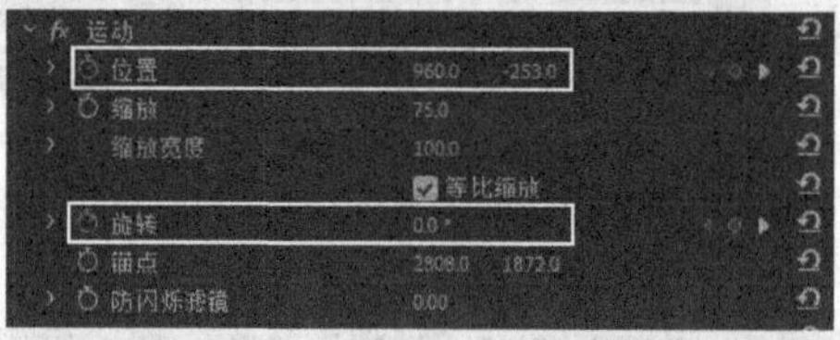

图11-186

图11-187

㉒ 移动播放指示器到00:00:05:00的位置，设置“位置”为960,550、“旋转”为0°，如图11-188所示。效果如图11-189所示。

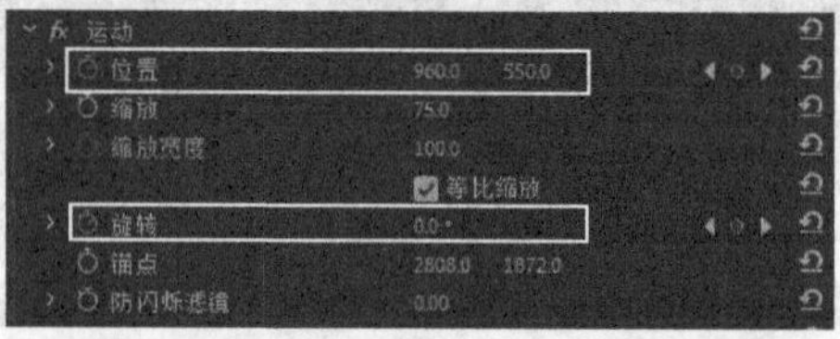

图11-188

图11-189

㉓ 移动播放指示器到00:00:05:10的位置，设置“位置”为960,550、“旋转”为5°，如图11-190所示。效果如图11-191所示。

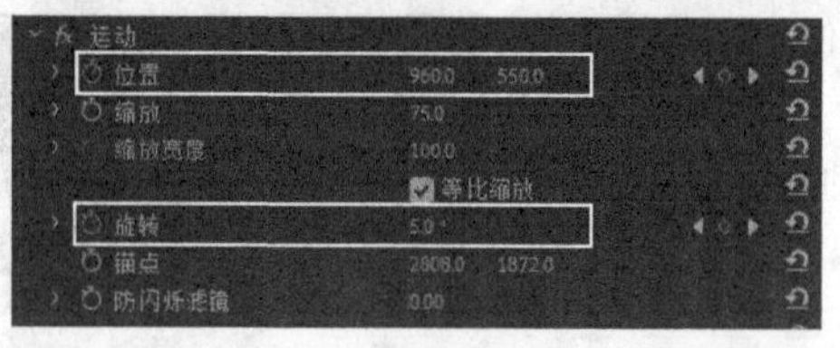

图11-190

图11-191

㉔ 移动播放指示器到00:00:06:01的位置，设置“位置”为-624,1002、“旋转”为50°，如图11-192所示。此时素材图片会向左移动离开画面，效果如图11-193所示。

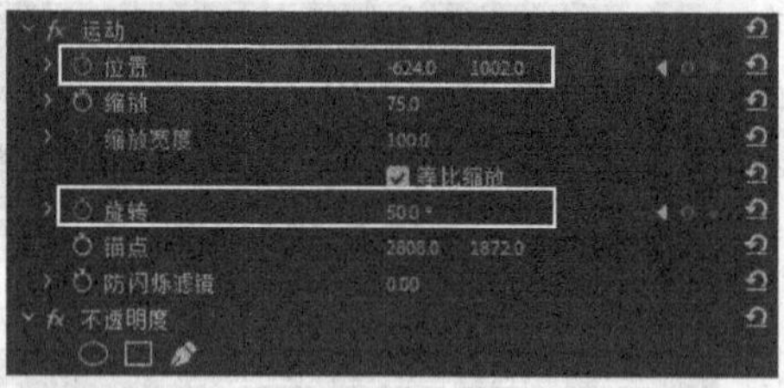

图11-192

图11-193

㉕ 移动播放指示器到00:00:05:20的位置，然后将06.jpg剪辑移动到V3轨道上，如图11-194所示。此时画面中会出现两个素材，如图11-195所示。

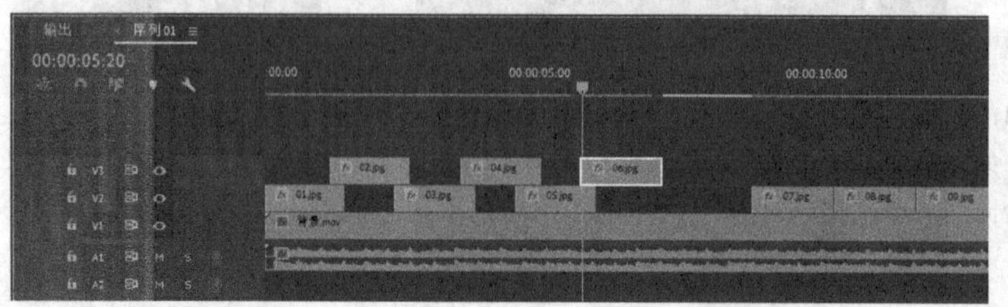

图11-194

图11-195

26 移动播放指示器到00:00:05:20的位置，设置"位置"为1567，－1440、"旋转"为－60°，如图11-196所示。效果如图11-197所示。

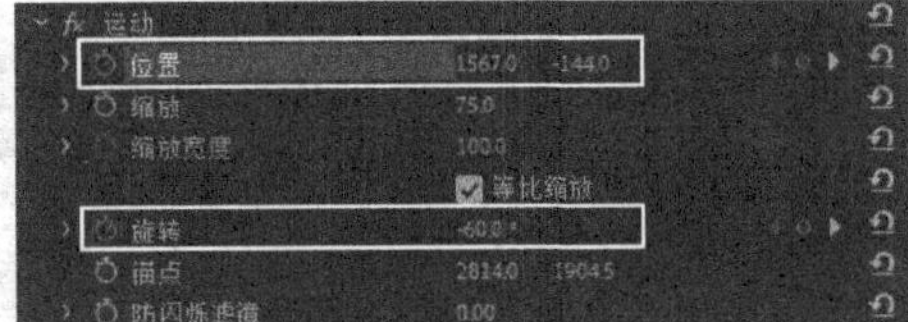

图11-196

图11-197

27 移动播放指示器到00:00:06:05的位置，设置"位置"为960,550、"旋转"为－5°，如图11-198所示。效果如图11-199所示。

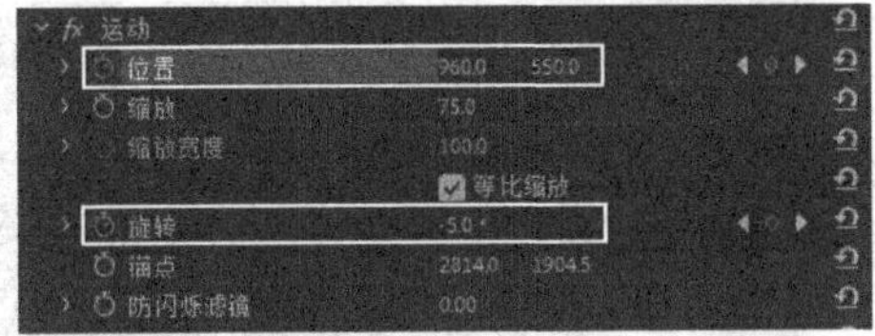

图11-198

图11-199

28 移动播放指示器到00:00:06:15的位置，设置"位置"为960,550、"旋转"为0°，如图11-200所示。效果如图11-201所示。

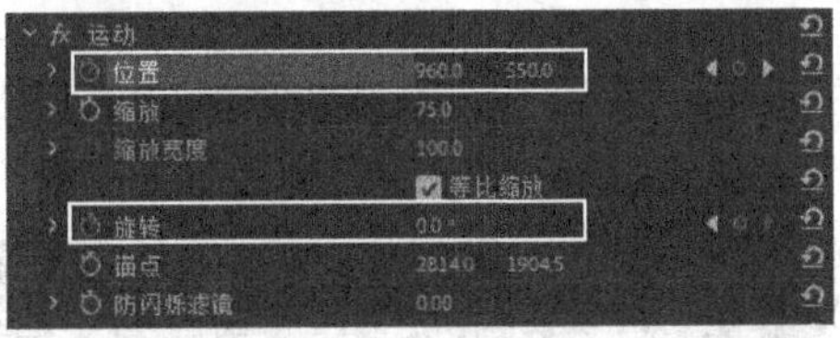

图11-200

图11-201

29 移动播放指示器到00:00:07:06的位置，设置"位置"为960,1536，如图11-202所示。此时素材图片会向下移动出画面，效果如图11-203所示。

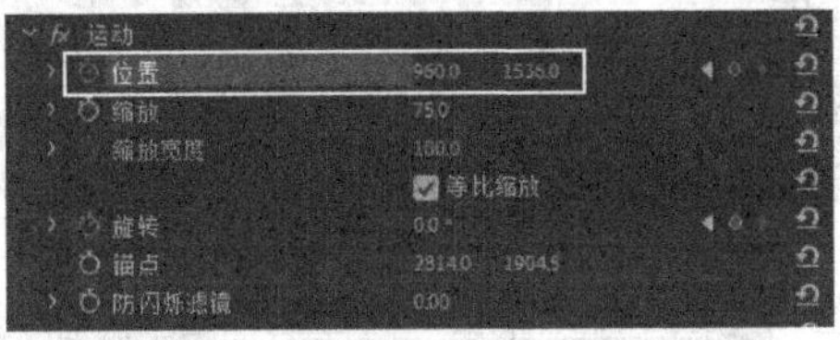

图11-202

图11-203

30 移动播放指示器到00:00:07:00的位置，然后将07.jpg剪辑移动到播放指示器所在位置，如图11-204所示。此时画面中会出现两个素材，如图11-205所示。

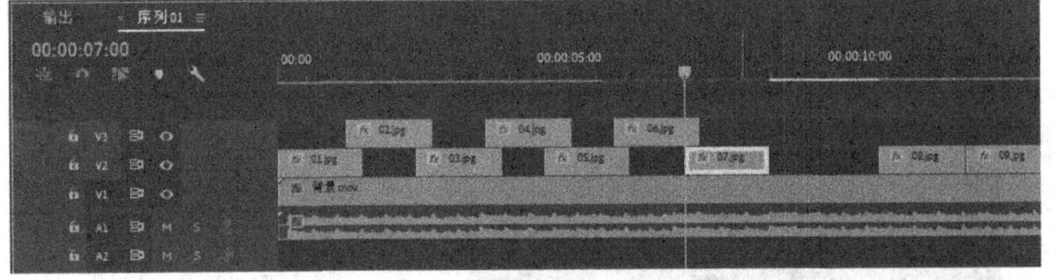

图11-204

图11-205

31 选中07.jpg剪辑，在"效果控件"面板中设置"位置"为960，－14、"旋转"为0°，如图11-206所示。效果如图11-207所示。

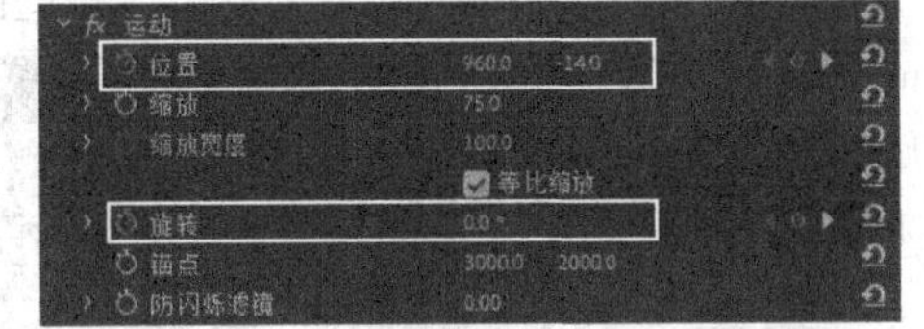

图11-206

图11-207

32 移动播放指示器到00:00:07:10的位置，设置"位置"为960,550、"旋转"为0°，如图11-208所示。效果如图11-209所示。

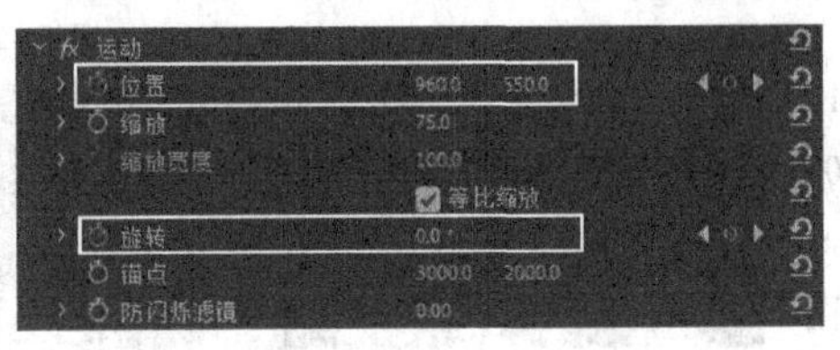

图11-208

图11-209

33 移动播放指示器到00:00:07:20的位置，设置“位置”为960,550、“旋转”为 - 5°，如图11-210所示。效果如图11-211所示。

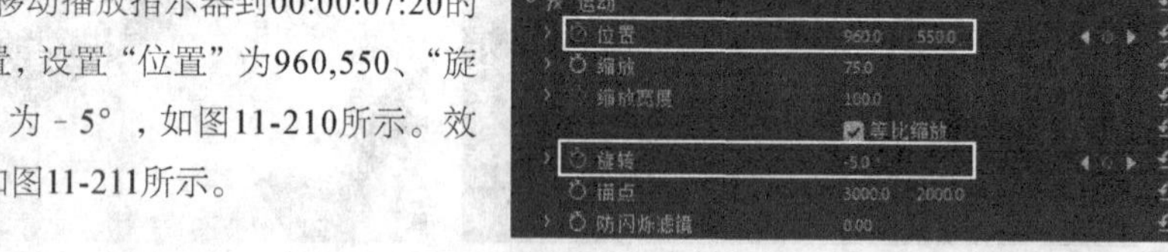

图11-210

图11-211

34 移动播放指示器到00:00:08:12的位置，设置“位置”为2692,1001、“旋转”为 - 60°，如图11-212所示。此时图片会向右旋转并移出画面，效果如图11-213所示。

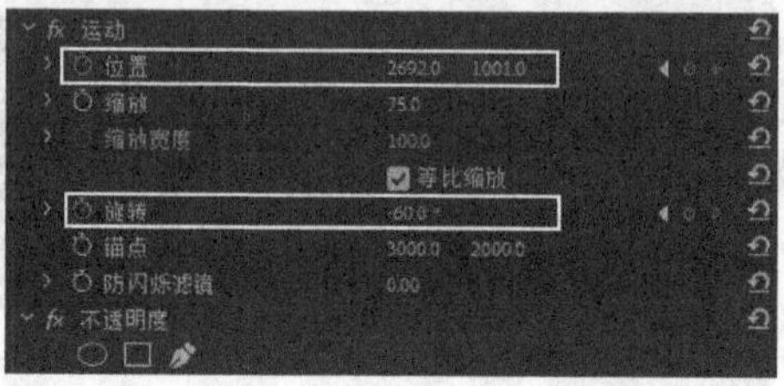

图11-212

图11-213

35 移动播放指示器到00:00:08:00的位置，然后将08.jpg剪辑移动到V3轨道上，如图11-214所示。此时画面中出现两张图片，如图11-215所示。

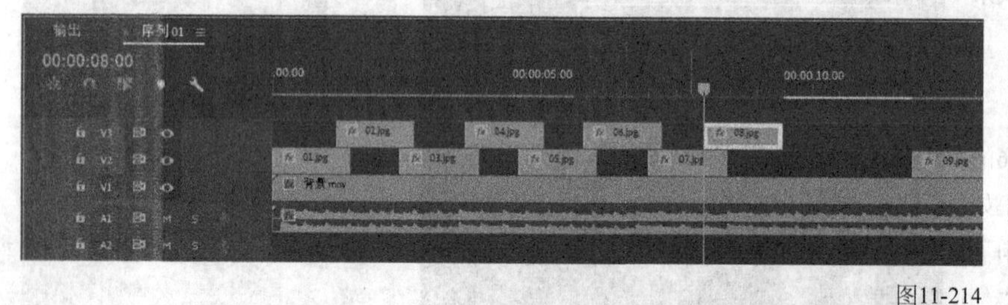

图11-214

图11-215

36 在“效果控件”面板中设置“位置”为210, - 135、“旋转”为70°，如图11-216所示。效果如图11-217所示。

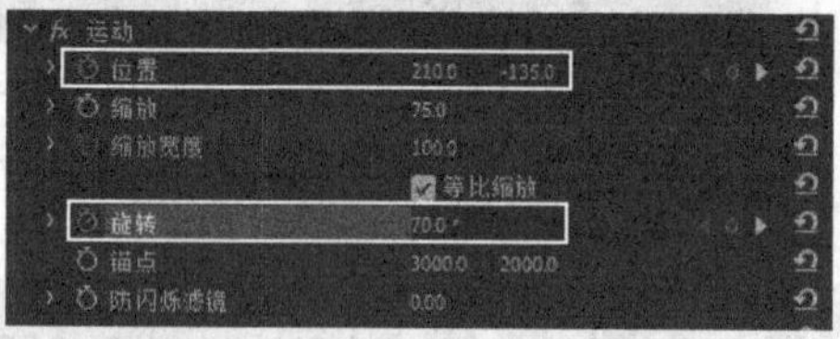

图11-216

图11-217

37 移动播放指示器到00:00:08:12的位置，设置“位置”为960,550、“旋转”为5°，如图11-218所示。效果如图11-219所示。

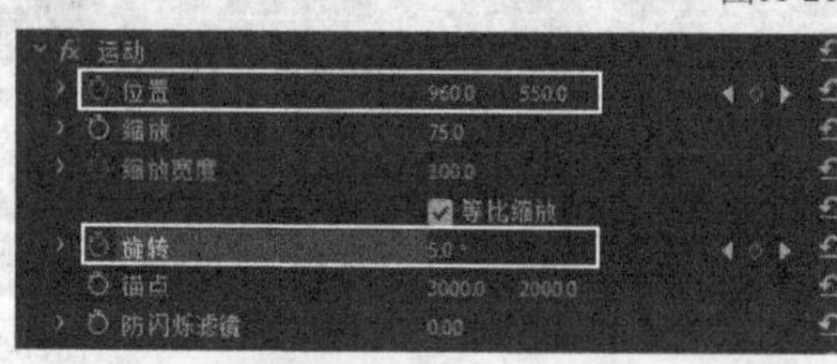

图11-218

图11-219

38 移动播放指示器到00:00:08:22的位置，设置“位置”为960,550、“旋转”为0°，如图11-220所示。效果如图11-221所示。

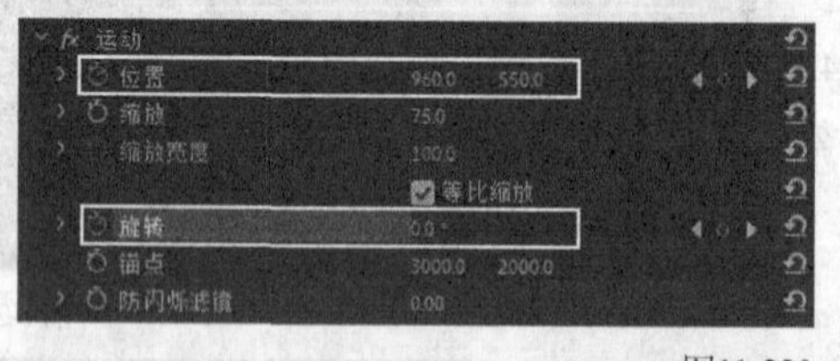

图11-220

图11-221

39 移动播放指示器到00:00:09:12的位置，设置“位置”为 - 642,550、“旋转”为0°，如图11-222所示。此时图片会向左移出画面，效果如图11-223所示。

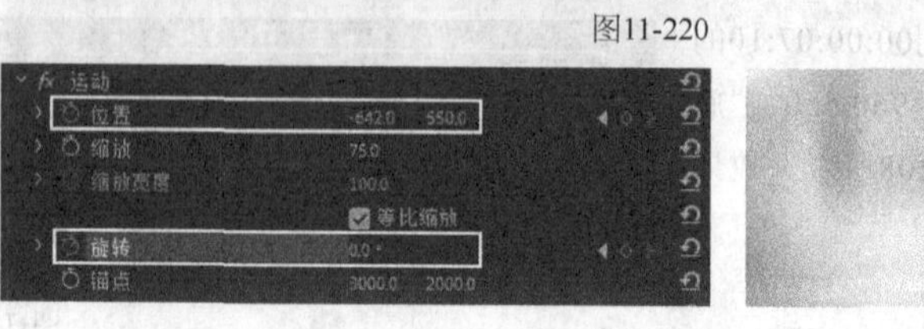

图11-222

图11-223

40 移动播放指示器到00:00:09:05的位置，然后将09.jpg剪辑移动到播放指示器所在位置，如图11-224所示。此时画面中会出现两张图片，如图11-225所示。

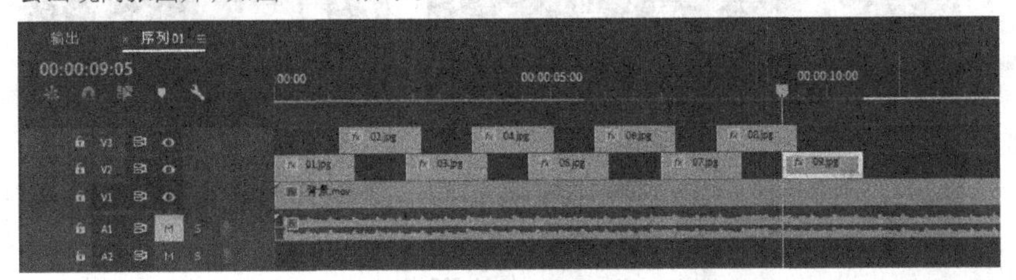

图11-224

图11-225

41 在“效果控件”面板中设置“位置”为2089,550，如图11-226所示。效果如图11-227所示。

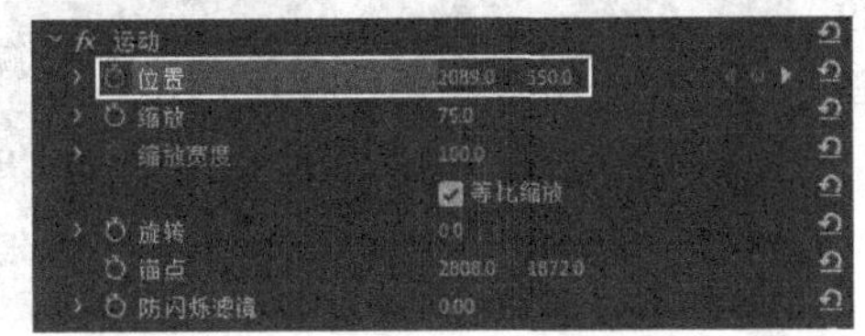

图11-226

图11-227

42 移动播放指示器到00:00:09:15的位置，设置“位置”为960,550，如图11-228所示。效果如图11-229所示。

图11-228

图11-229

43 移动播放指示器到00:00:10:00的位置，然后设置“位置”为960,550，让图片保持原位不动，如图11-230所示。

44 移动播放指示器到00:00:10:16的位置，然后设置“位置”为960,1495，如图11-231所示。此时图片会向下移出画面，效果如图11-232所示。

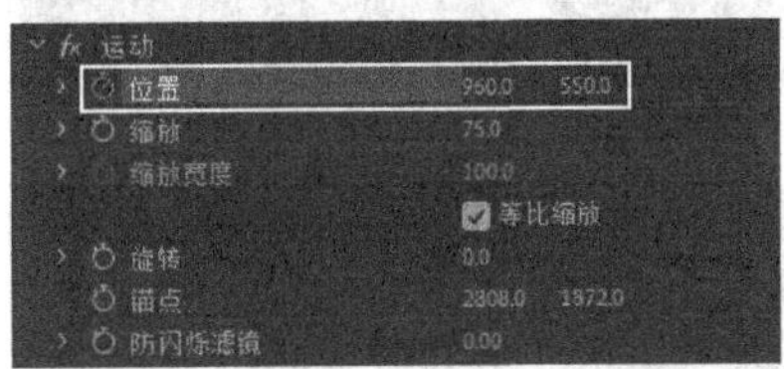

图11-230

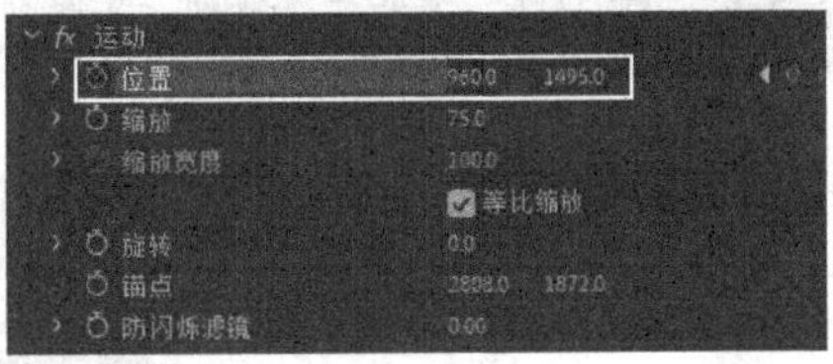

图11-231

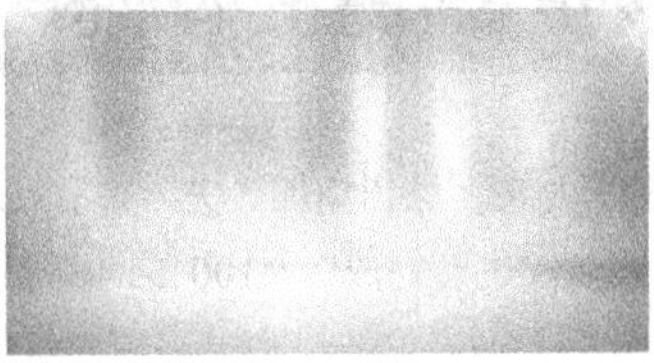

图11-232

45 移动播放指示器到00:00:10:10的位置，然后将10.jpg剪辑移动到V3轨道上，如图11-233所示。此时画面中会出现两张图片，如图11-234所示。

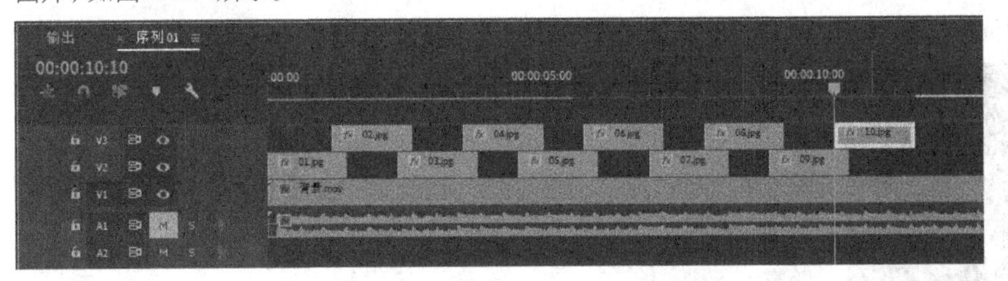

图11-233

图11-234

46 在“效果控件”面板中设置“位置”为960,－51，如图11-235所示。效果如图11-236所示。

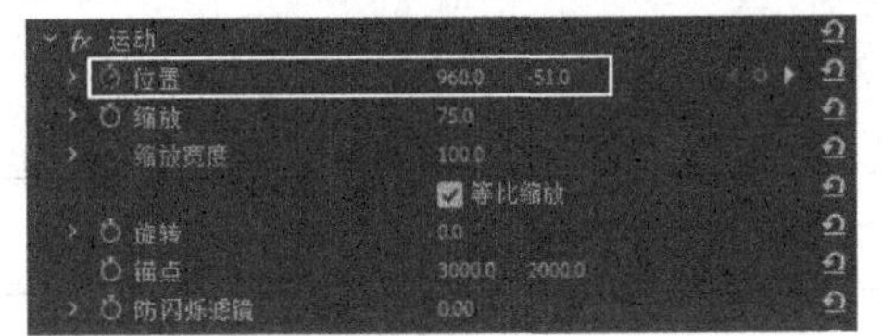

图11-235

图11-236

47 移动播放指示器到00:00:10:20的位置，然后设置“位置”为960,550、“不透明度”为100%，如图11-237所示。效果如图11-238所示。

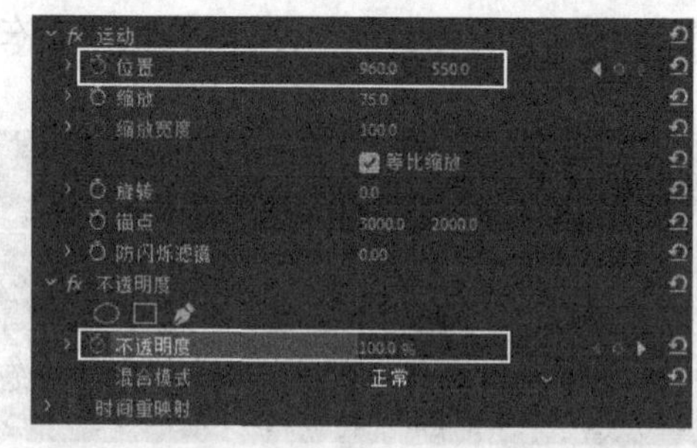

图11-237

图11-238

48 移动播放指示器到00:00:11:21的位置，然后设置“不透明度”为0%，如图11-239所示。效果如图11-240所示。

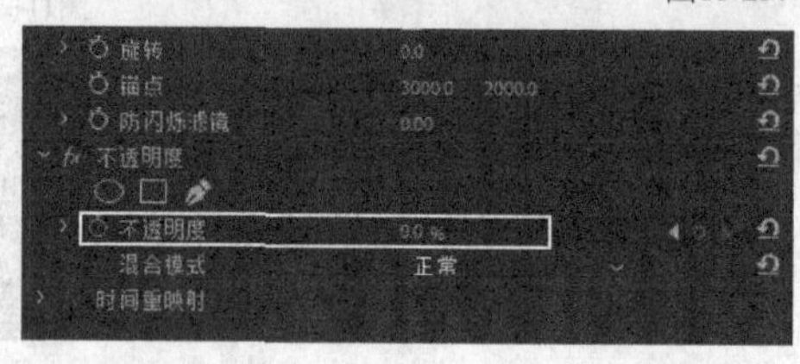

图11-239

图11-240

49 将最后的文字剪辑延长后与序列下方的背景视频和音频剪辑对齐，如图11-241所示。

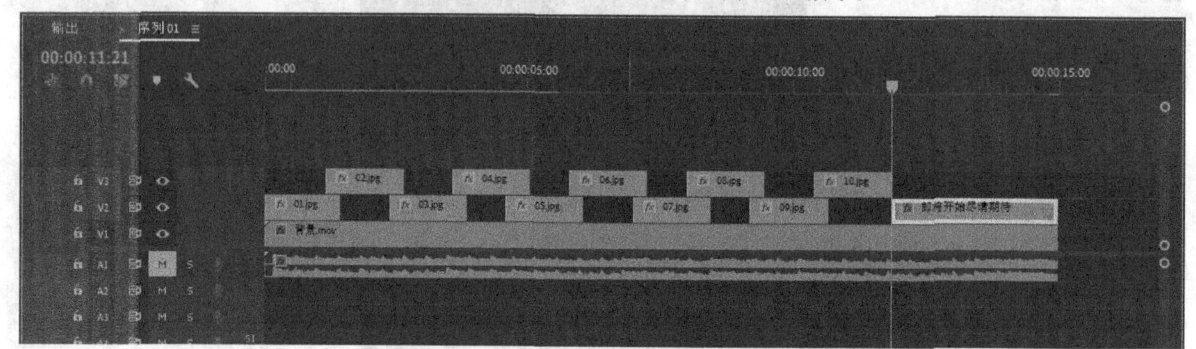

图11-241

50 为文字剪辑添加“块溶解”效果，然后在剪辑的起始和结束位置设置“过渡完成”为100%，如图11-242所示。

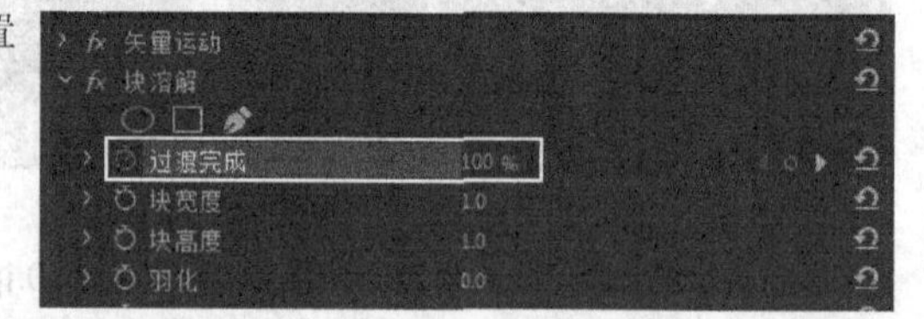

图11-242

51 在00:00:12:15和00:00:14:00的位置设置“过渡完成”为0%，如图11-243所示。效果如图11-244所示。

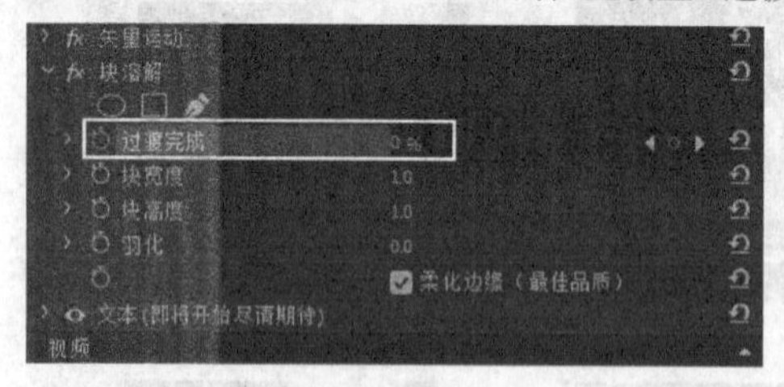

图11-243

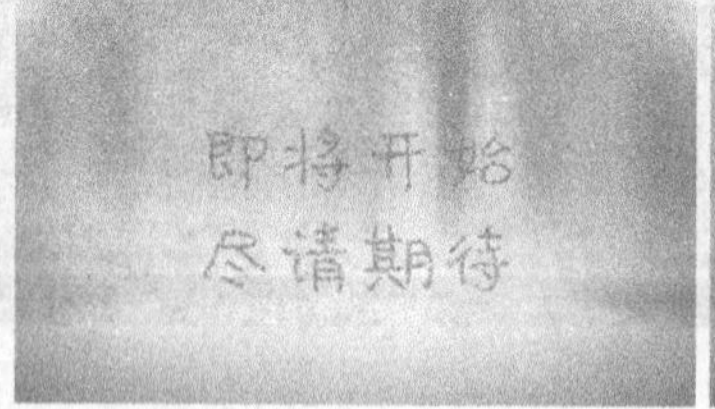

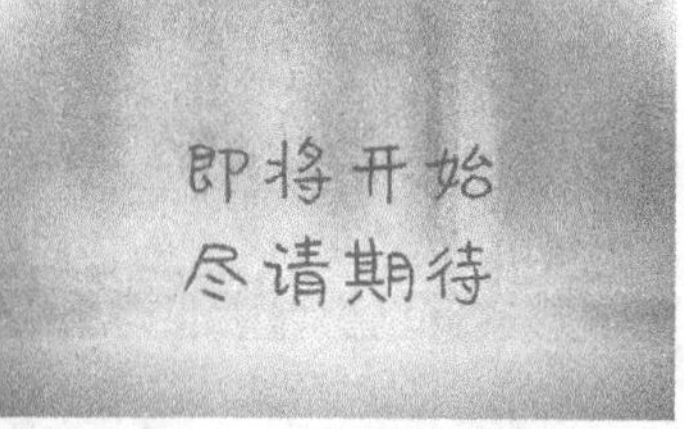

图11-244

11.2.3 渲染输出

01 切换到“时间轴”面板，然后执行“文件>导出>媒体”菜单命令，打开“导出设置”对话框，如图11-245所示。

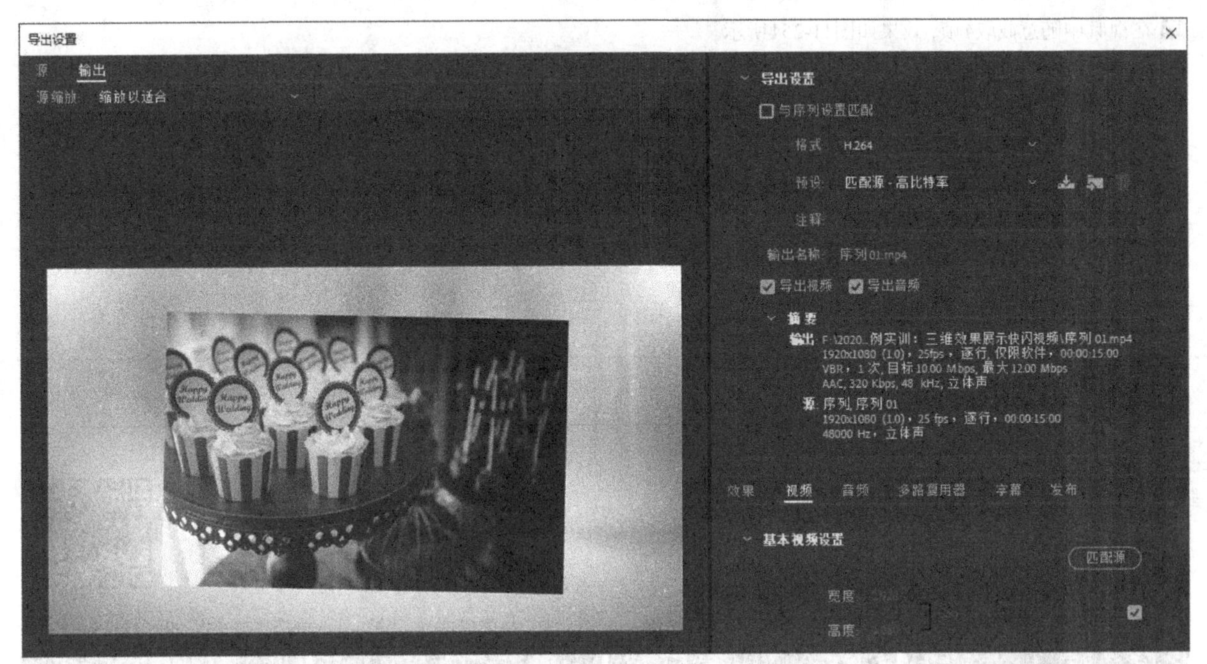

图11-245

02 在“导出设置”中设置“格式”为H.264，如图11-246所示。

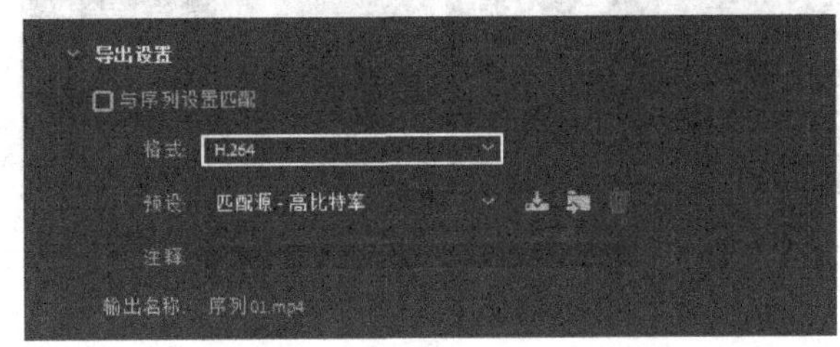

图11-246

03 继续在“导出设置”中单击“输出名称”后的“序列01.mp4”，然后在弹出的对话框中选择导出视频的保存路径，并重新设置导出视频的名称为“案例实训：婚礼开场视频”，如图11-247所示。

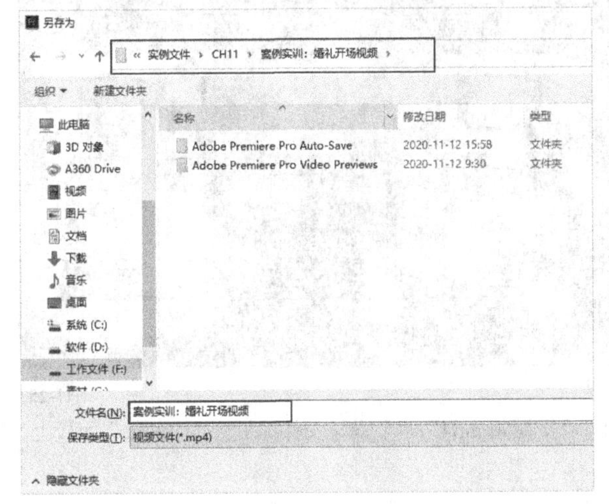

图11-247

04 在“其他参数”中勾选“使用最高渲染质量”选项，然后单击“导出”按钮即可开始渲染，如图11-248所示。系统会弹出对话框显示渲染的进度，如图11-249所示。

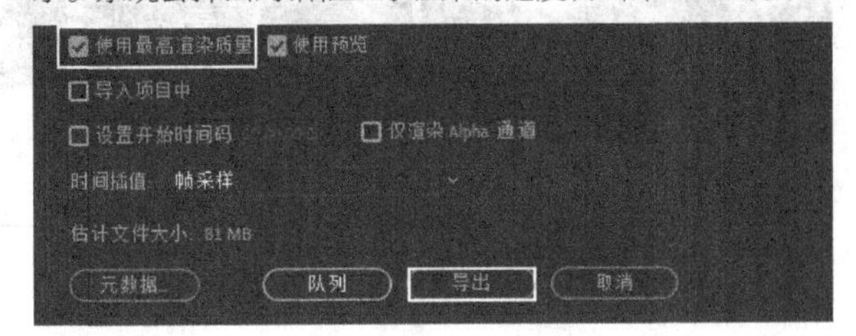

图11-248

图11-249

05 渲染完成后，在设置的保存路径的文件夹里就可以找到渲染完成的MP4格式视频，如图11-250所示。

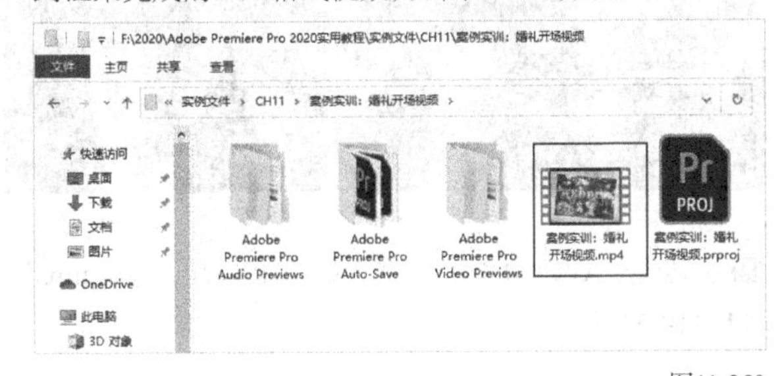

图11-250

06 在视频中随意截取4帧，效果如图11-251所示。

图11-251

11.3 企业宣传视频

素材文件　素材文件>CH11>03
实例文件　实例文件>CH11>案例实训：企业宣传视频>案例实训：企业宣传视频.prproj
视频名称　案例实训：企业宣传视频.mp4
学习目标　练习企业宣传类视频制作方法

扫码观看视频

本案例将运用模板视频，套用现有的素材图片，并添加文字和音效，从而完成企业宣传视频的制作，效果如图11-252所示。

图11-252

11.3.1 音频制作

01 打开本书学习资源中的“素材文件>CH11>03”文件夹，将素材文件全部导入“项目”面板，并分成“音频”和“视频图片”两个素材箱，如图11-253所示。

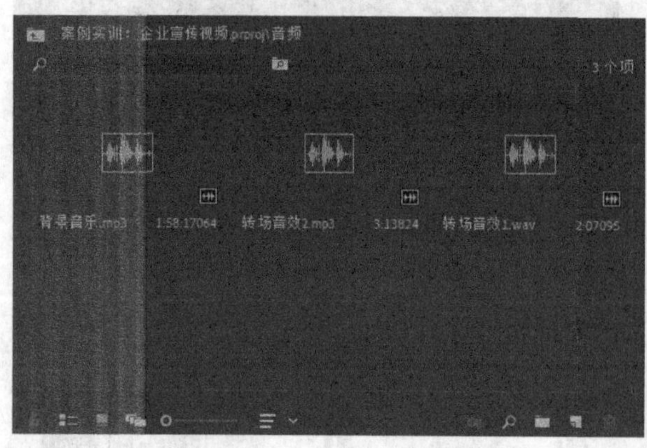

图11-253

02 新建一个AVCHD 1080p25序列，先将“背景音乐.mp3”和“背景视频.mp4”两个素材文件拖曳到“时间轴”面板上，如图11-254所示。

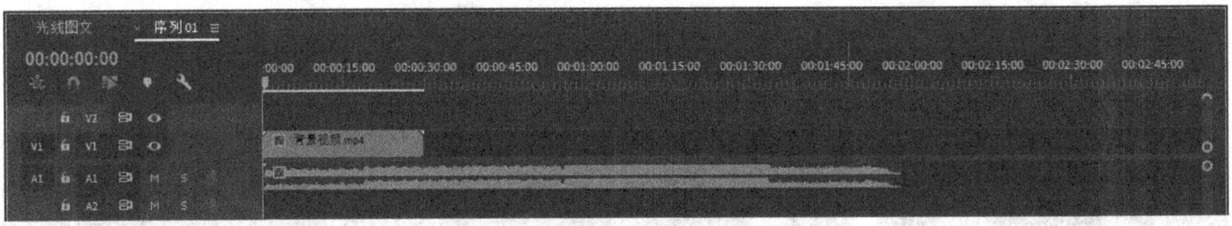

图11-254

03 剪切多余的音频文件，使其与视频文件长度相同，如图11-255所示。

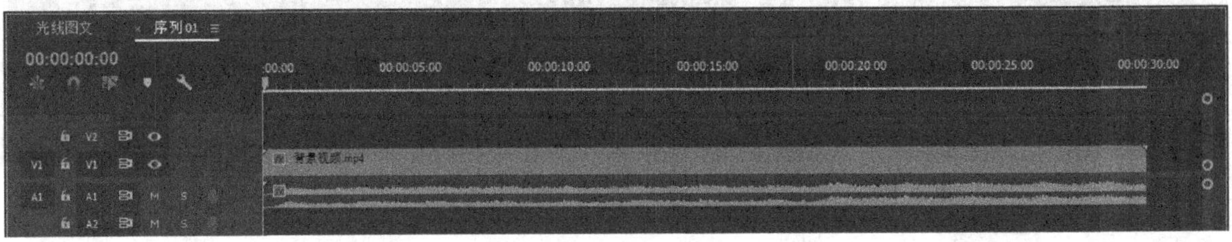

图11-255

04 将“转场音效1.wav”素材文件拖曳到A2轨道的起始位置，可以对应画面中显示框的出现，如图11-256所示。

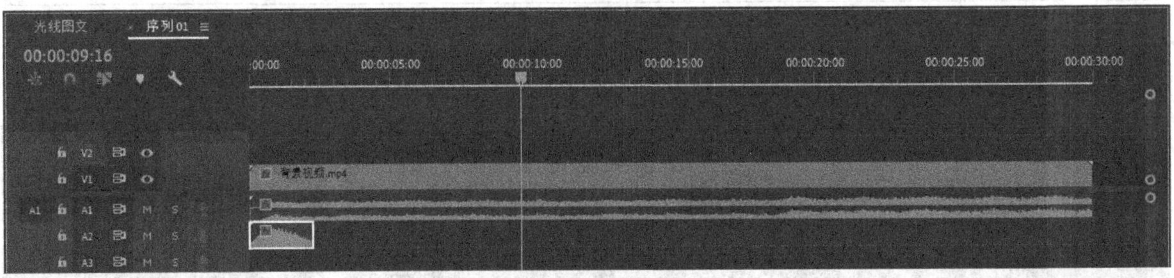

图11-256

05 移动播放指示器到00:00:05:06的位置，此时画面中第2个显示框即将出现，将“转场音效1.wav”素材文件拖曳到A2轨道上，如图11-257所示。

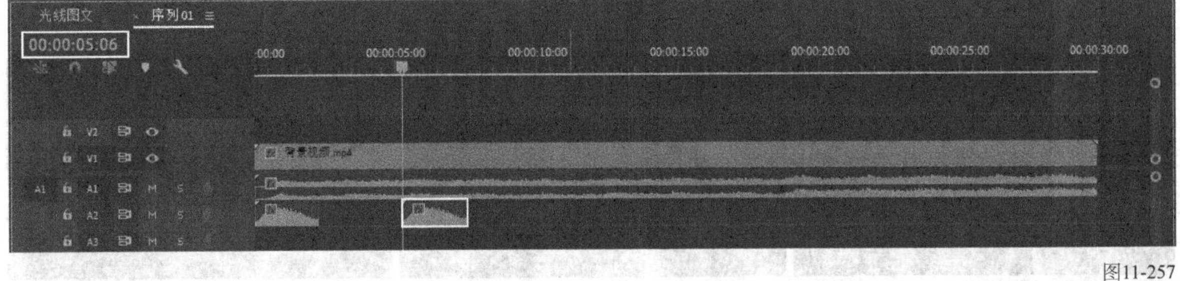

图11-257

06 按照上面的方法，在00:00:09:16、00:00:14:15和00:00:19:06的位置继续添加3个“转场音效1.wav”素材文件，如图11-258所示。

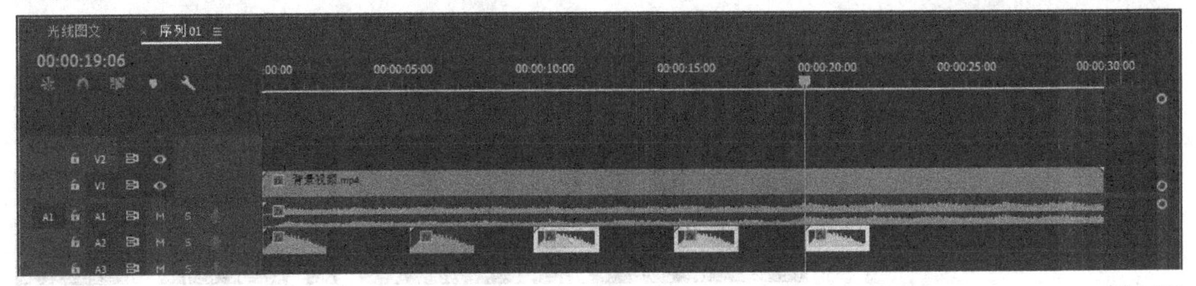

图11-258

07 双击“转场音效2.mp3”素材文件，在源监视器中移动播放指示器到00:01:25:11的位置，然后单击“标记入点”按钮，接着移动播放指示器到00:01:27:02的位置单击“标记出点”按钮，如图11-259所示。

08 将编辑后的“转场音效2.mp3”素材文件按照顺序放在A3轨道上，如图11-260所示。

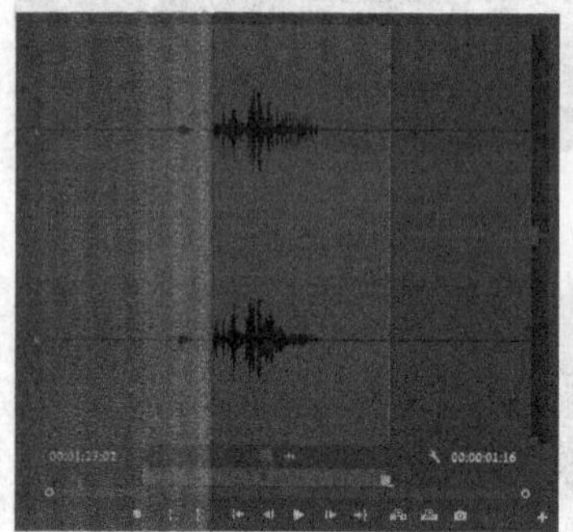

图11-259

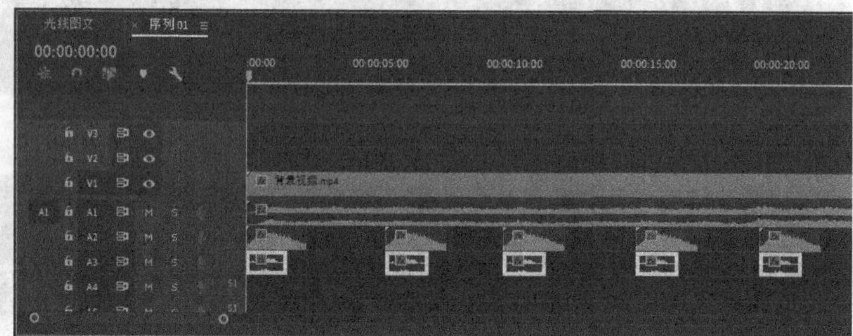

图11-260

11.3.2 视频制作

01 在“素材箱：视频图片”中选中01.jpg素材文件，将其拖曳到V2轨道上，并缩放长度到00:00:05:06的位置，如图11-261所示。效果如图11-262所示。

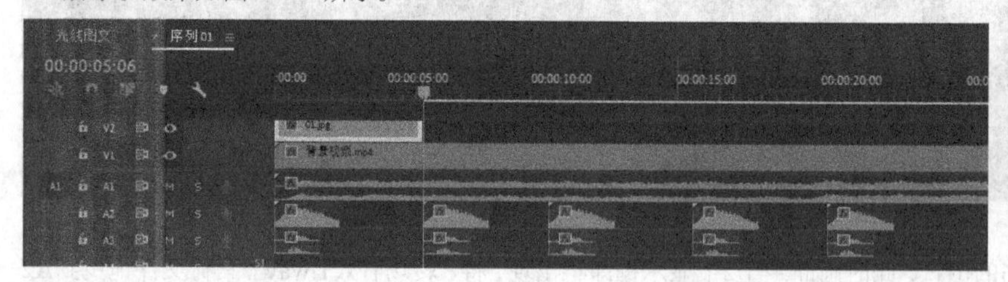

图11-261

图11-262

02 在“效果控件”面板中启用“位置”“缩放”“旋转”的关键帧，然后在节目监视器中选中素材图片，按照背景视频中线框的位置、缩放和旋转添加关键帧，使其与线框的运动同步，如图11-263所示。

图11-263

技巧与提示

关键帧不必每一帧都添加，只需在部分位置添加即可。观察动画效果，在图片和背景框间距明显的地方继续添加修正的关键帧。

03 素材图片与背景显得有些突兀，设置“不透明度”为80%、“混合模式”为“滤色”，如图11-264所示。效果如图11-265所示。

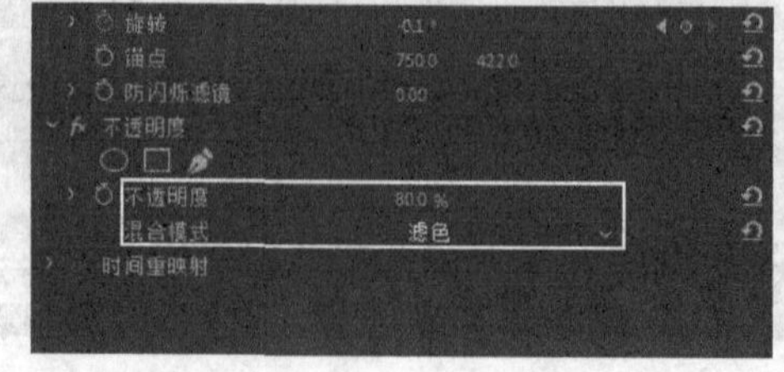

图11-264

图11-265

04 选中02.jpg素材文件，将其拖曳到V2轨道上，并缩放长度到00:00:09:16的位置，如图11-266所示。效果如图11-267所示。

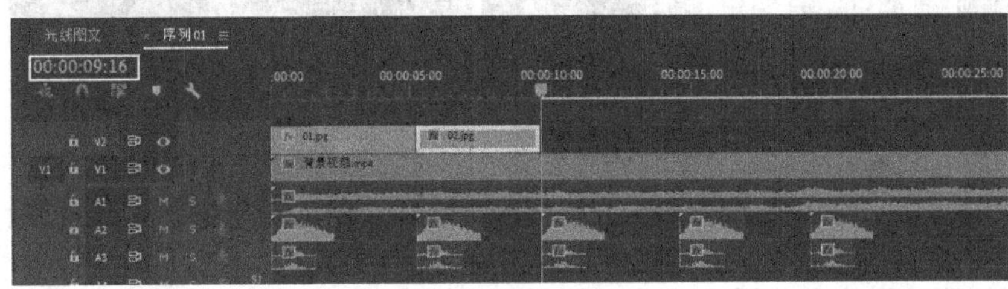

图11-266　　图11-267

05 按照上面的方法将图片与线框重合，效果如图11-268所示。

图11-268

06 选中03.jpg素材文件，将其拖曳到V2轨道上，并缩放长度到00:00:14:15的位置，如图11-269所示。效果如图11-270所示。

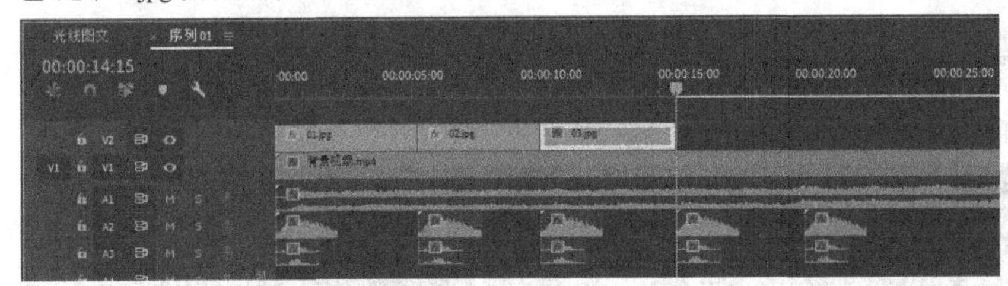

图11-269　　图11-270

07 按照上面的方法将图片与线框重合，效果如图11-271所示。

图11-271

08 选中04.jpg素材文件，将其拖曳到V2轨道上，并缩放长度到00:00:19:05的位置，如图11-272所示。效果如图11-273所示。

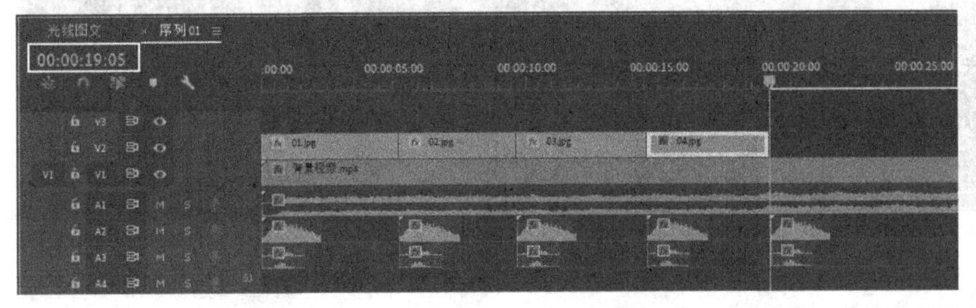

图11-272　　图11-273

09 按照上面的方法将图片与线框重合，效果如图11-274所示。

图11-274

⑩ 选中05.mp4素材文件，将其拖曳到V2轨道上，并缩放长度到00:00:23:20的位置，如图11-275所示。效果如图11-276所示。

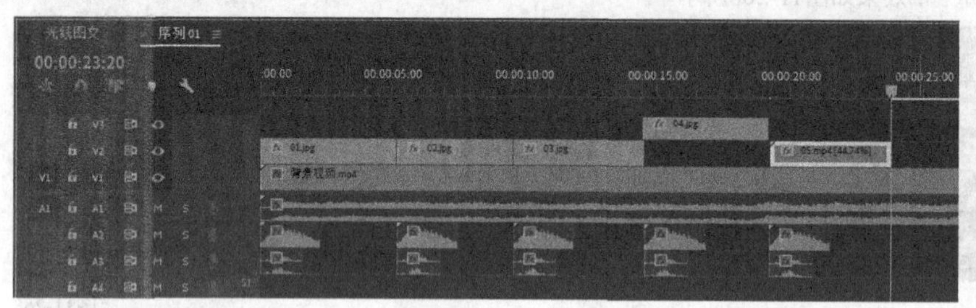

图11-275

图11-276

技巧与提示

视频素材的长度不够，需要增加其“持续时间”参数值。

⑪ 按照上面的方法将视频与线框重合，效果如图11-277所示。

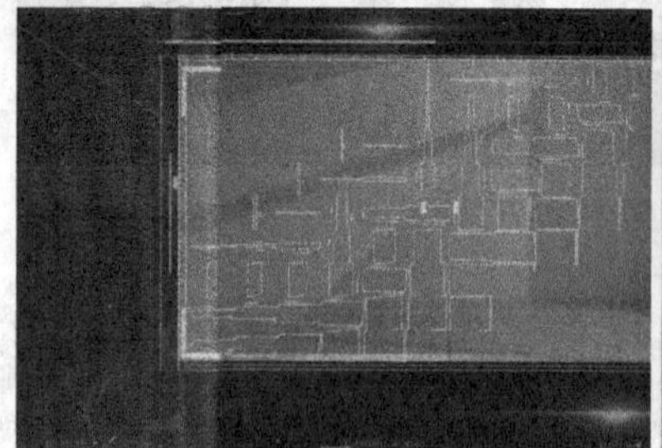  

图11-277

⑫ 将多余的背景视频和音频裁剪删除，如图11-278所示。

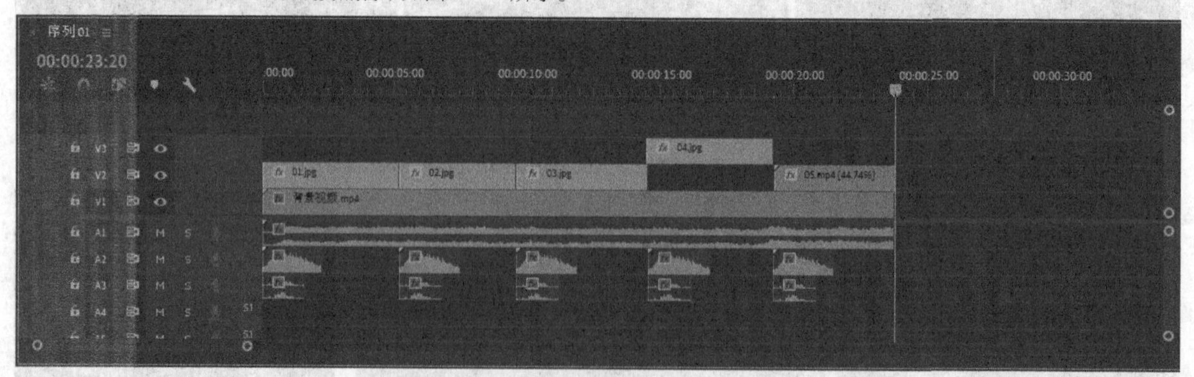

图11-278

技巧与提示

读者也可以在起始位置添加入点，在V2轨道的末端添加出点。

11.3.3 文字制作

01 移动播放指示器到00:00:01:20的位置，然后使用“文字工具”T在节目监视器中输入“提供更专业的品牌设计解决方案”，接着在“效果控件”面板中设置“字体”为Source Han Sans CN、“字体样式”为Bold、“字体大小”为80、“行距”为30，如图11-279所示。效果如图11-280所示。

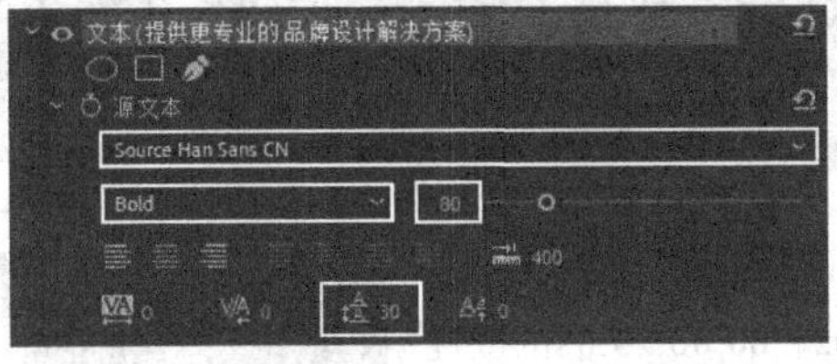

图11-279

图11-280

02 设置文字剪辑的长度与下方01.jpg剪辑的长度相同，如图11-281所示。

03 在00:00:01:20和00:00:04:08的位置设置文字的“不透明度”为100%，然后在00:00:01:12和00:00:04:16的位置设置文字的“不透明度”为0%，如图11-282所示。这样就做好了文字的动画效果。

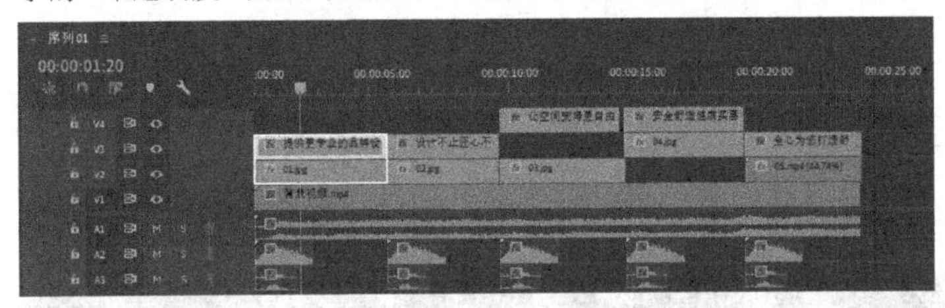

图11-281

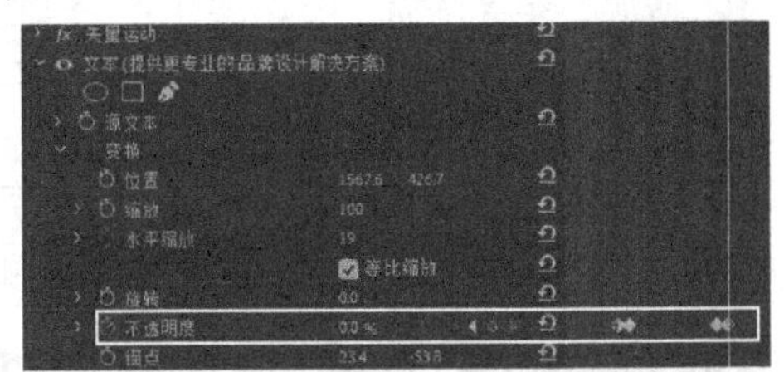
图11-282

技巧与提示

读者还可以为文字添加“块溶解”或“线性擦除”等视频效果，从而形成文字的动画。

04 在02.jpg剪辑的上方输入“设计不止 匠心不息”，效果如图11-283所示。

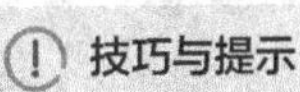

技巧与提示

文字的字体、大小和行距等参数与上一次输入的文字相同，这里不修改任何参数。

图11-283

05 在00:00:06:12和00:00:09:03的位置设置文字的“不透明度”为100%，然后在00:00:06:05和00:00:09:07的位置设置文字的“不透明度”为0%，如图11-284所示。

06 在03.jpg剪辑上方输入“让空间变得更自由”，效果如图11-285所示。

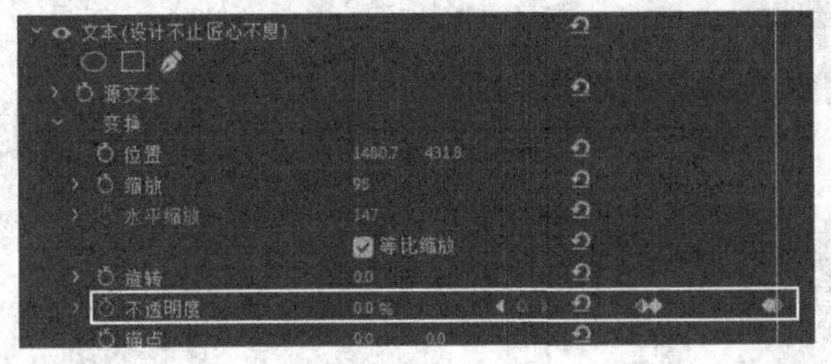
图11-284

图11-285

07 在00:00:10:16和00:00:13:09的位置设置文字的“不透明度”为100%，然后在00:00:10:12和00:00:13:13的位置设置文字的“不透明度”为0%，如图11-286所示。

08 在04.jpg剪辑上方输入“安全舒适 健康实惠”，效果如图11-287所示。

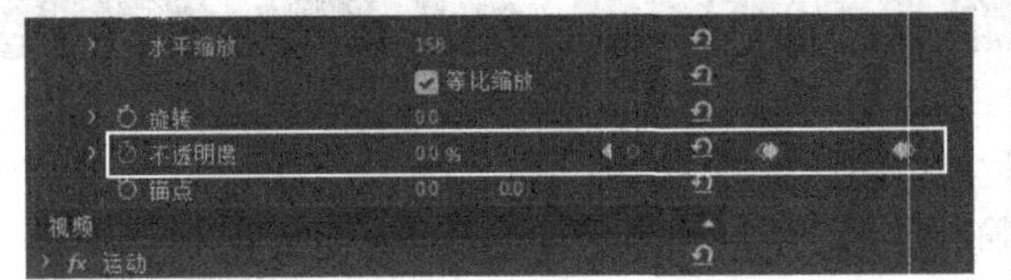
图11-286

图11-287

09 在00:00:15:13和00:00:17:19的位置设置文字的“不透明度”为100%，然后在00:00:15:09和00:00:17:23的位置设置文字的“不透明度”为0%，如图11-288所示。

10 在05.mp4剪辑上方输入“全心为您打造舒适空间”，效果如图11-289所示。

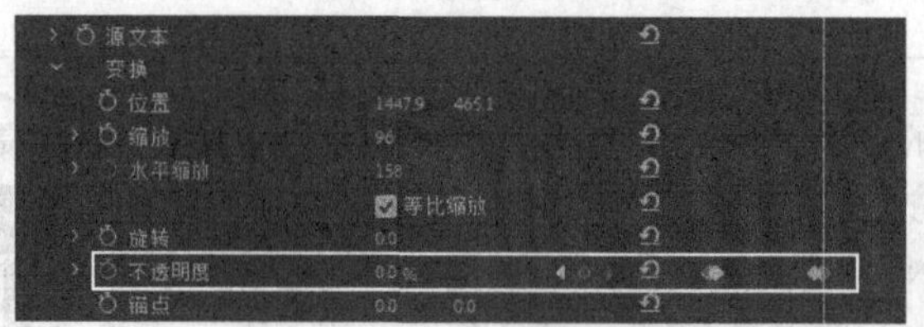

图11-288

图11-289

11 在00:00:20:06和00:00:23:04的位置设置文字的“不透明度”为100%，然后在00:00:20:02和00:00:23:08的位置设置文字的“不透明度”为0%，如图11-290所示。

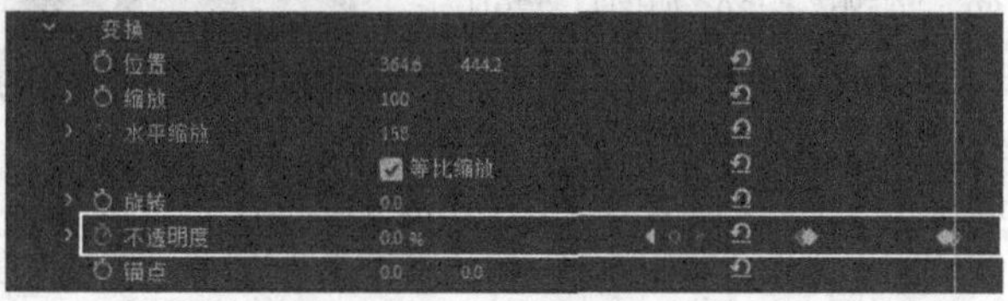

图11-290

11.3.4 渲染输出

01 切换到“时间轴”面板，然后执行“文件>导出>媒体”菜单命令，打开“导出设置”对话框，如图11-291所示。

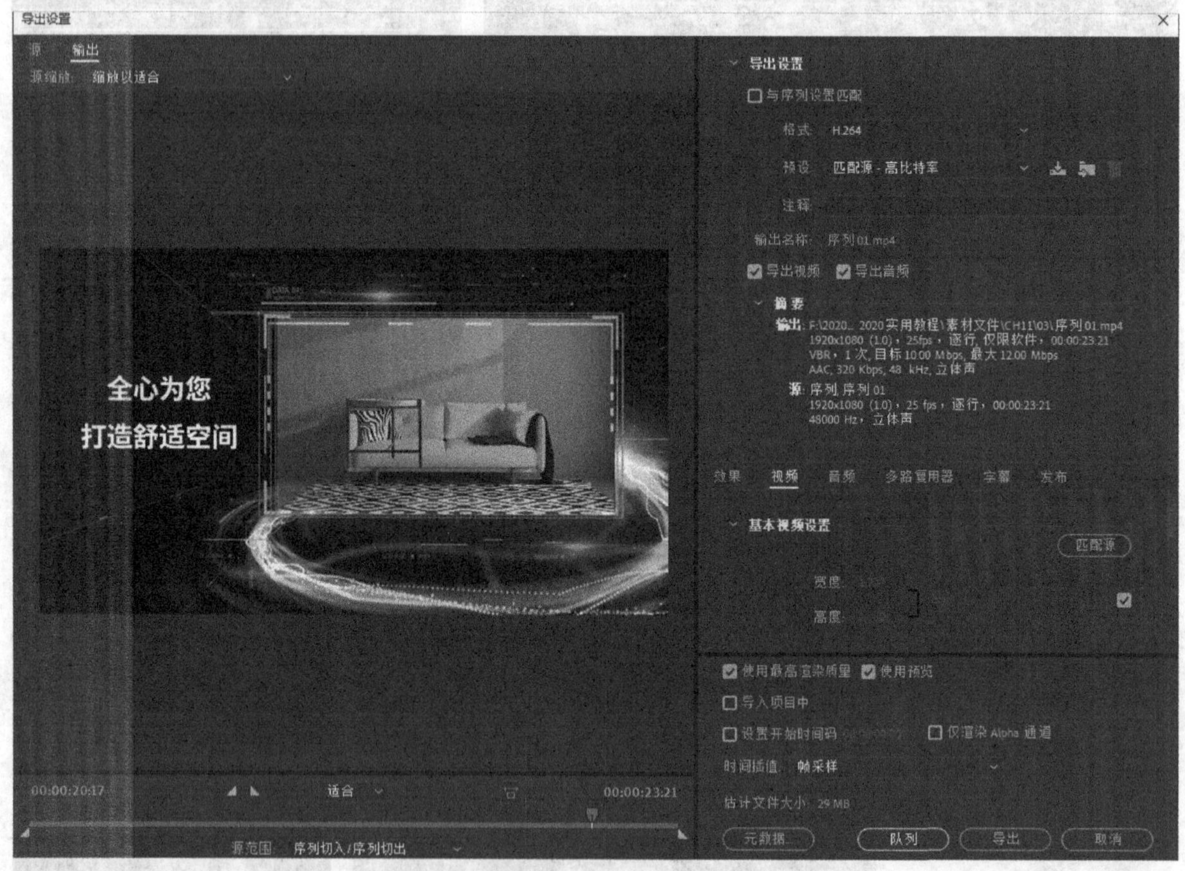

图11-291

02 在“导出设置”中设置“格式”为H.264，如图11-292所示。

03 继续在“导出设置”中单击“输出名称”后的“序列01.mp4”，然后在弹出的对话框中选择导出视频的保存路径，并重新设置导出视频的名称为“案例实训：企业宣传视频”，如图11-293所示。

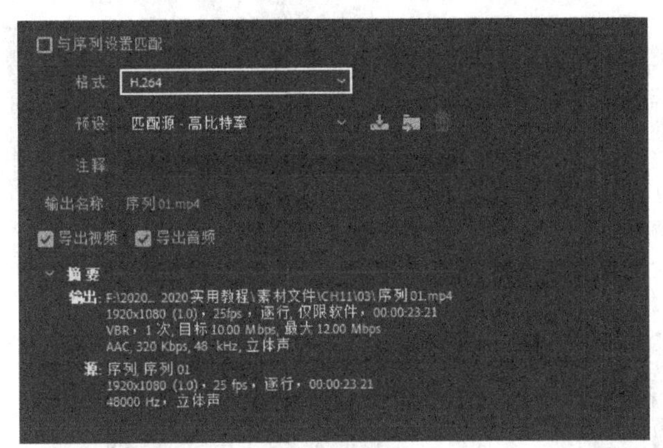

图11-292

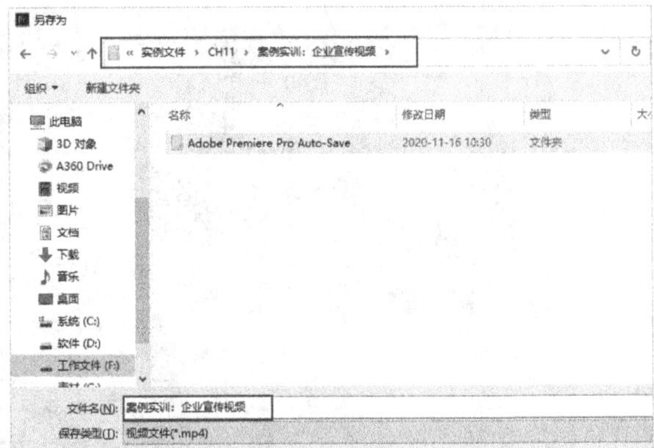

图11-293

04 在“其他参数”中勾选“使用最高渲染质量”选项，然后单击“导出”按钮 导出 即可开始渲染，如图11-294所示。系统会弹出对话框显示渲染的进度，如图11-295所示。

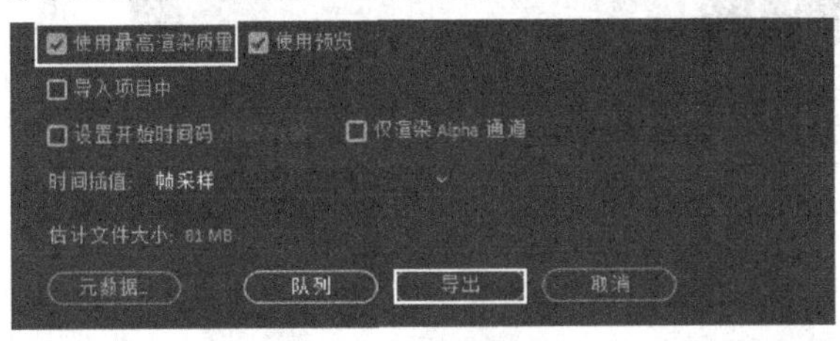

图11-294

图11-295

05 渲染完成后，在设置的保存路径的文件夹里就可以找到渲染完成的MP4格式视频，如图11-296所示。

06 在视频中随意截取4帧，效果如图11-297所示。

图11-296

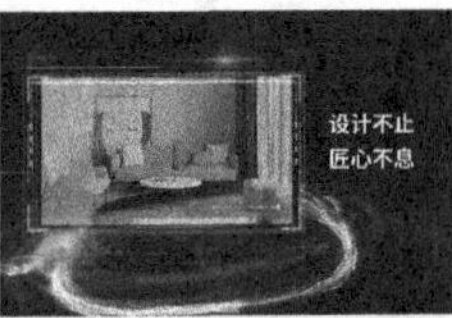

图11-297

11.4 美食节目片尾视频

素材文件　素材文件>CH11>04

实例文件　实例文件>CH11>案例实训：美食节目片尾视频>案例实训：美食节目片尾视频.prproj

视频名称　案例实训：美食节目片尾视频.mp4

学习目标　练习栏目包装的制作方法

扫码观看视频

本实例将制作一档美食节目的片尾视频，需要将视频分成两个镜头分别制作，并添加相应的文字和图形动画，效果如图11-298所示。本实例的详细制作步骤请扫描二维码观看视频。

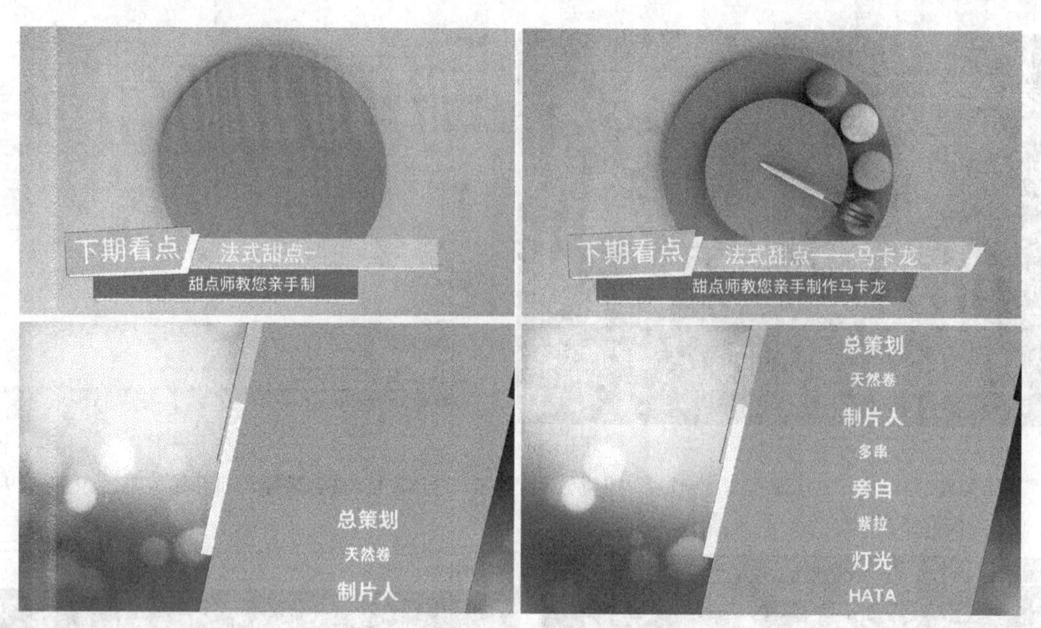

图11-298

11.5 旅游电子相册

素材文件	素材文件>CH11>05
实例文件	实例文件>CH11>案例实训：旅游电子相册>案例实训：旅游电子相册.prproj
视频名称	案例实训：旅游电子相册.mp4
学习目标	练习电子相册的制作方法

本实例将制作一套旅游电子相册，需要为旅游照片素材添加背景和音乐，最终效果如图11-299所示。本实例的详细制作步骤请扫描二维码观看视频。

图11-299

附录A 常用快捷键一览表

1.“文件”命令快捷键

命令	快捷键
新建项目	Ctrl+Alt+N
打开项目	Ctrl+O
关闭项目	Ctrl+Shift+W
关闭	Ctrl+W
保存	Ctrl+S
另存为	Ctrl+Shift+S
导入	Ctrl+I
导出媒体	Ctrl+M
退出	Ctrl+Q

2.“编辑”命令快捷键

命令	快捷键
还原	Ctrl+Z
重做	Ctrl+Shift+Z
剪切	Ctrl+X
复制	Ctrl+C
粘贴	Ctrl+V
粘贴插入	Ctrl+Shift+V
粘贴属性	Ctrl+Alt+V
清除	Delete
波纹删除	Shift+Delete
全选	Ctrl+A
取消全选	Ctrl+Shift+A
查找	Ctrl+F
编辑原始资源	Ctrl+E
在项目窗口查找	Shift+F

3.“剪辑”命令快捷键

命令	快捷键
持续时间	Ctrl+R
插入	,
覆盖	.
编组	Ctrl+G
取消编组	Ctrl+Shift+G
音频增益	G
音频声道	Shift+G
启用	Shift+E
链接/取消链接	Ctrl+L
制作子剪辑	Ctrl+U

4. “序列”命令快捷键

命令	快捷键
新建序列	Ctrl+N
渲染工作区效果	Enter
匹配帧	F
剪切	Ctrl+K
所有轨道剪切	Ctrl+Shift+K
修整编辑	T
延伸下一编辑到播放指示器	E
默认视频转场	Ctrl+D
默认音频转场	Ctrl+Shift+D
默认音视频转场	Shift+D
提升	;
提取	'
放大	=
缩小	-
吸附	S
序列中下一段	Shift+;
序列中上一段	Ctrl+Shift+;
播放/停止	Space
最大化所有轨道	Shift++
最小化所有轨道	Shift+ -
扩大视频轨道	Ctrl++
缩小视频轨道	Ctrl+ -
缩放到序列	\
跳转序列起始位置	Home
跳转序列结束位置	End

5. “标记”命令快捷键

命令	快捷键
标记入点	I
标记出点	O
标记素材入出点	X
标记素材	Shift+/
在项目窗口查看形式	Shift+\
返回媒体浏览	Shift+*
标记选择	/
跳转入点	Shift+I
跳转出点	Shift+O
清除入点	Ctrl+Shift+I
清除出点	Ctrl+Shift+Q
清除入出点	Ctrl+Shift+X
添加标记	M
到下一个标记	Shift+M
到上一个标记	Ctrl+Shift+M
清除当前标记	Ctrl+Alt+M
清除所有标记	Ctrl+Alt+Shift+M

6.“图形”命令快捷键

命令	快捷键
文本	Ctrl+T
矩形	Ctrl+Alt+R
椭圆	Ctrl+Alt+E

附录B　Premiere Pro操作技巧

技巧1　在轨道上复制素材

当一段视频素材需要被多次使用时，一次一次地拖曳实在麻烦，有什么简单的办法吗？其实只要在轨道中按住Alt键，直接拖曳想要的素材就可以快速进行复制。

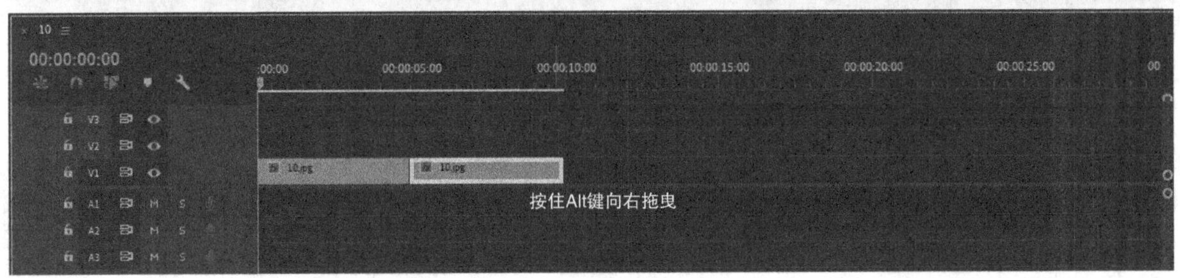

技巧2　在剪辑中插入素材

视频剪辑完成，突然发现有一段视频漏掉了，必须将其插放进去该怎么办？选中想要插入的素材，将播放指示器移动到需要插入的位置上，按键盘上的,键就可以了。（需要注意的是，必须在英文输入法的状态下,键才能生效。）

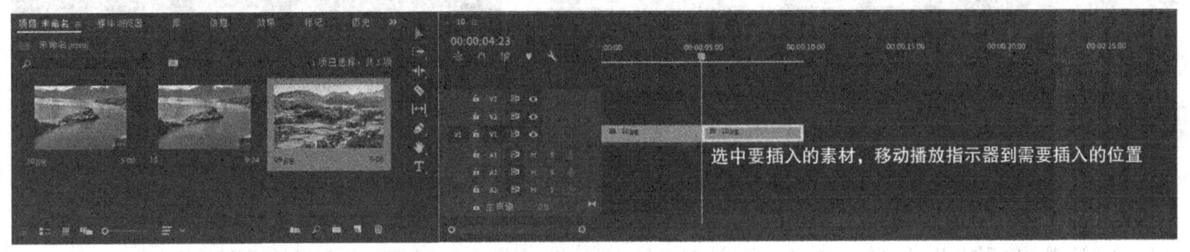

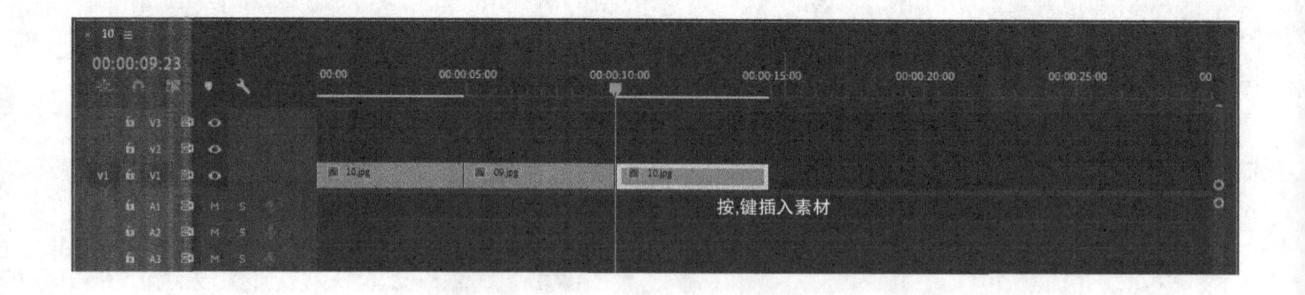

技巧3 同时剪切多个轨道

一般来说，“剃刀工具”只能对一个轨道中的素材进行剪辑，应该如何实现同时剪切多个轨道呢？其实只要按住Shift键，然后使用“剃刀工具”裁剪，就可以一剪到底。

技巧4 互换两个素材的位置

有时候需要将一段剪辑中的两个素材互换位置，应该怎样快速实现呢？只要按住Alt键和Ctrl键，然后拖曳需要交换位置的素材即可。

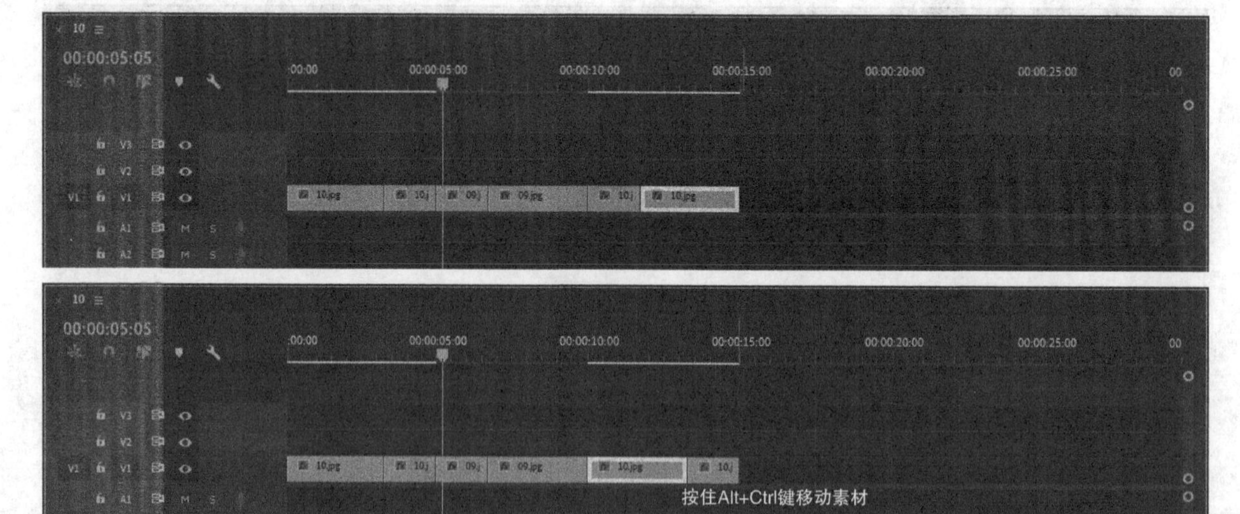

技巧5 加速查看序列效果

通常情况下查看序列效果时会按Space键，如果想提高查看序列效果的速度该怎么做？这时只要使用L键，就可以用不同的倍速观看序列效果，每按一次L键，播放速度都会提升一级，按Space键则可以恢复原始播放速度。